加香术

Flavoring

林翔云◎编著

化学工业出版社

·北京·

本书系统地介绍了各种食品、饮料、酒、饲料、香烟、药品、保健品、护肤护发品、化妆品、洗涤剂、气雾剂、消毒剂、添加剂、纸制品、塑料、纺织品、涂料、家用电器、家具、玩具、文具、灯具、工艺品、石油产品、熏香品、香文化制品等各种人类衣食住行用品的加香理论和应用技术，包括如何选择香料、香精以及适用的香型，评香方法，加香实验，加香实际操作规程，芳香疗法和芳香养生理念在加香术中的运用，常用香料香精的实用知识等。书中详细讲解了现代调香、加香的理论基础，部分实用香精的配方和配制技巧，重点放在香料香精的“三值”理论、自然界气味关系图、香气的混沌数学理论及这些理论的实际应用方法，将加香作业与调香作业紧密联系起来，并在实践中把加香过程当作一种特殊的调香过程，让读者对表面上看起来非常“深奥”的理论容易接受并在实践中得到应用，在形形色色的加香实践中做到“胸有成竹”，“知其然”而且“知其所以然”。

本书对各种食品、日用品等加香产品生产厂家的技术人员、管理人员及决策者在开发新产品、生产制造和日常管理过程中极具参考价值，是香料、香精和所有轻工产品制造厂全体员工重要的技术资料。本书可作为全国各类轻工业技术院校、技工学校的教材和阅读材料，也是美容美发、足浴推拿、芳香疗法、芳香养生、精油应用、香文化推广等行业的专业培训教材。凡具有中等以上文化程度者阅读本书均可从中得到不少有用的知识、掌握更多的本领而获益终生。

图书在版编目（CIP）数据

加香术/林翔云编著．—北京：化学工业出版社，2016.1（2022.7 重印）

ISBN 978-7-122-25516-7

Ⅰ.①加… Ⅱ.①林… Ⅲ.①香精-基本知识 Ⅳ.①TQ654

中国版本图书馆 CIP 数据核字（2015）第 255545 号

责任编辑：夏叶清　　文字编辑：孙凤英

责任校对：吴　静　　装帧设计：韩　飞

出版发行：化学工业出版社（北京市东城区青年湖南街 13 号　邮政编码 100011）

印　　装：北京七彩京通数码快印有限公司

787mm×1092mm　1/16　印张 33　字数 899 千字　2022 年 7 月北京第 1 版第 5 次印刷

购书咨询：010-64518888　　售后服务：010-64518899

网　　址：http：//www.cip.com.cn

凡购买本书，如有缺损质量问题，本社销售中心负责调换。

定　　价：128.00 元

前　言

现代社会的每一处所，只要有人类居住、生活、工作、学习或旅游，都充满着各种各样的气味，有香的，也有臭的，香的物品人人喜爱，趋之若鹜，对人的身心健康有利；臭的物品则令人不安、沮丧，甚至引起各种各样的“亚健康”问题，但有时想躲都躲不掉。因此，给各种物品尤其是人类生活和工业用的“制品”加香就理所当然了，本书就是专门讨论怎样给世间万物带上人们喜欢的香味，即加香的理论与实践的话题。

世界上每一个人每天从早到晚都要接触到香味，但大多数人却不知“香”为何物；现代人购买各种食品和日用品，都要先闻一下香味才决定买不买，认为香气好的品质一定也好，甚至愿意出高一点的价钱，却不知差别仅在于加入的香精不同而已；赞叹食品和日用品制造者能做出香气这么好的产品，却不知其实食品和日用品的制造者们大多数也不懂得这香气是怎么调出来的……

的确，虽然我国加香产品年产值已达数万亿元（人民币）——平均每一个人一年要用数千元的加香产品，可香料香精每年的总产值才300多亿元！难怪一般老百姓不懂得香料香精，因为很少有人接触到。但加香产品——食品和日用品的制造者天天与香料香精打交道，却不知香料香精是怎么一回事就不行了！

经常听到食品和日用品制造厂的业主、采购人员在“怨叹”——每天进进出出的所有原材料、产品自己都了如指掌，唯独对贵如黄金的香精一窍不通；有时明知自己的产品只要香味好一点就好卖了，却“英雄无用武之地”！

笔者著有《闻香说味——漫谈奇妙的香味世界》、《香味世界》、《半个鼻子品天下——调香师回忆录》、《第六感之谜》、《香料香精辞典》、《英汉汉英香料香精分类词汇》、《调香术》、《日用品加香》、《神奇的植物——芦荟》、《香樟开发利用》、《樟属植物资源与开发》，前四本是让普通民众了解香料香精的基本知识，后七本是给香精厂和日用品制造厂的技术人员看的。各行业制造厂的技术人员和管理人员都认为有必要把《日用品加香》的内容加上食品、酒类、饲料、卷烟等产品的加香技术合并编写一本通用的《加香术》，供所有加香产品的制造商和贸易商使用。虽然对于香精制造厂来说，用香厂家的重要性不言而喻，没有用香厂家的使用，调香师调出再好的香精也是枉然！但大多数香精制造厂不愿意让用香厂家“知道得太多”，因为就目前的市场情形来说，处于香料制造厂与用香厂家之间的香精制造厂的利润是最丰厚的！

参与本书编写工作的都是香精制造厂的工程技术人员和管理人员，冒着被同行们因为暂时的不理解而一致“谴责”的危险，架起这座用香厂家与香料香精制造厂之间的桥梁，用心良苦，愿“桥”两边的人们携起手来，共同把全人类这一美好的事业——加香产业推向更高的境界！

佛教、基督教、伊斯兰教都告诉人们：天堂是香的世界，香的海洋，如果能把地球表面全都“打扫得干干净净”，给全人类衣食住行的所有物品都带上美好的香味，让这个世界到处充满香、充满爱，人间自然也就成了天堂！

林凌龙、林君如、江崇基、陈俊超、林佩瑜、葛淑英、何丽洪、戴玲玲、俞兆旺、林新瑜、戴永裕、陈新南、王声根、崔钰、王华南、李锦林、蔡振川、王永全、刘鹏福、赵娟、张秋芳等参与了本书的部分编写和整理工作，在此一并致谢！

编著者

目　录

第一章　香料香精实用知识

“加香”，就是给某种物品加进香料或者香精，让它带上适当的香味，看起来好像很简单，是“举手之劳”的事，可是许多人包括生产加香产品的人们却不知道香料、香精为何物，把有香物质、香料、香精甚至香水混为一谈；有好的产品却不知怎样通过“有效的”加香以提高它的商品价值；到只生产某一种香料的工厂购买香精的事也时有发生；普通民众对香料、香精、加香产品、有没有必要加香等有许多误解；国内外有些不负责任的媒体时不时报道一些道听途说得来的奇谈怪论，造成消费者无缘无故的担心，甚至恐慌……因此，有必要让大家多学一点香料香精的实用知识。

简单地说，香料是配制香精的原料，香精是用各种香料配制而成的（至于香水，是用香精加酒精、水配成的，属于加香产品）。香料有天然香料、合成香料之分，而香精则有花香香精、果香香精、奶香香精、青香香精、木香香精、动物香香精、幻想型香精、咸味香精、海鲜香精等，下面分类叙述之。

在国外，香料香精都是简单地分成两大类：食用香料香精（flavor）和非食用（即日用）香料香精（fragrance）。在中国，食用香料香精又分成三大类：人类食用香料香精，饲料（即动物用）香料香精，烟用香料香精。

工业上，给各种食品和非食品加香用的绝大多数是香精，也就是两个或两个以上香料的混合物，除了极个别的特例，很少用单一的香料直接加香。其中的原因是单一香料的香气单调，或不飘逸，或不留香，或加香成本太高，难以满足加香要求。但也有少数几个天然香料如薰衣草油、薄荷油、椒样薄荷油、依兰依兰油、卡南加油、香茅油、柠檬草油、山苍子油、牛至油、檀香油、柏木油、广藿香油、香根油、甘松油、大茴香油、肉桂油与合成香料如香兰素、乙基香兰素、二氢茉莉酮酸甲酯、合成檀香 803、吐纳麝香等在特殊的年代、特殊的场合被单独用于某些食品、饲料、卷烟和日用品的加香工艺中，但都存在一些不足之处，在条件允许时就改为使用经过调香师调配的香精了。

不管使用香料或者香精，加香的目的不外有三：

① 盖臭——掩盖或“中和”掉异味；

② 赋香——给予一种令人愉悦的香味；

③ 增效——根据被加香物品的用途，一般希望加入的香料或香精最好能有“增效”的功能；即使不能增效，也不应减效。

例如蚊香的加香，希望加入的香精要能“掩盖”住蚊香胚的不良气息；在熏燃前后都能散发出令人愉悦的香味；加入的香精最好能增强驱蚊、杀蚊的效果，反之就不好了。现在甚至出现了一种更高级的蚊香，使用时散发出的香味有抗抑郁、安眠、提高睡眠质量的效果，更是锦上添花了。

洗衣粉的加香也是如此：希望加入的香精能够“掩盖”住洗衣粉的“原臭”（化学品气息），成品洗衣粉的香气能得到众人的喜爱，用这个洗衣粉洗过的衣物干燥（晾干、烘干、暴晒、熨烫）以后仍然还带有淡淡的香气，如果加入的香精对洗涤效果有增效作用的话，那就更加理想了。

第一节 加香术语

香——气味好闻，与“臭”相对。会意字，据小篆，从黍，从甘。“黍”表谷物；“甘”表香甜美好。本义：五谷的香。

单字用作名词时意为“卫生香”及烧香拜佛用的香，现在统称“燃香”。

臭——通常是指下列第1条，即“难闻的气味”。

① 难闻的气味。《国语·晋语》“惠公改葬申生，臭彻于外。”

② 香气。《易·系辞上》“同心之言，其臭如兰。”

③ 名词，气味之总名。气味通于鼻称臭（即嗅，念 xiù），在口者称味。

味——舌头尝东西所得到的感觉和鼻子闻东西所得到的感觉。

口感——食物在口腔中所引起的感觉的总和，包括味觉、硬度、黏性、弹性、附着性、温度感等。

味觉——某些溶于水或唾液的化学物质作用于舌面和口腔黏膜上的味蕾所引起的感觉，由酸、甜、苦、咸、鲜5种基本感觉组成。

嗅觉——挥发性物质作用于嗅觉器官而产生的感觉。

伏觉——又称费洛蒙感觉，信息素作用于犁鼻器产生的感觉，经常被人称为“第六感”。

犁鼻器——在鼻腔前面的一对盲囊，开口于口腔顶壁的一种化学感受器，能够感觉用于影响同种动物行为的信息素。

信息素——又称外激素，是由个体分泌到体外被同物种的其他个体通过犁鼻器察觉，使后者表现出某种行为、情绪、心理或生理机制改变的物质。

气味——专指人和动物通过嗅觉器官得到的感觉。

香味——令人感到愉快舒适的气息和味感的总称，是通过动物和人的嗅觉和味觉器官得到的感觉。

臭味——通常是指下列第1条，即“臭恶之气味”。

① 臭恶之气味。《周礼·天官·内饔》：“辨腥臊羶香之不可食者。”汉郑玄注：“腥臊羶香可食者，是别其不可食者，则所谓者皆臭味也。”清赵翼《裙带鱼臭如腌鲞莪洲白门乃酷嗜诗以调之》：“臭味辒辌不可亲，嗜痂偏作席间珍。”

② 气味。汉仲长统《昌言下》：“性类纯美，臭味芬香，孰有加此乎？”宋苏轼《题杨次公蕙》诗：“蕙本兰之族，依然臭味同。”

③ 比喻志趣。汉蔡邕《玄文先生李休碑》：“凡其亲昭朋徒，臭味相与，大会而葬之。”唐代元稹《与吴端公崔院长五十韵》：“吾兄谙性灵，崔子同臭味。投此挂冠词，一生还自恣。”清方苞《赠潘幼石序》：“岂臭味之同，虽先生亦有不能自主者耶？”

④ 比喻同类。《左传·襄公八年》：“季武子曰：‘谁敢哉！今譬於草木，寡君在君，君之臭味也。’”杜预注：“言同类。”唐李百药《房彦谦碑》：“且复留连宴赏，提携臭味，登山临水，必动咏言。”宋苏轼《下财启》：“夙缘契好，获媾婚姻，顾门阀之虽微，恃臭味之不远。”

香料——广义上，“有气味的物质”就是香料。任何物质，不管是天然的还是人造的，活的还是死的，生物质还是矿物质，有机物还是无机物，只要带有气味，不管这气味是“香”的还是“臭”的，有毒的还是无毒的，强烈的还是淡弱的，都可以叫做“香料”。

所以，加香后的物品是“香料”，未加香的物品，只要带有某种气味，不管这气味是强还是弱，也都可以把它看作是一个“香料”。这样理解的话，“加香术”其实也是“调香术”了——这是贯穿本书的一种思想。

但在香料工业里，只有“用来配制香精的有气味的物质”才叫做“香料”。

本书中为了叙述方便，采用的是后一个定义，即“香料”的狭义定义。

香料都含有挥发物，但不一定能挥发干净。也就是说，香料里面可能含有非香料物质。

香料可以分成两大类，即食用香料和非食用香料。非食用香料又叫日用香料。

单离香料——是指用物理或化学方法从天然香料中分离得到的单一成分香料。如月桂烯、薄荷脑、芳樟醇、香叶醇、柠檬醛等。

单体香料——合成的单一香料化合物与单离香料的总称。

香精——两个或两个以上香料的混合物即香精。香精可以全部是香料的混合物，也可以含有非香料成分，如溶剂（包括水）、色素、乳化剂、稳定剂、抗氧化剂、载体、包容物及其他“必要的”添加剂等。

香精也是分成两大类，即食用香精和非食用香精。非食用香精又叫日用香精。

稀释剂——调节香精浓度的溶剂，常用的稀释剂为水、乙醇、丙二醇、二缩丙二醇、柠檬酸三乙酯、邻苯二甲酸二乙酯、植物油等。

闻香纸——又称试香纸、香水试条。一般是质地厚而结实的纸，长10～20cm，宽0.5～1.5cm。在纸条上沾一滴液体香料、香精或香水，供人们嗅闻、观察、比较、测试香味之用。

香基——具有一定香气特征的香料混合物，所以也是香精。香基代表某种香型，并作为香精中的一种“香料”来使用，例如要让某一个香精多一些茉莉花香韵，可以往其中加入一定量的茉莉花香基。任何一种香精也都可以当作香基使用。

头香——也称为顶香，是人们对香料、香精或香制品嗅辨中最初片刻时的香气印象，或者是人们首先嗅感到的香气特征。头香是香精整个香气的一个组成部分，一般由香气扩散力较好的香料形成。把香料、香精或香水沾在闻香纸上，半个小时内嗅闻到的香气为头香。

体香——头香与底香中间过渡的香味。有人认为体香是香料或香精的“灵魂”。在闻香纸上，半个小时到四个小时内嗅闻到的香气为体香。

基香——也称为底香，香料、香精最后散发的香味。在闻香纸上，四个小时后还能嗅闻到的香气为基香。

香韵——多种香气结合在一起所带来的某种香气韵调，是某种香料、香精或香制品的香气中带有的某些香气韵调，而不是整个香气特征。

顶香剂——是比较容易挥发的香料，其作用是能使主香成分显露出来。

定香剂——使香精中各种成分挥发减缓、均匀，能使香精的留香时间延长的添加剂，一般是沸点较高、蒸气压较低、分子较大的香料。

修饰——用某种香料的香气去修饰其他香料的香气，使之在香精中发出特定的效果。这也是调香中的一种技巧。凡用于修饰其他香料香气的香料，叫修饰剂。

香型——也称香气类型，用来描述某种香料、香精或香制品的整个香气类型或格调。

气味阈值——在一定温度及压力下，把一种物质与纯空气区分开的最低浓度值（在空气中）。其单位有 mg/m^3 空气、mg/cm^3 空气及 mol/m^3 空气等。

味觉阈值——在一定条件下，被味觉系统所感受到的某刺激物的最低浓度值。其单位有mg/1000kg溶剂、mg/kg溶剂及mol/kg溶剂、mol/1000kg溶剂等。

辨香——识辨香气，区分、辨别出各种香味，评定其优劣，鉴定品质等级。识辨出被辨评样品的香气特征，如香韵、香型、强弱、扩散程度和留香持久性等。对于调香师、评香师和加香实验师来说，辨香就是能够区分辨别出各类或各种香料、香精、加香和未加香产品的香气或香味，能评定它的好坏以及鉴定其品质等级。如辨别一种香料混合物或加香产品还要求能够指出其中的香气和香味大体上来自哪些香料，能辨别出其中“不受欢迎”的香气和香味来自何处。

调香——香料的调和。调香是根据一定的要求，选择适当的香料品种并确定恰当的比例，按照一定的调配工艺将其调制成香精的技术。

调香术——调配香精的专门技术，是将有关的香料经过调配达到具有一定香型或香韵、有一定用途的香精的一种技艺。

仿香——模仿自然界有香物质的香味与前人创造出的香制品香味的调香技术，其表现形式为各种香精。仿香需要运用辨香的知识，将多种香料按适宜的配比调配成所需要模仿的香气或香味。仿香一般有两种要求，一是模仿天然，这是因为某些天然香料价格昂贵，或来源不足，要求调香师运用其他的香料，特别是来源较丰富的合成香料仿制出与仿制对象具有相同或较近似的香气和味道的香精，替代这些天然产品；另一种要求就是对某些国内外成功的加香产品和成品香精的香味的模仿。

模仿天然品，可以参考一些成分分析的文献走走“捷径”；而模仿一个加香产品的香气或香味则要复杂和困难得多，这要有足够的辨香基本功和掌握仪器分析技术。

创香——配制前所未有的某种香味的技术，其表现形式为各种香精。

调香师——使用香料及辅料进行香精或香水配方设计和调配的人员，其从事的主要工作内容有：

① 设计各种香型的香精配方；

② 选择所使用的原料及辅料；

③ 调配符合配方要求的香精；

④ 选择合适的香精生产产品；

⑤ 评价香精产品及加香产品的香气并进行质量监控；

⑥ 探索新的香料化合物的应用；

⑦ 评价新的香料品种并进行感官分析和实验；

⑧ 调整和更新香精配方，保障香精产品的安全性；

⑨ 香水和其他香制品的调配及辨识。

我国的调香师职业资格分为三级：助理调香师（三级调香师）、调香师（二级调香师）、高级调香师（一级调香师）。

架试——把香料、香精或加香产品密封或不密封地置于货架上，在一定的温度、湿度、光度条件下放置一定的时间再取出来观察或做评香实验，这个过程叫做“架试”，也称“架试实验”。

评香——对比香气或鉴定香气。嗅辨和比较香料、香精和加香产品的香韵、头香、体香、基香、香气强度、协调程度、留香程度、相像程度、香气的稳定程度和色泽的变化等。

评香师——对各种香料、香精和加香产品的香气进行评价的人员。

加香术——把各种香料或香精加入需要加香的材料里的一种技术。看起来简单，实际包含着深奥的科学、技术和艺术成分在内，需要各种手段和技巧，有些现象和做法直到现在还不能很好地解释清楚。

加香实验师——使用香料或香精给各种物品进行加香设计和调配的技术人员，其从事的主要工作内容有：

① 明确准备加香物品的属性和理化性质，加香的目的及要求；

② 挑选合适的香料或香精；

③ 加香实验；

④ 架试；

⑤ 评价加香产品的香气并进行质量检测；

⑥ 选出适合的香料或香精；

⑦ 确定加香配方和加香工艺。

嗅盲——嗅盲不是嗅觉完全缺失，而是某些人对某种或者某些气体无嗅感。

嗅觉疲劳——也称为嗅觉适应现象。人们长期接触某种气味，无论该气味是令人愉快的还是令人憎恶的，都会引起人们对所感受气味强度的不断减弱，这一现象叫做嗅觉疲劳。一旦脱离该气味，让鼻子暴露于新鲜空气中，对所感受的气味感觉可以恢复如常。

双鼻孔刺激——人们发现，一次用一个鼻孔感觉气味比用双鼻孔感觉气味的强度稍有减少，这说明两鼻孔的嗅感有某种加和性。

精油——从广义上讲，是指从香料植物和泌香动物的器官中经加工提取所得到的挥发性含香物质制品的总称。从狭义上讲，精油是指用水蒸气蒸馏法、压榨法、冷磨法或干馏法从香料植物器官中所制得的含香物质的制品。

纯露——用水蒸气蒸馏法提取精油时得到的副产品，即精油上面或下面含少量特殊香料成分的蒸馏水。

酊剂——用一定浓度的乙醇浸提香料植物器官或其渗出物以及泌香动物的含香器官或其香分泌物所得到的含有一定数量乙醇的香料制品，常温下制得的酊剂称为“冷法酊剂”，在加热回流条件下制得的酊剂称为“热法酊剂”。

除萜精油——采用减压分馏法或选择性溶剂萃取法，或分馏-萃取联用法将精油中所含的单萜烯类化合物（$C_{10}H_{16}$）或倍半萜烯类化合物（$C_{15}H_{24}$）除去或除去其中的一部分，这种处理后的精油叫做除萜精油。

精制精油——用再蒸馏或真空精馏处理过的精油，其目的是将精油（原油）中某些对人体不安全的或带有不良气息的或含有色素的成分除去，用以改善质量的产品。

浓缩精油——采用真空分馏或萃取或制备性色谱等方法，将精油（原油）中某些无香气价值的成分除去后的精油成品。

配制精油——采用人工调配的方法，制成近似该天然品香气和其他质量要求的精油。

重组精油——采用一定的方法去除有害成分，不补入或补入一些其他物质，使其香气和其他质量要求与该天然品相近似。

复配精油——两种或两种以上的精油混合而成，要求混合后的液体上下均匀一体，不分层，不沉淀。实际上，在合成香料出现之前，所有的香精都是复配精油。

浸膏——用有机溶剂浸提香料植物器官（有时包括香料植物的渗出物树胶或树脂）所得到的香料制品。

香辛料——专门作为调味用的香料植物（其枝、叶、果、籽、皮、茎、根、花蕾等），有时也指从这些香料植物中制得的香料制品。

香树脂——用有机溶剂浸提香料植物渗出的树脂样物质所得到的香料制品。

香膏——香料植物由于生理或病理的原因而渗出带有香成分的树脂样物质。

树脂——有天然树脂和合成树脂两种。

天然树脂是植物渗出植株外的萜类化合物因受空气氧化而形成的固态或半固态物质，不溶于水，多数天然树脂是没有香气的。

合成树脂是用人工合成的树脂，有时候也指将天然树脂中的精油去除后的制品。

油树脂——有天然油树脂和经过制备的油树脂之分。

天然油树脂是树干或树皮上的渗出物，通常是澄清、黏稠、色泽较浅的液体。

经过制备的油树脂是指采用能溶解植物中的精油、树脂和脂肪的无毒溶剂浸提植物药材，然后蒸去溶剂所得的液态制品。

树胶——来自植物和微生物的一切能在水中生成溶液或黏稠分散体的多糖和多糖衍生物。

树胶树脂——植物的天然渗出物，包含有树脂和少量的精油，它们部分溶于乙醇、烃类溶剂、丙酮或含氯的溶剂。

油-树胶-树脂——植物的天然渗出物，其中含有精油、树胶与树脂，典型的品种是没药(Myrrh)油-树胶-树脂。

香脂——用脂肪（或油脂）冷吸法将某些鲜花中的香成分吸收在纯净无臭的脂肪（或油脂）内，这种含有香成分的脂肪（或油脂）称为香脂。

净油——用乙醇萃取浸膏、香树脂或香脂的萃取液，经过冷冻处理，滤去不溶于乙醇中的全部物质（多半是蜡质，或者是脂肪、萜烯类化合物），然后在减压低温下，谨慎地蒸去乙醇的产物。用乙醚萃取纯露中的香料成分，蒸去乙醚后的产物也是净油。

第二节　常用香料

在所有介绍香料香精的书籍里，有大量的内容叙述各种香料的原料来源或制备方法、生产情况、理化性质（分子式、分子量、密度、折射率、旋光度、闪点、熔点、沸点、溶解性等）、主要成分、安全管理、主要用途等，占了很大的篇幅，其实这些内容在《香料香精辞典》里面都有，本书不再重复这些内容，也不想面面俱到都讲，只是举一部分重要的例子加以说明，重点在于介绍这些常用香料在调香和用香实践时的一些特点，结合用这些香料调配香精或直接给未成品加香的实例，让读者通过这些例子对各种香料有更直接、深入的了解，起到举一反三的作用。有些以前使用量大的香料，现在由于FDA（美国食品与药品监督管理局）的有关规定和IFRA（国际日用香料香精协会）“实践法规”的限制，用量已大大减少或已不用，本书就少提到或不讲解了。

中国劳动和社会保障部颁布的《调香师职业标准》中对三级调香师的专业能力的要求是能够对200种大宗香料进行辨别与评价，它们是：α-蒎烯、β-蒎烯、月桂烯、苎烯、石竹烯、长叶烯、柏木烯、松油烯、罗勒烯、1,8-桉叶油素、叶醇、癸醇、苯甲醇、苯乙醇、桂醇、香茅醇、香叶醇、橙花醇、芳樟醇、二氢月桂烯醇、松油醇、四氢芳樟醇、薄荷醇、龙脑、橙花叔醇、黑檀醇、特木倍醇、二丁基硫醚、二苯醚、乙位萘甲醚、乙位萘乙醚、对甲酚甲醚、玫瑰醚、降龙涎醚、甲基柏木醚、丁香酚、异丁香酚、乙酰基异丁香酚、乙基麦芽酚、愈创木酚、乙醛、戊醛、己醛、庚醛、辛醛、壬醛、癸醛、十一醛、十二醛、十三醛、甲基壬基乙醛、桂醛、糠醛、甲位戊基桂醛、甲位己基桂醛、羟基香茅醛、铃兰醛、新铃兰醛、兔耳草醛、香兰素、乙基香兰素、洋茉莉醛、新洋茉莉醛、女贞醛、柑青醛、苯甲醛、苯乙醛、大茴香醛、西瓜醛、柠檬醛、甜橙醛、草莓醛、圆柚醛、对甲基苯乙酮、对甲氧基苯乙酮、紫罗兰酮、甲基紫罗兰酮、盆子酮、乙位突厥酮、甲基柏木酮、龙涎酮、异长叶烷酮、二氢茉莉酮、樟脑、苯乙醛二甲缩醛、苹果酯、风信子素、乙酸、草莓酸、苯乙酸、乙酸乙酯、乙酰基乙酸乙酯、乙酸丁酯、乙酸异戊酯、乙酸叶酯、乙酸苄酯、乙酸苯乙酯、乙酸对甲酚酯、乙酸香茅酯、乙酸香叶酯、乙酸芳樟酯、乙酸松油酯、乙酸异龙脑酯、乙酸三环癸烯酯、乙酸对叔丁基环己酯、乙酸邻叔丁基环己酯、丙酸苄酯、丁酸乙酯、2-甲基丁酸乙酯、丁酸丁酯、丁酸异戊酯、丁酸苄酯、丁酸二甲基苄基原醇酯、异戊酸乙酯、己酸乙酯、己酸烯丙酯、庚酸乙酯、辛炔羧酸甲酯、乳酸乙酯、水杨酸甲酯、水杨酸丁酯、水杨酸戊酯、水杨酸己酯、水杨酸叶酯、水杨酸苄酯、二氢茉莉酮酸甲酯、苯甲酸甲酯、苯甲酸叶酯、苯甲酸苄酯、苯乙酸乙酯、苯乙酸苯乙酯、苯乙酸对甲酚酯、桂酸甲酯、桂酸乙酯、桂酸苯乙酯、草莓酸乙酯、格蓬酯、丙位壬内酯、丙位癸内酯、丙位十一内酯、香豆素、合成檀香803、合成檀香208、合成檀香210、葵子麝香、二甲苯麝香、酮麝香、佳乐麝香、吐纳麝香、麝香105、麝香T、吲哚、邻氨基苯甲酸甲酯、茉莉素、橙花素、合成橡苔、呋喃酮、柠檬腈、香茅腈、二丁基硫醚、乙酰基呋喃、乙酰基吡嗪、乙酰基噻唑、灵猫香、龙涎香、海狸香、茉莉花浸膏与净油、玫瑰花浸膏与净油、墨红浸膏与净油、桂花浸膏与净油、树兰花浸膏与净油、赖百当浸膏与净油、鸢尾浸膏与净油、白兰花油、白兰叶油、玳玳花油、玳玳叶油、依兰依兰油、正薰衣草油、香紫苏油、香叶油、丁香油、丁香罗勒油、甜橙油、柠檬油、香柠檬油、山苍子油、桉叶油、松节油、芳樟叶油、香茅油、檀香油、柏木油、广藿香油、香根油、亚洲薄荷油、留兰香油、橡苔浸膏与橡苔净油、格蓬浸膏、安息香浸膏与净油等。

《调香师职业标准》中对二级调香师的专业能力的要求是能够对300种大宗香料进行辨别与评价，比上述香料品种多了100个，它们是：异长叶烯、异松油烯、己醇、反-2-己烯醇、庚醇、甲基庚烯醇、二甲基辛醇、壬醇、壬二烯醇、顺-6-壬烯醇、苯丙醇、二甲基苄基原醇、玫瑰醇、四氢香叶醇、乙基芳樟醇、4-松油醇、金合欢醇、铃兰醇、芳樟醇氧化物、聚檀香醇、超级檀香醇、香根醇、茶醇、二甲基硫醚、龙涎醚、黄樟油素、麦芽酚、乙基愈创木酚、麝香草酚、甲基黑椒酚、香荆芥酚、甲硫基丙醛、反-2-己烯醛、庚二烯醛、十一烯醛、壬二烯醛、癸二烯醛、海风醛、花青醛、香柠檬醛、异环柠檬醛、环高柠檬醛、莳萝醛、苯乙酮、异甲基紫罗兰酮、二氢乙位紫罗兰酮、甲位突厥酮、丁位突厥酮、顺茉莉酮、丁酸、二甲基丁酸、苯甲酸、乙酸辛酯、乙酸己酯、乙酸异壬酯、乙酸橙花酯、乙酸玫瑰酯、乙酸龙脑酯、乙酸二甲基苄基原醇酯、丙酸三环癸烯酯、庚酸烯丙酯、壬酸乙酯、十二酸乙酯、乳酸丁酯、苯甲酸乙酯、苯乙酸异戊酯、丁位癸内酯、茉莉内酯、黄葵内酯、牛奶内酯、葫芦巴内酯、“爪哇檀香”、檀香醚、芬美檀香、万索尔檀香、莎莉麝香、环十五内酯、异丁基喹啉、茴香腈、牡丹腈、十三烯腈、三甲基吡嗪、三甲基噻唑、乙酰基吡咯、麝香、麝鼠香、卡南加油、穗薰衣草油、杂薰衣草油、紫苏油、除萜甜橙油、柠檬叶油、柠檬桉油、茶树油、纯种芳樟叶油、柠檬桉油、甘松油、椒样薄荷油、沉香油等。

日用香精、食用香精、烟用香精和饲料香精配制厂常用的大宗香料并不完全一样，各地在培训调香师、评香师和加香实验师时列举讲解的200种或300种香料也都有所取舍，所以上述香料名单可以根据实际需要增减一部分。

本章只介绍“300种大宗香料”中的一部分“较常使用”的香料，其余的香料品种请读者查阅《香料香精辞典》（林翔云编著，化工出版社2007年出版）及其他有关书籍，也可以上网查阅。顺便介绍几个香料香精常用的溶剂：乙醇、丙二醇、二缩丙二醇、邻苯二甲酸二乙酯、柠檬酸三乙酯和棕榈油，这些溶剂对调香师、评香师和加香产品制造者来说也都是非常重要的。

一、天然香料

在合成香料问世之前的几千年里，所有的香精、香制品都只能用天然香料配制，直至今日，天然香料并没有退出历史舞台，甚至在经历了一百多年与合成香料的激烈竞争后还“愈战愈强”，大有重新“称霸世界”的可能，这应“归功”于从20世纪80年代席卷全球至今仍在扩大的一场“回归大自然”的热潮。

事实上，即使在合成香料“甚嚣尘上”的一段时期，天然香料的使用量也是持续增长的，只是香料使用总量的快速递增掩盖了这个现象而已。那个时候，天然香料的使用往往是因为它的“不可替代性”——有的天然单体香料合成的成本还是高于天然品的；有许多天然香料的香气用合成香料还调配不出来，调香师不得不还得用它。近年来，天然香料的使用则主要不是这个原因，而是调香师迎合消费者“崇拜”天然物的一种“时尚”，用所谓的“科学”是没法解释的。也许两句中国话更能解释这个现象——无非是“三十年河东，三十年河西”、“风水轮流转”罢了。

配制日用品香精使用的天然香料主要有两种：动物香料和植物香料，另外三种香料——美拉德反应产物、微生物发酵产物及“自然反应产物”大部分用于配制食品香精。

1. *动物香料*

在配制食品香精和日用品香精时，可供使用的动物香料并不多，有些品种昂贵而不可多得，常见的只有麝香、麝鼠香、灵猫香、龙涎香、海狸香、水解鱼浸膏与各种海鲜浸膏等寥寥几种。后两种主要用于配制食用香精和饲料用香精。

(1) 麝香

麝香是中国的著名特产之一。“西藏麝香”自古以来就是西方人士梦寐以求的天然宝物，中国古代四大对外通商渠道是北丝绸之路、南丝绸之路、海上丝绸之路和经过西藏的“麝香之路”，足以说明麝香在世人心目中的地位。

麝香的香气其实并不像人们传说的那么美好，即使在配成很稀的溶液时也是如此。调香师喜欢麝香的原因在于它优秀的“定香性能”，还有它所谓的“动情感”——一个香精里面加入少量的天然动物香料，通常就会让人闻起来有一种愉悦、兴奋的感觉——这个长期以来困惑科学家们的现象目前有了新的解释：原来人类的鼻腔里面也有其他哺乳动物共有的、能够接收信息素（“费洛蒙”）的“犁鼻器”，只是它已经退化到肉眼几乎看不到的程度，直到前几年才被“找”到。由于人类的“费洛蒙”对人来说几乎没有气味，难怪人们花了几十年的时间把用气相色谱法从天然麝香分析得到的几乎所有的香气成分再配成“惟妙惟肖”的麝香香精还是“骗”不了一般人的鼻子。

用气相色谱法分析天然麝香，可以得到几百个挥发性成分，以前的香料工作者只注意那些有香气的成分，忽略了那些“对香气没有贡献的物资”。自从找到人类“犁鼻器”并确认人也与其他动物一样可以发送和接收“费洛蒙”以后，科学家们已开始在天然麝香的挥发性成分里寻找“费洛蒙”，希望能揭开这个长期以来困扰人们的天然香料“动情感”之谜。

天然麝香对香料工作者最大的“贡献”在于它启发了人们开发一系列合成香料——合成麝香的创造性工作。自从一百多年前鲍尔在实验室里合成出第一个具有麝香香气的物质——“鲍尔麝香”以来，科学家们对合成麝香香料的兴趣和实验就从未断过，合成麝香香料成为香料工业里面一支生机勃勃的、永不衰退的生力军。

天然麝香一般都是先配成“麝香酊”再用于香精配方中的。3%麝香酊的制法如下：

“麝香子”	3g	氢氧化钾	1g	95%乙醇	96g

按上述配方配好以后，密封贮藏3个月以上，过滤备用。利用“活体取香”得到的香膏也可代替上述的“麝香子”制成“麝香酊”。“麝香酊”可以用来配制一些高档香精，也可以直接用于食品和日用品的加香。

(2) 麝鼠香

由于麝香资源越来越少，并在许多国家已被明令禁用，但麝香对于配制香水香精和化妆品香精来说又是不可或缺的，人们不得不寻找其替代品。除了用化学法制取“合成麝香”以外，从其他动物寻找类似麝香的香料也是一条途径。麝鼠活体取香就是其中较为成功的一例。

麝鼠原产北美，后传入欧洲，辗转传入我国。每只麝鼠每年通过活体取香可得麝鼠香5g左右。麝鼠香又称“美国麝香”，用石油醚提取麝鼠香至少可得到37种香料成分，主要是十二碳烯酸甲酯与乙酯到二十八碳烯酸甲酯与乙酯、十五环烷酮和十七环烷酮、十五环烯酮和十七环烯酮、胆甾烷二烯等，用其他溶剂还可以从麝鼠香中分别得到胆甾-5-烯-3-醇、癸炔、庚醛到十一醛、十一碳烯醛、辛酸、壬酸等。

同麝香一样，麝鼠香也要先制成“麝鼠香酊”再用于香水与化妆品香精的配制上。麝鼠香酊的制法如下：

麝鼠香	5g	氢氧化钾	1.5g	95%乙醇	93.5g

按上述配方配好以后，密封贮藏3个月以上，过滤备用。

同“麝香酊”一样，“麝鼠香酊”可以用来配制一些高档香精，也可以直接用于食品和日用品的加香。

(3) 灵猫香

灵猫香是大灵猫的香腺囊中的分泌物。将灵猫缚住，用角制小匙插入会阴部的香腺囊中，刮出浓厚的液状分泌物，即灵猫香。每隔2～3日采集一次，每次可得3～6g。

除上述品种外，尚有小灵猫，又名斑灵猫，其香腺囊中的分泌物亦同等入药或用于配制香精。但小灵猫体型较小，香腺囊较不发达。

新鲜的灵猫香为蜂蜜样的稠厚液，呈白色或黄白色；经久则色泽渐变，由黄色而终成褐色，呈软膏状。不溶于水，在乙醇里仅能溶一部分，点火则燃烧而发出明焰。气香，近嗅带尿臭，远嗅则类麝香；味苦。以气浓、白色或淡黄色、匀布纸上无粒块者为佳。

大灵猫分泌物雄体每只年产灵猫香50～60g，雌体每只年产20g左右。

灵猫香熔点35～36℃，含灰分0.3%～2.0%，乙醚提取物12%～20%，酸值118.2～147.3；皂化值55.4～182.8；醇提取物45%～58%，皂化值76～97，酸值118～148；氯仿提取物0.3%～6.4%，酸值5.9～20.0，皂化值98～160，水分13.5%～21.0%。

灵猫香中含多种大分子环酮，如灵猫香酮，即9-顺环十七碳烯-1-酮，含量2%～3%。另含多种环酮，其中，5-顺环十七碳二烯酮含量高达80%，环十七碳酮10%，9-顺环十九碳烯酮6%，6-顺环-十七碳烯酮3%，环十六碳酮1%等以及相应的醇和酯。尚含吲哚等，又含粪臭素、乙醛、丙胺及几种未详的游离酸类。

每只小灵猫年产灵猫香30g左右。刮香在丙酮里可溶解80%～95%，在乙醇里可溶解35%～65%，无机物炽灼残渣0.1%～0.8%，60℃真空干燥失重3.0%～6.0%。小灵猫分泌物含多个大分子环酮，以灵猫香酮、环十五酮为主，其成分含量因小灵猫的性别、年龄、取香方法的不同而相异：沁香灵猫香酮的含量分别为36%（雄）和78%（雌），环十五酮的含量分别为63%（雄）和20%（雌）；刮香灵猫香酮的含量分别为34%（雄）和75%（雌），环十五酮的含量分别为64%（雄）和24%（雌）；挤香灵猫香酮的含量分别为22%（雄）和75%（雌），环十五酮的含量分别为77%（雄）和24%（雌）。

“灵猫香”这种香料不管稀释到什么程度，给人的感觉都是“臭”的，几乎没有人会喜欢这种“香气”。但在许多香精的配方里，灵猫香却还是经常用到的，虽然它远不如麝香用得普遍。对灵猫香的科学研究也远远不及麝香。

我国杭州动物园驯养灵猫并进行“活体取香”已取得成功、投入生产，价格适中，不仅可用于配制香水香精，在一些中档的日用香精中也已得到应用。

灵猫香酊的制法和用途都和“麝鼠香酊”相似。

(4) 龙涎香

龙涎香与麝香的香韵几乎是所有高级香水和化妆品必不可少的。天然龙涎香是所有香料中留香最久的——许多文学作品中把它描述为可“与日月共长久”，这是由于天然龙涎香所含的香料成分蒸气压都极低——挥发慢，而香气强度又极高——在非常低的浓度下就能被闻到。还有一个解释是：龙涎香的主要致香成分龙涎香醇是一种三环三萜类化合物（见图1-1），常温下为结晶状，熔点82～83℃，沸点高达495.3℃（760mmHg，1mmHg=133.322Pa），蒸气压：6.9×10^{-12}mmHg（25℃），本身并没有香气，要在空气中发生变化——氧化后才产生香气。龙涎香醇的氧化是极其缓慢的过程，所以龙涎香的香气可以保持很长时间。

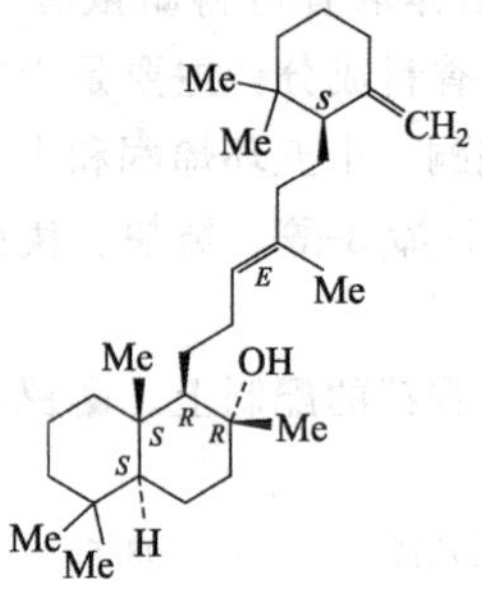

图1-1 龙涎香醇结构式

与其他动物香料不同的是，经过海水漂洗了几十年甚至几百年而后被人打捞起来的天然龙涎香已无任何腥膻臭味，它散发着淡淡的宜人的令人为之心动而又说不出所以然的高雅细致的“香水香气”，当然，直接从抹香鲸体内取出的龙涎香则带着强烈的令人厌恶的腥臭味，要靠香料工作者反复的洗涤、复杂的理化处理过程才能得到符合调香要求的“天然龙涎香”。

关于龙涎香的形成机制，过去有许多传说和猜想，现已基本弄清楚了：原来抹香鲸最喜欢吞吃章鱼、乌贼、锁管这些动物，章鱼类动物体内坚硬的“角质”可以抵御胃酸的侵蚀，在抹香鲸的胃内消化不了——笔者曾参与解剖2000年在厦门海域“老死”的一头抹香鲸，从鲸的四个胃里取出一百多对章鱼锋利的“角喙”——如直接排出体内的话，势必割伤肠道，在千万年的进化过程中，抹香鲸已经适应大量吞食章鱼类动物而无恙，它的胆囊大量分泌胆固醇进入胃内把这些“角喙”包裹住，然后慢慢排出——这就是为什么解剖抹香鲸时经常会在鲸的肠里找到“天然龙涎香”的原因。

天然龙涎香同样也是先把它制成“龙涎香酊”再用来配制香精的，也可以直接用于食品和日用品的加香，香气虽淡，可是留香持久。

(5) 海狸香

严格说来，“海狸香”应叫做“河狸香”才对，因为“海狸”并不生长在海里。从河狸的香囊里取出分泌物，用火烘干就是商品海狸香，所以海狸香总是带着明显的焦熏气味，这是海狸香与其他动物香料最大的不同之处。

新鲜的海狸香为乳白色黏稠物，经干燥后为褐色树脂状。俄国产的海狸香具有皮革-动物香气。加拿大产的海狸香为松节油-动物香。经稀释后则具有温和的动物香香韵。

海狸香为动物性树脂，除含有微量的水杨苷（$C_{17}H_{18}O_7$）、苯甲酸、苯甲醇、对乙基苯酚外，其主要成分为含量4%～5%的结构尚不明的结晶性海狸香素（Castorin）。1977年，瑞士化学家在海狸香的分析中鉴定出喹啉衍生物、三甲基吡嗪和四甲基吡嗪等含氮香成分。

我国直到现在还没有生产海狸香，这种香料全靠进口供应。海狸香价格较低，因此，可以用于一些中档化妆品香精的配制，这些香精使用海狸香的目的也是为了让人闻起来有“动情感”。

同其他动物香料一样，海狸香也是先把它制成“海狸香酊”并“熟化”几个月再用于配制香精的。海狸香酊的制法如下：

海狸香	10g	氢氧化钾	1.5g	95%乙醇	88.5g

按上述配方配好以后，密封贮藏3个月以上，过滤备用。海狸香酊很少直接用于加香作业。

(6) 水解鱼浸膏

水解鱼浸膏是用海鱼为原料，经蒸煮、磨浆、压汁、浓缩制成的乳黄色或浅棕色液体，具有鱼腥味，无异味。在热水中易溶，能散发出鱼特有的香味。含有鱼全部的有效营养成分。是食品、调味品的增鲜剂和增香剂，添加后能赋予食品独特的醇和口感，是人类及动物的营养补偿剂和诱食剂。

下面是用水解鱼浸膏配制香精的例子。

鱼香食用香精（质量份）

水解鱼浸膏	20.000	1,5-辛二烯-3-醇	0.050	2-乙酰基呋喃	0.150
鱼肉酶解物美拉德反应产物	79.600	2,6-二甲氧基苯酚	0.010	1,4-二噻烷	0.002
		异戊醛	0.005	2-甲基-3-呋喃硫醇	0.001
2-甲基庚醇	0.005	2-辛酮	0.005	4-乙基愈创木酚	0.157
苄醇	0.015				

其中的“鱼肉酶解物美拉德反应产物”的制法如下：取鱼肉酶解物 180 份，葡萄糖 16 份，甘氨酸 4 份，丙氨酸 4 份置于带有搅拌和加热装置的耐压反应锅里，在 120℃反应 40min，冷后倾出包装即为“鱼肉酶解物美拉德反应产物”。

鱼腥香饲料香精

水解鱼浸膏	20.00kg	氨水	1.50kg	尿素	2.00kg
哌啶	6.50kg	吲哚	0.15kg	鱼粉	63.75kg
三甲胺水溶液	6.00kg				

上述原料混合均匀后即为鱼腥香香味素，每吨猪饲料加入 0.5kg 即有明显的诱食效果。

水解鱼浸膏也可以直接用于食品和饲料的加香。

（7）海鲜浸膏

海鲜浸膏目前有各种鱼浸膏、虾浸膏、蟹浸膏、鱿鱼浸膏、乌贼浸膏等，由各种鱼、虾、蟹、鱿鱼、乌贼等的肉、皮、壳、足、刺、翅、骨、内脏或其他海鲜食品加工时副产的“下脚料”用水或不同浓度的乙醇提取得到，带有强烈的这些海鲜的气味，可以直接用于各种食品、饲料的加香，也可以用来配制食品香精和饲料香精。

2. 植物香料

（1）浸膏、净油与精油

① 茉莉花浸膏与净油。在所有的“花香”里面，茉莉花无疑是最重要的——几乎没有一个日用香精里不包含茉莉花香气的，每一瓶香水、每一块香皂、每一盒化妆品都可以嗅闻到茉莉花的香味。不仅如此，茉莉花香气对合成香料工业还有一个巨大的贡献：数以百计的花香香料是从茉莉花的香气成分里发现的或是化学家模仿茉莉花的香味制造出来的——茉莉花的香气是花香中最“丰富多彩”的，其中包含有“恰到好处”的动物香、青香、药香、果香等。直到今日，解剖茉莉花的香气成分仍然不断有新的发现。许多有价值的新香料最早都是在茉莉花油里面发现的。

茉莉花有“大花”“小花”之分，“大花”比“小花”小得多。小花茉莉的香气深受我国人民的喜爱，不单用于日用品的加香，还大量用于茶叶加香——茉莉花茶的生产量是没有任何一种加香茶叶可以同它相比的。福州盛产茉莉花茶，自古以来大量种植小花茉莉，自然也是小花茉莉浸膏和小花茉莉净油的主要出产地了。近年来，由于调香的需要，有些地区也种植大花茉莉，并开始提取大花茉莉浸膏和大花茉莉净油出售。

同其他鲜花浸膏的生产一样，茉莉花浸膏也是用一种或数种有机溶剂浸取茉莉鲜花的香气成分后再蒸去溶剂而得到的。用二氧化碳超临界萃取法得到的浸膏香气更加优秀，也更接近天然鲜花的香气，现已工业化生产。

用纯净的酒精可以再从茉莉花浸膏里萃取出茉莉净油，更适合于日用香精的配制需要，因为茉莉花浸膏里面的蜡质不溶于酒精，会影响香精在许多领域里的应用。

茉莉花浸膏和净油可以直接用于花茶、饮料和糕点的加香。

② 玫瑰花浸膏与净油。玫瑰原产我国，现传遍全世界，对这种花及其香气最为推崇的是欧洲各界人士，由于民间普遍以玫瑰花作为爱情的象征，自然地，玫瑰花的香气也成了香水的主香成分。保加利亚、土耳其、摩洛哥、俄罗斯等国都有大面积的玫瑰花种植基地，我国的山东、甘肃、新疆、四川、贵州和北京也都有一定面积的玫瑰花栽种地，品种不一，也有不少是从国外引种的优良品种，现已能提取浸膏和净油供应市场。

同茉莉花油一样，玫瑰花油的成分也是相当复杂的，而且“层出不穷”——几乎每年都有新的发现。有相当多的“合成香料”是在玫瑰花油里发现再由化学家在实验室里制造出来的，除了早先发现并合成、大量生产使用的香叶醇、香茅醇、橙花醇、苯乙醇、乙酸香叶酯、乙酸香茅酯、乙酸橙花酯等，近二十年来较重要的发现并工业制造、广为使用的有玫瑰醚、突厥酮等。

玫瑰浸膏和玫瑰净油的香气虽然较接近玫瑰花的香气，但如果拿着玫瑰鲜花来对照着嗅闻比较，差距还是很大的。用蒸馏法得到的玫瑰精油的差距就更大了，因为有许多香料成分溶解在水里，所以蒸馏玫瑰花副产的“玫瑰水”也是宝贵的化妆品原料，也有人把它直接作为化妆水使用。

由于价格昂贵，玫瑰浸膏和玫瑰净油只是在配制香水香精与高档化妆品香精时才少量应用，配制食用香精时偶尔用之，它们有时候也直接用于某些食品的加香。在我国，使用得更多的是墨红浸膏和墨红净油。

③ 墨红浸膏与净油。墨红月季原产德国，其花香气酷似玫瑰，而得油率较高，因而成为我国玫瑰香料的代用品，浙江、江苏、河北、北京都有一定面积的栽培。墨红浸膏和净油的价格都分别只有玫瑰浸膏和净油的一半左右，所以我国的调香师比较喜欢用它。

实际上，在高、中档香水香精和化妆品香精里加入墨红浸膏或墨红净油与加入玫瑰浸膏或玫瑰净油的效果非常接近，而成本则降了许多。诚然，二者的香气还是有微妙的差别的，但这个差别并没有比不同品种玫瑰油的差别大。

同茉莉花浸膏和净油一样，玫瑰花浸膏和净油、墨红浸膏和净油也可以直接用于花茶、饮料和糕点的加香。

④ 桂花浸膏与净油。桂花是亚洲特有的、深受我国民众喜爱的香花。在欧美国家，由于大多数人不知桂花为何物，连调香师也以为桂花就是“木樨草花”，常常把桂花和木樨草花混为一谈。其实桂花虽也称木樨花，却不是木樨草花，与木樨草花的香气差别还是比较大的：桂花的香气较甜美，而木樨草花的香气则偏青。

桂花在我国广西、安徽、江苏、浙江、福建、贵州、湖南等省区均有栽培，广西、安徽与江苏的产量最大，并生产浸膏和净油供应各地调香的需要，部分出口。

由于桂花浸膏和净油的主香成分都是紫罗兰酮类，与各种花香、草香、木香都能协调，所以桂花浸膏和净油不仅用于调配桂花香精，在调配其他花香香精、草香香精、木香香精时也可使用。当然，由于价格不菲，它们也只能有限地用于配制比较高级的香水香精、化妆品香精和食品香精中。

桂花浸膏和净油也可以直接用于花茶、饮料、酒和糕点、糖果食品的加香。

⑤ 树兰花浸膏与树兰叶油。树兰是我国的特产，又称米兰，在闽南地区被称为“米仔

兰”，其花清香带甜而有力持久、耐闻。我国南方各省均有栽培，但花的产量不高，只有福建漳州地区的树兰花开得特多，得油率也高，有生产一定量的树兰花浸膏和净油供调香使用。原来用有机溶剂提取的浸膏和净油颜色较深，香气与鲜花相比差距较大，现在用超临界二氧化碳萃取，色泽和香气都好多了，更受欢迎。

树兰花浸膏较易溶于乙醇和其他香料之中，且具有极佳的定香性能，因而得到调香师的青睐。树兰叶油价廉，香气和定香性能都比不上树兰花浸膏，但在档次较低的香精里“表现”也不错，同样受到欢迎。这两种香料有一个最大的特色就是在类似茉莉花香和依兰依兰花香的基础上带有强烈的茶叶青香，这在当今“回归大自然”的热潮中自然有“大显身手”的机会了。配制带茶叶香气的香精时，免不了要使用较多的叶醇和芳樟醇，这两个香料的沸点都很低，不留香，加入适量的树兰花浸膏或树兰叶油就能克服之。

⑥ 赖百当浸膏与净油。赖百当浸膏学名应是岩蔷薇浸膏，“赖百当”是译音。赖百当净油可用赖百当浸膏提取得到，由于这种“净油”在常温下仍为半固体，须再加入无香溶剂（如邻苯二甲酸二乙酯等）溶解成液体以便于使用，所以市售的“赖百当净油”的香气强度并不比赖百当浸膏大，在一个香精的配方里如用赖百当净油代替赖百当浸膏时，用量不能减少，而配制成本却提高了。因此，在大部分场合，调香师还是乐于使用赖百当浸膏的。

这种产于植物的树脂却被调香师当作动物香的代表使用，虽然它们也有些花香、药草香，但主要是龙涎香和琥珀膏香。由于现今天然的龙涎香和琥珀都不易得到，调香师在调配中档香精时，干脆就把赖百当浸膏和赖百当净油当作龙涎香使用，香气当然要差一些，但留香力却还是相当不错的。

⑦ 鸢尾浸膏与净油。在老一辈调香师的心目中，鸢尾浸膏及鸢尾净油是调配花香香精必不可少的原料之一，现今虽然已风光不再，调配高级香水香精和化妆品香精时还是常常用到它们。调香师只要在香精里用到紫罗兰酮类香料，总是“顺势”加入一点鸢尾浸膏或净油，以修饰紫罗兰香气。国人特别喜爱的桂花香，因为调配时免不了使用大量的紫罗兰酮类香料，鸢尾浸膏及其净油便在这里有了一个固定的用场。而在国外，鸢尾浸膏及其净油主要是用于调配紫罗兰香精、金合欢香精和木樨草花香精或随着配制紫罗兰油、金合欢油和木樨草花油进入香精的。

由于近年来价格不断上涨，年轻的调香师们宁愿避开它们不用，而以合成的“鸢尾酮”代替之。诚然，合成的“鸢尾酮”与鸢尾浸膏及其净油的香气还是有距离的，而且鸢尾浸膏及其净油优秀的定香能力也是老一辈调香师“舍不得”放弃它们的一个原因。通过分析，鸢尾浸膏及其净油含有大量的十四烷酸，因此，“配制鸢尾油”也加入了同样多的十四烷酸，但却发现在“定香能力”方面还是不能与鸢尾浸膏及其净油相比。看起来，天然香料的所谓“定香作用”，人们的认识还是远远不够的。

⑧ 玉兰花油与玉兰叶油。玉兰花又叫白兰花、白玉兰，因此，玉兰花油也叫白兰花油；同样，玉兰叶油也叫白兰叶油。玉兰花的香气是国人相当熟悉并且非常喜欢的一种花香。夏日傍晚，在福建、广东的沿海城市里，马路、街道两旁高大的玉兰树散发着迷人的芳香。老百姓家里一般不种玉兰树，迷信的说法是“玉兰树有鬼”，其实是因为玉兰树枝条很脆，怕小孩爬上去采花有危险，祖祖辈辈便有了这种传说，从这一点也说明玉兰花的香气连小孩都喜欢。福建有些地方还用玉兰花窨茶，虽然这种“玉兰花茶”的知名度没有“茉莉花茶”那么高，但有机会喝过它的人都忘不了它那特殊的迷人的香韵。

用玉兰花提取精油，蒸馏法的得率为0.2%～0.3%，而有机溶剂萃取浸膏的得率只有0.1%，萃取后的花渣可再用蒸馏法提取0.1%～0.2%的花油，说明有些精油成分需要通过加热等方式才能游离出来。花油的价格昂贵，只能用于调配香水香精和高级化妆品香精。

玉兰叶油的价格就便宜多了，大概只相当于玉兰花油的1/10，甚至还要更低些。玉兰叶油是公认的“高级芳樟醇香气”（在所有使用芳樟醇的配方里，只要用玉兰叶油取代部分芳樟醇，整个香精的香气就显得高贵多了），就因为它还带着玉兰花优雅的花香。

玉兰花的香气在南方各地广受欢迎，香料厂可以提供从天然玉兰花提取出来的“玉兰花油”，但香气与天然的玉兰花相去甚远，而且价格不菲，不可能直接用这种精油来给日用品加香，只能用它来配制更加接近天然玉兰花香气的香精。

玉兰花浸膏和净油也可以直接用于花茶、饮料和糕点的加香。

⑨ 玳玳花油与玳玳叶油。在国外常用的天然香料里，苦橙花油和橙叶油占有重要的位置。我国没有这种资源，全靠进口供应。但国内有香型类似的玳玳花油与玳玳叶油，可以用玳玳花油和玳玳叶油配制出惟妙惟肖的苦橙花油和橙叶油。事实上，玳玳花油和玳玳叶油也没有必要全配成苦橙花油和橙叶油，现在国内的调香师已经在各种香精配方里面熟练地用上玳玳花油和玳玳叶油了，这两种油的需求量一直在增加。

由于欧美国家“古龙水”的销售量非常大，男士们几乎天天使用，而古龙水的配方里面苦橙花油和橙叶油占有很大的比例，因此，在男士们使用较多或者男女共用的“中性”日用品所用的香精里，玳玳花油和玳玳叶油的用量较大。

在调香师对各种花香的“归类”里，橙花香比较接近于茉莉花香。因此，玳玳花油和玳玳叶油也常被用于调配成“配制茉莉花油”再用于各种香精里面。大家知道，茉莉花与玫瑰花的香气是调香师“永恒的主题”，苦橙花油、橙叶油、玳玳花油和玳玳叶油使用量的不断增加也就不足为奇了。

玳玳花浸膏和净油也可以直接用于花茶、饮料和糕点的加香。

⑩ 依兰依兰油与卡南加油。依兰依兰油有时也简称依兰油。在常用的天然香料里，依兰依兰油与卡南加油的使用量是比较大的，这是由于这两种油的价格都比较低廉，而调香师对它们的“综合评价分数”却比较高的缘故。依兰依兰油具有宜人的花香，并带有一种特殊的动物香——一般认为花香里带有动物香是比较高级的，因此，配制各种花香香精都可以大量使用它，非花香（如醛香、木香、膏香、粉香）香精也可以适量使用。卡南加油（卡南加树与依兰依兰树是同品异型物）可以认为是香气较差一点、价格也较低的依兰依兰油，用在较低档香精的调配上。

依兰依兰和卡南加的原产地和目前大量生产地都是南洋群岛，我国福建、海南、广东、广西、云南等省、区早已引种成功，并进行“矮化”（依兰依兰和卡南加树在自然条件下可长到20～30m高，采花不易）培植，直接蒸馏和有机溶剂萃取、超临界二氧化碳萃取提油均得到令人满意的结果，但目前产量还不大，每年还要从印度尼西亚进口一定的数量以满足国内调香的需要。

依兰依兰油和卡南加油都可以直接用于食品、日化品的加香。

⑪ 薰衣草油。在香料工业里，薰衣草有三个主要品种：薰衣草（所谓“正”薰衣草）、穗薰衣草和杂薰衣草，用它们的花穗蒸馏得到的精油分别叫做薰衣草油、穗薰衣草油和杂薰衣草油。“正”薰衣草油的香气是清甜的花香，最惹人喜爱，主要成分是乙酸芳樟酯（约60%）和芳樟醇，我国新疆大量种植的也是这个品种；穗薰衣草油则是清香带凉的药草香，主要成分是桉叶油素（约40%）、芳樟醇（约35%）和樟脑（约20%）；杂薰衣草是薰衣草和穗薰衣草的杂交品种，其油的香气也介乎薰衣草油与穗薰衣草油之间，由于单位产量较高，大量种植，价格也较低廉。

薰衣草不单香气美好，植株外形、颜色也非常漂亮，深受人们的喜爱，2000年甚至被它的爱好者们定为“世界薰衣草年”，那一年薰衣草和薰衣草油的销售量大增，以至供不应求，时装也流行紫色（薰衣草花是紫色的），世人的眼睛和鼻子被紫色的薰衣草“熏陶”了一年。

薰衣草油是目前世界风靡的“芳香疗法”中一个极其重要的品种，对它的“功能”解释也是最混乱的，有的说它有“镇静作用”，有的又说它有“兴奋、提神作用”，正好相反！其实只要深入了解一下它的化学成分就可以解释了：“正”薰衣草油的主要成分是乙酸芳樟酯，这个化合物对人来说是起镇静作用的；穗薰衣草油的主要成分是桉叶油素和樟脑，这两个化合物对人来说都是起清醒、兴奋作用的，所以效果刚好相反。而杂薰衣草油则不适合作“镇静”或者“提神”用剂，因为说不清它到底会起什么作用。

在调香术语里面，“薰衣草”代表一种重要的花香型，在欧美国家，单单用“正”薰衣草油加酒精配制而成的“薰衣草水”非常流行，相当于我国的“花露水”。由于薰衣草油的留香时间不长，配制成各种日化香精需要加入适量的“定香剂”，若是加入的“定香剂”香气强度不大，则还是薰衣草香味；如果加入较大量的香气强度大的“定香剂”，就有可能“变调”成为另一种香型了，例如加入大量的香豆素、橡苔浸膏等豆香香料则有可能成了“馥奇”香型！

薰衣草油可以直接用于食品、日化品的加香。

⑫ 香紫苏油和紫苏油。香紫苏和紫苏不是一个品种，许多人知道中药里面有一种“紫苏”，以为香紫苏就是紫苏，待拿到香紫苏油一闻，才发现跟紫苏完全不一样。紫苏油又叫紫苏草油、红紫苏油，福建和广东也有少量生产，但很少用于调香，主要成分是紫苏醛（约55%）和苎烯（约25%），当今“芳香疗法”大行其道也许会有“大展身手”的机会，直接作为“香熏油”或配制“香熏油”的原料。

调香作业中常用的是香紫苏油。与薰衣草油相似，香紫苏油的主要成分也是乙酸芳樟酯和芳樟醇，但香紫苏油的香气却呈现龙涎琥珀一样“氤氲”、“深沉”的动物香，并且留香持久，调香师基本上是把它作为动物香料使用的——在各种日化香精里，加上适量的香紫苏油，就可闻出令人“动情”的龙涎香气来，而且让人觉得更有“天然感”。

有趣的是，香紫苏好像“注定”与龙涎“有缘”——从香紫苏植株中可提取一种叫做“香紫苏醇”的化合物，用它来合成价值很高的一种香料“降龙涎醚”比较容易，这也是香紫苏受到香料工作者重视的一个原因。

香紫苏油也可以直接用于食品、日化品、烟草的加香。

⑬ 香叶油。香叶油的主要成分是香叶醇和香茅醇，这两个化合物也是玫瑰油的主要成分，因此，香叶油便成为配制玫瑰香精的重要原料。但是，玫瑰油是甜美、雅致的香气，而香叶油却是带着强烈的、清凉的药草气息，这是因为它含有较大量草青气化合物的缘故。所以，配制玫瑰香精时香叶油的加入量是有限的。如果把香叶醇从香叶油中提取出来再用于配制玫瑰香精，则可以用到50%甚至更多一些，来自香叶油的香叶醇香气非常好，远胜过从香茅油中提取出来的或合成的香叶醇，虽然它的“纯度”并不一定高，因为其“杂质”成分也都是配制玫瑰香精的原料，不需要过度“提纯”。

在用蒸馏法制取香叶油的过程中要注意“冷凝水”（即香叶油“纯露”）的回收（最好是让它回流到蒸馏罐中）。因为香叶油的香气成分大部分是醇类，比较容易溶解于水，现在有人用它配制“化妆水”，效果很好，值得推广。

⑭ 丁香油和丁香罗勒油。在香料工业中，讲到“丁香油”，大家都明白指的是“丁子香油”，不会是“紫丁香油”或“白丁香油”，因为只有“丁子香油”才有大量的生产供应。几十年来，这一行业的人们已经习惯于把它简化叫做“丁香油”而不会有任何问题，但外行人有时候还是不明白，要多问几句。“丁香罗勒油”在产地也经常被简化叫做“丁香油”，这就更让外行人“丈二和尚——摸不着头脑”了。在本书中只把“丁子香油”称作“丁香油”。

严格说来，“丁香油”还可分为“丁香叶油”和“丁香花蕾油”两种，后者的香气较好，用于配制较为高档的香精。平时讲“丁香油”主要指“丁香叶油”，如果是“花油”的话，应该叫“丁香花蕾油”，别人才不会弄错。

丁香油和丁香罗勒油都含有大量的丁香酚，香气也都很有特色，既可以直接用来配制香精，也都可以用来提取丁香酚。丁香酚既可以直接用来调香，也可以再进一步加工成其他重要的香料（异丁香酚、丁香酚甲醚、甲基异丁香酚、乙酰基丁香酚、乙酰基异丁香酚、苄基异丁香酚、香兰素、乙基香兰素等等）。从丁香油和丁香罗勒油中提取丁香酚是比较容易的，只要用强碱的水溶液就可以把丁香酚变成酚钠盐溶解到水中，分出水溶液再加酸就可以提出较纯的丁香酚了。

丁香酚是容易变色的香料，因此，丁香油和丁香罗勒油也是容易变色的，在配制香精时要注意这一点。

丁香油既可以直接用于食品、日化品和烟草的加香，也是重要的天然杀菌剂和驱虫剂，牙科医生直接把它作为消毒、杀菌、除臭和止痛药剂。

⑮ 甜橙油和除萜甜橙油。甜橙油目前无疑是所有天然香料里产量和用量最大、最廉价的（有人还会提出松节油的产量更大，但松节油目前还很少直接用于调香，而主要用作合成其他土香料的原料），年产量2万～3万吨，今后也许只有芳樟叶油有可能与它争夺这个“冠军宝座”。美国和巴西盛产甜橙，甜橙油作为副产品大量供应全世界，通常单价为每公斤1美元左右，有时甚至低于0.5美元，从而发生把它作为燃料烧掉以维持“正常”价格的商业行为，令人扼腕。由于它的高质量和低价格，使得类似的产品——柑橘油几乎没有市场。许多柑橘类油如柠檬油、香柠檬油、圆柚油等都可以用廉价的甜橙油配制出来。

甜橙油含苎烯90%以上，留香时间很短，只能作为“头香香料”使用。但它的香气非常惹人喜爱，所以用途极广，既大量用于调配食品香精，也大量用于调配各种日用香精。

在日用香精的配方里，除了直接使用甜橙油外，还常常使用除萜甜橙油，这是因为甜橙油里大量的苎烯有时会给成品香精带来不利的影响——有些香料与苎烯的相溶性不好，出现浑浊、沉淀现象；苎烯暴露在空气中容易氧化变质，香气和色泽易于变化，造成质量不稳定；甜橙油加入量大时计算留香值低，实际留香时间也不长……为了克服这些缺点，有的香料厂就专门生产“除萜甜橙油”出售，名为“3倍甜橙油”、“5倍甜橙油”、“10倍甜橙油”，不一而足。实际上，“除萜甜橙油”的香气往往不如不除萜的好，所以，所谓“3倍”、“5倍”、“10倍”是要打折扣的。

⑯ 柠檬油与柠檬叶油。欧美国家的人们特别喜欢柠檬油的香气，因此，在欧美国家流行的各种香水、古龙水里，以柠檬作为头香的为数不少。与甜橙油相比，柠檬油带有一种特殊的“苦气”，也许正是这股特殊的“苦气”吸引了众多的爱好者趋之若鹜，因此，“配制柠檬油”也应带有这股“苦气”，否则便与一般的柑橘油无异，失去了它的特色。

天然柠檬油里含有一定量的柠檬醛（柠檬醛也是“苦气”的组成部分），这是对柠檬油香气“贡献”最大的化合物。含量最多的当然还是苎烯，同甜橙油一样，柠檬油也有“除萜柠檬油”或者叫做“X倍柠檬油”的商品出售。把苎烯去掉50%左右的“除萜柠檬油”（相当于“5倍”的柠檬油）特别适合于配制古龙水和美国式的花露水，因为古龙水和花露水的配制用的是75%～90%的酒精，这种含水较多的酒精只能有限地溶解萜烯。

柠檬叶油的香气与柠檬油的香气差别较大，也不同于其他的柑橘油和柑橘叶油。令人感兴趣的是，它竟然带有一种青瓜的香气，因此，柠檬叶油可以用来配制各种瓜香香精。对喜欢“标新立异”的调香师来说，柠檬叶油是创造“新奇”香气难得的天然香料之一。

⑰ 香柠檬油。香柠檬油与柠檬油的香气有很大的不同，刚刚接触香料的人们常常被这两种精油的名称搞乱——以为多一个“香”字与少一个“香”字还不是一样?! 香柠檬油的香气

以花香为主，果香反而不占“主导地位”了——香柠檬油的成分里面，苧烯的含量较少，而以“标准花香”的乙酸芳樟酯为主要成分。香柠檬油的香味也几乎是“人见人爱”，很少有人不喜欢它，这就是在众多的香水香精配方里面经常看到香柠檬油的原因。

同柠檬油一样，调香师也经常使用“配制香柠檬油”，这一方面是为了降低成本，另一方面则是因为天然香柠檬油的香气经常有波动，色泽也不一致。每个调香师都有自己的配制香柠檬油配方，用惯了反而更得心应手，不必像使用天然香柠檬油那样“担惊受怕”。调香师对天然香柠檬油还有一怕——怕其中的香柠檬烯含量过高。IFRA 规定，在与皮肤接触的产品中，香柠檬烯的含量不得超过 75×10^{-6}，假如你用的香柠檬油含香柠檬烯 0.35%的话，那么它在香精里的用量就不能超过 2%。为此，调香师要把每一批购进的香柠檬油都检测一下它的香柠檬烯含量才敢使用。其他柑橘类精油也多少含有一点香柠檬烯，也要检验合格才能用于调配日化香精。

天然香柠檬油和配制香柠檬油都被大量用于配制古龙水和“美国花露水”，在其他日用品香精里面也是极其重要的原料。虽然香柠檬油的留香要比柠檬油好一些，但它仍是介乎“头香”与“体香”之间的香料，在配制香水香精和化妆品香精时如果用了大量的香柠檬油，要让它“留香持久”便成了难题——“定香剂”加多了香型会“变调”，天然的香紫苏油便是一个例子，香紫苏油的主要成分也是乙酸芳樟酯，只因含有较多的天然“定香剂”，就变成龙涎琥珀香型的香料了！

我国出产的香橼油（佛手柑油）的香气、成分与香柠檬油接近，可以代替使用。

⑱ 山苍子油。山苍子油是我国的特产香料油，虽然它含有较多的柠檬醛，但由于含有不少“香气不怎么令人喜欢”的成分，直接嗅闻之并不美好，因而较少出现在香精配方里，而是从中提取出高纯度的柠檬醛再用于配制香精。

其实用一定规格的山苍子油直接配制香精在许多场合下不但是可行的，而且还常奏奇功！通常讲的“香气不怎么令人喜欢”指的是那些带着辛辣气息、像生姜一样的成分，聪明的调香师就跟炒菜放生姜一样，把这种有特色的香味利用起来，调出美妙、和谐的香精！例如调配仿天然玫瑰花香的玫瑰香精，一般要加少量的柠檬醛和少量的姜油，此时直接加山苍子油岂不更好！配制柠檬油，直接往甜橙油里面加山苍子油比加柠檬醛调出的成品的香气更加自然、更加惹人喜爱。

我国的四川、湖南、贵州等地的民众把山苍子作为香辛料使用，因此，山苍子油也可以直接用于食品、日化品的加香。

⑲ 桉叶油。在香料工业里，一般讲“桉叶油”都是指“蓝桉叶油”，只因“蓝桉叶油”含桉叶油素高，有大规模的生产供应——我国云南就大量种植蓝桉以生产蓝桉叶油销售全世界。现在还有从“桉樟”（即油樟）——一种叶子的油里含大量桉叶油素的樟科植物——叶子得到的“桉樟叶油”（或叫“樟桉叶油”）和从提取天然樟脑得到的副产品“白樟油”里分馏出来的“桉樟油”（国外称之为“中国桉叶油”），香气虽有差异，照样被调香师用于调配香精。

早期调香师较少把桉叶油用于调配日用品香精中，嫌它有“辛凉气息”、有“药味”，现在随着“回归大自然”的热潮，调香师发现桉叶油加入日用品香精中有助于增加“天然感”，才使被冷落几十年的桉叶油重新“焕发青春”。

直接把桉叶油加在香精里和加桉叶油素是不一样的，前面介绍过蓝桉叶油与桉樟叶油、桉樟油的香气不一样，主要是因为“杂质”的不同，而这些“杂质”也赋予所配制的香精不同的“天然气息”。

⑳ 茶树油。茶树油是近十几年来天然精油里发展最快的一颗新星，原产澳大利亚，现我国和印度也有种植、提取精油，价格逐年下降，除了直接用于芳香疗法、配制各种护肤护发品

和盥洗用品以外，调香师也开始把它用于某些特殊香精的配制。在日用品里加入用茶树油配制的香精具有双重作用：赋香与杀菌。但IFRA目前仍“由于缺乏足够的资料”而不允许茶树油用于与皮肤直接接触的产品中。

茶树油里面含有30%～40%对蓋烯-1-醇-4（俗称“松油醇-4”），10%～20%1,8-桉叶油素，前者具有紫丁香的花香香气，而后者是清凉的草、药气味，直接嗅闻之并不美好，但由于现今“崇尚大自然”的结果，人们已经逐渐开始适应、甚至喜爱这种“有自然感”的香味了。事实上，最早的古龙水使用了大量的迷迭香油，而迷迭香油就是属于这种香气的天然香料，至今仍然广受欢迎。对蓋烯-1-醇-4和桉叶油素都具有消炎、杀菌、净化空气的作用，因此，用茶树油配制的香精很适合作空气清新剂用。在香精里面加入比较多的茶树油时，要注意不让桉叶油素的清凉药草香气过分暴露。

㉑ 松节油。在大部分调香师的眼里，松节油好像“不属于香料”，只是作为生产多得不可胜数的“合成香料”的起始原料，在调配各种香精时，也很少想到使用松节油。但在分析各种天然香料时，却几乎每一次都要看到“甲位蒎烯”、“乙位蒎烯”，而这两个蒎烯就是松节油的主要成分！由此可见，在调配、仿配天然精油时，松节油是不能“忘掉”的。在当今“芳香疗法”盛行于世时，松节油更是配制各种“香熏油”的常用材料——须知中文“松节油”就已经明白地告诉你它是能够“轻松关节的油”，这正是目前时髦的“推拿”、“按摩”广告上标榜的字眼！

几年前，日本有人通过实验证实蒎烯可以减轻人的疲劳。事实上，到原始森林去进行“森林浴”也是因为林间空气里含有大量蒎烯的缘故。人们自然会想到在家里、办公室里也能享受这种“蒎烯疗法”，最简单的是洒点松节油就行了。松节油的气味许多人不喜欢，而且它不留香，所以应该把它配成令人喜爱的、留香较久的香精再做成空气清新剂。

㉒ 芳樟叶油。在全世界每年使用量最多的25种香料中，芳樟醇一直名列前茅，年用量高达1万吨以上，而用于合成芳樟酯类香料、维生素A和维生素E、β-胡萝卜素等使用的芳樟醇每年也要4万吨以上，二者加起来每年超过5万吨。天然芳樟醇的资源有限，虽然含有芳樟醇的天然香料多得不计其数（这也是在几乎所有的日用香精里都能检测到它的缘故），但可用于从中提取芳樟醇或直接作为芳樟醇加进香精里的天然香料品种只有芳樟木油、芳樟叶油、白兰叶油、玫瑰木油、伽罗木油和芫荽子油等寥寥数种，其他天然香料如橙叶油、柠檬叶油、玳玳叶油、香柠檬薄荷油以及从茉莉花、玫瑰花、依兰依兰花、玉兰花、树兰花、薰衣草等各种花、草中提取出来的精油里面所含的芳樟醇则是以“次要成分”进入香精的。因此，当今世界使用的芳樟醇百分之九十几来自“合成芳樟醇”。

从芳樟木油、芳樟叶油提取的芳樟醇是目前天然芳樟醇的主要来源之一，我国的台湾和福建两省从20世纪20年代就已开始利用樟树的一个变种——芳樟的树干、树叶蒸馏制取芳樟木油和芳樟叶油并大量出口创汇，国外把这两种天然香料叫做“Ho oil”和“Ho leaf oil”，“Ho”是闽南话“芳”的近似发音。天然的芳樟树毕竟有限，经过将近一个世纪的滥采滥伐，至今已所剩无几，人工大量种植芳樟早已排上日程。福建的闽西、闽北地区采用人工识别（鼻子嗅闻）的方法从杂樟树苗中筛选含芳樟醇较高的“芳樟”栽种进而提炼“芳樟叶油”也有二十几年的历史了。用这种办法可以得到芳樟醇含量60%以上的精油，个别厂家可以成批供应含芳樟醇70%的“芳樟叶油”，再用这种“芳樟叶油”精馏得到主成分95%以上的“天然芳樟醇”。由于樟叶油的成分里面除了芳樟醇以外，主要杂质是桉叶油素和樟脑，而这两种物质的沸点与芳樟醇非常接近，即使很“精密”的精馏也不容易把这两种杂质除干净，所以用这种方法得到的“天然芳樟醇”与“合成芳樟醇”的香气相比也好不到哪里去，成本也不低。

樟树和芳樟的一个特点是用种子繁殖时易发生化学变异——只有10%～20%能保持母本

的特性。因此，即使找到一株叶油含芳樟醇98%的"纯种芳樟"，用它的种子播种育苗，也只有少部分算是"芳樟"，其余仍是杂樟。看来只能用"无性繁殖"才能解决这个难题。厦门牡丹香化实业有限公司的科研人员在闽西山区找到几株含左旋芳樟醇高达98%以上、桉叶油素和樟脑含量均低于0.2%的优良品种，采用组织培养和嫩枝扦插相结合的方法大量育苗成功，并大量种植于江南各省、区，目前已能供应"纯种芳樟叶油"用于调香了。在所有的日用香精（其实也包括食品香精、饲料香精和烟用香精）配方里，只要有用到芳樟醇的地方，全部改用这种"纯种芳樟叶油"，配出的香精香气质量都会有所提高，香气强度（即香比强值）也较大。诚然，"纯天然"也是吸引调香师乐于使用的一个原因。

纯种芳樟叶油可以直接用于绿茶、花茶、各种饮料和糕点的加香，主要是增强这些产品的茶香以提高档次。

㉓ 香茅油。香料用的香茅油主要有两个品种：爪哇种与斯里兰卡种。二者的主要成分都是香茅醛、香茅醇、香叶醇以及这两种醇的乙酸酯，爪哇种的含醛量和总醇量都比较高，因而种植量也大。我国目前是爪哇种香茅油的种植、出口与消费大国，印度尼西亚和越南的产量也大，但消费不多。

香茅油可直接提取香茅醛、香茅醇和香叶醇，也是这三种香料最主要的天然来源。一般爪哇种香茅油含香茅醛35%～40%，香茅醇20%～25%，香叶醇15%～20%，乙酸香茅酯和乙酸香叶酯约5%。由于香茅醇与香叶醇的沸点较为接近，而且都是玫瑰花香气，所以天然的香茅醇总是含有不少的香叶醇，而天然的香叶醇也总是带着较多的香茅醇。直接用精馏法提取香茅醛留下的部分有人就把它当作"粗玫瑰醇"出售，可用于配制一些中低档的日用香精，特别是熏香香精。

将香茅醛还原可以得到香茅醇，许多香料厂直接以香茅油作原料用"高压加氢法"还原其中的香茅醛，由于"高压加氢法"免不了会生成少量的四氢香叶醇，使得产物的香气不佳。厦门牡丹香化实业有限公司的科研人员在几年前找到了一种新的还原剂，这种还原剂能够像导弹一样专门还原香茅醛的"醛基"，而不与其他双键起作用，香茅油用这种方法还原后得到的产物（也被称为"玫瑰醇"）不含四氢香叶醇，香气甜润，充满天然玫瑰花香，可以直接用来配制各种日用香精（代替价格昂贵的玫瑰花油），也可以用它来提取质量优异的香茅醇与香叶醇。

厦门牡丹香化实业有限公司还利用变异育种的方法从爪哇种香茅草得到一株得油率（鲜草）0.8%、油中香叶醇含量高达50%的新品种，现已大量繁殖栽种，预期几年以后市场上就会有这种"高醇香茅油"供应了。

几乎所有人一闻到香茅油就会说"像洗衣皂的味道"，这是因为洗衣用肥皂从一开始工业化大量生产就与香茅油结缘，至今仍未改变。直接用香茅油作"肥皂香精"也是可以的，香茅油中的香茅醛香气强度大，能有效地掩盖各种油脂的腥膻臭味，但香茅油的留香力较差，最好还是把它调配成专用的"皂用香精"使用效果更优。

㉔ 柠檬桉油。柠檬桉油是与香茅油同一类香气的天然精油，二者都含有大量的香茅醛，前者的香茅醛含量超过后者的两倍——70%～80%，甚至高达90%！因此，如果仅仅为了得到香茅醛的话，种植柠檬桉油是更合算的。

柠檬桉是一种生长在热带、亚热带的高大乔木（是目前世界上已知长得最高的植物），木材坚硬笔直，经济价值高，我国南方大量种植已将近一个世纪，利用这些作为绿化、木材使用的高大树木每年采收一些细枝叶蒸馏而得到的精油一直是我国柠檬桉油的主要来源。如果只是为了得到香料，则应采用"矮化密植"的方式作业，以利于采收和提高精油产量。

从柠檬桉油提取香茅醛比香茅油更容易，得率也高得多。直接用柠檬桉油制取羟基香茅醛也已经在许多工厂实现。香茅醛还原可以得到香茅醇，柠檬桉油直接还原得到的"粗香茅醇"

也可以用来配制一些对香气要求不太高的日用香精，这同香茅油都是相似的。

㉕ 檀香油。檀香油历来是调香师特别喜爱的天然香料之一，其香气柔和、透发、有力，留香持久，几乎各种日用品香精中只要加入少量檀香油就让人觉得“高档”了许多。遗憾的是，由于世界资源太少，三十几年前印度突然宣布大幅度涨价后就再也没有回落过，调香师不得不寻找代用品，全世界的有机化学家也纷纷加入到分析、“解剖”、仿制檀香油和开发具有檀香香气的化合物的行列中，至今已有多个“合成檀香”香料问世并被调香师认可而得以应用。

我国老一辈香料工作者也不遗余力地从国外引进、自己研制了“合成檀香”803、208、210、檀香醚等，再经过调香师的共同努力，用这些“合成檀香”配制出了香气与天然檀香油很接近的“人造檀香油”，基本可以满足各种日用品的加香要求。

不过，调香师直至今日还是没能用现有的各种合成香料调配出“惟妙惟肖”的檀香油出来，同各种天然的动物香料一样，天然檀香油那种奇妙的“动情感”、“性感”（有人认为天然檀香油比天然麝香还“性感”!）至今仍让科学家们伤透脑筋。

东印度檀香油约含有90%的檀香醇，这个化合物至今还没能比较“经济”地大量合成出来供应市场，今后即使找到比较“廉价”的合成方法，也不能说“人造檀香油”已经“大功告成”，因为檀香醇的香气还不能代表天然檀香油的“精髓”，这正如各种柑橘油（柠檬油、甜橙油等）的情形一样——虽然各种柑橘油的主要成分都是苎烯，有的油苎烯含量超过90%，但苎烯的香气绝对代表不了各种柑橘油的香气!

在各种香精配方里，少量的檀香油就有“定香”作用，而多量的檀香油就能在体香甚至在头香中起作用，这个天然香料油好就好在它的香气自始至终“一脉相承”、“贯穿到底”。

㉖ 柏木油。在全世界寥寥可数的几种木香香料中，柏木油的重要性远远超过了檀香油，虽然它的香气比檀香油“差多了”，但这只是因为目前柏木油供应充足，价格低廉，檀香油则是“物以稀为贵”而已，相信以目前这样乱砍滥伐的情形发展下去，不必等太久，柏木油也会像檀香油一样成为“稀罕物”的——有“先知先觉”的香料工作者早已看到这一点，在实验室里合成了一系列具有天然柏木油香气的化合物，准备到柏木油枯竭时派上用场。

由于目前柏木油的价格非常低廉，调香师使用起来也是“大手大脚”，有点随意性，“配制檀香油”是它“大显身手”的“好地方”；在日用化学品和熏香用品里使用量极大的“玫瑰檀香香精”里它也是“大出风头”，用量都在其他香料之上；就是在常用的玫瑰香精里，柏木油也经常被加入作为“定香剂”；在“东方香”型、木香型及许多“幻想”型香精中，柏木油的用量都是较大的。

不少地方的农民自己用“土法”制取柏木油，有的直接用火干馏取油，制得的柏木油焦味很重，除了偶尔用一点配制皮革香香精（这种香精需要一点烟熏味）可以直接使用外，其余的都要经过处理除去焦味——一般用碱洗就可以去焦味，因为产生焦味的化合物主要是一些酚类，酚可以溶解在碱水里。现在倾向于用“水煮”或水蒸气蒸馏法提油，但由于柏木油中的许多成分沸点较高，蒸馏时间要很长，而且提不“干净”，最好用“加压水蒸气蒸馏法”，这需要一定的投资，千万不要用未经有关部门检测合格的“土锅炉”进行压力操作!

从柏木油中可以提取柏木脑和数量更多的柏木烯，这两个单体香料都是既可以直接用来调香，也是制取许多合成香料如乙酸柏木酯、甲基柏木醚、甲基柏木酮等的重要原料。提出柏木脑和柏木烯后留下的“素油”仍可以作为配制低档香精的原料。

所有柏木油中含有的香料成分及由它们衍生的化合物的留香时间都比较长，都可以用作“定香剂”。

有一种柏木油的颜色是鲜红的，习称“血柏木油”，其香气比较接近于檀香的香气，因而常被用来作为配制檀香油的主要原料，可惜现在资源已经枯竭，市场上难以见到了。

㉗ 广藿香油。广藿香油是调香师特别喜爱的少数难得的“全能性”天然香料之一，所谓“全能性”是指有些香料既可以作基香香料、又可以作头香香料——当然也可以作体香香料了。按照朴却的香料分类理论，凡在闻香纸上留香超过60d的都可以被用来作“基香香料”，这些“基香香料”大部分香气强度不大，加入香精里面不大影响“头香”的香气，广藿香油则不但留香时间大大超过60d，而且香气强度又相当大，少量加进香精里面，它的香气在“头香”段就可以明显地闻到。类似的香料不多，大家较为熟悉的有檀香油、茉莉净油、赖百当净油、鸢尾净油、桂花净油、香紫苏油、香叶油、香根油、甘松油等屈指可数的几个，也都被调香师视为珍品。

广藿香虽是草本植物，但广藿香油却被调香师当作木香香料使用。不过，当使用量过大时，广藿香油的“药味”显出来却不太受欢迎——除非你本来就是要配制“药香香精”！须知广藿香与中药里的藿香不是同一种植物，二者的香气完全不同！

广藿香油是较为罕见的直到今日还没有合成代替物的一个特殊精油，也就是说，现在市场上还没有全部用合成香料配制的广藿香油出售——组成广藿香油香气的几个主要化合物至今还没有“经济”的合成方法。这造成有时候种植广藿香的地区碰上天灾或者人祸减产时，广藿香油的价格会在短时间里飙升到天价！

我国现在已经是国际市场上少数的可以出口广藿香油的国家之一，主要出产地在海南和广东两省，但产量波动较大，有时一年出100多吨，有时才几十吨。质量原来也不稳定，现在采用“分子蒸馏法”精制要好多了，有的厂家还可以根据用户的要求生产出特殊规格的广藿香油（颜色浅淡的、含醇量高的等等）以减少进口。

㉘ 香根油。同广藿香油一样，香根油也是“全能性”的天然木香香料之一，但它的香气与广藿香油完全不同，广藿香油带着一种“干的药香”，而香根油则带着一种“甜润的壤香”，质量稍次的则有“土腥气”，二者结合倒是既“互补”又“相辅相成”，所以调香师经常同时使用它们，不偏不倚，相得益彰。

香根油的主要成分是香根醇，现在已有合成品供应，但香气还是与天然品的差距较大。直接把香根油“乙酰化”（而不是提出香根醇再“酯化”）制得的产品叫做“乙酰化香根油”，在调香上也很有价值，但目前IFRA对香根油的“乙酰化”有一些具体的规定，不符合这些规定的不能用于调配日用化学品香精。

香根油和“乙酰化香根油”的颜色都很深，这也是调香师不敢大量使用它们的一个主要原因，香料制造厂也曾经想方设法地对它们进行“脱色”处理，颜色是变淡了，但香气也“变淡”了，看来有些深颜色的化合物也可能是香根油的主要香气成分。

㉙ 甘松油。甘松油也属于木香香料，但甘松油的“药味”更明显，与甘松油同一路香气的缬草油就“划归”药香香料了。在配制木香香精时，甘松油的用量更要谨慎，否则将配成“药木香香精”！

物如其名，“甘味”也是甘松油香气的特色之一，在各种香精里面，加一点甘松油就如同在中药里加甘草一样，不过，中药里加甘草是让味觉有“甘味”，而香精里加甘松油则是让嗅觉有“甘味”。在配制药香香精时，加入甘松油（此时就可以多加了）会令人觉得闻起来“舒服”得多，因为人们对“药味”的畏惧在于“苦”（所谓“良药苦口”）——骗小孩子吃药要加糖也是这个道理。

甘松油是配制熏香香精的重要原料之一，因为甘松油在熏燃时散发出一种令人愉悦的香气，而“同一路香气”的缬草油熏燃时的香气就差多了！

㉚ 亚洲薄荷油与椒样薄荷油。亚洲薄荷油与椒样薄荷油的香气有差别，直接嗅闻时后者比较“清爽”一些，但前者含薄荷脑高，可用来“提脑”，提取薄荷脑后副产的“薄荷素油”

还含有不少薄荷脑，香气也较薄荷原油好一些，可直接用于配制许多日用品香精，也可以用来配制椒样薄荷油。

亚洲薄荷油原先大量直接用于配制万金油、风油精、驱风油、白花油等治疗小伤小病的“万用精油”，如今都已改为用提取出来的薄荷脑配制，这样质量更有保证。牙膏、漱口液、口香糖等也大量使用亚洲薄荷油和天然薄荷脑，市场量非常大，而且每年都在增长。有的牙膏香精采用天然薄荷脑和椒样薄荷油为主配制，因为有不少人更喜欢椒样薄荷油的香气。椒样薄荷在我国也已大量种植生产，现在不但不用进口，每年还出口不少。

烟草工业每年也使用不少薄荷脑和薄荷油，有一种据说主要是供应女人抽的 More 香烟就直接使用薄荷油加香，也很受欢迎。

薄荷脑和薄荷油作为现代“芳香疗法”中起清醒作用的主要成分，用途越来越广，有一年货源不足，加上一些不法商人的炒作，竟在短时间里价格暴涨了近 10 倍，造成许多大量使用薄荷脑和薄荷油的企业受损，也“造就”了印度与我国争夺这个市场的机会。日本的合成薄荷脑也趁机大发利市。

亚洲薄荷油、薄荷素油和椒样薄荷油都可以直接用于食品、日化品、烟草的加香。

㉛ 留兰香油。留兰香油又叫绿薄荷油，说明它与薄荷“有缘”。的确，由于留兰香和薄荷是同科近缘植物，如果把二者种在一起，就很容易由于花粉混杂，造成杂交，使品种退化。我国江苏、安徽、湖南等大面积种植薄荷与留兰香的地方，就规定把这两种植物隔江而种，依靠宽阔的长江江面阻止花粉“乱交”，但仍然防不胜防，薄荷与留兰香专家辛辛苦苦培植的优良品种往往不过几年就退化了！

留兰香油的最主要用途在于配制牙膏香精和漱口液香精，虽然留兰香油并没有“清凉”感，但它与薄荷的香气非常协调，能起到相辅相成的作用，所以许多牙膏香精和漱口水香精喜欢采用“薄荷留兰香”香精。

除了牙膏、漱口水以外，其他日用品香精较少使用到留兰香油，最近由于“回归大自然”的热潮，有人调出明显带有留兰香香气的“旷野”幻想型香精用于空气清新剂取得成功，留兰香油在这方面也许会开始有些“用武之地”。

㉜ 橡苔浸膏和橡苔净油。在早先配制“馥奇”香精和“素心兰”香精时，都要大量使用橡苔浸膏和橡苔净油，现在由于 IFRA“实践法规”对它用量的限制，加上“合成橡苔素”的工业化生产供应，还有它自身的一些缺点——有色泽、价格时常波动等，市场需求量正在减少。

橡苔浸膏和橡苔净油的留香时间都较长，有不错的定香作用，加在香精里面能起到一种“稳重”香气的作用，也就是使得原先显得“轻飘”的香气变得“厚实”、“浓郁”一些，橡苔浸膏和橡苔净油本身的香气是自然界的“苔藓”气味加上豆香、干草香，因此，要调制“自然气息”、“乡土气息”、“秋收”之类的香精免不了要使用它们。它们与香豆素、薰衣草油一起使用就组成了“馥奇”香型，再加上香柠檬油等就组成了“素心兰”香型，这两个都是香水香精和化妆品香精里极其重要的香型，橡苔浸膏和橡苔净油的重要性不言而喻。

橡苔浸膏和橡苔净油的颜色是墨绿色带点黄棕色，但有时绿色淡而黄棕色明显起来，并不能说明是质量问题。橡苔净油是从橡苔浸膏中提取出来的，杂质更少一些，所以在使用的时候可以少用一点，香气倒是没有太大的差别。

“合成橡苔素”的香气与橡苔浸膏、橡苔净油相比还是有差距的，所以调香师们把以前香精里面用的橡苔浸膏、橡苔净油改成“合成橡苔素”时还是持谨慎态度的，不敢全部改掉，一般是按 IFRA“实践法规”执行（橡苔浸膏或橡苔净油的用量不超过 3%），其余的用“合成橡苔素”补足。

㉝ 安息香浸膏。安息香浸膏有时又被称为安息香树脂，有人认为安息香树脂包含着一些不溶解于乙醇的杂质，安息香浸膏更“纯净”一些。在膏香香料里，安息香浸膏无疑是使用最多、调香师也最了解的品种，它的香气淡弱，颜色也较浅淡，加入香精里面一般既不大影响到整体的香味，又可增加留香时间，价格也较为低廉，可以“随意加入”。

“现代派”的调香师不太喜欢用天然膏香香料，认为它们的香气成分无非就是苯甲酸酯、水杨酸酯、桂酸酯类、香兰素等，用这些合成香料自己调配更方便，也更“安全”一些。其实，天然膏香香料还是有各自的特色的，用各种合成香料配制还不能完全把它们的“自然气息”再现出来。安息香浸膏因为价格不贵，调香师不太认真调配它，果真“认真”的话，也很难调出让熟悉它的人辨认不出的程度。

苯甲酸苄酯是安息香浸膏的主要成分，有时含量高达80%，因此，在香精里加了安息香浸膏等于加了“天然苯甲酸苄酯”，在当今“回归大自然”、崇尚天然材料的时代，特别是配制“芳香疗法”精油时，安息香浸膏又有机会以“天然定香剂”的“身份”对几十年来被合成的苯甲酸苄酯“占据”的“奇耻大辱”报“一箭之仇”了。

附：棕榈油。棕榈油不是精油，它是一种热带木本植物油，是目前世界上生产量、消费量和国际贸易量最大的植物油品种，与大豆油、菜籽油并称为“世界三大植物油”，拥有超过五千年的食用历史。

棕榈油由油棕树上的棕榈果压榨而成，果肉和果仁分别产出棕榈油和棕榈仁油，传统概念上所言的棕榈油只包含前者。棕榈油经过精炼分提，可以得到不同熔点的产品，分别在餐饮业、食品工业和油脂化工业中拥有广泛的用途。东南亚和非洲作为棕榈油的主要出产区，产量约占世界棕榈油总产量的88%，印度尼西亚、马来西亚和尼日利亚是世界前三大生产国。目前，中国已经成为全球第一大棕榈油进口国，棕榈油消费量每年约为600万吨，占市场总量的20%。

棕榈油是世界用量领先油脂大豆油的主要竞争对手，其他竞争对手包括菜籽油、葵花籽油、花生油、棉籽油、棕榈仁油和橄榄油等，2004年以来，棕榈油和棕榈仁油的总用量超过了世界上主要的食用油——大豆油。

中国是全球食用油消费第一大国，每年食用油的消费总量高达二千五百多万吨，其中包括大量的棕榈油和棕榈仁油，而普通民众并不知晓，主要是因为这些棕榈油和棕榈仁油都被配制成其他食用油销售了。这没有什么不好，比如用棕榈油和棕榈仁油配制的花生油就比用花生榨取的油更加安全可靠，但消费者有权知道自己花钱购买的商品的真相，所以这方面的科普还是要做好，免得产生误解。

棕榈油中富含胡萝卜素（0.05%～0.2%），呈深橙红色，这种色素不能通过碱炼有效地除去，通过氧化可将油色脱至一般浅黄色。在阳光和空气的作用下，棕榈油也会逐渐脱色。棕榈油略带甜味，具有令人愉快的紫罗兰香味。常温下呈半固态，其稠度和熔点在很大程度上取决于游离脂肪酸的含量。国际市场上把游离脂肪酸含量较低的棕榈油叫做软油，把游离脂肪酸含量较高的棕榈油叫硬油。

棕榈油含有饱和脂肪酸和不饱和脂肪酸的比例均衡，大约有44%的棕榈酸，5%的硬脂酸（两种均为饱和酸），40%的油酸（不饱和酸），10%的亚油酸和0.4%的α-亚麻酸（两种都是多不饱和酸）。

棕榈油像其他普通的食用油一样，是热量的来源，也很容易消化、吸收和利用。在欧洲、美国和亚洲，新近的许多研究证实，当用棕榈油替代饮食习惯中的大部分其他油脂时，血液中的总胆固醇没有明显的上升。

棕榈油目前是配制“油溶性食用香精”的主要溶剂。以前许多香精厂用大豆油作溶剂，现在棕榈油价格较低，稳定性也较好，所以大多数厂家都改用棕榈油了。棕榈油对各种香料有一定的“保香”性能，即提高这些香料的留香持久性和耐热性。把食用香基加入棕榈油里溶解以后，由于挥发度降低，香气明显变淡，香气变得更加令人愉悦，一些热加工的食品如糖果、烘焙食品等，目前还是大量使用这种“油溶性食用香精”。

（2）香辛料

香辛料有时也称辛香料，主要是指在食品调香和调味过程中使用的芳香植物的干燥颗粒、薄片、碎屑、粉末、油树脂、浸膏、净油或精油，是香料植物的种子、花蕾、叶、茎、根、皮等或其分泌物、提取物，具有一定的刺激性香味，赋予食物以风味，有增进食欲、帮助消化和吸收的作用。

香辛料含有挥发油（精油）、辣味成分及有机酸、纤维、淀粉粒、树脂、黏液物质、胶质等成分，其大部分香气来自其中所含的精油。香辛料广泛应用于烹饪食品和食品工业中，主要起调香、调味、调色等作用。有时，香辛料也指制造香味用的材料。

人类古时就开始将一些具有刺激性香味的芳香植物作为药物，也用于饮食加香，它们的精油含量较高，有强烈的呈香、呈味作用，不仅能促进食欲，改善食品风味，而且还有杀菌防腐的功能。现在的香辛料不仅有粉末状的，而且有精油或油树脂形态的制品。

香辛料主要是被用于为食物增加香味，而不是提供营养。用于香料的植物有的还可用于医药、宗教、化妆、香氛或直接食用。很少单独使用，大部分以数种或数十种香辛料调和配制，如五香粉、十三香、咖喱粉等。

公元前1世纪的《神农本草经》中将草药分为上、中、下三品，上药应天之命，与神相通，能补养生息，无毒，长期服用无害，有延年益寿、轻身益气之功效，其中主要者为桂皮、人参、甘草和察香；中药指有养生防病、滋补体力，充分利用其特点，调整其毒性，可配合使用者，主要为生姜、当归、犀角等；下药主治各种疾病，因有毒性忌长期服用，主要的有大黄、桔梗、杏仁等。三品都有香辛料，这说明中国对香辛料的应用有着非常久远的历史和科学的认识。中国菜扬名于天下与其巧妙地发挥香辛料的独特风味和诱食性不无关系，这也是中国烹饪的一大特色。

食用香辛料是人类最早期的交易项目之一，也是古代文明进化史的重要组成部分。东西方的文化交流，也自香辛料的交易开始。南宋赵汝南著的《诸蕃志》中，就将丁香、胡椒与珍珠、玛瑙并驾齐驱地列为国际贸易商品。福建泉州为世界闻名的海上丝绸之路，同时也是香料之路的起点，20世纪70年代在泉州发掘的宋代沉船中发现大量的香料，其中一大部分是香辛料。

香辛料细分成5类。

① 有热感和辛辣感的香料，如辣椒、姜、胡椒、花椒、番椒等。

② 有辛辣作用的香料，如大蒜、葱、洋葱、韭菜、辣根等。

③ 有芳香性的香料，如月桂、肉桂、丁香、众香子、香荚兰豆、肉豆蔻等。

④ 香草类香料，如茴香、葛缕子（姬茴香）、甘草、百里香、枯茗等。

⑤ 带有上色作用的香料，如姜黄、红椒、藏红花等。

常见种类如下。

① 八角茴香。又名大茴香、木茴香、大料，属木本植物。味食香料。味道甘、香。单用或与其他药（香药）合用均可。主要用于烧、卤、炖、煨各种动物性原料。有时也用于素菜，如炖萝卜、卤豆干等。八角是五香粉中的主要调料，也是“卤水”中最主要的香料。

属性：性温。功用：治腹痛，平呕吐，理胃宜中，疗疝瘕，祛寒湿，疏肝暖胃。

②茴香（即茴香子）。又名小茴香，草茴香。属香草类草本植物。味食香料。味道甘、

香，单用或与其他药合用均可。茴香的嫩叶可作饺子馅，但很少用于调味。茴香子主要用于卤、煮各种禽畜菜肴或豆类、花生、豆制品等。

味道、属性、功用与八角茴香基本相同。

③ 桂皮。又名肉桂，即桂树之皮。属香木类木本植物。味食香料。味道甘、香，一般都是与其他药合用，很少单用。主要用于卤、烧、煮、煨各种禽畜野兽等菜肴。也是“卤水”中的主要调料。

属性：性大热，燥火。功用：益肝，通经，行血，祛寒，除湿。

④ 桂枝。即桂树之细枝，味道、用途、属性、功用与桂皮相同，只不过不及桂皮味浓。

⑤ 香叶。一般指月桂树叶，几乎所有樟属植物的叶子都可以作香叶用，其味道、用途、属性、功用各有不同，有的与桂皮相同，但味道较淡；有的则带有浓厚的桉叶或樟脑气味。

注意：天竺葵油也称作香叶油，但天竺葵的叶子并不属于香辛料的“香叶”，也不能作“香叶”使用。

⑥ 砂姜。又名山奈、山辣。属香草类草本植物。本食香料。味道辛、香。生吃熟食均可。单用或与其他药合用均佳。主要用于烧、卤、煨、烤各种动物性菜肴。常加工成粉末用之，在粤菜中使用较多。

属性：性温。功用：入脾胃，开郁结，辟恶气，治牙疼，治胃寒疼痛等症。

⑦ 当归。属香草类草本植物。味食香料。味甘、苦、香。主要用于炖、煮家畜或野兽类菜肴。因其味极浓，故用量甚微，否则，反败菜肴。

属性：性温。功用：补血活血，调气解表，治妇女月经不调、白带、痛经、贫血等症。为妇科良药。

⑧ 荆芥。属香草类草本植物。本食香料。味道辛、香，有时用于烧、煮肉类，主要作菜用。

属性：性温。功用：入肺肝，疏风邪，清头目。

⑨ 紫苏。属香草类草本植物。本味两用。味道辛、香。用于炒田螺，味道极妙，有时用于煮牛羊肉等。

属性：性温。功用：解表散寒，理气和中，消痰定喘，行经活络。可治风寒感冒，发热恶寒，咳嗽气喘，恶心呕吐，食鱼蟹中毒等症，梗能顺气安胎。

⑩ 薄荷。属香草类草本植物。味本两用。味道辛、香。主要用于调制饮料和糖水，有时也用于甜肴。可作为调味剂，还可配酒、冲茶等。

属性：性温。功用：清头目，宣风寒，利咽喉，润心肺，辟口臭。

⑪ 栀子。又名黄栀子、山栀子，属木本植物。味食香料，也是天然色素，色橙红或橙黄。味道微苦、淡香。用途不大，有时用于禽类或米制品的调味，一般以调色为主。

属性：性寒。功用：清热泻火，可清心肺之热，主治热病心烦，目赤、黄疸、吐血、衄血、热毒、疮疡等症。

⑫ 白芷。属香草类草本植物。味食香料。味道辛、香。一般都是与其他药合用。主要用于卤、烧、煨各种禽畜野味菜肴。

属性：性温。功用：祛寒除湿，消肿排脓，清头目。

⑬ 白豆蔻。属香草类草本植物。味食香料。味道辛、香。与其他药合用。常用于烧、卤、煨各种禽畜菜肴。

属性：性热、燥火。功用：入肺，宣邪破滞，和胃止呕。

⑭ 草豆蔻。属香草类草本植物。味食香料。味道辛、香、微甘。与其他药合用，主要用于卤、煮、烧、焖、煨各种禽畜野味等菜肴。

属性：性热。功用：味性较白豆蔻猛，暖胃温中，疗心腹寒痛，宣胸利膈，治呕吐，燥湿强脾，能解郁痰内毒。

⑮ 肉豆蔻。属香草类草本植物。味食香料。味道辛、香、苦。与其他药合之，用于卤、煮各种禽畜菜肴。

属性：性温。功用：温中散逆，入胃除邪，下气行痰，厚肠止泻。

⑯ 草果。属香草类草本植物。味食香料。味道辛、香。与他药合用，用于烧、卤、煮、煨各种荤菜。

属性：性热燥火。功用：破瘴疠之气，发脾胃之寒，截疟除痰。

⑰ 姜黄。属香草类草本植物。味食香料。味道辛、香、苦。它是色味两用的香料，既是香料，又是天然色素。一般以调色为主，与其他药合用，用于牛羊类菜肴，有时也用于鸡鸭鱼虾类菜肴。它还是咖喱粉、沙嗲酱中的主要用料。

属性：性温。功用：破气行瘀，祛风除寒，消肿止痛。

⑱ 砂仁。属香草类草本植物。味食香料。味道辛、香。与其他药合用，主要用于烧、卤、煨、煮各种荤菜或豆制品。

属性：性温。功用：逐寒快气，止呕吐，治胃痛，消滞化痰。

⑲ 良姜。属香草类草本植物。味食香料。味道辛、香。与他药合之，用于烧、卤、煨各种菜肴。

属性：性温。功用：除寒，止心腹之疼，散逆治清涎呕吐。

⑳ 丁香。又名鸡舌香，属香木类木本植物。味食香料。味道辛、香、苦。单用或与他药合用均可。常用于扣蒸、烧、煨、煮、卤各种菜肴。如丁香鸡、丁香牛肉、丁香豆腐皮等。因其味极其浓郁，故不可多用，否则适得其反。

属性：性温。功用：宣中暖胃，益肾壮阳，治呕吐。

㉑ 花椒。又名川椒，其实并非四川独有，也并非四川产的好。有特殊的香气和强烈的辣味，且麻辣持久，是我国北方和西南地区不可缺少的调味品，麻辣汤料中常用。我国华北、西北、华中、华东等地区均有生产。

花椒属木本植物。味食香料，味道辛、麻、香。凡动物原料皆可用之。单用或与他药合用均宜，但多用于炸、煮、卤、烧、炒、烤、煎各种菜肴。荤素皆宜，在川菜中，对花椒的使用较广较多。

㉒ 孜然。味食香料，味辛、香。通常是单用，主要用于烤、煎、炸各种羊肉、牛肉、鸡、鱼等菜肴，是西北地区常用而喜欢的一种香料。孜然的味道极其浓烈而且特殊。以前南方人较难接受此味，故在南方菜中极少有孜然的菜肴，现在有所改变。

属性：性热。功用：宣风祛寒，暖胃除湿。

㉓ 胡椒。属藤本植物。味食香料。味道浓辛、香。一切动物原料皆可用之。汤、菜均宜。因其味道极其浓烈，故用量甚微。常研成粉用之。胡椒在粤菜中用得较广。

属性：性热。功用：散寒，下气，宽中，消风，除痰。

注：胡椒能发疮助火，伤阴，胃热火旺者忌吃。

㉔ 甘草。又名甜草，属草本植物。味食香料，味甘。主要用于腌腊制品及卤菜。

属性：性平。功用：和中，解百毒，补气润肺，止咳，泻火，止一切痛，可治气虚乏力，食少便溏，咳嗽气喘，咽喉肿痛，疮疡中毒，脘腹及四肢痉挛作痛等症。

㉕ 罗汉果。属藤本植物。味食香料。味道甘。主要用于卤菜。

属性：性凉。功用：清热，解毒，益气，润肺，化痰，止咳，解暑，生津，清肝，明目，润肠，舒胃，可治呼吸系统、消化系统、循环系统的多种疾病，尤其对支气管炎、急慢性咽喉炎、哮喘、高血压、糖尿病等症均有显著疗效。

㉖ 香茅。属香草类草本植物。味食香料。味道香，微甘。通常是研成粉用之。主要用于烧烤类菜肴。也用于调制复合酱料。

属性：性寒。功用：降火，利水，清肺。

㉗ 陈皮。即干的柑橘皮。味食香料。味道辛、苦、香。单用或与他药合用均宜。主要用于烧、卤、扣蒸、煨各种荤菜，也用于调制复合酱料。

属性：性温。功用：驱寒除湿，理气散逆，止咳祛痰。

㉘ 橙叶。属木本植物。味食香料。味道、用途、属性、功用与陈皮相同。

㉙ 乌梅。属木本植物。味食香料。味道酸、香，其用途不大，只用于调制酸甜汁，或加入醋中泡之，使醋味更美。

㉚ 山楂。性酸，消食化积、散瘀行滞，对高血压、高血脂有明显的降低作用，一般以温煮为好，当茶饮也有良好的收效。

㉛ 木香。有广木香、云木香两种，行气止痛，气味浓香，但配料时少用。

性味：性温，味辛、苦。

㉜ 甘松。辛、甘、温，近似香草药理，食欲不振，气郁胸闷，常用作卤盐水鹅。

㉝ 辛夷。别名：木笼花、望春花、通春花。是卤菜烤肉的好材料。

辛温、通鼻窍，我国各地都有。

㉞ 辣椒。有强烈的辛辣味，能促进唾液分泌，增进食欲，一般使用辣椒粉，在汤料中起辣味和着色作用。

㉟ 姜。根茎部具有芳香而强烈的辛辣气味和清爽风味，粉状汤料常用姜粉，液状汤料中易用鲜姜。

㊱ 干姜。分南姜和北姜，辛、温、发汗解表，温中止呕，化痰温肾散寒，是家庭伤风感冒、胃不好的必备之品。

㊲ 大蒜。有强烈的臭、辣味，可增进食欲，并刺激神经系统，使血液循环旺盛，根茎部有芳香和强烈辣味，在汤料中可掩盖异味，使香味宽厚柔和，但在粉状汤料中用量要适宜，不宜过大，一般用量为0.5%～1%。

㊳ 香葱。有类似大蒜的刺激性臭、辣味，干燥后辣味消失，加热后可呈现甜味。用于粉末调配汤料，使香气大增，用脱水葱叶，为方便面增添一片片翠绿的点缀，诱人食欲。

㊴ 洋葱。别名：球葱、圆葱、玉葱、葱头、荷兰葱、皮牙子。

洋葱鳞茎和叶子中含有一种称为硫化丙烯的油脂性挥发物，具有很强烈的辛辣刺激味道。切洋葱时，这种味道会刺激人的眼睛，使之流泪。虽然生的时候味道辛辣，但是烹饪之后不会太刺激。国人常惧怕其特有的辛辣香气，而在国外它却被誉为“菜中皇后”，营养价值不低，富含多种蛋白质、纤维、胡萝卜素、维生素等。洋葱含有前列腺素A，能降低外周血管阻力，降低血黏度，可用于降低血压、提神醒脑、缓解压力、预防感冒。此外，洋葱还能清除体内氧自由基，增强新陈代谢能力，抗衰老，预防骨质疏松，是适合中老年人的保健食物。

性味：味甘、微辛、性温，入肝、脾、胃、肺经。

㊵ 香荚兰豆。又名香荚兰、香草兰、香草、香兰，是典型的热带雨林中的一种大型兰科香料植物。

在国外香荚兰的使用非常普遍，已经进入一般百姓的家庭了。香荚兰经加工干成品可直接利用，也可以制成酊剂、浸膏、油树脂。由于具有特殊的香型，因而被广泛用于调制各种高级香烟、名酒、特级茶叶、化妆品，作为各类糕点、饼干、糖果、奶油、咖啡、可可、冰淇淋、雪糕等高档食品和饮料的配香原料。

香荚兰豆提取物应用于卷烟添香及固香，它可以大大提高卷烟的质量档次，具有醇和烟气，协调烟味，增加烟香，使烟香细腻柔和的作用。

主要用于制造冰淇淋、巧克力、利口酒等食品的配香原料；还可用于化妆品业、烟草，发酵和装饰品业上；同时可作药用，其果荚有催欲、滋补和兴奋作用，具有强心、补脑、健胃、解毒、驱风、增强肌肉力量的功效，作芳香型神经系统兴奋剂和补肾药，用来治疗癔病、忧郁症、阳痿、虚热和风湿病。

混合香辛料，是将数种香辛料混合起来，使之具有特殊的混合香气。代表性品种有：咖喱粉、辣椒粉、五香粉、十三香等。

咖喱粉——要由香味为主的香味料、辣味为主的辣味料和色调为主的色香料等三部分组成。一般混合比例是：香味料40%，辣味料20%，色香料30%，其他10%。当然，具体做法并不局限于此，不断变换混合比例，可以制出各种独具风格的咖喱粉。

辣椒粉——主要成分是辣椒，另混有茴香、大蒜等，具有特殊的辣香味。

五香粉——常用于中国菜，用茴香、花椒、肉桂、丁香、陈皮等五种原料混合制成，有很好的香味。

十三香——又称十全香，十三种各具特色香味的草药，包括紫蔻、砂仁、肉蔻、肉桂、丁香、花椒、大料、小茴香、木香、白芷、三奈、良姜、干姜等的混合物。其配比一般是：花椒、大茴香各5份，桂皮、三奈、良姜、白芷各2份，其余各1份，然后把它们合在一起。

上面介绍的各种粉末状香辛料直到现在还是我国食品工业中使用最多、最普遍的材料。传统粗加工香辛料，在加工过程中，不论是采用锤片式粉碎还是轧辊式、磨盘式粉碎，都会在粉碎过程中发热，导致原料中有效成分的挥发、氧化变质。尽管粉末香辛料加工简便、使用方便，但存在不可弥补的品质缺陷。如：香气强度和香气质量不稳定；贮存期间香气和香味易损失、变质；在加香产品中香味分布不均匀；对加香产品的外观有影响，常有黑色或褐色、棕色斑点；自身含有的酶系会产生酶褐变；体积大，给包装、贮存、运输带来一定的影响；容易污染和混入杂质、尘土，甚至人为掺伪。如：用红色素浸染的麸皮掺入辣椒粉中，黄土掺入花椒粉中，掺伪成为价格恶性竞争后的一种必然现象。油树脂的出现正在悄悄地改变这种局面。

(3) 油树脂

油树脂（oleoresin）是指采用适当的溶剂从香辛料原料中将其香气和口味成分尽可能抽提出来，再将溶剂蒸馏回收，制得的稠状、含有精油的树脂性产品。其成分主要有：精油、辛辣成分、色素、树脂及一些非挥发性的油脂和多糖类化合物。辣椒经萃取可得浓缩辣椒素及其衍生物，黑胡椒经萃取可得胡椒碱及其同系物。

与精油相比，油树脂的香气更丰富，口感更丰满，具有抗菌、抗氧化等功能。油树脂能大大提高香料植物中有效成分的利用率。例如：桂皮直接用于烹调，仅能利用有效成分的25%，制成油树脂则可达95%以上。可见，精油和油树脂已成为香辛料的重要发展方向。

① 辣椒油树脂。又称辣椒提取物，辣椒油，辣椒精油。是含有许多种物质的混合物，主要含有辣椒色素类物质和辣味类物质。

其代表物为辣椒红素、辣椒玉红素、辣椒黄素、玉米黄质、堇菜黄素、辣椒红素二乙酸酯、辣椒红素软脂酸酯等；辣味物质中包括辣椒素、辣椒醇、二氢辣素、降二氢辣素等。其他的有胡萝卜素、酒石酸、苹果酸等。

由茄科中辣椒尤其是牛角椒等成熟（红色）果实经粉碎后用有机溶剂（乙醚、丙酮或乙醇）提取而得。

产品暗红色至橙红色，略黏。有强烈的辛辣味，并有炙热感，并可及整个口腔至咽喉。

辣椒油树脂的主要成分是从石油醚中析出的有光泽的针状结晶，熔点181～182℃。最大吸收光波为483nm，旋光度+36°（氯仿中）。溶于丙酮、氯仿；也易溶于甲醇、乙醇、乙醚、苯；略溶于石油醚、二硫化碳；不溶于水和甘油，而溶于大多数非挥发性油。耐热、酸、碱。遇Fe^{3+}、Cu^{2+}、Co^{2+}等可使其褪色；遇Pb^{3+}形成沉淀。

如作为粗品，往往含有辣椒红素约50%、辣椒玉红素约8.3%、玉米黄质约14%、β-胡萝卜素约13.9%、隐辣椒质约5.5%等等。其Scoville辣值（Scoville Heat units）在100000至2000000之间。残留溶剂≤0.003%，重金属（以Pb计）≤0.002%。可部分溶于乙醇，但可溶于大多数非挥发油类（或食用油）。

在食品工业中可作调味剂、着色剂、增香剂和健身辅助剂等。也可作为制成其他复合物或单一制剂的原料。目前市场上也把辣椒提取物加工成水分散性制剂以扩大应用面。

② 花椒油树脂。采用萃取法从花椒中提取的含有花椒全部风味特征的油状制品，每千克相当于20～30kg花椒所具有的香气和麻感，且性状稳定，使用时分散均匀无残留物，是调制花椒香气、麻味的理想原料。

③ 八角油树脂。由八角茴香经有机溶剂浸提或超临界二氧化碳萃取得到，具有强烈的八角茴香特征香气和气味。是芳香油、脂肪油及树脂物质所组成的混合体，呈深棕色或绿色液体。

④ 胡椒油树脂。由胡椒科植物胡椒的干制浆果（黑胡椒、白胡椒）经有机溶剂、超临界流体等提取浸提所得。为淡黄绿色至深绿色半固体。具胡椒的特征香气和香味。含5%～26%的挥发油（通常为20%～26%）和30%～55%的胡椒碱（40%～42%）。直接代替胡椒用于食品。

⑤ 肉豆蔻油树脂。由植物肉豆蔻果实经有机溶剂浸提得到。为淡黄色至黄橙色黏稠液体。挥发油含量为60～80mL/100g，具肉豆蔻的特征香气和香味。常代替粉碎的肉豆蔻用于食品。

广泛用于食品香精，也用于日用香精。

⑥ 肉豆蔻衣油树脂。由肉豆蔻科植物肉豆蔻果实的果衣经有机溶剂提取得到。常作为肉豆蔻衣的代用品。用于调味品、烘焙食品、肉类食品等。为红橙色至棕红色黏稠液体，挥发油含量为40～50mL/100g。

⑦ 姜油树脂。由姜科植物姜的根茎用有机溶剂提取得到。为深棕色黏性或高黏性的液体。具有姜特有的香和味。姜辣味强烈，香气特异。可溶于乙醇。挥发油含量为18～35mL/100g。残留溶剂≤0.003%。重金属含量（以Pb计）≤0.002%。代替姜粉，直接用于食品。

折射率1.5000～1.5200。

相对密度0.9300～0.9900（20℃）。

酸值≤20mgKOH/g。

生产工艺：生姜的新鲜根茎，经清洗、切片、晾晒后制成的干姜片经低温粉碎后，采用超临界二氧化碳萃取技术生产。主要成分：姜醇、姜酚、姜酮、水芹烯、芳姜黄烯、β-榄香烯等。

本品提取过程在35～45℃条件下进行，接近室温，所提取的物质保留了干姜中的全部辛香成分，香气特异，姜辣味成分含量高，可掩盖异味；溶于乙醇，与植物油互溶。

本品每克的香气和风味相当于纯原粉50g。

用于熟肉制品、方便食品、膨化食品、烘焙食品、食用调味料、啤酒饮料、医药保健品等。可直接添加或用乙醇、植物油稀释后使用。依据产品的风味要求添加，参考用量：熟肉制品0.01%～0.03%；调味料0.02%～0.05%；膨化食品、方便食品及烘焙食品0.005%～0.01%；啤酒饮料0.001%～0.005%。

⑧ 姜黄油树脂。是以香味料和色素为主的复合物，由姜黄用下列溶剂中的一种或若干种提取而得：丙酮、异丙醇、乙醇、甲醇、二氯乙烷、二氯甲烷、己烷、三氯乙烯。

用姜黄油树脂所配制成的食用着色剂混合料，只能选用可安全和适用于食品着色的着色剂混合物稀释剂。

主要成分：姜黄酮、姜黄色素、α-水芹烯、姜酮、桉油酚和冰片等。

性状：提取自姜黄，黄橙色至红棕色黏性膏状液体，色素含量20%～35%，具有特殊的香气。姜黄色素含量一般根据不同要求形成不同的标准化规格，可根据需要提取姜黄油。

一般含姜黄素类37%～55%、挥发油25%以上。可根据需要用溶剂稀释，配置水溶性姜黄色素或油溶性姜黄色素，可含有乳化剂和抗氧化剂，呈黄色液体，姜黄素类含量6%～15%、挥发油含量0%～10%。

用于肉类、农产品、水产品、腌渍品、糖渍品等快速消费食品和方便食品领域。

限量：GB 2760—1996规定为食用香料。按GMP、FEMA的规定，调味料640mg/kg、肉类20～100mg/kg、腌渍品200mg/kg。

质量指标：FAO/WHO，1990；CXAS/1991。

a. 砷（以As计；GT-3-2）：≤0.0003%。

b. 重金属（以Pb计；GT-16-2）：≤0.0040%。

c. 铅（GT-18）：≤0.0010%。

d. 残留溶剂乙醇（GT-26）：≤50mg/kg。

e. 姜黄类色素含量：不低于标签标示值。

f. 色价：自定。

⑨ 番茄油树脂。番茄红素油树脂是番茄色素提取物的总称，其中包含脂肪酸甘油酯和类胡萝卜素、番茄红素等。标识的每100g含番茄红素0.618g或者1g，事实上指的是番茄油树脂的克数而非纯番茄红素的克数。番茄油树脂中含有较多的脂肪酸甘油酯（65%）和不皂化物（27%），主要含不饱和脂肪酸（74%～75%），其中亚油酸质量分数为51%～52%，油酸质量分数为22%～23%。番茄油树脂中类胡萝卜素主要是番茄红素，另外，有少量的β-胡萝卜素。

使用香辛料油树脂的科学性、经济性、标准化是形成风味的保证，鉴于目前使用粉状香辛料出现的种种缺点与不可避免的缺憾，因此，在方便面调味中倡导使用油树脂（见表1-1）。

表1-1　方便面常用的天然油树脂等值表

序　号	品　　名	等值量	挥发油含量或其他成分
1	红葱精油	1kg相当于20kg红葱头	
2	生姜树脂精油	1kg相当于40kg干姜	挥发油30%
3	大蒜精油	1kg相当于300kg蒜	
4	水性辣椒树脂精油	1kg相当于66kg辣椒粉	辣椒素为6.6%,辣度100万单位
5	油性辣椒树脂精油	1kg相当于66kg辣椒粉	辣椒素为6.6%,辣度100万单位
6	黑胡椒油树脂	1kg相当于20kg黑胡椒粉	
7	八角精油	1kg相当于20kg八角粉	
8	肉桂精油	1kg相当于20kg肉桂粉	
9	花椒油树脂	1kg相当于20kg干花椒籽	
10	肉桂油树脂	1kg相当于40kg桂皮	挥发油55%～70%
11	丁香枝精油	1kg相当于12kg丁香花蕾	
12	肉豆蔻油树脂	1kg相当于20kg肉豆蔻粉	挥发油30%
13	迷迭香油树脂	1kg相当于20kg干叶	挥发油5%
14	小豆蔻油树脂	1kg相当于33kg小豆蔻	挥发油60%

必须说明的是：尽管等值表提供了等值的数量，但是真正意义上的等值是不可能的，因为粉状物在贮存及粉碎过程中挥发油有损失。

香辛油树脂的使用方法如下。

① 与肉味香精进行合理搭配。方便面调味酱的一般制作工艺是：混合油加热-肉的熟化-炒香-补充呈味配料。

应将肉类充分用油熟化炸香后，在酱料已经开始降温时加入肉味香精。肉味香精虽然能协调头香、体香和基香，但在加入调味酱之后，必然引起香与味的重组，在此时补充油树脂可能使整个调味酱体香丰盈，起到提升与强化的作用，对肉味香精具有极好的辅助呈香作用。

② 不同品种油树脂之间的搭配。花椒与大茴香是中式风味中最常用的两种香辛料，是黄金搭档，花椒与辣椒更是形成麻辣风味的主要原料，人们在使用粉状料时，只要称好各自的重量，直接混在一起就可以投入料锅之中。但是复配油树脂时尽量不直接相混，因为油树脂是黏稠的、高浓度的物质，自身结构复杂，其中的醇与醛之间、醇羟基与羧基之间会产生一定的缩合反应，而且会影响分散的均匀性。因此，正确的方法是：取出一定数量的基料，先加入一种搅拌均匀之后再加入另一种，直至均匀。

由于方便面的调味酱在配料和加工方式上所产生的风味物质所进行的热反应也是美拉德反应，有脂质，有丰度极高的肽类，所以油树脂是可以直接溶解的。油树脂自身既不溶于水又不溶于油的缺憾在酱料中不成为缺憾，而有着“相似者相溶”的优势。

可以用盐、糖、味精等粉状或结晶状物为载体，先将油树脂加在其中混匀，再投入已经开始降温的料中。

添加量是对加香产品风味、品质、价格影响极大的因素。添加量小，风味不足，添加量大，香辛料多数会产生药味。为此，添加量必须适宜。一般参考添加量为2/10000～5/10000。在添加前首先做好添加量实验，正式添加时也应先部分添加，逐步分次加入。添加完毕后要经圆熟后（一般4～6h）包装出品。

综上所述：油树脂在方便面调味中的优势是显而易见的，加入调味酱总量的2/10000～5/10000的油树脂，能使风味更圆润、更醇厚。对麻辣、香辣等风味，油树脂更有加量少、味道足、回味长的特点。

(4) 酊剂

在各种天然香料里，酊剂是最容易制造的，只要把有香味的材料加乙醇浸泡（加热或不加热）一定的时间，滤取清液就是所谓的酊剂了。酊剂目前主要用于配制烟用香精和某些饮料。

① 香荚兰豆酊。香荚兰豆酊是利用发酵后的香荚兰豆荚（或豆）经一定浓度的乙醇浸提而成的（分热法和冷法两种酊剂），豆荚含香兰素高于豆。产品主要成分是香兰素、香兰酸、大茴香酸及一些醛类，例如对羟基苯乙醛。据称，哥德洛普产品不含大茴香醇，其他品种则含之。产品具有清甜的豆香，带有粉香与膏香，留香持久。

市面上的香荚兰豆酊有三个等级——1∶3、1∶5、1∶10，其香荚兰豆的含量不同，浓度也不同。具清甜的豆香，有很好的香草奶油气息。

香荚兰豆主产于墨西哥、马达加斯加、留尼汪、印尼等地，我国也有引种。将未完全成熟的香荚兰豆连同荚经水浸、热晒、发酵、烘干等工艺制成深棕色香荚兰豆，再用乙醇浸制成酊剂。国际上有三种具有代表性的香荚兰豆，即墨西哥香荚兰（*V. Planifoli* Andr.）、塔希提香荚兰（*V. tahitensis*）和哥德洛普（Guadeloupe）香荚兰（*V. pompona*）。

香荚兰豆酊用于巧克力、糖果、调味剂和烟草，在高级香水、香粉、香精中也应用它。药用用作芳香剂。在卷烟烟气中的作用是增加甜香和香荚兰豆香。

② 黑香豆酊。一种酊剂香料。为液体，具清甜和润的豆香，由豆科植物香豆的种子加工

后用酒精浸制而得。产于南美洲的委内瑞拉、圭亚那、巴西等地。本品常与香荚兰豆酊同时应用于烟草、高级香水和香粉香精中，也用于提制香豆素。药用可作为强心剂。黑香豆酊具有清甜和润的豆香气息，用于烟草、高级香水、香粉香精中，并常和香荚兰豆酊同时使用。作为烟草添加剂，添加到烟丝中有利于增强烟香、遮盖杂气，使烟气细腻，改善刺激和余味，使烟香风格向浓香转变。

自经过适当干燥的黑香豆经醇浸提而得到的黑香豆酊，分热法和冷法两种酊剂，另外还有浸膏及脂肪油产品形态。产品主要成分是香豆素，油类产品可达20%～45%的含量。

产品感官特性：清甜醇和的豆香、膏香，香气浓郁多韵。似烟叶发酵后的甜的膏香，又兼有一种似焦非焦的甜香，净油香气浓厚，甜而温和，是香豆素-药草香，带桃李或糖浆甜的底韵。

③ 咖啡酊。茜草科木本咖啡树（*Coffea arabica* 和 *C. robusta*）的成熟种子，经干燥、除去果皮、果肉和内果皮后，在 180～250℃下烘焙，冷却，磨成细粒状后，用有机溶剂抽提而得。

咖啡种子的衍生物，有热法酊剂、非酒精萃取物、浓缩萃取物、冷法酊剂（20%于 40%～70%乙醇中）、馏出液（65%酒精）等。含有多种生物碱［咖啡因、腺嘌呤（Adenine）、鸟嘌呤（Guanine）、黄嘌呤（Xanthine）等］、挥发性酯类、乙酸、醛类、糠醇、硫衍生物等六十余种芳香性物质及单宁和焦糖等。我国 GB 2760—86 规定为允许使用的食用香料。主要用于酒类、软饮料和糕点等。

感官特性：典型的焦香气味，苦的香味。

在烟气中的作用：增浓香气，增加烘烤香，味变苦。

④ 可可酊。理化特性：深棕色液体，主要成分为可可酯、可可碱、挥发性香味成分、嘌呤生物碱以及多酚等。

感官特征：具有可可的特征香气，以及似香荚兰的豆香底韵。

应用：按我国食品添加剂使用卫生标准，规定本品为允许使用的食用天然香料，最大使用量按正常生产需要而定。

化学性质：褐色澄清液体，呈纯正浓缩的天然可可香气。

可可酊是用 40%～70%的乙醇浸提粉碎的可可豆所得到的一种香料，广泛应用于食品及卷烟加工行业。液液萃取法提取的可可酊的香味成分，经过 GC-MS 分析，共检出 47 种组分。可可酊含有大量的多酚。

⑤ 可可壳酊。用 40%～70%的乙醇浸提粉碎的可可豆壳得到，价廉，其香气和用途与可可酊类似。

⑥ 独活酊。为伞形科植物重齿毛当归、紫茎独活、牛尾独活、软毛独活等的根及根茎用乙醇冷法或热法浸提而得。独活主要产于德国、匈牙利、捷克斯洛伐克、荷兰、法国等。

独活酊可用作改善烟草香气，矫正吸味，特别是在混合型卷烟的加料方面可增强香味，浓郁可口。独活酊的主要成分为亚丁基、丁基和丁基六氢-2-苯并［*c*］呋喃酮类、瑟丹内酯、2-苯并［*c*］呋喃酮、十五内酯、二氢欧山芹醇乙酸酯、蛇床子素、二氢欧山芹醇当归酸酯和二氢欧山芹醇等成分。

香气：具有琥珀香、鸢尾粉甜香、木香、膏香和麝香的底韵。香气浓郁，留香持久。

在烟气中的作用：矫正吸味，增加烟香，可产生烟味浓馥的效果。

⑦ 白芷酊。利用草药白芷经冷浸或热浸制成酊剂。

感官特性：木香及药草样香气，似有酱香。

在烟气中的作用：增加和矫正吸味，掩盖杂气。

⑧ 啤酒花酊。也称忽布酊，攀援藤木上的雌性茅荑花序和含腺毛状物经干燥后，用一定浓度的乙醇浸提而成。产品成分复杂，含有蛇麻酮、二聚戊烯、十八碳酸、草酮、二十六酸和二十六烷醇，α-石竹烯，β-石竹烯、甲基壬基甲酮等。麻蛇碱是苦味来源。

感官特性：苦的药香味。

在烟气中的作用：增加清香。

（5）纯露

纯露就是香料植物用水蒸气蒸馏法制取精油副产的冷凝水溶液。

精油有几种提取方法，其中水蒸气蒸馏法是最主要的，一般是一个锅炉产生蒸汽，一个大桶里面装着植物材料，下面放一点点水。蒸汽进入植物材料把里面的精油带出来，进入冷凝器降温至接近室温。油和水都冷凝成液体，这个时候油水会自然分开，再用油水分离器，大多数精油比水要轻一点，所以是浮在水上的，分离出来就是精油，下面的液体就是纯露；如果油比水重，像丁香油、肉桂油比水重，则会沉到下面，上面的蒸馏水也是纯露。

比如玫瑰花纯露，它其实就是全世界第一个真正的香水——直到现在人们还认为这个才是真正的香水，人们现在讲的香水都不能称为香水，因为全部都是酒精溶液，在化学化工词典里，这种酒精溶液应该叫做酊，所谓的“香水”应该叫“香酊”。但大家都叫香水也不好改正了。纯露一般是不含酒精的。

中国人第一次见到“香水”是元朝的一个皇帝，有一个意大利人带来一瓶“玫瑰香水”送给元朝皇帝，“香水”才正式进入中国，这就是玫瑰花纯露。它的香气非常好，引起全国轰动。因为是给皇帝的礼物，皇帝给大臣们嗅闻、欣赏，大家就都知道世界上有这种“香水”了。后来的“香水”已经是走另一条路，变成酒精溶液了。所以说，现在的香水严格来说都不能叫香水，只有纯露才是真正的香水。

那纯露是什么？是不是蒸馏水？答案是否定的。纯露跟蒸馏水有区别，可以用电导仪测一下二者，蒸馏水的电导非常低，也就是电阻很大，因为它是纯水，导电性不好。而纯露的导电性挺好，也就是说，香料材料里可以挥发的一些成分跟水蒸气一起出来，如果是水溶性的就溶解在蒸馏水里变成纯露。有人简单地把精油加在水里面，或者加入一些乳化剂让精油溶解在水里，就声称是“纯露”了，这是不对的。纯露的成分跟精油不是一码事，精油是能够挥发的油溶性成分，不溶于水，纯露是植物材料中可挥发的溶于水里的成分。

还是以玫瑰花纯露和玫瑰花精油来举例说明：用大量的玫瑰花纯露再通过蒸馏或通过有机溶剂萃取出来得到一点点的精油，然后做气质分析，发现跟玫瑰精油的成分完全是两码事。玫瑰花油里面主要的香气成分是香叶醇和香茅醇，而玫瑰纯露里面主要的香气成分是苯乙醇。有人认为苯乙醇不值钱，合成的苯乙醇每千克才几十元钱，但你要知道，天然的苯乙醇一千克要好几万元！所以合成苯乙醇不是天然苯乙醇可比的，是两码事。

纯露中除了含有少量的精油成分之外，还含有全部植物体内的可挥发水溶性物质。拥有百分之百植物水溶性物质的纯露，其所含的一些成分是精油所缺乏的。其低浓度的特性容易被皮肤所吸收，完全无合成香料及酒精成分，温和而不刺激。纯露可以每天使用，亦可替代纯水调制各种面膜等。有人用稀释后的纯露泡茶，取得异乎寻常的效果。

常见纯露使用方法如下。

① 饮用：一日三次，一次一汤匙，当然也可加入冰糖、山楂片混合冲水，长期饮用可以改善口腔气息，调节内分泌失调引起的经期不稳、皮肤暗淡、便秘等问题，具有延年益寿之功效；

② 敷脸：把面膜纸用纯露浸湿，敷在脸上至八成干后取下扔掉，效果最好，最明显；不要等纸膜完全干了才取下来，因为这样水分及营养会被倒吸到纸膜上；

③ 替代爽肤水：每次洗脸后，把纯露喷在脸上，用手轻轻拍打脸部，连续使用数星期，皮肤水分可以增加10%～20%；

④ 护肤：如作为化妆水，搭配基础油和精油制作乳霜或乳液等；

⑤ 面部喷雾：将本品或几种纯露混合后做面部喷雾，皮肤可快速吸收，然后感觉干燥，再喷雾，皮肤干燥的间隔也增大，反复10次，皮肤含水量就可以短时间提高很多，以后每3h做一次喷雾，皮肤就能保持每天水灵灵、鲜活的状态，对各种肤质均有特效；

⑥ 护发：喷于头发上有使头发顺滑柔润，防止紫外线伤害，防止头发沾染油烟等功效；

⑦ 沐浴：加入纯露进行芳香泡澡；

⑧ 室内喷洒：作为纯天然空气清新剂，在室内喷几下，可以杀菌、留香。若为极其敏感的皮肤，首次使用时请用纯净水稀释到30%浓度。

纯露的主要效果是补水，它们的辅助效果并不会得到充分发挥，因此，仅仅通过敷面膜、喷、拍等使用方法来达到延缓衰老、回春美白的效果还是有些牵强的。

① 芳樟纯露。纯种芳樟叶油的成分非常简单，几乎就是纯粹的左旋芳樟醇，“杂质”就是几个常见的简单的萜烯。所以许多人以为芳樟纯露应该只有两个成分——蒸馏水和左旋芳樟醇而已。其实芳樟叶纯露的成分可比想象的复杂多了，虽然香气有一点点像芳樟叶油，但事实上也是两码事。它含有的是那些水溶性的，对人体很有价值、很有用的成分，说明白了，它就是一个全天然的化妆水，在化妆前化妆后直接使用效果非常好，肯定比任何化学合成的化妆水要好得多。所有化妆水最好的品性它全部具备，香气又非常好。

主要功能：保湿，抑菌，杀菌，消炎，祛斑，美白、亮肤；能平衡油脂分泌，收敛毛孔，避免感染；清洁调理油性肤质，并能促进青春痘或小伤口迅速愈合，加快细胞再生，避免青春痘和伤口留下疤痕，适合混合性偏油、油性、粉刺暗疮、毛孔粗大的肌肤。

可以作为护发水使用，赋予发丝活力，不易滋生头皮屑。具有平缓、静心、抚慰和抗发炎的特质。

它是最温和的杀菌剂和收敛剂，这些特性都使它成为良好的皮肤保养剂。最敏感的皮肤也可以安全地使用，并且它还是干性皮肤最佳的保养液。

②“茶树”纯露。是以桃金娘科 Myrtaceae 植物 *Melaleuca alternifolia* 的叶片和嫩梢为原料，采用水蒸气蒸馏法提取“茶树油”的副产品。

具有调节、净化、抗炎、收敛作用，控制油脂分泌，使暗疮伤口加快愈合，油性皮肤、暗疮皮肤尤其适用。

主要功能：具有清洁、抗细菌、杀菌消毒的功能。

适用肤质：适合所有肌肤。

使用方法：代替日常护肤过程中的爽肤水，直接在洗面后使用。

取15～20mL纯露，将面膜纸放入至面膜纸被泡开，做面膜湿敷15～20min，在面膜没有完全干透的时候取下效果最佳。

保存方法：放置在阴凉避光避潮的地方保存。避免温度、湿度频繁变化。

③ 薰衣草纯露。是最常用的纯露，也是大家最容易接受的纯露。与薰衣草精油一样，因为温和而受到大家的喜爱和广泛接受，但是它的气味并不如薰衣草精油那般清香甜美。

主要功能：保湿，杀菌，消炎，平衡油脂分泌，收敛毛孔，抑制细菌生长，避免感染；清洁调理油性肤质，并能促进青春痘或小伤口迅速愈合，加快细胞再生，避免青春痘和伤口留下疤痕，适合混合性偏油、油性、粉刺暗疮、毛孔粗大的肌肤；薰衣草是去痘痘的神奇法宝，同时具有平衡油脂分泌的效果，对油性皮肤及敏感皮肤有收敛及安抚作用；同时，薰衣草特有的清新淡雅的香味也是男性护肤的首选，易长痘痘的人们，也可常备一瓶薰衣草花水以备不时之需；可以作为护发水使用，赋予发丝活力，不易滋生头皮屑。

适用肤质：适合所有肌肤。

使用方法：代替日常护肤过程中的爽肤水，直接在洗面后使用。

取15～20mL纯露，将面膜纸放入至面膜纸被泡开，做面膜湿敷15～20min，在面膜没有完全干透的时候取下效果最佳。

保存方法：放置在阴凉避光避潮的地方保存，避免温度、湿度频繁变化。

④ 玫瑰纯露。最受推崇的纯露。大马士革玫瑰纯露取自蒸馏保加利亚大马士革玫瑰精油的第4小时内的蒸馏原液，此时的原液成分“最为饱和、完整，其中完美地保留了玫瑰花材最新鲜、最滋养的亲水性精华”，所以功效卓越，味道也很浓郁。

蕴含300多种植物性成分。气味芬芳甜美，具有平缓、静心、抚慰的特质。玫瑰纯露补水能力强，还有一定的美白功效，抗老化口碑也不错。此外，它还是最温和的杀菌剂和收敛剂。可增强皮肤光泽，迅速补充水分，增强皮肤活力。

主要功能：纯正的玫瑰味，前调清新，中调是芳香甜美的花香调，仔细闻会感觉到一缕浓郁的暗香，层次丰富。

玫瑰花水大概是护肤中使用最广泛的花水了，它的气味芬芳甜美，是大部分人都会一见钟情的选择。

玫瑰纯露和玫瑰精油一样有用，特别适用于治疗皮肤问题与保护眼睛。它是通过蒸馏玫瑰花瓣而得到的。蒸汽透过玫瑰花瓣，接着由冷凝管冷却，冷却之后得到的液体下层就是玫瑰纯露。玫瑰纯露中含有少量玫瑰精油，其化学成分与玫瑰精油并不相同，可以起到相辅相成的作用。

玫瑰纯露具有平缓、静心、抚慰和抗发炎的特质，这些特性都使它成为良好的皮肤保养剂。最敏感的皮肤也可以安全地使用玫瑰纯露，并且它还是干性皮肤最佳的保养液，有保湿、美白、亮肤、淡化斑点的功效。

用玫瑰纯露沾湿棉片，轻敷在眼皮上，可以让眼睛更明亮。

⑤ 茉莉纯露。有效收缩毛孔，可以平衡皮肤的油脂分泌，帮助清洁肌肤，赶走油腻并去痘。对老化干燥肌肤有帮助，气味迷人清新，消炎，镇定，适合所有类型的肌肤。

主要功能：茉莉纯露有促进循环的效果，对于干燥缺水的肌肤较为有效，具有活络特质，能使皮肤柔软，有弹性，改善小细纹，并且使皮肤细嫩明亮，具有优越的保湿、抗老化效果，并且对容易燥热的、甚至是有瘢痕的肌肤，都有出乎意料的效果。

⑥ 洋甘菊纯露。是敏感皮肤人的最爱。有些沉厚的药味，但比起其他纯露来说相对容易接受。洋甘菊纯露即使不稀释直接使用也很少会过敏，能减轻烫伤、水泡、发炎的伤口，柔软皮肤，有治疗创伤的作用；能镇定晒后红肿的肌肤，避免肌肤晒伤，防止黑色素沉淀；健全修复角质（比如光热敏感的皮肤、角质过薄等）、抗过敏（对发作在皮肤上的过敏表现具有安抚和治疗作用）、加强微循环（比如修复红血丝）、收敛排水（改善眼袋浮肿等）、加强新陈代谢（通过加强新陈代谢具有一定的美白效果）。

德国洋甘菊是四大滴眼纯露之一，可以用于清洗眼部，如和意大利永久花调和湿敷眼部，对黑眼圈有卓著的效果。

⑦ 迷迭香纯露。因为对头发的特殊效果，所以也被大家关注，但是其让人不愉快的味道又吓跑了许多尝试者。可与薰衣草纯露混合在一起喷头发，让头发在秋天里不那么干燥，有抗静电的作用。

⑧ 柠檬纯露。美白补水，有效淡化色素，抗氧化，清除自由基，使暗哑肤质恢复亮泽白皙，促进细胞代谢，提高皮肤的亮白度。

⑨ 薄荷纯露。主要功能：促进细胞再生，柔软皮肤，平衡油脂分泌，清洁皮肤，消毒抗菌，避免感染，促进青春痘和小伤口迅速愈合，防止留下疤痕，并能保湿、收敛毛孔，特殊清凉的感觉，非常适合用于调理易生粉刺或毛孔粗大的肌肤。对发痒、发炎、灼伤的皮肤有缓解功效。

⑩ 橙花纯露。橙花纯露不是纯粹意义上的纯露。它是使用甜橙果皮压榨精油调制而得的橙花纯露，含微量的橙花精油及植物蜡成分。兼具美白补水的双重作用。净化肌肤底层，改善肌肤暗哑。使用橙花纯露后可以令后续的护肤产品更快吸收。兼具抗炎和抗真菌的效果。

主要功能：兼具美白补水的双重作用，源源释放美白能量，明显改善肌肤暗哑；深度净化肌肤底层，唤醒肌肤美白潜能，密集提亮肤色；令后续的护肤产品更快吸收，肌肤持久嫩白、水嫩、通透。

(6) 烟熏香料

烟熏香料一般是自由流动的棕色液体至深色（黑色）黏稠半固体，有明显的烟熏香味和涩味。作为商品，可由水、丙二醇、植物油等稀释成液体烟熏香料，其中可含有乳化剂；也可由麦芽糊精或盐类作载体配成固体烟熏香料。

用途：增香剂，食用色素。

生产方法：硬木在缺乏空气的条件下热解所得烟的浓缩物。所用原料必须不含杀虫剂、木材防腐剂及其他可移入木材烟中的有害健康成分的外来杂质。木材烟的浓缩物需经离析、分馏或高度纯化，以除去烟中有害健康的成分，如环核芳香烃等。

烟熏香料为浓缩制剂，不能由烟熏食品原料中得到，用于使食品产生烟熏类香味的目的，可以加入香味添加物。

烟熏食品香精摆脱了烟和烟熏概念的控制和束缚，能够使人们很方便地食用烟熏调味品，享受烟熏香气、香味所赋予的快乐和美感。

烟熏调味品可分为原生型和派生型两大类。

原生型烟熏调味品是植物性材料经高温裂解精制而得的。主要成分是有机酸、酚类和羟基化合物三大类。香味浓郁、纯正，是一种高档的调味品。具有广谱抗菌作用，可抑制常见的细菌、霉菌和酵母菌的生长，是一种天然抗菌剂，同时具有较强的抗氧化能力。

派生型烟熏调味品是由原生型烟熏调味品用水或其他溶液稀释，或与其他调味品复合而成的，例如与酱油、醋、味精等复合，经过特殊的工艺，严格的控制精制而成，具有香味浓郁、纯正，香气持久等优点，是高档的烟熏肉味调味品，并不是烟熏液与肉味香精简单复合的产物。

烟熏肉味调味香精的开发具有更为重要的意义，它不仅仅针对食品企业应用，而且可直接面向千家万户、餐馆饭店的菜肴烹调，能使烟熏肉味的食品更快的普及。

烟熏肉味香精作为一种新型调味料，现在也开始进入家庭和菜馆厨房里，它的使用大致有以下几种形式。

① 按照配方，将烟熏肉味香精直接添加到食品中，搅拌均匀即可。食品形态可以是肉糜、颗粒食品、液体食品及粉体食品等。

② 将烟熏肉味香精稀释至一定浓度，再将食品浸泡，经过一定时间取出沥干，再烘烤至熟即成，或将稀释液直接涂抹于熟制品表面渗干即可。这种烟熏肉味香精既有良好的烟熏味和肉味香气，又有一定的色泽，同时具有抗菌、抗氧化酸败的功能，因而制成的食品色泽诱人，同时耐贮藏。

③ 直接用于需要烹饪调味的食品中，如炒肉丝、炒豆腐丝、炒豆芽、炒土豆丝、红烧肉等家常菜，在起锅前适量加入，炒匀，即成香气扑鼻、鲜美无比的烟熏肉味菜了。

3. 微生物制造的香料

微生物制造的香料即微生物发酵产物，其实人们是非常熟悉的，家庭厨房里的酒、醋、酱油和各种酱、泡菜、腌菜、腐乳、奶酪、鱼露、虾油、豆豉、酒糟等的香味都是微生物发酵产物；以前农村“一户一猪”时代每个家庭都有一个装着全家人吃剩饭菜的大缸（泔水缸，南方人叫做“潘缸”或“潘水缸”，内容物作猪饲料），飘出来的气味都是微生物发酵产物；城乡垃圾散发出的“臭味”也是微生物发酵产物——千百种天然香料的混合气味。

香料工作者自然而然地会想到用微生物发酵来制造香料，但说得容易，做起来难，除了一些低级醇、低级醛、低级酮和低级碳酸类外，目前调香师大量使用的香料还极少能用微生物发酵制取。但微生物发酵产物毕竟也是天然香料，香料工作者仍然不遗余力地尝试用各种科学手段，力图在这个领域取得较大的突破，让调香师早日用上更多的这种“天然香料”。

随着食品生物技术的飞速发展和人民生活水平的不断提高，特别是我国加入世界贸易组织以来，人们越来越重视食品的安全性，追求有机食品、生态食品、绿色食品已成为一种时尚，国内外食品生产研发人员也越来越倾向于使用天然食品添加剂。

目前利用微生物发酵的方法已经实现大规模工业化生产的有机酸有：乳酸、柠檬酸、乙酸、葡糖酸、衣康酸、苹果酸以及各种氨基酸等。现以乳酸为例说明：糖类物质在厌氧条件下，由微生物作用而降解转变为乳酸的过程称为乳酸发酵。发酵性腌菜主要靠乳酸菌发酵，产生乳酸来抑制其他微生物活动，使蔬菜得以保存，同时也有食盐及其他香料的防腐作用。发酵性蔬菜在腌制过程中，除乳酸发酵外，还有酒精发酵、乙酸发酵等，生成的酸和醇结合，生成各种酯，使发酵性腌菜都具有独特的风味。酸奶的发酵过程也类似。早在160多年前，人们就将麦芽或酸乳放入淀粉浆和牛乳中，任其自然发酵，然后逐渐中和而产出乳酸。1881年在美国实现用微生物发酵法工业化生产乳酸。我国在1944年也开始用微生物发酵法生产乳酸钙。乳酸钙用硫酸处理就可以得到乳酸了。

用微生物发酵法生产得到的有机酸有的可以直接作为香料使用，但更多的是它们的酯，如乳酸可以通过酯化得到乳酸乙酯、乳酸丁酯等，它们都是配制食用香精和日用香精重要的香原料。

虽然在乙醇发酵过程中副产的“杂醇油”和有机酸只有乙醇产量的百分之几，但由于乙醇发酵如今已经发展成为一个巨大的工业体系，在“能源危机”的今天，以乙醇代替石油作内燃机燃料已经排上能源工程师们的工作日程了，今后乙醇的产量将是现在的几十倍甚至几百倍，所以乙醇发酵的副产物也不容忽视。“杂醇油”里常见的香料和香料中间体有：甲醇、丙醇、丙酮、丁醇、异丁醇、戊醇、2-甲基丁醇、异戊醇、己醇、3-甲基戊醇、庚醇、异丙醇、2-丁醇、2-戊醇、叔丁醇、叔戊醇、叔己醇、异戊醇、异戊醛、异戊酸、甲酸异戊酯、乙酸异戊酯、丙酸异戊酯、丁酸异戊酯、己酸异戊酯、庚酸异戊酯、苯乙酸异戊酯、水杨酸异戊酯、异戊酸异戊酯、异戊酸乙酯、异戊酸丁酯、异戊酸苯乙酯、异戊酸香叶酯、异戊酸甲酯、异戊酸丙酯、异戊酸异丙酯、异戊酸-2-甲酸丁酯、异戊酸己酯、异戊酸辛酯、异戊酸壬酯、异戊酸烯丙酯、异戊酸叶酯、异戊酸环己酯、异戊酸玫瑰酯、异戊酸芳樟酯、异戊酸橙花酯、异戊酸薄荷酯、异戊酸松油酯、异戊酸龙脑酯、异戊酸苄酯、异戊酸-3-苯基丙酯、异戊酸桂酯、异戊酸铵、异戊酸异龙脑酯、壬酸异戊酯、十二酸异戊酯、丙酮酸异戊酯、桂酸异戊酯、辛酸异戊酯等。这些物质从“杂醇油”里分离出来，有的直接就可以作香料使用，有的再通过酯化或其他化学反应生产各种各样的香料用来调配食用香精和日用香精。

国内有人提出用微生物技术从天然植物种子中生产内酯类香料，据说用100g葫芦巴籽为基质，做1L发酵液，可生产出膏状芳香混合物60g，其中丙位内酯含量为10～18g；该产品用于食品（例如饼干）和烟叶加香中，效果甚佳。

有人利用农副产品如玉米、豆饼等廉价原料，利用高抗产物阻遏的地衣芽孢工程菌株，应用酶工程、发酵工程和生化工程技术，先液体发酵，制备2,3-丁二酮发酵培养物；再常压蒸馏浓缩，馏出液加入氧化剂氧化，转入精馏塔精馏，控制回流比，得到高纯度的单体香料2,3-丁二酮。

丙酮丁醇是优良的有机溶剂和重要的化工原料，广泛应用于化工、塑料、有机合成、油漆等工业。丁醇作为燃料，其热值和汽油相当，远高于乙醇，随着石油资源的匮乏，丁醇显示出在能源方面的实用价值。

丙酮丁醇发酵是一项传统的大宗发酵，曾是仅次于酒精发酵的世界第二大发酵过程。我国从20世纪50年代初就开始利用玉米粉进行丙酮丁醇发酵的工业化生产，同时也形成了稳定的发酵工艺。由于石化工业的发展，丙酮丁醇发酵逐渐衰退。但是随着石化资源的耗竭和温室效应等环境问题的日益突出，利用可再生资源生产化工原料和能源物质受到高度重视，丙酮丁醇发酵重新显示出竞争优势。

以玉米或糖蜜为原料的间歇丙酮丁醇发酵工艺在我国以及许多其他国家已使用了几十年，原工艺和石油化工的合成工艺相比已缺乏竞争力。如今，石化资源的匮乏推动了丙酮丁醇发酵的研究进展及其高产策略。丙酮丁醇发酵复兴的决定性因素是溶剂产率、生产强度、生产成本特别是产物分离成本。

(1) 微生物发酵法生产香料苯乙醇

苯乙醇是芳香化合物中较为重要和应用广泛的一种可以食用的香料，因它具有柔和、愉快而持久的玫瑰香气而广泛用于各种食用香精、烟用香精和日用香精中。苯乙醇存在于许多天然的精油里，目前主要是通过有机合成或从天然物中萃取获得该产品。

江苏食品职业技术学院生物工程系黄亚东等人经实验研究表明：苯乙醇具有玫瑰风味，它是清酒和葡萄酒等酒精饮料中的重要风味化合物。利用啤酒酵母 *Saccaromyces cerevisiae* 生产风味物质的原理即为利用酶或微生物将前体物苯丙氨酸转化为食品风味苯乙醇香料。因为在啤酒酵母中芳香族氨基酸生物合成主要受DAHP合成酶、分支酸合成酶、分支酸变位酶、邻氨基苯甲酸合成酶、预苯酸脱水酶和预苯脱氢酶的调节，在啤酒酵母细胞中L-苯丙氨酸形成苯乙醇的途径中，对于苯丙氨酸，α-酮酸脱氢酶起主要作用。所以利用啤酒酵母可衍生出多种天然风味物质、风味前体物质或风味增强剂，它与用传统的环氧乙烷与苯缩合精制得到的化学合成苯乙醇香料比较，具有香味柔和、天然纯正、健康安全等不可比拟的优越性。

国外学者对烟叶人工发酵早有大量的研究，他们发现，烤烟叶面微生物中，细菌占绝对优势，放线菌和霉菌较少。细菌中以芽孢杆菌属为优势菌群，霉菌中以曲霉为优势菌群。优良品种烤烟叶面微生物的数量较大，种类较多。微生物是推动烟叶发酵、提高烟叶香气不可忽视的原因之一，这对国内外从事烟叶香气研究的学者而言具有很大的吸引力。

山东农业大学的研究文献综述了国内外在烟叶人工发酵过程中几种增香途径及其研究进展，包括微生物、酶、糖和有机酸、美拉德反应产物及氨化等方法。研究表明：近年来，微生物、酶因其投入量少，增香效果明显，微生物发酵生产天然香料和天然香精已成为世界上许多国家食品添加剂的研发热点。而烟草在芽孢杆菌、枯草杆菌、假单胞杆菌等微生物发酵过程中能产生苯甲醇、苯乙醇等天然玫瑰香味成分，用于烟叶发酵、增加烟叶香气不失为一种理想的方法。

中国烟草总公司郑州烟草研究院研究人员利用蒸馏萃取装置、气相色谱仪和气相色谱/质谱联用仪对烤烟烟梗和叶片的主要中性香味成分进行分析，表明云南烟梗中含量较高的中性香味成分主要有苯甲醇、苯乙醛、β-苯乙醇等。通过微生物发酵法生产天然苯乙醇香料的工艺研究得到国内外业内人士的广泛关注与重视。

该工艺包括利用农业副产物烟草作为生物转化的前体物，添加适当的培养基、选用合适的菌种（如产朊假丝酵母、酿酒酵母、中国克鲁维酵母中的一种），在一定的发酵工艺条件下进行发酵培养，降解了烟草中的木质素、果胶和多酚类化合物，并转化成苯乙醇，然后用萃取或离子交换树脂吸附分离的方法予以提纯。所得到的苯乙醇具有纯正的天然香味，可作为天然香料用于食品中。整个生产工艺简便，具有广泛的工业化发展前景，为农业副产物烟草找到了一条绿色的应用途径。

20世纪60年代，石油发酵开始应用于炼油工业，70年代以来，石油发酵已用于生产化工原料如反-丁烯二酸、丙酮霉酸、乳酸、二吡啶碳酸、柠檬酸、α-酮戊二酸等，用阴沟假丝酵母突变菌株发酵生产α,ω-十碳二酸，开拓了石油发酵生产长链二元酸的新途径。

麝香是名贵中药材，也是制备中成药的重要原料，也可作香料，价格昂贵。天然麝香中具有生理活性的主要有效成分是麝香酮。目前，保护野生动物成为全球共识，因此，天然麝香不再允许使用。已经成功合成出多种长链二元酸并实现产业化的我国科学家，正在酝酿借助微生物之力“合成”高级麝香。

长链二元酸在自然界中并不存在，长期以来只能通过化学方法合成，但化学方法需要高温高压，严重污染环境，成本高而产量低。从20世纪70年代起，日本、中国、美国、德国等国科学家尝试用微生物发酵进行生产。最早的菌株应该是在油田附近的土壤或者炼油厂水沟里找到的，科学家在几十万株微生物菌株中一步步培育出“产”酸水平较高的几株菌种。在一种内含石油副产物——正烷烃的培养液中加入这些菌种，就能高效神奇地合成长链二元酸，进而可以制造出高级香料、高性能尼龙工程塑料、高级润滑油、高级油漆等。在实验室里，科学家一步步提高微生物发酵的“产”酸水平，每升培养液的“产”酸水平从数十克提高到200g以上，1.2kg至1.5kg正烷烃可以变成1kg二元酸，附加值大为提高。经过多年的努力，我国微生物学家在长链二元酸生物发酵领域获得一系列突破，并成功实现产业化，中国也因此成为全世界长链二元酸生物发酵的生产大国和出口大国。

长链二元酸是指碳链中含有10个以上碳原子的脂肪族二羧酸，是一类用途极其广泛的重要精细化工产品。用含有11个至18个碳原子的长链二元酸，可以合成具有不同香型的大环酮香料。尤其是用微生物发酵生产的十五碳二元酸为原料，合成环十五酮和麝香酮时，合成步骤简单，成本大大降低。这种合成的麝香酮完全可以代替天然麝香配制中成药，在医药上将有广泛的用途，对我国中医药走向世界具有十分重要的意义，但目前最主要的还是用于配制各种日用香精。

微生物发酵法生产香料，并不一定都要分离出“单体香料”来，有时候发酵后的“大杂烩”就可以直接使用。下面是一个例子。

加香加料是卷烟工艺中的关键环节，是完善产品风格的决定性因素和提高卷烟香气质量的有效手段之一。目前烟用香料按来源主要分为3类，即来自烟草本身的香料如烟草香精油、浸膏等；来自非烟草的天然植物香料如从各种植物的花、果实、根、茎、叶中提取的精油、浸膏、酊剂等；人工合成的香料如醇、醛、酮等单体香料。按香料生产方法的不同主要分为2种，即采用各种分离手段直接从烟草或其他植物中提取的天然香料和采用化学反应合成的香料。目前，这两种方法在烟用香料生产中各具优点，并发挥着重要的作用。然而，这两种方法均存在其各自的局限性，对于某种植物香料，其香气组分及特征是恒定的，人们很难按照对香味的需要使植物产生具有另一种风味的香料，而且植物提取香料的开发由于可用植物资源的有限而存在局限性。对于化工合成香料，除香气单一外，由于受合成方法及条件的限制，很多优良香气成分尚不能人工合成，或成本太高。随着卷烟消费者对产品质量需求的不断提高以及烟用香料行业竞争的日益加剧，进一步开发新型香料及其生产技术，已受到各香料公司和烟厂的广泛重视。鉴于以上原因，国内有人探讨了利用产香微生物发酵生产烟用香料的方法，以期找到一种经济、高效且可定向生产天然烟用香料的新途径，并开发出传统香料生产法所不能生产的新型烟用香料。

(2) 微生物发酵生产烟用香料的生物学基础

随着近代微生物发酵工程的迅猛发展，微生物已广泛应用在人类生活的各个方面，如各具风味的酱、醋、酸奶、面包等均是利用特定的微生物发酵作用生产出来的。由于微生物在增殖过程中可产生庞大的高活性酶系，如多糖水解酶类、蛋白酶类、纤维素酶类、酯化酶类、氧化还原酶类及裂合酶类等，在酶促作用、化学作用及微生物体内复杂代谢的协同作用下，便可使底物发生分解、降解、氧化、还原、聚合、偶联、转化等作用，形成复杂的低分子化合物，其中包括各种香味化合物，如醇类、醛类、酮类、酸类、酯类、酚类、呋喃类、吡嗪类、吡啶类和萜烯类等，这些香气物质无疑也是烟草的香气组分。微生物产生的香味物质是否适合于烟草香气特征，取决于产香菌的种类、培养基的组成成分和配比以及发酵条件（温度、湿度、酸碱度、诱导物、供氧等）。通过选择特定的菌种、培养基和发酵条件，就可定向发酵生产出适合各种类型或香型卷烟加香的烟用香精香料。

微生物发酵生产烟用香料的方法实例及加香实验如下。

① 菌株：从烟叶上分离并纯化的 1 株产香菌。

② 原料：见表 1-2。

表 1-2 微生物发酵生产烟用香料的原料组成种类及比例

组成种类	比例(干重)	组成种类	比例(干重)
烟末	30%	豆粕	30%
烟秸秆、顶芽、腋芽	30%	其他	10%

③ 发酵方法：取配好的原料 500g，粉碎后适当润水，于 100℃蒸煮 30min，冷却后接入产香菌，于 30～60℃温度条件下发酵 5d。然后将发酵产物于 100℃加热回流 30min 灭菌，冷却后以乙醚（也可用乙醇或正己烷等）为溶剂萃取发酵产物，萃取液经氮气流挥发除去乙醚后得 40g 香料——TMF，产率为 8%。

④ 该香料的性状如下。

a. 色泽：棕黄色树脂状物（以乙醚为萃取剂）或深棕色黏稠状膏体（以乙醇为萃取剂）；

b. 香气：浓郁的果香、坚果香、焦糖香、烤香、酱香、草药香、烟草香；

c. 溶解性：醇溶、部分水溶，可完全溶于 50%～95%的乙醇溶液。

⑤ 该香料加香实验及评吸结果：以 85%乙醇为溶剂，按 0.1%的量将 TMF 加入单料烟及成品卷烟中，平衡 24h 后进行评吸，结果表明，TMF 与烟香协调，能显著提高卷烟的香气质量，使烟气醇和而饱满，并能减轻杂气和刺激性，改善余味，可用于中、高档卷烟加香。

⑥ 产香微生物发酵生产烟用香料技术的评价：该法生产的香料不仅与烟香协调、香气品质优良、风格独特，而且其生产工艺简便，易于推广，具有开发与应用价值。

a. 香料的风格独特——产香微生物发酵产生的香料是由多组分构成的，香气浓郁，集果香、坚果香、焦糖香、烤香、酱香、草药香、烟草香为一体，具有独特风格而又与烟香协调，不仅能显著提高香气质量，使烟气醇和、细腻、饱满，而且能产生由化工合成香料及天然植物提取香料所不能达到的效果。将其应用于调香工艺，可有助于形成卷烟产品的独特风格，在卷烟新产品开发的加香工艺中可发挥较大的作用。

b. 香料风格可定向调控——通过调节发酵原料的组成、配比、菌种及发酵条件，同时采用各种提取、分离手段将产物分为不同的组分如酸性组分、中性组分，甚至某几种重要的香气成分，则可以定向改变发酵香料的香气特征，以满足各种类型卷烟的加香要求，形成定型的如清香型烤烟微生物合成香料、浓香型烤烟微生物合成香料、混合型卷烟微生物合成香料等；也可以根据不同品牌卷烟的加香要求，开发出适合某种品牌卷烟的专用香料。

c. 原料易得，成本低——所有富含淀粉、蛋白质、脂质、纤维素、香味前体物的植物、作物、有机化合物等均可作为原料选择对象，如：

烟草作物——低次烟叶、烟末、烟梗、烟茎、顶芽、侧芽、花蕾、种子等；

非烟草作物——豆类、禾谷类、花生饼、菜籽饼、芝麻饼、椰子饼等；

香料植物——芸香科、檀香科、唇形科、橄榄科等的根、茎、叶、花、果实等；

有机化合物——单糖、氨基酸、蛋白质、烟碱、类胡萝卜素、淀粉等。

上述原料成本普遍较低，烟草原料中除低次烟叶、烟末、烟梗目前可用于生产薄片外，其他部分均未得到合理利用，如将其用于生产烟用香料，不仅能变废为宝，而且经济效益显著。

d. 反应简捷，条件温和——原料按一定配方前处理并接种后，只需通过发酵过程，便可将原料转化为化工生产需多步反应才能完成的产品，且整个过程均可在较温和的温度、压力条件下进行，对设备条件要求不高，安全易行。

食品、饲料、部分日用品的加香都可以借鉴上述产香微生物发酵生产烟用香料技术，直接把发酵产物或初提物用于加香工艺中，不必花费太多的人力物力于单体香料的提取上，微生物研究者、生物工程师和香料工作者在这方面还大有可为。

4. 美拉德反应产物

美拉德反应技术在香精领域中的应用打破了传统的香精调配和生产工艺的范畴，是一全新的香精生产应用技术，值得大力研究和推广。

美拉德反应是一种在自然界里非常普遍的非酶褐变现象，该技术在肉类香精及烟草香精中有非常好的应用，所形成的香基和香精具有天然肉类和其他天然物质香味的逼真效果，有着全用合成香料调配目前还无法达到的效果。在香精生产中的应用国外研究比较多，国内研究应用目前还不多。

（1）美拉德反应机理

1912 年，法国化学家美拉德发现甘氨酸与葡萄糖混合加热时能形成褐色的物质。后来人们发现这类反应不仅影响食品的颜色，而且对其香味也有重要的作用，并将此反应称为非酶褐变反应（nonenzimicbrowning）。1953 年，Hodge 对美拉德反应的机理提出了系统的解释，大致可以分为 3 个阶段。

① 起始阶段。

a. 席夫碱（Shiffbase）的生成：氨基酸与还原糖加热，氨基与羰基缩合生成席夫碱。

b. *N*-取代糖基胺的生成：席夫碱经环化生成。

c. 阿姆德瑞化合物的生成：*N*-取代糖基胺经阿姆德瑞重排形成阿姆德瑞化合物（1-氨基-1-脱氧-2-酮糖）。

② 中间阶段。在这个阶段，阿姆德瑞化合物通过三条路线进行反应。

a. 酸性条件下：经 1,2-烯醇化反应，生成羰基甲呋喃醛。

b. 碱性条件下：经 2,3-烯醇化反应，产生还原酮类和脱氢还原酮类，这有利于阿姆德瑞重排产物形成 ideoxysome，它是许多食品香味的前驱体。

c. 斯特勒克聚解反应：继续进行裂解反应，形成含羰基和双羰基的化合物，以进行最后阶段反应或与氨基进行斯特勒克分解反应，产生斯特勒克醛类。

③ 最终阶段。此阶段反应复杂，机理尚不清楚，中间阶段的产物与氨基化合物进行醛基-氨基反应，最终生成类黑精。美拉德反应产物除类黑精外，还有一系列中间体还原酮及挥发性杂环化合物，所以并非美拉德反应的产物都是呈香成分。

(2) 美拉德反应的影响因素

① 糖和氨基化合物的结构。还原糖是美拉德反应的主要物质，五碳糖褐变速率是六碳糖的 10 倍，还原性单糖中五碳糖褐变速率的排序为：核糖＞阿拉伯糖＞木糖，六碳糖则是：半乳糖＞甘露糖＞葡萄糖。

还原性二糖的分子量大，反应速率也慢。在羰基化合物中，α-乙烯醛褐变最慢，其次是 α-二糖基化合物，酮类最慢。

常见的几种引起美拉德反应的氨基化合物中，发生反应速率的顺序为：胺＞氨基酸＞蛋白质。其中氨基酸常被用于发生美拉德反应。氨基酸的种类、结构不同会导致反应速率有很大的差别。比如：氨基酸中氨基在 ε 位或末位则比在 α 位的反应速率快；碱性氨基酸比酸性氨基酸的反应速率快。

② 温度。20～25℃氧化即可发生美拉德反应。一般每相差 10℃，反应速率相差 3～5 倍。30℃以上速率加快，高于 80℃时，反应速率受温度和氧气的影响较小。

③ 水分。水分含量在 10%～15%时，反应易发生，完全干燥的食品难以发生。

④ pH。pH3～9 范围内，随着 pH 的上升，褐变反应速率上升；pH≤3，褐变反应程度较轻微。在偏酸性环境中，反应速率降低。因为在酸性条件下，*N*-葡萄糖胺容易被水解，而 *N*-葡萄糖胺是美拉德特征风味形成的前体物质。

⑤ 其他化合物。酸式亚硫酸盐抑制褐变，钙盐与氨基酸结合成不溶性化合物可抑制反应。铜与铁可促进褐变反应，其中三价铁的催化能力要大于二价铁。

在美拉德反应初期阶段就加入亚硫酸盐可有效抑制褐变反应的发生。主要原因是亚硫酸盐可以和还原糖发生加成反应后再与氨基化合物发生缩合，从而抑制了整个反应的进行。

在实际生产过程中，根据产品的需要，要对美拉德反应进行控制。基于以上分析可以总结出控制美拉德反应程度的措施：

① 除去一种反应物，可以用相应的酶类，比如葡萄糖转化酶，也可以加入钙盐使其与氨基酸结合成不溶性化合物；

② 降低反应温度或将 pH 调制偏酸性；

③ 控制食品在低水分含量；

④ 反应初期加入亚硫酸盐也可以有效控制褐变反应的发生。

(3) 肉类香味形成的机理

① 肉类香味的前体物质。生肉的香味很淡，只有在蒸煮和烘焙时才会有香味。在加热过程中，肉内各种组织成分间发生一系列复杂变化，产生了挥发性香味物质，目前有 1000 多种肉类挥发性成分被鉴定出来，主要包括：内酯化合物、吡嗪化合物、呋喃化合物和硫化物。研究表明，形成这些香味的前体物质主要是水溶性的糖类和含氨基酸化合物以及磷脂和三甘酯等脂质物质。肉在加热过程中瘦肉组织赋予肉类香味，而脂肪组织赋予肉制品特有的风味，如果从各种肉中除去脂肪，则肉的香味是一致的，没有差别。

② 美拉德反应与肉味化合物。并不是所有的美拉德反应都能形成肉味化合物，但在肉味化合物的形成过程中，美拉德反应起着很重要的作用。肉味化合物主要有含 N、S、O 的杂环化合物和其他含硫成分，包括呋喃、吡咯、噻吩、咪唑、吡啶和环乙烯硫醚等低分子量前体物质。其中有一些吡嗪是主要的挥发性物质。另外，在美拉德反应产物中，硫化物占有重要的地位。若从加热肉类的挥发性成分中除去硫化物，则形成的肉香味几乎消失。

肉香味物质可以通过以下途径产生：

氨基酸类（半胱氨酸类、胱氨酸类）通过美拉德和斯特勒克降解反应产生；

糖类、氨基酸类、脂质通过降解产生；

脂质（脂肪酸类）通过氧化、水解、脱水、脱羧产生；

硫胺、硫化氢、硫醇与其他组分反应产生；

核糖核苷酸类、核糖-5′-磷酸酯、甲基呋喃醇酮通过硫化氢反应产生。

可见，杂环化合物来源于一个复杂的反应体系，而肉类香气的形成过程中，美拉德反应对许多肉香味物质的形成起了重要的作用。

③ 氨基酸种类对肉香味物质的影响。对牛肉加热前后浸出物中氨基酸组分进行分析，加热后有变化的主要是甘氨酸、丙氨酸、半胱氨酸、谷氨酸等，这些氨基酸在加热过程中与糖反应，产生肉香味物质。吡嗪类是加热渗出物特别重要的一组挥发性成分，约占50%。另外，从生成的重要挥发性肉味化合物的结构分析，牛肉中含硫氨基酸、半胱氨酸和胱氨酸以及谷胱甘肽等，是产生牛肉香气必不可少的前体化合物。半胱氨酸产生强烈的肉香味，胱氨酸味道差，蛋氨酸产生土豆样风味，谷胱氨酸产生较好的肉味。当加热半胱氨酸与还原糖的混合物时，便得到一种刺激性的特征性气味，如有其他氨基酸混合物存在的话，可得到更加完全和完美的风味，蛋白水解物对此很合适。

④ 还原糖对肉类香味物质的影响。对于美拉德反应来说，多糖是无效的，二糖主要指蔗糖和麦芽糖，其产生的风味差，单糖具有还原力，包括戊糖和己糖。研究表明，单糖中戊糖的反应性比己糖强，且戊糖中核糖的反应性最强，其次是阿拉伯糖、木糖。由于葡萄糖和木糖廉价易得，反应性良好，所以常用葡萄糖和木糖作为美拉德反应的原料。

⑤ 环境因素对反应的影响。相对来说，通过美拉德反应制取牛肉香精需要较长的时间和较浓的反应溶液，而制取猪肉香精和鸡肉香精只需较短的加热时间和较稀的反应溶液、较低的反应温度。反应混合物 pH 低于 7（最好在 2～6），反应效果较好；pH 大于 7 时，由于反应速率较快而难以控制，且风味也较差。不同种类的氨基酸比不同种类的糖类对加热反应生成的香味特征更有显著影响。同种氨基酸与不同种类的糖，产生的香气也不同。加热方式不同，如煮、蒸、烧等不同的烹调方式，同样的反应物质可产生不同的香味。

(4) 肉类香精的生产

从1960年开始，就有人研究利用各种单体香料经过调和生产肉类香精，但由于各种熟肉香型的特征十分复杂，这些调和香精很难达到与熟肉香味逼真的水平，所以对肉类香气前体物质的研究和利用受到人们的重视。利用前体物质制备肉味香精，主要是以糖类和含硫氨基酸如半胱氨酸为基础，通过加热时所发生的反应，包括脂肪酸的氧化、分解，糖和氨基酸的热降解，羰氨反应及各种生成物的二次反应或三次反应等。所形成的肉味香精成分有数百种。以这些物质为基础，通过调和可制成具有不同特征的肉味香精。

美拉德反应所形成的肉味香精无论是从原料还是过程均可以视为天然的，所得的肉味香精可以视为天然香精。

美拉德反应自被发现以来，由于其在食品、医药领域中的重要影响，引起各国化学家的兴趣。但由于食品的组分太复杂，要完全弄清楚美拉德反应的机理，仍是一件难事。为了研究美拉德反应的机理，人们通常用简单的几个原料，如某种氨基酸和糖类进行模拟反应，再研究反应的产物组成及生成途径。但至今，人们只是对该反应产生低分子量物质的化学过程比较清楚，而对该反应产生的高分子聚合物的研究尚属空白。

近三十年来，一些微量和超微量分析技术应用于食品化学领域的研究之中，如气相色谱、高压液相色谱、核磁共振谱、质谱以及气相色谱-质谱联用、气相色谱-红外光谱联用等，使美拉德反应的化学研究得到极大的发展。

另外，食品化学家近年来将动力学模型引入对美拉德反应的研究中。运用这种方法的优点在于不需要考虑美拉德反应复杂的反应过程，而只需要研究反应物、产物的质量平衡以及特征中间体的生成与损失来建立动力学模型，从而预测反应的速率控制点。

目前对于美拉德反应的研究主要有以下几个方面：美拉德反应过程中新的特征中间体及终产物的分离与鉴定，进一步揭示美拉德反应的机理；在反应香味料的生产中如何控制反应条件，使反应中生成更多的特征香味成分及反应香味料稳定性的影响因素；研究美拉德反应中褐色色素、致癌杂环含氮化合物形成的动力学过程，为食品的加工处理提供有效的控制点；美拉德反应产物对慢性糖尿病、心血管疾病以及癌症等的病理学研究以及其对食品安全性的影响。

① 美拉德反应在食品添加剂中的应用。近年来，人们已用动物水解蛋白、植物水解蛋白、酵母自溶产物为原料，制备出成本低、安全且更为逼真的、更接近天然风味的香味料。然而，仅靠用美拉德反应产物作为香味料，其香味强度有时还是不够的，通常还需要添加某些可使食品具有特殊风味的极微量的所谓关键性化合物。如在肉类香味料中可加1-甲硫基-乙硫醇等化合物，在鸡香味料中可加顺-4-癸烯醛和二甲基三硫等物质；在土豆香味料中可加2-烷基-3-甲氧基吡嗪等物质，在蘑菇香味料中可加1-辛烯-3-醇、环辛醇、苄醇等物质。如此调配出来的香味料，不仅风味逼真，而且浓度高，作为食品添加剂只要添加少量到其他食品中即可明显增强食品的香味，如将这些香味料加在汤粉料、面包、饼干中，或用于植物蛋白加香中，都只要添加少量，就可获得满意的效果。

美拉德反应在色泽方面的应用广泛，在酱油、豆酱等调味品中褐色色素的形成也是因为美拉德反应，这种反应也称为非酶褐变反应。这些食品经加工后会产生非常诱人的金黄色至深褐色，增强人们的食欲。在奶制品加工贮藏中，由于美拉德反应可能生成棕褐色物质，但这种褐变却不是人们所期望的，而是食品厂家所要极力避免的。

在食品香气风味中，例如某些具有特殊风味的食品香料，一般称为热加工食品香料的烤面包、爆花生米、炒咖啡等所形成的香气物质，这类香气物质形成的化学机理就是美拉德反应。在酱香型白酒的生产过程中，美拉德反应所产生的糠醛类、酮醛类、二碳基化合物、吡喃类及吡嗪类化合物，对酱香酒风格的形成起着决定性作用。

美拉德反应在食品香精香料、肉类香精香料中的应用也相当广泛。目前市场上销售的风味调味料，如火腿肠、小食品中应用的风味调味料，大多数是合成的原料复配成的。市场销售的牛肉味、鸡肉味、鱼味、猪肉味等风味调味料大多含动物脂肪、植物脂肪、大豆蛋白粉、糖、谷氨酸钠、盐、香辛料、酵母浸提物等，其中的动物脂肪、植物脂肪并没有转化。美拉德反应中，不存在动物脂肪；用动物脂肪的也在反应中将其转化为肽、胨及肉味物质，不以脂肪存在，所以美拉德反应制得的香料，风味天然、自然、逼真，安全可靠，低脂低热值，是人们保健的美食产品。

另外，美拉德反应在酱油香精生产中也有应用。

② 美拉德反应与食品营养的关系以及在食品中的控制。从营养学的观点来考虑，美拉德反应是不利的。因为氨基酸与糖在长期的加热过程中会使营养价值下降，甚至会产生有毒物质。因此，利用美拉德反应赋予食品以整体的愉快、诱人的风味的前提下，必须控制好反应条件，一般温度不超过180℃、时间不超过4h，注意增加某些活性添加剂。

例如，在果蔬饮料的加工生产中，常常由于褐变而导致产品品质劣化，虽然果蔬褐变一般来说主要原因是酶褐变，但对于水果中的柑橘类和蔬菜来说，由于含氮物质的量较高，也往往容易发生美拉德反应而导致褐变，生产中应注意当pH＞3时，pH越高，美拉德反应的速率越快，在果蔬饮料的加工生产中，保证正常口感的前提下，应尽可能降低pH，来减轻美拉德反应的速率。当糖液浓度为30%～50%时，最适宜美拉德反应的进行，饮料生产中，原糖浆的浓度一般恰是这个浓度，在配料时，应避免将果蔬原汁直接加入原糖浆中。

在面包生产中应充分利用美拉德反应，在焦香糖果生产中要有效地控制美拉德反应，在果蔬饮料生产中应避免美拉德反应，这样才能得到高品质的食品。另外，应用美拉德反应，不添加任何化学试剂，在控制的条件下，使蛋白质、糖类发生碳氨缩合作用，生成蛋白质-糖类共价化合物。该化合物比原来蛋白质的功能性质得到极大的改善，无毒，且具有较强的乳化活力和较大的抵抗外界环境变化的能力，扩大了蛋白质在食品和医药方面的用途。

③ 美拉德反应产物的其他作用。美拉德反应的抗氧化活性是由 Franzke 和 Iwainsky 于1954年首次发现的，他们对加入甘氨酸-葡萄糖反应产物的人造奶油的氧化稳定性进行相关报道。直到20世纪80年代，美拉德反应产物的抗氧化性才引起人们的重视，成为研究的热点。研究表明，美拉德反应产物中的促黑激素释放素、还原酮、一些含 N、S 的杂环化合物具有一定的抗氧化活性，某些物质的抗氧化活性可以和合成抗氧化剂相媲美。

Lingnert 等人的研究发现，在弱碱性（pH＝7～9）条件下，组氨酸与木糖的美拉德反应产物表现出较高的氧化活性，beckel、朱敏等人先后报道在弱酸性（pH＝5～7）条件下，精氨酸与木糖的抗氧化活性最佳。也有人研究木糖与甘氨酸、木糖与赖氨酸、木糖与色氨酸、二羟基丙酮与组氨酸、二羟基丙酮与色氨酸、壳聚糖和葡萄糖的氧化产物有很好的抗氧化作用。

可见，美拉德反应产物可以作为一种天然的抗氧化剂。但是目前对美拉德反应产物抗氧化活性的研究还不充分，其中的抗氧化物质和抗氧化机理还有待人们进一步研究。

经大量研究表明，美拉德反应中间阶段产物与氨基化合物进行醛基-氨基反应最终生成类黑精。类黑精是引起食品非酶褐变的主要物质，在产生类黑精的同时，有系列的美拉德反应中间体-还原酮类物质及杂环类化合物生成，这类物质除能提供给食品特殊的气味外，还具有抗氧化、抗诱变等特性。类黑精具有很强的抑制胰蛋白酶的作用。现已知道，胰蛋白酶在胰脏产生，若此酶被抑制，就会引起胰脏功能的亢进，促进胰岛素的分泌。含有类黑精的豆酱可作为促进胰岛素分泌的食品，有待用于糖尿病的预防和改善。

在20世纪80年代以后，对于美拉德反应产物的抗氧化、抗诱变等特性方面的研究逐渐增多。随着科学技术的不断发展，对于食品工业中广泛应用的合成抗氧化剂在当今食品工业是非常重要的。因此，深入研究其抗氧化、抗诱变、消除活性氧等性能是近年来食品营养学、食品化学领域的热门。

美拉德反应在近几十年来一直是食品化学、食品工艺学、营养学、香料化学等领域的研究热点。因为美拉德反应是加工食品色泽和浓郁芳香的各种风味的主要来源，特别是对于一些传统的加工工艺过程如咖啡、可可豆的焙炒，饼干、面包的烘烤以及肉类食品的蒸煮。

另外，美拉德反应对食品的营养价值也有重要的影响，既可能由于消耗了食品中的营养成分或降低了食品的可消化性而降低食品的营养价值，也可能在加工过程中生成抗氧化物质而增加其营养价值。对美拉德反应的机理进行深入的研究，有利于在食品贮藏与加工的过程中，控制食品色泽、香味的变化或使其反应向着有利于色泽、香味生成的方向进行，减少营养价值的损失，增加有益产物的积累，从而提高食品的品质。

美拉德反应产物是棕色的，反应物中羰基化合物包括醛、酮、还原糖，氨基化合物包括氨基酸、蛋白质、胺、肽。反应的结果使食品颜色加深并赋予食品一定的风味。比如：面包外皮的金黄色、红烧肉的褐色以及它们浓郁的香味，很大程度上都是由于美拉德反应的结果。但是在反应过程中也会使食品中的蛋白质和氨基酸大量损失，如果控制不当也可能产生有毒有害物质。

④ 美拉德反应与食品色泽。美拉德反应赋予食品一定的深颜色，比如面包、咖啡、红茶、

啤酒、糕点、酱油，对于这些食品颜色的产生都是人们期望得到的。但有时美拉德反应的发生又是人们不期望的，比如乳品加工过程中，如果杀菌温度控制的不好，乳中的乳糖和酪蛋白发生美拉德反应会使乳呈现褐色，影响了乳品的品质。

美拉德反应产生的颜色对于食品而言，深浅一定要控制好，比如酱油的生产过程中应控制好加工温度，防止颜色过深。面包表皮的金黄色的控制，在和面过程中要控制好还原糖和氨基酸的添加量及烘焙温度，防止最后反应过度生成焦黑色。

通过控制原材料、温度及加工方法，可制备各种不同风味、香味的物质。例如核糖分别与半胱氨酸及谷胱甘肽反应后会分别产生烤猪肉香味和烤牛肉香味。相同的反应物在不同的温度下反应后，产生的风味也不一样，例如葡萄糖和缬氨酸分别在100～150℃及180℃温度条件下反应会分别产生烤面包香味和巧克力香味；木糖和酵母水解蛋白分别在90℃及160℃反应会分别产生饼干香味和酱肉香味。加工方法不同，同种食物产生的香气也不同。例如土豆经水煮可产生125种香气，而经烘烤可产生250种香气；大麦经水煮可产生75种香气，经烘烤可产生150种香气。可见利用美拉德反应可以生产各种不同的香精。

目前国内已经研究出利用美拉德反应制备牛肉香料、鸡肉香料、鱼肉香料的生产工艺——有人利用鸡肉酶解物/酵母抽提物进行美拉德反应来产生肉香味化合物，利用鳙鱼的酶解产物、谷氨酸、葡萄糖、木糖、维生素 B_1 进行美拉德反应来制备鱼味香精。美拉德反应对于酱香型白酒风味的贡献也很大。其中风味物质主要包括呋喃酮、吡喃酮、噻吩、吡啶、吡嗪、吡咯等含氧、氮、硫的杂环化合物。

⑤ 美拉德反应在食品香精生产中的应用。许多肉香芳香化合物是由水溶性的氨基酸和糖类在加热反应中，经过氧化脱羧、缩合和环化反应产生含氧、氮和硫的杂环化合物，包括呋喃、呋喃酮、吡嗪、噻吩、噻唑、噻唑啉和环状多硫化合物，同时也生成硫化氢和氨。在杂环化合物中，尤其是含硫的化合物，是组成肉类香气、香味的主要成分，几种硫取代基的呋喃化合物，具有肉类香气、香味，如3-硫醇基-2-甲基呋喃和3-硫醇基-2,5-二甲基呋喃。在一般呋喃化合物中，在乙位碳原子有硫原子的产品具有肉类香气、香味，而在甲位碳原子上存在硫原子的品种，就有类似硫化氢的香气。另外，噻吩化合物具有煮肉的香气、香味，噻吩化合物由半胱氨酸、胱氨酸和葡萄糖、丙酮醛于125℃、pH＝5.6、反应24h下生成，如4-甲基-5-(α-羟乙基）噻唑，2-乙酰基-2-噻唑啉，12-乙酰基-5-丙基-2-噻唑啉。

将美拉德反应用于食品香精的生产之中，我国还是近十几年才开始的。在反应中，使用的氨基酸种类较多，有L-丙氨酸、L-精氨酸和它的盐酸盐、L-天冬氨酸、L-胱氨酸、L-半胱氨酸、L-谷氨酸、甘氨酸、L-组氨酸、L-亮氨酸、L-赖氨酸和它的盐酸盐、L-鸟氨酸、L-蛋氨酸、L-苯丙氨酸、L-脯氨酸、L-丝氨酸、L-苏氨酸、L-色氨酸、L-酪氨酸、L-异亮氨酸等，它们在反应中，能生成一定的香气物质。L-胱氨酸、L-半胱氨酸、牛黄酸、维生素 B_1 等，均能产生肉类香气、香味：

a. 甘氨酸，能产生焦糖香气；

b. L-丙氨酸，能产生焦糖香气；

c. L-缬氨酸，能产生巧克力香气；

d. L-亮氨酸，能产生烤干酪香气；

e. L-异亮氨酸，能产生烤干酪香气；

f. L-脯氨酸，能产生面包香气；

g. L-蛋氨酸，能产生土豆香气；

h. L-苯丙氨酸，能产生刺激性香气；

i. L-酪氨酸，能产生焦糖香气；

j. L-天冬氨酸，能产生焦糖香气；

k. L-谷氨酸，能产生奶油糖果香气；

l. L-组氨酸，能产生玉米面包香气；

m. L-赖氨酸，能产生面包香气；

n. L-精氨酸，能产生烤蔗糖香气。

在美拉德反应中，使用的糖类包括：葡萄糖、蔗糖、木糖醇、鼠李糖和多羟醇如山梨酸醇、丙三醇、丙二醇、1,3-丁二醇等。

⑥ 美拉德反应的操作要求。一般情况下，美拉德反应的温度不超过180℃，一般为100～160℃之间。温度过低，反应缓慢，温度高，则反应迅速。所以，可以按照生产条件，选择适当的温度。一般来说，反应温度和时间呈反比。在反应过程中，需要不断搅拌，使反应物充分接触，并均匀受热，以保证反应的正常进行。

在需要加入植物油时，最好将植物油先加入反应锅内，然后将溶有氨基酸和醇类的水在搅拌的情况下慢慢加入。在反应过程中，由于在加热情况下，水会翻腾溢出，同时，一部分芳香化合物也会随之挥发，因此，锅顶必须装有使逸出的气体能够充分冷却的冷凝器，而且，采用较低的冷凝水会更好。总之，既要让其充分回流，又尽量能使芳香化合物的损失减少。

由于美拉德反应比较复杂，终点的控制必须非常严格，达到反应终点时，反应产物要迅速冷却至室温，以免在较高温度下继续反应，引起香气、味道的变化，反应后的产品一般要求在10℃下贮存。

美拉德反应使用的生产设备，容量不宜太大，根据国外的经验，一般以200L以下为宜，因为容量过大，易造成反应物接触不匀、加热不匀等现象，使反应后每批产品的香气、味道不一致。设备材质宜为不锈钢，锅内有夹套、不锈钢蛇管，用作加热和冷却之用。不锈钢搅拌器用框板式，转率为60～120r/min。锅密闭，锅盖上设窥镜，加料口、抽样口、回流管连通不锈钢冷凝器，冷凝器通大气。操作时，必须严格控制温度，待反应结束前，停止搅拌，从锅底或锅盖抽样口处抽取反应的产品样品检验色泽、香气、香味等有关质量指标，确认质量符合要求后，就立即冷却、停止反应。

食品香精多数还是按照天然食品的香气、香味特点，通过调香技艺，用香料配制而成的。反应香料为配制的食品香精提供了一条新的途径。反应香料在国际上被认为是属于天然香料范畴，它是一种混合物，或是以一定的原料、在反应条件下生成的产品，具有某些食品的特征香气与香味。

目前，通过美拉德反应，可生成肉类、家禽类、海鲜类、焦糖等的香气、香味，似真度较高。以我国现有的技术水平，还难以用现有的香料品种配制出上述这些香气或香味，因此，反应香料受到食品香精生产厂的高度重视。调香者有时会感到反应香料的浓度不够，或缺少某一部分香气、香味，因此，调香者往往再补加一些其他可食用的香料，以提高香料浓度和调整香气、香味，最后制得香精，供食品加工使用。

近年来，由于分析仪器的不断改进、分析手段的大大提高，使得食品中的少量成分甚至微量成分逐步被发现，研发人员进一步了解了食品中香气、香味的成分，又通过合成手段，开发了大量新的食品香料。科技人员经过努力，将这些新的食品香料配制到食品香精之中，就开发了新的香精，如鸡肉香精就完全采用香料配制而成。

⑦ 反应香料的定义。反应香料是指为了突出食品香味的需要，而制备的一种产品或一种混合物，它是由在食品工业中被允许使用的原料（这些原料或天然存在，或是在反应香料中特许使用的）经反应而得的。

用作生产反应香料的原料主要有以下几种。

a. 蛋白质原料：含有蛋白质的食品（肉类、家禽类、蛋类、奶制品、海鲜类、蔬菜、果品、酵母和它们的萃取物）；动物、植物、奶、酵母蛋白质；肽、氨基酸和它们的盐；上述原料的水解产物。

b. 糖类原料：含糖类的食品（面类、蔬菜、果品以及它们的萃取物）；单糖、二糖和多糖类（蔗糖、糊精淀粉和可食用胶等）；上述原料的水解产物。

c. 脂肪原料：含有脂肪和油的食品；从动物海洋生物或植物中提取的脂肪和油；加氢的、脂转移的，或者经分馏而得的脂肪和油；上述原料的水解产物。

d. 其他原料：水、缓冲剂、药草和香辛料、肌苷酸及其盐、鸟苷酸及其盐、硫胺素及其盐、抗坏血酸及其盐、乳酸及其盐、柠檬酸及其盐、硫化氢及其盐、氨基酸酯、肌醇、二羟基丙酮、甘油等。

制作实例如下。

焦糖香基

葡萄糖浆	350g	炼奶	300g	蔗糖	260g
水	100g	L-赖氨酸盐酸盐	2g	乳清粉	28g

以上原料混合置于有搅拌和加热装置的反应锅里，在106℃搅拌40min，倾出反应物冷却包装，即为焦糖香基。

咖啡香基

葡萄糖	24g	精氨酸	35g	甘油	1000g
麦芽糖	96g	赖氨酸	5g	水	500g
天门冬氨酸	10g				

以上原料混合置于有搅拌和加热装置的耐压反应锅里，在1.18MPa压力、120℃下搅拌5h，倾出反应物冷却包装，即为咖啡香基。

牛肉香基

L-赖氨酸盐酸盐	544g	十六酸	35g	磷酸氢铵	211g
盐酸硫胺素	506g	谷氨酸	35g	磷酸	30g
无糖植物水解蛋白	1519g	氯化钾	44g	乳酸钙	18g
水	5005g	磷酸氢钾	35g		

以上原料混合置于有搅拌、加热和回流装置的耐压反应锅里，加热搅拌回流3h，冷却至室温，95%乙醇2000g搅拌均匀，倾出反应物包装，即为牛肉香基。

红烧牛肉香基

巯基乙酸	40g	大麦谷酝水解物(含水20%)		奶油	720g
核糖	100g		1150g	水	1050g
木糖	60g				

以上原料混合置于有搅拌和加热装置的反应锅里，先调整pH到6.5，在100℃搅拌2h，倾出反应物，除去上层奶油，冷却包装，即为红烧牛肉香基。

猪肉香基

脯氨酸	150g	半胱氨酸	125g	蛋氨酸	30g

核糖	80g	黄油	20g	甘油	2500g

以上原料混合置于有搅拌和加热装置的反应锅里，在120℃搅拌60min，倾出反应物冷却包装，即为猪肉香基。

猪肉香基

猪肉酶解物	2800g	L-赖氨酸盐酸盐	40g	水	300g
酵母膏	80g	葡萄糖	30g		

以上原料混合置于有搅拌和加热装置的反应锅里，在100℃搅拌120min，倾出反应物冷却包装，即为猪肉香基。

“羊肉香基”、“鱼肉香基”、“蟹肉香基”和“虾肉香基”也用同样的方法制作，只是原料中的“猪肉酶解物”分别改为“羊肉酶解物”、“鱼肉酶解物”、“蟹肉酶解物”和“虾肉酶解物”。

鸡肉香基

鸡肉酶解物	3600g	精氨酸	50g	半胱氨酸	155g
水解植物蛋白	2800g	丙氨酸	100g	木糖	510g
酵母	2600g	甘氨酸	55g	桂皮粉	7g
谷氨酸	60g				

以上原料混合置于有搅拌和加热装置的耐压反应锅里，130℃下搅拌40min，倾出反应物冷却包装，即为鸡肉香基。

上述配方中的分量适合于实验室小试，如把“克”改为“公斤”就是工业上使用的配方了。调香师应该按照实际情况和实验的结果稍作加减、调整，不能把它们看作“教条”而不敢改动。因循守旧不是调香师的作风。

美拉德反应制作的“香基”可以直接作为香精使用，也可以再加入其他合成香料或天然香料配制成香气较浓的香精。具体见本章第三节四“咸味香精”。

5. “自然反应”产物

笔者曾经做过一个实验：纯种芳樟叶油10g加入天然乙酸（用酿造的白醋蒸馏得到）10g，密封2个月后自然成了一个香气非常好的食用香精，用来配制酒、醋、各种调味料、食品、饮料等都极适宜，也可以直接用作空气清新剂香精。该产物通过“气质联机”分析测出乙酸、蒎烯、间伞花烃、桉叶油素、氧化芳樟醇、芳樟醇、万寿菊酮、环氧化芳樟醇、4-松油醇、松油醇、橙花叔醇、乙酸芳樟酯、乙酸松油酯、乙酸橙花酯、乙酸香叶酯、杜松醇、石竹烯、松香烯、葎草烯、广藿香烯、瑟林烯、杜松烯、西柏烯、斯巴醇等三十几个成分。

可以看出，芳樟醇同乙酸混合后“自然反应”，产生了许多新的香料物质，其中“产量”最大的是乙酸松油酯、乙酸香叶酯和乙酸芳樟酯，它们都是芳樟醇和芳樟醇在酸性条件下异构化“变成”松油醇、香叶醇同乙酸酯化反应的产物，同时，芳樟醇还通过氧化等反应产生了氧化芳樟醇、桉叶油素及各种萜烯和萜烯的衍生物，包括倍半萜烯和二萜化合物，这些产物大多分子量比芳樟醇大，留香时间也较长久，可以作为体香和基香成分，足以组成一个“完整”的香精配方了。“自然反应”后在适当的时间里香气令人愉悦，可以在这个时候令其停止反应（比如加碱中和去掉酸性、精馏回收未反应的乙酸和芳樟醇等），则得到一个“有用”的香精了。

这个实验给调香师带来一个全新的概念：也许有时候不必那么“麻烦”的自己动手调配香精，只要把2个或2个以上会互相起反应的香料放在一起后“交给上帝”——让它们充分反应就会产生一个有意义的香精出来！可以想象，用天然芳樟叶油和其他天然有机酸如丁酸、乳酸、柠檬酸、苹果酸、酒石酸和各种氨基酸反应一段时间也会生成不同“风味”的香精，其他天然精油只要含有较大量的芳樟醇、苎烯、蒎烯等“活泼”香料与天然有机酸也有可能“自然反应”，产生人们期望的香精出来。

把这一类“自然反应”产物归入“天然香料”或“天然香精”估计没有人反对（其原料和产物的组成成分都是天然香料单体，而且都是可以食用的香料），它们的安全性也不容置疑。这个“香精”通过精馏回收未反应的乙酸和芳樟醇（可再次混合在一起反应，与起始原料完全一样），得到的香料混合物或单体香料，仍然是“天然级”的，根据它们的香气特点，可以直接用作食品香精或日用香精，也可作为配制“天然香精”的香原料。

再看一个实验：在一个容量为2L的回流反应瓶里加入1250g水，180g天然柠檬酸，150g纯种芳樟叶油，加热到100℃（同时搅拌）保持3h，随后蒸馏出一种带有甜柠檬和丁香花香气的“精油”，其化学组成如下：

月桂烯醇	1.5	香叶醇	9.8	顺乙位罗勒烯	1.2
二氢芳樟醇	0.5	反罗勒烯醇	1.6	6,7-环氧罗勒烯	0.6
乙位松油醇	0.8	顺罗勒烯醇	3.5	反乙位罗勒烯	2.4
桧烯水合物	0.4	玫瑰醚	5.0	氧化芳樟醇	0.6
甲位松油醇	34.1	月桂烯	1.4	异松油醇	2.8
3,7-二甲基-1-辛烯-3,7-二醇	0.9	苎烯	2.9	芳樟醇	27.2
橙花醇	2.8				

这个“精油”的香气甚好，可以作为一个“完整”的香精直接用来给食品、饮料或其他日用品加香，也可以作为一个“香基”用来配制食用香精或日用香精。

相信随着研究的深入，这种“天然香料”——“自然反应”产物会像美拉德反应产物一样不断地涌现出来，以满足各行各业的人们对香料香精的需求。

二、单体香料

合成香料虽然只有短短100多年的历史，但发展速度非常快，而且品种繁多，常用的合成香料列在一张纸上，就令人看得眼花缭乱了。全世界各大香料公司每年不遗余力地开发了数目巨大的新型香料，但能够经得起严格的“安全测试”的品种并不多，再加上“市场检验”优胜劣汰的结果，留下来的就更少了。不单如此，原来调香师已经用了几十年的“老品种”，现在经过反复的安全评价，又有一些淘汰出局，所以目前合成香料在“品种”方面算是比较“稳定”的。

与天然香料相比，合成香料一般来说比较纯净（化学纯度较高）、颜色较浅（大多是无色透明的液体）、比较不容易变色、黏度较低、价格较为便宜，可以工业化生产，供应较为充裕，基本上不受地理、气候、人为等因素的影响，所以问世以后深受调香师的欢迎和喜爱。但合成香料也有缺点：香气单调、生硬、不“自然”，有时带有不良的“化学气息”，有的合成香料虽然经过大量的测试、评价、动物实验甚至一百多年的应用历史，但相对天然香料来说，其“安全性”、“潜在的威胁”还有大量生产时的环境、生态等问题仍然让消费者不能放下心来正视它们。

按照目前香料界的习惯分类法，“合成香料”并不一定全是“用化学方法制造的香料”，而是包括了那些从天然香料中提取出来的香料单体。这样，“合成香料”中的一部分就有两个来源：一个是用石油、煤焦油、天然气、目前还包括松节油等与酸、碱等“化学物质”通过各种化学反应生成的；另一个是从比较廉价的天然香料通过精馏、结晶等“物理方法”提取出来的。二者价格有时相差很大，“质量”倒不一定有这么大的差别，但商人们还是要给它们区分清楚。因此，前一个就叫做“化学合成×××”，后一个叫做“天然提取×××”。

严格来说，应该是“单体香料”有两类：一为合成的单体香料，二为天然提取的单体香料。本书按照这种比较严谨的说法，把它们统统叫做“单体香料”，放在一起讨论。

近年来由于“一切回归大自然”的呼声一浪高过一浪，有关如何鉴定“天然”香料与“合成”香料的论文也大量出现在各种文献中。对调香师来说，最关心的是它们的香气好不好、适合不适合用于所调的香精中，不管它是来源于“化学的”还是“天然的”，但有时又不得不屈服于消费者“崇尚天然”的要求而全部采用“天然提取×××”配制。

1. 烃类及其衍生物

(1) 蒎烯

蒎烯有α-蒎烯和β-蒎烯两种异构体，二者均同时存在于多种天然精油中，例如松节油中就含有58%～65%的α-蒎烯和30%的β-蒎烯。α-蒎烯的右旋体存在于带蜡松节油和中国海南岛产的松节油中，左旋体则存在于西班牙、奥地利产的松节油和中国广大产区的松节油中。

α-蒎烯可用于矫正一些工业产品的气味，并可作涂料溶剂、杀虫剂和增塑剂等，也用于合成香料工业。

β-蒎烯的主要工业用途为热裂解成月桂烯，作为合成开链萜的原料；与甲醛加成生成诺卜醇，其乙酸酯用作香料。

α-蒎烯和β-蒎烯原来很少用于配制香精，现在由于芳香疗法、芳香养生的兴起，各种配制精油应运而生，有些精油含有大量的α-蒎烯和β-蒎烯，因此，调香师也就不得不在各种需要“天然香韵”的香精里加入这两种蒎烯了。

α-蒎烯和β-蒎烯的香气都很透发，但不留长，二者的香气有微妙的不同：α-蒎烯的香气有松木、针叶及树脂样的气息；β-蒎烯具特有的松节油香气、干燥木材和松脂的气味。所以在调配香精的时候，把握它们各自的用量也是需要一定技巧的。

(2) 月桂烯

月桂烯有时也被称为“香叶烯”，本身具有令人愉快的香气，并且还有一个“本领”——适当加入就能使“全部用人造香料调配的香精”产生“天然感”，价格又极其低廉，可惜长期以来没有受到调香师的重视——在以前的香精配方里很少出现它的影子。随着“回归大自然”的呼声，调香师们在大量配制“人造精油”时又注意到它了，原来它在自然界到处可见！在天然精油里，含月桂烯最多的是黄柏果油（92%）、黄栌叶油（52%）和柔布枯油（43%），其次是日本黄檗果油、香脂云杉油、香脂冷杉油、加拿大铁杉油、香紫苏油、马鞭草油、蛇麻油、松节油等，也存在于枫茅、柏木、艾蒿类、橙子和柠檬等中。

月桂烯很容易用松节油制造：利用松节油中的乙位蒎烯在高温下裂解，再通过精馏就可得到。在用松节油合成许多重要的香料（如芳樟醇、香叶醇、橙花醇、二氢月桂烯醇、新铃兰醛、柑青醛、甜橙醛、薄荷脑等）的过程中，月桂烯是重要的中间体。

(3) 苎烯

苎烯又叫柠檬烯、白千层烯、香芹烯、二聚戊烯、1,8-萜二烯等，具有令人愉快的柑橘、柠檬香气，存在于300多种精油中。在所有的柑橘油（甜橙油、柠檬油、香柠檬油、柚油等各种柑橘皮油和肉油）里，苎烯是最主要的成分，有的高达95%，在各种“除萜”精油工艺中，苎烯作为副产品被大量生产出来。全世界每年生产的柑橘类产品达5600万吨，理论上可副产“天然苎烯”3.2万吨，但通常只生产1万多吨供应市场。这种苎烯有旋光性，绝大多数是右旋的。来自松节油与合成樟脑的苎烯不具旋光性，一般称为“双戊烯”，实际上是以双戊烯为主的多种环萜烯的混合物，所以香气要比天然苎烯差得多。

(4) 松油烯和异松油烯

α-松油烯常与 γ-松油烯作为混合物同时存在。α-松油烯为无色流动性液体，具有柑橘香味。存在于小豆蔻油、牛至油和芫荽油中。α-松油烯一般由合成方法得到，可从 α-蒎烯、消旋苎烯、α-菲兰烯用硫酸异构化制备；或从 α-松油醇用草酸脱水，或从 α-蒎烯在催化剂二氧化锰的存在下加热得到。

异松油烯是松节油的成分之一，存在于柏木属植物大果柏木和松节油等精油中，也是生产松油醇的副产物。一般商用市售品含有其他异构体等萜烯化合物。可用于低档的皂用香精配方中，也可用于作防腐剂和工业溶剂使用。

松油烯和异松油烯都有松木树脂似的气息，都带有温和的木香，异松油烯的气味尖锐一些。用于香精的配制时需要经过仔细的分馏提纯，否则会给产品带来不利的影响。

(5) 罗勒烯

罗勒烯是一种无环单萜类香料，有 α-罗勒烯、顺 β-罗勒烯和反 β-罗勒烯三种异构体。α-罗勒烯即 3,7-二甲基-1,3,7-辛三烯。市售的多为顺反异构体化合物，遇空气易聚合或者树脂化，不宜久贮，可加 BHT 抑制。

罗勒烯主要存在于罗勒油、丁香罗勒油、薰衣草油、龙蒿油等精油中，有草香、花香并伴有橙花油气息，是所有单萜烯类香料中香气最好的一种，因此，早就被调香师用于各种日化香精的配制中。虽然如此，"现代派"的调香师仍然不遗余力地用它来创造各种新型的"幻想型"香精。在一些"沉闷的"香精里面加入少量罗勒烯往往会带来意想不到的效果。

(6) 石竹烯

石竹烯主要指乙位石竹烯，存在于 60 多种植物精油中，商品石竹烯基本上都是从丁（子）香油中提取出来的，因此也叫"丁香烯"。石竹烯的香气介乎松节油与丁（子）香油之间，在日用香精里适量加入，可赋予"天然的"香气，近年来逐渐受到重视。

石竹烯的沸点较高，留香时间较长，在调配"富有大自然气息"的香精时，除了适当加入月桂烯、苎烯等"自然"头香香料以外，通常还要加入石竹烯让配出来的香精在体香和基香中也有"自然"气息，但加入量要控制好，不要让它过于暴露。在配制诸如"森林香"、"松木"等木香香精时，用量可以多些。

(7) 长叶烯

与石竹烯相似，长叶烯也是一种沸点较高、有一定留香能力的萜烯香料。精馏松节油在"后段"就可以获得数量不少的长叶烯，而长叶烯的香气也接近于松节油、稍微带点柏木油的木香，所以一般香精里如果用到松节油的话，基本上都可以换成长叶烯，以增加留香值。

用长叶烯可以合成许多常用的香料，如异长叶烷酮、乙酸长叶酯、乙酸异长叶烯酯、乙酰基长叶烯等，近年来也经常出现在一些环境用香精的配方里，调香师也是看准它能赋予香精"自然气息"这一点，但加入量不宜过多，以免香气太过"生硬"。

(8) 柏木烯

主要存在于柏木油中，有 α-柏木烯、β-柏木烯两种异构体。为微黄色液体。不溶于水，溶于乙醇等有机溶剂。柏木烯是三环倍半萜，具有柏木、檀香香气。主要由柏木油经减压分得其异构混合物。亦可由从柏木油中经分离取得柏木醇，在酸性条件下脱水下得到纯的 α-柏木烯。

柏木油主要用于生产柏木脑，提完柏木脑后的精油即作为"普通柏木烯"销售和利用。脱脑柏木油中含 α-柏木烯 40%～50%，β-柏木烯 5%～15%，还有少量罗汉柏烯等其他异构体。

柏木烯原先一般不直接用于调配香精，而用于合成乙酰基柏木烯、柏木烷酮、环氧柏木烷和柏木烯醛等重要香料。"现代派"的调香师改变了这个现状，在许多花香、木香的香精里加入了大量的"普通柏木烯"，既增加了香气的"天然感"，又降低了配制成本，而且留香时间也会长一些。

(9) 桉叶油素

香料工业上提到的桉叶油素一般指1,8-桉叶油素，它的异构体——1,4-桉叶油素较为少见，自然界里存在量也较少，本书中提到的桉叶油素除了特别指出的以外，也都是指1,8-桉叶油素。

桉叶油素在自然界里也是普遍存在的，在“蓝桉油”里有时含量高达80%；在“桉叶油素型”樟叶油（简称“樟桉叶油”）里，含量也高达60%；在用樟脑油提取樟脑留下的“白油”里，桉叶油素也高达40%以上——这三种都是提取桉叶油素的原料。

桉叶油素有很好的杀菌防腐作用，在医药上有广泛的用途，众所周知的万金油、清凉油、风油精、白花油等，桉叶油素都是主要成分之一，当今更是大量用于各种芳香疗法用品中。欧美各国畅销的各种牙膏里，经常可以闻到桉叶油素的香气。但在我国，带桉叶油素香气的牙膏却不大受欢迎，销路有限。

2. 醇类

(1) 叶醇

在当今“一切回归大自然”的思潮冲击之下，叶醇以它清爽的绿叶清香博得了世人的喜爱，特别是千百年来对茶叶的香气有着执着爱好的国人，对叶醇的香味更是倍爱有加。叶醇的香气虽好，但沸点低，留香不长。因此，最好把它与苯甲酸叶酯、水杨酸叶酯等沸点高一些的叶醇酯类一起使用以克服这个缺点。许多花香香精、果香香精、草香香精里只要加入少量的叶醇及其酯类，便能改善头香。由于叶醇挥发极快，在配制香精时，刚刚加入的叶醇强烈地掩盖了其他香料的香气，造成“假头香”，而在放置了一段时间以后，香气变化太大，其他沸点较低的香料也有这种情形。有经验的调香师为了保险起见，不得不多加一些，这也是叶醇虽然香气强度很大，但使用量却也不少的一个原因。

(2) 癸醇

癸醇天然存在于甜橘油、橙花油、杏花油、黄葵子油等中。香料用的癸醇主要由椰子油脂肪酸还原而得，也可由乙烯经控制聚合后再经水解、分离而得。带有甜的玫瑰脂蜡香，略有甜橙花、铃兰花的气息，有鸢尾香后韵和似香茅醇那样的新鲜气息。味觉是花香、脂蜡香，主要是柑橘香味。

癸醇用于配制人造玫瑰油、橙花型香精和金合欢型香精等。微量用于金合欢、桂花、紫罗兰、红玫瑰、橙花、黄水仙、鸢尾、紫丁香、茉莉及甜橙花等香精配方。在低档花香型配方中可作芳樟醇、香茅醇的和合剂或修饰剂。它有柔和脂肪醛香气的作用。在香皂中稳定，不刺激皮肤。在香精中，一般用量较低，可用达1%，在特殊的玫瑰型中可用达5%。国外有时用于工业除臭或掩盖工业产品的不良气息。

在食用香精中，可用于奶油、甜橙、椰子、柠檬和多种果香，但用量通常很低。

(3) 苯甲醇

在自然界中，苯甲醇多数以酯的形式存在于各种精油中，例如茉莉花油、风信子油和秘鲁香脂中都含有此成分。苯甲醇是极有用的定香剂，是茉莉、月下香、伊兰等香精调配时不可缺少的香料。用于配制香皂香精和日用化妆香精，也用作许多香料的溶剂。

作为一种食用香料，苯甲醇主要用于配制浆果、果仁等香型的香精，也用于配制各种精油用在芳香疗法和芳香养生中。

苯甲醇能缓慢地自然氧化，一部分生成苯甲醛和苄醚，使市售产品常带有苦杏仁气味，故不宜久贮。

(4) 苯乙醇

苯乙醇是一种非常廉价的、香气淡弱的香料，在香精里不是主香原料，但用量很大，早期的调香师经常在调好的一个香精里再加些苯乙醇“凑”成100%，带有很大的随意性。苯乙醇还有一个令调香师喜爱的特性：对各种香料都有良好的互溶性。当调香师发现调好的香精浑浊、分层或沉淀时，加入适量的苯乙醇通常就可以变澄清透明（芳樟醇、松油醇也有这个“本领”，但会影响香气）。因此，几乎在所有的日用品香精里都可以测出一定量的苯乙醇来。笔者创造的“三值理论”里把苯乙醇的香比强值定为10，其他香料都是与苯乙醇相比较得出的，其原因也在于苯乙醇的普遍存在和同各种香料良好的相溶性——可以把一种香料与一定比例的苯乙醇混合溶解在一起嗅闻香气从而估计该香料的香比强值。

苯乙醇是玫瑰花油的主要成分之一，更是蒸馏玫瑰花时副产的“玫瑰水”的第一成分，因此，配制玫瑰香精肯定少不了它。在配制茉莉香精时，苯乙醇能够使甲位戊基桂醛和甲位己基桂醛的“化学气息”减轻，所以苯乙醇也是茉莉香精配制的“必用成分”。由于玫瑰和茉莉是所有的日用香精里面少不了的香气组分，苯乙醇的重要性也就不言而喻了。

苯乙醇在常温时香气淡弱，在温度比较高的时候就不弱了，这个特性使得它可以大量用于熏香香精的配制上。较为低档的熏香香精使用大量的香料下脚料和硝基麝香（特别是二甲苯麝香），苯乙醇是这些下脚料与硝基麝香的良好的溶剂，一举两得，相得益彰。

(5) 桂醇

桂醇又称“肉桂醇”，具有类似风信子的膏甜香气，香气较为淡而沉闷，是醇类香料里留香比较久的一种。调香时需要“桂甜”就要用到它，因此，各种花香（如茉莉、玫瑰、铃兰、紫丁香、夜来香、香石竹、“葵花”等）香精里都有它的“影子”，凡是带“甜香”的香精也免不了用它。忍冬花（俗称金银花）香精里可用到30%。在早期的香水香精配方里，使用较多的香膏、香树脂如苏合香膏、安息香膏、秘鲁香膏、吐鲁香膏等作为定香剂，现今已少用，一些“仿古”的香精可以加些桂醇使得“尾香”（基香）带有这些香膏的气息。

桂醇比较稳定，也较耐碱，所以也较多地用在肥皂、香皂和其他洗涤剂的香精里面。

(6) 香茅醇、玫瑰醇、香叶醇、橙花醇

这四个醇都是配制玫瑰香精最重要的原料，香气也比较接近，市售的香茅醇里面往往有一定比例的香叶醇，而香叶醇里面也几乎都含有不少的香茅醇，橙花醇也经常在这两个香料里面存在。商品玫瑰醇不一定就是“香茅醇的左旋异构体”，而常常是香茅醇与香叶醇一定比例的混合物，有时甚至是香茅醇、香叶醇、橙花醇的混合体。不过这都“无伤大雅”，只要“混合香气”能固定，作为一种商品它仍然可以得到肯定，这是香料行业里的一大特色。

一般认为，香叶醇较“甜”但带有一点“土腥气”；香茅醇有点“青气”而显得稍为“生硬”；橙花醇则带着橙花的特异清香。这三种醇按一定的比例混合在一起刚好互补不足，加上苯乙醇就组成了天然玫瑰花的甜美香气。当然，配制玫瑰花香精时除了用这四个醇为主香原料外，还要加入少量其他“修饰”香料，必要时还得加些“定香剂”，因为这四个醇的留香时间都不长。常用的定香剂有结晶玫瑰、桂醇、苯乙酸苯乙酯、乙酸柏木酯等，高级香水香精可用玫瑰花浸膏或墨红浸膏。这些材料也是上述四种醇单独使用时的定香剂。

在皂用香精的配制时，香叶醇有一个非常重要的作用，它能够让加在肥皂里易变色的香精稳定而不易造成变色。例如有一个皂用香精配方里有葵子麝香、洋茉莉醛和香豆素，实践证明它不能用于白色香皂，因为变色很严重，加入适量的香叶醇后，基本上就不会引起变色了，用它配制的白色香皂放置2年以上观察，色泽还是令人满意的。

(7) 芳樟醇

在全世界每年最常用和用量最大的香料中，芳樟醇几乎年年排在首位——没有一瓶香水里面不含芳樟醇，没有一块香皂不用芳樟醇的！这并不奇怪，因为差不多所有的天然植物香料里面都有芳樟醇的“影子”——从99%到痕迹量的存在。含量较大的有芳樟叶油、芳樟油、伽罗木油、玫瑰木油、芫荽子油、白兰叶油、薰衣草油、玳玳叶油、香柠檬油、香紫苏油及众多的花（茉莉花、玫瑰花、玳玳花、橙花、依兰依兰花等等）油。在绿茶的香成分里，芳樟醇也排在第一位。当今人们崇尚大自然，芳樟醇的香气大行其道。诚然，在香精里面检测出芳樟醇，并不代表调香师在里面加入了单体芳樟醇，经常是由于香精里面有天然香料，芳樟醇本来就是这些天然香料的一个成分。

芳樟醇本身的香气颇佳，沸点又比较低，在朴却的香料分类法里，芳樟醇属于“头香香料”，当调香师试配一个香精的过程中觉得它“沉闷”、“不透发”时，第一个想到的是“加点芳樟醇”，所以每一个调香师的架子上，芳樟醇都是排在显要位置上的。

(8) 二氢月桂烯醇

二氢月桂烯醇是现代相当成功的合成香料之一，20年来的销售量几乎呈直线上升，看其发展势头大有凌驾于所有萜烯类香料之上的可能！这应“归功于”它的香比强值大、香气符合现代人的嗜好、价格（一降再降）相当低廉的缘故，但更重要的还在于调香师们不遗余力地“发掘”它的潜力，使之成为现代香料工业一颗耀眼的明星！

在二氢月桂烯醇刚刚上市的时候，大部分调香师还没有注意到它，因为直接嗅闻这个香料的香气并不好，不“自然”，许多调香师把它丢到一边去。可是很快地，有人发现了它的重要价值——①香气强度大；②“削去”它的“尖锐气息”以后便可闻到不错的花香味，隐约还可闻出古龙香气来；③有许多香气强度大的香料与它配伍后组成新的令人愉悦的香味。市场上开始出现以二氢月桂烯醇的香气为主的各种新香型香精，价格低廉，引起所有调香师的注意。同其他行业一样，调香师自古以来也有“我也来”(ME TOO) 的“传统”，不久，日用品香精就充满二氢月桂烯醇的气息了。

可以“削去”二氢月桂烯醇的“尖锐气息”并同它组成和谐香味的香料有：对甲基苯乙酮，柠檬醛，香柠檬醛，红橘酯，柠檬腈，香茅腈，甜橙油，柠檬油，女贞醛，芳樟醇，乙酸苏合香酯，花青醛，乙酸龙脑酯，乙酸异龙脑酯，薄荷油，格蓬酯，叶醇，乙酸叶酯等。这些香料其中一种或几种同二氢月桂烯醇按一定的比例混合就能“抱成一团”，形成一股有特色的和谐的香气，也就是混沌数学中所谓的“奇怪吸引子”，再由这股“香味团”配成各种新的香型香精。

(9) 松油醇

松油醇有三种异构体，调香常用的松油醇三种异构体均存在，以α-松油醇为主，虽然这种“香料级松油醇”的香气“格调”不高，但价格非常低廉，所以也是调香师比较乐于使用的大宗香料之一。除了调配低档的紫丁香香精可以使用大量的松油醇作为主香成分，其他香精加入松油醇的目的往往是为了降低成本。

同苯乙醇一样，松油醇也是各种香料极好的溶剂——每当配制的香精显得浑浊、分层甚至有沉淀时，加些松油醇便能“起死回生”，使香精变澄清、透明、稳定下来。

廉价的香精做气相色谱分析时，常看到松油醇的“大峰”，说明使用了多量的松油醇。松油醇的香气“格调”不高，留香期短，调香师常用二氢月桂烯醇、对甲基苯乙酮、甲位己基桂醛、甲位戊基桂醛、茉莉素、橙花素、二苯醚、乙酸邻叔丁基环己酯等香比强值大的香料对它的香气进行“修饰”，并克服它留香期短的缺点。调香师的“巧手”有时能用极大量的松油醇调成香气宜人的、留香持久的香精出来，就像高明的烹调师能用价格低廉的材料（如豆腐、白菜之类）做出众口交赞的菜肴一样。

(10) 薄荷醇

无色针状结晶或粒状。为薄荷和欧薄荷精油中的主要成分，以游离和酯的状态存在。薄荷醇有 8 种异构体，它们的呈香性质各不相同，左旋薄荷醇具有薄荷香气并有清凉的作用，消旋薄荷醇也有清凉作用，其清凉机理是：刺激皮肤上的冷感受器但不导致实际温度变化。其他的异构体无清凉作用。合成薄荷醇是各种异构体的混合物，价值不大。

左旋薄荷醇由于其清凉效果，大量用于香烟、化妆品、牙膏、口香糖、甜味食品中，也是牙膏、香水、饮料和糖果等的赋香剂。在医药上用作刺激药，可作涂擦剂，发挥其局部止痒、止痛、清凉及轻微局部麻醉等作用，也起促渗透剂作用。作用于人体皮肤或黏膜，有止痒、止痛、防腐、刺激、麻醉、清凉和抗炎作用，可治头痛、神经痛、瘙痒及呼吸道炎症、萎缩性鼻炎、声哑等；内服可用于头痛及鼻、咽、喉炎症等。

天然左旋薄荷醇是用薄荷油为原料制造的：将薄荷油冷冻后析出结晶，离心所得的结晶用低沸点溶剂重结晶得纯左旋薄荷醇。除去结晶后的母液仍含薄荷醇 40%～50%，还含较大量的薄荷酮，经氢化转变为左旋薄荷醇和右旋新薄荷醇的混合物。将酯的部分皂化，经结晶、蒸馏或制成其硼酸酯后分去薄荷油中的其他部分，可得到更多的左旋薄荷醇。

附：乙醇

乙醇俗称酒精，是带有一个羟基的饱和一元醇，在常温、常压下是一种易燃、易挥发的无色透明液体，它的水溶液具有酒香的气味，并略带刺激性。有酒的气味和刺激的辛辣滋味，微甘。

乙醇液体密度是 0.789g/cm^3（20℃），乙醇气体密度为 1.59kg/m^3，沸点是 78.4℃，熔点是－114.3℃，易燃，其蒸气能与空气形成爆炸性混合物，能与水、氯仿、乙醚、甲醇、丙酮和其他多数有机溶剂混溶，相对密度（*d*15.56）为 0.816。

乙醇的用途很广，可用乙醇制造乙酸、饮料、香精、染料、燃料等。医疗上也常用体积分数为 70%～75%的乙醇作消毒剂等，在国防工业、医疗卫生、有机合成、食品工业、工农业生产中都有广泛的用途。

乙醇按生产的方法来分，可分为发酵法酒精和合成法酒精两大类。按产品质量或性质来分，又分为高纯度酒精、无水酒精、普通酒精和变性酒精。按产品系列（BG 384—81）分为优级、一级、二级、三级和四级。其中一级、二级相当于高纯度酒精及普通精馏酒精，三级相当于医药酒精，四级相当于工业酒精。严禁用非食用的工业酒精和变性酒精配制饮用酒和食用香精。

70%～75%的酒精用于消毒。这是因为，过高浓度的酒精会在细菌表面形成一层保护膜，阻止其进入细菌体内，难以将细菌彻底杀死。若酒精浓度过低，虽可进入细菌，但不能将其体内的蛋白质凝固，同样也不能将细菌彻底杀死。75%的酒精的消毒效果最好。

95%乙醇是香料、香精最好的溶剂，它几乎可以溶解所有的香料和香精，只有极少数香料（如二甲苯麝香、酮麝香等）在 95%乙醇里的溶解度较低，所以调香师经常把各种香料预先溶解在 95%乙醇里配成 1%～10%的溶液，用于调香作业。食品和日用品制造者在做加香实验时，也经常把香精用 95%乙醇稀释到一定的浓度，以便于实验操作、计算用量。

附：丙二醇

外观与性状：无色、无臭，具咸味、吸湿性的黏稠液体。

熔点（℃）：－27。

沸点（℃）：210～211。

相对密度（水＝1）：1.05（25℃）。

相对蒸气密度（空气＝1）：2.6。

饱和蒸气压（kPa）：0.13（60℃）。

闪点（℃）：79。

引燃温度（℃）：400。

溶解性：与水混溶，可混溶于乙醇、乙醚。

主要用途：用作溶剂，用于有机合成。

丙二醇在食品工业中广泛用作吸湿剂、抗冻剂、润滑剂和溶剂。在食品工业中，丙二醇和脂肪酸反应生成丙二醇脂肪酸酯，主要用作食品乳化剂；丙二醇是调味品和色素的优良溶剂。由于丙二醇与各类香料具有较好的互溶性，因而也用作香精香料的溶剂和软化剂等等。在目前一些香精生产厂家都将丙二醇用作水油两溶性香精的制作溶剂。

丙二醇还用作烟草增湿剂、防霉剂，食品加工设备润滑油和食品标记油墨的溶剂。丙二醇的水溶液是有效的抗冻剂——本品60%水溶液在－57℃、40%液在－20℃、30%液在－13℃都不冻结。

丙二醇也用于拉面的生产。GB 2760中规定丙二醇可以使用在糕点制品中，有限量。丙二醇是作为天然等同香料使用的。

使用实例如下。

① 难溶于水的防腐剂、色素、香料、氧化防止剂、天然精油等食品添加物可用本品作为溶剂使其水溶性化。

② 面包加工时，可作为人造奶油的伸展剂及面包保湿剂。

③ 可作为食品包装的柔软剂，如玻璃纸及木塞浸入本品可使柔软。

④ 豆奶50kg加入本品300g制成的豆腐，在加热中风味不会变化，且可增加白色，炸豆腐体积容易变大，且可增光泽。

⑤ 添加于馅类及羊羹可增加防腐力，己二烯酸溶解于本品有相乘的防腐效果，且有湿润效果。

⑥ 生面条以面粉计算添加2%～3%可防止干燥，增加弹性，防止崩裂，增加光泽，并可增加保存性。

⑦ 可作为香荚兰豆、咖啡及其他天然香料的抽出溶剂。

附：二丙二醇

二丙二醇是一种高纯度产品，适用于香精香料和化妆品等对气味比较敏感的用途。它是一种无臭、无色、水溶性和吸湿性液体，有甜味。二丙二醇的蒸气压较低，黏度中等。

化学性质：能发生酯化、醚化、缩醛化、卤化等反应。

沸点：295℃（101.3kPa）。

熔点：－40℃。

相对密度：1.0252（20℃）。

黏度：107mPa·s（20℃）。

表面张力：32.0mN/m（25℃）。

闪点：118℃。

毒性：微毒，大鼠经口LD_{50}为14.85mL/kg，不经皮肤吸收。

二丙二醇是诸多香精香料和化妆品应用最理想的溶剂，具有很好的水分、油分和碳氢化合物共溶能力，对皮肤刺激性很小，毒性很低，同分异构体分布均匀一致，品质极佳。

二丙二醇还可在多种不同的美容化妆品应用中作为偶联剂和保湿剂。在香水领域中，二丙二醇的使用比例超过50%；而在其他一些应用领域中，二丙二醇的使用比例一般都在10%（质量分数）以内。一些具体的产品应用领域包括：卷发液、皮肤清洗液（冷霜、沐浴露、沐浴液和护肤液）、除臭剂、滋润型皮肤护理产品和唇膏等。

3. 醚类

(1) 二苯醚和甲基二苯醚

二苯醚和甲基二苯醚都是常用的廉价的合成香料，属于同一路香气，有人把它们归入“玫瑰花”之类，有人却认为应该归到“草香”类香料里面。两个香料的香气强度都较大，留香中等，但香气都较“粗糙”，用量大时难以调得圆和。在调配低档香精时可以用得多些。二苯醚在冬天会结晶（熔点27℃左右），配制前先要把它熔化，比较麻烦，所以有的调香师喜欢用甲基二苯醚。

在配制比较精致的玫瑰花香精时，二苯醚和甲基二苯醚的使用量要谨慎掌握，不要让“草香”暴露。在配制洗衣皂和蜡烛香精时，这两个香料既可以单独使用，也可以混合在一起大量使用，特别是配制香茅香精时，由于香茅醛的香气强度大，足以“掩盖”这两个“醚”的“化学气息”，而它们留香较好的优点也可弥补香茅醛留香差的缺点。

(2) 乙位萘甲醚和乙位萘乙醚

这两个“醚”都是具有粗糙的橙花香气但同时又带有草香的合成香料，可以用于调配橙花香精，也可用来调配低档的茉莉花香精和古龙香精。乙位萘甲醚在各种香料中的溶解性较差，但香比强值较大，用量宜少不宜多，而乙位萘乙醚在各种香料中的溶解性则要好得多，香气较为淡雅，可以多用一些。

由于古龙水在20世纪下半叶又风行起来，连女士们也趋之若鹜，带动了古龙香气在各种日用品中的普遍应用，橙花香气是古龙香型的重要组成部分，而天然橙花油价格昂贵，所以用廉价的乙位萘甲醚和乙位萘乙醚配制的“人造橙花油”便大行其道，在许多对香气质量要求不太高的场合得到应用。

4. 酚类及其衍生物

(1) 丁香酚和异丁香酚

丁香酚、甲基丁香酚、乙酰基丁香酚和异丁香酚、甲基异丁香酚、苄基异丁香酚、乙酰基异丁香酚都是同一路香气的香料，相对来说，异丁香酚衍生物的香气更“雅致”一些，也更耐热一些，留香期更长一些。它们的香气都像康乃馨花的香味，因此，都可以用来配制康乃馨花香精，从而进入配制“百花”香精的行列中。“酚”是容易生成染料的中间体，化学上比较活泼，因此，这些酚类香料都易于变色，不适合用来配制对色泽有要求的香精。即使少量应用，配出的香精和加香产品都要进行架试、较长时间的观察确定没有问题了才能“推出”。

酚类香料都有杀菌和抑菌作用，因此，一个香精的配方里面如果有较多的酚类香料，该香精也便具有杀菌和抑菌的功能，这一点对于内墙涂料、地毯、纸制品、纺织品、橡胶、塑料、干花与人造花、胶黏剂、凝胶型空气清新剂、皮革、各种包装物等日用品的加香是有重要意义的。

有的调香师喜欢在调配香精时用丁香油代替丁香酚，这在“创香”实验时是比较“聪明”的做法，因为用了一个天然的丁香油，等于带进了一系列香料（在气相色谱图上表现为一大堆“杂碎峰”），如果调的香精销售成功，别人要仿香就增加了难度。但丁香酚与丁香油的香气是有差别的，前者的香气较“清灵”，后者的香气“浊”一些。

异丁香酚有个特点：易腐蚀塑料、树脂、橡胶、合成纤维等高分子化合物，连装着异丁香酚的瓶子也经常因为瓶盖粘得紧紧的旋不开，配制日用品香精如果用到异丁香酚时要记得这一点，并提请做加香实验的人注意，否则等到用香厂家大量购买使用时出了大问题就糟了！

(2) 麦芽酚和乙基麦芽酚

麦芽酚和乙基麦芽酚的香气都是甜的焦糖香味，还带有菠萝和草莓的“甜香”。后者比前者的香气强5～6倍，而价格相差不大，因此，工业上使用的主要是后者。在几乎所有的食品香精中都要用到乙基麦芽酚，因为它有“增强香气”和“增加甜味”的双重作用，所以受到调香师的特别重视。

在香水和化妆品香精里很少用到麦芽酚和乙基麦芽酚，因为它们“太甜”而且容易变色，但在其他日用品香精里，乙基麦芽酚还是经常要用到的，因为大部分的“可食性香味”香精特别是水果香精配制时都要用乙基麦芽酚，而水果香是各种日用品加香的“首选”香型。价格低廉也是一个因素：乙基麦芽酚的单价从几年前每千克600多元（人民币）跌到现在的每千克一百多元，而它的综合分高达400，调香师觉得使用它非常“合算”。

5. 醛类

(1) 脂肪醛

日用香料里，“脂肪醛”一般是指从戊醛到十三醛的直链和带点支链的“高碳醛”，使用得较多的有辛醛、壬醛、癸醛、十一醛、十二醛、十三醛、十一烯醛、甲基壬基乙醛等，这些脂肪醛都有明显的“脂蜡臭”，直接嗅闻之没有人会有好感，所以虽然这些脂肪醛很早就被合成出来，但调香师们一直不敢使用，偶尔在一些香精里面非常谨慎地加入一点点，也不敢让它们的气味暴露出来。直到“香奈尔5号”问世以后，“醛香”才在调香师的心目中树立了“地位”。

有人为了揭开“香奈尔5号”深受家庭主妇欢迎之谜，在“家庭”里面努力“寻找”，终于有了“线索”——在强烈的阳光下暴晒后的棉被、衣物散发出的香气就是“醛香”（暴晒后的棉絮香气成分以癸醛为主）！

这些脂肪醛的香气除了“脂蜡臭”是共同的之外，分别也带着它们各自的特征气味——辛醛带柑橘香、壬醛带柑橘和其他果香、癸醛带柠檬香、十一醛和十一烯醛都带玫瑰香、十二醛带紫罗兰香、甲基壬基乙醛带龙涎香，在配制柑橘、柠檬、玫瑰、紫罗兰、龙涎等香精时，这些脂肪醛都可以适量加入以增强香气。

(2) 甲位戊基桂醛和甲位己基桂醛

化学家不是在自然界里找到、而完全是在实验室中发现并得以大规模生产应用的合成香料中，甲位戊基桂醛和甲位己基桂醛是最成功的例子。这两个香料完完全全是“人造”的，自然界里没有。“发明”的动机是为了解决一种“下脚料”——蓖麻油裂解时副产的庚醛，希望利用它来合成一种有用的化合物，后来“发现”它与苯甲醛缩合形成的甲位戊基桂醛有茉莉花的香气。当然，又做了大量的实验证明它对人体健康、对环境各方面的“安全性”，最终才在香料界有了“地位”。甲位己基桂醛则是在生产中用辛醛代替庚醛就得到了。现在由于从石油工业制得的辛醛价格也不高，使得甲位己基桂醛的生产成本有时还低于甲位戊基桂醛，加上甲位己基桂醛的香气比甲位戊基桂醛稍微好一点，“细致”一点，留香期也更长一点，因此，调香师在二者价格不相上下时会倾向于用甲位己基桂醛。

这两个醛都能与邻氨基苯甲酸甲酯起“席夫反应”，生成“茉莉素”，由于分子大了，留香期更长一些，香气也更接近天然茉莉花一些，但颜色深黄，着色力强（稀释以后是非常漂亮的橙黄色，在某些场合反而更招人喜爱），影响了它的使用范围。

在一个香精里先后加入甲位戊（或己）基桂醛和邻氨基苯甲酸甲酯，经过一段时间它们也会自己起反应，产生“茉莉素”，由于同时有水产生，香精会变浑浊，此时只要加入一定量的苯乙醇就可以让香精重新变澄清、透明。苯乙醇也能“掩盖”部分甲位戊（或己）基桂醛的“化学气息”，起到“一箭双雕”的效果。

(3) 羟基香茅醛、铃兰醛、新铃兰醛和兔耳草醛

羟基香茅醛、铃兰醛、新铃兰醛和兔耳草醛都是“人造”的香料，自然界里没有，也都是难得的“全能性”香料——留香期长，香气强度又不低，加入一定量时在头香里就能发挥作用。但现在IFRA对羟基香茅醛的使用量有限制，原来在各种香精里大量使用的羟基香茅醛正在慢慢被后三者取代。

这四种醛都是以铃兰花的香气为主，各自带着特征的香味，要互相代用也不容易。许多人（包括笔者）刚接触这一组香料时，对它们的香气没有“反应”，或者觉得“很淡”，这是因为这一组香气在自然界里比较少，铃兰花很少有人熟悉，除了香水和化妆品以外，一般人难得闻到这类香气，当第一次闻到的时候，头脑里没有这种香味可供“对照”，就没有“反应”了。熟悉了这些香味以后，就会觉得它们的香气其实都是很强的，而且很容易分辨它们。自然界里有许多花如牡丹花、杜鹃花、紫荆花、荷花等大多数人们闻不出香味而调香师却闻得“津津有味”都是这个缘故。也说明人的嗅觉是可以改变以适应环境的。

与所有的醛类香料一样，这四个醛也都会与邻氨基苯甲酸甲酯反应生成色泽较深的化合物，羟基香茅醛的生成物叫做“橙花素”，可用来配制橙花香精和古龙水香精。

铃兰醛有一个缺点：暴露在空气中容易氧化变成固体，调香师和生产工人都有点“讨厌”它，这给新铃兰醛和兔耳草醛的应用多留出一些机会。

（4）香兰素和乙基香兰素

香兰素早期被叫做“香草醛”，还有另外一种香料——从天然香茅油里面提取出来的香茅醛曾经也被称为“香草醛”，以至经常发生误会，有一本近年出版的香料“技术手册”里竟然声称用香兰素加氢还原可以制造出香茅醇来，成为香料界一大笑话！为了避免误会，“香草醛”这个词目前已经基本不用了。

香兰素和乙基香兰素都大量用于食品香精中，在日用品香精里也经常使用它们，如果不是存在易变色的缺点，它们理应用得更多更大范围才对。这两个香料都被调香师称为“完美单体香料”，所谓“完美单体香料”，是指一个单体香料就是一个完整的“香精”，其香气本身就“和谐”、“宜人”，香气强度不太低，留香好，可以直接当作香精用于食品或日用品加香。香兰素和乙基香兰素确实经常单独被用于某些食品（特别是饼干、面包之类）的加香，效果不错。诚然，调香师总是觉得根据不同的场合“稍微”用一点其他的香料调配一下肯定“会更好”。

乙基香兰素的香气比香兰素强3～4倍，但它还是“没有能力”像乙基麦芽酚（挤掉麦芽酚）那样把香兰素“开除出局”，除非乙基香兰素的价格再大幅度降下来。

在发达国家现在有一个倾向：人们宁愿花50～100倍的价钱购买“天然”的香兰素来用于食品加香，这实在令人匪夷所思，几乎所有的香料工作者都认为这是巨大的浪费！因为不管从哪一个角度（包括香气指标）看，合成与天然的香兰素都没有任何差别！最高兴的是那些香料贸易商们，不管怎么说，两个几乎一模一样的商品价格相差几十倍，这中间的“空隙”够他们“发挥”了。更让人哭笑不得的是，为了他们的利益，还要“陪上”多少优秀的科研人员用大量的精力来辨别所谓的“真假天然香兰素”！

香兰素在各种香料中的溶解性较差，用量多一点就溶解不了，乙基香兰素的溶解性稍微好一些，但也很有限，特别是配方中有较多的萜烯时溶解度更低。这在配制“水质”食品香精（以乙醇为溶剂）时不成问题，因为香兰素和乙基香兰素在乙醇里的溶解度较高，但在配制“油质”食品香精（以丙二醇、油脂为溶剂，香兰素和乙基香兰素在丙二醇和油脂中的溶解性都较差）与日用品香精时问题有时候就很严重！所以虽然“香草”（香荚兰）香气受到世界各地人们的爱好和赞赏，在有些日用品里就是用不上，只因为香精不易配制！

香兰素和乙基香兰素都是易变色的香料，所以较少用于配制对色泽有要求的化妆品和香皂香精，用于配制其他日用品香精时，也要多做加香实验、架试和留样观察，有时与它们配伍的香料含一点点杂质都可能造成严重的变色事故！几乎每一个香精厂都吃过它们的“苦头”！

销往欧美各国的蜡烛中，带“香草”香味的很受欢迎。但蜡烛香精最难调的就是香草香味的，首先，一点香兰素和乙基香兰素都难溶于石蜡，要先把香兰素和乙基香兰素溶于适当的溶剂里，由这种溶剂把香兰素和乙基香兰素“带进”石蜡里，并不能真正溶解；其次是变色问题，不单香兰素和乙基香兰素要非常纯净、洁白，所用的溶剂也要非常纯净，石蜡也要高度精制的；最后，在石蜡里面的香兰素和乙基香兰素不易扩散（因为并不是溶解在蜡里）挥发出来，所以还得加一些香气强度较大的、较易溶于石蜡的、香气与香兰素接近的香料来克服这个困难。

(5) 洋茉莉醛

洋茉莉醛又叫“胡椒醛”，在许多介绍香料香精的书籍里，洋茉莉醛的香气被描述为所谓的“葵花”香气，其实洋茉莉醛的香味应是带茴香味的豆香香气，跟“花香”风马牛不相及。这个香料也较容易变色，尤其是“碰上”微量的吲哚也会变粉红色，需要注意。

以前有人把甲位戊基桂醛称作“茉莉醛”，所以一看到“洋茉莉醛”就以为它们是“一路香气”的，把它归到“花香香料”里去，这是很糟糕的做法。洋茉莉醛虽然可以适当加一些在金合欢、紫罗兰、香石竹、百合花香精里面，却偏偏不能加在茉莉花香精里，除了易于变色(因茉莉花香精大部分都含有吲哚或邻氨基苯甲酸甲酯）外，它的香气与茉莉花“格格不入”也是一个原因。

“葵花”香味在日用品里也很受欢迎，虽然不算花香。“仗”着洋茉莉醛强有力的体香香气和基香香气，“葵花”香在香皂、蜡烛、涂料、服装鞋帽、家具、塑料制品、橡胶制品、包装物等方面“大显身手”。

在香皂香精里，豆香香料是非常重要的，香豆素因为价廉，又没有变色之虞，成为“首选”，但香豆素的香气“太单调”，加入一些洋茉莉醛便有了一种“异国情调”（所谓的“洋味”），更能打动消费者的心。当洋茉莉醛的加入量较多时，特别是有硝基麝香（葵子麝香、二甲苯麝香和酮麝香等）存在时，最好加些香叶醇可以让制造出来的香皂色泽稳定，不易变色。

洋茉莉醛与紫罗兰酮、麝香类香料配伍可产生一种特殊的“洋味十足”的“粉香”香气，所以有人开玩笑说早期的香料工作者给这个香料命名时，“茉莉”二字是“错”的，而“洋”字可就叫对了！

(6) 女贞醛

在所有的青香香料中，女贞醛恐怕是最“青”的了。一方面，它的香比强值大，在各种香精里加入一点点，“青”气就显露出来；再者，它的“青气”有特色，“青”得让人一闻到就好像看到绿色！在“香料分类”时，谁也不会把它放到“青香”香料以外的任何一组香料里去！

一般香精配制的时候如果要让它有点“青气”，只要加入一点点（0.1%～1.0%）女贞醛便能如愿以偿，再多加就要变成“青香”香精了。女贞醛的香气一暴露，就让人有“刺鼻”的感觉，这时最好加点其他的青香香料如柑青醛、叶醇、乙酸叶酯、水杨酸己酯、赛维它、叶青素、芳樟醇、榄青酮、苯乙醛、西瓜醛等让头香香气不会显得那么“刺鼻”，接下去再调“圆和”就不难了。

(7) 柑青醛

柑青醛的香比强值也是较大的，但它不像女贞醛那样“尖刺”，而且还能把女贞醛的“尖刺”气息“削”掉一些。因此，凡是在香精里面用了女贞醛，几乎都会加入3～10倍量的柑青醛。柑青醛是许多青香香料的“和事佬”，在大部分带青气的香精里都有它的“影子”。在配制柑橘类香精时反而只能小心翼翼地加入一点点，多加了就会“变调”。

在当今“回归大自然”的热潮中，像柑青醛这种带有比较“自然”的青香的香料肯定要受到调香师的“青睐”的，如果有一年的统计数据表明柑青醛的世界贸易量下降了，就说明香料工业的“青香时代”快要结束了！

(8) 苯甲醛

在分析自然界各种有香的物质（花香、果香、膏香、木香甚至动物香）时，经常会发现苯甲醛的存在，但是调香师在调配除了几种水果香以外的各种香型的香精时，却很少想到苯甲醛。在调香师的心目中，苯甲醛就是“苦杏仁油”，配制苦杏仁油当然要用苯甲醛（以前有用硝基苯，现已禁用），其他香精用苯甲醛就相当少了，因为苯甲醛的香气有点“怪”，与大多数香料都不“合群”，用量稍多一点就不圆和。要不是可口可乐公司每年用掉几十吨的话，苯甲醛的产量实在是“微不足道”的。而可口可乐为什么要用它，据说是当初使用的肉桂油里含有少量的苯甲醛！这说明一个香料如果在一个畅销全世界的产品里用上的话，即使在这个产品里面的含量微乎其微，需求量也相当可观！

最近调香师们又热衷于配制各种“惟妙惟肖”的“天然精油”以满足“芳香疗法”、“芳香养生”的需要，苯甲醛在这些“配制精油”里有了新的“用武之地”，虽然在每一个配方里的使用量都还是少得可怜，但毕竟“到处点缀”，总量还是可观的。苯甲醛的需求量能否“上台阶”就看这场世界性的“芳香疗法”热烧到多少度了！

生产苯甲醛的化学方法有多种，可以由氯化苄用铬酸钠或重铬酸钠作用而得，也可通过二氯甲苯在氢氧化钙或氢氧化锌的存在下水解制造，在三氯化铝和氯化氢存在下由苯与一氧化碳也可制得苯甲醛，这些方法都因制成品中含氯化合物杂质而影响香气质量，所以现在工业上采用的已经不多，而倾向于由甲苯用空气（在催化剂存在下）直接氧化的方法制取。

大规模生产时成本很低，因此，这种“合成”的苯甲醛的市场单价是相当便宜的。

虽然合成苯甲醛作为一种香料来说其全部质量指标（包括香气、毒性等等）都不亚于天然苯甲醛，但发达国家还是有许多人愿意用上百倍的价钱购买天然苯甲醛。靠苦杏仁油制取量是太少了，现在有一种方法——从肉桂油中提取的桂醛“裂解”取得的苯甲醛也被调香师认作“天然苯甲醛”，我国的香料工作者用松节油合成苯甲酸及其酯类，再“裂解”制取的苯甲醛算不算“天然苯甲醛”还有待市场检验。

还有一种制取方法不必争论是不是“天然苯甲醛”，就是在自然界里寻找含苯甲醛较高的植物，大量种植采收提取。已有人在一种“苦桃”的叶子油中发现含量很高的苯甲醛，台湾有一位教授也报道在台湾有一种“土肉桂”的叶子油里含苯甲醛高达50%～60%，相信在不久的将来，这种从树叶里得到的苯甲醛就会成为调香师配制“天然精油”的常用原料之一了。

6. 酮类

(1) 对甲基苯乙酮

对甲基苯乙酮的香气比较“粗糙”、强烈（香比强值相当大），调香师对它的用量非常小心，稍微多用一点点就难以调圆和，因为它的香气里面还隐隐约约有一点苦杏仁味，在调配含羞草花、山楂花、金合欢花这一类花香香精时可以多用一点，在其他香精里的用量一般都不超过1%，它可同二氢月桂烯醇组成香气和谐的“香气团”，此时它的用量可随二氢月桂烯醇的加大而跟着加大，往往也就超过1%了。

(2) 紫罗兰酮类

紫罗兰酮是香料科学家比较得意的“杰作”之一。它是最“标准”的一种体香香料，香气持久性中等，在各种香精里面起着“承上启下”的作用。紫罗兰酮属于“甜味”香料，想要让一个香精“带点甜”或者增加“甜味”，只要加入一些紫罗兰酮就可以了。须知“甜味”是许多香精最吸引人之处，就像在食品里加糖的作用一样。

不知从什么时候开始，许多调香师都在讲“紫罗兰酮不宜与麝香类香料同用”，说是二者在一起香气会互相“抵消”，浪费宝贵的香料，更“妙”的说法是紫罗兰酮的“甜味”与麝香类香料的“苦味”“中和”了，好像化学里的酸碱“中和”一样。对这种说法，笔者做了深入、细致的研究、“观察”，发现实际情况并非如此。紫罗兰酮与麝香类香料按一定的比例混合后，两种香味都没有“消失”，而是产生了高贵的“粉香”，这种完全是在“基香”阶段才显示出来的香气，直接嗅闻刚刚配好的香精是感觉不出来的，因此才会被人以为两种香气都“消失”了。

甲位紫罗兰酮与乙位紫罗兰酮的香气有明显的差别，应根据不同的用途选用。甲基紫罗兰酮、异甲基紫罗兰酮、二氢乙位紫罗兰酮等的香气也都各有特色，尤其是二氢乙位紫罗兰酮的香气在我国更受赞赏，被誉为“桂花王”，意即这个香料特别适合于配制桂花香精。国外调香师偏爱“丙位异甲基紫罗兰酮”，在各种日化香精的配方中经常看到它。事实上，只有配制高级的、香味“雅致”的香精才有必要这么认真地选用紫罗兰酮类香料，绝大多数日用品香精配制时使用的紫罗兰酮都是甲乙位体的混合物，只要香气固定就行了。

7. 缩醛缩酮类

(1) 苯乙醛二甲缩醛

苯乙醛二甲缩醛的香气同苯乙醛相差无几，但稳定性要好得多，留香期也较长，生产也比较容易（只要把苯乙醛和甲醇在酸性条件下缩合即成），因而得到较多的应用。在调配风信子、玫瑰、紫丁香花的香精中的用量较大，其他各种花香香精也可使用它作为“协调剂”，当然，配制“百花香”、“白花香”及各种以花香为主的“幻想型”香精也经常有它“表现”的机会，用途还算是比较广的。

(2) 苹果酯

苹果酯是“缩醛缩酮类”香料中最为成功的例子，其原料（乙酰乙酸乙酯和乙二醇）来源丰富易得，制作容易（两种原料在柠檬酸的存在下缩合即得），香气强烈而又宜人，留香持久，因而这个香料从一面世就得到调香师的青睐，在各种日用品的加香中起着举足轻重的作用。

在苹果酯问世前，调香师虽然也早就用一些简单的酯类香料调出惟妙惟肖的食品用苹果香精来，但这种香精用在日用品的加香方面却暴露出许多问题（其他食品香精直接用作日用品香精也有同样的问题，有的到现在还没有解决），最严重的是香气太“冲”，不持久，太“甜腻”，有了苹果酯以后，这些问题迎刃而解，“苹果香”也得以在日用品里立足，并且大放异彩，经久不衰。

用原来调配食品用苹果香精的酯类（丁酸戊酯、戊酸戊酯等）加上苹果酯可以配出各种名牌苹果香气的香精出来，但不用这些酯类而完全用调配化妆品常用的香料加上苹果酯配出的“青苹果”香型香精现在似乎更加受到欢迎。在全世界排名前 25 种“最常用”和“用量最大”的合成香料中有一种叫做“乙酸三甲基己酯”（又称“乙酸异壬酯”）的就是同苹果酯一起作为配制“青苹果”香精的主要原料。

在调配不是以苹果香为主的其他香型香精时，苹果酯的用量较少，因为它的香气强度较大，容易“喧宾夺主”。

8. 酸类

(1) 草莓酸

草莓酸直接嗅闻就已经是令人喜爱的草莓香气了，因此，这个香料大量用于配制各种果香的食品香精，当然配制草莓香精更是少不了它，其甲酯和乙酯也都是同一路香气，用途也相近。现代食用草莓香精能够调配得与天然的草莓香气“惟妙惟肖”，得感谢有机合成化学家努力制造出这么好的香料出来。

近年来日用品香精流行水果香型，草莓作为水果里面特别受到人们欢迎的一种，其香气自然也是大行其道。日用品用的草莓香精使用了大量的“草莓醛”（又称“十六醛”），因这个香料的价格不高，香比强值大，而又留香持久，但有一点生硬的“化学气息”，此时加入适量的草莓酸或其酯类，便能使调出的香精香气自然舒适，惹人喜爱。

(2) 苯乙酸

苯乙酸是价格非常低廉、留香又持久的香料之一，但它的香气不“清灵”，显得太“浊”一些，所以在配制大部分的香精时用量都不能太多，只有在配制熏香香精时可以多用——苯乙酸在熏燃时散发出来的香气还是不错的。

由于苯乙酸在水里有一定的溶解度，因此，配制“水溶性香精”时它是“首选”，用苯乙酸、乙基麦芽酚、苯乙醇等水溶性较好的香料调成的“蜜甜”香精是难得的不用乳化剂就能溶解于水的香精之一，在许多日用品加香时可派上大用场。但在有碱性甚至弱碱性的水溶液里苯乙酸的香气散发不出来，这是苯乙酸很少在配制洗涤剂香精和漂白剂香精时被用到的主要原因。

9. 酯类

酯类香料是合成香料里最大的一组，单单链状脂肪酸与脂肪醇形成的“简单”酯类就有几百个，加上芳香族、萜类化合物形成的酯类香料也有几百个，它们是自然界动植物、微生物产生的香气中最重要、含量最丰富的物质，至今已发现、深入研究的仍仅仅是其中的一部分而已。

低碳脂肪酸与脂肪醇形成的酯类化合物是配制各种水果香精的主要香料，许多以生产食用香精为主的香精厂都自己生产这些酯类以降低成本，在配制日用品香精时虽然也有应用，有时还是非用不可的，但总的用量不大，所以本节中不做详细介绍，把重点放在与日用品香精关系更为密切的那些香料上去。

(1) 乙酸苄酯

乙酸苄酯是“大吨位”的香料产品之一，全世界年消耗量近1万吨，调香师大量使用它的原因是价格低廉、香气好（花香中带果香）、质量稳定、不变色、可与各种常用的香料相混溶，甚至可以“帮助”溶解度不好的香料溶入香精中。乙酸苄酯的香气是茉莉花为主带苹果香，这两种香味都是日用品香精里最受欢迎的，难怪它“左右逢源”。

天然茉莉花精油含乙酸苄酯20%～30%。一般的茉莉花香精中，乙酸苄酯的用量则高达30%～60%，再加些带茉莉花香的、留香较好的香料如甲位戊（己）基桂醛、二氢茉莉酮酸甲酯等即已组成了茉莉花的“主香”，稍加修饰让它的整体香气“连贯”、头尾一脉相传就是一个不错的香精了。

除了茉莉花香精以外，其他花香香精调配时也几乎必加乙酸苄酯，如铃兰花、紫丁香花、百合花、栀子花、水仙花、桂花、玉兰花等香精都含有较多的乙酸苄酯，而像玫瑰花这种“纯甜”的香精看起来好像与乙酸苄酯“无缘”，调香师却还是喜欢在调配玫瑰香精时加一点乙酸苄酯，因为玫瑰香精中大量的醇类香料都显得有点“呆滞”，不够透发，加点乙酸苄酯可以让香气“轻灵”一些，“活泼”一些，而且不会使人闻起来太过“甜腻”。

其他非花香香精调配时如果觉得“沉闷”、“没有生气”，也可以考虑加点乙酸苄酯增加头香强度，加入量以不改变整体香气为限。

(2) 乙酸苯乙酯

在香料工业中，乙酸苯乙酯的重要性远不如乙酸苄酯，在各种香精配方里出现的频率和总需求量都少得多，主要原因是乙酸苯乙酯的香气较为“逊色”——花香、果香都“不怎么样”，而价格虽然不高，但也比乙酸苄酯高一倍了。

在苯乙醇使用量大的香精里，适当加点乙酸苯乙酯可以让显得“沉闷”、“呆滞”的香气“活泼”起来，一如乙酸苄酯的作用，但乙酸苯乙酯的用量要控制好，多加了香气质量就不行，会变调。在栀子花、桂花香精里乙酸苯乙酯可以多用一点，因为这两个花香都有“桃子香”——乙酸苯乙酯带的“果香”就是“桃子香”。

高度稀释、淡弱的乙酸苯乙酯香气有“安神”、“镇定”、催眠的作用，这是“芳香疗法”研究取得的最新结果，通过脑波测试、小白鼠“活动性”实验等都证实了这一点，因此，乙酸苯乙酯今后有望在“芳香疗法”、“芳香养生”方面得到更多的应用。

(3) 乙酸香茅酯、乙酸香叶酯、乙酸橙花酯和乙酸玫瑰酯

这四个酯都还是带强烈的玫瑰香韵的香料，由于商品乙酸香茅酯总免不了带有一定量的乙酸香叶酯和乙酸橙花酯，乙酸香叶酯也免不了带有不少的乙酸香茅酯和乙酸橙花酯，乙酸橙花酯也不可能“纯净”，大量的“杂质”就是乙酸香茅酯和乙酸香叶酯，而商品“乙酸玫瑰酯”基本上就是前三个酯的混合物，所以这四个酯在调香师的心目中差不多是“一回事”。当然，即使是市场上购买到的商品，香气还是有所差异的，乙酸香茅酯在以玫瑰花的甜蜜香味的基础上带一点点水果味或“青气”；乙酸香叶酯的香气较“沉重”，是比较“正”的玫瑰花香味；乙酸橙花酯则带点橙花的香气。

在配制玫瑰香精和其他花香香精、各种“幻想型”香精时，加入这四个酯中的任何一个或几个，都可以让香精的“体香”更为“丰满”、“细腻”，起着“承上启下”的作用。如果单单使用香茅醇、香叶醇、橙花醇、玫瑰醇、苯乙醇等，玫瑰的香气只能在“头香”中闻到，“体香”就是别的香气了。

把香茅油里面的香茅醛提取出来后，留下的“母液”含有较多的香叶醇、较少的香茅醇，如果直接把香茅油里的香茅醛还原成香茅醇，得到的混合物则含有较多的香茅醇、较少的香叶醇，这两种“玫瑰醇”用乙酸酐“乙酰化”或者叫做“酯化”得到的产物都可以称为“乙酸玫瑰酯”，直接用于调香。商业上把它叫做“来自香茅油的乙酸玫瑰酯”，以别于“来自香叶油的乙酸玫瑰酯”，一般认为后者的香气较好，留香也较持久，所以价格也较高。

(4) 乙酸芳樟酯

香柠檬油、薰衣草油是配制花露水、古龙水和各种香水时最常用、也是用量最大的天然香料，这两种精油都含有大量的乙酸芳樟酯，因此，在现代基本上以配制精油（特别是发现了香柠檬烯对皮肤的“光毒性”以后，调香师对天然香柠檬油的使用更加小心翼翼）为主时乙酸芳樟酯更是“大放异彩”，几乎所有的日用化学品香精配制时都用到。乙酸芳樟酯成为仅次于乙酸苄酯的“大宗香料”之一（如果没有“价格因素”的话，乙酸芳樟酯的用量肯定大于乙酸苄酯），年需求量高达5000t以上。

乙酸芳樟酯是属于直接嗅闻就显得令人愉快、舒适的单体香料之一，所以在调配几乎任何一种香味（包括青香、草香、花香、木香、膏香、壤香、药香等）的香精时，如果头香不好的话，都可以考虑加点乙酸芳樟酯试试让它香气变好。在“头香”香料里，乙酸芳樟酯的香气强度是比较大的，所以在配制香精时，刚刚加入的乙酸芳樟酯的香气马上把其他香料的香气“盖住”，有时调香师会被它“迷惑”，以为香气已经不错，过了一段时间以后，或者沾在闻香纸上稍过一会儿，香气就改变，还得再调。要让乙酸芳樟酯的香气保留较久的话，还应加入一些天然薰衣草油或者香紫苏油，尤其是后者，可以把这一路香气一直维持到最后（基香部分）。

乙酸芳樟酯的生产并不难，用芳樟醇加乙酸酐“乙酰化”（酯化）就行了，问题是芳樟醇在酸性、温度高时容易“异构化”，所以这个“酯化反应”如果用硫酸作为催化剂的话，产物

是个“大杂烩”，工业上采用“磷酸乙酐”（低温反应）或乙酸钾（高温反应）等作催化剂的办法来克服这个困难。

“纯种芳樟叶油”含芳樟醇已达95%以上，可以直接酯化制造乙酸芳樟酯，由于香气特别美好，生产者为了显示它的“高天然度”和有别于用合成芳樟醇制造的乙酸芳樟酯，在商业上把它叫做“乙酰化纯种芳樟叶油”，如同“乙酰化香根油”、“乙酰化玫瑰木油”一样。

（5）乙酸松油酯

乙酸松油酯的香气接近于乙酸芳樟酯但“粗糙”得多，而留香倒是稍微持久一点。由于价格低廉，在许多大量使用乙酸芳樟酯的场合，适当用点乙酸松油酯代替乙酸芳樟酯可以降低成本，但不要代替太多，否则香气质量会下降。

低档的皂用香精和熏香香精可以大量使用乙酸松油酯，在现今“回归大自然”的热潮中，乙酸松油酯是配制“森林”气息“幻想型”香精的主要香料之一，用量也较大。

（6）乙酸异龙脑酯

乙酸异龙脑酯的香气虽然比乙酸龙脑酯“稍逊一筹”，但它的价格低廉（与乙酸苄酯差不多），所以使用量远远超过乙酸龙脑酯。乙酸异龙脑酯与松节油、乙酸松油酯、松油醇、二氢月桂烯醇、柏木油等可以配制出成本非常低的“森林百花”幻想型香精，这种香型在最近以及今后一段时期都是挺受欢迎的，因为它满足了人们在家里、办公室里享受“森林浴”的欲望。

早期的调香师对樟脑、龙脑、桉叶油素、薄荷脑、乙酸龙脑酯、乙酸异龙脑酯这一类带“辛凉药香”的香料不敢放手使用，甚至在一些书籍中关于“香料品位”的讨论时把带“辛凉”气味的香料（主要是天然香料）“降级”，例如“薰衣草油”的品级是“香气香甜、不带辛凉气息者为上品”，含有较多桉叶油素、樟脑的“穗薰衣草油”和“杂薰衣草油”当然“品位”就低了。在调配高级香水香精、化妆品香精时几乎不用这些带“辛凉”香气的香料。这种看法正在悄悄地改变。用不了几年，高级香水香精里面就会有不少这一类“辛凉”香料了。

洗发水、沐浴液、香皂等人体用的洗涤剂原来加入的香精香型主要是“百花香”、“木香”、“醛香”和刚刚流行的香水香型，近来由于受到“精油沐浴”的影响，加上有人希望家里的浴室、卫生间也要有“大自然”的气息，逐渐倾向于带点“青香”、“辛凉香”甚至“草药香”的“自然香型”，乙酸异龙脑酯开始大量进入这个领域。最近更有一种带强烈“森林气息”的香皂（使用的香精含多量的乙酸异龙脑酯，成本很低）畅销，人们把它放在卫生间里当“空气清新剂”用几个星期，到香气变淡时再作香皂使用。这种“一物两用”的新产品也是日用品创新的一种趋势。

（7）乙酸对叔丁基环己酯

这个完全是“人造”的合成香料从一“出世”就颇受调香师的青睐，全靠着它那强有力的、在各种条件下都较为稳定的、留香较为持久的、符合现代调香需要的有特色的香气——这香气还不好形容，因为自然界里没有，只能说有点鸢尾油的香气（所以乙酸对叔丁基环己酯有人把它叫做“鸢尾酯”），更多的是像柏木油那种木香，而在香精里面却又“表现”出玫瑰的甜香，这几种香味都是调香师所喜爱的、常用的，虽然直接嗅闻乙酸对叔丁基环己酯的感觉不太好、有点“生硬”，但它在各种香精里面却“如鱼得水”，把它优秀的一面发挥出来。甚至有的调香师偏爱它到几乎每一种香精都会用到它的程度。

在配制洗涤剂香精包括皂用香精时，乙酸对叔丁基环己酯的优点发挥到淋漓尽致的程度，它那有点“生硬”的木香味刚好抵消掉肥皂和高碳醇、高级脂肪酸的“油脂臭”和“蜡臭”、“碱味”，价格也刚好适中，所以现代的洗涤剂香精中乙酸对叔丁基环己酯的用量是很大的。

（8）乙酸异壬酯

乙酸异壬酯的学名是乙酸3,5,5-三甲基己酯，这个原来知名度不高的香料近年来在“全世界最常用和用量最大的25种香料”中竟然榜上有名，究其原因，与“青苹果”香精前几年的大流行有直接的关系。由于乙酸异壬酯价格低廉，香气强度大，虽然头香有点“冲”，但当它与其他强烈苹果香的香料如乙酸邻叔丁基环己酯、苹果酯等一起使用时，香气就好得多了，由于这一组香料的香气强度很大，可以加入较多的廉价香料如松油醇、乙酸苄酯等组成相当低成本的苹果香香精。

与二氢月桂烯醇正好相反，乙酸异壬酯虽然香比强值大，但它很容易与其他香气不怎么强的香料组成“一团”好闻的香基，通常在调配花香、果香等香精时如果头香有些“刺”，也可考虑加点乙酸异壬酯把头香调圆和。在这方面，乙酸异壬酯有点像乙酸芳樟酯，而它的香气接近于乙酸乙位十氢萘酯、乙酸诺卜酯和乙酸松油酯，这几个酯类香料都有薰衣草油的香气，这种香味这些年来正“方兴未艾”，前途看好。

(9) 水杨酸丁酯和水杨酸戊酯类

水杨酸丁酯、水杨酸异丁酯、水杨酸戊酯和水杨酸异戊酯的香气接近，都是所谓的“草兰”香气，留香期都较长，在国外用量很大，国内现在使用量也在增加中。

除了用于配制各种“草兰”、香精“兰花”香精以外，这几个酯类香料也常用于配制一些“草香”、“药香”和“辛香”的香精，由于它们都属于“后发制人”的香料，调香师如果不小心用得过多，往往在配好的香精放置一段时间以后才闻到不良气息，还得再调。所以善于使用这几个香料的都是“经验老到”的调香师。因为它们便宜，后期香气强度大，用得适当的话常常有意想不到的效果。

(10) 二氢茉莉酮酸甲酯

二氢茉莉酮酸甲酯是香料工作者与化学家合作在合成香料方面杰出的“作品”之一，一个单体香料几乎就是一个“完整”的香精——它那“淡雅”的清香可以说是“无可挑剔”的，既不会太“冲”，又不至于淡得要用“暗香”来形容，留香非常持久，而且从头到尾香气不变。在各种香精配方里，二氢茉莉酮酸甲酯都默默地扮演着“配角”的角色，从不“出风头”，用量少到不足1%有时就足以让头香“平衡”、“和谐”、“宜人”，大到将近50%也不“喧宾夺主”，因此，二氢茉莉酮酸甲酯不只是配制茉莉花香精最重要的原料，也不只是配制各种花香的主要原料，差不多所有香型的香精都可以用到它，难怪调香师们对它“疼爱有加”，把20世纪80年代叫做“二氢茉莉酮酸甲酯时代”。调香师们期望合成香料科学家多研制几个像二氢茉莉酮酸甲酯这样的好香料出来，可以让他们的艺术才华得以更充分的发挥。

稳定、不变色也是二氢茉莉酮酸甲酯的优点之一，有许多高级化妆品香精、香皂香精、用于特殊场合的日用品香精特别“看中”它的这一优点，配制这些对色泽要求较高的香精时可以多多使用二氢茉莉酮酸甲酯。

不少调香师指出：二氢茉莉酮酸甲酯的香味为什么特别令女士们“着迷”的原因是——它与人类精液的香气非常接近！除此之外，在原始森林的一些“角落”里也经常可以闻到二氢茉莉酮酸甲酯的气味。这二者之间似乎又存在着某种联系……

现代的调香师喜欢“超量使用”某些香比强值大的香料，所谓“超量”的“量”是指早期的调香师们根据自己长期的调香经验告诉后人每一个香料在一般香精中的用量“上限”，超过这个“上限”，香气将难以调得“圆和”。比如“调配茉莉香精”时吲哚的“最高用量为2.0%”。“循规蹈矩”者不敢越“雷池”半步，但有些人——年轻人和“半路出家”者——偏不信这个“邪”，在许多香精配方中冲破这“上限”，甚至“超量”数倍！当然，一些香比强值大的香料用多了，要把它调“圆和”难度就大了！二氢茉莉酮酸甲酯在这方面表现得相当出色——几乎每个“超量使用”某种香料的香精都可以考虑用适量的二氢茉莉酮酸甲酯把它调“圆和”，别看它香气“淡弱”，却专门“削去”那些“带刺香料”的“毛刺”，使得整体香气

“和谐”、“宜人”。

二氢茉莉酮酸甲酯可以直接用于某些日用品的加香。

（11）苯甲酸苄酯与水杨酸苄酯

这两个香精配方中最常用的“定香剂”许多人认为几乎“无味”，闻不出什么香味来，但在调香师灵敏的嗅觉下，它们不单有香味，而且香气“有力”——因为它们留香持久，到“基香”阶段“后发制人”。初出茅庐的调香人员往往随意在香精中加入“一些”这一类香气“淡弱”的定香剂，不注意它们的“后劲”，待到调好以后沾在闻香纸上嗅闻到最后才“发现”问题。

为什么原来香气那么淡弱的香料到后来却变得“有力”起来？这正是“真正的”定香剂的“魅力”所在——苯甲酸苄酯和水杨酸苄酯都有一个“本领”（邻苯二甲酸二乙酯就没有这个“本领”，所以不是定香剂），就是能够在香精中所有的香料都在挥发时“拉住”（有的化学家认为应该是“络合”）一部分香料到最后才一起慢慢挥发（如果生成络合物的话挥发就更慢了），由于每一种定香剂“拉住”的香料都是有“选择性”的，所以香精中加入的定香剂不同，到“基香”阶段的香气也大不一样。

事实上，苯甲酸苄酯和水杨酸苄酯各自的香气也是完全不一样的，苯甲酸苄酯有杏仁香脂样的香气，而水杨酸苄酯则除了有香脂香气外，还隐约有麝香样的动物香味。细细闻之，水杨酸苄酯的香气好一些。

（12）苯乙酸苯乙酯

苯乙酸酯类香料都有蜜一样的甜香，苯乙酸苯乙酯也不例外，虽然香气淡弱一些，但在“基香”阶段它的“蜜甜香”还是有力的，这是苯乙酸苯乙酯经过长期的“沉寂”以后、近年来重新受到调香师“宠爱”的主要原因——自从20世纪80年代中“毒物”香水一炮打红以后，“蜜甜香”开始在一些日用品香精里“走红”，早期的“蜜甜香精”后段也像其他香水一样以麝香、龙涎香、木香等为主，现改用苯乙酸苯乙酯“唱主角”就能让配出的香精从头到尾一脉相承都是“甜甜蜜蜜”的，更受欢迎。

同“味觉”一样，大多数人总是喜欢“甜蜜”一点的香气，果香是这样，花香也是这样，木香更是“甜一点”好，因此，在这些甜香的香精里，苯乙酸苯乙酯都可以作为基香的主要成分。

（13）柠檬酸三乙酯

柠檬酸三乙酯具有甜和愉快的果子酒、梅子样香气，在水中的溶解度为6.5g/100cm^3（25℃）——这一点非常重要，也是食品调香师特别喜欢它的一个因素——在配制水溶性香精时可以大量使用。

柠檬酸三乙酯也溶于大多数有机溶剂，但难溶于油类。与大多数纤维素、聚氯乙烯、聚乙酸乙烯树脂及氯化橡胶等有良好的相容性——用作空气清新剂的香精时要注意喷射空间有没有会被它“腐蚀”的材料。

产品用途：主要用作纤维素类、乙烯基类等热塑性树脂的增塑剂，也用于涂料工业，还可作浆果型食用香精。

调香师们长期以来一直把柠檬酸三乙酯当作溶剂使用，用量“随心所欲”，不考虑其香味，这是有问题的——柠檬酸三乙酯的香比强值并不低，留香值也高，在香精里面其香气可以“贯穿”到底，从头香、体香一直影响到基香。所以还是应该把它看作是“香料”，而不是“溶剂”。

附：邻苯二甲酸二乙酯

邻苯二甲酸二乙酯不算香料，因为它没有香味，也不是定香剂，但作为廉价的香料溶剂它的用量却非常大，超过任何一种合成香料！在20世纪30～40年代，邻苯二甲酸二乙酯甚至在德国等一些国家代替酒精作为香水的溶剂，用量也相当巨大。由于大部分固体香料在邻苯二甲酸二乙酯里的溶解度都较大，所以在一个香精里面检测到邻苯二甲酸二乙酯时，不一定是调香师或生产厂家有意识加入的，有可能是随着某些香料进入香精里面的（我国生产的许多香料如佳乐麝香通常也用邻苯二甲酸二乙酯稀释便于应用）；部分天然香料也含有一定量的邻苯二甲酸二乙酯。当然也不排除“不法商人”为了降低成本任意加进太多的邻苯二甲酸二乙酯。

一般香精加了一些邻苯二甲酸二乙酯用鼻子闻不出来，化学分析也很费事，靠气相色谱仪才能较快地测出。这便给“不法商人”有机可乘。笔者在国外就亲眼看到有人往我国生产的桶装“合成檀香803”里面加邻苯二甲酸二乙酯，2桶变成3桶，购买者靠“看”、“闻”是辨别不出来的。

近年来，邻苯二甲酸二乙酯有被滥用的趋势，调香师如果嫌一个香精调好的时候还太黏稠，就加些邻苯二甲酸二乙酯“稀释”；编写配方时不够100份也加邻苯二甲酸二乙酯“凑”成100份；为了“降低成本”（实际上是增加成本，因为邻苯二甲酸二乙酯完全没有香味，又没有定香作用，加进去白白浪费），也要加不少的邻苯二甲酸二乙酯……以致现在所有的香水、化妆品里面都含有大量的这个化合物，引起消费者团体的警觉，怀疑这么多邻苯二甲酸二乙酯进入人体（虽然仅仅用于人体皮肤表面，还是免不了有少量被吸收）会不会有潜在的危险。现正在做大量的动物实验和观察、调查之中，不管结果如何，此事本来就不应该发生。

10. 内酯类

(1) 丙位壬内酯

丙位壬内酯俗称椰子醛或十八醛，在调香师的“速记本”上又常被写成C_{18}［相应的辛醛、壬醛、癸醛、十一醛、十二醛、十三醛、十四醛（即“桃醛”，不是十四碳醛）、十六醛（即“草莓醛”，不是十六碳醛）被记成C_8、C_9、C_{10}、C_{11}、C_{12}、C_{13}、C_{14}、C_{16}］，高效液相色谱分析时有一种常用的柱子也被记作C_{18}，有时会搞错。从“椰子醛”这个称呼顾名思义就知它的香气应该像椰子，所以调配椰子香精当然少不了它，而在一种重要的花香——栀子花——香精里面，丙位壬内酯也几乎非用不可，事实上，丙位壬内酯加上一定量的乙酸苏合香酯便组成了栀子花的“主香”，再加些其他花香香料、修饰剂等调圆和便是一个“栀子花香精”了。

丙位壬内酯直接嗅闻之并不令人愉快，而有一股令人作呕的油脂臭，好在这股“臭味”容易被其他花香香气掩盖住，但有时“不小心”让它暴露出来就坏了！

丙位壬内酯也是配制奶香香精的主要原料之一，虽然奶香主要用在食品上，但由于小孩特别喜欢奶香，许多与小孩有关的日用品如儿童玩具、文具、儿童服装、儿童用的纸制品等便可用奶香香精加香，进而连家庭里的家具、餐具、内墙涂料等都可以考虑加上奶香味，丙位壬内酯将随着“奶香”进入每一个家庭。

顺便提一下，丙位壬内酯的安全性几乎无可置疑，天然的椰子香成分里就有它的存在，而合成品经大量的实验也肯定了它的“高安全度”。

(2) 丙位十一内酯

丙位十一内酯俗称“桃醛”或“十四醛”，看到前一个俗名就好像“闻”到了桃子香，调配桃子香精自然少不了它。一般来说，水果香精总是让人觉得比较“轻飘”、不留香，桃子香精里面因为含有大量的丙位十一内酯而能留香持久，甚至在一些“现代派”的香水（如“毒物”香水等）香精、化妆品香精、香皂香精里作为基香的主要成分。

在调配花香香精时，丙位十一内酯也有所“作为”，它可以让花香里面带有一些宜人的果香香气，并且改变传统的基香香调。调配桂花香精则可以较大量地使用丙位十一内酯，它可以改善合成紫罗兰酮类香料的“化学气息”，让香气更加宜人、舒适，也更接近天然桂花香。

(3) 香豆素

香豆素是有机化学家最早合成、提供给香料界使用的“人造香料”之一，它那自然的干草和豆香香气，一定的留香和定香能力，与各种常用香料的协调性包括足够的溶解度、甚至稳定“漂亮”的结晶体都给初学调香的人士留下深刻的印象。可惜由于一些动物实验结果（虽然一直有争议）使得它离开原先被大量使用的食品领域，但在日用品香精里面它仍是非常重要的组分。传统的香水、化妆品、香皂的香型如“馥奇”、“素心兰”等都要大量使用香豆素，没有香豆素就没有这些香型。

豆香在香皂香精里面占有非常重要的位置，它能够有效地掩盖各种动植物油脂和碱的臭味，但“三大豆香香料”——香兰素（包括乙基香兰素）、香豆素和洋茉莉醛里面只有香豆素加在肥皂里能稳定不变色，所以调香师在调配香皂香精时常常是几乎不假思索地就把香豆素加进去，待到香豆素溶解完了再把它调圆和。

11. 合成檀香

(1) 合成檀香 803

由于天然檀香的严重匮乏，而檀香香气又是几乎所有的日用香精里面少不了的，因此，合成香料化学家从半个世纪前就开始研究天然檀香的香气成分与合成方法，至今虽然天然檀香的主成分“檀香醇”还是没有找到比较“经济”的合成路线，但有几个香气接近于天然檀香而生产又不太难的合成香料早已大批量制造出来并成功地用在香精配方里面代替天然檀香了。在我国最主要的是合成檀香 803 和合成檀香 208，这两个香料联合使用刚好“互补”不足——前者的香气较接近于天然檀香，留香也较好，但香气淡弱；后者的香气强度较大，留香则较差一些，香气较“生硬”。

合成檀香 803 是个“大杂烩”，不是“单体香料”，里面只有不到 30%的成分在常温下能散发出檀香香味，其他的成分是这些香料成分的“异构体”，基本上没有什么香味。但根据人们的观察，这些“异构体”在加热、熏燃时也能散发出香味，而且香气还不错！所以，合成檀香 803 最大的“用武之地”在于配制熏香香精，因为熏香香精把它 70%的“惰性成分”也“开发”出来利用了。有的卫生香、蚊香制造厂自己也懂得买合成檀香 803 直接加进“素香”里，但最好还是由香精厂把它配成完整的香精再加进卫生香或蚊香里面，让它发挥更大的作用。因为合成檀香 803 直接嗅闻时香气太淡弱，应该加一些香比强值较大的香料让它在常温下嗅闻时香气也有一定的强度，而在高温下散发出更加宜人的香味出来。

(2) 合成檀香 208

与合成檀香 803 不同，合成檀香 208 是“单体香料”，可以制得“纯品”（在色谱图上显示一个漂亮的“峰”）。这个自然界并不存在的完全是“人造”的合成香料虽然与天然檀香的香气差异较大，但可以同合成檀香 803 等木香香料调配成接近于天然檀香香味的香精出来，而这种“配制檀香油”的成本很低，所以能得到广泛的应用。

在绝大多数香水香精、化妆品香精和香皂香精里面加入一些天然檀香油，整体香气会令人觉得“高档”了许多，用合成檀香 208 代替天然檀香油也多少有这个“功效”，但合成檀香 208 留香较差一些，所以还得配合使用合成檀香 803 才能在基香阶段有檀香气息。

由于合成檀香 208 的香比强值较大，所以把它适量加入柏木油、乙酸柏木酯、异长叶烷酮等香气强度较低的木香香料中，便能调出香气宜人的木香香精用于各种日用品的加香上。木香香味在当今世界也相当“流行”，男女老少都喜欢。

12. 人造麝香

(1) 葵子麝香、二甲苯麝香和酮麝香

这三个“硝基麝香”是化学家最早在实验室里合成出来的有麝香味的化合物，用在各种香精配方里面已有上百年的历史了，现在因为有了香气更好、价格也不高、安全性高的其他类人造麝香，加上对这些硝基麝香长期以来安全性和环境污染的怀疑、生产时易爆炸等诸多原因，国外已基本不生产了，而我国还在生产使用，今后一段时期内它还不会“退出历史舞台”，所以本节还要对它们稍做介绍。

葵子麝香是三个硝基麝香中香气最好、曾经最受欢迎的人造麝香，却最早被发现对人体皮肤有“光毒性”危害，从十几年前的“限量使用”发展到现在IFRA宣布对它“禁用”；二甲苯麝香因为价格低廉曾被广泛和大量使用，现被发现在人体和动物体内有“积累现象”和对环境有污染而将“淡出江湖”；酮麝香的香气较接近于天然麝香，但香味淡弱，其销售价格较高，现与其他人造麝香比较已失去“优势”，用量越来越少。

三个硝基麝香加在香精里面都有“变色因素”，其中尤以葵子麝香为甚，二甲苯麝香次之，酮麝香稍好一些。在配制皂用香精时最好加些香叶醇以防止变色。

在各种液体香料和溶剂里面，二甲苯麝香的溶解度最低，所以有的调香师“贪”它便宜想要多用一些，就会发现溶解不了的问题。酮麝香也较难溶解，葵子麝香的溶解性稍好一些。

这三种硝基麝香产品都是结晶体，生产时都会产生大量的“母液”，如不加以利用直接排出，将会严重污染环境。经过分析，这些“母液”都还含有不少的未能结晶出来的香料单体，但要直接作为配制与人体会有接触的日用品香精显然是不行的，以前曾经有一部分被用来配制皂用香精，现在也不允许了。卫生香与蚊香用的香精生产和使用时都不同人体直接接触，对色泽也不“讲究”，倒是利用这些香料下脚料的好“去处”。但要把这些下脚料调配成受欢迎的熏香香精也不是一件容易的事，因为下脚料本来香气就杂，要调得让人闻起来舒服、加在卫生香或蚊香里熏燃以后香气也要好，难度可想而知有多大！

(2) 佳乐麝香、吐纳麝香和莎莉麝香

这几个“多环麝香”都是近年来较受欢迎的有麝香香味的合成香料，原先价格比硝基麝香高得多，现在有了“规模效益”，价格一降再降，有的（如佳乐麝香）甚至已降到低于硝基麝香的水平。由于（同硝基麝香比）它们的香气较为宜人，无变色之虞，安全度高，预计不久的将来就会“全面”取代硝基麝香，但“螳螂捕蝉，黄雀在后”，日后会不会被“大环麝香”取而代之则难以预料，毕竟天然麝香、灵猫香的主香成分都是“大环麝香”。

佳乐麝香是目前用量最大的多环麝香香料，这“归功于”它的香质好（香品值高）、在碱性介质中稳定、价格低廉，缺点是黏稠、使用不便，商品的佳乐麝香有50%、70%等规格，是加了无香溶剂（如邻苯二甲酸二乙酯）或香气淡弱的香料（如苯甲酸苄酯）稀释的产品。

吐纳麝香的香气也很受欢迎，在麝香的香味里带点木香味，调配木香香精时使用它既可以增加木香香味，又有很协调的麝香味。在调配其他香精时，如需要木香香味又需要麝香香味的都应该想到使用吐纳麝香“一箭双雕”。

莎莉麝香的香气也是温和的麝香与木香，同吐纳麝香差不多，有的调香师更喜欢它，觉得它的香气更“雅致”一些。

(3) 麝香105、十五内酯和麝香T

麝香酮、灵猫酮和黄蜀葵酮都是天然的大环麝香，虽然化学家们早已在实验室里把它们合成出来并少量生产给调香师们试用，但直到现在还是没有找到“经济”的合成方法来大规模生产供应，不过化学家们已另外合成了好几个化学结构与它们相似、香气也接近的大环麝香给香料制造厂生产，调香师也早已对它们的性质“了如指掌”应用自如了。目前在实际调香时应用较多的有麝香105、十五内酯和麝香T。

麝香105的香气强烈，虽带点令人讨厌的“油脂臭”，但“瑕不掩瑜”，在香精配方里稍加修饰就闻不出“油脂臭”了，高档香精里面多有它的“身影”。这个香料也常被用来作为香水、古龙水、花露水使用的酒精的“预陈化剂”——酒精里加入少量麝香105放置一段时间就可以去掉刺鼻的“酒精臭”，再用来配制香水等可以减少甚至不必“陈化”即可出售。

十五内酯除了具有浓郁的麝香香味之外还带点“甜”味，适合于配制带“甜”味的香精，如玫瑰香精、桂花香精等，其定香效果也相当出色。

麝香T在香精中不单赋予强烈的麝香香味，还能增强花香味，其香气接近于价格昂贵的麝香105，较有“灵气”，在大部分中档香精里可代替麝香105以降低配制成本，同样较受调香师的青睐。

13. 杂环类

(1) 吲哚

吲哚是调香师经常用来说明“有许多香料浓时是‘臭’的，而稀释后就变‘香’了”的好例子，直接嗅闻吲哚确实可以说“臭不可闻”，没有人对它有好感，连调香师也如此——长期以来，调香师对它“敬而远之”，在调配茉莉花等花香香精时“不得不”用一点点，一般不超过0.5%，怕吲哚的“鸡粪臭”显露出来。但令人奇怪的是，天然茉莉花的香气成分中，吲哚的含量竟高达5%～18%，而茉莉花的香味却受到全世界大多数人的喜爱！能不能学“上帝”那样“超量”使用吲哚呢？笔者曾做了大量的实验，在一些香精里面使用吲哚量高至10%左右，再用某些能“削”去吲哚“臭味”部分的香料，配出了令人闻之舒适、香气强度又非常大的花香与其他香味的香精，成功地推向市场。不过，吲哚的大量使用还有一个难以逾越的障碍，就是它容易变色的“毛病”，至今吲哚含量大的香精只能用于对色泽“不讲究”或者深颜色的场合。

(2) 2,3,5-三甲基吡嗪

这个常用于配制食品香精的香料现在也频频出现在日用品香精的配方里，这是由于它具有“熟食性”的炒坚果香味，特别像炒花生的香味，这一类香味也属于人类最喜欢的几种香味之一，因而受到关注。有许多家庭用品、玩具、空气清新剂、包装品可以采用这种“熟食性”香气，不管男女老幼都可接受。

2,3,5-三甲基吡嗪与香兰素等香料可配制成儿童们特别喜爱（其实不止是儿童!）的巧克力香精，可以想象，带着巧克力香味的玩具、文具、鞋帽等都更能吸引小孩子的注意力，现代商业特别注重儿童们（我国已进入“独生子女社会”更应关注）的兴趣，这成为香兰素与吡嗪类香料大量进入日用品香精的主要原因。

2,3,5-三甲基吡嗪也是配制烟用香精的重要原料，众所周知，烟草香是男用香水和化妆品的主要香型之一，现在也有相当比例的女性喜欢。有些日用品用烟草香型香精赋香取得意想不到的成功，配制这些香精使用了不少的2,3,5-三甲基吡嗪。

14. 含氮、含硫化合物

(1) 邻氨基苯甲酸甲酯

在我国最早工业化生产合成香料屈指可数的几个品种中，邻氨基苯甲酸甲酯是其中的一个。这个香料原来用量较大，现在越来越少了，原因是“变色因素”，在化妆品、香皂、蜡烛等对色泽有要求的日用品香精中基本上已经不用，它的“橙花”香气现在已有许多代用品，综合性能比它更好，价格也相差不多。现在生产的邻氨基苯甲酸甲酯有不少是用于进一步制造各种“席夫基”（醛与胺的化合物）香料如“茉莉素”（甲位戊基桂醛与邻氨基苯甲酸甲酯合成）、“橙花素”（羟基香茅醛与邻氨基苯甲酸甲酯合成）等。

在香精配方里如果有醛的存在，加入邻氨基苯甲酸甲酯就会慢慢地与这些醛反应生成“席夫基”化合物，同时有少量的水作为“副产物”析出，本来澄清透明的香精溶液变浑浊，甚至分层。加入适量的醇可以令其重新变澄清透明（苯乙醇、松油醇、芳樟醇等均可，其中以苯乙醇的效果最好）。

邻氨基苯甲酸甲酯也是一个“后发制人”的香料，刚加入香精里面时，它的香气不会马上“显露”出来，把香精放置一段时间后才能体会它的“后劲”！所以一般在配制香精如果用到邻氨基苯甲酸甲酯时只能靠经验掌握用量，初学者往往要“吃几堑”以后才能“长几智”，直到“摸清”它的“脾气”为止。

(2) 柠檬腈

柠檬腈的香气与柠檬醛差不多，但香气强度更大，留香也更持久一些，在调配皂用香精时用柠檬腈代替柠檬醛有明显的优越性——香气更透发，香质更好，稳定性高，在皂中不变色，因此，它同另外两个腈类香料——香茅腈和茴香腈都被大量用来配制各种皂用香精。

柠檬腈与二氢月桂烯醇、香柠檬醛、女贞醛、柑青醛、乙酸苏合香酯、叶青素、叶醇、乙酸叶酯等“青气”较重的香料可以调配成许多现代青香型的香精，迎合这个“回归大自然”的时代潮流。每个调香师都有自己研制的几个“青香”香基，这些香基或多或少都用了一些柠檬腈，这是因为在试调这些香基出现“尖刺”的不容易调圆和的气息时，加点柠檬腈或柑青醛往往能够“削去”尖锐气味，使整体香气往“宜人”、“舒适”的方向发展。当柠檬腈“不得不”加入多量而香气还“不够圆和”时，再加点价格低廉的甜橙油基本上就行了。柠檬腈与甜橙油是天生的一对“好搭档”——它们组成的柠檬香气比天然柠檬油还要“动人”！

(3) 二丁基硫醚

二丁基硫醚的香气非常强烈，高度稀释以后有类似辛炔酸甲酯的香味，因此，在调配紫罗兰香精时可以用它代替已被 IFRA“限用”的辛炔酸甲酯和庚炔酸甲酯，而香气更加自然。在调配其他青香型香精时，加极少量的二丁基硫醚常能收到意想不到的奇功，稍微“过量”会让香气“急转弯”变调，有时会有新的“发现”，为调香师开辟新香型增加一些途径。

(4) 3-甲硫基丙醇

又称菠萝醇。淡黄色易流动液体，低浓度时有强烈芬芳的肉或肉汤的香气和滋味，用于配制食用香精。沸点 195℃，相对密度（d_4）1.03，折射率（n_D）1.4832。天然品存在于番茄、葡萄酒及酱油的挥发成分中。GB 2760—1996 规定为暂时允许使用的食品用香料。该品有强烈的圆葱、肉臭味，稀释会出现酱油气味，主要用于酱调味，日本《食品添加物公定书》规定，作为食品添加剂，该品不得用于加香以外的目的。3-甲硫基丙醇还可用于液化气的加臭，添加量以 10^{-6} 计。

在紫外线照射下，烯丙醇与甲硫醇经催化氧化（用氧气氧化），即可制得 3-甲硫基丙醇。

第三节　食品香精

食品香精是两种或两种以上食品香料（又称食用香料）配制而成的，经常还含有许可使用的附加物，属于有增香功能的食品添加剂。附加物包括载体、溶剂、其他添加剂等。载体有蔗糖、味精、糊精、淀粉、阿拉伯树胶等。其香味、安全性、制作成本由组成该香精的香料和附加物确定。

食品香料是指能够用于调配食品香精、并使食品增香的物质。它不但能够增进食欲，有利于消化吸收，而且对增加食品的花色品种和提高食品质量具有重要的作用。

现代食品工业为了追求利益最大化，需要添加相应的香精来强化、改善、统一其产品的香味，诱导消费，扩大销售。香精作为一种可影响食品口感和风味的特殊高倍浓缩添加剂已经被广泛应用到食品生产的各个领域，它可以弥补食品本身的香味缺陷，赋予部分食品生动的原滋味，加强食品的香味，掩盖食物的不良气息，香精的这些优点使其日益成为人们研究的重点。

随着现代分析技术的发展以及分析手段的不断改进，越来越多的香气物质的结构被鉴定出来，尤其是含硫含氮化合物、杂环化合物等含量微小但对香型却不可缺少的成分被发现后，合成香精与天然香精的香气更加接近，从而使得合成香精产业得到飞速的发展，食品香精已经成为现代食品工业不可缺少的重要组成部分。

一、食品香精的分类

食品香料按其来源和制造方法等的不同，通常分为天然香料、天然等同香料和人造香料三类。

① 天然香料——纯粹用物理方法从天然芳香植物或动物原料中分离得到的物质，通常认为它们的安全性高。可获得天然香味物质的有动物器官和植物的根、茎、皮、叶、花、果和种子以及分泌物等。其提取方法有萃取、蒸馏、压榨、浓缩等。用萃取法可得到香荚兰豆提取物、可可提取物、草莓提取物等；用蒸馏法可得到薄荷油、茴香油、肉桂油、丁香油、桉树油等；用压榨法可得到甜橙油、柠檬油、各种柑橘油等；用浓缩法可得到苹果汁浓缩物、芒果浓缩物、橙汁浓缩物等。全世界有5000多种能提取食用香料的原料，常用的有1500多种。

② 天然等同香料——用合成方法得到或由天然芳香原料经化学过程分离得到的物质。这些物质与供人类消费的天然产品（不管是否加工过）中存在的物质，在化学上是完全相同的。这类香料品种很多，占食品香料的大多数，对调配食品香精十分重要。

③ 人造香料——在供人类消费的天然产品（不管是否加工过）中尚未发现的香味物质。此类香料品种较少，它们均是用化学合成方法制成的，且其整体化学结构迄今在自然界中尚未发现存在。基于此，这类香料的安全性引起人们极大的关注。在我国，凡列入GB/T 14156—1993《食品用香料和编码》中的这类香料，均经过一定的毒理学评价，并被认为对人体无害(在一定的剂量条件下)。其中除了经过充分的毒理学评价的个别品种外，目前均列为暂时许可使用。

食品香料是一类特殊的食品添加剂，其品种多、用量少，大多存在于天然食品中。由于其本身强烈的香和味，在食品中的用量受到自我限制。目前世界上所使用的食品香料品种超过4000种。我国已经批准使用的品种有1300多种。

食用香精是参照天然食品的香味，其调香创作主要是模仿天然瓜果、动植物食品的香和味，注重于香气和味觉的仿真性，“人造香味”较少，采用天然香料和天然等同香料、合成香料经精心调配而成的具有天然风味的各种香型的香精。包括水果类水质和油质、奶类、家禽类、肉类、蔬菜类、坚果类、蜜饯类、乳化类以及酒类等各种香精，适用于饮料、饼干、糕点、冷冻食品、糖果、调味料、乳制品、罐头、酒等食品中。

食用香精是食品工业必不可少的食品添加剂。在食品添加剂中它自成一体，有千余个品种，按剂型分为固体和液体——固体香精有粉末香精和微胶囊香精等；液体香精又可分为水溶性香精、油溶性香精、乳化香精、浆状香精4大类。此外，也可按香型和用途分类。

微胶囊香精是将香料与包裹剂（如改性淀粉、环糊精、明胶、果胶、琼脂等）通过乳化、喷雾干燥制成，其中香味物质占10%～20%，有防止氧化和挥发损失的特点，主要用于固体饮料、调味料等的加香。

粉末香精发展较快，一般是用各种香料和惰性可食用的粉末材料如淀粉、膳食纤维、蛋白质、糖、食盐、味精、甜味剂等搅拌均匀而成的，其中香味物质占10%～20%，载体占80%～90%，主要用于小食品、糕点、糖果、饼干、固体饮料、烘焙食品、调味料等的加香，也直接用于烹调。

常用的粉末香精有三种类型。

① 拌和形式的粉末香精——几种粉状香味物质相互混合而得，如五香粉，咖喱粉等；这些香味大多来自天然的植物香料，而调配肉类香精、香荚兰豆粉、香兰素等也是拌和形式的粉末香精。

② 吸附形式的粉末香精——使香精成分吸附于载体外表上，此种香精组成要具备低挥发性；各种肉类香精多为吸附形式的粉末香精。

③ 包覆形式的微胶囊粉——是如今食品工业应用最多的粉末香精。香精的微胶囊化是对香精进行包装、隔离、保藏、缓慢释放和液体固化等作用的一种特殊手段，其主要目的是使香精原有的香味保持较长的时间，同时较好地保存香精，防止因氧化等因素造成的香精变质。

这种效果使其他粉末香精在食品工业应用方面有着特殊的意义和广泛的实用性。

简述如下：传统的固体饮料生产多采用喷雾干燥法、真空干燥法和沸腾干燥法等生产而成，生产过程中使用液体香精，需经加热除去溶剂，产品的风味会受到影响。

固体饮料生产多采用干粉混合法，生产过程中各种粉末配料与微胶囊粉末香精直接混合，无需加热，产品风味保持不变。固体饮料使用微胶囊粉末香精加香操作方便，容易混合均匀，不增加加香产品的温度，产品保持原有的粉末状态，在白色含糖产品中不会变色。

由于香味成分被封裹在胶囊中，因而抑制了挥发损耗，从而延长了保香时间。香味成分与周围空间隔离，防止因氧化等因素促使香味变坏的可能性，从而大大延长了产品的保持期。使用液体香精加香操作不方便，不易混合均匀，增加加香产品的含水量，使产品容易形成结块现象，在白色含糖产品中会逐渐变黄，香精只能加在表面，暴露于空间致使迅速挥发，保持香味的时间短，香精大面积与空气接触，易受氧化，促使香味变坏，保持期短。

水溶性香精是用蒸馏水或乙醇等作稀释剂与食用香料调配而成的，其中香味物质占10%～20%，溶剂（水、乙醇、丙二醇等）占80%～90%，主要用于软饮料、奶制品等的加香。

油溶性香精则是用棕榈油、大豆油、橄榄油、调和油、葵花籽油等与食用香料调配所得的，其中香味物质占10%～40%，主要用于糖果、饼干等的加香。

乳化香精是由食用香料、食用油、密度调节剂、抗氧化剂、防腐剂等组成的油相和由乳化剂、着色剂、防腐剂、增稠剂、酸味剂和蒸馏水等组成的水相，经乳化、高压均质制成的，其中香味物质占10%～20%，溶剂（水）、乳化剂、胶、稳定剂、色素、酸和抗氧化剂等共80%～90%，主要用于软饮料和冷饮品等的加香、增味、着色或使之浑浊。

食用香精按种类可分为：

① 全天然香精——全部用天然香料调配而成的香精；

② 等同天然香精——用天然等同香料配制的香精，与全天然香精物质完全相同；

③ 人工合成香精——香精配方中至少有一个合成香料不是天然等同香料；

④ 微生物方法制备的香精——由微生物发酵或酶促反应得到的香精；

⑤ 反应型香精——将氨基酸或蛋白质水解物与还原性糖类加热发生美拉德反应而得到。

香精的品种繁多，推陈出新的速度很快。要想在竞争激烈的市场中占有一席之地，香精生产企业就必须不断开发出新的产品。在开发新品的过程中，食用香精公司应按照客户需求来操作。在开发新品之前，香精公司的工作人员须深入食品企业以及销售食品的超市、商场进行调研，认真听取客户和消费者的意见。

以果汁香精的开发为例，果汁的营养价值丰富，品种很多，消费量也很大；而优质香精的应用有助于果汁的开发和销售。为满足品种繁多的果汁生产的需求，食用香精公司积极开发果汁系列香精产品，品种包括水蜜桃香精、橙汁香精、黑莓香精、草莓香精、菠萝香精、苹果香精、荔枝香精、芒果香精、柠檬香精等。其中橙汁香精的应用广泛，几十年来，都是果汁、饮料、果冻、冰淇淋等食品生产中用得最多的一种香精。

香精企业的业务员联系好客户之后，其技术服务人员应立即跟进，向客户介绍食用香精的特点和使用要点。由于食用香精的品种多、香型复杂、用法各异，一般客户（食品企业）的技术人员不太熟悉香精的鉴别、使用和工艺控制，香精生产企业的应用技术服务人员到客户现场提供技术服务，对香精产品的推广，就显得特别重要。香精公司的每个产品在推向市场之前，都须按相应流程做加香应用实验，使应用技术服务人员能够熟知香精产品的性能、应用领域、添加量、应用工艺。

除了指导客户使用自己企业生产的香精产品之外，食用香精企业还可根据客户的需求，帮助客户开发食品产品。一些食品企业的新产品开发力量薄弱，他们有时会从市场上购买一些流行的新产品给香精公司，要求后者在开发这些产品方面提供技术支持。面对这种情况，香精公司要把客户的要求当作自己的事情来办，并迅速组织调香师、应用技术服务人员和业务员一道，认真分析食品样品的性状，提出相应的开发方案，开展实验，摸索出理想的工艺技术和配方，帮助客户解决问题。

食用香精市场的竞争，已经不再是简单的产品之间的竞争，而是产品质量、服务、品牌等综合要素之间的竞争。食用香精的推广工作，与生产企业提供的技术服务是密不可分的。开展应用技术研究、掌握客户需求、为客户提供配套服务，已经成为食用香精营销工作的重要配套措施。

二、食品香精的安全性

食用香料和食用香精在食品中所占的比例虽然较少，但需进行一定的安全、卫生评价，符合有关卫生法规的要求后方可使用。

食用香料是发展食用香精的基础，其发展的重点趋向于天然香料和/或仿同天然香料。国内外相继合成一大批新的含氮、含硫和含氧杂环类的食用香料，如吡嗪、噻吩和呋喃类化合物等，并进一步配制成不同的香精，用于各种方便食品、人造食品如人造牛肉、猪肉、鸡肉和海味类食品等，促进了食品工业的发展。

香精只是赋予食品美好的香气，不能多加。因为香精有一个“自阈性”——加多了让人闻着不舒服，就像一个女人用了过多的香水，让人觉得她的气味不愉快一样。食用香精在食品中的添加量是0.1%～0.6%，就是你吃1kg的冰激凌或是饼干，到人身体内的香精才1～6g，而且香精里面的成分还有载体，一般的香精载体占整个香精的80%以上，载体的成分是酒精、蒸馏水、色拉油等，都是能食用的，所以含有香精的食品一般是不会对人有什么危害的。

部分食品的香精用量如下。

① 油质香精适用于硬糖、饼干及其他烘焙食品等，一般用量为0.2%左右。但用丙二醇作溶剂的油质香精也可用于汽水、饮料等，一般用量为0.05%～0.10%。

② 水质香精适用于汽水、饮料、雪糕和其他冷饮品、酒等，一般用量为0.07%～0.15%。

③ 乳化香精适用于汽水、饮料等，一般用量为0.1%左右；浑浊剂（浊化剂）的用量为

0.08%～0.12%。

④ 浆状香精适用于汽水、饮料配制底料用，也可直接用于汽水、饮料，一般用量为0.20%～0.23%（全色)、0.05%（非全色，另补焦糖色0.15%～0.18%)。

⑤ 椰子粉末适用于饼干，其他肉类粉末、蔬菜类粉末、家禽丁粉末适用于饼干、膨化食品、方便食品和汤料，一般用量为0.3%～1.0%。

⑥ 酒用香精的用量一般为0.04%～0.10%，茶叶用香精的用量为0.1%～1.0%，饲料用粉末香精的用量一般为0.05%～0.10%。

食用香精的品种目前已经多种多样、琳琅满目，让人看得眼花缭乱。但在20世纪50～70年代，我国的食用香精竟然萎缩到只有四个品种——六亿民众在三十年里只能用俗称“四大金刚”的香蕉、菠萝、草莓、柠檬四种甜味香精，所以市面上的食品也就只有四种香味，一般老百姓都是“香盲”。不管是城市还是农村，只有“五交化”（五金、交流电器、化工原料）商店里在卖玻璃瓶装的“香蕉油”、“菠萝油”、“草莓油”、“柠檬油”等食用香精，其他地方是见不到香精的影子的。所以直到现在，人们仍然把这些香精当作“化工原料”对待，因为它们曾经有几十年的时间是置放在“化工原料”柜台上出售的，这也是现在的人们“闻香色变”的一个原因。

食品的两大属性，一个是风味，另一个是质地。人们享用食品，要么欣赏它的风味，要么欣赏它的质地。中国烹调讲究“色、香、味、形、质”俱佳。无论如何，香味是食品的第一要素。没有香味的食品，除了“饥不择食”以外，是很难让人接受的。食品香味不仅能使人们在感官上享受到真正的愉快，而且还直接影响到食品的消化吸收。巴甫洛夫指出：“食欲即消化液”。没有食欲就不可能有消化液的分泌，从而消化吸收就会缓慢甚至受到阻碍。如果一个食品香气诱人，你只要嗅到它，就会引起条件反射，消化器官就能分泌出大量的消化液，帮助人体对食品的消化吸收。

香味对于食品来说，还有一个很重要的价值：人们常常用嗅闻香味来鉴定一个食品是否新鲜、成熟，加工精度如何，是哪一个品种，这比理化鉴定方便多了，而且只要嗅觉正常就可以判别，不需要什么仪器。

不要以为古时候没有“香精”供应，人们全吃“原汁原味”的食物。只要看看食用香辛料的历史就知道人类早已用各种各样的香辛料加到食品里，以改善天然食物的色香味，并使食品在一定的保存期内不变质。

作为一个现代人，当然知道有许多食物是加了香精的，但没有想到食用香精竟使用得那么普遍。你肯定知道各种饮料和冷饮、糖果和饼干都是加香食品，但对于各类罐头食品、乳制品、肉制品、豆制品、水产品、方便面里那一包“调味料”、酒、茶、各种酱、沙司、快餐店里热的和冷的食物等是不是加了香精，心里没有底。而且由于经常看到和听到有关香料香精的不正确宣传，吃了这些食品以后总觉得有点不踏实，怕会影响自己的身体。

首先要告诉你的是，上述这些食品几乎都添加香料香精，即使现在没有添加，以后还会加入的，加香是迟早的事。最令人恶心的是商场里许多明明加了香精的食品、饮料却偏要自欺欺人地在商品的标贴上写上“不加香精”的字样。

为什么这些食品都要加香呢？保持“原汁原味”不是更好吗？错了！食品都是农副产物的加工品，农副产物由于品种、产地、气候条件、收获及初加工等存在着许许多多可变因素，其加工品很难保证具有完全相同的风味；再者，在加工过程中产生或继续产生香气的食品也很难保证最终成品的香气完全一样，特别是通过发酵、加热等工艺制成的食品更是如此，酒、醋、酱油等以前用“勾兑”的办法使得同一种牌号的产品保持基本相似的风味，现在也越来越难以做到了；还有一个更重要的原因是：经过调香师调配后的食品风味比“原汁原味”好多了，消费者购买的热情高，恰到好处的加香食品和不加香的同种食品在市场上销售，前者要比后者好卖得多。

人们最关心的是众多食品既然都加入香料香精，人们每天经过食品摄入的香料越来越多，这会不会危害人们的身体健康呢？

香精的安全性取决于所用原料的安全性。只有构成香精的各种原料符合法规要求，它的安全性才是有保证的。一般不要求对每种香精的安全性一一进行评价。香精是科学、技术和艺术结合的产物，每种香精的创新要花费大量的人力物力，故香精配方属知识产权范畴，具有保密性。各国的法规都不要求在产品标签上标示香精的各种组分。

长期以来，香精一直因其用量少，因而不像化学合成甜味剂、防腐剂、色素那样受到人们的强烈关注。然而近二十年来的研究成果告诉人们，食品香精并不是完全安全的，大部分香精的危害要经过长期的积累才能表现出来，这些物质常常危害人类的生殖系统，同时，多数具有潜在的致癌性。如香精中常见的微量杂质丙烯酰胺、氯丙醇等对人体的生殖毒性、致癌性等。因此，世界各国都对香精香料的使用制定了严格的法规加以管理。

目前世界各国对食品香料从安全卫生方面所作的规定，主要采用“肯定名单”的方式，美国、日本和我国都采用这种方式。

美国自1958年开始根据新的食品法将食品香料列入食品添加剂范围并进行立法管理。

任何食品香料的安全性保证都是建立在其产品质量和使用量的基础之上的。食品香料生产商、销售商和使用者都必须严格保证食品香料的质量。使用者必须保证在允许的使用量范围内使用这些食品香料。事实上，人们完全不必担心由于香料使用过量而对食品安全性造成危害，因为食品香料在使用时具有“自我限量”的特性，即任何一种食品香料当其使用量超过一定范围时，其香味会令人不快，使用者不得不将其用量降低到合适的范围，多加的效果适得其反。

食品香精调香中只能使用经过毒理学评价实验证明对人体安全的香料，目前世界各国允许使用的食品香料有4000多种。最早美国FDA（食品药品管理局）直接参与法规的制订和管理。他们根据人们长期的使用经验和部分毒理学资料将允许使用的食用香料列入联邦法规有关章节，当时他们仅将香料分为天然香料和合成香料两大类。在法规的第二部分共列入约1200种允许使用的食用香料，对使用范围和使用量未作规定。但这毕竟确定了用“肯定表”的形式为食用香料立法，即只允许使用列表中的食用香料，而不得使用表以外的其他香料。但是随后FDA发现新的食用香料层出不穷，用量又是那么小，仅靠国家机构来从事食用香料立法是不可能的。这一任务随之落到了美国FEMA（美国食品香料与萃取物制造者协会，Flavor and Extract Manufactures Association of the United States）头上。

FEMA是个行业组织，成立于1956年，它是一个行业自律性组织。FEMA组织内有一个专家组，它由行业内外的化学家、生物学家、毒理学家等权威人士组成。自1960年以来，连续对食用香料的安全性进行评价（这里用的是“评价”一词，因为如上所说，不必要也不可能对每个食用香料进行毒理学实验，但必须逐个加以安全评价）。评价的依据是自然存在状况、暴露量（使用量）、部分化合物或相关化合物的毒理学资料结构与毒性的关系等。自1965年公布第一批FEMA GRAS（通常认为安全，Generally Recognized As Safe）3名单以来，到2003年5月已公布到FEMA GRAS 24，对每个经专家评价为安全的食用香料都给一个FEMA编号，编号从2001号开始，目前已过了4600号，即共允许使用2600多种食用香料，FEMA GRAS得到美国FDA的充分认可，作为国家法规在执行。已通过的2600余种食用香料也不是一成不变的，专家组每隔若干年根据新出现的资料对已通过的香料进行再评价，重新确立其安全地位。到目前为止，已进行过两次再评价，撤去GRAS称号的只有极个别化合物。

美国FDA的名单及FEMA名单不仅适用于美国，它在世界上有广泛的影响。

欧盟虽然没有真正法规意义上的食用香料名单，但它有Council of Europe Blue Book（称为COE蓝皮书），包括一份可用于天然食品香料的天然资源表，天然资源表中活性成分的暂时限制已有规定，它指出了使用于饮料和食品的最高浓度。蓝皮书还包括一份可加到食物中而不危及健康的香味物质表和一份暂时能加到食物中的物质表。每种食用香料都有一个COE编号，目前共有1700余种。由此可见，欧盟对天然香料和天然等同香料是采用否定表的形式加以管理的，即只规定那些天然香料和天然等同香料不准用或限量使用。对人造食用香料才用肯定表的形式加以管理的，即只有列入此表的人造食品香料才允许使用。但是这一蓝皮书不是法律文件，而是一批专家的准备报告。此专家组于20世纪90年代初已停止工作。

目前欧洲大多数国家实际上采用IOFI（International Organization of Flavor Industry）的规定。该组织成立于1969年，现有成员国20余个，绝大多数为发达国家（如英、美、日、法、意、加等）。IOFI的《Code of Practice》（实践法规）对于天然香料和天然等同香料采用否定表加以限制，而对人造香料才用肯定表来规定，目前列入此肯定表的约有400种人造香料。由此可以看出，欧洲国家对食用香料的立法和管理不是靠政府而是靠行业组织，以行业自律为主。食用香料和香精的安全性实行的是行业负责制。事实上，没有一个企业愿冒不依据实践法规的规定来生产产品的风险，一旦违规被揭露，就受到欧洲香料香精行业协会EFFA的查处，严重的会倾家荡产。

由于世界各国食用香料的法规并不完全一致，FAO/WHO的CAC（食品法典委员会）下有一个食品添加剂联合专家委员会（简称JECFA）对食品添加剂的安全进行客观的评价，这一机构评价的结果具有世界最高权威。对食品香料的安全评价采用与其他大宗食品添加剂不同的评价方法（JECFA的有关文件）。又由于食用香料的品种太多，从人力物力上来说不可能对每种食用香料加以评价，只能根据用量和从分子结构上可能预见的毒性等来确定优先评价的次序。到目前为止，只评价了约900种食用香料，从评价的结果看，更证明FEMA GRAS是正确的，FEMA GRAS并未真正受到JECFA的挑战。

我国也是采用“肯定表”的形式，只有列入此表的食用香料才允许使用。其中“允许使用”和“暂时允许使用”的香料都经过大量的、反复的、长期的安全性（包括是否有潜在的致癌致病可能性）测试，可以保证它们在规定的使用量范围内对人体不造成任何危害。

这些法规加上全世界调香师的自律，至今在世界范围内还没有发生一例因为食品添加香料香精引起的重大伤亡事件。

与其他食品添加剂不同的是：食用香料、香精在实际使用时用量不大，一般也不会过量太多，因为气味太过浓烈时人们会拒绝食用。所以人们最应该感谢的还是自己的鼻子！鼻子不单是人们（寻找食物时）的侦察兵，还是人们（享用食物时）最忠实的卫兵！

三、甜味剂和甜味香精

甜味剂是一类十分重要的食品添加剂，在应用中需要满足食品生产的四项要求——安全标准的要求、口感品质的要求、符合工艺的要求、成本低廉的要求。随着消费水平的提高，吃得更营养、吃得更健康逐步成为消费者关心的重点。低脂肪低热量的食品添加剂将成为主要发展趋势，另外，由于砂糖价格持续走高也加剧了甜味剂市场的升温。随着近年社会逐渐进入人口老龄化，控制营养过剩，减少高脂、高糖和高盐的健康理念进一步引起重视，安全性高低热量的甜味剂将快速发展。

现有的各种单体甜味剂，由于都有各自的优点和缺陷，无论哪种单体甜味剂，都不能同时满足安全、口感、工艺、成本四项要求。只有对单体甜味剂各自的优点进行利用和发挥，对其缺点进行弥补和改造，用科学合理的方法进行复配和改造，才能接近和达到同时满足四项要求的目标。

1. 复配甜味剂的功能目的

由于每一种甜味剂的口感和质感与蔗糖都有区别，且用量大时往往产生不良风味和后味，用复合甜味剂就能克服这些不足之处。甜味剂经复合后有协同增效作用，不仅可以消除苦味涩味，同时也能提高甜度。利用两种以上单体甜味剂和其他物质产生增效作用，提高甜度，矫正和提升口感风味。根据各种不同的食品的安全标准，选择允许使用的甜味剂。根据各种不同的食品工艺，选择和改造成符合工艺要求的甜味剂。

2. 主要甜味剂的甜度

甜味剂的评定可粗略分为四个方面：甜度数值的评价，细微差别测试，评定者对甜味敏感度的测试及描述性分析。另外，心理物理学家还发展了许多方法用于感官评价和消费者的测试，必须注意的是，这些方法具有不同的测试目的，选用时应给予注意。甜味剂替代蔗糖时，大多数是在等甜度的条件下进行替换的。

相对甜度对比（蔗糖＝1）：结晶果糖 1.2～1.8，氢化淀粉水解物 0.25～0.5，L-乳糖醇 0.3～0.4，异麦芽酮糖 0.42，异麦芽糖醇 0.45～0.6，结晶乳酮糖 0.48～0.62，甜菊苷 150～300，液体乳酮糖 0.6～0.7，甜菊双糖苷 A450，棉子糖 0.2～0.4，二氢查耳酮 300～2000，大豆低聚糖 0.7，甘草甜素 50～100，精制大豆低聚糖 0.22，罗汉果苷 256，55%低聚果糖浆 0.6，甘茶甜素 400～800，精制低聚果糖 0.3，甜味悬钩子苷 114，低聚乳果糖 0.3，白云参苷 500，37%低聚乳果糖 0.7，甜味素 160～220，56%低聚乳果糖 0.5～0.55，阿力甜 2000，低聚木糖 0.5，索吗甜 2000～2500，赤藓糖醇 0.6～0.7，莫奈林 2000～3000，木糖醇 1，三氯蔗糖 650，山梨糖醇 0.6，糖精钠 300，甘露醇 0.5，甜蜜素 30，结晶麦芽糖醇 0.8～0.9，安赛蜜 150～200，液体麦芽糖醇 0.6。

3. 影响甜味强度的因素

甜味剂甜度受很多因素的影响，主要包括浓度、粒度、温度、介质和构型等；同时，将不同甜味剂混合使用，有时会互相提高甜度，这称为协同增效作用。

4. 几种常见的高倍甜味剂复配比例

AK 和阿斯巴甜——比例为 1∶1 时应用于乳饮料中的效果较好，甜度代替不能超过 6 个，否则产品会出现发苦现象。添加 β-环状糊精或者甘氨酸可以掩盖部分苦味。

安赛蜜——甜蜜素 1∶3 时应用于果冻的效果佳，但是 K^+ 的存在使得产品有后苦味。可考虑加千分之二柠檬酸钠、千分之二 I+G、千分之一甘氨酸（多了发黄）、少量食盐来调节。

赤藓糖醇和三氯蔗糖联合用于炒货，添加比例是 3000∶(1～7)，原来的生产工艺不需要变动。

水果罐头——阿斯巴甜和 AK 糖 1∶1 混用，代替约一半的砂糖，降低了成本，配合水果香精的效果更好。

蛋白糖在炒货中的使用——蛋白糖是各种甜味剂的复配产品，其甜度有 50、60、80、100、200 等，在其规定使用范围内能很好地起到增味作用。

甜菊糖（甜叶菊苷）——耐高温，不发酵，受热不焦化，碱性条件下分解，有吸湿性，有清凉甜味。浓度高时带有轻微的类似薄荷醇的苦涩味，但与蔗糖配合使用（7∶3）可减轻或消失。与柠檬酸钠并用，可改进味感。

甘草甜素（甘草酸三钾盐）——甜味释放得较慢，后味微苦，稳定性高，不发酵，具有增香效果。多用于调味料、凉果及保健食品，也可用于啤酒、面制品的增泡。在调味料生产时，常按甘草甜素：糖精=(3～4)：1的比例，再加适量蔗糖可使甜味效果好，并缓解盐的咸味，增香；用于制造糖果，多与蔗糖、糖精和柠檬酸合用，风味独特，甜味更佳；在咸腌制品中，可避免出现发酵、变色及硬化现象。

5. 复合甜味剂的发展动向

许多甜味剂都有一种特性——相互配合使用可以取长补短、改进口味，并且相互起到协同效应，提高甜度。高甜味剂在甜度口感及稳定性方面各有优缺点，采用复合使用可以相辅相成，其优点是可改善口感和风味，减少后味，改善甜度，减少甜味剂的使用量，提高经济效益。

甜味剂与甜味香精可以分开使用，也可以预先混合在一起成为“带有甜味剂的甜味香精”，例如有些水溶性、醇溶型、乳化型甜味香精就含有甜味剂成分，使用时方便一些。

如按香型划分的话，甜味香精可以分为：水果香型香精、瓜香型香精、坚果香香精、奶香型香精、花香型香精、凉香型香精、其他香型香精等七类。

水果香型香精有：苹果、生梨、桃子、杏子、李子、葡萄、草莓、蓝莓、杨梅、柑橘、甜橙、柠檬、香蕉、芒果、龙眼、荔枝、菠萝蜜、榴莲、樱桃、覆盆子、黑醋栗、椰子、山楂、西番莲（百香果）等。

瓜香型香精有：甜瓜、哈密瓜、西瓜、黄瓜、木瓜等。

坚果型香精有：咖啡、花生、杏仁、榛子、糖炒栗子、核桃、可可等。

奶香型香精有：生奶香、炼奶香、奶油香、白脱、奶酪等。

花香型香精有：玫瑰、茉莉、桂花、紫罗兰等。

凉香型香精有：薄荷、留兰香、桉叶香等。

其他香型香精有：可乐、巧克力、香荚兰豆（香草）、蜂蜜、甜玉米、酒香等。

甜味香精都是食用香基加适量的乙醇、水、丙二醇、植物油、柠檬酸三乙酯等稀释而成的，所以以前甜味香精有2倍香精、3倍香精、5倍香精、10倍香精的说法，指的是香精里香基的浓度。比如原先某种香精的香基含量只有5%，“10倍”香精的香基含量就是50%。

溶剂稀释的目的主要是使用时“方便”——因为食品制造时，尤其是在小作坊里加工时，每一次香精的加入量都很少，直接使用香基时“分量”不好把握。

甜味食品香精的应用：①饮料的加香；②乳制品的加香；③冷食、冷点的加香；④烘焙类食品的加香。

用于饮料、乳制品、冷食、冷点加香的甜味香精的形态有四类。

①“水溶性”甜味香精。用于饮料时通常加入0.1%左右，香精溶解后，饮料清澈透明。因香精中含有相当量的乙醇，所以挥发性高，应尽可能选择在食品制造后期并易于均匀混合的工序加入，加入后必须把加热温度控制在尽量低的程度。它的香气特征是轻快、纤细。

② 油水两用型甜味香精。这种香精是以沸点高、外观黏稠的丙二醇或丙三醇（甘油）之类为溶剂，因使用高沸点的溶剂，所以头香完整，保香性好。

③ 乳化甜味香精。乳化香精除了使饮料产生天然果汁的浑浊效果外，主要是加香。

由于乳化香精中的香料微液滴有稳定的水溶性并受到保护，所以香气的发散性弱，侧重于进入口中以后的呈味性。

④ 饮料甜味香基。这是一种在美国经常使用的食品乳化香精，这种香精除了含有香气成分外，还含有酸味剂、甜味剂和食用色素，因此，具有综合的效果。

如可口可乐公司、百事可乐公司在中国销售的可口可乐、百事可乐、雪碧等品牌的饮料，从美国运来已调配好的饮料香基，加入经处理的水后，杀菌、灌装即为成品。饮料香基的特点是使用简便、易于保守配方机密。

用于烘焙类食品加香的甜味香精主要用"油溶性香精"，即食用香基加了大量植物油配制而成的香精，主要特点是比较耐热，在加热的时候香气成分挥发得少一些。

四、咸味香精

人们对咸味食品香味的要求是多种多样的，也是日益增长的。咸味食品由于加工工艺、加工时间等的限制，在热加工过程中产生的香味物质从质和量两方面都难以满足人们的要求，必须通过添加咸味食品香精来补充或改善。咸味食品香精在咸味食品中的功能是补充和改善食品的香味，这些食品包括各种肉类、海鲜类罐头食品、各种肉制品、仿肉制品、方便菜肴、汤料、调味料、调味品、鸡精、膨化食品等。和其他食品香精一样，为食品提供营养成分不是咸味食品香精的功能。

在食用香精领域里，我国原来长时间只有甜味香精的生产和应用，咸味香精是 20 世纪 70 年代兴起的一类新型食品香精，国内从 80 年代开始研究生产，90 年代是我国咸味食品香精飞速发展的十年。目前我国咸味食品香精的生产技术已经进入世界先进行列，咸味食品香精的生产量和消费量也是世界第一。

中国轻工行业标准 QB/T 2640—2004 对咸味食品香精的定义是"由热反应香料、食品香料化合物、香辛料（或其提取物）等香味成分中的一种或多种与食用载体和/或其他食品添加剂构成的混合物，用于咸味食品的加香。"

从品种来看，咸味食品香精主要包括牛肉、羊肉、猪肉、鸡肉、兔肉等肉味香精，鱼、虾、蟹、贝类等海鲜香精，香菇、平菇、蘑菇、草菇、金针菇等菇类香精，各种菜肴香精以及其他调味香精。

随着咸味食品香精生产和使用量的扩大，人们关注于"咸味食品香精对食品安全的影响"的程度也在加深。由于咸味食品香精也称为调味香精，一些部门在管理过程中误将其按调味品或调味料管理，也给咸味食品香精的生产和使用带来诸多问题。

咸味食品香味的来源主要有两种途径：一是在热加工过程中由食品基料中的香味前体物质通过热反应产生的；二是由咸味食品香精和/或香辛料提供的。食品中源于上述两种途径的香味物质，在化学结构上没有本质区别，都是由构成生命体系最基本的五种元素 C、H、O、S、N 组成的，最常见的是各种醇、醛、酮、缩醛、缩酮、羧酸、酯、内酯、无机或有机硫化物、含氮化合物和杂环化合物等。

咸味食品香精的制造方法主要有"简单"调香法、热反应法以及调香与热反应相结合等。"简单"调香法所用的香料包括天然香料和合成香料两大类。热反应方法的主要原料是氨基酸、小肽、还原糖和其他配料。水解植物蛋白（HVP)、水解动物蛋白（HAP)、酵母等是很重要的氨基酸源。

热反应原料的品种很多，主要包括各种氨基酸、还原糖、HVP［水解植物蛋白液（hydrolyzed vegetable protein)，指植物性蛋白质在酸或酶的催化作用下水解后的产物，其构成成分主要是氨基酸，故又称氨基酸液，在国内过去曾称"味液"]、HAP［水解动物蛋白液（hydrolyzed animal protein)]、酵母、香辛料、蔬菜汁等。这些原料必须是允许在食品中使用的、未被污染的、未变质的、质量合格的原料。热反应的温度和时间必须符合要求。

溶剂和载体——咸味食品香精的辅助原料如溶剂、固体载体等必须是允许在食品中使用的品种，其质量必须符合要求。

咸味食品香精有三种类型——拌和型香精、调配型香精和反应型香精。

拌和型香精和调配型香精的头香强，体香和尾香差，而反应型香精是以美拉德反应为基础、添加其他呈味物质而得到的香精，因其具有香气浓郁圆润、口感醇厚逼真等特点而流行于市场，是目前产量最大、品种最多的咸味食品香精。

同其他食品香精一样，咸味食品香精只能作为加工食品生产中的一种香味添加剂，不能直接食用，也不能直接作为厨房烹调的原料或餐桌佐餐的调料。尽管咸味香精也称为调味香精，但咸味香精只是某些调味料或调味品中的一种能够提供香味的原料，并不是调味料，也不是调味品。咸味香精生产、销售、使用中的安全性要求和安全性管理必须按对食品香精的要求进行，而不能按食品或调味料的要求进行。

咸味食品香精认识上的另外几个误区与其他食品香精相似，主要有以下几点。

一是认为“咸味食品不应该加咸味食品香精”或“加咸味食品香精不好”。

现代社会生活水平的提高和生活节奏的加快，使得人们越来越喜爱食用快捷方便的加工食品，并且希望食品香味既要可口又要丰富多变，这些只有通过添加食品香精才能实现。

高血压、高血脂、脂肪肝等“富贵病”的流行使人们越来越希望多食用一些植物蛋白食品如大豆制品等，而又希望有可口逼真的香味，这只有通过添加相应的食品香精才能实现。

食品香精和其他一些食品添加剂的根本不同在于它的存在与否、质量好坏，消费者在食用的过程中自己就可以作出准确的判断。

二是认为“只有发展中国家在加工食品中添加食品香精，发达国家的加工食品中不添加或很少添加食品香精”。

事实是，香精是社会富裕的标志之一，越是发达国家，食品香精的人均消费量越高。中国食品香精的人均消费量目前远低于世界各主要发达国家。

三是认为“咸味食品香精都是合成的”。

咸味食品香精的生产方法前面已有论述，目前我国咸味食品香精大部分是以源于动、植物的氨基酸、小肽和还原糖为主要原料，通过热反应制备的，调香中所用的少量食品香料主要是天然香料或天然等同香料，纯合成的食品香料在咸味食品香精中所占的比例很小。这些纯合成的食品香料的安全性也都是经过严格的毒理学评价实验证明对人体是安全的。

咸味食品香精是咸味加工食品香味的重要来源，咸味食品香精的使用对食品是必要的和有益的，咸味食品香精本身并不会对食品的安全性带来影响，也不会对人体带来危害。

咸味食品香精的应用已经遍及各类加工食品，咸味食品香精工业发展的结果将使方便面、肉制品、鸡精等加工食品和调味品的香味更加丰富多彩，进一步促进食品工业乃至饮食业的发展。

咸味香精不同于甜味香精，其核心主要是以肉类风味为主，如鸡肉、牛肉、猪肉、海鲜类等，热反应只是咸味香精制备的一种方式和手段而已，美拉德反应不等于肉味香精。目前关于反应香料的生产，国内还缺乏具体要求。国际上IOFI（食品用香料工业国际组织）关于反应香料的定义是指为了食品香味的需要而制备的一种产品或一种混合物。它是由食品工业允许使用的成分或多种成分的混合物，这些成分或是天然存在的，或是在反应香料中特许使用的，经反应而得。咸味香精制造包括纯调配型、热反应或抽提或浓缩或萃取等加后期调香，因而，咸味香精有多种存在形式，可以是纯粹调配的液体型，真空干燥、喷雾干燥或经拌和的粉末型，微胶囊的包埋型、热反应或前期特殊处理经后期调香或包埋或拌粉而成。反应型咸味香精结合了反应的特点和调香的优点，因而在食品香精香料及配料行业的发展越来越快。

目前常用的咸味香精有：猪肉香精、鸡肉香精、牛肉香精、羊肉香精、海鲜香精、生姜香精、大蒜香精、洋葱香精、芫荽香精、丁香香精、肉桂香精、八角茴香香精、辣椒香精、花椒香精、孜然香精、复合香辛香精（五香粉香精、十三香香精、咖喱香精、沙茶辣香精、肉骨茶香精等）、香菇香精、蘑菇香精、土豆香精、番茄香精、芹菜香精、酱油香精、食醋香精、大麦香精、爆玉米花香精等等。

五、酒用香精

酒用香精按说也属于“食品香精”的范畴，全部只能用可以食用的香料配制。但酒用香精也有它的许多特点，没有“水质”香精、“油质”香精和“通用”香精之分，直接使用100%的“纯香精”，因此把它另列专题讨论。

相对于其他香精来说，酒用香精是最“简单”的——它们都是按照各种名牌酒的挥发性成分的含量来配制的，调香师的工作只有“仿香”，几乎没有什么“创香”（创造新香型）的机会。至今还没有看到一个酒用香精的香型是调香师自己创造而不是模仿某种名牌酒的。

相对来说，酒用香精的调配确实也是比较简单的，仿配名牌酒的香精并不太难，只要有一台气相色谱仪，当然最好是气质联用仪，加上足够的数据库，特别是各种酸、醇、酮、醛、酯及部分天然精油的保留指数（最好是一定条件下的保留时间），再有一个灵敏的鼻子就能仿配了。

酒用香精由主香剂、助香剂、定香剂等组成。

① 主香剂——作用主要体现在闻香上，其特点是：挥发性比较高，香气的停留时间比较短，用量不多但香气特别突出。

② 助香剂——作用是辅助主香剂的不足，使酒香更为纯正、浓郁、清雅、细腻、协调、丰满。在酒用香精的组成中，除主香剂用香料外，其他的多数香料主要起助香剂的作用。

③ 定香剂——其主要作用是使酒的空杯留香持久，回味悠长。如安息香香膏、肉桂油等香料均可作为酒用香精的定香剂。

配制酒用香精所用到的酒用香料类别有酯类、酸类、醇类、酚类、胺类、萜类、醛类、酮类、杂环类、含硫类、内酯类、呋喃类等，要做到品质优良，香气纯正，符合食品卫生要求。酒用香精的配制要以酒香与果香、药香等的充分协调为主，使人闻后有吸引力，感到愉快、优雅、自然。主香剂、助香剂、定香剂的选料和配比要恰到好处，平稳均匀。主香剂可稍微突出，以显示其典型性，但不能过头。助香剂应使酒香协调、丰满。定香剂应有一定的吸附力，使酒香浓郁持久，空杯留香悠长。

酿制酒和蒸馏酒有中国白酒、洋白酒、果酒（目前主要是葡萄酒）、黄酒、啤酒、各种药酒等，所以酒用香精也就有中国白酒香精、洋白酒香精、果酒香精、黄酒香精、啤酒香精、药酒香精等六大类。

1. 白酒用香精

（1）浓香型

浓香型亦称泸型，其酒用香精是根据浓香型白酒窖香浓郁、绵甜甘洌、香味协调、尾净余长的特点配制而成的，其主体香气成分是己酸乙酯、丁酸乙酯和乙酸异戊酯，浓香型的己酸乙酯含量要比酱香型和清香型高出几十倍。用丙三醇、丁二酮和2,3-丁二醇来达到口感上的绵甜甘洌，加入少量的乙酸、丁酸、己酸和乳酸起协调口味的作用，起助香作用的是醛类、乙缩醛和高级醇类。

浓香型酒的代表是泸州老窖和五粮液。

（2）清香型

此类香型的香精是根据其风格的清香纯正、芬芳雅致、醇和绵软、诸味协调、余味爽净来配制的。其主体香气以乙酸乙酯和乳酸乙酯为主，丁二酸二乙酯的含量比其他香型要高，总酯含量比浓香型和酱香型相对较低。另外还含有较多的多元醇、丁二酮、2,3-丁二醇等芳香物。

清香型酒是传统的白酒风格，代表酒为汾酒。

（3）酱香型

亦称茅香型，此类酒的风格是酱香突出、幽雅细腻、低而不淡、香而不艳、酒体醇厚、回味悠长，其香气成分中芳香物质含量高，种类多。其主体香气主要由芳香族化合物和部分酯类组成，低沸点的酯类、醇类和醛类为前香，起呈香作用；高沸点的酸类为后香，起呈味作用。起留香作用的苯乙醇的含量比清香型和浓香型高三倍。此香型香精的主香剂是4-乙基愈创木酚、苯乙醇、香茅醇、丁香酸、安息香酸、3-羟基-2-丁酮。

酱香型酒被称为酒中之国宝，其代表为贵州茅台酒。

（4）米香型

米香型的风格是蜜香清雅、清柔纯净、滋味绵甘、入口柔绵、落口爽冽、回味怡畅。主体香气是苯乙醇、乳酸乙酯、乙酸乙酯，其他酯的含量非常少，再与微量的脂肪族醇、醛构成其米香型的风味特征。

米香型酒的代表为三花酒。

（5）其他香型

白酒生产由于所用原料、菌种和发酵工艺、蒸馏方式及成品勾兑的不同，各种酒的香气特征也不同，用浓香型、清香型、酱香型和米香型很难将各类白酒全部包括进去。有的以一种香型为主，同时又兼有其他香型，这类酒通常被称为兼香型，如董酒、白云边酒等。再如山东的景芝酒，经分析证明含有二甲基硫、二甲基二硫、二甲基三硫和3-甲硫基-1-丙醇等微量成分，因而呈芝麻香型。

兼香型香精的主香剂是丙酸乙酯、苯乙醇、丁二醇、苯甲醛等。

2. 仿洋酒香精

（1）白兰地香精

白兰地的香气主要由葡萄样的果香香气、特有的酒香香气和贮存时带入的橡木香气所组成。

（2）威士忌香精

此香精的配制除了一般酒中必用的一些酯类、酸类、醇类外，还必须有甜润的木香（类似于酒长期存放于橡木桶中的香气），泥炭样的焦香（用泥炭烘干麦芽所带来的香气）等。

（3）老姆酒香精

带有细致而浓郁的酒香、甜香，由于一般老姆酒是直接用火加热进行蒸馏的，因此，还带有焦香气。所以配制老姆酒香精以老姆醚为主，兼具一些酯类和高级脂肪酸，再加上烟熏香气组成。

（4）其他酒用香精

除了以上这些国内外名酒外，世界上还有许多著名的酒，如原产于荷兰、后来英国也大量出产的金酒，意大利名酒味美思，还有茴香酒、樱桃酒、薄荷酒、可可酒、橘子酒等，这些酒一般都是用酒基（酒精）加上天然植物浸泡制成的。现也常常在酒基中直接加入香精，这样生产可以降低成本，也更加方便，质量又稳定。

有些香料香精书本上介绍的酒用香精配方实例是在名酒勾兑时补加的香精配方，目的是加强这些名酒的特征头香，如果用高度精制的酒精和水加入上述香精配制酒，香气是“有些像”，但“口感”肯定不行，不够“丰满”、“圆润”，必须靠调香师根据调出酒的香味再加以调整才行。

第四节 饲料香精

一、饲料香精的研究概况

饲料香精（Feed flavor）常常被称作饲料风味剂、饲料香味剂、饲料香味素、诱食剂等，它属于非营养性添加剂，是根据不同动物在不同生长阶段的生理特征和采食习惯，在饲料中改善饲料香味，从而改善饲料的适口性、增加动物采食量、提高饲料品质而添加到饲料中的一种添加剂。

饲料香精一般由醇、醚、醛、酮、酯、酸、萜烯化合物等具有挥发性的芳香原料组成。通过香味剂散发出来的浓郁香气，感染周围环境，通过呼吸刺激嗅觉，引诱动物采食量的增加。

饲料香精在多数情况下以动物的实际嗜好性实验为基础，由香精厂和饲料厂共同研究制成。饲料香精的形态因使用目的而异，可以分为油溶性液体香精和粉末香精两大类。

油溶性液体香精用喷雾法喷洒在颗粒状饲料中使香气得以很好地散发出来，用于加强饲料的芳香感。但重要的是，必须设法防止饲料在贮存过程中香气的挥发、散失。

粉末状香精有吸附型和喷雾干燥型。所谓吸附型就是把液态香精吸附在阿拉伯树胶、桃胶、糊精、环糊精、纤维素等基质上，然后制成粉末。喷雾干燥型是把香精加胶体物质制成乳液后用喷雾干燥机制成粉末。前一种香精主要用于粥状饲料中，后一种香精因为有胶层包裹，所以易保存、挥发性小，可用于伴有加热过程的颗粒状饲料中。

从 20 世纪 40 年代开始，以美国各大学为中心，对家畜、家禽的嗅觉进行了许多有意义的研究，同时，还以鸡、猪、牛等经济动物为主，进行了有关嗜好性的研究。

1946 年建立的美国香料公司（F. C. A.）以这些研究成果为基础制出了最早的饲料香精。接着在美国成立了专门经营饲料香精的“饲料香精公司”和“化学工业公司”。后来美国香精公司也加入到这一行业中来。

在宠物香精方面，美国的一些大食品公司分别对狗、猫等动物的嗜好性进行了研究，并且制出了加有香精的饲料供应市场。

日本从 1965 年开始利用饲料香精喂养家畜、家禽等动物。最初是使用美国香精公司生产的饲料香精，后来一些香料厂和饲料厂以仔猪的嗜好香料为中心进行研究，并逐渐由研究阶段进入实用阶段。研究范围也由仔猪扩大到仔牛、兔、狗、猫等。

目前，我国的饲料香精正在从早期的仿制和摸索阶段向着研制和创新阶段发展。香料香精、精细化工、生物化工以及微生物等技术都得到广泛的应用，极大地促进了饲料香精技术的发展。

二、饲料香精的作用机理

在我国，目前大多数人包括饲料厂、养殖场的管理人员、技术人员对饲料香精的认识还是相当模糊的，甚至还有许多人觉得给饲料添加香精是“多此一举”、“白白增加了成本”。有相当多的人认为饲料加香是“给人闻的”，不是“给动物闻的”，加不加香都无所谓。之所以这样，主要是人们对饲料香精的作用机理了解不够所致。

饲料香精的作用机理是非常复杂的，它与畜禽的嗅觉、味觉、呼吸系统、消化系统等功能都有密切的关系。动物的味觉是其味觉器官与“某些物质”接触而产生的，而嗅觉是其嗅觉器官与“某些物质”接触而产生的。有香气或味道的“某些物质”与鼻、口腔的感觉器官接触后，通过物理或者化学作用形成香气和味道的感觉。各种动物的嗅觉和味觉的灵敏度差别很大，大多数哺乳动物的嗅觉和味觉都比人灵敏。猪的嗅觉和味觉灵敏度都比人高得多，比狗也高（一般人都以为狗的嗅觉“应该”是“最高”的）。

有实验证明，动物味蕾的数目和分辨味道的相对能力有密切关系。通常地说，动物的味蕾越多，其味觉就越敏感。

嗅觉灵敏度同嗅黏膜的表面积和嗅细胞的个数都有直接关系，如狗的嗅觉灵敏度很高，对酸性物质的嗅觉灵敏度要高出人类几万倍，是因为狗的嗅黏膜表面积比人类多 3 倍，而嗅细胞数目比人类多约 40 倍。兔子的嗅细胞数目也比人类多 1.5 倍（人类每侧的嗅细胞约 2000 万个，兔子约 5000 万个）。

饲料香精的香气、甜味、咸味、酸味、鲜味甚至有的苦味都能刺激嗅觉和味觉引起食欲。通过嗅觉、味觉的共同作用，经反射传到神经中枢，再由大脑发出指令，反射性地引起消化道的唾液、肠液、胃液、胰液及胆汁大量分泌，提高蛋白酶、淀粉酶及脂肪酶的含量，加快胃肠蠕动，增强胃肠机械性的消化运动，这样就促使饲料中的营养成分被充分消化吸收，吸收快除了长膘快还会让动物需要更多更快地进食，促使动物产生更大的食欲和采食行为，提高采食量，促进畜禽生长发育，降低料肉比，提高动物的生产力和饲料报酬。

三、饲料香精的种类

大多数食物和饲料即使不加香精也都有一定的香味，其中均含有各种各样的香味物质，这些香味物质主要是天然的醇、醛、酮、醚、酸、酯类、杂环类、含硫含氮化合物、各种萜烯以及食物和饲料加工过程中产生的美拉德反应产物等。而饲料香精目前还是以合成香料配制为主，今后有可能主要从天然香料植物或美拉德反应产物、微生物发酵产物、“自然反应产物”中提取或制取。好的饲料香精要求香气纯正，头香、体香强烈，能迅速吸引动物。

合成香料绝大多数是低分子有机化合物，有一定的挥发性，可一定程度地溶解于水、醇或油脂。单体香料含碳数在 10～15 时香气最强，分子量一般在 17～330 范围内。

饲料香基在常温下一般是液状的，由各种食用香料配制而成，可以长时间掩盖饲料及周围的不良气味。一般要求香气“头尾”一致、协调，留香时间长，流动性好，保质期长（一般一年至一年半不变质）。

有的饲料厂家用液体饲料香基直接加入饲料中，采用喷雾加香的方法；也有部分厂家先把液体饲料香基均匀混合于油脂中，随着油脂一起加入饲料里。

如果需要稀释的话，液体香精一般使用乙醇、丙二醇作溶剂，固体香精（饲料香味剂）则要选择合适的载体。

饲料香味剂一般由饲料香基、抗氧化剂、甜味剂、鲜味剂和载体组成。载体一般有玉米淀粉、米糠、麦皮、糊精、环糊精、石灰石粉、膨润土等，还可以加入固定剂、抗结块剂或疏松剂，如磷酸氢钙、硫酸钙、磷酸氢钾等，它们的加入，可以加大饲料香味剂的流动性。饲料中有些物质如铜、钾、氯化胆碱、鱼粉、抗生素类药物和抗氧化剂等均能降低饲料香味剂的功效，影响香气；而有些物质如脂肪、盐、葡萄糖、核苷酸等对饲料香味有增效作用，可以使加香后的饲料香味更加稳定。

微胶囊香精，又称微胶囊风味剂或微胶囊香味剂。微胶囊是指粒径为 50～500μm、由 1～2 层不同物质构成的球形或类似球状的颗粒料，每个颗粒料的内容物为固体、液体或者气体。微胶囊香精有多种形态，如固态、液态及气态微胶囊香精、复合单体多味微胶囊香精、慢释放微胶囊香精、热敏性微胶囊香精、喷涂型和搅拌型微胶囊香精、彩色微胶囊香精、过胃肠溶微胶囊香精等等。饲料用微胶囊香精主要是水溶性微胶囊香精，它能使各种香料在饲料加工贮藏中挥发得慢一些，从而增强香味的持久性，猪、牛、兔子等动物在采食微胶囊香精后，在口腔唾液的作用下，由胶囊包被的香味慢慢释放出来，刺激动物的食欲，增进动物采食，因此，微胶囊香精具有很好的应用前景，经济效益也十分显著。

四、甜味剂和鲜味剂

饲料的甜味来自饲料中的营养成分和非营养添加剂，如蔗糖、某些寡糖与多糖、甘油、醇、醛和酮等，一些稀碱和无机元素也有甜味，大多数多肽、蛋白质无味，但有些天然多肽如Thaumatin（托马丁多肽）、monellin等是目前已知最甜的化合物。

由于各种动物对甜味的嗜好，促使饲料甜味剂的大量使用。最早人们使用蔗糖、麦芽糖、糊精、果糖和乳糖等天然糖类作为饲料甜味剂，但这几种饲料甜味剂的甜度较低，要达到甜化饲料的效果，添加量较大，成本太高。后来有了一些新型甜味剂如天门冬酰苯丙氨酸甲酯、甘草酸（盐）、甜菊糖苷、糖精钠、环己基氨基磺酸钠（甜蜜素）、Thaumatin及增效剂等。

糖精甜度为蔗糖的300～500倍，但具有“金属”回味，仔猪对此较敏感，单独长期应用于动物，会引起动物“反感”，造成采食量下降。将糖精与某些强化甜味剂、增效剂配合使用，可掩盖糖精的不良味道。

甜菊糖苷的安全性较好，但有草药味，苦味浓重；甜蜜素由于安全性有争议，美国FDA已禁止用作食品添加剂；天门冬酰苯丙氨酸甲酯由于其安全性、味质都较好，作为食品添加剂被世界各国广泛使用，但作为饲用甜味剂成本较高。最近出现的一些新型长效强化甜味剂如新橘皮苷二氢查耳酮（可以从柚皮或其他柑橘皮提取、制取），甜度较高，而且产生的甜味比较缓慢、持久，能够掩盖饲料的苦味及其他不良味道，是一种较理想的甜味剂新产品，目前也已得到应用了。

鲜味剂是能增强食品风味的食品添加剂，按化学性质主要分为两类。

① 氨基酸类。除具有鲜味外还有酸味，如L-谷氨酸，适当中和成钠盐后酸味消失，鲜味增加，实际使用时多为L-谷氨酸一钠，简称谷氨酸钠，俗称味精。它在pH为3.2（等电点）时鲜味最低，pH为6时鲜味最高，pH＞7以上时因形成谷氨酸二钠而鲜味消失。此外，谷氨酸或谷氨酸钠水溶液经高温（＞120℃）长时间加热，分子内脱水，生成焦谷氨酸，失去鲜味。食盐与味精共存可增强鲜味。目前，谷氨酸钠（味精）在中国用作调味品，但在其他国家则多列为食品添加剂。

② 核苷酸类。20世纪60年代后发展起来的鲜味剂，主要有5′-次黄嘌呤核苷酸（肌苷酸，5′-IMP）和5′-鸟嘌呤核苷酸（鸟苷酸，5′-GMP），实际使用时多为它们的二钠盐。鲜味比味精强。5′-GMP的鲜味比5′-IMP更强。若在普通味精中加5%左右的5′-IMP或5′-GMP，其鲜味比普通味精强几倍到十几倍，这种味精称为强力味精或特鲜味精。

此外，还有一类有机酸如琥珀酸及其钠盐，是贝类鲜味的主要成分。酿造食品如酱、酱油、黄酒等的鲜味与其存在有关。

五、饲料香精的功能

禽畜饲料也存在着“色、香、味、形、质”的问题。饲料添加香精的目的在于利用动物喜爱的香味促进其食欲，增加饲料的摄取量，提高喂饲效率和养殖业的经济效益。家畜的嗜好性问题主要发生在猪、牛等的哺乳期。一般哺乳动物的嗅觉发达，猪、牛的嗅觉敏感程度更在人类之上。为了使猪、牛等尽早断离母乳而用人工乳喂养，对于配合饲料除了要求营养均衡和饲养效率高之外，提高幼畜的嗜好性自然也是很重要的。

在宠物方面，饲料的嗜好性也是非常重要的问题，现在市面上已有许多种宠物专用饲料，这种饲料不但饲养方便，而且能取得营养均衡、达到调整动物生理机能、避免生病的目的。专用饲料对于动物嗜好性的优劣，已经成为市场销售量的决定性因素，饲料香精的重要性不言而喻。

1．饲料香精对动物食欲和生产性能的影响

食欲是指动物想吃食的愿望，食欲能否满足，通常取决于饲料的适口性。适口性是饲料或饲粮的滋味、香味和质地特性的总和，是动物在觅食、定位和采食过程中视觉、嗅觉、触觉和味觉等感觉器官对饲料或饲粮的综合反应。适口性决定饲料被动物接受的程度，与采食量密切相关，它通过影响动物的食欲来影响采食量。要提高饲粮的适口性，除了选择适当的原料、防止饲料氧化酸败、不让饲料霉变外，在饲粮中添加饲料香精是最有效的措施。

动物采食饲料的多少直接影响到动物的生产水平和饲料的转化率。如果能够在不引起动物健康问题的情况下，维持较高的采食量，用于动物生产的能量相对增加，动物的生产效率可大大提高。采食量太低，饲料有效能用于维持的比例增大，用于生产的比例降低，饲料的转化率下降。因此，饲粮中添加适当的饲料香精可提高采食量，增加采食的饲粮用于生产的比例，从而提高饲料的转化率。

2．饲料香精对饲料异味和调整饲料配方的影响

饲料中的药物及某些原料中的不适味道会引起畜禽拒食或采食量降低，加入饲料香精能掩盖或减缓适口性较差的饲料组分和抗营养因子（如某些蛋白质、脂肪、维生素、抗生素等）的不良异味，使饲料的香味保持一致，从而扩大饲料资源、提高适口性差的原料或代用品的应用，增加动物的采食量。

在配制各种动物的饲料时，有许多因素迫使配方需要调整：各种畜禽在不同生长阶段的营养需要不同，日粮配方也不一样；为了提高经济效益、降低饲料成本，开发新的饲料资源而改变日粮组成；随着人口的增长，谷物用作饲料会越来越少，而农副产品饲料的数量则会增加；“工业化生产”的蛋白质、油脂（如石油发酵蛋白、天然气发酵蛋白、秸秆水解物发酵得到的蛋白质和油脂、各种工业废料提取的蛋白质和油脂等）在今后可能会大量出现。通常情况下，饲粮配方的变化将影响饲料的适口性，从而影响动物的采食量。由于动物对已经习惯的味道和气味有一种行为反应，当日粮中存在动物喜欢的某一特别香味时，即使日粮的其他组分变化也不大影响它们的采食，这一特性将有利于畜禽饲料配方的调整，节约饲料成本。饲料中添加香精能有效地保证在改变畜禽日粮的配方时，饲料适口性和动物采食量不受影响，并满足畜禽在不同生长阶段的营养需要。

3．饲料香精对动物采食行为和诱食的影响

动物具有天生的和从过去的采食经历或通过人为的训练而对饲料产生喜好或厌恶。由于动物只能通过感觉器官来辨别饲料，可能将饲料的适口性或风味（滋味和香味的总和）与过去某种不适（常常是胃肠道不适）或愉快的感觉联系在一起，产生“厌恶”或“喜好”，从而改变其采食行为。当动物对某种风味产生“厌恶”后，就会几乎或完全不采食含有这种风味的饲料；当动物对某种风味产生“喜好”后，就会喜爱含有这种风味的饲料。动物对某种风味产生的“厌恶”或“喜好”，取决于与该风味相关的饲料被采食后的效果，一旦确立后就难以改变，这与人类有较大的差别（人比较容易改变对某种风味的爱好或厌恶）。幼畜与年长的动物相比，易产生“喜好”，也易引起厌食。

实验证明，仔猪生下来12h之后就能辨认出自己母亲的气味，母猪采食后，食物的微量特

殊风味通过奶传递给仔猪，当仔猪发现未知食物的气味与母奶气味相仿或一致时，仔猪就会“放心”采食。因此，在制造仔猪开食料时，保证开食料的气味与仔猪熟悉的气味一致，就能提高仔猪的采食量。

成年动物可从未知食物的气味或味道中判断该食物是否与过去接触过的食物相同或相似，如果气味或味道与已知的一种营养好的食物一样，它就开始采食，而且采食量提高；如果气味或味道与已知的一种“不好”（带有毒素、营养成分低、营养不平衡或给它带来不良感觉或不良反应）的食物一样，它就避开它，不采食减少采食量。

4. 饲料香精促进动物消化腺的发育和养分的消化吸收

饲料香精通过动物的嗅觉和味觉产生食欲刺激，通过大脑皮层反射给消化系统，促进动物消化腺的发育，引起消化道内唾液、肠液、胰液及胆汁的大量分泌，各种消化酶如蛋白酶、淀粉酶、脂肪酶等的分泌量相对加大，加快胃肠蠕动，促进饲料的分解消化，使饲料中的养分得以充分消化吸收，提高了饲料消化率。饲料消化快速、良好又进一步刺激动物的食欲，形成多量采食的良性循环。

5. 饲料香精对缓解动物应激的影响

动物在断奶、转群、高低温、预防接种、疫病等条件变化时会产生应激反应，降低食欲，影响采食量，从而影响生产性能，这时饲喂添加香精的饲料能够提高其适口性，刺激动物的食欲，保证动物一定的采食量，缓解应激带来的不良影响，保证动物不受条件变化对生长、生产的影响。

饲料香精对降低仔猪断奶的应激损伤有特别重要的意义。断奶是仔猪一生中最大的应激，断奶应激会影响猪一生的生长水平。仔猪断奶后一周内的日增重水平将直接影响以后猪的生产性能，日增重高的生产性能好。断奶应激的首要因素是仔猪在断奶后采食的能量不能满足其维持需要，供应高消化率的饲料、提高采食量是克服断奶应激的唯一途径。随着人们对仔猪断奶生理反应、断奶仔猪采食习性的深入认识，在仔猪料中添加饲料香精已经成为必不可少的手段。

6. 饲料香精对饲粮商品性的影响

商品饲料中添加香精在保证产品的适口性的同时，能有效地保证商品饲料特定的商品风味和香型，以区别于其他饲料产品，提高产品的质量档次；商品饲料中添加特定的香味剂，产生特定的风味和香型，可防止饲料产品被假冒，增强饲料产品的市场竞争力。由于香味最难模仿而又最易于被消费者识别，添加某种特定风味的香精已成为一些大型饲料制造厂最简单易行、最有效的防伪手段之一。

7. 饲料香精的防腐、抗氧化作用

有些特定配方的饲料香精可以对饲料中油脂的酸败起到抑制作用。油脂的酸败产生“哈喇味”，动物一闻到这种不良气味就拒绝采食或减少采食。天然香料和合成香料里的某些成分可以防止油脂在贮存期间氧化酸败。

全价配合饲料和浓缩料、油脂含量较多的饲料原料在贮运期间都容易氧化产生难闻的气味，这就是人们常说的油脂腐败。油脂腐败的原因是饲料中不饱和的脂肪酸及其酯在空气、水、金属盐、光线、热、微生物等的作用下氧化产生低碳醛、酮和酸，这些低碳化合物组成人们厌恶的“油脂臭味”，而且在食用时刺激喉咙，即所谓的“哈喇味”。腐败的油脂还能破坏饲料中的维生素 A、维生素 D、维生素 E 及部分 B 族维生素，降低赖氨酸和蛋白质的利用率，从而降低了饲料的生物学价值和能量价值。

目前国内外的饲料厂都在全价饲料和浓缩饲料中加入合成的抗氧化剂如乙氧喹、BHT、丁羟甲醇等，但这些合成化合物在允许添加的浓度范围内的抗氧化作用有限，而且最近一再遭到非议，人们怀疑有致癌性，对肝、肺有影响，安全性不可靠。

香料，特别是天然香料中的许多品种具有优异的防腐抑菌和抗氧化作用，国内外早已对其作用进行研究，并应用于食品的生产实践中，而饲料生产中的应用则鲜见。

为此，笔者从1995年开始着手研究，筛选出多种具有防腐抑菌、抗氧化的香料单体，然后用它们调配成人和饲养动物都喜爱的饲料香精，发给各地饲料厂试用，反映良好。国内某著名饲料集团从1996年开始在其大量生产的一种猪用浓缩料中添加这种专用香精，浓缩料在正常贮存三个月后仍然同刚出厂时的气味一样，闻不出油脂发酵的“哈喇味”。该集团生产的这种浓缩料很快在当地成为名牌产品，购买者只要闻其是否有“哈喇味”就可断定是不是“正品”。

香料防止油脂腐败的机理是相当复杂的，不能用简单的一两个化学作用解释，根据目前国内外对于香料在食品中能起到防腐抑菌、抗氧化作用的机理整理归纳如下。

① 酚羟基的抑菌、抗氧化作用类似于BHT和丁羟甲醚。例如丁香含有15%的丁香酚，其抗氧活性就可与14%的BHT相等，具有90%的BHT抗氧化性。常用香料中有酚羟基的有丁香酚、麝香草酚、香荆芥酚、异龙脑、香兰素、乙基香兰素、水杨醛、水杨酸及其酯类、愈创木酚、麦芽酚、乙基麦芽酚等。

② 烯、醛等借助于还原反应，降低饲料内部及其周围的氧含量，这些香料本身较易被氧化，与氧竞争性结合，使空气中的氧首先与其反应，从而保护了饲料，此类香料有萜烯（柑、橘、橙、柠檬油中的主要成分)、蒎烯、香茅醛、柠檬醛、苯甲醛、高碳醛等。

③ 酸、硫醇、杂环化合物与饲料中的重金属离子结合或络合，减少了这些金属离子对氧化的催化促进作用，此类香料有柠檬酸、乳酸、脂肪酸、草莓酸、3-巯基丙醇、烯丙硫醇、糠基硫醇、呋喃类、噻唑类、吡咯类、吡啶类化合物等。

④ 醇、醛、胺与不饱和油脂氧化产生的低碳醛、酮、酸起缩醛、缩酮、半缩醛、酯化、席夫反应等，减轻了这些低碳醛、酮、酸的不良气味，这类香料有脂肪醇、各种萜醇、苯甲醛、桂醛、氨基苯甲酸酯类等。

⑤ 香料的香气掩盖了不饱和油脂氧化腐败的不良气味，氧化产生的低碳醛、酮、酸在一定的浓度范围内与香料组成比较宜人的气味。

当然，并不是所有香料都有防止油脂腐败的效果，有少数香料加进饲料中反而会促使饲料更快的腐败变质。有的饲料香精不但不能掩盖饲料的腐败气味，反而使腐败气味更明显。

从以上的分析可以看出，全价饲料和浓缩料添加适量的合适的香精可以大大降低它们在贮存、运输和销售期间腐败的可能性，但由于国内饲料香精起步晚，基础研究薄弱，至今不少饲料香精和香味素制造厂家生产时“知其然而不知其所以然”，只凭一知半解，简单的试配方就开始生产，殊不知有些香精加入全价饲料和浓缩料后不但不能防止和减轻油脂腐败，反而加速其变质，这就是为什么近年来有些文章指出某些不良的“饲料香味素”给饲料工业带来的危害性不容忽视的原因。这个问题应引起香料工业界和饲料工业界科研人员的重视，加强对饲料香精和香味素的基础研究，弄清楚香料在饲料中所起的各种作用及机理以指导生产，看来已刻不容缓。

8. 天然饲料香精有望解决抗生素的滥用问题

抗生素自20世纪中期应用于养殖业以来，极大地促进了养殖业生产的快速发展。但抗生素的长期使用，已引发动物体内产生耐药菌株并导致药物残留，更可怕的是，抗生素的滥用导致“超级细菌”的出现已经直接威胁到人类的生存。因此，抗生素的使用逐渐受到限制甚至禁止，欧盟已于2006年1月全面禁止在饲料中使用抗生素促生长剂，我国早晚也将效法。

抗生素既杀菌又能促生长，少量使用就能大幅度提高饲养效率，降低料肉比（投入的饲料与产肉的比例），而增加的成本不高，经济上极其合算，所以理想的替代物不多，世界各国都在寻找、试用中，欧盟推荐的替代物是二甲酸钾。在我国，目前天然精油和低聚糖被认为是抗生素最理想的替代物，今后有可能同二甲酸钾并列使用。

复配精油具备高效、速效、剂量小、毒性小、副作用小的理想“药物”特点，并且还具备一般抗生素和合成抗菌药物所没有的作为治疗药物同时兼有促生长、残留低的特点，符合当今全社会日益关注的食品动物要求无残留、绿色健康的呼声，其应用前景甚好。

饲料香精尤其是全部采用天然香料（精油）配制的全天然复配香精作为一种新型饲料添加剂，以其绿色、环保、抗菌促生长、无残留、零停药期及不易产生抗药性等特点而引起人们的广泛关注。天然精油的抗菌谱广，可抑杀大肠杆菌、巴斯德菌属、沙门菌属、大肠弧菌、曲霉菌属、似隐孢子菌属、念珠菌属、气荚膜梭状芽孢菌、产气肠杆菌、绿脓假单胞菌、金黄色葡萄球菌、猪葡萄球菌、生脓链球菌、粪便链球菌及霉菌属等，对组织滴虫、梨形鞭毛虫和球虫也能有效地驱赶杀灭。其抗菌机理是破坏病原微生物生物膜的通透性，使细胞内容物溢出，造成内环境失衡；阻止线粒体吸氧，破坏核糖体、内质网和高尔基体的生物合成及转运功能。有报道许多精油能有效地预防与治疗大肠杆菌或沙门菌引起的腹泻，明显降低感染仔猪的死亡率。在自然感染的病例中，治疗效果明显优于硫酸新霉素、黄霉素、金霉素等抗生素。在治疗犊牛和羔羊腹泻上也收到了预期的效果。

饲料香精里的各种精油对禽畜还有诱食和促生长作用，其促生长作用机理是抑杀有害病原体，保护肠道微生态平衡，促进生长；许多精油可刺激食欲，通过信息反馈系统有效激活消化酶，使食糜的黏稠度发生变化，促进饲料中营养物质的充分吸收。精油里的芳樟醇、香叶醇、萜烯、桂醛、丁香酚、香芹酚和百里香酚对肠黏膜成熟腔上皮细胞有活性效应，肠黏膜细胞受细胞内病原体的影响引起死亡，然后在肠内腔脱落，带走坏死组织。精油里的活性物在肠绒毛表面加速成熟腔上皮细胞的更新率，减少病原体对腔上皮细胞的感染和提高营养吸收能力。在猪的日粮中添加这种香精可提高日增重、降低料肉比，对乳猪有良好的防病促生长作用。有实验报告指出，有些精油的促生长效果明显优于金霉素、抗敌素、黄霉素、弗吉尼亚霉素、林可霉素、阿维拉霉素等抗生素。

畜牧业的发展长期有赖于抗菌促生长剂的“神奇”作用，尤其是在规模化养殖条件下，畜禽只能依靠人为技术措施进行保健和疾病治疗。因此，像天然精油这样的高效、环保、安全的绿色添加剂有很广阔的发展前景，是一种很有前途的抗菌促生长剂，而且在畜禽生产中使用不产生耐药性。这种全天然的抗菌促生长香精将给饲料行业带来新的希望和契机。

下面是一个全部用天然精油配制的饲料香精的例子，在各种饲料里的添加量为0.01%，对各种禽畜都有诱食作用，抗菌和促生长作用也超过添加抗生素的饲料。

畜禽保健复配精油

纯种芳樟叶油	10	丁香油	10	牛至油	50
肉桂油	20	柠檬草油	5	玫瑰香草油	5

用这个配方配制出的香精的香气有点“怪异”，有些禽畜一开始采食时因为不太习惯而对食欲有所影响，但几次食用后就变得喜爱甚至有点“依赖”这个香气，诱食作用也就开始了。

六、各种动物的饲料香精

1. 猪用饲料香精

猪饲料中常用的香味剂有乳香味、果香味、香草味、巧克力味、豆香味、“五谷”香味、“泔水”香味、鱼腥香、熟肉香等，它们分别由带有这些香气的各种香料配制而成，例如乳香香精可以用丁酰基乳酸丁酯、乳酸乙酯、丁二酮、丁酸、丁酸乙酯、丁酸戊酯、香兰素、丙位癸内酯、丁位癸内酯等各种带有乳香香味的合成香料配制，也可以用微生物发酵法、美拉德反应得到的带有乳香味的“天然产物”配制。

乳香型饲料香味剂的主要作用是使仔猪尽快断奶采食，有效地缓解断奶应激反应。使用的香料一般有丁二酮、香兰素、乙基香兰素、乙基麦芽酚、二氢香豆素、丙位庚内酯、丙位壬内酯、丙位癸内酯、丁位癸内酯、丙位十一内酯、乳酸乙酯、丁酰乳酸丁酯、丁酸以及其他有机酸，有的为了加强香味的厚重感，在香精配方中加入茴香油等；有的用丁酸酯类以及乙酸酯类使香型带有水果味，使香味更易飘散出来；有的在乳香型的配方中加大香兰素、乙基香兰素、乙基麦芽酚的用量，使香味显得更甜一些。

巧克力香型的饲料香味剂常用2,3-二甲基吡嗪、2,3,5-三甲基吡嗪以及噻唑类香料；鱼腥香型使用的香料有三甲胺、苯乙胺等；辛香型使用的香料主要有茴香、胡椒、辣椒、肉豆蔻、肉桂、丁香、姜汁、大蒜以及香荚兰豆等。

2. 牛和其他家畜用饲料香精

牛对甜味的喜爱程度很强，对酸味的喜爱程度中等，犊牛喜爱牛奶香味的人工乳，它含有浓郁的奶香味，此外，牛对乳酸酯、香兰素、柠檬酸及砂糖等也有嗜好性。实验表明，牛用饲料香精对犊牛的诱食能力明显，可以提高采食量15%～16%，日增重提高23%～24%。

一般来说，食草动物用的饲料香精可以接近于牛饲料香精。绵羊喜爱低浓度甜味；山羊对酸、甜、咸、苦等四种基本滋味均能接受；鹿对甜味的喜爱程度最强，对酸味和苦味的喜爱程度弱或中等。

食肉性动物用的饲料香精可以参考猫、狗的饲料香精。

3. 鸡用饲料香精

鸡几乎没有嗅觉，虽有味觉但较差，对好的味道不敏感，对不好的味道反而相当敏感。因此，在质量较差的饲料尤其是杂粕较多的饲料中添加香精能掩盖其不良气味的影响，促进鸡的采食。实验表明，大蒜粉和大蒜油可增进鸡的食欲和采食量。

过去对于鸡是否有味觉曾有过许多争论，后来美国科尼尔大学的M. R. Kare等在进行了一系列研究后终于得出结论，证实了鸡对气味是有识别能力的。用4000只小鸡对32种香料进行实验，结果表明：小鸡对于加了香料的水和没加香料的水是有选择性的，而且效果还随浓度的改变发生了很大的变化。但是香气对嗜好性的影响没有饲料的形态、颜色、表面状态等对嗜好性的影响大。

鸡用饲料可以分为产蛋鸡用和食肉鸡用两种。在鸡的饲料香精中大蒜等香辛料很有实用价值。大蒜中所含的大蒜素可增进鸡的食欲，杀死肠内细菌，防止下痢，从而降低鸡的死亡率和防止产蛋率下降。香辛料对鸡的肉、蛋品质无任何不良影响。

4. 鱼的诱食剂

在水产饲料中添加适量的诱食剂可改善饲料的适口性，增进水产动物的食欲，提高饲料的消化吸收率，降低饲料系数，促进水产动物生长，并减轻水质的污染。下面是水产动物诱食剂的作用、种类及其在水产饲料中的应用效果。

诱食剂又称引诱剂、食欲增进剂，是一类以水产动物摄食生理为理论基础研制的，能将水产动物吸引到饲料周围并引起其食欲增加，促进饲料摄食过程完成的化学物质。这种物质包括水产动物摄饵引诱物质和摄饵刺激物质。水产动物诱食剂的种类很多，这里主要介绍其作用、种类和应用情况，供参考。

诱食剂的作用如下。

① 加快水产动物的摄食速度，减轻水质污染。添加诱食剂能有效增进水产动物的食欲，从而加快其摄食速度，降低饲料损耗，减轻养殖水体的污染。研究发现，用添加了含硫有机物，如1mmol/L的DMPT的饲料饲喂鲤鱼，可使鲤鱼的摄食频率提高30%～60%，鲤鱼的饱食时间较空白对照组缩短12～21min；甜菜碱能提高幼鱼的适应性和成活率，使其摄食时间减少25%～50%；用添加了贻贝粉的饲料饲喂对虾，饱胃时间可由对照组的60min以上降到20～30min。

② 改善饲料的适口性，提高摄食量。试验表明，在鳖饲料中分别添加2 mg/L和4 mg/L的苯二氮䓬化合物，摄食量分别比对照组提高14%和16%，增重提高26%和30%，饲料系数下降10%和12%。添加贻贝粉（ASL粉）作诱食剂，能使异育银鲫的摄食量比对照组提高22%，增重提高33%。

③ 促进水产动物对饲料的消化吸收，降低饲料系数（料肉比）。许多诱食剂可以促进消化酶的分泌，增强鱼体的消化和吸收功能，促进生长，提高饲料的利用效率。解涵等（1997）用诱食促生长剂2号饲喂罗氏沼虾，结果提高了消化酶的活性，促进了生理性脱壳，使体长相对增长率提高11.67%，相对增重率提高33.5%，成活率提高10%，饲料系数降低22.69%。

④ 提高水产动物对植物性饲料的利用，广辟饲料资源。添加诱食剂可使水产动物更好地利用植物性蛋白质，从而减少动物性蛋白的使用量，缓解蛋白质饲料资源的紧缺，提高养殖的社会效益和经济效益。有报道，在饲料中添加诱食剂可使鲤鱼饲料中动植物蛋白的比例由1∶3增加到1∶6而不影响鲤鱼的生长效果。

水产饲料诱食剂的种类及应用如下。

① 氨基酸类诱食剂。L-氨基酸已被认为是引诱鱼类、甲壳类及其他水产动物最有效的化合物之一。研究表明，多种氨基酸对鱼类的嗅觉和味觉都具有极强的刺激作用。鱼类的嗅觉、味觉及其趋化性既有一定的相似性，又有明显的种间差异，不同氨基酸在分子结构上的差异，是造成鱼类嗅觉和味觉感受器对其敏感性和识别性不同的内在原因，对鱼类有引诱作用的氨基酸多为中性氨基酸。在鲤鱼饲料中添加精氨酸、谷氨酸的效果最好，添加丙氨酸、蛋氨酸对摄食也有促进作用；在草鱼饲料中添加胱氨酸的效果显著，添加精氨酸、丙氨酸、蛋氨酸也有效果。L-脯氨酸在大西洋鲑、鳟鱼的味觉和嗅觉实验中，效果很好。谷氨酸对罗非鱼有较强的诱食作用，L-缬氨酸对加州鲈有较强的引诱作用，但对鲤鱼无引诱作用；含硫氨基酸中，L-蛋氨酸能够刺激褐鳟鱼苗摄食。复合氨基酸对水产动物可起到协同诱食作用。过世东（1996）在饲料中添加复合氨基酸，使白仔鳗的摄食量增加10.8%，生长率提高81.8%。

② 甜菜碱。甜菜碱是从甜菜加工副产品中提取的甘氨酸甲基内酯，它作为甲基的供体，可部分取代蛋氨酸和胆碱；能够促进脂肪代谢，抑制肝脂肪沉积，缓和应激，调节渗透压；可提高消化酶活性，促进新陈代谢；同时，它还具有甜味和鱼虾对之敏感的鲜味，对鱼类和甲壳类动物的嗅觉和味觉均有强烈的刺激作用，有很强的诱食效果，可以促进鱼类生长，降低饲料系数。研究表明，在罗非鱼饲料中添加甜菜碱0.1%～0.2%，罗非鱼摄食后其肠道内的蛋白酶和淀粉酶的活性显著上升；对虾、罗氏沼虾采食含一定量甜菜碱的饲料时，其摄食时间可缩

短 1/4～1/2（宋强华，1993）；虹蹲的增重速率及饲料转化率可提高 10%～30%。

③ 含硫化合物类诱食剂。此类诱食剂主要有 DMPT（二甲基-β-丙酸噻亭）、二甲亚砜（DM）和大蒜素等。据报道，DMPT（1mmol/L）可使鲤、鲫的摄食频率提高 0.3～0.6 倍；用添加了 DMPT（5mmol/L）的饲料喂养 18d 后，实验组真鲷的体重是对照组的 2.5 倍；DMPT 可增强金鱼、鲤等的咬食行为，对各种海淡水鱼类和长臂虾的生长、摄食和抗逆性有不同程度的促进作用，并能改善养殖品种的肉质，使淡水品种呈现海产风味，从而提高淡水品种的经济价值。大蒜素不仅具有诱食作用，还能在一定程度上防治鱼类的细菌性疾病。曾虹等（1996）报道，在罗非鱼饲料中添加合成大蒜素 50mg/kg，日增重和成活率均提高 2%～3%以上，饲料转化率提高 11%。

④ 脂肪类诱食剂。研究表明，脂肪酸也有一定的诱食作用。陈昌福等（1989）报道，用水溶性低级脂肪酸对日本鳗鲡等进行味觉刺激，发现鳗鲡有一定的嗅觉反应和强烈的味觉反应，而且随着脂肪酸分子量的增加，诱食作用增强。来源于动植物油脂的磷脂，除能在动物体内提供甘油、脂肪酸、磷酸、胆碱和肌醇等成分外，还可促进饲料中脂质的吸收。此外，磷脂具有强烈的化学诱食作用，并可改善饲料的适口性，对水产动物的摄食具有一定的促进作用。刘梅珍等（1992）在饲料中添加 2%及 5%的脂肪培育团头鲂鱼种，结果增重率分别比对照组提高了 11.10%和 8.33%。

⑤ 小肽类诱食剂。小肽（Peptides）是由两个以上的氨基酸彼此以肽键相互连接的化合物。近年来的研究发现，这些肽类物质可引诱水产动物摄食，促进氨基酸的吸收，提高蛋白质的利用与合成；增强水产动物的免疫力，提高其成活率；促进对矿物质的吸收利用，减少畸形率；提高水产动物的饲料转化率和生产性能，是一种绿色饲料添加剂。李秀琴（2003）在甲鱼饲料中添加肽大素（剂量为 350mg/kg 饲料），结果使甲鱼增产 0.1156 kg/m^2，经济效益显著。汪碧莲（2001）在鳗鲡饲料中加入 2%的小肽制品，结果实验组的生长率、摄食率和饲料转化率分别比对照组提高 38.6%、13.5%和 8.1%。冯健等（2004）在南美白对虾饲料中添加 2%的虾肽，结果能明显改善植物蛋白的适口性，提高大豆蛋白的消化吸收率，起到与鱼粉相同的养殖效果，从而降低生产成本。

⑥ 草药诱食剂。作为诱食剂，草药具有天然、高效、毒副作用低、不产生耐药性、资源丰富以及性能多样等优点。研究表明，草药不但含有一定量的蛋白质、氨基酸、糖类、油脂、矿物质、维生素和植物色素等营养素，还含有大量的生物碱、挥发油、苷类、有机酸、鞣质、多糖及多种具有免疫作用的生物活性物质和一些未知的促生长活性物质，这些成分可以提高饲料的诱食性，促进机体的代谢和蛋白质及酶的合成，从而加速水产动物的生长发育，增强体质，提高饲料转化率，降低发病率和死亡率。Hidaka 和 Katsuhiko 等认为有机酸对鲍可产生诱食作用。这与童圣英等（1998）报道山楂含有大量的有机酸，对皱纹盘鲍具有明显诱食性的实验结果相一致；实验证明，黄柏、绣球等对平均体长为 8.0cm 的泥鳅有诱食作用；饲料中含 0.25%的陈皮对草鱼的诱食效率最高，草鱼的咬饵次数和啄咬力分别为对照组的 7.25 倍和 2.1 倍。Harada 等（1990）报道，多香果、香芹、小豆蔻、白胡椒、大蒜、洋葱、香味薄荷、枯草等对泥鳅和鲫鱼具有较强的诱食作用，而且与质量分数呈明显的正相关关系。大蒜、洋葱因拥有含硫的挥发性低分子有机物而具有特殊气味，其强烈的蒜香对多数鱼类的嗅觉有刺激作用，能吸引其采食，垂钓时在钓饵中添加 0.5%～3%的大蒜粉，鱼的上钩率可提高 70%～80%。韩妍妍等（2003）研究了草药对鲫鱼的诱食作用，结果表明，分别由黄芪等、山药等、山楂、枸杞等和陈皮等草药组成的各种配方均具有诱食作用，而且持续时间长。同时，由于草药具有抗菌、抑制病毒的作用，可有效地增强水产动物的免疫力，促进营养素的消化吸收，降低饲料系数，促进生长发育，减少水质污染，提高养殖

效果。

⑦ 核苷酸诱食剂。核苷酸由核酸降解产生，通常与氨基酸、甜菜碱或三甲胺合用，能提高饲料的适口性，增加鱼虾的采食量，并可降低死亡率。国外有实验证明，许多种核苷酸都对鱼类具有诱食活性。王军萍等（1994）报道，对于鱼师鱼和真鲷，肌苷酸、腺苷二磷酸和腺苷三磷酸都有效，而且肌苷对幼鱼师鱼有促进摄饵的活性，且因氨基酸和脯氨酸的存在而显著增强。苗玉涛等（2004）研究了核苷酸对苏氏黄鲶的诱食作用，结果表明，腺苷酸对黄鲶无显著的引诱作用；浓度为 10^{-3} mol/L 和 10^{-4} mol/L 的鸟苷酸对黄鲶的引诱效果显著；浓度为 10^{-4} mol/L 的尿苷酸具有显著的引诱功能。但另据报道，核甘酸对红鳍东方鲀的摄食具有抑制作用。

⑧ 动植物及其提取液。一些动植物及其提取液也可对水产动物产生诱食作用。如用蚯蚓作为诱食剂可有效提高鱼虾的摄食量、采食率和增重率。常青等（2001）利用菲律宾蛤仔提取液、乌贼内脏液、石莼提取液对红鳍东方鲀进行了诱食活性实验，结果表明，菲律宾蛤仔提取物的诱食效果最显著；乌贼内脏液对红鳍东方鲀有很明显的诱食作用；石莼提取液对红鳍东方鲀也具有诱食作用。此外，蚯蚓、蚕蛹、牡蛎、枝角类、鲻鱼肉、摇蚊幼虫、鲹鱼肉、玉筋鱼、三疣梭子蟹等动物的提取物亦有较好的诱食作用。在鲤鱼饲料中添加 4%的海带粉，可提高对鲤鱼的诱食效率，鲤鱼的咬饵次数和啄咬力分别为对照组的 4.25 倍和 2.20 倍。用螺旋藻作诱食剂，对鲑、鳟、真鲷、鲤、鲫、罗非鱼、罗氏沼虾等鱼虾均有不同程度的诱食作用。在鳗鱼饲料中添加 3%的螺旋藻粉，可提高对鳗的诱食率，而且胃内蛋白质消化酶的活性可提高 2 倍，血液中游离氨基酸和血糖值低，这说明海藻不仅活跃了鳗鱼的摄食行动，而且增强了其消化和吸收机能。

⑨ 合成香料诱食剂。一些化学合成香料已被证实对鱼类有诱食作用。有报道，乙基麦芽酚、香豆素、香兰素对鲫鱼有诱食作用，其中以乙基麦芽酚的效果最好。另有报道，乳酸乙酯也有较好的诱食功效。

此外，由于复合诱食剂具有互补和协同增强的作用，使用效果通常比单一的诱食剂要好。陈建（2004）分别用复合诱食剂 1 号（添加量为 0.5%）、有机酸（0.3%）、甜菜碱（0.5%）、谷氨酸（0.3%）、复合氨基酸（0.5%）等作诱食剂对杂交条纹鲈进行了摄食效果的研究，结果表明，这几种诱食剂均有作用，其中复合诱食剂 1 号的效果最好。

5. 宠物饲料香味剂

随着人们生活水平的提高，宠物的饲养在城市中流行，在欧美诸国，宠物饲料工业已很发达。近年来我国宠物市场发展很快，宠物饲料生产已具有一定规模，宠物用加香饲料极具开发潜力。

一般宠物用香味剂有牛肉味、乳酪味、鸡肉味、牛奶味、黄油味和鱼味等，可以分为狗饲料、猫饲料、（观赏）鱼饲料、鸟饲料等四大类。如果按照饲料水分含量分类，可以分为干型（粒状、饼干状，水分含量在 12%以下）、湿型（罐头、香肠，水分含量在 70%～75%）、半湿型（水分含量在 20%～40%）。在这些制品中，狗饲料占大部分，从嗜好性来看，湿型比干型好。狗和猫饲料中使用的香料有牛肉味香料、乳酪味香料、鸡肉味香料、牛奶味香料、黄油味香料、鱼味香料等。

6. 其他动物用饲料香精

人类饲养的动物品种越来越多，数也数不清。现在的饲料香精已经包括诸如蚕、蚊、蝇、蛇、甲鱼、鸟食（撒用）中使用的香精。如果把昆虫引诱剂也包括在内，气味对于动物的利用范围实在是太大了。这些饲料中香料的开发研究今后还需作很大的努力，有些已经初见成效，例如幼蚕的人工饲料方面现在已经取得了相当的进展。下面是一个例子。

桑蚕饲料香精

叶醇	20%	香兰素	5%	甜橙油	10%
芳樟醇	60%	乙基麦芽酚	5%		

第五节　烟用香精

烟用香精归列在食用香精大类中，被作为其中的一个分类，因为它与作为食品用的香精有着不同的概念——烟用香精一部分是为满足成品的嗅官需要（嗅香），大部分则要通过烟气发挥其作用，与食品饮料的加香目的不完全相同。虽然它和食品饮料等一样，也是讲究香和味的，但是加香的烟草制品（除嚼烟、鼻烟直接进入口鼻外）并非像其他食品饮料等成品全部从口腔进入胃肠消化吸收，而是在燃点抽吸时，烟丝要经受950℃以下不同温度所产生的烟气——主流烟气、支流烟气，形成烟香烟味等气相和微颗粒物质，被吸入人体，通过口腔、鼻腔黏膜和呼吸道传入神经中枢，起到刺激、兴奋、愉快和满足的效应，而不是利用烟草中营养性的成分作为单纯的食品。

烟用香精是不是应当属于食品香精的范畴，至今仍有争议。这主要是涉及到配制烟用香精使用的香料是不是都得用食用香料的问题。一个明显的例子就是香豆素，由于怀疑这个香料有潜在的致癌可能性，食品香精中不能用，但在烟用香精的配制时却常常使用，含多量香豆素的“黑香豆酊”也常用于烟用香精中，而且历史悠久，并未受到质疑。现在又不能用了——虽然还没有可靠的证据说明吸了含有香豆素的香烟会致癌。

烟草是否归属于食品的问题，在国际间的认识上也未完全一致。荷兰拿登国际香料中心的食品法律专家鲍脱马斯在文章中指出：美国不认为烟草是食品。美国联邦食品药物和化妆品法规说明（1968年修订）：“食品”这个名称的意思是对人或其他动物用作食品或饮料以及口香糖的物品和用作这些物品的成分。美国食品与药物管理局（FDA）的督察员在回答询问关于制订烟草赋香剂是否可类似制订食品赋香剂的规定的可行性时说：“烟草不是食品”，故可不受食品添加剂法规的约束。

德国的烟草制品被解释为“由烟草制成或利用烟草作为吸用、嚼用或嗅用的均属烟草制品”。按照德国的规定，一般食品法除了明确许可作食用的以外，其他附加剂（或添加剂）均禁止作为食品原料使用。但对于天然及天然等同的赋香剂和芳香物，均不认为是附加剂，仍可使用。在烟草中除了明文禁止使用的品种外，对烟草制品中所用的保湿剂、黏合剂、增稠剂、燃烧改进剂、防腐剂、滤嘴组分、滤嘴外包皮融合剂、包皮增韧剂和染色剂等都另作了规定，与食品脱离了关系。

在英国，有关烟草制品的规定在食品与药剂法规上未能找到。20世纪70年代中期政府才批准新吸用材料及附加剂指导方针的所谓亨特勋爵（Lord Hunter）报告，指导方针也应用于一切进口的烟草制品。

在瑞士，有关烟草附加剂最重要的规定为：烟草及烟草制品不能含有“为了达到滥用目的而加入的其他成分”。

以上法规的举例可以说明人们是把烟草和食品分开的。

国外著名的香料香精公司，在烟用香料与香精的研究、测试和调制以及产品的介绍和宣传等，都分列专业部门，自成系统，也都是与食品用香精分开的。

其实烟用香精与归属于日用香精的“熏香香精”有更多的相似之处——二者都是通过熏燃散发香气。所以对于调香师来说，配制烟用香精与配制熏香香精在技术上可以相互借鉴。

配制烟用香精要用到大量的其他香精不用的天然香料，特别是各种浸膏、酊剂等，因此，香精厂都把烟用香精专列一类，或在专门的车间中配制，使用专用仓库，以免窜味。

一、烟用香精的调配

1. 确定加香的目的及香型

这是调香的第一步工作，和其他科研工作一样需要确定工作的目标。这一步的工作内容包括以下内容。

① 确定所调制的香精要解决何种问题。是解决烟气不够丰满，或是解决杂气较重，还是余味问题等，这一步的目标越具体、越详细越好，这样才能为第二步选择香料奠定基础。

② 确定调制香精用于哪个工艺环节。是加料香精，还是表香香精、滤嘴香精；加料香精是梗丝加料，还是白肋烟加料等等。

③ 确定调制的香精香型。首先要确定大的类型，也就是要明确调制的香精属于烤烟型，还是混合型、雪茄型。然后再在各大类里面确定具体类型，例如烤烟型里是清香型、中间香型还是浓香型。香型方向确定之后再确定是创香还是仿香，创香要在广泛调研的基础上发挥调香工作者的想象力，试制出独特的香气风格。若是仿香，就要对所仿制的香气有深入的了解，一方面要对被仿制对象的香气特征、香韵组成把握准确，另一方面有必要结合仪器分析了解被仿制产品的香料使用情况。

一般认为烤烟型卷烟常用的香气（或香韵）类别有：烘烤香、焦糖香、青（清）香、甜香、辛香、果香、酒香、花香等；混合型卷烟常用的香气类别有：烘烤香、焦糖香、各类烟草特征香、甜香、辛香、酒香、果香、青（清）香、花香、动物香等。综合比较而言，混合型香精所用的香气类别和香料范围比烤烟型要广泛得多。每个香韵下面可选的香料有较大的变化，最终设计出的香精配方也有较大的变化。

④ 确定调制香精加香对象的档次。由于各加香对象的品质及档次不同，所以加香的目的不同。如烤烟型卷烟中，高档卷烟有良好的芳香和烟味，加香主要是衬托香气，修饰烟香，重点放在产品的风格和特征上面，不能掩盖原有的烟香，香精与烟香充分协调，需具有甜香、酒香和清香，香气以清雅浓馥纯正为好。中档卷烟也有较好的香气和烟味，但微有杂气和刺激，余味不及高档卷烟，加香香精的设计主要是衬托原有的烟香，又要掩盖杂气，去除刺激和改善余味，加香稍重于高档卷烟。低档卷烟的香气不足，杂气较重，刺激性大，余味不净，设计香精时需增加类似烟香的香气，减少杂气和刺激性，改进吸味，香精香气要浓重，加香亦重。另外，调制香精的加香对象档次不同，所选用原料的价格控制也不应相同。因此，学好香料香精的“三值理论”在这方面将发挥更大的作用。

2. 选择合适的香料

在明确了以上各项具体工作目标之后，调香工作就应开始选择合适的香料，香料选择应满足以下要求：

第一，符合所设计香型及香韵的要求，不同香型的配方应有不同的香料与之适应；

第二，符合加香对象的要求，卷烟产品不同，选择的香料应有所不同；

第三，符合加香工艺的要求，加料香精选择香料，其主体香应选择耐受高温的不易挥发的香料，尤其是白肋烟加料香精应注意这方面的要求；

第四，符合设计成本的要求。

此外，选择香料的同时应考虑好适当的溶剂和稀释剂，作为烟用表香香精常用的溶剂是乙醇、丙二醇、苄醇、三乙酸甘油酯等。作为料香香精常用的溶剂是水、低度乙醇、丙二醇等。选择香料的同时，应适当考虑选用何种定香剂。

下面举例说明选香料的过程。

例一，高档混合型卷烟表香，要求具有烘烤香、焦糖香、果香、辛香、草香、豆香，确定配方格局为以焦糖香、烘烤香、豆香为主体，头香体现果香、辛香和草香，其中以果甜香、青甜香并重，另外，适当增补白肋烟和香料烟的特征香。

选用溶剂为丙二醇、水、乙醇，定香剂从所选择的香料中考虑。

选择香料如下。

① 烘烤香：乙酰基吡嗪、4-甲基-5-羟乙基噻唑、菊苣浸膏、胡芦巴酊（或膏）。

② 豆香：可可提取物、咖啡提取物、香荚兰提取物、苯甲醛（坚果）、香兰素、乙基香兰素。

③ 焦糖香：麦芽糖、乙麦芽酚、MCP、呋喃酮、DMCP棕化产物（具焦糖香）。

④ 辛香：芹菜籽油、肉豆蔻油、甜牛至油、丁香油、姜油。

⑤ 果香：香柠檬油、甜橙油、乙酸戊酯、戊酸乙酯。

⑥ 青草香：β-突厥酮、β-二氢突厥酮（青甜）、γ-己内酯叶醇及乙酯酯。

⑦ 增补白肋烟和香料烟香：吲哚、2,6-二甲吡啶、3-甲基戊酸、香紫苏内酯、降龙涎香醚、白肋烟及香料烟提取物、茄酮、巨豆三烯酮。

例二，烤烟型高档表香，要求香韵组成是清甜香为主，辅以焦甜香，同时具有辛香、果香、膏香和酿香，适当增补烤烟香。

选择香料如下。

青草香：树兰花油、橡苔浸膏、叶醇及酯。

青甜香：β-二氢突厥酮、茶香螺烷、香叶油、香叶基丙酮、金合欢基丙酮。

辛香：大茴香油、大茴香醛、芹菜籽油（辛青）、丁香油、丁香罗勒油。

果香：甜橙油、乙酸异戊酯、2-甲基丁酸乙酯。

酒香：老姆醚、庚酸乙酯、己酸乙酯。

膏香：秘鲁浸膏、吐鲁浸膏、安息香浸膏。

焦糖香：麦芽酸、乙麦芽酸、MCP、面包酮。

烤烟香：云烟净油、烟草花油。

3. 拟定香精配方及实验过程

拟定配方是调香的第三步，也是最终的目的和要求。所谓拟配方就是在经过前两步之后所进行的具体处方工作阶段。通过配方实验（包括应用效果实验）来确定香精中应采用哪些香料品种（包括其来源、质量规格，或特殊的制法要点、单价）和它们的用量，有时还要确定该香精的调配工艺与使用条件的要求等。

拟配方一般要分两个阶段。

第一，选出的各种香料通过配比（品种及用量）实验来初步达到原提出的香型与香气质量（包括持久性与稳定性）的要求，也就是从香型香气上讲，使香精中各香韵组成之间，香精的头香、体香与基香之间达到互相协调，持久性与稳定性都达到预定的要求。在这个阶段主要是用嗅感评辩的方法对试配的试样进行配方调整，如果是进行仿制，与仪器分析的结果配合起来进行调整。最后要初步确定香精配方并从香精试样的香气上作出初步结论。

第二，将第一步初步确定的香精试样进行应用实验，也就是将香精按照加香工艺条件的要求加入到加香对象中去，观察并评估效果如何。在这个阶段中，也包括对第一阶段初步确定的香精配方做进一步修改、调整，最后确定香精初步配方。除此之外，还要确定其调配方法，再确定加香对象中的用量和加香条件及有关注意事项等，为取得这些具体数据需要进行的实验与观察的内容主要包括以下几个方面：

① 确定香精调配方法，如调配时香料加入的先后次序，香料预处理要求，对固态和极黏稠的香料溶化或溶解条件的要求等；

② 确定香精加入到介质中的方法及条件要求；

③ 观察与评估香精在加入到介质之后（结合介质质量特点）所反映出的香型、香气质量是否与香精单独时所显示出的香型、香气质量基本相同及与加香对象的配伍适应性，必要时可结合仪器分析方法帮助对照；

④ 观察与评估香精在加入到介质之后，在一定时间和一定条件下（如温度、光照、储放架试等），其香型和香气质量（持久性和稳定性）是否符合预期的要求；

⑤ 观察与评估香精加入到产品中的使用效果是否符合要求；

⑥ 确定该香精在该加香对象中的最适当用量，其中包括从香气上、安全上及经济上的综合性衡量。

在确定配方时，调香工作者除征求原委托单位或提出试配者的意见外，还应多征求销售人员及熟悉该类加香产品的市场动向、能代表消费者爱好人员的意见，以便集思广益，使调制的香精有较好的成功基础。

二、烟用香料

烟用香精可以使用哪些香料？总的来说，只要符合安全卫生法规的、对烟香烟味有帮助而不会引起相反作用的食用香料，都可应用。

国外早年常用的天然香料大致有：小茴香、大茴香、芫荽子、肉豆蔻、肉豆蔻衣、罗望子(Louwandsi)、稻子豆（Carob 或 St John's Bread)、荜澄茄、丁香、肉桂、玉桂叶、玉桂皮、薄荷、香荚兰豆、黑香豆、胡芦巴、欧白芷、圆叶当归、鸢尾、香苦木皮、可可豆、咖啡（烤过的)、菊苣、防风根、甘草、橙橘、柠檬、香柠檬、玫瑰花、橙花、薰衣草、洋甘菊、接骨木花、茉莉花、苏合香、安息香、吐鲁香、秘鲁香、沉香、龙涎香、枫槭、醋栗、桃杏、李、葡萄干、无花果、苹果蜜、檀香、红茶、烟草等的提取物（如精油、浸膏、香树脂、酊剂）以及朗姆、白兰地、葡萄、拉塔基亚、杜松子等酒类。

近年来，国外有很多新的烟用合成香料被发掘出来，大都是从分析烟叶和烟气香味成分中鉴定出来后并进行化学合成的。

单体香料对香烟香味的作用和影响如下。

① 脂族烷烃类和烯烃类的气息一般较弱，多存在于柑橘精油中，占主要成分的是萜烯(苎烯)，对香味并没有多大作用，相反，在贮藏中氧化而产生败坏气味。但某些二烯烃类在烟草制品中，对改善烟气的香味却颇有效，如新植二烯等。

② 醇类则几乎存在于一切香味物质之中，但是除了某些烯醇类外，一般对香味不起决定性的作用。烤烟中含有的香叶醇、芳樟醇、茄尼醇、苯乙醇等有很好的甜香、青香和花香韵。薄荷脑有凉味，植醇是清香带微弱胡椒香，它们都是很好的调香原料。

③ 醚类只存在于少数食品香味中，缩醛类的香气较温和而且较稳定，往往会在香精的贮藏过程中产生，如酒类和陈化烟叶中都有发现。

④ 含硫化合物虽在香味中含量极微，但对香气能起相当大的作用，在烟草香味中逐渐显

露头角。

⑤ 挥发性胺类虽在食品香味中很少发现，但其气息很强，许多胺类共存时能给香味物质以典型风格。烤烟中含有的2-甲基马来酰亚胺、2-乙基-3-甲基马来酰亚胺、2-甲基琥珀酰亚胺、2-丙基马来酰亚胺、琥珀酰亚胺等具有甜香、坚果香和烤烟香气。腈类化合物在烟草香味中已有发现，作为烟草制品甜味剂和添加剂的胡椒腈已有专利报道。

⑥ 醛类几乎存在于一切有香味的物质中，由于其强烈的气味能左右烟草的特征。如苯甲醛的樱桃风味，4-羟基-3-甲氧基苯甲醛（香兰素）的甜清带粉气的浓郁豆香香气。此外，烟草中还含有带烤烟香且能增加烟气丰满度的5-羟甲基呋喃醛、强烈樱桃香的3-甲基苯甲醛、甜香的5-甲基呋喃醛、甜的增加丰满度的β-环化柠檬醛、甜的肉桂样辛香的桂醛等。

⑦ 酮类也较普遍地分布在有香味的各类物质中，白肋烟叶中含有对白肋烟香气特征影响很大的酮类香气成分，如有圆和酮香的茄酮、降茄二酮（氧化茄酮）、2-乙酰基-3-异丙基-6-甲基四氢呋喃、5-异丙基-3-壬烯-2,8-二酮；甜的花香带木香的α-紫罗兰酮、β-紫罗兰酮、3-羟基-β-紫罗兰酮、4-氧-β-紫罗兰酮；具有白肋烟样香气的异佛尔酮、4-氧代异佛尔酮、β-突厥酮、β-二氢突厥酮、4-(2-丁烯亚基)-3,5,5-三甲基环己-2-烯-1酮、2-甲基四氢呋喃-3-酮、2-异丙烯基异佛尔酮；增加烤烟丰满度甜的4-羟基-α-紫罗兰醇，巧克力样香气的4-苯基-3-丁烯-2-酮等。

⑧ 羧酸类存在于绝大多数的食品香味中，有时可起到主宰香气的作用。在烟草中，异戊酸和β-甲基戊酸则是香料烟的特征香组分。那些被认为与烟叶和烟气成分有较好的亲和性尤其是经抽吸分解出C_3～C_6有机酸的化合物，是改进烟香味的有效原料。脂肪酸能显著地赋予烟气以香气和味道，大多数高碳脂肪酸增加烟气的蜡味、脂肪味和醇和的气味。低碳脂肪酸对烟气的香味也明显有利。如香料烟中β-甲基戊酸的含量高，它赋予甜味、奶酪味和水果味。烟草中常见的酸如苯甲酸能圆和烟气，苯乙酸有蜜甜香气，亚油酸、硬脂酸（十八烷酸）、油酸、亚油烯酸等能赋予烟草脂肪和脂蜡样香气，2-甲基丁酸有圆和的奶油坚果香，3-甲基丁酸有甜的水果香和干酪香，对羟基苯甲酸、对羟基苯乙酸能促进高档卷烟的风味。

⑨ 酯类以极大的比例存在于香味物质中，并往往与醇类、醛类配合对香味起着决定性的作用。烟草香味中的花果香、酒香等韵味主要来自酯类为基础的香味物质的组合。烤烟中含有许多具有甜果香味的酯，如异戊酸甲酯、乙酸丙酯、丁酸苄酯、异戊酸苄酯、乙酸乙酯、异戊酸乙酯、苯乙酸乙酯、癸酸乙酯等。辛酸乙酯、9-十七碳烯酸乙酯具有脂蜡样烤烟香气并能增加香气丰满度。

⑩ 内酯类与酯类一样，对香味起着重要的作用，在烟草制品中对改善烟气香味有明显的效果。香料烟香味组分中比较突出的具有清香的龙涎内酯、脱氢龙涎内酯，柏木香的降龙涎内酯（即香紫苏内酯）、脱降龙涎内酯，微凉香气的二氢猕猴桃内酯等是很好的香料，还有略带白肋烟类香气的4-羟基丁酸内酯，淡烤烟香气的5-羟基-3-甲基戊酸-δ-内酯，以及带弱的水果香薄荷香味的4-羟基-4-甲基-5-乙酸内酯，呈甜的焦糖香并增加丰满度的4-羟基-3-甲基戊酸内酯，椰子香的4-羟基壬酸内酯，呈豆香的香豆素（邻羟基桂酸内酯）、γ-已内酯（可作为香豆素的代用品）等。

⑪ 杂环类化合物在烟草中虽然含量极微，但常常能给烟草的香味起至关重要的、积极的作用，其中含有烷基、烷氧基取代的吡嗪，其香气强度一般比醛类、酯类香料高出几万倍以上。吡嗪类化合物是白肋烟的重要香味成分之一，例如，2-乙酰基吡嗪和6-甲基-2-乙酰基吡嗪有强烈的奶油爆米花香气。从烤烟叶中分离出来的四甲基吡嗪、三甲基吡嗪、5-异丙基-2-甲基吡嗪也具有白肋烟的典型香气；吡咯类与呋喃类杂环化合物如2-乙酸吡咯具有芳香醛（如苯甲

醛）类似的香气；吡啶和 3-(1-丙烯基）吡啶具有烤烟体香，吲哚稀释时具有茉莉花香，能圆和烟气，增加白肋烟的特征香气；呋喃衍生物常在热加工食品中发现；噻吩、吡咯和吡啶衍生物也偶然在食品中发现，*N*-甲基吡咯和吡啶，可由胡芦巴碱（Trigonelline）生成几种具有取代基的吡嗪衍生物，是不可忽视的重要化合物，它广泛存在于自然界；烷基烷氧基取代的吡嗪，在烟草中虽然含量极微，却常常能给香味起着重要和积极的作用。

⑫ 芳香族化合物类存在于许多食品的香味中，如芳香醇的苄醇和苯乙醇，可在不少香味物质中发现；酚类存在于烟草的烟气中，酚类如愈创木酚、丁香酚及其相似的化合物也能影响烟气的香味；芳香族醛类中的苯甲醛，在香味中的分布特别普遍，香兰素是大家都熟悉的重要香料之一；芳香族酮类如苯乙酮及其衍生物也时常在某些食品香味中出现。内酯类如香豆素及其衍生物存在于悬钩子和柑橘类果实中。酸类如苯甲酸及其酯类是许多浆果的香味组成部分。值得重视的 γ-吡喃酮衍生物如麦芽酚、乙基麦芽酚等具有增香增效或防腐作用，能改良和提高烟叶原有的风味，增加甜香味，克服苦涩的后味。

⑬ 美拉德反应生成物及其反应过程中的阿玛多利（Amadori）重排产物和勒特雷克（Strecker）降解产物，在烟草制品的加料加香、改进吸味、抑制刺激性、增补香味等方面都起着极其重要的作用。

三、部分烟用香料简介

1. 花香型香料

花香型香料多数具有典型的鲜花香气，与烟草香气不能很好的协调，因而用于烟草加香的香料品种较少，常用的有以下几种。

① 薰衣草油——清秀带甜的花香，有清爽之感，整个香气尚持久。对低等级烟和晒烟型卷烟有作用，不宜多用。

② 洋甘菊油——清香，香气强烈，蜜香香韵，与烟香协调。

③ 玫瑰油——清香甜韵，香甜如蜜，圆和烟气。

④ 白兰花油——鲜韵，清新鲜幽花香，少量使用有改善杂气的作用。

⑤ 树兰花油——清香鲜韵，头香有木香，后转为秘鲁浸膏样膏香。与烟香尚协调，少量使用有改善杂气的作用。

⑥ 纯种芳樟叶油——清纯叶香，与烟香非常协调，有改善杂气的作用。

2. 非花香型香料

此类香料为烟草加香加料的主要品种，共有 12 种香韵。其中，清香、蜜甜香、膏香、果香、豆香、酒香、辛香等香气的香料，大多能与烟香很好的协调，起着增香、矫味和掩盖杂气的功用。

(1) 清滋香

① 芳樟叶浸膏——清香带甜，香气柔和，香气尚持久，与烟香协调，能改善烟草的香气，增加清青香韵。

② 树苔浸膏——清香、苔青，香气平和而浓郁多韵、留长，可作为定香剂。能改进烟草香气并增加清秀，稍有青气。

③ 留兰香油——有清凉的绿薄荷香气，香质优美，有甜味感。对改进烟质较明显，但不宜多用。

④ 蚕豆花酊——清香，能改进烟草香气，多用于雪茄型和混合型卷烟。

⑤ 大茴香醛——茴青香气，似山楂花香，还有药草、辛香甜味。与烟香协调，可改进吃

味，烟味增浓。

⑥ 芳樟醇——浓清香带甜的木香气息，香气柔和但不甚持久。与烟香协调，可改善香气，增加清香。

⑦ 薄荷脑——具有凉的、清鲜的、愉快的薄荷凉味。适量可去除辛辣杂味，多用于薄荷香味卷烟中。

⑧ 苯乙醛——鲜清甜的头香，有杏仁玫瑰底韵，似风信子香。微量使用可增强苯甲醛香味，并有定香作用。

⑨ 苯乙醇——清甜的玫瑰气息，香气柔和而不甚持久。不纯品往往带有泥土气和辣气以及风信子、紫丁香样的头香，口味是甜蜜的玫瑰样，与烟香协调，可增进香气，改进吃味。天然的苯乙醇则只有清纯的玫瑰花香。

⑩ 正丁酸苯乙酯——甜清的玫瑰气息，香气浓。与烟香协调，可增加清香。

⑪ 丙酸苯乙酯——清甜香，带果香、辛香、膏香气息，有玫瑰香气。与烟香协调，也是常用的烟用香料。

⑫ 异戊酸苯乙酯——甜清带涩，颇似菊花气息，略带果香和玫瑰香气，是配制烟用香精的重要香料。

⑬ 正戊酸苯乙酯——比异戊酸苯乙酯具有较多的药草-烟草气息。与烟香协调，少量使用对烟味有改进，用量大则产生杂味。

⑭ 乙酸苄酯——有清甜的茉莉花香，留香长，适量可改善和调和烟味。

⑮ 乙酸芳樟酯——有强烈的香柠檬水果清香。能增加香气，醇和吃味。

⑯ 乙位突厥酮——具有清香、玫瑰花香和白肋烟的香韵。存在于白肋烟精油、香料烟精油和红茶的香味成分中，能增进混合型卷烟的香味，是烟用香精的重要香料之一。

⑰ 乙位突厥烯酮——具有令人惬意的强的甜香，似玫瑰花香，带些微凉气。在烟草中能使烟叶甜醇、改变粗气，提增天然烟味。是烟草香味的增效剂，通常与乙位环高柠檬醛混合使用，发挥两者各自所不能发挥的作用而起相乘效果，有显著的提香增效作用。

(2) 草香

① 缬草油——药草香带温甜木香，有烟香风味，质量好的还带膏香，留香长久。是烟用香精中的主要香料品种，能与烟香协调，矫正和增补其辛香。

② 烟草浸膏——可用任何类型的烟草制取，供不同用途的需要。

烟草浸膏或酊剂可分为以下几个大类。

清香型：以云南栽培的红花大金元（Mammoth gold）或其他优质云烟的烟草碎片为原料。

浓香型：以许昌烟或凤阳的佛光（Virgynia Bright Leat）烤烟叶碎屑为原料。

中间型：选定一种质量较优的青州、沂水或贵州的中间香型烤烟碎片为原料。

晒烟型：选择香气好的晒烟叶废料，或香气好而不宜供卷烟使用的晒烟叶（可分产地和品种）为原料。

白肋烟型：以白肋烟梗和废料为原料。

香料烟型：以香料烟碎屑为原料。

烟草浸膏用作烟草制品的香味添加剂，在传统上被认为是比较理想的调制烟用香精的原料。但有可能增加烟气中焦油的生成量而不利于安全烟的生产。可将浸膏通过蒸汽蒸馏取得精油使用；浸膏也可用冷冻法浓缩后再蒸馏。

几种烟草浸膏或酊剂的特征如下。

a. 烟草绿叶中提取的香料——利用杂种烟草绿色叶片或普通烟草的绿叶和打顶抹杈下来的材料，先除去叶片表面的类脂物，然后通过溶剂萃取再单离其有效香味组分和其香味前体物制取衍生物。例如：西柏烯、西柏烯双萜、新植二烯、巨豆三烯酮、茄酮及其衍生物等，都是改进和提高烟草香味品质的重要化合物。这些烟草原有的香味物质及其母体，在当前尚未找到适合工业化的合成工艺路线之前，采用这种方式提取是可行的。

b. 烟草花浸膏和净油——贵州、云南、福建等地的有关单位利用普通烟草花的丰富资源，成功地研制出来的新香料，其香气为柔和的烟草花清甜香，并带些脂蜡和木质香韵。其味开始似甜奶味，爽口，而后味微苦。可供清香型优质烤烟的赋香，调和烟香，改进品质，并能矫正吸味，烟气有津甜的回味。烟花净油是浅金黄色的黏稠液体，应用起来更加方便，但香气与烟草花浸膏有所差别。

c. 甘草浸膏——具有膏香、药草香，味甜、微苦。甘草膏作矫味剂大量应用于美国混合型卷烟生产中，我国烟用香精中也有使用。但原膏有较重的药草气味，且在乙醇溶液中有大量沉淀析出，故已用其甘草酸钠盐。甘草甜味属回味型，即入口内不是立即感到甜味，而是经过一段时间才能缓慢地释放出来，还带有不太愉快的苦辣口味。近年发展的甜叶菊，已制成苷产物，它的呈味作用入口即能感觉。因此，两者可结合使用。甘草对低级烟的吃味有改进，多用于混合型卷烟，用量大时有明显的药味。

d. 独活酊——焦甜带巧克力样风味，药香。能改善烟气品质，矫正吸味，增强烟香，尤其在混合型卷烟的加料中使用，有使烟香味变浓郁的效果，能减轻青杂气。

e. 白芷酊——有坚果仁酸甜辛香，味甘甜，香味强而持久。能与烟香和谐，抑制烟草的辛辣刺激，提调烟香风味。可供调配坚果香精、豆香香精、仁香香精和辛香香精的修饰用。

f. 葫芦巴浸膏和酊剂——令人愉快的焦糖烤香，焦甜微苦味。能抑制烟叶的辛辣刺激性和掩盖杂气，矫正吸味，增添烟香。常用以配可可、咖啡、坚果、枫槭糖浆和焦糖香味，供烟草的加料加香。浸膏一般是将果实碾碎直接或经水解后用乙醇萃取和浓缩，前者香气柔和但淡弱，后者浓浊有似蛋白水解物的香气。我国常采用的是经烘烤后萃取的制品。其香气品质比前两种处理方法有明显的优点。

（3）木香

① 广藿香油——木香，有些甘甜药草香和辛香。与烟香协调，常用作定香剂。

② 香苦木皮油——又名长藜油。有枯木之香，兼有多种辛香，香气浓。烟用高档香料，增香效果好。

③ 桦焦油——焦枯木香，有烟熏气，底韵有些甘甜香。与烟香协调，增进烟味，似能起醇和烟气的作用。

④ 岩兰草油——又名香根油，香气为甘甜木香，兼有壤香，香气平和持久。含醇量高的香气好。从鲜根、嫩须根提取的精油，常常有青气。岩兰草油具有特征性香韵，与烟香协调，常用作定香剂。

⑤ 檀香油——与烟香协调，对低档次烟的作用大，多用于雪茄型。

⑥ 乙酸柏木酯——甜的木香，常用作定香剂。

（4）蜜甜香

① 鸢尾油——甜的花香，香气平和，留长。是蜜甜香中的隽品。一般使用酊剂，与烟香协调，取其甜香及留香作用。

② 香叶油——蜜甜，微清，香气稳定持久。与烟香协调，以改善吸味。

③ 苯甲醇——极微弱的淡甜香，久贮后有苦杏仁味，不雅。只是一种和合剂，微量使用。

④ 苯乙酸乙酯——酸甜带浊、不甚新鲜的蜜香、玫瑰香。调和烟气，减少原烟杂味。有鲜甜感觉，更适合用于雪茄型卷烟。

⑤ 苯乙酸苯乙酯——浓重的甜香，有似玫瑰花香、膏香，香气持久。与烟香协调，与香

豆素、桃醛同用有提香和定香的作用。

⑥ 玫瑰醇——玫瑰样的甜香，花香气，可改进吃味。

⑦ 香叶醇——玫瑰甜香，可增进烟香。

⑧ 香茅醇——轻的甜清玫瑰花香，比香叶醇增清，增甜，可改进烟香。

⑨ 正戊酸香叶酯——沉重甜香，有一种特殊的玫瑰、烟草、药草香底韵，与烟香协调，改进烟香。

⑩ 乙酸香叶酯——浓郁的玫瑰香气，少量使用可调和烟味。

⑪ 丁酸香叶酯——有强烈的玫瑰香气，用量适宜可起到调和烟味的作用。

⑫ 乙位紫罗兰酮——甜的花香兼木香，并带有膏香和果香，宜少量使用。

⑬ 乙基麦芽酚——具有焦糖甜香与温和果香，稀释后的溶液具有凤梨、草莓、果酱样香气。在丙二醇溶液中多偏草莓香。在苯乙醇溶液中呈更多的膏香并带果香底韵。香气尚持久。与香兰素、洋茉莉醛和其他甜香香料同用时，更具浓厚香味，可协调烟气，改善吸味，多用于烤烟型甲、乙级卷烟。

⑭ 洋茉莉醛——具有淡弱的清香，适用于女式烟中。

⑮ 苯乙酸——甜带酸气，有酸败的蜂蜜气息。对原烟起调和作用，去除杂气，宜用于低等级卷烟。

⑯ 乙酰基吡嗪——具有近似爆玉米花的风味，存在于烟草中。

(5) 脂蜡香

① 山萩油——类似玫瑰花香的浓而甘甜而带有醛香、蜡香和花香，香气浓烈而持久。能与烟香味协调，增添清新、脂香蜜甜的烟草自然风味。

② 丁二酮——香气强烈飘逸，稀释时似奶油香气，极易挥发，与烟香协调，增香明显，多用于混合型烟用香精。

(6) 膏香

① 秘鲁浸膏——具有甜的膏香，带有香兰素味，与烟香协调，可增进烟香。

② 吐鲁浸膏——甜鲜的膏香、淡花香，与烟气很协调，可增香增味。

③ 枫槭浸膏——甜润的奶油味，易与烟气协调，对吃味有利。

④ 菊苣浸膏——焦糖样烤香，味苦似咖啡，可用于烟草的加料加香，能缓和其刺激辛辣气味，燃吸时并可产生许多香味物质，提高吸味，增加劲头。用于混合型卷烟能发挥更佳的效果。

⑤ 苯甲酸——带极弱的膏香，作为定香剂。

⑥ 桂酸乙酯——甜的琥珀膏香，可少量用于烟草加香。

(7) 龙涎琥珀香

① 香紫苏油——以琥珀-龙涎香气息为主要特征的香味物质，带有甜而柔和的药草香、果香香气。香气强烈而留长。能掩盖辛辣的刺激性，改进吃味，提高烟香味。

② 岩蔷薇浸膏——即赖百当浸膏，香气为温暖醇厚的琥珀-龙涎样膏香，略带花香香韵，透发而浓郁，可供烟草加香加料使用。加有岩蔷薇浸膏成分的卷烟，燃吸时散发浓郁的香气，能抑制刺激性，增补烟支闻香，更适合于混合型卷烟使用，有时可用以修饰烟气香型。

③ 香紫苏浸膏——龙涎琥珀香、果香，头香带有狐臭样气息。具有清甜柔和的草香，鲜果酯香和干木的底香，其头香有似烟草香味风格的韵味，能在香精中缓和成香料的化学品气息，促使香精圆熟自然，起到和谐的作用。

(8) 动物香

① 龙涎香——清灵而温雅的动物香，其酊剂可用于烟草加香。

② 海狸香——强烈的动物香，并带有桦焦油样的焦熏气。

③ 麝香——清灵而温存的动物样香气，用量极微。

④ 环十五内酯——细致麝香样的动物香气，少量用于烟用香精。

⑤ 吲哚——极度稀释后有茉莉花样香气，可微量用于混合型香精中。

四、烟用香精的类型

按卷烟的类型分类如下。

① 烤烟型烟用香精——卷烟是由烤烟或由大部分烤烟叶掺入少量的近似烤烟香气的晾晒烟叶配制而成的烟制品。烟叶除通过特殊的发酵陈化等措施来改进烟叶的品质和自然产生的烟香吃味外，一般还有加入香精来修饰、增补并突出其优质烟特征的烟香风味，以达到显示某一种牌号卷烟独特香型的目的。

我国目前的烤烟用香精可分为：甲级烤烟用香精、乙级烤烟用香精和通用烤烟用香精。

此外，还有各种各样名牌卷烟的专用香精。低档卷烟一般是使用通用香精加香的。有些厂家往往将几种不同牌号的香精以适当的比例混合使用，或再加几种单体香料，配出具有自己风格的香精使用。

② 混合型烟用香精——混合型卷烟与烤烟型卷烟在配方上的区别在于使用烟叶的种类不同。混合型是纵向利用烟株上的烟叶，烤烟型是横向选用烟叶。

由于各国具体情况的差异，混合型卷烟形成三大类：美国式混合型、以德国为代表的西欧式混合型、中国式混合型。此外，还可分为一类特色混合型。因此，混合型烟用香精分为以下三类。

a. 美国式混合型烟用香精。适合于接近这一传统配方的混合型卷烟制品，以突出其特征香味，要有烤烟和晾晒烟结合的烟香风味。

b. 西欧式混合型烟用香精。是具有香味浓郁、风格多样、有一定典型性的添加剂香气。我国目前所产的混合型卷烟用香精，可归入此类。

c. 特色混合型烟用香精：主要是模仿国际上流行的混合型名牌烟香风格的香精和独创的香型。

③ 外香型烟用香精——外香型烟用香精具有非烟草原有香味或与烟草香味根本无关的突出气息，如风行一时的“可可奶油”香型（凤凰烟型）、薄荷型、疗效烟的药草香型等烟用香精品种。

④ 雪茄型烟用香精——这种香精突出雪茄烟类似檀木香的优美香气，清凉、浓郁、飘逸。

⑤ 香料型烟用香精——纯粹用香料烟烟叶调制的东方型卷烟，是利用烟草本身具有的自然烟香，一般不添加香料或很少加香修饰。

香料型烟用香精指的是仿制各种名优香料烟特征香味的烟用香精，如土耳其型、埃及型、拉搭基亚型、伊兹密尔型、巴斯马型等烟用香精。

按使用功效分类如下。

① 烟草特征烟用香精——如具有白肋烟、香料烟、优质弗吉尼亚烟特征香味的烟用香精。

② 代用品烟用香精——如配制的枫槭香精、甘草香精和秘鲁香膏、吐鲁香膏、香豆素代用品等品种。

③ 香味型烟用香精——如巧克力香、奶香、果香、坚果香、木香、花香、辛香、蜜香、膏香、豆香、面包香、焦糖香、酚香、烟熏香、酒香等。这种香精的特点是突出某一种香韵，根据自己的配方风格要求决定选用。

④ 烟用增效香精——为能加强各种低档次烟叶的香味浓度和增进香精的烟香吸味，或能

强化烟草中某种香味特征的香精。

⑤ 烟草矫味剂——烟草矫味剂能增添甜味，抑制辛辣苦味和令人厌恶的杂味等。

上述几种香精均可视作香基，作为调制各种烟用香精的配料，也可供卷烟厂根据调节烟香味的需要选择使用，或者与选定的烟用香精配合，按自己的设想，添加其中某些品种，制成自己特色的烟香风味，后两种香精的香气很淡弱，甚至是无香的，常作为加料香精。

第六节 日用品香精

如按用途分类的话，香精可以分为四大类：食品香精、日用品香精、烟用香精和饲料香精。目前全世界销售量最大的是食品香精，其次是日用品香精、烟用香精，饲料香精排在最后。我国比较特殊，烟用香精排在第一位，其次才是食品香精。但不论中外，随着社会文明的进步，最终日用品香精都要排在第一位。国外有“一个国家或一个民族的文明程度和它的香料香精的使用量呈正比”的说法，指的是日用品香精的使用量。从20世纪末到21世纪初，虽然食品香精的使用量增长也非常快，但日用品香精的使用量增长更快，而且日用品香精的使用范围也在飞快地扩展着。许多本来默默无闻的日用品因为有了令人愉悦的香气而身价百倍。

在本书第七章里将按各行业使用香精的不同来分类叙述，而在本节里则按香气归类讲解，以让读者对香精有比较全面的认识。

一、花香香精

在日用品香精里，花香香气的重要性是不言而喻的。几乎所有的香精里面都有花香成分，有的含有一种花香，有的则含有多种花香。自然界里有香味的花实在是太多了，举不胜举，只能“拣”几种较为重要的花香为例进行说明。

(1) 茉莉花香精

茉莉花和玫瑰花是调香师“永恒的主题”，一句话足以说明这两种花香的重要性。茉莉花的香味深受世人的喜爱，无论东方西方南半球北半球。但东方人赞美的是小花茉莉，而欧美人士则喜欢大花茉莉，二者的香气有很大的不同，前者清灵，后者浓浊。

常用来配制茉莉香精的天然香料有：小花茉莉浸膏和净油、大花茉莉浸膏和净油、树兰浸膏、依兰依兰油、卡南加油、白兰花油和白兰叶油、玳玳花油和玳玳叶油等，合成香料有乙酸苄酯、苯乙醇、芳樟醇、乙酸芳樟酯、松油醇、甲位戊基桂醛、甲位己基桂醛、邻氨基苯甲酸甲酯、乙位萘甲醚、乙位萘乙醚、苄醇、苯甲酸苄酯、吲哚、乙酸对甲酚酯、苯乙酸对甲酚酯等，这些单体香料有的是天然茉莉花香的成分，有的则完全是人工合成的。小花茉莉净油和大花茉莉净油都含有不少的吲哚，这也是茉莉花和它的浸膏、净油容易变色的一个原因，配制茉莉花香精不用、少用或大量使用吲哚取决于该香精的用途：不怕变色的可以多用，否则就少用或不用。

(2) 玫瑰花香精

玫瑰花在欧洲代表爱情，因此，玫瑰花的香气特别受到青年男女的青睐。玫瑰花香与几乎所有的香气配合都能融洽，这也是它出现于各种不同风格的日用品香精中的一个原因。在调香师眼里，玫瑰花香还可以再划分成几类：紫红玫瑰、红玫瑰、粉红玫瑰、白玫瑰、黄玫瑰（茶玫瑰）、香水月季、野蔷薇等等。

配制玫瑰香精必用香叶醇、香茅醇、玫瑰醇、苯乙醇及它们的酯类，再根据需要适当加些增甜、增清（或青）、增加“天然感”的修饰剂和“定香剂”如紫罗兰酮类、乙酸对叔丁基环己酯、乙酸邻叔丁基环己酯、乙酸二甲基苄基原醇酯、乙酸苄酯、结晶玫瑰、柠檬醛、玫瑰醚、突厥酮、姜油、玫瑰净油、墨红浸膏和净油、桂花浸膏、茉莉浸膏等。

(3) 桂花香精

桂花是最有“中国特色”的香花，国外较为少见，致使有的调香师以为桂花就是木樨草花，也有日用品制造厂向国外香料公司要桂花香精，送到的却是木樨草花香精。其实桂花和木樨草花的香气差别还是比较大的，不能混淆。桂花的香气也是“甜”的，但与玫瑰花的“甜”香不一样，它有紫罗兰花的甜香气，又有像桃子一样的果甜香。正因为有紫罗兰花的香气，所以桂花香也“不耐闻”，闻久了嗅觉容易疲劳——不但感觉桂花香味变“淡”了，连闻其他的香味都变“淡”了。

桂花有“金桂”、“银桂”和“丹桂”之分，“金桂”浓甜，“银桂”清甜，“丹桂”带有其他花香香气。

配制桂花香精必用紫罗兰酮类如甲位紫罗兰酮、乙位紫罗兰酮、甲基紫罗兰酮、异甲基紫罗兰酮、二氢（甲位或乙位）紫罗兰酮等，桃醛（丙位十一内酯）和丙位癸内酯也几乎是必用的，再加上乙酸苯乙酯、香叶醇、乙酸苄酯、松油醇、苯乙醇、叶醇、辛炔酸甲酯、桂花浸膏或净油，调节花香香料、果香香料和青香香料的比例可以分别配出“金桂”香精、“银桂”香精和“丹桂”香精。注意青香香料不要加入太多，以免“变调”。

(4) 玉兰花香精

如果把白玉兰花和茉莉花一起给众人挑选的话，喜欢白玉兰花香气的人超过茉莉花，而且白玉兰花香气耐闻，久闻也不生厌，这是因为白玉兰花香气“清”，直至今日，全世界的调香师还是调不出白玉兰花的这股“清气”，白兰花油由于在制取的过程中丢失了花的头香成分而与鲜花香气大相径庭，近代的“顶香分析”虽得到了许多白玉兰花的头香成分，但用合成的这些头香香料加到传统的白兰香精里面仍旧配制不出令人满意的接近天然花香的香精来。

配制白玉兰花香精的主要香料有：芳樟醇（用“纯种芳樟叶油”或白兰叶油会更好）、乙酸芳樟酯、甲位戊基桂醛、甲位己基桂醛、乙酸苄酯、依兰依兰油、卡南加油、白兰花油、小花茉莉浸膏和净油、大花茉莉浸膏和净油、墨红浸膏和净油、树兰浸膏等。加少量的果香香料如乙酸异戊酯、乙酸丁酯、丁酸乙酯、己酸烯丙酯、庚酸烯丙酯、乙酸叶醇酯、柠檬油或柑橘油等会让香精多点“清气”，但至今还是很难调出天然白玉兰花那种特殊的“清香”。

广玉兰在许多地方也被称为玉兰花，除了外观——叶子和花朵都比白玉兰粗大——明显的差别之外，花的香气也大不一样。广玉兰花的香气也惹人喜爱，也有明显的果香，但它不像白玉兰花的香气那么“清”，它的头香带有明显的柠檬、香柠檬的气息，调配广玉兰花香精必用柠檬油、香柠檬油或柠檬香基、香柠檬香基作为头香成分。

(5) 铃兰花香精

铃兰花虽然在大部分国人的心目中不像上述几种花那样熟悉，但它也常常被用来配制多花香、百花香等各种香型，大多数的香水香精、化妆品香精、皂用香精里面都有铃兰花香存在。铃兰花香也是比较“清”的花香，久闻不致生厌，它与各种花香配伍都不“喧宾夺主”，默默地扮演它的角色，但“后劲”惊人，留香持久，这种性质在花香的各个品种中是难能可贵的——大部分花香只能作为头香成分、体香成分，可作基香成分的很少（茉莉浸膏、玫瑰浸膏、树兰浸膏、桂花浸膏等虽然可作各种香精的“定香剂”，但都缺乏鲜花的气息）。

最近，科学家发现人类的精子接触到铃兰花的香味会变得兴奋，这初步揭开了一些人长期以来就认定铃兰花“有某种神秘的力量”之谜，也预示着铃兰花的香味将受到更大的关注。

早期配制铃兰花香精使用大量的羟基香茅醛，现根据 IFRA 的建议，羟基香茅醛的用量受到限制，调香师尽量少用或干脆不用，而改用铃兰醛、新铃兰醛、兔耳草醛等，这些香料按一定的比例配合后，加上芳樟醇、香茅醇、香叶醇、苯乙醇等就可组成铃兰花香了。

(6) 紫丁香香精、丁子香香精、香石竹香精和百合花香精

丁香 *Lilac* 与丁子香 *Clove* 是两种完全不同的植物，但国人也常常把后者叫做丁香，加上两种常用的香料——丁子香酚和异丁子香酚往往被简称为丁香酚和异丁香酚，因此，初次接触香料香精的人会以为是同一种植物或香料，把它们混为一谈。其实，二者不但“不同类”，香气也有天壤之别：“真正的”丁香花不管是紫色的还是白色的，香气都接近纯净的松油醇气味，而丁子香花蕾和叶子则都是明显的丁子香酚香气，同另一种花——香石竹花的香气接近。由于百合（花）英文 Lily 与紫丁香 Lilac 的书写和发音都极相似，国内香料界也常把百合与紫丁香混同起来——到香精厂买“百合香精”得到的往往是紫丁香香精！

(7) 栀子花香精

栀子花在我国也是一种普遍受到欢迎的香花，其香气比较浓烈，留香持久，对大部分工业产品的气味“掩盖力”较好，因此，经常用于气雾杀虫剂、熏香品、塑料制品、石油产品等的加香。

两种合成香料——乙酸苏合香酯和丙位壬内酯按一定的比例混合起来就组成了栀子花的特征香气，令人奇怪的是，在天然栀子花的香气成分里至今还是找不到乙酸苏合香酯的影子！而用目前在栀子花香气成分里发现的所有化合物却仍旧配不出天然栀子花令人“动情”的香韵来！

(8) 金合欢香精、山楂花香精、含羞草花香精

金合欢的香气在调香师的心目中可以用“爱恨交加”来形容，它是天然花香里面一组香气（合欢花、山楂花、含羞草花等）的代表，但又与其他花香香气“不合群”，稍微不慎多加一点便难于再调“圆和”。调配金合欢香精要用到一些在调制其他花香香精时不曾使用的香料，这本身就让调香师对它“另眼相看”了。

配制金合欢香精、山楂花香精、含羞草花香精时常用到大茴香醛、水杨酸甲酯、甲基苯乙酮、香豆素等，这些香料的香气都比较强烈且各有特色，所以使用量要慎之又慎，最好按天然物的香气仿配，不要太“出格”。

在调配各种“百花”香精时，这一类香精可以作为香基进入配方，用量也要掌握好，宁少毋滥，否则调出的香精香气很难圆和，令人不悦。巧用这类花香香气有时可以起到“画龙点睛”的妙趣。

(9) 兰花香精

兰花的香气，在我国被文人们“抬”到极高的地位，称为“香祖”，所谓“空谷幽兰”简直进入至高无上的境界了！可惜在香料界，“兰花香”却没有这个“福分”，调香师一提到“兰花香”，头脑里马上闪出一种极其廉价的合成香料——水杨酸异戊酯或丁酯，因为兰花香精里这两种香料是必用的而且用量很大！久而久之，在调香师的心目中，“兰花香”的“地位”低微，和我国文人们对它的“高抬”形成鲜明的对照！

其实即使兰花单指“草兰”，其香气也是多种多样的，水杨酸酯类的香气只是其中一部分花有，不能代表全部，自然界里确有香气“高雅”的兰花，让人闻了还想再闻，不忍离去；但也有一些兰花散发出令人厌恶的臭味！

(10) 夜来香香精

夜来香又叫“晚香玉”，因在夜间散发强烈的花香而得名，其香气带有明显的“药草”气息，令人闻久生厌，只有在极其淡薄时才能算是“香”的，因此，在日用品加香时较少单独应用——通常把它同别的花香香精组合成“三花”、“五花”、“白花”或“百花”香型，虽然它占

的比例往往较少，但还是容易闻出来，说明夜来香的香气给人的印象是比较深刻的。

调配夜来香香精的香料比较广泛，几乎各种花香香料都可以“进入”，茉莉花、玫瑰花、桂花、紫丁香、丁子香、百合花、铃兰花、栀子花、金合欢、兰花等无所不包，按各种比例混合以后再加一些“药草香”香料便都成了“夜来香”！

二、果香香精

果香香气在食品香精特别是“甜食食品”的香精里占有首要的位置，在日用品香精里则仅次于花香。所谓“果香”，在调香术语里指的是水果香味，至于坚果如花生、可可、咖啡、榛子、香荚兰、黑香豆等，香气各异，完全不同于水果香，其中有部分归入“豆香”之中，有的则应归入“熟食性”香精里面，不在本节里讨论。

与花香香气不同的是：果香里有一些香味能为全人类共同喜爱，因为它们是“可食性”的，尤其是全世界的人经常都可以吃到的水果如香蕉、梨子、苹果、桃子、草莓、菠萝、柑橘、柠檬、甜橙等，没有人厌恶它们，要想让你的加香产品人人都可以接受的话，给它带上这些香味中的一种就行了！

热带水果中有一些品种的香气很难被初次接触到的人们接受，最糟糕的要算榴莲了——从来没有吃过这种水果的人第一次闻到它的气味时完全可以用“臭如粪便”四个字来形容，在南洋群岛的许多宾馆门口贴着“请勿携带榴莲进入”的告示说明确实有不少人厌恶它的气味！这是最严重的例子。菠萝蜜、芒果、番石榴等的气味也有不少人“不敢恭维”，这些水果的气味自然较少进入日用品的加香了！

许多水果如香蕉、梨子、柑橘、柠檬、甜橙等的香气留香时间很短，调香师也经常在调得“呆滞”的香精里加些水果香让香气“活泼”起来，也就是把水果香作为“头香”香料使用，人们很少考虑把水果香当“体香”材料和“基香”材料，其实带水果香的许多香料留香持久，例如桃醛、椰子醛、草莓醛等，巧手使用它们，可以使很多水果香精变得可以留香，也可改变“香水都是动物香收尾”的局面。

(1) 香蕉香精

香蕉的香气是“普受欢迎”的，几乎没有人讨厌它的香味，配制香蕉香精的成本也很低，但它有一个致命的缺点——香气一瞬即逝，不留香，这是因为香蕉香气的主要成分是乙酸异戊酯，这个香料的沸点很低，蒸气压高，极容易挥发，配制香蕉香精非大量使用它不可，多加体香香料和基香香料则香气变调，不受欢迎——-这是影响香蕉香精普遍应用的主要原因。油漆工业上大量使用的“香蕉水”也含有多量的乙酸异戊酯，不要把它当作香蕉香精使用，“香蕉水”闻久了令人生厌，甚至头晕，而香蕉香精的香气是“可食性的”，让人闻了垂涎欲滴。倒过来，把香蕉香精当“香蕉水”用作涂料的溶剂倒是可以的，改善了涂料的气味，使涂料作业场所变成“水果作坊”，只是成本高了许多。

(2) 苹果香精

苹果的香气也几乎是“人见人爱”的，许多日用品带上苹果的香味以后销路都很好。有苹果香味的香料大部分都属于“体香香料”，留香一般，但日用品加香用的苹果香精可以调配得留香持久而香气仍不错，因此用途较广，这应“归功于”苹果酯的使用。

苹果有许多品种，如我国的“国光”、“红富士”、“黄蕉”苹果等，美国的Delicious，日本的红玉苹果等，香气各有特色。所谓“青苹果”香型则是调香师创造出来的，香气宜人，在众多的日用品里使用都取得成功，成本也较低，现已有不少衍生出的香型也都不错。

(3) 桃子香精

“清脆”的桃子香气很淡，熟透的桃子则香气诱人，特别是“水蜜桃”的香气让人闻到就想“咬它一口”。

早期的桃子香精用了大量的酯类香料，属于“内酯类”香料的“桃醛”和丙位癸内酯工业化生产以后也大量用于调配桃子香精，但配出的香精香气与天然的桃子香气还是不能比的，直到发现有一种噻唑类香料——2-异丙基-4-甲基噻唑以微量进入便使得桃子香精有“天然韵味”，食用桃子香精才开始流行起来，并进入日用品加香中。

由于桃醛与丙位癸内酯的香气都很持久，在桃子香精里的用量又大，所以桃子香精完全可以在日用品的加香里“大显身手”，但现在市场上还是比较少见的。

(4) 柑橘类香精

柠檬、黎檬、香圆、枸橼、白柠檬、香柠檬、香橼、佛手、橘子、柑、橙、柚、枳实、玳玳等都属于柑橘类水果，它们的香气虽然也各有特色，但还是有相似之处的：果实和皮都可以提取精油；都有“蒸馏”和“冷榨”两种工艺可供选择，而得到的油也相应地被称为“蒸馏油”和“冷榨油”（原先还有一种人工“擦皮挤压”的方法，得到的油质量上乘，现已少见）；精油里都含有大量苧烯，由于苧烯的沸点较低，所以它们的留香期都很短，而且苧烯与其他许多常用的香料尤其是固体香料的相溶性不好，常发生一个香精里如果用了大量的柑橘类油时出现浑浊、沉淀、分层等现象，还得想办法加些“和事佬”香料（苯乙醇、苯甲醇、松油醇等）或溶剂（乙醇等）让它重新变得透明澄清。下面介绍几个较为重要的品种。

(5) 柠檬香精

柠檬香精可能是日用品加香时最常选用的果香香精了。由于柠檬的香气特别受到欧美人士的喜爱，所以在许多香水、化妆品的香精里也常常把它作为头香成分。要配制出一个从头到尾香气一致、留香持久的柠檬香精是很难的，因为可以作为基香香料而又具有柠檬香气的化合物还没有，所以现在日用品加香使用的留香较久的“柠檬香精”与天然柠檬的香气相去甚远，但如果它的香气宜人，消费者并不会太计较所谓的“像真度”，甚至用久了还以为天然柠檬真的就是这种香味呢。

配制柠檬香精可以用较多的天然柠檬油（最好是“冷榨油”），因为它价格适中，香气甚好，就是带颜色，不适合用于白色或无色的日用品加香。完全不用天然柠檬油也可以调出很好的柠檬香精出来，用苧烯或者廉价的甜橙油加适量的柠檬醛（用于洗涤剂时最好用柠檬腈）就已经接近天然柠檬的香气了，再加点修饰剂、体香香料和基香香料让它能够留香，假如加入较多的香气强度大的体香香料和基香香料的话，整体香气会变形，以致面目全非，成为其他香型了。

(6) 香柠檬香精

香柠檬与柠檬的香气差别是很大的，初学调香的人一定不要把它们扯在一起，相对来说，香柠檬的花香已经很明显，而柠檬香气里是不含花香成分的。

配制香柠檬香精时苧烯的用量宜少，而要用大量的乙酸芳樟酯（天然香柠檬油当然可以任意加入），乙酸芳樟酯的沸点比苧烯高得多，配伍性也比苧烯好，所以有许多体香香料和基香香料可以加入其中，让它留香更好一些，当然，体香香料和基香香料的香气不要让它暴露出来，以免改变香型（古龙水和素心兰的头香香气都是香柠檬，单这一点就足以看出香柠檬香气的“可塑性”）。

柑橘类香精都可以用该种果实或果皮制得的精油加点体香香料和基香香料调配，在作为头香成分用在调配其他香精时也可以直接使用这些精油。

(7) 菠萝香精

菠萝虽然也是热带水果，具有强烈的“甜香”（与味一致），其香气却能得到绝大多数人的喜爱。在福建和台湾出产的一种专供闻香和拜祖宗用的“香水菠萝”，放在家里可以香上一个月，胜过喷香水。厦门的的士司机也喜欢在菠萝出产的季节买一个“香水菠萝”置于驾驶室与乘客共享香味。菠萝的香味能“盖住”石油的“臭味”，因此，在驾驶室里置放菠萝或喷带菠萝香味的空气清新剂是明智的。目前的家用气雾杀虫剂含大量的煤油，虽然使用的是“脱臭煤油”，煤油的气味还是难以全部除净，用菠萝香精来“掩盖”这残存的煤油气息的效果不错。

(8) 草莓香精

草莓的香气也是偏“甜”的，由于我国早期的糖果以草莓香味为多，因此，许多人认为草莓味就是“糖果味”，“糖果味”就是草莓味，所以有的日用品加香时如果要让它带“糖果味”的话，尽管加草莓香精就是了。

配制日用品使用的草莓香精可以较大量地加入草莓醛（别名“十六醛”），这个香料的香气强度大，留香持久，因此，草莓香精也可以在日用品加香领域中“大显身手”，配制成本不太高也是它的优势。直接使用食用的草莓香基也是可以的，香气更接近天然草莓，但配制成本较高，留香也稍差些。

三、木香香精

木香香精的品种较少，常见的只有檀香、柏木、沉香、花梨木、松木、杉木、樟木、桉木等几种，樟和桉有时又被划入“药香”一类。木香香精直接用于日用品的加香较少，而常作为“香基”与其他香型配成“复合香精”使用。在熏香香精里，“沉檀樟柏”四大木香自古以来备受赞赏，也是佛家、道家、中国官场和民间文人雅士们最喜欢也最为推崇的亘古不衰的香味，西方人士把它们和一些膏香气味合在一起叫做“东方香”。

(1) 檀香香精

檀香香气自古以来就受到全世界人民的喜爱和赞扬，东印度檀香的香气更被调香师视为“上帝的佳作”之一，不单香气好，留香持久，香气强度大，与各种香型的配伍性也不错，不少日用品香精里面因为带有适量的檀香香气而让人觉得“高档了”许多。“不幸”的是，由于天然资源越来越少，十几年前印度突然大幅度提高东印度檀香油的价格，使得原来大量使用东印度檀香油的日用香精不得不改用合成的代用品。时至今日，全部用合成香料配制的檀香香精还是不能与天然的东印度檀香油相比。

(2) 沉香香精

在所有的木香香精里，沉香的香味是最“怪异”的，其实说“怪”也不“怪”，所谓“沉香木”本来就不是木头，而是一种木头内部受伤后分泌的树脂。同其他树脂类香料一样，沉香直接嗅闻，香气也是淡淡的，并不引人注目，但把它熏燃时就会散发出一股强烈的特殊的香味，令人终生难忘。古代我国沉香资源丰富，“识香”者把它视为香料中的珍品，在各种“品香游戏”中沉香都是上品。现今已难以寻觅，就是到南洋群岛也难得见到它的踪影了！

用尽现有的合成香料也难以调出天然沉香那种“怪异”的香味来，更不可能让调出的香精熏燃后有那种强烈的特殊的气味！所以目前的沉香香精配制时都要使用大量的天然沉香油。天然沉香油虽然不是合成化学品，但却是“人造”的，我国早在明朝时就有“人造沉香”交易了——人工种植白木香树，长到十几年后在树干上凿洞，一段时间后树洞里就结有沉香，挖出后即为“人造沉香”了。现代人用有机溶剂溶解沉香树脂，滤出清液后蒸馏回收有机溶剂，余下的就是“人造沉香油”了。

(3) 樟木香精

樟木历来深受国人的喜爱，因为它含有樟脑、黄樟油素、桉叶油素、芳樟醇等杀菌、抑菌、驱虫的成分，人们利用这个特点，用樟木制作的各种家具特别经久耐用。由于樟树生长缓慢，作为木材使用一般需要30年以上的树龄，现在已经成为稀缺而不易多得的材料。“人造樟木”是用比较廉价的木材加入樟木香精制成的。

配制樟木香精可以用柏木油、松油醇、乙酸松油酯、芳樟醇、乙酸芳樟酯、乙酸诺卜酯、檀香 803、檀香 208、异长叶烷酮、二苯醚、乙酸对叔丁基环己酯、紫罗兰酮、樟脑或提取樟脑后留下的“白樟油”和“黄樟油”等，没有一个固定的“模式”，因为天然的樟木香气也是各异的。

(4) 柏木香精

柏木有许多品种，香气也大不一样，有的品种香气接近檀香，如血柏木油，价格低廉，在配制低档的檀香香精时可以较大量地使用，其缺点是颜色鲜红，像血一样，当然只能用于对颜色要求不高的场合，现今资源短缺，调香师虽然喜欢也只好“忍痛割爱”，改用其他柏木油了。

世界上只有我国和美国有较多的柏木油资源，而我国可供提油的柏木由于近十几年来滥采滥伐，资源也已告罄，早晚得用“配制柏木油”。有“先知先觉”的化学家早已做好准备，开始合成具有柏木香气的一系列化合物以备调香师选用。

(5) 松木香精

松木的香气原来一直没有受到调香师的重视，在各种香型分类法中常常见不到松木香，不知道被“分”到哪里去了。20 世纪末刮起的“回归大自然”热潮，“森林浴”也成为时尚，松木香才开始得到重视。

松脂是松树被割伤后流出的液汁凝固结成的，在用松木制作纸浆时得到的副产品“妥尔油”的主要成分也是松脂，但松脂的香气并不能代表松木的香气。一般认为，所谓“松木香”或者“森林香”应该有松脂香，也要有“松针香”才完整。因此，调配松木香精或森林香香精既要用各种萜烯，也要用到龙脑的酯类（主要是乙酸龙脑酯，也可用乙酸异龙脑酯）。

四、青香香精

20 世纪 80 年代风靡全球的“回归大自然”热潮带来了香料香精“革命性”的变化，原先被调香师冷落了几十年的带有强烈青香香气的天然香料和合成香料纷纷成了调香“首选”、“新宠”，调香师不再“理会”前辈们的“忠告”，在各种香精的调配过程中加入了“超量”的青香香料，创造了许多前所未有的新香型，并在包括香水、化妆品在内的各种日用品加香领域里取得成功。

(1) 茶叶香精

茶叶的香气在我国不分男女、不分老少、不分尊卑、甚至不分民族，人人都喜欢，任何情绪、任何环境下都不会影响对它的评价，是香味方面真正的“国粹”。对于国人来说，所有的日用品加上茶叶香味都能成功，而不会受到丝毫“抵制”。究其原因，应归功于从小受到的“教育”——“神农尝百草，日遭七十二毒，遇茶而解之”；“开门七件事——柴米油盐酱醋茶”；在家里，有点小伤小病，首先想到的是茶；出门旅行，带得最简单时也忘不了茶！每个人头脑里根深蒂固的观念是：茶就是好东西！茶叶香当然也是“好东西”了！笔者有一位同学开办了一家生产餐巾纸的工厂，起初在餐巾纸里加了各种各样的香味包括花香、草香、水果香、“高级香水”香、“花露水”香、“古龙水”香等都有人提意见、要求改进甚至因为香味的原因退货，后来听了笔者的“忠告”使用茶叶香味，再也没有人反对了！

我国生产的茶叶主要有“三大品种”——绿茶、红茶和乌龙茶。各地的饮茶习惯不同，喜欢的“茶叶香”也有所不同：长江中下游地区的人们多喝绿茶，当然也喜欢绿茶的香味；广东、广西、云南、贵州的人们多喝红茶，也喜欢红茶香味；闽南、潮汕、台湾和南洋群岛的华侨们爱喝乌龙茶，自然也喜爱乌龙茶香；北方各地和福州人要喝茉莉花茶（乌龙茶加入茉莉花窨制），他们喜欢的乌龙茶香味还要带茉莉花香！

绿茶是不经过发酵的茶叶，绿茶香是“最正宗的”青香香气，它体现了大自然绿叶的青翠芳香，而它的香气成分里主要就是两大“最正宗的”青香香料——叶醇和芳樟醇，这两个香料的香气在青香香料里面是难得的让人直接嗅闻能获得好评的品种，可以在香精里多用——其他青香香料直接嗅闻都让人“不敢恭维”，只能谨慎使用。诚然，单用叶醇和芳樟醇是调不出茶叶香精的，这两个香料的留香期都很短，都是“头香”香料，加入什么“体香”香料和“基香”香料又要让它（香精）从头到尾都是茶叶香着实让调香师伤透了脑筋。

红茶是“全发酵”的茶叶，香气与绿茶相去甚远，全然没有了绿叶的芳香，而代之以“熟食”的香味，甚至隐约有好闻的烟草味在其中。调配红茶香精几乎与绿茶香精没有丝毫共通之处，倒是可以借鉴调配烟草香精的技巧，使用一些调配烟草香精常用的香料如突厥酮类、紫罗兰酮类、吡嗪类就能调出“惟妙惟肖”的红茶香精来。

乌龙茶介乎绿茶与红茶之间，属“半发酵”茶叶，香气却另有特色，不是简单地把绿茶香精和红茶香精“各一半”混合就能调出来的。细闻乌龙茶的香味，有茉莉花、桂花、玫瑰花、玉兰花、树兰花等花香（古人早就注意到这一点，所以才会想到用各种花香来窨制乌龙茶），因此，调配乌龙茶香精必须巧妙地使用这些花香香料，又不能让它们的香气太突出而变成花香香精或花茶香精。

茉莉花茶香精倒是可以用茉莉花香精和乌龙茶香精按一定的比例混合配制出来，不过，要调配得“惟妙惟肖”还不是这么简单！因为在用茉莉花窨制茶叶的过程中，茉莉花的香气成分与茶叶里的成分起了化学反应，又产生了一些新的香气成分，调香师要“捕捉”到这些微量的香气成分而在香精里面再现出来实在不是易事！

(2) 紫罗兰叶香精

不是调香师不能理解什么才是高等级的“紫罗兰”香味，一般人想当然地以为紫罗兰“当然”是“紫罗兰花”的香味好，难道紫罗兰叶的香味好过紫罗兰花吗？事实恰恰却是这样！在香料界里，人们以紫罗兰叶的青香气为“高尚”，调配的香精也以带紫罗兰叶青香味的为“上品”，而紫罗兰花的香味并不太受调香师的重视。

由于紫罗兰叶的浸膏价格昂贵，在调配中低档香精时，调香师只能用香气接近的辛炔酸甲酯、庚炔酸甲酯、壬二烯醛、二丁基硫醚等合成香料代替，这几个青香香料的香气强度都较大，少量加到一般的香精里面就能让整体香气“变调”，成为“青香香精”。在调配“百花”型香精或“幻想”型香精时，只要加入极少量的上述几个青香香料之一，就可以让人“闻到”紫罗兰叶的青香气。

配制紫罗兰香精一般可用紫罗兰酮类和配制玫瑰花、茉莉花常用的香料，用紫罗兰叶浸膏、辛（庚）炔酸甲酯、壬二烯醛、二丁基硫醚等调节“青香气”，以“青香气”和其他香气能和谐地合为一体为适量。紫罗兰叶浸膏本身就是很好的定香剂，但不能加得太多，紫罗兰花浸膏和树兰花浸膏也是极好的定香剂（它们是所有青香香精最好的定香剂），唯价格昂贵，受到限制，其他调配花香香精常用的定香剂也都可用，只是定香效果远不如紫罗兰叶浸膏、紫罗兰花浸膏和树兰花浸膏。

(3) 青草香精

长期住在城里的人们一到农村，闻到绿草地的青香总免不了深深地吸一口气，赞美大自然无私的馈赠。青草的香气是怎么样的？一般人说不出个所以然来，最多只是说“新鲜”、“清新”、“有些青香气”，再问就没词了。

其实要问调香师“青草香”应该怎么“界定”，调香师也难以回答。但调香师们早已约定俗成，将稀释后的女贞醛的香气作为“青草香”的“正宗”，就像水杨酸戊酯和水杨酸丁酯的香气代表兰花（草兰）香气一样。如此一来，“青草香”便有了一个“谱”，调香师互相交流言谈方便多了。当然，每个调香师调出的“青草香”香精还是有着不同的香味，就像茉莉花香精一样，虽然都“有点”像茉莉花的香味，但差别可以非常明显。

直接嗅闻女贞醛的香味，没有人赞美，在香精里面加入超过1%的女贞醛时，就不容易调出让众人都喝彩的香精了！非青香香精女贞醛的用量不超过0.2%，过了这个量调出的香精差不多都要带一个“青”字了。调“青草香”香精除了必用女贞醛外，一般都要用到叶醇、乙酸叶酯、叶青素、芳樟醇等带“叶青气”的香料，也要使用一些带“青香气”而又有一定留香的香料如柑青醛、甲位己（戊）基桂醛、二氢茉莉酮酸甲酯、铃兰醛、树兰花浸膏等才能让调出的香精从头到尾都有“青香味”。

（4）青瓜香精

青瓜的香气也是最近十几年来才受到调香师关注的“新事物”，倒不是以前的调香师不懂得自然界有“瓜香”，而是调香师手头没有“瓜香”的材料，想调也调不来。现在已经有了瓜香香料，而且还不止一个：西瓜醛、甜瓜醛、香瓜醛、黄瓜醛、黄瓜醇（这五个都是俗名，有时一个化合物有两个俗名）、顺-6-壬烯醇等都有强烈的瓜的青香气，可用来配制各种带瓜香的香精。当然，单靠这些瓜香香料是调不出瓜香香精的，还得各种“修饰”、协助留香的香料精心调配才能调出令人闻之舒适的香味来，其中比较重要的是兔耳草醛、铃兰醛、新铃兰醛、羟基香茅醛、芳樟醇、二氢茉莉酮酸甲酯、柠檬叶油等。

五、药香香精

“药香”也是非常模糊的概念，外国人看到这个词想到的应该是“西药房”里各种令人作呕的药剂的味道，而我国民众看到“药香”二字想到的却是“中药铺”里各种植物根、茎、叶、花、树脂等（非植物的药材也有香味，但品种较少）的芳香，不但不厌恶，还挺喜欢呢。中国的烹调术里有“药膳”，普通老百姓也常到中药铺里去购买有香味的草药回家当作香料使用，各种食用香辛料在国人的心目中也都是“中药”，著名的调味香料如五香粉、咖喱粉、“十三香”、“四物”、“肉骨茶”（新加坡、马来西亚流行的一道佐餐菜）调味料等用的香料都可以在中药铺里买到。这是东西方人们对“药”的认识差异最大之处，也可以说是对“香文化”理解最不一样的地方。

作为日用品加香使用的“药香”，虽然每个人想到的不一样，但基本上指的是中药铺里这些药材的香味，调香师能够用现有的香料调出来的“药香”大体上可以分为辛香、凉香、壤香、膏香四类，下面分别叙述之。

（1）辛香香精

食用香辛料有丁香、茴香、肉桂、姜、蒜、葱、胡椒、辣椒、花椒等，前四种的香气较常用于日用品加香中。直接蒸馏这些天然的香辛料得到的精油香气都与“原物”差不多，价格也都不太贵，可以直接使用，但最好还是经过调香师配制成“完整”的香精再用于日用品的加香，这一方面可以让香气更加协调、宜人，香气持久性更好，大部分情形下还可以降低成本。肉桂油如用于调配与人体有接触的产品，IFRA有具体的规定和限用量，不能违反和超出。

辛香香料都有杀菌和抑菌、驱虫的功能，所以在日用品里加了辛香香精不单赋予香气，还给了这多种功能，价值更进一步提高。

（2）凉香香精

凉香香料有薄荷油、留兰香油、桉叶油、松针油、樟油、迷迭香油、穗薰衣草油、艾蒿油及从这些天然精油中分离出来的薄荷脑、薄荷酮、乙酸薄荷酯、薄荷素油、香芹酮、桉叶油素、乙酸龙脑酯、樟脑、龙脑和“人造”的香气类似的化合物，“凉气”本来被调香师认为是天然香料中对香气“有害”的“杂质”成分，有的天然香料以这些“凉香”成分含量低的为

"上品"，造成大多数调香师在调配香精的时候，不敢大胆使用这些凉香香料，调出的香精的香味越来越不"自然"，因为自然界里各种香味本来就含有不少凉香成分。极端例外的情形也有，就是牙膏、漱口水香精，没有薄荷油、薄荷脑几乎是不可能的，因为只有薄荷脑才能在刷牙、漱口后让口腔清新、凉爽。举这个例子也足以说明，要让调配的香精有清新、凉爽的感觉，就要加入适量的凉香香料。

其实世界上第一个香水——匈牙利水就是用天然的凉香香料——迷迭香油加酒精配制而成的，早期的香水因为只能用天然香料配制，免不了随着这些天然香料带进去许多凉香香料成分，香气也是非常和谐动人的。

所有的凉香香料单体留香时间都不长，目前常用的定香剂也都难以把凉香香气"拉住"，把薄荷醇、龙脑制成它们的酯类可以延长留香时间，但香气特别是"凉气"要大打折扣。

(3) 草木香香精

甘松油、缬草油、牡荆油、香紫苏油、紫苏油等天然香料都有明显的"药香味"，把它们中的任何一个加一定量到香精里面，"药香味"就显出来。但在许多有关香料香精的书籍里，它们有的被归入"木香"香料里，有的被归入其他香料里，让读者不知所以。虽然它们有"草香味"或"木香味"，但都以"药香味"为主，把它们归在"药香"里还是比较合适的。

台湾生产一种"中药卫生香"(拜佛用的神香)，香气非常吸引人，得到众多的好评，即使香味知识非常缺乏的人闻到它的香味也会立即说出"有中药味"。细细品尝有明显的甘松和缬草香味，这说明至少在卫生香这个领域里，人们认为"中药香"就应当是甘松、缬草这一类香气。

(4) 壤香香精

"土腥味"本来也是天然香料里面"令人讨厌"的"杂味"，在许多天然香料的香气里如果有太多的"土腥味"就显得"格调不高"。但大部分植物的根都有"土腥味"，有的气味还不错，尤其是我国的民众对不少植物根（中药里植物根占有非常大的比例）的气味不但熟悉而且还挺喜欢，最显著的例子是人参，这个世人皆知的"滋补药材"香气强烈，是"标准"的壤香香料。也许就是自然界有这个"人见人爱"的"大补药"，调香师才创造了"壤香"这个词汇，公众也才承认这一类气味是"香"的！

有壤香香气的香料现在还比较少，天然香料有香根油、香附子油等，合成香料有香根醇，"格蓬吡嗪"等，这几个香料的香气强度都比较大，留香也都较为持久，在香精里面它们的香气可以"贯穿始终"。

(5) 膏香香精

有膏香香味的天然香料是安息香膏（安息香树脂）、秘鲁香膏、吐鲁香膏、苏合香、枫香树脂、格蓬浸膏、没药、乳香、防风根树脂等，它们的共同特点是留香持久，大部分香气较为淡弱，但有"后劲"，直接用它们配制膏香香精时，要加入一些香气强度不太大的头香香料和体香香料，这些香料有的是上述天然膏香香料里面的成分，有的是人工合成的，如水杨酸丁酯、水杨酸戊酯、水杨酸苄酯、苯甲酸苄酯、香兰素、乙基香兰素等，还可以加些木香香料、草香香料、豆香香料修饰，使整体香气更加宜人，香气强度也高一些，达到日用品加香用香精的要求。

六、动物香香精

动物香香精的品种很少，在日用品加香时常见的只有麝香、龙涎香两种，有的书上经常提到"琥珀"香，其实也是龙涎香，因为琥珀的英文是 amber，龙涎香的英文是 ambergris，经常也简写为 amber，翻译成中文的时候有时译成"龙涎"，有时译成"琥珀"。不过在中国人的印象里，龙涎香的香气是极其“高雅”的，琥珀的香气总让人至少觉得“应当有些”松脂的气息，把它看贱了。笔者认为没有必要把amber译成“琥珀香”，以免本来就已经让外行人觉得“非常复杂”、“难懂”的香味词汇更加“复杂”、更加“难懂”。

配制麝香香精、龙涎香香精的合成香料品种现在已经非常“丰富”了，调香师几乎能够随心所欲地按自己的思路来调配，完全不用天然麝香和天然龙涎香就能配出香气非常高雅、香比强值大、留香时间足够长的麝香香精和龙涎香精，这对于上一辈调香师们来说，还是梦寐以求的事。

所有的麝香香精、龙涎香精的留香都较好，也较耐热，可以用在一些需要留香持久的日用品如建筑涂料、家具、工艺品、塑料制品、橡胶制品等的加香中。

(1) 麝香香精

麝香的香味自古以来就被用于许多高档日用品的加香中，中国“文房四宝”里面的墨汁“极品”是带麝香香味的，福建漳州出产的原来专供皇帝用玉玺盖印时用的“八宝印泥”也要使用大量的天然麝香，可见它的“高贵”。现在天然麝香非常稀少，价格昂贵，除了调配高级香水化妆品使用一点以外，其他日用品香精是很少用得起的。好在现在合成麝香品种繁多，而且层出不穷，配制中低档麝香香精已经绰绰有余，即使配制高档香水化妆品用的麝香香精，大部分调香师也倾向于不用或少用天然麝香了。

人工合成的麝香香料经历了“硝基麝香”、“多环麝香”和“大环麝香”三个阶段，现处于“多环麝香”大量使用的阶段。“硝基麝香”曾经“辉煌”了差不多一个世纪，现在面临着全部被淘汰出局的命运，只是部分香精原来用了硝基麝香，香气也已被大众所熟悉，一下子改不过来，还得使用一段时间。而在我国，硝基麝香还在大量生产着，虽然直接与人体接触的日用品使用的香精越来越少用到硝基麝香，但其他香精特别是低档香精仍然大量使用二甲苯麝香，熏香香精不但用了多量的硝基麝香，连生产硝基麝香产生的“下脚料”也大量“吃进”，“消化”得很好。

硝基麝香尤其是二甲苯麝香在各种液体香料里的溶解度都较低，二甲苯麝香的“脚子”溶解度也不高，所以在配制麝香香精时不要“贪图”它们的低价位而加入太多，造成配好的香精在天气变冷时浑浊、沉淀，让用户投诉、退货而影响信誉。

多环麝香有固体的，也有液体的，固体的在各种香料里的溶解性都较好，配制比硝基麝香方便多了，又不必担心像硝基麝香常见的变色问题，现在价格越来越低，所以应用也越来越广。配制麝香香精可以几个多环麝香搭配使用，取长补短，必要时也可以加入一些硝基麝香或多环麝香，让香气更加美好。

大环麝香虽然目前价格还嫌“太贵”一些，但它们大部分香比强值大，香气各有特色，应用也在不断的拓展中。许多调香师认为大环麝香的香气更有“动情感”，这也许有心理作用的因素，因为天然麝香的主香成分——麝香酮也是大环麝香。根据目前所有可用的麝香香料的香气评价，用几个大环麝香搭配多环麝香，必要时用点硝基麝香才能调配出从头香到体香、直到基香香气都是“最好”而又和谐、圆和的麝香香精来。

(2) 龙涎香精

天然龙涎香是留香最为持久的香料，古人认为龙涎香的香味能“与日月同久”，而龙涎香的气味是“越淡（只要还闻得出香气）越好”，合成的龙涎香料虽然已取得相当大的成就，但还是不能与天然龙涎香相比。现在常用的龙涎香料有龙涎酮、龙涎香醚、降龙涎香醚、甲基柏木醚、甲基柏木酮、龙涎酯、异长叶烷酮等，这些有龙涎香气的香料都有木香香气，有的甚至木香香气超过龙涎香气，所以目前全用合成香料调配的龙涎香精都有明显的木香味。早期的龙涎香精因为可供选用的香料太少，调香师大量使用赖百当浸膏（及其净油），久而久之，许多人已经“认定”龙涎香精的香气就是赖百当的气味，直到现在，调配龙涎香精也都必用赖百当浸膏或净油，但用量越来越少，毕竟龙涎香雅致的香味是赖百当的气味不可比拟的。

调配龙涎香精除了用上述龙涎香料外，还可以加入一些麝香香料以加强动物香气，但不能让麝香香气过分暴露。

七、醛香香精

醛香香精是“香奈尔5号”香水畅销全世界以后才在日用品加香方面崭露头角的“新香型”香精，由于“香奈尔5号”香水特别受到家庭妇女的喜爱，所以醛香香精非常适合家用化学品、家庭用品的加香。

其实所谓的“醛香香精”无非是在各种香型的基础上加了一定量的醛香香料而已，由于脂肪醛的香气强度大，在加入量达1%左右就能在头香“压过”其他香味，如“香奈尔5号”香精的配方中如果去掉醛香香料，就成为一个不折不扣的花香香精了。其他醛香香精也是如此。所以，每一个醛香香精都应该在“醛香”二字后面加上一种香型的名字才较完整。就这一点来说，醛香香精也是一种“复合香精”。

配制各种醛香香精时，先要确定“醛香”后面是什么香型，比如“醛香素心兰香精”，可以先配制一个素心兰香精，再加入适当的醛香香料（脂肪醛），每一个“醛”只能加入0.1%～1.0%，极少超过这个量，因为超过这个量很难调出香气圆和、令人闻之舒适的香精。一般情况下，几个“醛”一起用比单用一个“醛”要好。所有的脂肪醛除了有共同的醛香香气以外，都具有自己的特色香，这个“特色香味”要与体香香料和基香香料的香气“合拍”。如“醛香果香香精”辛醛、癸醛可以多加一点，因为这两个醛有果香味；“醛香玫瑰香精”或“醛香百花香精”壬醛和十一醛可以多用一点，因为这两个醛有玫瑰香味；如果要让配好的香精除了有醛香香味还要有龙涎香味，则加入甲基壬基乙醛是最适合的，因为这个醛有龙涎香气。

八、复合香精

所谓“复合香精”是指两个以上（一般为2～3个）“单香型”的香精按适当的比例复合调配而成的，如玫瑰檀香香精、玫瑰麝香香精、三花香精、白花香精（数种白色鲜花的香精配制而成）、百花香精、龙涎玫瑰、龙涎檀香、花果香精等，复合香精有的可以起到让几个“单香型”香精取长补短、香气更为和谐宜人的作用，并可以创造新香型，因为两个以上的香精混合在一起不一定还只是两种香味的简单复合，有时可能产生更加令人“激动”的香味出来。

把两个本来香气和谐的“标准单香型”香精配成一个复合香精，用1∶1的比例是最差的做法，实践证明，采用“黄金分割法”即0.618∶0.382的比例（质量比）配制往往能有意想不到的效果。如配制“玫瑰檀香香精”：取两个香气都不错、香比强值一样的玫瑰香精和檀香香精，按下列比例

玫瑰檀香香精

玫瑰香精	61.8%	檀香香精	38.2%

配制出来一定不错。如按下列比例

檀香玫瑰香精

玫瑰香精	38.2%	檀香香精	61.8%

配制出来的香精也不错，只是名字倒过来了。

如果两个香精的香比强值不一样，通过简单的计算让二者的“计算香比强值”符合“黄金分割法”就是了。

上述这个方法对于用香厂家来说，是比较容易做到而又行之有效的，前提是要香精厂提供香精的香比强值。而对于香精厂来说，就不一定要这样做了，他们主要还是采用“从头做起”的配制方法。

九、幻想型香精

“幻想型香精”是调香师在大量仿配自然界各种香味的基础上发挥人类的艺术创造力制造出来的、不同时代的“新香型”香精，它们是调香师艺术才华表现的最高境界。“皮革香”可以说是世界上最早的“幻想型香精”，调香师艺术性地把几种植物的花、叶、根和树脂的香味融为一体，创造出自然界没有的但能够得到大多数人赞美的全新的一种香型。古龙水是第一个“幻想香型”的香水，用来作为男人们洗澡以后喷洒在身上的“清新剂”，取得巨大的成功。直到今日，这种被称为“古龙”的香型仍旧受到人们的欢迎和赞赏，并用于许多日用品的加香。大多数“人造”的香型都是通过香水推广成功以后再进入日用品的，如“馥奇”、“素心兰”、“东方”、“力士”（1947 年问世的 miss dior 香水香型，后来衍变成香皂用的香型）、“毒物”等，也有少数从一开始就直接作为某一种日用品的香型成功以后在其他日用品推广开的，如“皮革香”、“森林”、“海岸”、“美国花露水”、“中国花露水”等。

（1）皮革香精

现代的香料工业可以说是从皮革的加香需求而开始的。在 16 世纪的欧洲，皮革制造业发展到“高级阶段”，为了掩盖动物皮革的臭味，人们尝试着用各种植物的有香部分给皮革加香，后来进展到使用这些植物材料提取的精油、树脂、浸膏，并开始最原始的调香，调配出既可以掩盖皮革的臭味、又令人闻之愉快的混合香料溶液——现在都被叫做“香精”了，许多销售香料的商店都在做着这种调配香料的艺术活动，产生了世界上第一批职业调香师，为后来的香水制造奠定了基础。

由于当时欧洲各国出产的香料不同，人们对香味的喜爱不同，被加香的材料（动物皮革）气味不同，所以在皮革加香的早期便有了各种各样的“皮革香”，后来慢慢地形成几种至今还被用于日用品加香的“皮革香型”，其中较为著名的有“西班牙皮革香”、“意大利皮革香”和“俄罗斯皮革香”等。

皮革香都有焦香味，这是因为当时的动物皮革在加工过程中有用烟熏过，后来人们已经习惯了这种气味，在调配皮革香型香精时，就人为地加入了桦焦油，现在仍旧如此，有的调香师有时会改用其他带焦味的香料如“直馏柏木油”、“干馏杉木油”以及一些焦香味的酚类化合物等。

（2）古龙香精

经典的古龙水香精是用柠檬油、香柠檬油、橙花油、薰衣草油、迷迭香油等按一定的比例配制而成的，留香期短，特别受到男士们的喜爱，近代的古龙水香精则使用了许多合成香料以降低制造成本，并加入不少定香剂，所以“现代型”的古龙水香精也有一定的留香，但整体香气变化不是很大。“女用古龙水”香精则加了较多的花香香料，调香师认为女士们总是喜欢花香的。

现在古龙香型已不止用于古龙水，许多日用品如香皂、空气清新剂、化妆品等采用古龙香型也取得成功，因为古龙香型的最大特点是“清新爽快、自然芬芳”，特别适合于盥洗间里所有用品的加香，其实凡是需要“清爽”的场合使用古龙香型都是不错的。现在的古龙水倒不一定是古龙香型，人们把香精含量 6%以下的“香水”都叫做“古龙水”（我国也已经把“花露水”归入“古龙水”的范畴里）了。

（3）馥奇香精

薰衣草油、橡苔浸膏或净油、香豆素三种香料按一定的比例混合就组成了馥奇香型的主香部分，再用一些花香、草香、果香、木香、膏香和动物香等香料丰富、修饰它，注意不要“喧宾夺主”，就成为“变化多端”的馥奇香精了。馥奇香型是早期的调香师开始有意识地均衡香精中头香、体香、基香三者比例的典范，直到现在还是初学调香的人员练习“完整香精”的习题之一——调香师先用薰衣草油及其配制品、合成橡苔素（天然橡苔浸膏及其净油已被IFRA列为“限用原料”）和香豆素配出统一的“馥奇香基”，再让他的学生、助手用这个香基配制各种不同风格的馥奇香精出来，考察每一位学生、助手的想象力和创作才能。

馥奇香型现在大量出现在香皂香精里，因为它的香气能较好地掩盖肥皂的油脂和碱的“臭味”，在其他日用品的加香中使用也很多，今后仍将是日用品加香的主要香型，虽然配制时用的香料一直在“吐故纳新”，特别是少用或不用天然香料，但整体香气不会有太大的变化。

（4）素心兰香精

素心兰香型是目前甚至将来很长一段时期所有香水香精的“灵魂”，市面上琳琅满目的香水细细品尝90%以上都有素心兰的“影子”，这其实并不奇怪，素心兰香型由果香、青香、草香、花香、苔香、木香、豆香和动物香等组成，各段香气都允许有大的变化，调配香气“丰富”、细致、头尾要“一脉相承”、又能满足大多数人“审美”观的香水香精几乎必须把上面几种香型的香料都用上，无意中已经调出素心兰的“骨架”了。所以有人揶揄调香师“你要是怕调配的香水卖不出去，就再调个素心兰好了”！

“基本”的素心兰香精用香柠檬油、柠檬油、橡苔浸膏或净油、香豆素加上几个花香［乙酸苄酯、甲位戊（或已）基桂醛、二氢茉莉酮酸甲酯、玫瑰醇、铃兰醛等］香料、木香（檀香208、檀香803、龙涎酮等）香料和动物香（各种“人造”麝香、降龙涎香醚等）香料配制而成，头香、基香的香气格调基本相似，在体香段特别是花香香料可以有多种变化，形成各种风格。如某一种香气比较突出，通常也被称为××素心兰香精。

（5）东方香香精

皮革香、古龙、馥奇、素心兰、东方香并列为“五大经典幻想香型”。东方香型以木香和膏香为主，配些蜜甜香和动物香，看似简单，要配制出一个有特色、香气宜人、不会“沉闷”（木香和膏香香料的香气都较“沉重”）的东方香香精却非易事！

高档的东方香水香精要用东印度檀香油作主香成分，但现在东印度檀香油价昂而不易得，中低档香精“用不起”，只能用其他木香香料代替，常用的有檀香208、檀香803、血柏木油、柏木油、乙酸柏木酯、甲基柏木醚、甲基柏木酮、龙涎酮、异长叶烷酮、广藿香油、香根油等（后两个香料的用量要谨慎，不要让它们的“药味”显露出来）。膏香香料可以用各种天然的树脂、香膏，也可以用合成香料如苯甲酸苄酯、水杨酸苄酯、香兰素、乙基香兰素等。以上木香香料和膏香香料加完以后，还得根据香气的特点加些香柠檬油、乙酸芳樟酯、芳樟醇等让香气能“飘”一些。按惯例加入少量桦焦油，加入量以能闻到焦味而又不太突出为佳。非动物皮革加香用的“皮革香精”还要加入一些动物香的香料，一般为合成麝香类，龙涎香味的香料可以不加，因为甲基柏木醚、甲基柏木酮、龙涎酮和异长叶烷酮等已经带有龙涎香味了。

东方香型香精都比较耐热，留香期较长，这是因为调配东方香香精的原料沸点都比较高（除了为了让香味“飘散一些”而加入的少量头香香料以外）的缘故。因此，东方香型香精可以用于需要留香较久或加入香精以后还有加热工序的日用品如塑料制品和橡胶制品等。

（6）森林香精

森林香型是“现代”的幻想香型之一，它迎合了20世纪80年代兴起的“回归大自然”热潮的需要。“森林”一词让人想到走进原始森林时鼻子捕捉到的信息，但各人经历不一样，感受也不一样，有人回忆起松柏，有人想到苔藓，有人好像再一次看到草地。究竟哪一组香味才能“唤起”大多数人对“森林”的记忆呢？调香师们也没有一个统一的概念，只能各调各的，最终由市场来“检验”。比较能让大多数人接受的“森林”香型应该是既有松柏、苔藓、草地的芬芳，又要让人闻到它立即就有清新、爽快、振奋的感觉。

(7) 海岸香精

比起“森林”香型来，“海岸”香型更让人捉不着边际，总不至于叫调香师调一个人们经常在海边闻到的臭鱼烂虾气味的香精吧？当用香厂家和消费者第一次看到写着“海岸”、“海风”、“海岛”等带“海”字的香精、香水和香制品并闻到它们优雅、清爽而又令人“想入非非”的奇特香味时，不得不佩服调香师丰富的想象力和大胆的艺术创造！

现在有许多新的合成香料的“香气介绍”上写着“有海风气息”，这只是让调香师调配带“海”字的香精时可以选用它们而已，单靠这几个“海风”香料是调不出海岸香型香精的。一个令人满意的海岸香型香精需要用到各种各样的花（主要是铃兰、茉莉和玫瑰）香、草香、木香、青瓜香、豆香、动物香（龙涎香为主）等香料，调配时它们各自的香气都不能过分突出，而又要整体协调、均衡散香，着实不容易。

海岸香型香精主要用于空气清新剂、气雾剂和一部分化妆品的加香，比较受现代年轻人的喜爱。

(8) 力士香精

提起“力士”香型，谁都会想到一种世界闻名的香皂——力士香皂。力士香型与这种香皂是分不开的，至今许多香皂的香型仍然是力士香型的衍变。这是1947年创造这个香型的调香师做梦也想不到的，因为他调的是一个“前所未有”的香水香精，香气成分复杂，头香有栀子花、白松香、鼠尾草还有隐约可以闻到的醛香，体香有茉莉、玫瑰、铃兰、橙花、水仙、百合、康乃馨等各种花香，基香则有鸢尾、广藿香、香根、赖百当、橡苔、龙涎香、柏木、檀香还有皮革香，这么复杂而又细致的香型以香水的形式流行开以后，谁也想不到竟然会被香皂厂看中“拿”去改造变成肥皂加香使用而取得更加辉煌的成功。现在要是有人还在使用五十多年前世界闻名的迪奥小姐香水，出门后肯定被周围的人看作是刚刚洗完澡身上残留的香皂气息，最多夸奖“你用的香皂香气这么好啊！”

力士香型的特点是香气“丰富多彩”，对各种工业品的“臭味”掩盖力高，留香也不错，所以才被香皂厂“看上”。现在力士香型香精已经不仅仅只作为香皂使用，其他日用品也“看上”它的这些优点而用上了。

调配力士香精要用到几乎所有的花香香料、木香香料和醛香香料，还得用一点动物香（主要是龙涎香）香料，栀子花的香味较为突出但又要同其他香气协调，不能太露而显得“尖锐”离群，这是调配力士香精最难之处。以前我国香皂厂进口国外的“力士香基”再加入国产的香料配制力士香精，使用了不少的外汇，现在已经基本上不用，全部用国产的香料照样可以配出非常好的力士香精来。

(9)“美国花露水”香精

在国外，“美国花露水”才是“正宗”的花露水，因为花露水在国外的“正式”名称是“佛罗里达水”，佛罗里达是美国东南沿海的一个州。“美国花露水”的香型是清新、爽快、基本不留香的，可以说是美国的古龙水，主要也是用于浴后喷在身上有点香味就可以了。香气是香柠檬、薰衣草为主加点药香味。

配制“美国花露水”香精可以用香柠檬油、薰衣草油、少量的肉桂油和丁香油、一些常用来配制茉莉、玫瑰、铃兰等花香的合成香料如乙酸芳樟酯、芳樟醇、乙酸苄酯、铃兰醛等，只用很少的定香剂。整体香气让人闻之愉快、清爽，但飘过即散，几乎不留痕迹，与“中国花露水”有着“天壤之别”。

(10)“中国花露水”香精

中国的花露水生产要追溯到1900年的清代末期了，但被国人普遍“认同”并接受而成为一种重要的香型则是20世纪的30～40年代，当时的“明星花露水”被当作中国的香水名噪一时，其香味直到现在仍然受到普遍欢迎。

与“美国花露水”不同，“中国花露水”香型是“玫瑰麝香”型的，在以玫瑰为主的花香之后散发出浓郁的麝香香韵，非常符合国人的喜好。虽然经过了这么长时间世界“风云”的变幻，有时由于原料来源的困难不得不采用替代品，但整体香气基本上是不变的，现在因为IFRA对某些香料的限制使用和禁用，配方还会有较大的修改，香气仍将维持原“貌”，因为“中国花露水”的香味已经在国人的心目中根深蒂固，不易改变了。

“中国花露水”还经常被当作“空气清新剂”使用，在城乡的公共场所、宾馆、家里都会看到有人到处喷洒“中国花露水”，夏日炎炎时火车、公共汽车、车站等人多的地方有时几乎人手一瓶，除了往自己身上涂抹，还四处喷洒，所以几乎没有一个中国人不熟悉这种香味的。

(11)“毒物”香精

“毒物”(poison)香水于1985年在法国一炮打响以后，当年就荣登“世界10大香水”的冠军宝座，立即引起世界各国日用品制造商的注意，因为当时许多名牌香水的香型已经都进入各种日用品的加香了，这种全新的香型自有它更高的价值。很快地，市场上出现了“毒物”香味的化妆品、香皂、空气清新剂、纸巾等，消费者也趋之若鹜，制造商尝到了“毒物”的甜头，更加“变本加厉”地在其他日用品方面也用上这种香型，调香师当然更巴不得有这种“我再来”的机会，也不遗余力地调配出用于各种日用品加香的“毒物”香型香精，一时间“毒物”满天飞，香遍了全世界。

“毒物”香型确实有较大的创新之处，它抹掉了长期以来素心兰香气无处不在、挥之不去的影子，一改过去所有的香水都是“以麝香香味收尾”的传统，代之以自始至终的果香（主要是桃子香）与蜜甜香，让人闻过还想再闻一下。但也正因为它过于甜腻的和“可食性”的水果香气，影响了它在一些日用品加香上的应用。

十、香精的选用

日用品加香最重要的是香精的选用，香精选对了有时甚至可以说“成功了一半”。纵观所有有香味的日用品，消费者购买时总是先闻后买，经常用鼻子决定最终购买与否，原先头脑里对该产品的印象——包括从各种广告得到的、从亲友的推荐得到的和经过“深思熟虑”的结果都有可能被嗅觉信息“一票否决”或“一票当选”，这对生产日用品的厂家来说不能不引起高度重视。遗憾的是，至今为止，除了生产香水和化妆品的厂家不敢轻视香精的作用外，其他日用品生产者还没有把这么重要的事务排上日程。笔者就曾听到一位香皂制造厂的负责人抱怨香精占他们生产香皂成本的大部分，“比皂基占的成本还高”，却不反思消费者的购买心理：同样一块香皂，香气好的比香气差的价格即使多一倍，在当今大多数人已经或即将进入小康生活的时代背景下，前者还是更受欢迎，至少购买以后不会“遗憾”。生产厂选用香气好的香精只会获取更大的利润，而不是“白白地增加了成本”。这个道理在西方国家早已不必解释，也早已被大量的事实证明了，但对我国大批刚刚从计划经济走出来的国营企业及其经营者来说，还不是那么容易就能接受的。

当然，购买香精也绝对不是“越贵越好”，即使不提那些经过“奸商”随意加价或在本来已经配好的香精里面再乱加无香溶剂的“非正常”事故，坚持“一分钱、一分货”的香精制造厂提供的香精也要谨慎选择，本节主要讲香型的选用，至于选上了的香精还要做的加香实验和评香复选，将在下一章详述。

日用品加香无非是两个目的——盖臭与赋香。所以选香型先要确定被加香的产品有没有“不良气息”，完全没有气味的日用品其实为数不多，只有那些经过高温（超过500℃）处理过的产品如玻璃、陶瓷和金属制品才“基本无气味”，它们的加香要“特殊处理”，香型选择比较简单，只要根据需要不需要留香或者对留香期的要求、再根据被加香物品的外观、用途选择适当的香精就可以了。工业品绝大多数都有“不良气息”，特别是石油制品、塑料、橡胶、纸制品、动植物制品等都有气味，有的气味浓烈（如气雾杀虫剂和蚊香用的煤油），需要“脱臭”后才能加香，但“脱臭”是不可能“脱”到没有一丝气味的，就拿石蜡为例来说，石蜡也是经过“脱臭”处理的产品，虽然一句成语“味同嚼蜡”足以说明它的气味已经够淡了，但还是有气味，仓库里面只要还有一包石蜡，仓管员闭着眼睛也能把它找出来。

以上的讨论把所有日用品的加香归结为一个问题：带着淡淡的“不良气息”的日用品怎样选择适当的香精（这里指的是香型）？许多人会想到香味有没有“相生相克”的现象？如果有的话，应该怎么理解这种现象？

谈到“相生相克”，人们自然会联想到光谱的“相生相克”现象。关于这方面的内容，请看第二章第二节“自然界气味关系图”。

十一、香精的再混合

许多日用品制造者喜欢向几个厂家购买不同的香精来自己调配，这种行为有几种解释：

① 对买来的香精都不满意，好像没有一种香精可以适合自己产品加香的需要；

② 厂里的技术人员或者管理人员甚至企业主有一点点香料香精知识，认为在买进来的香精里加入一些廉价的香料可以降低成本，如茉莉香精加乙酸苄酯、玫瑰香精加苯乙醇等；

③ 担心别的厂家模仿自己的产品，买来几家工厂生产的香精自己再调配使用，这样，即使想要模仿的厂家找到这些香精厂，也还是配不出与自己一模一样的香味出来……

不管理由有多充分，对这种做法调香师还是很不以为然的，但确有其事，所以不得不在这里讨论一下这种“再配香精”怎样做才不会“弄巧成拙”。

首先要指出的是，“香与香混合”不一定还是香的，有时候甚至会变“臭”。香精与香精的配合有许多技巧，主要是靠经验，当然也有一些规律可循，例如第二章第二节“自然界气味关系图”就很有参考价值，“相邻的香气有补强作用、对角的香气有补缺作用”似乎可以像画画那样利用色彩的“补强”“补缺”性质来加以应用。

一般来说，同一种香型的香精是可以随便混合的，例如不同厂家生产的玫瑰香精都可以混合在一起使用，随便两个或三个茉莉香精合在一起也不会有问题，除非其中有香精原配方实在太离谱，用了一些“不合群”的香料，或者有的香精名称乱叫，虽然叫做“玫瑰香精”而闻起来根本就不是玫瑰花的香气，叫做“茉莉香精”而没有茉莉花的香味！其次，香气较为接近的香精混合在一起也比较不会有问题，这有点像植物学里利用“嫁接”育种——越是近缘的品种嫁接越容易成活。例如花香与花香、果香与果香混合都比较容易成功。再次，学一点早期的比较“原始”的香水香精配方技术对这种“香精再配合”很有好处，因为早期的香水香精只能用天然香料配制，你现在可以把茉莉香精当作茉莉油，把玫瑰香精当作玫瑰油……古人辛辛苦苦找到的各种香气的“最佳组合”轻易地被你掌握在手中，何乐而不为呢？

事实上，调香师也经常把几个已经调配好的香精混合起来成为一个“复合香精”，但混合以后往往还要再加些香料修饰或者加强头香、体香或基香的某些不足，使整体香气更加和谐、圆和，更能适合某一类日用品的加香要求。这可不是一般人可以做到的。

十二、微胶囊香精

1. 微胶囊香精简介

微胶囊香精是一种用成膜材料把固体或液体包覆而形成的微小粒子。一般粒子在微米或毫米范围。微胶囊技术是一项比较新颖、用途广泛、发展迅速的新技术。

香精都具有挥发性，特别是受热挥发性增强，使其应用受到了限制，微胶囊香精可以克服它的这个缺点。运用微胶囊香精有如下优点：

① 微胶囊化后的香精可保护其特有的香气和香味物质，避免直接受热、光和温度的影响而引起氧化变质；

② 避免有效成分因挥发而损失；

③ 可有效控制香味物质的缓慢释放；

④ 提高贮存、运输和应用的方便性；

⑤ 更好地使用于各种工业等。

如何使香精稳定，使之在适当的时候能准确并持久地释放，已成为重点研究项目，从而有了各种胶囊化技术的开发，以稳定香精，防止香精降解，并且可以控制香味释放的条件。

2. 微胶囊香精的制作

(1) 原位聚合法

把36%浓度的甲醛溶液488.5g与240g尿素混合，加入三乙醇胺调节pH=8，并加热至70℃，保温下反应1h得到黏稠的液体，然后用1000mL水稀释，形成稳定的尿素-甲醛预聚体溶液。

把油溶性香精加到上述尿素-甲醛预聚体溶液中，并充分搅拌分散成极细的微粒状。加入盐酸调节pH在1～5范围，在酸的催化作用下缩聚形成坚固不易渗透的微胶囊。

控制溶液的pH很重要，当溶液pH高于4.0时，形成的微胶囊不够坚固，易被渗透；而当pH在1.5以下时，由于酸性过强，囊壁形成过快，质量不易控制。如要获得直径在2.5μm以下的微小胶囊，加酸调节pH的速度要慢，比如在1h内分3次加酸，同时要配合高速搅拌。而在碱性条件下，同样可得到尿素-甲醛预聚体制成的微胶囊，pH控制在7.5～11.0范围，反应时间为15min～3h，温度控制在50～80℃。温度高，反应时间则可缩短。

当缩聚反应进行1h后，适当升温至60～90℃，有利于微胶囊壁形成完整，但注意温度不能超过香精和预聚体溶液的沸点。一般反应时间控制在1～3h，实践证明，反应时间延长至6h以上并没有显著的改进效果。

用尿素-甲醛预聚体进行聚合形成的微胶囊有惊人的韧性和抗渗透性。这种方法制得的微胶囊有别的制法无可比拟的良好密封性。缺点是甲醛的气味难以全部除干净，整体香味会受影响，故此法很少用于微胶囊香精的制作。

(2) 锐孔-凝固浴法

把褐藻酸钠水溶液用滴管或注射器一滴滴加入到氯化钙溶液中时，液滴表面就会凝固形成一个个胶囊，这就是一种最简单的锐孔-凝固浴法操作。滴管或注射器是一种锐孔装置，而氯化钙溶液是一种凝固浴。锐孔-凝固浴法一般是以可溶性高聚物做原料包覆香精，而在凝固浴中固化形成微胶囊的。

用1.6%褐藻酸钠、3.5%聚乙烯醇、0.5%明胶、5%甘油等水溶液作微胶囊壁材，凝固浴使用15%浓度的氯化钙水溶液。用锐孔装置以褐藻酸钠包覆香精滴入氯化钙凝固浴时，在液滴表面形成一层致密、有光滑表面、有弹性但不溶于水的褐藻酸钙薄膜。

采用锐孔-凝固浴法可把成膜材料包覆香精的过程与壁材的固化过程分开进行，有利于控制微胶囊的大小、壁膜的厚度。

(3) 复合凝聚法

复合凝聚法的特点是使用两种带有相反电荷的水溶性高分子电解质作成膜材料，当两种胶体溶液混合时，由于电荷互相中和而引起成膜材料从溶液中凝聚，产生凝聚相。复合凝聚法的典型技术是明胶-阿拉伯树胶凝聚法。

具体操作工艺为：将10%明胶水溶液保持温度在40℃，pH=7.0，把油性香精在搅拌条件下加入，得到一个将香精分散成所需颗粒大小的水包油分散体系。继续保持温度在40℃，搅拌并加入等量10%阿拉伯树胶水溶液混合，搅拌滴加10%浓度的乙酸溶液直至混合体系的pH为4.0，此时溶胶黏度逐渐增加，变得不透明。结果使原来的水包油两相体系转变成凝聚相，在油性香精周围聚集并形成包覆。当凝聚相形成后，使混合物体系离开水浴，自然冷却至室温，再用冰水浴使体系降温至10℃，保持1h，然后进行固化处理。把悬浮液体系冷却到0～5℃，并加入10%NaOH，使溶液呈pH=9～11的碱性，加入36%甲醛溶液，搅拌10min并以30min升高1℃的速度，升温至50℃使凝聚相完成固化，过滤、干燥，即得到香精微胶囊。

(4) 简单凝聚法

用聚乙烯醇包覆形成有半透性的香精微胶囊的制备工艺可将油性香精搅拌分散在聚乙烯醇胶体溶液中形成分散乳化体系。在此乳化体系中加入羧甲基纤维素溶液，由于羧甲基纤维素的亲水性比聚乙烯醇更强，使聚乙烯醇分子的水化膜被破坏而形成不溶于水的凝胶，并在香精油滴表面凝聚成膜。当加入的羧甲基纤维素与溶液中的聚乙烯醇的质量比例在40：(4～6) 范围时，得到大小均匀、颗粒细、膜壁强度适中的微胶囊。

为增加膜的机械强度，可用醛类固化剂进行闪联硬化处理，甲醛用量以膜重的3%为宜。固化过度使膜壁封闭太强，无法释放香味。为得到颗粒小、均匀的微胶囊，在形成香精聚乙烯醇溶液为分散体系时，加入占体系总质量0.6%的香精乳化剂。可用不同的香精乳化剂与各种香精配伍。在聚乙烯醇壁膜固化处理液中加入少量无机盐，可使体系黏度降低，使聚乙烯壁膜固化反应更易进行。

据说以这种方法制备的各种香精微胶囊，用于纺织品上，在纯棉和毛织物这些对微胶囊的黏附好的织物上的留香时间可达一年。化纤织物由于表面空隙小，黏附微胶囊小，亲和力低，留香时间在半年左右。经多次洗涤仍可保持一定的清香。

此法的缺点同“原位聚合法”一样，甲醛的气味难以完全祛除，影响香味。

(5) 分子包埋法

分子包埋法是用β-环糊精作微胶囊包覆材料的，是一种在分子水平上形成的微胶囊，也是近年来应用较广的制备微胶囊的一种物理方法。

环糊精像淀粉一样，可以贮存多年不变质。从环糊精的分子外形看，似一个内空去顶的锥形体，有人形容其形状像一个炸面圈。环有较强的刚性，中间有一空心洞穴。环糊精的空心洞穴有疏水亲脂作用以及空间体积匹配效应，与具有适当大小、形状和疏水性的分子通过非共价键的相互作用形成稳定的包合物。香料、色素及维生素等分子大小合适的分子都可与环糊精形成包合物。

形成包合物的反应一般只能在水存在时进行。当环糊精溶于水时，环糊精的环形中心空洞部分也被水分子占据，当加入非极性外来分子（香精）时，由于疏水性的空洞更易与非极性的外来分子结合，这些水分子很快被外来分子置换，形成比较稳定的包合物，并从水溶液中沉淀出来。即形成香精微胶囊。

具体工艺如下，环糊精：水=1：1混合均匀，搅拌加入香精后均匀干燥粉碎。

用环糊精包结络合形成的微胶囊，有吸湿性低的优点，在相对湿度为85%的环境中，它的吸水率不到14%，因此，这种微胶囊粉末不易吸潮结块，可以长期保存。环糊精本身为天然产品，具有无毒、可生物降解的优点，已被广泛应用于香精等油性囊心的微胶囊。

(6) 喷雾干燥

喷雾干燥是将某固体水溶液以液滴状态喷入到热空气中，当其水分蒸发后，分散在液滴中的固体即被干燥，并得到几乎总呈球形的粉末。这是一种工业上制备香精微胶囊常用的方法。

喷雾干燥主要分为两个步骤，先将所选的囊壁溶解于水中，可选用明胶、阿拉伯胶、羧甲基纤维素钠（CMC-Na)、海藻酸钠、黄原胶、蔗糖、变性乳蛋白、变性淀粉、麦芽糖等作囊壁，然后加入液体香精搅拌，使物料以均匀的乳浊液状态送进喷雾干燥机中；在喷雾干燥机中，可使用多种技术将乳浊液雾化，然后通过与180～200℃的热空气接触，使物料急骤干燥。水的急骤蒸发作用使载体物料在香精珠滴周围形成一层薄膜，这层薄膜能使包埋在珠滴中的水继续渗透并蒸发。另一方面，大的香味化合物分子则会保留下来，其浓度不断增加。最后，在干燥机中停留30s后除去相对小的载体相。

3. 微胶囊香精的应用

(1) 在食品工业中的应用

食品香精微胶囊化后制成的粉末香精，目前已广泛用于糕点、固体饮料、固体汤料、快餐食品以及休闲食品中。

① 在烘焙制品中的应用——在烘焙过程的高温、高pH环境中，香精易被破坏或挥发。形成微胶囊后，香精的损失大为减少，特别是一些有特殊刺激味的风味料如羊肉、大蒜的特殊气味可被微胶囊掩盖。如果制成多层壁膜的香精微胶囊，其外层又是非水溶性的，在烘烤的前期，香料受到很好的保护，只在高温条件下才破裂并放出香精，这样可减少香精的分解损失。膨化食品是在挤压机中经过200℃和几个兆帕的高温高压条件下烘焙后，突然减压降温使食物快速膨化，蒸发水分而形成的一种新型食品。为了减少在这一剧烈变化过程中的香精损失，也要使用特别设计的香精微胶囊。

② 糖果食品中的应用——将粉末香精微胶囊应用于糖果产品中，消费者在咀嚼产品的机械破碎动作下使香味立即释放出来。在口香糖的应用中，香味除需要在咀嚼时立即释放之外，还要求能维持一段时间（20～30min)。

③ 在汤粉中的应用——在各种固体粉状的汤料调味品中，使用微胶囊形成的固体香辛料，容易运输，损失少，而且可以把葱、蒜等的强刺激气味掩盖起来。

(2) 在洗涤剂中的应用

在合成洗涤剂中加入香精，不仅可以保持原有的去污效果，而且可以赋予衣物香味。但是要在洗涤过程中把香精转移到衣物上并不容易，因为香料都是易挥发的物质，特别是用较热的水洗衣服时，这更易挥发散失掉。而衣物在洗涤后的熨烫烘干中，也会造成香精的大量挥发。所以用普通加香洗衣粉，只能使洗后的衣物获得微弱的香味。把香精微胶囊化不仅可以保证香精在洗涤剂贮存期间减少挥发散失，也避免香精与洗涤剂中的其他组分相互作用而失效。在洗涤和烘干熨烫过程中会有一部分微胶囊破裂，而使衣物带上香味。同时仍有相当数量的香精微胶囊未破裂而渗入到织物缝隙内部保留下来，在穿着过程中缓慢释放出香味来。

洗涤剂中使用的香精是有香味和能抵消恶臭的物质，在室温下通常呈液态。从化学成分看属于萜烯、醚、醇、醛、酮、酯类有机物，从香味来源看可以是麝香、龙涎香、灵猫香等动物香味，也可以是茉莉、玫瑰、紫罗兰等花卉香味，还可以是柑橘油、甜橙油、柠檬油、菠萝、草莓等水果香味或檀香、柏木等木头的香味。还有一些香精本身并不具有特别的香味，但它可以抵消或降低令人不愉快的气味，这些物质也可以加入洗涤剂中同香精一起使用。

香精微胶囊的壁材要求不能被香精溶液所溶解，一般也具有半透性，只有在摩擦过程中才破裂释放出香味来。要使香精微胶囊在洗涤过程中沉积到衣物纤维的缝隙中并在穿着时仍能释放香味，微胶囊的粒径最大不得超过 300μm，一般香精在微胶囊中质量占 50%～80%，微胶囊壁厚在 1～10μm 之间，以保证在穿着和触摸时微胶囊是易破碎的。研究表明，香精微胶囊在不同材料的衣物上的附着能力不同，在具有平滑表面的棉、锦纶织物上的附着能力低，在表面粗糙的涤纶针织物表面容易附着。因此，洗涤不同织物香精微胶囊的用量应有变化。能够渗入织物内部并牢固附着的香精微胶囊，能经得住多次洗涤而不脱落，并能使衣物较长时间保持香味。在粒状合成洗衣粉中，通常是把洗衣粉的各种配方加好之后再加入香精微胶囊的，而在液体洗涤剂中，香精微胶囊是以悬浮状态存在的。

(3) 在化妆品中的应用

化妆品也大量使用香精微胶囊。香精微胶囊化后，可以减少香精的挥发损失，利用微胶囊的控制缓放作用，使化妆品的香气更加持久。

(4) 在建筑涂料中的应用

建筑涂料希望加了香精以后能在涂上墙壁后，香味保持比较长的时间。一般的香精虽然也有留香比较持久的，但香味品种少，而且都较“呆滞”，要让清新爽快的香精留香持久，最好是把它们制成微胶囊香精，再加入涂料中去。

微胶囊香精在日用品中的应用是非常广泛的，使用方法和优点也都与上面 (2)、(3)、(4) 大同小异，这里就不一一举例了。

第二章 加香术理论基础

食品、日用品等的加香工作，自古以来仅靠经验，至今没有一本书籍专门讲解、论述，更没有任何理论指导。一般人认为"加香术"是一门技术，甚至只是一种"手艺"，算是一门艺术，与"科学"好像根本不沾边，"扯不上任何关系"，其实不然。长期从事加香技术研究的科技人员就会理解，任何一次加香实验，如果只是靠经验、"摸着石头过河"，往往事倍功半，或者甚至找不到头绪，不知怎样"入手"，加香实验中观察到的种种现象也不知如何解释，碰上问题束手无策，"黔驴技穷"。

本书试图打破这种现状，让读者在加香实践中做到心中有数，先动动笔，必要的话做一些计算，动手时有的放矢，一步一步做好。

在本书里，笔者一再提出"把加香当作另一种形式的调香"，这样，有关调香的理论就可以"拿来"直接应用了。

作曲、绘画、调香自古以来被公认为世界三大艺术，有关作曲、绘画的著作浩如烟海，各种学派、流派的理论多如繁星，令人目不暇接，世界各国都有自己的"理论大师"，有时意见不一还要争吵一番，甚至大动干戈，互相批判，以求真谛。相对来说，有关调香、评香和加香的理论则寥若晨星，无处寻觅。

其实每个调香师、评香师和加香实验师都有一套"理论"指导自己和助手、学生的调香、评香与加香实验，并在实践中不断充实和修正他的这套"理论"，不断完善，没有终止。只是绝大多数调香师、评香师和加香实验师仅把这些"理论"藏在自己的调香、评香和加香笔记里，不愿意加以整理，公布于世，与人分享。早期欧洲各国的调香师、评香师和加香实验师无不如斯，他们只把自己的理论用口头和笔记的形式传授给后代。

在合成香料问世前，所谓的"调香理论"、"评香理论"和"加香理论"以现代人的观点来看，似为"粗糙"、"简单"，其实未必尽然。试看古代宫廷里使用的各种"香粉"（化妆、熏衣、做香包用）、"香末"（用各种有香花草、木粉、树脂等按一定的比例配制而成，用于熏香），日本香道（从中国唐朝的熏香文化传到日本演化而成）的"61 种名香"和埃及的"基福"、"香锭"，欧洲的"香鸢"以及后来进一步配制而成的"素心兰"香水和"古龙水"，调味料用的"五香粉"、"十三香"和"咖喱粉"以及可口可乐、巧克力的制造，世界各地的烹调艺术等就知古代深谙此"道"（香道）者并不乏人。

所谓调香，就是将各种各样香的、臭的、难以说是香的还是臭的东西调配成令人闻之愉快的、大多数人喜欢的、可以在某种范围内使用的、更有价值的混合物。调香工作是一种增加（有时是极大地增加）物质价值的有意识的行为，是一种创造性、艺术性甚高的活动，但又不能把它完全同艺术家的工作画等号。调香工作是一门艺术，也是一门科学、一门技术。因此，调香理论也就介于艺术、科学、技术三者之间，并且三者互相贯穿，不能割离。单纯的化学家，不管是研究有机化学、分析化学、生物化学还是物质结构，盯着一个个分子和原子的运动调不出香精来；化工工程师，手持切割、连接各种"活性基团"的利剑和"焊合剂"，同样对调香束手无策；而将调香完全看成是艺术，可以随心所欲者，即使"调"出"旷世之作"，没有市场也是枉然。

所谓加香，一般是让气味很淡的物品（绝对没有任何气味的物品在加香实践中其实极少碰到）带上某种令人愉悦的香味，也是一种增加（有时是极大地增加）物质价值的有意识的行为，是创造性、艺术性甚高的活动，一般的化学家、化工工程师还是无能为力的，没有“理论依据”，只能盲目实验，或者靠以往的经验指导加香作业。

研究色彩，可借助光学理论；研究音乐，可借助声学理论；可是研究香味，却发现“气味学”还未诞生。笔者曾经提出，要建立“气味学”的话，势必包含“化学气味学”、“物理气味学”、“数学气味学”、“生理气味学”和“心理气味学”五个学科。因此，符合科学的、能指导实践的调香和加香理论应包括上述5个学科的内容，再加上艺术的、市场经济的基础理论，并将它们有机地融合在一起。

本书的调香理论和加香理论是笔者数十年调香、评香与加香工作的经验总结和实践中的“思路”，国外著名调香师、评香师、加香实验师和有关方面专家、学者的新思想也介绍一二，读者阅后如有所启发，则笔者幸甚！

第一节　香料香精的“三值”

生产加香食品和日用品的厂家天天跟香精打交道，却对香精一无所知，这是一个普遍现象。每一个工厂的老板、采购负责人都会对购进的任何一种原材料“斤斤计较”，与供应商讨价还价，唯独在香精面前束手无策。有人开玩笑说卖香精的是“黑脸贼”——买的人即使上当了都不知是怎么上当的。

其实生产香精的工厂也有苦衷——他们的调香师辛辛苦苦花了多少精力创造出富有特色的香精，又用了多少人力物力做了多长时间的“加香实验”才“百里挑一”选出了一个好香精想推荐给你，却不知要怎么向你说明这个香精好在哪里。

香精厂的供应者——香料制造厂也有跟香精厂一样的苦恼：他们想向香精厂推销他们好不容易研制出来的新香料，却永远是苍白无力的说辞：“这香料的香气纯正，达到××××标准”，根本不会引起香精厂的注意，调香师接到样品后不一定会试用它，也许马上就把它忘了。

自古以来，调香师、评香师和加香实验师基本上靠经验工作，“数学”好像与他们的工作无缘——调好一个香精、做完加香实验、评价加香产品的香味以后，算一算各个香料在香精里面或者香精在加香产品里所占的百分比例、做感官分析，仅仅用到加减乘除四则运算，小学里学到的数学知识就已够用了——这跟其他艺术没有什么两样，不会五线谱、不懂1234567的人也能唱出动人的歌儿，也能奏出美妙的曲子，但是如果学会五线谱，对乐理懂得多一些肯定会唱得更好、演奏得更美妙。同理，掌握了香料香精“三值”理论的调香师、评香师和加香实验师则对每一次调香、评香和加香工作更加胸有成竹，更能调出令人满意的香精来，也更能让每一个加香产品更受消费者的欢迎。

世间万物，只要成为商品，人们总会给它一些数据，形容它的大小、品质、性能等，唯独“香”——包括香料与香精最令人头疼、难以捉摸，人们长期以来只能用极其模糊的词汇形容它们：香气“比较”好，香气强度“比较”大，留香“比较”持久等，讲的人吃力，听的人也吃力，最后还是听不出什么具体的内容来。

真的没有办法了吗？

一、香比强值

人们采用同其他“感觉”一样的术语于嗅觉中，阈值——最低嗅出浓度是第一个用于香料香气强度评价的词，虽然每个人对每一种香料的感觉不一样，造成一个香料有几个不同的实验数据，但从统计的角度来说，它还是很有意义的。一个香料的阈值越小，它的香气强度越大。阈值的倒数，一般认为就是该香料的“香气强度值”了。

事情并没有这么简单！

众所周知，乙基香兰素的香气强度比香兰素强 3 倍左右，可是在有些资料里，乙基香兰素的阈值却比香兰素高！突厥酮在水中的阈值是 0.002mg/L，乙位突厥酮在水中的阈值是 1.5～100mg/L，二者的香气强度绝不可能相差 750 倍以上！水杨酸甲酯在水中的阈值是 40mg/L，石竹烯在水中的阈值是 64mg/L，而二者的香气强度一般认为相差 10 倍！这些例子都说明香气强度与阈值不存在一定的数学关系。

如果把一个常用的单体香料的香气强度人为地确定一个数值，其他单体香料都“拿来”同它比较（香气强度），就可以得到各种香料单体相对的香气强度数值。笔者提出把苯乙醇定为 10，其他单体香料都与它相比的一组数据，称为“香比强值”，这就是香料香精“三值”的第一个“值”。

各种常用香料的香比强值列于《调香术》第 3 版（化学工业出版社 2013 年出版）附带光盘里的“常用香料三值表”中，可以查阅。

香精的香比强值可以用香料的香比强值和配方计算出来，现举一个茉莉花香精的例子说明如下（见表 2-1）。

表 2-1　茉莉花香精的香比强值

香料	用量/%	香比强值
乙酸苄酯	50	25
芳樟醇	10	100
甲位戊基桂醛	10	250
苯乙醇	10	10
苄醇	10	2
水杨酸苄酯	4	5
吲哚	1	600
羟基香茅醛	5	160

其香比强值为（50×25＋10×100＋10×250＋10×10＋10×2＋4×5＋1×600＋5×160）÷100＝62.90，即所用香料香比强值的加权平均值。

香比强值的应用是很广的，对于用香厂家来说，最重要的一点就是可以直观地知道购进或准备购进的香精的“香气强度”有多大，因为“香气强度”关系到香精的用量，从而直接影响到配制成本。例如配制一个洗发香波，原来用一种茉莉香精，香比强值是 100，加入量为 0.5%，现在想改用另一种香精，香比强值是 125，显然只要加入 0.4%就行了。

众所周知，加香的目的无非是：盖臭（掩盖臭味），赋香。未加香的半成品、原材料有许多是有气味的，要把这些“异味”掩盖住，香气强度当然要大一些。如能得到这些原材料的香比强值的资料，通过计算就能估计至少得用多少香精才能“盖”得住。一般得靠自己实验得到这些资料，最简单的方法是用一个已知香比强值的香精加到未加香的半成品中，得出至少要多少香精才能“盖”住“异味”，间接得出这种半成品的“香比强值”，其他香精要用多少很容易就可以算出来了。一个最明显的例子是煤油（目前气雾杀虫剂用得最多的溶剂）的加香，未经“脱臭”的煤油的“香比强值”高达 100 以上，想要用少量的香精掩盖它的臭味几乎是不可能的。把煤油用物理或化学的办法“脱臭”到一定的程度，一个香比强值 400 的香精加到 0.5%时几乎嗅闻不出煤油的“臭味”了，可以算出这个“脱臭煤油”的“香比强值”等于或小于 2。

有的用香厂家喜欢用买进来的香精“二次调香”自己调配再用，在没有掌握一定的诀窍时，其实很难调出高水平的“作品”。这里提供给读者一个非常有用的实验技巧：采用黄金分割法！具体做法是：让两个香精的“计算香比强值”之比等于0.618∶0.382=1.618或0.382∶0.618=0.618。下面举一个例子说明。

有一个玫瑰香精（A）的香比强值是150，一个檀香香精（B）的香比强值是120，如按A∶B=56.4∶43.6[(56.4×150)∶(43.6×120)=8460∶5232=1.617]或A∶B=33.1∶66.9[33.1×150∶(66.9×120)=4965∶8028=0.618]的比例配制都将会得到很好的结果，前者可以称为“玫瑰檀香香精”，后者则可称为“檀香玫瑰香精”。

香比强值在本书中用英文字母“*B*”表示。

二、留香值

一个香料或者一个香精留香久不久是调香师和用香厂家特别关心的问题。对调香师来说，调配每一个香精都要用到“头香”、“体香”、“基香”三大类香料，也就是说，留香久的和留香不久的香料都要用到，而且用量要科学，让配出的香精的香气能均匀散发、平衡和谐。对用香厂家来说，希望购进的香精加入自己的产品后能经得起仓库贮藏、交通运输、柜台待售等长时间的“考验”后到使用者的手上时仍旧香气宜人，有的（例如香波、沐浴液、香皂、洗衣粉）甚至还要求在使用后在身体或物体上残存一定的香气。

朴却（Poucher）在1954年发表了330种香料的“挥发时间表”，把香气不到1d就嗅闻不出的香料系数定为1，100d和100d以后才嗅闻不出的系数定为100，扩大这个实验，去掉了目前不常用的香料，增加了现在常用的香料，总共752种，把朴却的“嗅闻系数”（也就是留香天数）称为“留香值”，前面“常用香料三值表”其中一列即为各种香料的留香值数据。根据这些数据可以计算香精的留香值，现举一个茉莉香精的例子加以说明。

该香精的配方和各香料的留香值如表2-2所示。

表2-2 茉莉香精的配方和各香料的留香值

香料	用量/%	留香值
乙酸苄酯	40	5
芳樟醇	19	10
水杨酸苄酯	10	100
甲位戊基桂醛	10	100
羟基香茅醛	5	80
丁香油	1	22
卡南加油	10	14
安息香膏	5	100

这个香精的留香值为（5×40+10×19+100×10+100×10+80×5+22×1+14×10+100×5)÷100=34.52，即所用香料留香值的加权平均值。这个值更准确地应叫做“计算留香值”，因为它同实际留香天数有差距，这是由于各种香料混合以后互相会起化学反应产生留香更久的物质，实际上，香水香精的实际留香天数几乎都超过100，而“计算留香值”是不可能达到100的。

香料的留香值与香精的计算留香值的用途也是很广的。调香师在调香的时候可以利用各种香料的留香值预测调出香精的计算留香值，必要时加减一些留香值较大的香料，使得调出的香精的留香时间在一个希望的范围内。用香厂家在购买香精时，先向香精厂询问该香精的计算留香值是否符合自己加香的要求是很有必要的。“二次调香”时，计算留香值也是很重要的内容——希望留香好一点的话，计算留香值大的香精多用一些就是了。需要提请注意的是：计算留香值太大的香精往往香气呆滞、不透发，尤其是一些低档香精更是如此。

留香值在本书中用英文字母“*L*”表示。

三、香品值

香料本来是无所谓“品位”的，比如说吲哚吧，直接嗅闻之就像鸡粪一样的恶臭，稀释到1%以下的浓度时却有茉莉花一样的香气！其实大部分香料直接嗅闻时香气都不好，稀释以后也不一定都变好。各种香料的香气是在调配成香精时发挥它的作用的，使用不当不但发挥不了作用，有时反而会破坏整体香气！因此，如果要给每一个香料一个“品位值”的话，只能放在一个香气范围内考察它的“表现”，例如乙酸苄酯一般都用于调配茉莉香精，就看它本身像不像茉莉花香，很像的话“分数”给得高一些，不太像的话“分数”就给得低一些。“香品值”的概念就是按这个思路创造出来的。

各种香料的香品值列于“常用香料三值表”中。需要指出的是：表中的“香品值”是指该香料在调配香精时利用的是它的“主体香气”（即本书中“气味 ABC 表”里面各种香料数值最大的香气）时的“品位值”，如果调配香精时利用的是它的“次要香气”的话，读者得自己根据该香料的香味另外给它一个“香品值”。例如乙酸苄酯用于配制茉莉香精时香品值是 80，而用于配制果香香精（乙酸苄酯有水果香气）时“香品值”只能算 10～30。

香精的“香品值”可以按配方中各个香料的香品值、用量比例计算出来，计算方法同香比强值、留香值一样，计算出来的香品值叫做“计算香品值”，即所用香料香品值的加权平均值，它同“实际香品值”（香精让众人评价打分，取平均值）有差距。调配一个香精，如果它的实际香品值小于计算香品值的话，可以认为调香是失败的；实际香品值超过计算香品值越多，调香就越成功。因为所谓“调香”，就是“极大地提高香料的香品值”。

用香厂家向香精制造厂购买香精时，可以要求后者提供该香精的计算香品值，然后自己组织一个临时“评香小组”给这个香精打分，就是所谓的“实际香品值”（最高分 100，最低分 0），如果实际香品值超过计算香品值甚多，这个香精应该就是比较符合自己要求的了。

香品值在本书中用英文字母“P”表示。

四、香料香精实用价值的综合评价

前面讲的香料香精的三个值，每一个“值”都只是反映一个香料或者香精的一个方面，三个值放在一块才能反映这个香料或者香精整体的轮廓。例如一个玫瑰香精的香比强值是 150，计算留香值是 60，计算香品值是 50，觉得这个香精“还不错”，香气强度不小，留香较好，香气可以，但要同时记住三个数据可不容易。把三个数据乘起来

$$BLP=150\times60\times50=450000$$

这个数太大，把它除以 1000

$$BLP/1000=150\times60\times50/1000=450$$

定义为

$$BLP/1000=Z$$

Z 为香料、香精的“综合评价分”，简称“综合分”，如上述玫瑰香精的综合分是 450，这是用它的香比强值、计算留香值、计算香品值算出来的，如果它的实际香品值不是 50，而是 60 的话，那么它的综合分应为

$$150\times60\times60/1000=540$$

这个香精的销售价（按目前市价）540 元/kg 比较适中，如高于 540 元/kg 则太贵，低于 540 元/kg 就是便宜了。

“常用香料三值表”已经列出了各种常用香料通过“三值”计算出来的“综合分”，调香师可以根据这个表中的数据对各种香料进行评价、比较、选用，新香料可以自己测定三值、计算

其综合分填补进去。

对于同一种香型的香精，规模比较大的工厂不是以香精生产厂家的产品价格来确定供应商的，他们目前的做法是根据香精的“香品值”“留香值”“香比强值”进行综合测试，然后确定比较规范的合作伙伴。

对于用香厂家来说，不可能向香精厂索要香精配方，但是可以在购买香精时向对方询问该香精的“香比强值”和“计算留香值”，香精厂有义务提供这两个数值，“香品值”则自己通过评香测定。计算出该香精的“综合评价分”就能初步判定它的价位应该是多少了。

当然，用香厂家也可以自己测定香精的“三值”——用已知一个或几个同种香型香精的“三值”来进行比较得出，最后再计算它的“综合评价分”。

“三值”理论让“一分钱一分货”的诚信商业行为得到完美的诠释。

目前的“三值”理论只是应用于嗅觉的“三值”理论，有人提出在食品香精（包括烟用香精和饲料香精）的调配和应用时最好还要有“味觉的三值理论”才更“完善”，可惜至今还没有人致力于这方面的研究。

五、“三值”理论用于加香术

“三值”理论对于加香术来说很有价值，“综合评价分”和“香品值”让人们可以决定加香产品的“档次”，“留香值”可以让人们估计加入香精以后的产品香气可以保留多久，“香比强值”可以确定应该加入多少份量的香精为宜。

选用香精时首先是选香气，直接嗅闻香精的气味不能代表加香后产品的香味，所以一般要把香精按（以往的）“经验”用量加到未加香的产品里面混合均匀，放置数天，然后由“专业评香组”和“民众代表评香组”做评香实验，选出大家最满意的香精。有时候还要寄到各地由当地的客户、柜台销售人员、消费者代表评选，选出当地最喜欢的香味。在选香的整个过程中，该香精的“香品值”仅供参考，不需要告诉评香人员，以免误导。长期的、大量的评香工作会让评香负责人对“香品值”与实际评香效果产生某种有意义的联系，反过来，大量的评香结果会让评香负责人不断地提出对香精“香品值”的修正意见，使得“香品值”理论在实践中的应用更加完善，也更加有意义。

香气选好了，接下来是香精的加入量，这时候“香比强值”成为最重要的考虑因素。根据以往的经验，比如原来加入某一个“香比强值”为100的香精，加入量是1%，现在选上的香精的“香比强值”为125，加入量当然只要0.8%就够了。实际上还要真的按照0.8%的份量加入实验，经过一定时间的“架试”，再交由评香组判定加入量是不是恰到好处。

需要指出的是，带有令人愉悦香气的香精给人的印象要“弱”一些，而香气“不是那么美好的”香精反而表现得更“强”一些，所以，选出大家都满意的、香气和谐的香精适当多加一些，有时候可以起到“锦上添花”的效果，让新产品更有特色，“更上一层楼”。

加香实验经常遇到一个难题是：产品的留香时间有多久？为了回答这个问题，往往需要长期的“架试”实验，拖了新产品开发上市的尾巴。这时候，“留香值”的价值体现出来了——“计算留香值”可以比较直观地推算、估计一个香精加进某个产品中的留香时间，看看它是否满足要求。当然，实际留香效果与推算值还是会有差距的，评香负责人长期的工作会对“计算留香值”与“实际留香时间”的关系有着直觉的感应。

举一个例子：有一家洗涤剂生产厂开发了一种新产品——“高档洗衣液”，所谓“高档”在于经过这种洗衣液洗过的衣物经烘干、暴晒一天以后还能闻出淡淡的香味，准备做加香实验以便选出适合的香精，选香工作开始了。首先是向香精厂“索样”，这时除了说明一般洗衣液香精要求的“有一定的耐碱性”、“在碱性溶液里不易变色”、“留香持久性有要求”、“价位”等以外，还可以要求香精厂在报单价时提供每一个供测试香精的“三值”，拿到香精样品后，把它们同原来已知“三值”的洗衣液香精比较，看看差别在哪里。必要时自己测试一下它们各自的“三值”是否跟香精厂提供的数据一致。

根据该香精的“香比强值”，计算一下在洗衣液里的添加量，按此添加量把香精加入洗衣液里，搅拌均匀后取出一部分做架试实验，一部分做洗涤实验——按照“标准程序”洗涤白布或其他织物，漂洗干净后烘干或暴晒一天，密封保存。洗过干燥后的织物样品和经过架试实验的洗衣液样品按规定程序交由评香组评香打分。

加香实验人员根据评香组的评香意见和评香分数值确定下一次加香实验，淘汰不“合格”的香精样品，比如在织物上遗留下的香气不好、留香时间或香气强度不够、对洗涤过的织物有污染（变色）的等，留下的香精样品再次提出添加量建议，重复上述的实验……直到筛选到令人满意、性价比符合公司要求的香精为止。

食品、香烟和饲料的加香实验也需要“三值”理论作为指导，与日用品的加香实验过程相似，各种产品的加香实验见下一章。

第二节　自然界气味关系图

一、气味 ABC 表

人类通过五大感觉——视觉、听觉、嗅觉、味觉和肤觉（触觉）从周围得到的信息，以表示视觉信息的词语最为丰富，不单有光、明、亮、白、暗、黑，还有红、橙、黄、绿、蓝、靛、紫，更有鲜艳、灰暗、透明、光洁等模糊的形容词，近现代的科学和技术又进一步增加了许多“精确的”度量词，如亮度、浊度、光洁度、波长等，人们觉得这么多的形容词是够用的，“看到”一个事物时要对人“准确地”讲述或描述，一般不会有太大的困难。表示听觉信息的词汇也不少，人们很少觉得“不够用”。但一般人从嗅觉得到的信息想要告诉别人就难了——几乎每一个人都觉得已有的形容词太少，比如你闻到一瓶香水的气味，你想告诉别人，不管你使用多少已有的形容词，听的人永远不明白你在说什么。有关嗅觉信息的形容词甚至比味觉信息的形容词还缺乏——世界各民族的语言里都经常用味觉形容词来表示嗅觉信息，如“甜味”、“酸味”、“鲜味”等，就是一个例子。

现今已知的有机化合物约 200 万种，其中约 20%是有气味的，没有两种化合物的气味完全一样，所以世界上至少有 40 万种不同的气味，但这 40 万种化合物在各种化学化工书籍里几乎都只有一句话代表它们的气味：“有特殊的臭味”。

由于气味词语的贫乏，人们只能用自然界常见的有气味的东西来形容不常有的气味，例如“像烧木头一样的焦味”、“像玫瑰花一样的香味”等等。这样的形容仍然是模糊不清的，但已能基本满足日常生活的应用了。对于香料工作者来说，用这样的形容法肯定是不够的，他们对香料香精和有香物质需要“精确一点”的描述，互相传达一个信息才不会发生“语言的障碍”，最好能有“量”化的语言。早期的调香师手头可用的材料不多，主要是一些天然香料，而这些香料的每一个“品种”的香气又不能“整齐划一”，所以形容香气的语言仍旧是比较模糊的，比如形容依兰依兰花油的香气是“花香，鲜韵”，像茉莉，但“较茉莉粗强而留长”，有“鲜清香韵”而又带“咸鲜浊香”，“后段香气有木质气息”。这样的形容对当时的调香师来说已经够了，至少他们看了这样的描述以后，就知道配制哪一些香精可以用到依兰花油，用量大概多少为宜。

合成香料的出现和大量生产出来以后，调香师使用的词汇一下子增加了许多，甚至可以形容某种香味就像某一个单体香料，纯净的单体香料的香气是非常“明确”的，一般不会引起误会。例如你说闻到一个香味像是乙酸苄酯一样，听到的人拿一瓶纯净的乙酸苄酯来闻就不会弄错。这样，调香师们在议论一种玫瑰花的香味时，就可以说“同一般的玫瑰花香相比，它多了一点点玫瑰醚的气息”，听的人完全明白他说的是怎么一回事。

外行人看调香师的工作觉得不可思议，他们的脑子怎么比气相色谱仪还“厉害”？化学家也觉得不可思议，调香师是怎么把一个复杂的混合物“解剖”成一个一个的单体呢？难道他们的头脑真的像一台色谱仪？其实在调香师的脑海中，自然界的各种香味早已一定的“量化”了，因为他们配制过大量的模仿自然界物质香味的香精，一看到“玫瑰花香”，他们马上想到多少香茅醇、多少香叶醇、多少苯乙醇……就可以代表这个玫瑰花香了；同样地，多少乙酸苄酯、多少甲位戊基桂醛（或甲位己基桂醛）、多少吲哚……就能代表茉莉花香。这样，调香师细闻一个香水的香味时，脑海中先有了大概多少茉莉花香、多少玫瑰花香、多少柠檬果香、多少木香、多少动物香……接着再把这些香味分解成多少乙酸苄酯、多少香茅醇、多少柠檬油、多少合成檀香、多少合成麝香……一张配方单已经呼之欲出了。

由此可见，调香师是把各种香料按香气的不同分成几种类型记忆在脑海中，然后才能熟练地应用它们。在早期众多的香料分类法中，都是把各种香料单体归到某一种香型中，例如乙酸苄酯属于“青滋香型”（叶心农分类法）或“茉莉花香型”（萨勃劳分类法），这个分类法在调香实践中暴露出许多缺点，因为一个香料（特别是天然香料）的香气并不是单一的，或者说不可能用单一的香气表示一个香料的全部嗅觉内容，所以近年来国外有人提出倒过来的各种新的香料分类法，例如泰华香料香精公司举办的调香学校里，为了让学生记住各种香料的香气描述，创造了一套“气味 ABC”教学法，该法将各种香气归纳为 26 种香型，按英文字母 A、B、C、…排列，然后将各种香料和香精、香水的香气用“气味 ABC”加以“量化”描述，对于初学者来说，确实易学易记。笔者认为 26 个气味还不能组成自然界所有的气味，又加了 6 个气味，分别用 2 个字母（第一个字母大写，第二个字母小写）连在一起表示，总共 32 个字母表示自然界“最基本”的 32 种气味。兹将“气味 ABC”各字母表示的意义列下。

A	脂肪族、油脂	aliphatic	M	瓜	melon
Ac	酸味	acid	Mu	霉味、菇香	mould
B	香柠檬、香橼	bergamot	N	坚果	nuts
C	柑橘	citrus	O	兰花	orchid
Cm	樟脑	camphor	P	苯酚	phenol
D	乳酪	dairy	Q	香膏	balsam
E	醛	aldehyde	R	玫瑰	rose
F	水果	fruit	S	檀香	sandalwood
Fi	鱼腥味	fishy	T	烟焦味	smoke
G	青、绿的	green	U	尿骚味	urine smell
H	药草	herb	V	香荚兰豆	vanilla
I	冰	ice	Ve	蔬菜	vegetable
J	茉莉	jasmin	W	辛香	spicy
K	松柏	konifer	X	麝香	musk
L	薰衣草	lavender	Y	土壤香	earthy
Li	苔藓	moss	Z	有机溶剂	zolvent

需要说明的是，“气味 ABC”只能表示一部分人对各种香料香气的看法和描述，确是“见仁见智”、各说各的，难以统一。例如龙涎香酊在“泰华”学校提供的“气味 ABC”数据库里记为“100%尿臊气”，而麝葵子油为“100%麝香香气”，都难以令人信服。笔者对这些数据一一做了修正，使它们更接近实际一些，又用了数年时间通过反复嗅闻、比较，增加了 2000 多个常用香料的数据，虽然如此，这些数据仍然带着笔者的主观意识，与客观实际往往还有较大的差距。使用者可根据自己的看法改动，不应盲目生搬硬套。气味 ABC 表见表 2-3。

表 2-3　气味 ABC 表

香料名称	C	B	L	J	R	O	G	I	Cm	K	S	Z	H	W	P	T	Y	Li	Mu	D	Ac	E	A	Q	X	U	Fi	M	Ve	V	N	F
	橘	橡	薰	茉	玫	兰	青	冰	樟	松	木	芳	药	辛	酚	焦	土	苔	霉	乳	酸	醛	脂	膏	麝	臊	腥	瓜	菜	豆	坚	果
(+)-顺式-7-鸢尾酮			10	10	50	10																										20
(±)-乙酸-3-壬酯	10		5		30	5																	10									40
(*E*,*E*)-2,4-壬二烯醛													5		5	5	10						10			5			10	50		
(苦)橙叶油	10	10		40	10	10					10		10																			
[—]3-氧硫杂环已烷	56	10																														34
[—]降龙涎香醚											20															80						
[—]突厥酮					80						7		2		2	4	2								3							
[+]降龙涎香醚											20															80						
[+—]降龙涎香醚											20															80						
[+]突厥酮					80						5		2		2	4	2								5							
[+]圆柚酮	80											10	3										4		3							
1-(4-甲氧基苯基)-4-甲基-1-戊烯-3-酮					20											10				30												40
1,1,4,4,6-五甲基-7-氰四氢萘					20																				80							
1,1,4,4,6-五甲基-7-乙酰-1,2,3,4-四氢化萘					10						5						5								80							
1,1-二甲氧基-2,2,5-三甲基-4-已烯	20				40						10						10															20
1,2,3,4,5,6,7,8-八氢-8,8-二甲基-2-萘醛						50						10	30									10										
1,2,3,4,-四氢-6-甲基喹啉					20																					80						
1,2-二甲氧基苯					20															60										20		
1,2-环已二甲酸二甲酯				60			10																									30
1,2-环已二酮					40											60																
1,3,6,7-四甲基双环(4.4.0)-12 碳-7-烯-2-醇甲酸酯											80															20						

续表

香料名称	C	B	L	J	R	O	G	I	Cm	K	S	Z	H	W	P	T	Y	Li	Mu	D	Ac	E	A	Q	X	U	Fi	M	Ve	V	N	F
	橘	橡	薰	茉	玫	兰	青	冰	樟	松	木	芳	药	辛	酚	焦	土	苔	霉	乳	酸	醛	脂	膏	麝	臊	腥	瓜	菜	豆	坚	果
1,3-丙二硫醇							10																			40			50			
1,3-丁二硫醇	20						2						20											13		20			20			5
1,4--桉叶油素							10	50		20			20																			
1,4-二甲基-4-乙酰基-1-环己烯				10		10																							20			60
1,4-二噻烷							10																			40			30		20	
1,6-己二硫醇							10										20						20			30			20			
1,8-桉叶油素								50					50																			
1,8-辛二硫醇																	30									30			40			
1,9-壬二硫醇																										40			60			
10-十一(碳)烯酸					20																		60									20
10-十一烯醛					5																		95									
10-十一烯酸丁酯																				50			50									
10-十一烯酸甲酯					10		20																70									
10-十一烯酸烯丙酯																							20									80
10-氧杂十六内酯					20																				80							
11-氧杂-13-环十五烯内酯					10						5						5								80							
12-甲基十三烯醛	30																						40			10						20
1-丁氧基-3,3-二甲基环己烷							10						30			5													15			40
1-癸醇	5				25																		70									
1-己烯-3-醇							80	10				10																				
1-甲基-2-乙酰基吡咯					50																											50
1-甲基-3-(4-甲基戊烯-3-基)-环己烯-[3]-腈(异构体)			10	20	30	20	10					10																				

续表

香料名称	C	B	L	J	R	O	G	I	Cm	K	S	Z	H	W	P	T	Y	Li	Mu	D	Ac	E	A	Q	X	U	Fi	M	Ve	V	N	F
	橘	橼	薰	茉	玫	兰	青	冰	樟	松	木	芳	药	辛	酚	焦	土	苔	霉	乳	酸	醛	脂	膏	麝	臊	腥	瓜	菜	豆	坚	果
1-甲基-4-(4-甲基戊基)-3-环己烯醛						20	40																40									
1-甲基-5(6)-乙酰基-4-异丙基-双环[2.2.2]-2-辛烯	30	10				10					50																					
1-甲硫基-2-丁酮							20										60												20			
1-巯基-2-丙酮					60																					40						
1-松油-4-醇						10				40	20		10	10										10								
1-戊烯-3-醇							20							40																		40
1-戊烯-3-酮						20						50	30																			
1-香芹醇	20							10		20			20	30																		
1-香芹酮					10			10					40	40																		
1-辛烯-3-醇							10										80						10									
1-辛烯-3-醇(蘑菇醛)				20			10						10				60															
1-乙基-2-乙酰基吡咯					40																								20			40
1-乙炔基环己醇乙酸酯					20						40		20																	20		
1-乙炔基环己基碳酸甲酯													40																			60
1-乙酸薄荷酯					40			20					40																			
2-(1,1,2-三甲基丙基)-4-甲基环己基乙酸酯											60																					40
2-(2-丁基)-4,5-二甲基-3-噻唑啉							10							20												40			30			
2-(3-苯丙基)四氢呋喃					30																											70
2-(3-苯基丙基)吡啶							40							30			30															
2(4)-异丙基-4(2),6-二甲氢(4*H*)-1,3,5-二噻嗪							20																			40			40			

续表

香料名称	C	B	L	J	R	O	G	I	Cm	K	S	Z	H	W	P	T	Y	Li	Mu	D	Ac	E	A	Q	X	U	Fi	M	Ve	V	N	F
	橘	橡	薰	茉	玫	兰	青	冰	樟	松	木	芳	药	辛	酚	焦	土	苔	霉	乳	酸	醛	脂	膏	麝	腺	腥	瓜	菜	豆	坚	果
2(4)-异丁基-4(2),6-二甲基二氢(4*H*)-1,3,5-二噻嗪							20																			30			50			
2-(4-甲基-2-羟基苯基)丙酸-γ-内酯					10		5				5		10			5				10			10		5					40		
2-(*p*-甲苯基)丙醛					40			20					40																			
2-(甲基二硫基)丙酸乙酯							20																									80
2,3,5,6-四甲基吡嗪											30					5	5												20	10		30
2,3,5,6-四甲基吡嗪											3		25			2													70			
2,3,5-三甲基吡嗪												10	10	10	5	20	5												20	5	5	10
2,3-丁二硫醇																				60			10						30			
2,3-丁二酮																				60			10						10		10	10
2,3-二甲基苯并呋喃	20						20	10			10		20																20			
2,3-二甲基苯甲醛					20							30	20	20																10		
2,3-二甲基吡嗪												10		20	10	10	5			10				10						5	10	10
2,3-二甲基丁酸乙酯							10													10												80
2,3-二乙基-5-甲基吡嗪							10									10	10									10			60			
2,3-二乙基吡嗪																10													70	20		
2,3-庚二酮														20						20			40						10			10
2,3-己二酮																10				60												30
2,3-戊二酮														10	10					60												20
2,4,5-三甲基-3-噁唑啉																10	40												30	20		
2,4,5-三甲基噻唑												10	5	5		5	10			5			5	5						30	10	10
2,4,6-三甲基-4-苯基-1,3-二噁烷							40					10	40																			10
2,4,6-三异丁基-5,6-二氢-4*H*-1,3,5-二噻嗪							10									30										20			40			

续表

香料名称	C	B	L	J	R	O	G	I	Cm	K	S	Z	H	W	P	T	Y	Li	Mu	D	Ac	E	A	Q	X	U	Fi	M	Ve	V	N	F
	橘	橡	薰	茉	玫	兰	青	冰	樟	松	木	芳	药	辛	酚	焦	土	苔	霉	乳	酸	醛	脂	膏	麝	膻	腥	瓜	菜	豆	坚	果
2,4-二甲基-2-戊烯酸	20	10			10	10														20						10						20
2,4-二甲基-5-乙酰基噻唑																5													15	80		
2,4-二甲基苯乙酮					30			10					60																			
2,4-二甲基环己甲醇		20	10	20	40	10																										
2,4-二甲基环己甲醇乙酸酯		20	10	20	30	10																										10
2,4-庚二烯醛							10									30							40						20			
2,4-癸二烯醛	10				20		40																20									10
2,4-癸二烯酸丙酯							30																20									50
2,4-壬二烯-1-醇							20																40									40
2,4-十碳二烯-1-醛							20																50			20			10			
2,4-十一碳二烯醛	10						50																30									10
2,5,5-三甲基-2-对戊基环戊酮								5			10	75	10																			
2,5-二甲苯酚					20								20		60																	
2,5-二甲基-2,5-二羟基-1,4-硫环己烷							10																			50			40			
2,5-二甲基-3-呋喃硫醇							10																			60			30			
2,5-二甲基-4,6-二羟基苯甲酸甲酯						20					10		10				30							10						20		
2,5-二甲基吡嗪																	10						10						60	10		10
2,5-二羟基-1,4-二噻烷(顺反异构体混合物)							10																			30			60			
2,5-二乙基-3-甲基吡嗪							20																						20	40		20
2,5-二乙基四氢呋喃					20								30			10													40			
2,6,10,10-四甲基-1-氧杂螺											30						20									30			20			
2,6,10-三甲基-9-十一烯醛					20																	20	60									

续表

香料名称	C	B	L	J	R	O	G	I	Cm	K	S	Z	H	W	P	T	Y	Li	Mu	D	Ac	E	A	Q	X	U	Fi	M	Ve	V	N	F
	橘	橡	薰	茉	玫	兰	青	冰	樟	松	木	芳	药	辛	酚	焦	土	苔	霉	乳	酸	醛	脂	膏	麝	臊	腥	瓜	菜	豆	坚	果
2,6,10-三甲基-9-十一烯醛							65				5		20										10									
2,6,6-三甲基-1,2-环己烯-1-甲醛	60						10						30																			
2,6-二甲基苯硫酚															10	20										30			40			
2,6-二甲基吡啶											30															10			40			20
2,6-二甲基吡嗪											10					10	10			10									40	20		
2,6-二甲基二环(4.4.0)癸-1-醇								10			60						30															
2,6-二甲基庚醇	20		10		20	20					20																	10				
2,6-二甲氧基苯酚											30		40		30																	
2,6-壬二烯-1-醇						5	70																						25			
2,6-壬二烯醛二乙醇缩醛							30													10						10	10		20			20
2-氨基苯乙酮																														20		80
2-苯基-2-甲基二氯环丙烷					80		20																									
2-苯基-3-呋喃酸乙酯					20															10										10		60
2-苯基-4-戊烯醛							10						50	40																		
2-苯基巴豆醛					20												20												40	20		
2-苯基丙醛二甲醇缩醛	10				20		10							40																		20
2-吡啶甲硫醇							10									10										30			50			
2-苄基焦袂康酸					20																											80
2-丙基苯酚													40	20	40																	
2-丙基吡嗪																													40	20		40
2-丙硫醇							40																			30			30			
2-丙酰基吡咯							60										20							20								
2-丙酰基噻唑																													90	10		

续表

香料名称	C	B	L	J	R	O	G	I	Cm	K	S	Z	H	W	P	T	Y	Li	Mu	D	Ac	E	A	Q	X	U	Fi	M	Ve	V	N	F
	橘	橡	薰	茉	玫	兰	青	冰	樟	松	木	芳	药	辛	酚	焦	土	苔	霉	乳	酸	醛	脂	膏	麝	臊	腥	瓜	菜	豆	坚	果
2-丁酮							10						30																			20
2-反式-6-顺式壬二烯醛							60																					20	20			
2-呋喃丁酸异戊酯																				60												40
2-呋喃基丙酸异丁酯																																60
2-呋喃基丙酸异戊酯					20		10																						20			50
2-呋喃基丙烯酸丙酯	10				10									10										10								60
2-呋喃酸辛酯																	20			10			60						10			
2-庚基呋喃							20													30			40			10						
2-庚基环戊酮				95																												5
2-庚酮													10							10									40			40
2-癸烯酸丁酯							20													10			40									30
2-环己基环己酮					40								60																			
2-己基乙酰乙酸乙酯				80																												10
2-己烯酸甲酯					20	10	10							20																		40
2-己氧基-5-正戊基四氢呋喃											20																		20			60
2-甲基-1,3-二硫环己烷							20									50													30			
2-甲基-2-丁酸					20						20										20											40
2-甲基-2-丁烯醛							20							20						20									20			20
2-甲基-2-戊烯酸																				10												90
2-甲基-3(2-呋喃基)丙烯醛											20		20	40															20			
2-甲基-3(5,6)-甲硫基吡嗪																5	20												25	20		30
2-甲基-3(5或6)-乙氧基吡嗪(混合物)							10										10												40	40		
2-甲基-3-(*p*-甲氧基苯基)丙醛													40	50																		10

续表

香料名称	C	B	L	J	R	O	G	I	Cm	K	S	Z	H	W	P	T	Y	Li	Mu	D	Ac	E	A	Q	X	U	Fi	M	Ve	V	N	F
	橘	橼	薰	茉	玫	兰	青	冰	樟	松	木	芳	药	辛	酚	焦	土	苔	霉	乳	酸	醛	脂	膏	麝	臊	腥	瓜	菜	豆	坚	果
2-甲基-3(或 4)-戊烯酸乙酯					10		10	5				5		10																		60
2-甲基-3,4-戊二烯酸乙酯					20		10																									70
2-甲基-3,4-戊烯酸己酯					20																											80
2-甲基-3-呋喃硫醇							5									5										60			30			
2-甲基-3-庚酮							10													20								10	30		10	20
2-甲基-3 或 5 或 6-糠基硫代吡嗪											5					40										5				50		
2-甲基-3-甲苯基丙醛	20				45		5																									30
2-甲基-3-四氢呋喃硫醇							10									5										45			40			
2-甲基-4-(2,6,6-三甲基-2(1)-环己烯-1-基)丁醛											50	10																				40
2-甲基-4-(2,6,6-三甲基-2-环己烯基)丁烯醛				10	30	10					40																					10
2-甲基-4-丙基-1,3-氧硫杂环己烷	10						20																10						30			30
2-甲基-4-戊烯酸																				20												80
2-甲基-4-戊烯酸乙酯							20	5																								75
2-甲基-5-甲硫基呋喃							20					20		20															40			
2-甲基-5-甲氧基噻唑				10	10	10	20																	10					30		10	
2-甲基氨基苯甲酸甲酯	25										65						5															5
2-甲基吡嗪																10	10												50	30		
2-甲基丁醛					5							30				10	20			20										10		5
2-甲基丁酸							10							10						60	20											
2-甲基丁酸-2-甲基丁酯																				10												80
2-甲基丁酸苯乙酯					70	15														5												10
2-甲基丁酸丁酯							10																20									70

续表

香料名称	C	B	L	J	R	O	G	I	Cm	K	S	Z	H	W	P	T	Y	Li	Mu	D	Ac	E	A	Q	X	U	Fi	M	Ve	V	N	F
	橘	橡	薰	茉	玫	兰	青	冰	樟	松	木	芳	药	辛	酚	焦	土	苔	霉	乳	酸	醛	脂	膏	麝	臊	腥	瓜	菜	豆	坚	果
2-甲基丁酸己酯							20																									80
2-甲基丁酸甲酯							10													20			10					10				50
2-甲基丁酸叶酯							40																									60
2-甲基丁酸乙酯							10																									90
2-甲基丁酸异丙酯					20		10																									70
2-甲基丁酸异戊酯					30		10																									60
2-甲基二氢环戊吡嗪																10	20												50	20		
2-甲基庚酸																				10			80									10
2-甲基环己酮							30	10									60															
2-甲基己酸							10																50			10			30			
2-甲基十一醛	3												7										90									
2-甲基四氢呋喃-3-酮													10							20									40	10		20
2-甲基四氢噻吩-3-酮							40									5										5			40	10		
2-甲基戊醛							30													30									20			20
2-甲基戊酸														20						30	50											
2-甲基戊酸甲酯					20		20																									60
2-甲基戊烯酸乙酯					20																											80
2-甲硫代丁酸甲酯							30										10												40			20
2-甲硫基苯酚							20								10		20									30			20			
2-甲硫基乙醇							30							20												10			30	10		
2-甲硫基乙醛							20																						80			
2-甲硫基乙酸乙酯							20																									80
2-甲氧基-3-(1-甲基丙基)吡嗪							20										20												50	10		

续表

香料名称	C	B	L	J	R	O	G	I	Cm	K	S	Z	H	W	P	T	Y	Li	Mu	D	Ac	E	A	Q	X	U	Fi	M	Ve	V	N	F
	橘	橡	薰	茉	玫	兰	青	冰	樟	松	木	芳	药	辛	酚	焦	土	苔	霉	乳	酸	醛	脂	膏	麝	臊	腥	瓜	菜	豆	坚	果
2-甲氧基-3-异丙基吡嗪							10						10																80			
2-甲氧基-3-异丁基吡嗪							20																						80			
2-甲氧基-4-甲基苯酚													30	40	20															10		
2-甲氧乙基环十二烷基醚											70														30							
2-糠基硫醚							10									40													30	20		
2-糠酸己酯							40																30									30
2-联苯酚														20	40	40																
2-硫代糠酸甲酯							40													10									50			
2-萘硫醇																10	10						20			30			30			
2-萘乙醚				30	20	20						20	10																			
2-羟基-3,5,5-三甲基-2-环己烯酮					20	10		10			10			10	10	10								20								
2-羟基-4-甲基戊酸甲酯																	20															80
2-羟基-5-正戊基四氢呋喃							30													20									10	10		30
2-羟基苯乙酮					20								10		30	10																30
2-羟基丁酮					20											10	10			50										10		
2-巯基-3-丁醇							20									10										40			30			
2-巯基-1-环十二酮	40						20						20										20									
2-巯甲基吡嗪																20										40			40			
2-壬醇	10						10													20			40									20
2-壬酮					40								40										10									10
2-壬烯醛	5						5															20	40			5		20				5
2-十二(碳)烯醛	40																						40									20
2-十三酮													20							10			60							10		

续表

香料名称	C	B	L	J	R	O	G	I	Cm	K	S	Z	H	W	P	T	Y	Li	Mu	D	Ac	E	A	Q	X	U	Fi	M	Ve	V	N	F
	橘	橡	薰	茉	玫	兰	青	冰	樟	松	木	芳	药	辛	酚	焦	土	苔	霉	乳	酸	醛	脂	膏	麝	臊	腥	瓜	菜	豆	坚	果
2-十三烯腈	60				10	5								5									20									
2-十三烯腈	30																						70									
2-十三烯醛	70																						30									
2-十四(碳)烯醛	40																					50	10									
2-十五酮														40									60									
2-十一(碳)烯醇																							80									20
2-十一醇																							70									30
2-十一烷酮					10							10	5							10			40	5								20
2-十一烯醛	10			10	10												4					46	10									10
2-戊基呋喃							30										20													10		40
2-戊基环戊烷				30	10		20																							10		30
2-戊酮								5			10						10			30									15			30
2-戊烯醛							50																20									30
2-辛酮					30		10						10				20			10												20
2-辛烯-4-醇							10										20												40			30
2-亚苄基庚醛	30				10		20													10			30									
2-亚糠基苯乙醛														20															30	30		20
2-亚乙基甲硫丙醛																40										10			50			
2-氧代丁酸					20											10				60			10									
2-乙基-1-乙醇								5				45																				50
2-乙基-3,5 或 6-二甲基吡嗪																										20			50	20		10
2-乙基-3-苯丙酸乙酯					40															10									30			20
2-乙基-3-甲基吡嗪																10	20												50	20		

续表

香料名称	C	B	L	J	R	O	G	I	Cm	K	S	Z	H	W	P	T	Y	Li	Mu	D	Ac	E	A	Q	X	U	Fi	M	Ve	V	N	F
	橘	橡	薰	茉	玫	兰	青	冰	樟	松	木	芳	药	辛	酚	焦	土	苔	霉	乳	酸	醛	脂	膏	麝	臊	腥	瓜	菜	豆	坚	果
2-乙基-4,5-二甲基噁唑							10									10	10						20						40	10		
2-乙基-4-甲基噻唑							10									10										20			50	10		
2-乙基-6-甲基吡嗪					20											10										10			50	10		
2-乙基丁醛					20		20																									60
2-乙基丁酸																				20	30											50
2-乙基丁酸烯丙酯							10																						40			50
2-乙基葑醇													60				40															
2-乙基呋喃					20							5				5													40	30		
2-乙基己醛环乙二缩醛			5	5	5	5	50						10																			20
2-乙酰基-2-噻唑啉							10						20													10			60			
2-乙酰基-3,3-二甲基降冰片烷													80																			20
2-乙酰基-3,5(或 6)-二甲基吡嗪																10													80	10		
2-乙酰基-3-吡嗪					15		5									10	10												50	10		
2-乙酰基-3-乙基吡嗪																	10												70	20		
2-乙酰基-5-甲基呋喃					30											10													40	20		
2-乙酰基吡啶																10	10												60	20		
2-乙酰基吡嗪												10		10		10	5			5									40	10		10
2-乙酰基呋喃					10											10	20						20						30	10		
2-乙酰基萘				10	20	10						30	10	10																		10
2-乙酰基噻唑																10													70	20		
2-乙酰氧基-3-丁酮					30							20																				50
2-乙氧基-3-异丁基吡嗪							20						80																			
2-乙氧基噻唑																10													70	20		

续表

香料名称	C	B	L	J	R	O	G	I	Cm	K	S	Z	H	W	P	T	Y	Li	Mu	D	Ac	E	A	Q	X	U	Fi	M	Ve	V	N	F
	橘	橼	薰	茉	玫	兰	青	冰	樟	松	木	芳	药	辛	酚	焦	土	苔	霉	乳	酸	醛	脂	膏	麝	臊	腥	瓜	菜	豆	坚	果
2-异丙基-4-甲基噻唑							10									10	20												30	10		20
2-异丙基对甲酚													40		60																	
2-异丁基-4-甲基噻唑							10										10												80			
2-异丁基噻唑							20						10	10			20												40			
2-异己酮							20					30	10							10									10			20
2-正庚基环戊酮				80									10										10									
3-(5-甲基呋喃)丁醛							20																10						40			30
3-(甲硫基)-1-己醇							50										10												40			
3-(羟甲基)-2-壬酮		10		10	30	10							40																			
3-(乙酰硫基)-2-甲基呋喃													20			10										20			30			20
3,3,5-三甲基环己醇								10					90																			
3,4-己二酮							10													60			20									10
3,5,5-三甲基己醇乙酸酯					30						30																					40
3,5,5-三甲基己醛																							35									65
3,5,5-三甲墓己醛						10	20				10						10						30							20		
3,5-二甲基-1,2,4-三硫环戊烷																10										30			50	10		
3,5-二甲基-1,2-环戊二酮					20											20													50	10		
3,5-二甲基和2,4-二甲基-3-环己烯腈							40				20		20	20																		
3,5-二乙基-2-甲基吡嗪							20									10													50	20		
3,6-二甲基雷锁辛酸甲酯												5					95															
3,6-壬二烯-1-醇					10		30										10						20			10						20
3,7-二甲基-2-乙基-2,6-辛二烯腈				60		20							20																			
3,7-二甲基-5-羟基-6-辛烯内酯				50							20		30																			

续表

香料名称	C	B	L	J	R	O	G	I	Cm	K	S	Z	H	W	P	T	Y	Li	Mu	D	Ac	E	A	Q	X	U	Fi	M	Ve	V	N	F
	橘	橡	薰	茉	玫	兰	青	冰	樟	松	木	芳	药	辛	酚	焦	土	苔	霉	乳	酸	醛	脂	膏	麝	臊	腥	瓜	菜	豆	坚	果
3-[(2-甲基-3-呋喃硫基)]-2,6-二甲-庚酮																10										30			60			
3*A*,4,5,6,7,7*a*-六氢-4,7-亚甲撑二氢茚-5-甲醛二乙缩醛			5	5		5							25	20																		40
3-苯丙醇					10									50										20								20
3-苯丙醛				10	10	20	10							20		10								20								
3-苯丙酸甲酯		10		20	20	10																										40
3-苯丙酸乙酯		10	10	10	30	10																										30
3-苯基丙酸				10	20	10															10								20	30		
3-苄基-4-庚酮								10			20		20																			50
3-亚丙基苯酞													40	60																		
3-亚丁基酞内酯							60						40																			
3-庚醇					20																								30			50
3-庚酮																	10			20									20			50
3-庚烯-2-酮					10		10				10									20										10		40
3-癸醇	40				20												10						20						10			
3-癸酮	10																			30			40			20						
3-己酮					20																		20									60
3-己烯醛							60																						30			10
3-己烯酸甲酯					10		10																									80
3-己烯酸乙酯					20		10																									70
3-甲基-1,2-环戊二酮					30								40							10												20
3-甲基-2,4-壬二酮					30		10													40			20									
3-甲基-2-苯基丁醛					20																											80

续表

香料名称	C	B	L	J	R	O	G	I	Cm	K	S	Z	H	W	P	T	Y	Li	Mu	D	Ac	E	A	Q	X	U	Fi	M	Ve	V	N	F
	橘	橡	薰	茉	玫	兰	青	冰	樟	松	木	芳	药	辛	酚	焦	土	苔	霉	乳	酸	醛	脂	膏	麝	臊	腥	瓜	菜	豆	坚	果
3-甲基-2-丁醇					30																											70
3-甲基-2-丁烯醛					10		10																						10			70
3-甲基-2-环己烯-1-酮					20							20	20		20	10														10		
3-甲基-4-苯基-3-丁烯-2-酮												10	80																	10		
3-甲基环己酮					20			20					60																			
3-甲基硫-1-己醇							30																			10			60			
3-甲基硫代丙酸乙酯							20																			10			40			30
3-甲基戊酸							10						60								30											
3-甲基戊酸乙酯					10																											90
3-甲基吲哚												10														90						
3-甲硫基代丙酸甲酯																													55			45
3-甲硫基丁醛							20																			40			40			
3-甲硫基丁酸甲酯							30										5						10									55
3-甲硫基丁酸乙酯							20										10						10									60
3-甲硫基己醛							30										10						20						40			
3-甲酸辛酯							10																50						40			
3-甲氧基-4-羟基桂酸钠													20	40	40																	
3-金合欢基-4,7-二羟基香豆素					20																			20						60		
3-蒈烯										80	20																					
3-糠硫基丙酸乙酯							20									10													60	10		
3-羟基-5-甲氧基甲苯																	40													20		40
3-羟基苯丙酸乙酯																	10									10						80
3-羟基丁酸乙酯							10																10									80

续表

香料名称	C	B	L	J	R	O	G	I	Cm	K	S	Z	H	W	P	T	Y	Li	Mu	D	Ac	E	A	Q	X	U	Fi	M	Ve	V	N	F
	橘	橡	薰	茉	玫	兰	青	冰	樟	松	木	芳	药	辛	酚	焦	土	苔	霉	乳	酸	醛	脂	膏	麝	膜	腥	瓜	菜	豆	坚	果
3-羟基己酸甲酯											10	10																				80
3-羟基己酸乙酯	20				10																											70
3-羟甲基-2-辛酮													80				20															
3-巯基-2-甲基-1-戊醇(消旋体)							20																			20			60			
3-巯基-2-甲基戊醛							20							20		5										20			35			
3-巯基-3-甲基-1-丁醇							10									10										20			50	10		
3-巯基丙酸乙酯							10																			30			30			30
3-巯基己醇							20									10										20			10	10		30
3-壬烯-2-酮					10																											90
3-壬烯酸甲酯							20																									80
3-叔丁基-4-甲氯基环己基甲醇					20																				80							
3-戊烯-2-酮												20			10											20		10	10			30
3-辛醇											10		10	10			50						20									
3-辛酮								75					10	5																		10
3-辛烯-2-醇							20										20						20						40			
3-辛烯-2-酮					10												30						30						20	10		
3-氧代己酸乙酯					20		20																						40			20
3-乙基-2-甲基吡嗪																	20												30	30		20
3-乙基-2羟基-4-甲基-2-环戊烯-1-酮					20											30				40										10		
3-乙基吡啶											10	40				30													10		10	
3-乙酰基-2,5 二甲基呋喃																10	20												60	10		
3-乙酰基-2,5-二甲基噻吩																10	20									10			50	10		
3-异丁基-5-甲基-1,2,4-三硫戊环							20									10										20			40	10		

续表

香料名称	C	B	L	J	R	O	G	I	Cm	K	S	Z	H	W	P	T	Y	Li	Mu	D	Ac	E	A	Q	X	U	Fi	M	Ve	V	N	F
	橘	橼	薰	茉	玫	兰	青	冰	樟	松	木	芳	药	辛	酚	焦	土	苔	霉	乳	酸	醛	脂	膏	麝	臊	腥	瓜	莱	豆	坚	果
3-正丁基苯酞							20						80																			
3-正戊基-4-乙酰氧基四氢吡喃				80													20															
4-(1-乙氧乙烯基)-3,3,5,5,5-四甲基环己酮											70															30						
4-(4,8-二甲基-3,7-壬二烯基)吡啶					10		30					20											10			10	10				10	
4-(对羟基苯)-2-丁酮																														10		90
4,4,6-三甲基-2-苄基-1,3-二噁烷		35	10		20	10	8						12																	5		
4,4-二丁基-γ-丁内酯																				40			40									20
4,5-二甲基-2-乙基-3-噻唑啉							10									10	10												50	20		
4,5-二甲基-2-异丁基-3-噻唑啉							10							10		10	10									10			40	10		
4,5-二甲基-3-羟基-2,5-二氢呋喃-2-酮					30											20				40										10		
4,5-二甲基-3-羟基-2,5-呋喃酮					30											20				25										5		20
4,5-二甲基噻唑					20																					30			50			
4-[(2-甲基-3-呋喃基)硫代]-5-壬酮																										40			60			
4-[三环(5.2.1.0)亚癸基-8]-丁醛						90	10																									
4-苯丁酸甲酯					40																											60
4-苯丁酸乙酯					40																								10			50
4-丙基-2,6-二甲氧基苯酚															50											20			30			
4-丙基苯酚													50		50																	
4-庚酮					20															20												60
4-庚烯-1-γ-丁内酯				80		10																										10
4-癸烯醛	30				20		20																30									
4-桧醇							10	20		10			50	10																		

续表

香料名称	C	B	L	J	R	O	G	I	Cm	K	S	Z	H	W	P	T	Y	Li	Mu	D	Ac	E	A	Q	X	U	Fi	M	Ve	V	N	F
	橘	橡	薰	茉	玫	兰	青	冰	樟	松	木	芳	药	辛	酚	焦	土	苔	霉	乳	酸	醛	脂	膏	麝	腺	腥	瓜	菜	豆	坚	果
4-己烯-3-酮							10					20		50																		20
4-甲基(α-甲基苯乙基)-1,3-丙二醇缩醛					20	20	10										10												20			20
4-甲基-1-苯基-2-戊酮											60			40																		
4-甲基-2,6-二甲氧基苯酚											20		30	20	30																	
4-甲基-2-苯基-2-戊烯醛					20																								70	10		
4-甲基-2-戊基-1,3-二氧戊环							10																20									70
4-甲基-2-戊烯醛							10				10			20						20			10						10			20
4-甲基-5-噻唑乙醇							5													10						10			65	10		
4-甲基-5-乙烯基噻唑																10	20												50	20		
4-甲基苯氧基乙醛				10	20	10	10																							50		
4-甲基二氢环戊吡嗪					10											10										10			60	10		
4-甲基环己酮																	50			30									20			
4-甲基联苯					20			10					30	20									20									
4-甲基壬酸																					20		30			50						
4-甲基噻唑							10									10										10			40	10		20
4-甲基辛酸																				10	30		40			20						
4-甲硫基-2-丁酮							10										20						20						50			
4-甲硫基-4-甲基-2-戊酮							10										10												70			10
4-甲硫基丁醇							20																			20			60			
4-甲硫基丁酸甲酯																10										10						80
4-甲氧基-2-甲基-2-丁硫醇							10						10													10			50			20
4-羟基-5-甲基-3(2*H*)-呋喃酮					20						5					20										10			25			20
4-羟基苯甲醇				10	20							10	30		10														20			

续表

香料名称	C	B	L	J	R	O	G	I	Cm	K	S	Z	H	W	P	T	Y	Li	Mu	D	Ac	E	A	Q	X	U	Fi	M	Ve	V	N	F
	橘	橡	薰	茉	玫	兰	青	冰	樟	松	木	芳	药	辛	酚	焦	土	苔	霉	乳	酸	醛	脂	膏	麝	臊	腥	瓜	菜	豆	坚	果
4-羟基苯甲醛													60											40								
4-羟基苯乙烯													50		50																	
4-巯基-4-甲基-2-戊酮							10																			20			10			60
4-叔丁基喹啉																	40									60						
4-松油醇										40			10	30			10															10
4-戊烯酸					20									10		10				10	30								20			
4-烯丙基-2,6-二甲氧基苯酚					10						10				20	20										10			30			
4-乙基-2,2-二甲基苯丙醛						80	10										10															
4-乙基-2,6-二甲氧基苯酚															30	20													50			
4-乙基-4-丁基丁位戊内酯																	10									60						30
4-乙基苯甲醛					40								60																			
4-乙基辛酸																				20			20			20			40			
4-乙基愈疮木酚					10						20		10	30	20															10		
4-乙烯基苯酚													30		50		10									10						
4-乙酰基-6-丁基-1,1-二甲基茚满											30														70							
4-乙酰基-6-叔丁基-1,1-二甲基茚满												4													96							
4-乙酰基皆烯											20		80																			
4-乙酰氧基-2,2-二甲基-3(2*H*)-呋喃酮					20											20				60												
4-异丁基-5-甲氧基噻唑							20							10												10			60			
5-(对丙基苯)-3-甲基戊烯-2-腈	20				20						20																					40
5,7-二氢-2-甲基噻吩并(3,4*d*)嘧啶																10													80	10		
5-苯基-3-甲基戊烯-2-腈	40				30						10												10		10							
5-苯基-5-甲基-3-己酮					70						20						10															

续表

香料名称	C	B	L	J	R	O	G	I	Cm	K	S	Z	H	W	P	T	Y	Li	Mu	D	Ac	E	A	Q	X	U	Fi	M	Ve	V	N	F
	橘	橡	薰	茉	玫	兰	青	冰	樟	松	木	芳	药	辛	酚	焦	土	苔	霉	乳	酸	醛	脂	膏	麝	膙	腥	瓜	菜	豆	坚	果
5-苯基-5-甲基-3-己酮					70						20			10																		
5-和 6-癸烯酸																				80	10		10									
5-环十六(碳)烯酮					10																				90							
5-己烯酸乙酯					20																								10			70
5-甲基-2-苯基-2-己烯					20		10									10													50	10		
5-甲基-2-噻吩醛					20						10		10																40	20		
5-甲基-3-庚基-2-(3H)呋喃酮	10				20		10													30			10									20
5-甲基-3-庚酮肟	5						60	10					25																			
5-甲基-α-[(甲硫基)甲基]-2-呋喃基丙烯醛							20																			20			60			
5-甲基糠醛					20									20		10													50			
5-甲基喹喔啉																10	10												70	10		
5-羟基-2-癸烯酸内酯																				30			10						50			10
5-羟基-4-辛酮					10								20							60			10									
5-羟基癸酸甘油酯					20															20									20	20		20
5-羟基十二酸甘油酯																							20									80
5-羟基十二碳-2-烯酸内酯																				80			10						10			
5-羟基十一碳-8-烯酸内酯																				60			10						10			20
5-乙基-2-羟基-3-甲基-2-环戊烯-1-酮					20																								60			20
5-乙基-3-羟基-4-甲基-2(5H)-呋喃酮																10													50			40
5-异戊二烯基-2-甲基-2-乙烯基四氢呋喃	10						20	10		20			20	20																		
6,10-二甲基-3-氧基-5,9-十一烷基二烯醛						20	20																60									

续表

香料名称	C	B	L	J	R	O	G	I	Cm	K	S	Z	H	W	P	T	Y	Li	Mu	D	Ac	E	A	Q	X	U	Fi	M	Ve	V	N	F
	橘	橡	薰	茉	玫	兰	青	冰	樟	松	木	芳	药	辛	酚	焦	土	苔	霉	乳	酸	醛	脂	膏	麝	臊	腥	瓜	菜	豆	坚	果
6,7-二氢-1,1,2,3,3-五甲基-4-(5*H*)二氢茚酮														20											80							
6-甲基香豆素													3							5										92		
6-甲基紫罗兰酮				10	50						10									5			5									20
6-羟基二氢茶螺烷							10	10		20	10		30				10															10
6-十一碳酮																	20					20	60									
6-戊基-*α*-吡喃酮																10				30			30						20	10		
6-异丙基十氢萘-2-酮	50										20																					30
7-甲基-4,4*a*,5,6-四氢-2(3*H*)-萘酮					10															20			10						40	20		
7-乙酰基-2*α*,3,4,5-四氢-1,1,5,5,-四甲基萘												20													80							
8(9)-十一烯醛	10				15																		75									
803 檀香					20						80																					
8-羟基对异丙基甲苯					20			10					10																	10		50
8-乙酰硫基薄荷酮							10	10					80																			
9-癸烯醇					70																		30									
9-癸烯醛					50																		50									
9-癸烯酸							10										10			30			40									10
9-十一烯醛	15				15																		70									
d-樟脑								20				10	60	10																		
d-苧烯	80																															20
l-癸烯-3-醇																	40						60									
m-二甲氧基苯					20			10					50																20			
m-甲酚													20	10	50		20															

续表

香料名称	C	B	L	J	R	O	G	I	Cm	K	S	Z	H	W	P	T	Y	Li	Mu	D	Ac	E	A	Q	X	U	Fi	M	Ve	V	N	F
	橘	橼	薰	茉	玫	兰	青	冰	樟	松	木	芳	药	辛	酚	焦	土	苔	霉	乳	酸	醛	脂	膏	麝	臊	腥	瓜	菜	豆	坚	果
PQ松油醇	18									55	7	20																				
p-大茴香醛												20	10	10			5													50		5
p-甲基苯乙酮												20	10																	70		
p-甲基苄基丙酮		10		10	30	10																										40
p-盖-8-硫醇-3-酮							20	10					30																20			20
p-乙氧基苯甲醛					40	20							20																	20		
T-2-壬烯醇							30																20					30				20
t-薄荷醇								70					20	10																		
α,3,3-三甲基-2-降冰片基甲醇											60						40															
α,α,4-三甲基苯乙醇		10	10	10	60	10																										
α-当归内酯											10		70			10	10															
α-葑酮								20		20	20		40																			
α-己基桂醛	5			85										5																		5
α-甲基-β-丙基-α-甲基-β-巯丙基硫醚							10									10										20			60			
α-甲基苯乙醛-1,2-丙二醇缩醛		10		10	40	10	10										20															
α-甲基大茴香烯基丙酮																				80										20		
α-龙脑烯醇					20								60																			20
α-水芹烯	20	10					10			20			20	20																		
α-松油烯	20									20	20		20	20																		
α-檀香醇					20						80																					
α-甜瓜醇							40																30					30				
α-突厥酮					40						20																					40
α-戊基桂醇				30	20	20								10																		20

续表

香料名称	C	B	L	J	R	O	G	I	Cm	K	S	Z	H	W	P	T	Y	Li	Mu	D	Ac	E	A	Q	X	U	Fi	M	Ve	V	N	F
	橘	橡	薰	茉	玫	兰	青	冰	樟	松	木	芳	药	辛	酚	焦	土	苔	霉	乳	酸	醛	脂	膏	麝	臊	腥	瓜	菜	豆	坚	果
α-戊基桂醛				70	10								10										10									
α-戊基桂醛二甲醇缩醛				80	20																											
α-戊基桂醛二乙醇缩醛				80	10																											10
α-亚甲基苯乙基甲酸甲酯醚		10		10	40	10							10	20																		
α-异丁酸松油酯	20					10	10			10	10		40																			
α-异甲基紫罗兰酮				10	50	10					10																					20
α-鸢尾酮			10	10	60						5					5																10
α-紫罗兰醇			10	10	60						10																					10
α-紫罗兰酮			10	10	50						10					10																10
β-环高柠檬醛	10				10						10		20										10									40
β-甲基萘基酮				30	20									20																		30
β-甲硫基丙醛							10																			50			40			
β-萘(酚)甲醚				40			10					20	20																			10
β-萘(酚)乙醚				40	10		10						20																			20
β-萘乙醇	30										30		20				20															
β-萘乙醚	20						10					40	30																			
β-萘异丁醚	10	10		20																												60
β-苹果酯					20																											80
β-石竹烯											20	20	40	20																		
β-松油醇										30	40	10					20															
β-突厥酮					50						20																					30
β-紫罗兰醇					60						20																					20
β-紫罗兰酮					50						20		2		2	1				5												20

续表

香料名称	C	B	L	J	R	O	G	I	Cm	K	S	Z	H	W	P	T	Y	Li	Mu	D	Ac	E	A	Q	X	U	Fi	M	Ve	V	N	F
	橘	橡	薰	茉	玫	兰	青	冰	樟	松	木	芳	药	辛	酚	焦	土	苔	霉	乳	酸	醛	脂	膏	麝	臊	腥	瓜	菜	豆	坚	果
γ-丁内酯																				80												20
γ-庚内酯																10														40		50
γ-癸内酯																				20												80
γ-己内酯													20			10														70		
γ-十二内酯																				80												20
γ-十二烯-6-内酯																				40			50									10
γ-十一内酯					10																											90
γ-松油烯	20									20	20						10						10									20
γ-突厥酮					20						30		10																			40
γ-辛内酯					10								40																	50		
δ-癸内酯																				60			20									20
δ-己内酯																				80										20		
δ-壬内酯																				70			20							10		
δ-十二内酯																				60			30									10
δ-十四内酯																5				35			40									20
δ-十一内酯																				80			10									10
δ-辛内酯																				20			10							40		30
ε-癸内酯																5				70			10							15		
ε-十二内酯							20																									80
ω-(2-甲基)丁酰基莰烯					20			10		50	20																					
ω-丙酰基莰烯											40													50		10						
ω-甲酰基莰烯		10			20	10		10			40													10								
阿弗曼酮							5	10		5	20		45	15																		

续表

香料名称	C	B	L	J	R	O	G	I	Cm	K	S	Z	H	W	P	T	Y	Li	Mu	D	Ac	E	A	Q	X	U	Fi	M	Ve	V	N	F
	橘	橼	薰	茉	玫	兰	青	冰	樟	松	木	芳	药	辛	酚	焦	土	苔	霉	乳	酸	醛	脂	膏	麝	臊	腥	瓜	莱	豆	坚	果
阿弗曼酯				10	10	10			10	10	10	5	10				5	5						10	5							
艾蒿油						10	10	10			10		20	20	5		5							10								
艾菊油							5	10			10	10	25	20	5		5							10								
艾油						5	10	10			10	5	20	15	5		5	5						10								
安息香膏							8						12											60						12		8
安息香净油					10		8						12											50		2				10		8
安息香油														25										65						10		
桉树烯							20	20		20			40																			
桉叶酸							20	20		10			40								10											
桉叶酮							30	10			30		20																			10
桉叶烷							20	20					30																			30
桉叶烯								30		20	20		20																			10
桉叶油								75	8	5			12																			
桉叶油素								90					10																			
桉樟油								65	10	5	5	5	10																			
奥古烷					60						5		10			5	5								10					5		
八角茴香油													30	60						10												
八氢萘-2-酮				10	10	10	10					20	20											20								
八氢香豆素						10	10					10																		60	10	
八氢吲哚				20																					30	40	10					
八醛	20						10																60									10
巴豆醛												60	20									20										
巴豆酸																					50									40		10

续表

香料名称	C	B	L	J	R	O	G	I	Cm	K	S	Z	H	W	P	T	Y	Li	Mu	D	Ac	E	A	Q	X	U	Fi	M	Ve	V	N	F
	橘	橡	薰	茉	玫	兰	青	冰	樟	松	木	芳	药	辛	酚	焦	土	苔	霉	乳	酸	醛	脂	膏	麝	膘	腥	瓜	菜	豆	坚	果
巴豆酸苯乙酯					40	20	10																							20		10
巴豆酸苄酯				30		10						20	20											10								10
巴豆酸癸酯													50							20			30									
巴豆酸环己基甲酯				10			20					10	40										10									10
巴豆酸环己酯				10		20	20					20	30																			
巴豆酸己酯							10					10	30	30			20															
巴豆酸甲酯						20	30					20	20	10																		
巴豆酸四氢糠酯													40			20	20															20
巴豆酸香茅酯					60								20	10			10															
巴豆酸香叶酯					70	10							10				10															
巴豆酸叶酯						10	60						20	10																		
巴豆酸乙酯						30	20							30		20																
巴豆酸异丁酯						20	20				20																					40
巴豆油						20								60									20									
巴伦西亚橘烯	60										20																					20
巴西玫瑰木油						20				10	40	20																				10
白百合净油					10	20				10		10	30	10	10																	
白百里香油													40	20	40																	
白菖油							20	20					15	15	10		10	5	5													
白豆蔻油								50	10	20																				10		10
白桦油										10	60		20			10																
白兰花油				50		20							10												5					5		10
白兰浸膏				30		20							10											20	5					5		10

续表

香料名称	C	B	L	J	R	O	G	I	Cm	K	S	Z	H	W	P	T	Y	Li	Mu	D	Ac	E	A	Q	X	U	Fi	M	Ve	V	N	F
	橘	橡	薰	茉	玫	兰	青	冰	樟	松	木	芳	药	辛	酚	焦	土	苔	霉	乳	酸	醛	脂	膏	麝	膘	腥	瓜	菜	豆	坚	果
白兰净油				50	5	20																	10		3					2		10
白兰叶油		40	10	30		10																										10
白兰酯				5		10		5					10										5							5		60
白莲蒿油					10	20	20						30	20																		
白木香油					20						70						10															
白柠檬油	60											10	10										10									10
白千层油							10	40		10			40																			
白莳萝油					20	10	10					10	30	10																10		
白术油						10							60																			30
白檀醇				5	10					5	80																					
白脱香油溶液														5						30			50						15			
白樟油							5	40	10	5			40																			
白芷油											40		40																	20		
百里酚甲醚							20				10		30		40																	
百里香酚													15	5	80																	
百里香酚丙基醚						10	10						10		70																	
百里香酚甲醚						20							10	10	60																	
百里香酚型罗勒油												10	20	20	50																	
百里香酚异丙基醚						15							10	5	70																	
百里香油													20	10	70																	
柏木醇甲醚											70														10	20						
柏木醚		10									70															10						10
柏木脑					5				10		85																					

续表

香料名称	C	B	L	J	R	O	G	I	Cm	K	S	Z	H	W	P	T	Y	Li	Mu	D	Ac	E	A	Q	X	U	Fi	M	Ve	V	N	F
	橘	橡	薰	茉	玫	兰	青	冰	樟	松	木	芳	药	辛	酚	焦	土	苔	霉	乳	酸	醛	脂	膏	麝	臊	腥	瓜	菜	豆	坚	果
柏木醛					20					10	60														10							
柏木酮					5						55		5				5								10	20						
柏木烯		10							10		60												10									10
柏木香膏(柏木油底油)									10		40		5			5	10		10				10	10								
柏木油									10		85					5																
拜氏麝香					5	5																			90							
保加利亚玫瑰油					80									5										10	5							
杯菊油						20							60	20																		
苯												90											10									
苯(甲)酸对甲氧基苄酯			10	20		10						20	10											20								10
苯(甲)酸烯丙酯		10				10	20																20									40
苯(甲)酰乙酸对甲苯酯															20										20	60						
苯胺													30													10				30		30
苯丙醇							70								10									20								
苯丙腈							60							20										20								
苯丙醛							70								10									20								
苯丙酮							40								10					15						5				20		10
苯酚												5		5	90																	
苯基缩水甘油酸己酯		10			20	10															5											55
苯基缩水甘油酸甲酯		10			10	10															5											65
苯基戊醇				10	50	30	10																									
苯基乙二醇单桂酸酯												20	20								5			55								
苯己醇					70		10																	20								

续表

香料名称	C	B	L	J	R	O	G	I	Cm	K	S	Z	H	W	P	T	Y	Li	Mu	D	Ac	E	A	Q	X	U	Fi	M	Ve	V	N	F
	橘	橡	薰	茉	玫	兰	青	冰	樟	松	木	芳	药	辛	酚	焦	土	苔	霉	乳	酸	醛	脂	膏	麝	臊	腥	瓜	菜	豆	坚	果
苯甲醇				20	10							10											10	10						10	10	20
苯甲腈												20	20																	30		30
苯甲醚						10	10					60	20																			
苯甲醛												10		5																10		75
苯甲醛丙二醇缩醛					20																			20						10		50
苯甲醛丙三醇环缩醛					10							10	10							10				10						10		40
苯甲醛丙三醇缩醛					10							10	10							10										10		50
苯甲醛二甲醇缩醛					10	10						10	20																	10		40
苯甲醛二异丁缩醛				10	10							20								20										10		30
苯甲醛二异戊缩醛					10							10								30										10		40
苯甲醛缩-1,3-丁二醇					10							20								20										10		40
苯甲醛缩乙二醇					10	10						10								10										10		50
苯甲酸													5	5		10	10				20		10	20						10	10	
苯甲酸(反)-3-己烯酯		10	10	10		10	30					10	10																			10
苯甲酸-1-甲基丙酯												10	10							20				10	10						10	30
苯甲酸-1-甲氧基乙酯		10				10						20	10							10				10							10	20
苯甲酸-2-丁烯酯					10		10					20	10							10			10	10								20
苯甲酸-3-甲基-2-丁烯酯							10					25								20			15									30
苯甲酸-3-甲基-3-戊烯酯												20	10							10			20	10						10		20
苯甲酸-3-戊酯				10			10					10	10							10			10	10							10	20
苯甲酸-α-檀香酯										10	40	10	10							10				10								10
苯甲酸-β-檀香酯					10						40	10	10							10				10								10
苯甲酸巴豆酯		10											10							10			20	10						30		10

续表

香料名称	C	B	L	J	R	O	G	I	Cm	K	S	Z	H	W	P	T	Y	Li	Mu	D	Ac	E	A	Q	X	U	Fi	M	Ve	V	N	F
	橘	橡	薰	茉	玫	兰	青	冰	樟	松	木	芳	药	辛	酚	焦	土	苔	霉	乳	酸	醛	脂	膏	麝	臊	腥	瓜	菜	豆	坚	果
苯甲酸苯酚酯													20		50	20							10									
苯甲酸苯基乙二醇酯		10			10	10							30							10				30								
苯甲酸苯乙酯												10	10							10			10	50	10							
苯甲酸苄酯				10		5												5						65	5						10	
苯甲酸丙酯					10	10						10	10	5			5						20	30								
苯甲酸薄荷酯							40	50					10																			
苯甲酸橙花酯					40																			50	10							
苯甲酸丁酯				10		30						10	10							10				20	10							
苯甲酸对甲基苄酯		10	10	10		10						10	20										10	10								10
苯甲酸对孟-1-烯-8-酯		10				10	20					10	20										10	10								10
苯甲酸二氢香芹酯		10					20	10				20	20																			20
苯甲酸芳樟酯		10	10	20		40																		20								
苯甲酸葑酯						10				10	30	10	10										10	20								
苯甲酸庚酯						10							20										40	20	10							
苯甲酸癸酯						20						10	20										50									
苯甲酸桂酯													50										20	30								
苯甲酸环己酯							20						20										20	20	10							10
苯甲酸茴香酯			10	10									30	30									10	10								
苯甲酸己酯				10	10		20						10										20	10	10							10
苯甲酸甲基戊烯酯		10	10			10	20						10										10	10								20
苯甲酸甲基乙酯				10	10	10	20						30											10								10
苯甲酸甲硫酯							20					10	20							10						10	10		10			10
苯甲酸甲酯		10	10	10		10						20	20																			20

续表

香料名称	C	B	L	J	R	O	G	I	Cm	K	S	Z	H	W	P	T	Y	Li	Mu	D	Ac	E	A	Q	X	U	Fi	M	Ve	V	N	F
	橘	橡	薰	茉	玫	兰	青	冰	樟	松	木	芳	药	辛	酚	焦	土	苔	霉	乳	酸	醛	脂	膏	麝	臊	腥	瓜	菜	豆	坚	果
苯甲酸邻甲氧基苯酯			10	10			10					10	20							10				20								10
苯甲酸六氢苯酯			10	10		10	10					10	20										20	10								
苯甲酸玫瑰酯					50								10											30	10							
苯甲酸羟基苯基乙酯		10	10									10	20							10				30	10							
苯甲酸氢化桂酯													40							10			10	30								10
苯甲酸壬酯					10								10							10			30	30	10							
苯甲酸十二(烷)酯													20							10			40	20	10							
苯甲酸松油酯						10				60			10											20								
苯甲酸苏合香酯							30						30										10	20								10
苯甲酸晚香玉酯				10			10						50							10				20								
苯甲酸戊酯				10	10	10							10							20			10	10								20
苯甲酸烯丙酯			10	10	10		10					10	10										10	10								20
苯甲酸香茅酯					50																			40	10							
苯甲酸香芹(酚)酯				10	10	10	10						20	10									10	10								10
苯甲酸香叶酯					45																			45	10							
苯甲酸辛酯				10			10						20							20			20	10								10
苯甲酸腰果(酚)酯				10	10								20		10					20				10								20
苯甲酸叶酯				20			70						10																			
苯甲酸乙酯					10	10							80																			
苯甲酸异丙酯				10	10	10	10					10	30										10									10
苯甲酸异丁香(酚)酯												10	10	45	10	10		5						10								
苯甲酸异丁酯				10	10	10							20							15			15	10								10
苯甲酸异己酯				10		10							20							20			15	10								15

续表

香料名称	C	B	L	J	R	O	G	I	Cm	K	S	Z	H	W	P	T	Y	Li	Mu	D	Ac	E	A	Q	X	U	Fi	M	Ve	V	N	F
	橘	橡	薰	茉	玫	兰	青	冰	樟	松	木	芳	药	辛	酚	焦	土	苔	霉	乳	酸	醛	脂	膏	麝	臊	腥	瓜	菜	豆	坚	果
苯甲酸异龙脑酯							20					10	60											10								
苯甲酸异戊二烯酯						10	20						20							10			10	20								10
苯甲酸异戊酯					10	10							10							10			10	40								10
苯甲酸愈疮木酯										10	40		30											20								
苯甲酸月桂酯		10											30							10			40	10								
苯甲羧酸苄酯													10							20			20	40	10							
苯甲烯丙酮				20			20	10				10	20																			20
苯甲酰(基)丙酮				30		10	10					10								10										10		20
苯甲酰丁香酚													10	20	30									40								
苯甲酰基乙酸乙酯	10		10	20	10	10	10						10																			20
苯甲酰愈疮木酚					10							20	20		30	20																
苯甲氧基乙酸乙酯	10	10	10	10	20	20																										20
苯硫醇							20					20	20							20						10	10					
苯硫酚							20						20		40											10	10					
苯酰苯					60							20												20								
苯酰乙酸己酯	10		10									20								20												40
苯氧基乙醇					90		10																									
苯氧基乙酸					20	10							10							20	30					10						
苯氧乙醛					10		20													30		20										20
苯乙胺												30													10	20	40					
苯乙醇					70	10	10						10																			
苯乙醇头子					40			20			20		5		5	5	5															
苯乙二醇			10		20	10														40												20

续表

香料名称	C	B	L	J	R	O	G	I	Cm	K	S	Z	H	W	P	T	Y	Li	Mu	D	Ac	E	A	Q	X	U	Fi	M	Ve	V	N	F
	橘	橼	薰	茉	玫	兰	青	冰	樟	松	木	芳	药	辛	酚	焦	土	苔	霉	乳	酸	醛	脂	膏	麝	臊	腥	瓜	菜	豆	坚	果
苯乙二醇二乙酸酯					30	10					10		10				10							30								
苯乙基异戊基醚					40	15	5					40																				
苯乙腈					20	20	20					20								20												
苯乙硫醇																	50								20	20						10
苯乙醛					20		50					30																				
苯乙醛-2,3-丁二醇缩醛					40	20	20										20															
苯乙醛丙三醇缩醛					60															20												20
苯乙醛二丁醇缩醛				10	40	20	20					10																				
苯乙醛二甲缩醛					10	10	30					30	10										10									
苯乙醛双(3,7-二甲基-2,6-辛二烯基)缩醛		10	10		70	10																										
苯乙醛缩二乙醇					40	10	20					10					10			10												
苯乙酸					30	20															25					20	5					
苯乙酸-2-辛酯					10																		30									60
苯乙酸柏木酯					30				10		30		10											20								
苯乙酸苯丙酯					20								30											50								
苯乙酸苯乙酯					30	25						20			10									10						5		
苯乙酸苄酯				10	20	20						20	10											20								
苯乙酸丙酯					30								10							10			10	10		10						20
苯乙酸橙花酯					60								20											20								
苯乙酸大茴香酯					40								20	40																		
苯乙酸丁香酚酯					30								20	45				5														
苯乙酸丁酯					20								20							10			10			10						30

续表

香料名称	C	B	L	J	R	O	G	I	Cm	K	S	Z	H	W	P	T	Y	Li	Mu	D	Ac	E	A	Q	X	U	Fi	M	Ve	V	N	F
	橘	橡	薰	茉	玫	兰	青	冰	樟	松	木	芳	药	辛	酚	焦	土	苔	霉	乳	酸	醛	脂	膏	麝	臊	腥	瓜	菜	豆	坚	果
苯乙酸对甲酚酯															20									10		60	10					
苯乙酸芳樟酯		15	15	20	20	20																		10								
苯乙酸桂酯					30								10	40						20												
苯乙酸己酯		10	10		10		30																									40
苯乙酸甲酯		10	10			10						20	10							10			10	10		10						
苯乙酸玫瑰酯					60								20											20								
苯乙酸诺卜酯		10	10		20	20				10	30																					
苯乙酸四氢糠酯					30							20				30										10					10	
苯乙酸松油酯					30		5			40	10		10																			5
苯乙酸苏合香酯					30	10	20			10			20																			10
苯乙酸檀香酯					20						60		20																			
苯乙酸戊酯		5	5										10							20			10		10	10				10		20
苯乙酸烯丙酯		10	10		20		10																									50
苯乙酸香根酯					20						40		20				20															
苯乙酸香茅酯		10	10		50								30																			
苯乙酸香叶酯					60								40																			
苯乙酸辛酯					20																		20									60
苯乙酸叶酯					30		40																									30
苯乙酸乙酯					20	20														10			10			20						20
苯乙酸异丙酯					40															10			10	10	10							20
苯乙酸异丁香酚酯					30								20	50																		
苯乙酸异丁酯				10	20	20							10										10	10		20						
苯乙酸异戊酯					20								10							20			10			10				10		20

续表

香料名称	C	B	L	J	R	O	G	I	Cm	K	S	Z	H	W	P	T	Y	Li	Mu	D	Ac	E	A	Q	X	U	Fi	M	Ve	V	N	F
	橘	橡	薰	茉	玫	兰	青	冰	樟	松	木	芳	药	辛	酚	焦	土	苔	霉	乳	酸	醛	脂	青	麝	膘	腥	瓜	菜	豆	坚	果
苯乙酸愈疮木酯											60		30		10																	
苯乙酮												30		10																30	15	15
吡啶							40					20	20																		20	
吡拉龙							30				30				10	10	20															
吡咯					30							50																			20	
吡咯烷							30					10														60						
吡咯烷酮羧酸薄荷酯							10	50					20							20												
吡嗪							30					20					30															20
吡嗪基甲基硫醚							20					20					20			20						10	10					
吡嗪乙硫醇					10		10										20			30						10	20					
荜澄茄油	10										40		10	40																		
扁柏油		10			5				10		70					5																
苄基丙酮														40	20									20								20
苄基丁醇					40		40										20															
苄基丁香酚													40	40	20																	
苄基硫醇				60																												40
苄基乙(基)醚					20																											80
苄基乙醇					20									20										60								
苄基乙酰乙酸乙酯		10	10		20									20			20															20
苄基异丁基酮											50			30																		20
苄基异丁香酚		10	10		20																			60								
苄硫醇							40					20														20	20					
别罗勒烯醇	20	10	10	20	40																											

续表

香料名称	C	B	L	J	R	O	G	I	Cm	K	S	Z	H	W	P	T	Y	Li	Mu	D	Ac	E	A	Q	X	U	Fi	M	Ve	V	N	F
	橘	橡	薰	茉	玫	兰	青	冰	樟	松	木	芳	药	辛	酚	焦	土	苔	霉	乳	酸	醛	脂	膏	麝	膙	腥	瓜	菜	豆	坚	果
丙醇							20					50																				30
丙二醇					60							20								20												
丙二硫							40																			20	20		20			
丙二酸二乙酯							5																									95
丙基-2-甲基-3-呋喃基二硫醚							40													10						20	20		10			
丙基糠基二硫醚							30									30				10						10	10		10			
丙基三硫							40																			30			10			20
丙硫醇							20																			30	10		20			20
丙醛	10				20							50																				20
丙酸							10														80											10
丙酸艾薇酯							30					62	5																			3
丙酸苯乙酯		10	10		30		10							10						10				10								10
丙酸苄酯				60		10	5					5																				20
丙酸丙酯												10								10								10				70
丙酸薄荷酯							20	40					20																			20
丙酸橙花叔酯				20	30																											50
丙酸橙花酯					70	10	10																									10
丙酸丁酯																				20												80
丙酸反-2-己烯酯							60													10												30
丙酸芳樟酯		20	20	10		20	10			10																						10
丙酸癸酯		10	10																	20			60									
丙酸桂酯					20		20							30										30								
丙酸环己酯		10	10				10																20									50

续表

香料名称	C	B	L	J	R	O	G	I	Cm	K	S	Z	H	W	P	T	Y	Li	Mu	D	Ac	E	A	Q	X	U	Fi	M	Ve	V	N	F
	橘	橡	薰	茉	玫	兰	青	冰	樟	松	木	芳	药	辛	酚	焦	土	苔	霉	乳	酸	醛	脂	膏	麝	臊	腥	瓜	菜	豆	坚	果
丙酸茴香酯					10								60	10																		20
丙酸己酯					10	10	10													20			10									40
丙酸甲酯	10							10				20								10												50
丙酸糠酯											20					10	10			10												50
丙酸麦芽酚酯					10											10				10												70
丙酸玫瑰酯		10	10		70	10																										
丙酸三环癸烯酯												10	40				10	10						10								20
丙酸顺-5-辛烯酯				10			10				30						10															40
丙酸顺-3-辛烯醇酯							20																20									60
丙酸四氢糠酯		5	5													10													10		20	50
丙酸松油酯										80	10																					10
丙酸苏合香酯			10	10	10	10	30																									30
丙酸戊酯												10								15			5									70
丙酸香根酯											50		10				30							10								
丙酸香茅酯					70	10				10																			20			10
丙酸香芹酯					10		20						20	10																		20
丙酸香叶酯					80	10																										10
丙酸辛酯	10					10	10																20									50
丙酸叶酯				5			80																									15
丙酸乙酯												10								10												80
丙酸异丙酯												10								10												80
丙酸异丁酯																				10												90
丙酸异龙脑酯								10			10		80																			

续表

香料名称	C	B	L	J	R	O	G	I	Cm	K	S	Z	H	W	P	T	Y	Li	Mu	D	Ac	E	A	Q	X	U	Fi	M	Ve	V	N	F
	橘	橡	薰	茉	玫	兰	青	冰	樟	松	木	芳	药	辛	酚	焦	土	苔	霉	乳	酸	醛	脂	膏	麝	膘	腥	瓜	菜	豆	坚	果
丙酸异戊酯												10								5			5									80
丙酸月桂烯酯		10	10	10		10	20			10			10																			20
丙酸月桂酯	10	10	10																				40	10								20
丙酮					10							20																				70
丙酮酸乙酯												20								30												50
丙位丁内酯																				60			30							10		
丙位杜松烯									10	60	30																					
丙位庚内酯										10			20			10	10			20				10						20		
丙位癸内酯																				20												80
丙位己内酯													25			5														70		
丙位壬内酯						10														30												60
丙位十二内酯																				10												90
丙位松油烯							20			80																						
丙位戊内酯																				40										40		20
丙位辛内酯						5														55										5		35
丙位雪松烯							10			50	40																					
丙位紫罗兰酮				10	50						10						10			10												10
丙烯基丙基二硫							30																			20	20		10			20
丙烯基乙基愈创木酚						20					6			3		1														70		
丙烯酸乙酯												20								20								20				40
波洁洪醛		5	5			60					10												20									
波罗尼净油	10			10	20	10	20																									30
波旁香荚兰油树脂																10				20										60		10

续表

香料名称	C	B	L	J	R	O	G	I	Cm	K	S	Z	H	W	P	T	Y	Li	Mu	D	Ac	E	A	Q	X	U	Fi	M	Ve	V	N	F
	橘	橡	薰	茉	玫	兰	青	冰	樟	松	木	芳	药	辛	酚	焦	土	苔	霉	乳	酸	醛	脂	膏	麝	臊	腥	瓜	菜	豆	坚	果
波蓬香叶油					60		20											5					15									
菠萝醇							20																			30						50
菠萝甲酯							10														10					10						70
菠萝精油					10																											90
菠萝醛							30																			20						50
菠萝酮					10											10																80
菠萝乙酯							10														10					10						70
菠萝酯							10													10	10											70
菠叶酯		5		5			80										5						5									
伯斯利		30	30								20					5									10	5						
薄荷醇								95			2		3																			
薄荷呋喃							5	90					5																			
薄荷净油							5	80					5																			10
薄荷内酯					10											5				40										30		15
薄荷三烯(天然)								20		20	20		10										20									10
薄荷素油								70					10																			20
薄荷酮							5	95																								
薄荷油								80					10																			10
薄桃酯							20	20					20													10						30
布达汉油	80						10																									10
布枯肟							5	2																								93
布枯叶浸膏							30	20				20	10																			20
布枯叶油							5	25									5									5						60

续表

香料名称	C	B	L	J	R	O	G	I	Cm	K	S	Z	H	W	P	T	Y	Li	Mu	D	Ac	E	A	Q	X	U	Fi	M	Ve	V	N	F
	橘	橡	薰	茉	玫	兰	青	冰	樟	松	木	芳	药	辛	酚	焦	土	苔	霉	乳	酸	醛	脂	膏	麝	臊	腥	瓜	菜	豆	坚	果
莱子油							10																60	10					20			
苍术浸膏							5						50	10									15	20								
苍术油							10						60	10									10	10								
藏红花酸乙酯					60						10																					30
藏红花香树脂					40						10					10				10			10	10						10		
藏红花油					60						10		10							10			10									
藏花醛											30		40	20	10																	
藏木香油											40		20				40															
草果油							50							10									20									20
草莓呋喃酮					10																											90
草莓醛							5								3																	92
草莓酸																					10											90
草莓酸乙酯																2													8			90
草莓香茅乙酯					40																				20							40
草莓酯							10					10																				80
草木犀浸膏				10	50	10										10														20		
侧柏酮					20			20		20	30													10								
茶醇					55						10	5	5	5	5	10														5		
茶螺烷							10	40			30		20																			
茶树油								5		26			54	10	5																	
茶叶油		10	10	10	40						10					10														10		
檫木油									10		40		20	30																		
柴桂精油								10	20				10	60																		

续表

香料名称	C	B	L	J	R	O	G	I	Cm	K	S	Z	H	W	P	T	Y	Li	Mu	D	Ac	E	A	Q	X	U	Fi	M	Ve	V	N	F
	橘	橼	薰	茉	玫	兰	青	冰	樟	松	木	芳	药	辛	酚	焦	土	苔	霉	乳	酸	醛	脂	膏	麝	臊	腥	瓜	菜	豆	坚	果
柴胡油													40	20										20								20
菖蒲油											40		20	20			10	10														
长白鱼鳞松油							10			30	20		40																			
长寿花净油	10		10	10	10	10					10		10										10	10						10		
长叶薄荷酮							20	10					30	20																		20
长叶环烯						20				30	30													20								
长叶松油								10	10	60	20																					
长叶烯										5	91		3				1															
超级醛	30				10																		60									
超级檀香醇											80									20												
朝鲜蓟根油							10						40				40							10								
朝鲜崖柏油							30				20		50																			
车前根油					60								20				20															
车前花油				20	40		20																									20
车前叶油					60		20						10										10									
沉水樟油													30	60									10									
沉香木油											50					10	20		10					10								
沉香油香基											65		2	5	1	2	3		10					4						8		
陈年朗姆酒					20											10		5	5	20	10		10	10								10
橙花醇					80		10					10																				
橙花净油	10			40	10	10						10														10						10
橙花醛	20											10																				70
橙花叔醇					30	30						25	5																			10

续表

香料名称	C	B	L	J	R	O	G	I	Cm	K	S	Z	H	W	P	T	Y	Li	Mu	D	Ac	E	A	Q	X	U	Fi	M	Ve	V	N	F
	橘	橼	薰	茉	玫	兰	青	冰	樟	松	木	芳	药	辛	酚	焦	土	苔	霉	乳	酸	醛	脂	膏	麝	膻	腥	瓜	菜	豆	坚	果
橙花素	10	20				20							10											10		10						20
橙花酮	20			20		10	10			20			10			10																
橙花油	10	20	5	30		10						10	5																			10
橙叶净油	10			30		10	10			10		20																				10
橙叶醛	20					10	5			10	10	20	5	10																		10
橙叶油	10	20		30		20					15		5																			
橙子精油	80				5																		5									10
齿状布枯油							20	30																					20			30
齿状布枯油树脂							20	20																20					20			20
赤,苏-3-巯基-2-甲基-1-丁醇							20																		20	40			20			
臭冷杉油							20				20		60																			
樗叶花椒油											20		20	40									20									
除倍半烯甜橙油	80						10																10									
除萜白柠檬油											20		10							60			10									
除萜橘子油	70										10		10										10									
除萜苦橙油	80												10										10									
除萜柠檬油	60						5			5	10																					20
除萜桃金娘月桂(叶)油	20						10							20	10									40								
除萜甜橙精油	60										20												10									10
除萜甜橙香精油	70										10												5									15
除萜甜橙油	70											10																				20
除萜意大利香柠檬油	40			20									5	20									5	10								
川白芷油													50	40																10		

续表

香料名称	C 橘	B 橼	L 薰	J 茉	R 玫	O 兰	G 青	I 冰	Cm 樟	K 松	S 木	Z 芳	H 药	W 辛	P 酚	T 焦	Y 土	Li 苔	Mu 霉	D 乳	Ac 酸	E 醛	A 脂	Q 膏	X 麝	U 膻	Fi 腥	M 瓜	Ve 菜	V 豆	N 坚	F 果
川桂油													40	60																		
川木香油											50		30				20															
川陕花椒油					30		10						20	40																		
川芎油											10		80				10															
春黄菊浸膏							10	10			10		40			10								10								10
春黄菊油	10									10	20		50				5													5		
纯咖啡油											10					60														20	10	
纯种芳樟叶油		20	20	10	10	20	5				5																	5				5
次苄基邻氨基苯硫酚							10						40		20											20						10
刺柏焦油										20	20					60																
刺柏油										30	50		10	10																		
刺柏子油(天然)										40	40		10	10																		
刺山柑油														60																		40
刺松藻精油		20			20		30						20			10																
丛生树花精油							10						30				30							10						20		
达尔马提亚迷迭香油							20	10			10		50											10								
大侧柏油										30	70																					
大高良姜油											20	20	20	10	10														20			
大根香叶烯								20			40		20	10		10																
大根香叶油					85		3				5	5																				2
大花茉莉浸膏		5		50		5	10						10											20								
大花茉莉净油				60		5	5					20	10																			
大茴香醇					5							30	30							20										10		5

续表

香料名称	C	B	L	J	R	O	G	I	Cm	K	S	Z	H	W	P	T	Y	Li	Mu	D	Ac	E	A	Q	X	U	Fi	M	Ve	V	N	F
	橘	橡	薰	茉	玫	兰	青	冰	樟	松	木	芳	药	辛	酚	焦	土	苔	霉	乳	酸	醛	脂	膏	麝	臊	腥	瓜	菜	豆	坚	果
大茴香腈							5						5	20																70		
大茴香脑													30	60						10												
大茴香醛					10	10	10					20	5	20																25		
大茴香醛二甲缩醛					20							20	20	20																20		
大茴香醛缩二乙醇					30								40	10																20		
大茴香酸丙酯					10	10							15	20															10	10		25
大茴香酸丁酯					10	10							5	20															10	10		35
大茴香酸庚酯														20						10			20						20	5		25
大茴香酸己醇														20						10			10						25	5		30
大茴香酸甲酯					20	20	5							25																10		20
大茴香酸叔丁酯					10	10							10	20															10	10		30
大茴香酸戊酯														20						10			5						25	5		35
大茴香酸乙酯					20	20								30																10		20
大茴香酸异丙酯					10	10							10	20															10	10		30
大茴香酸异丁醋					10	10								20															10	10		40
大茴香酸异戊酯														20						10									25	5		40
大茴香酮					10									40										10						10		30
大茴香油													30	60			5													5		
大麻精油											20	20	40	10	10																	
大蒜油													15	25															60			
大西洋雪松油							10		10	40	30		10																			
大叶桉油							10	10	10		10	20	40																			
大叶川芎油													60	20			20															

续表

香料名称	C	B	L	J	R	O	G	I	Cm	K	S	Z	H	W	P	T	Y	Li	Mu	D	Ac	E	A	Q	X	U	Fi	M	Ve	V	N	F
	橘	橡	薰	茉	玫	兰	青	冰	樟	松	木	芳	药	辛	酚	焦	土	苔	霉	乳	酸	醛	脂	膏	麝	臊	腥	瓜	菜	豆	坚	果
大叶钓樟油		20							20		20		40																			
大叶石龙尾油													20	60																		20
大叶天竺葵油					60		10	10					10										10									
玳玳花油	5	15	20	10		25						5	5																			15
玳玳叶油	10	20		10		20	5					10	5																			20
丹桂花浸膏				10	50		10																10	10								10
丹桂花净油				10	50		10													10			10									10
当归根提取物											40		30			10		5	5													10
当归根油							10				20		20				10	5	5					10	10	10						
当归净油													70				20	5	5													
当归内酯													3												95	2						
当归酸丁酯					20	20	10						30																			20
当归酸己酯					10	10	10						40										10									20
当归酸乙酯		20			20		10						30																			20
当归酸异丁酯			10		20	10	10						30																			20
当归酸异戊酯			10		20	10	10						20							10												20
当归油			10		10	10	10				20		10	20				5	5													
当归籽油			10		10	10	20				10		20	20																		
道必卡尔						80	10																10									
道立米					80		5						10																			5
灯台树花油		20			20	20	10						20		10																	
迪开酮	20										30	20																				30
地枫皮油											10		60	30																		

续表

香料名称	C	B	L	J	R	O	G	I	Cm	K	S	Z	H	W	P	T	Y	Li	Mu	D	Ac	E	A	Q	X	U	Fi	M	Ve	V	N	F
	橘	橡	薰	茉	玫	兰	青	冰	樟	松	木	芳	药	辛	酚	焦	土	苔	霉	乳	酸	醛	脂	膏	麝	臊	腥	瓜	菜	豆	坚	果
地檀香油						20					10		60																			10
滇白珠油						20					10		60																			10
丁胺																										20	60		20			
丁醇												10	10																			
丁二酸二苄酯				20	20	20																										40
丁二酸二丁酯						20	10													10												60
丁二酸二甲酯						20	20																									60
丁二酸二乙酯						10	10																									80
丁二酮												5	5							80			5			5						
丁硫醚							80					15	5																			
丁醛					10		10					40								10	10											20
丁酸																			10	20	30					5	5		20			10
丁酸-1-庚-2-酯							20							20									20									40
丁酸-1-辛烯-3-醇酯																	40			60												
丁酸-2,4-己二烯酯							20													20			20									40
丁酸-2,5-二甲基-3-氧代-(2*H*)呋喃-4-醇酯																				60												40
丁酸-2-甲基丙酯																				5									15			80
丁酸-3-甲基丁酯																				15												85
丁酸-3-硫代己酯							30																			10			10			50
丁酸-α-甲基苄酯				60		10	10																									20
丁酸苯乙酯					20							20					5							20	5	5				5		20
丁酸苄酯				60																				5								35

续表

香料名称	C	B	L	J	R	O	G	I	Cm	K	S	Z	H	W	P	T	Y	Li	Mu	D	Ac	E	A	Q	X	U	Fi	M	Ve	V	N	F
	橘	橡	薰	茉	玫	兰	青	冰	樟	松	木	芳	药	辛	酚	焦	土	苔	霉	乳	酸	醛	脂	膏	麝	臊	腥	瓜	菜	豆	坚	果
丁酸丙酮醇酯																	20			80												
丁酸丙酯																				10									10			80
丁酸橙花酯					40	10														10									10			30
丁酸丁酯																				20												80
丁酸二甲基苄基甲酯				20			10						30	10									10									20
丁酸二甲基苄基乙酯				10	10		10						30	10									10									20
丁酸二甲基苄基原酯						10						75																				15
丁酸反-2-己烯酯							20																20									60
丁酸芳樟酯		20		30		20														10												20
丁酸庚酯																				15			15									70
丁酸癸酯																				20			40									40
丁酸桂酯																								70								30
丁酸环己基乙酯					10							10								30			10									40
丁酸环己酯							10													30			10								10	40
丁酸茴香酯					20								20	20																		40
丁酸己酯																				30			10									60
丁酸甲基烯丙酯												20								20												60
丁酸甲硫基甲酯							20																			30						50
丁酸甲酯								10												10									10			70
丁酸龙脑酯													60							10												30
丁酸玫瑰酯					70							10																				20
丁酸壬酯																				20			30						10			40
丁酸十二(烷)酯																				20			50			10						20

续表

香料名称	C	B	L	J	R	O	G	I	Cm	K	S	Z	H	W	P	T	Y	Li	Mu	D	Ac	E	A	Q	X	U	Fi	M	Ve	V	N	F
	橘	橡	薰	茉	玫	兰	青	冰	樟	松	木	芳	药	辛	酚	焦	土	苔	霉	乳	酸	醛	脂	膏	麝	臊	腥	瓜	菜	豆	坚	果
丁酸四氢糠酯					20											10																70
丁酸四氢香叶酯					60		10																									30
丁酸四氢薰衣草酯		10	10	20	10	20																										30
丁酸松油酯										60			10																			30
丁酸戊酯																				15									5			80
丁酸烯丙酯							10					10																				80
丁酸香根酯											40						20															40
丁酸香茅酯					60							20																				20
丁酸香叶酯					70							15																				15
丁酸辛酯																				10			20						10			60
丁酸叶酯				10			70																									20
丁酸乙基苄酯				60																												40
丁酸乙烯酯								10												10									10			70
丁酸乙酯								10																								90
丁酸异丙酯																				10									10			80
丁酸异丁酯																				20												80
丁酸异戊酯																				15												85
丁位癸内酯																				80			20									
丁位己内酯																				65												35
丁位十二内酯																				70			30									
丁位十四内酯																				60			40									
丁位十一内酯																				70			10						10			10
丁酰基乳酸丁酯																				80			20									

续表

香料名称	C	B	L	J	R	O	G	I	Cm	K	S	Z	H	W	P	T	Y	Li	Mu	D	Ac	E	A	Q	X	U	Fi	M	Ve	V	N	F
	橘	橼	薰	茉	玫	兰	青	冰	樟	松	木	芳	药	辛	酚	焦	土	苔	霉	乳	酸	醛	脂	膏	麝	臊	腥	瓜	菜	豆	坚	果
丁酰乳酸丁酯																				80			20									
丁香(酚)庚醚														60	20								20									
丁香(酚)乙醚					10	10								60	20																	
丁香酚														90	10																	
丁香酚甲醚													25	70	5																	
丁香花油											5		1	91	3																	
丁香罗勒油											10		10	70	10																	
丁香头油							10					10	10	40	20		10															
丁香叶油													10	89		1																
东京麝香																									80	20						
东印度柠檬草油													20																			80
东印度肉豆蔻油										20	40	20		20																		
冬青油								20					80																			
冬香薄荷油								20						40	40																	
豆叶九里香油				20	20								30	30																		
毒芹油										50	30	20																				
独活酊					30						20					10								20	10	10						
独活油					30						20													30	10	10						
杜衡油													60	40																		
杜鹃花浸膏		20			20						20		10		10									20								
杜鹃花净油		20			30	20					10																					20
杜鹃酮			10		30	10					50																					
杜松油	5									25	5	7	35	8	5	10																

续表

香料名称	C	B	L	J	R	O	G	I	Cm	K	S	Z	H	W	P	T	Y	Li	Mu	D	Ac	E	A	Q	X	U	Fi	M	Ve	V	N	F
	橘	橡	薰	茉	玫	兰	青	冰	樟	松	木	芳	药	辛	酚	焦	土	苔	霉	乳	酸	醛	脂	膏	麝	膘	腥	瓜	菜	豆	坚	果
杜松子油							20	20			20		30											10								
对-1-蓋烯-8-硫醇											60	20																				20
对-α-二甲基苯乙烯													20	20	20		20															20
对苯基甲苯					60							30																			10	
对茴香酸													20	20						20	10									20		10
对甲苯基甘油酸乙酯						10																										90
对甲苯乙醛							75					15																				10
对甲酚												10			90																	
对甲酚甲醚					55							25														20						
对甲基苯乙酮												10	10	5		5	10													60		
对甲氧基-α-甲基桂醛													20	40																10		30
对甲氧基-α-戊基桂醛				50										10																10		30
对甲氧基苯乙酮												20	20	20						20										10		10
对甲氧基桂醛														50		10														20		20
对蓋-1-烯-8-硫醇							20																			10			10			60
对蓋-3-烯-1-醇										20	70						10															
对蓋-8-烯-2-酮								20			20		60																			
对伞花烃						20	20			20																			40			
对叔丁基苯酚															80															20		
对叔丁基苯乙酸甲酯					15		5				30	20	20										5									5
对叔丁基环己醇								5			65		30																			
对叔丁基环己酮							10	5			15	60					10															
对位异丙基环己醇					10			15				75																				

续表

香料名称	C	B	L	J	R	O	G	I	Cm	K	S	Z	H	W	P	T	Y	Li	Mu	D	Ac	E	A	Q	X	U	Fi	M	Ve	V	N	F
	橘	橡	薰	茉	玫	兰	青	冰	樟	松	木	芳	药	辛	酚	焦	土	苔	霉	乳	酸	醛	脂	膏	麝	臊	腥	瓜	菜	豆	坚	果
对乙基苯酚															50	30													20			
二苯甲酮					16	7						7		45										20								5
二苯甲烷	50				50																											
二苯醚					50	20		10							5			10		5												
二苄基酮					40								40																			20
二苄醚					40								30				20	10														
二丁基硫醚							60						10																30			
二环己基二硫醚							50					10														20			20			
二环缩醛							20						20	20			20													10	10	
二甲苯麝香											20														75	5						
二甲苯麝香脚子		5		5	10	5				5	10	5					20							5	30							
二甲基苯基甲醇					80	20																										
二甲基苯乙基原醇			10			10						80																				
二甲基苄基甲醇			10	10	40		10				10		20																			
二甲基苄基原醇						10	10	10				70																				
二甲基代邻氨基苯甲酸甲酯	20																20															60
二甲基丁酸							10													30	20		10			5	5		10			10
二甲基丁酸辛酯							20										20			20			20									20
二甲基丁酸乙酯																				20									20			60
二甲基对苯二酚														10	20	10	10													50		
二甲基二硫醚							40																						60			
二甲基庚醇			10		30	20	10					20	10																			
二甲基癸二烯醛	10				5	5																	80									

续表

香料名称	C	B	L	J	R	O	G	I	Cm	K	S	Z	H	W	P	T	Y	Li	Mu	D	Ac	E	A	Q	X	U	Fi	M	Ve	V	N	F
	橘	橡	薰	茉	玫	兰	青	冰	樟	松	木	芳	药	辛	酚	焦	土	苔	霉	乳	酸	醛	脂	膏	麝	膿	腥	瓜	菜	豆	坚	果
二甲基硫代呋喃							30							20		10													30		10	
二甲基硫醚							40						10							10			10						30			
二甲基三硫							40					10																	40		10	
二甲基辛烯酮	40																						10									50
二甲基亚砜							5										15			20			60									
二糠基二硫																50	10												10	20	10	
二糠基硫							20									30	10									10			30			
二羟基苯乙酮							40										10						20		10							20
二氢-α-紫罗兰酮					50						20									10												20
二氢-β-紫罗兰醇					50	10					20		20																			
二氢-β-紫罗兰酮					50						20															10						20
二氢-γ-紫罗兰酮					50						20									5				5								20
二氢草莓酸					5															5	15								5			70
二氢丁香酚						20					20			40										20								
二氢黄樟油素													80	20																		
二氢甲位紫罗兰酮			10	10	40	10					20																					10
二氢灵猫酮																									20	80						
二氢龙涎香											60														20	20						
二氢猕猴桃内酯				10							10	10	10			10	10													10	10	20
二氢茉莉内酯				10																40			30							20		
二氢茉莉酮				65			5				10		5											15								
二氢茉莉酮酸甲酯	5			45		40					5																					5
二氢松油醇										40		60																				

续表

香料名称	C	B	L	J	R	O	G	I	Cm	K	S	Z	H	W	P	T	Y	Li	Mu	D	Ac	E	A	Q	X	U	Fi	M	Ve	V	N	F
	橘	橡	薰	茉	玫	兰	青	冰	樟	松	木	芳	药	辛	酚	焦	土	苔	霉	乳	酸	醛	脂	膏	麝	臊	腥	瓜	菜	豆	坚	果
二氢香豆素					5								5							20										70		
二氢香茅醇			10		80		10																									
二氢香芹醇							10	20			10		50	10																		
二氢香芹酚							10	5					70	15																		
二氢香芹酮								10					80	10																		
二氢香芹酮混合异构体								20			20		60																			
二氢香叶基丙酮					50						20												10	10								10
二氢新茉莉酮酸甲酯		20		40		40																										
二氢乙酸三环癸烯酯			10	30		20	30				10																					
二氢乙位紫罗兰酮				10	50	10					10																					20
二氢茚-2,4-二噁烷				40																						60						
二氢圆叶酮	40						20																									40
二氢月桂烯醇	45		10						10			25																				10
二氢月桂烯醇尾油		10			10	10	5			5	5	10	20				10						5	5								5
二氢月桂烯硫醇	20						60						20																			
二氢紫罗兰酮		10			50	10					10																					20
二缩丙二醇					20		10					20																				50
二烯丙基硫醚							30							20															50			
二烯丙基三硫							30					20	10	10		10	10												10			
二乙缩醛							10					30																				60
二异丙基二硫							30					10	20	10		10	10												10			
二异丙醚							40					40																				20
法老酮							30						20										20									30

续表

香料名称	C	B	L	J	R	O	G	I	Cm	K	S	Z	H	W	P	T	Y	Li	Mu	D	Ac	E	A	Q	X	U	Fi	M	Ve	V	N	F
	橘	橼	薰	茉	玫	兰	青	冰	樟	松	木	芳	药	辛	酚	焦	土	苔	霉	乳	酸	醛	脂	膏	麝	臊	腥	瓜	菜	豆	坚	果
番石榴果油																					20				10	10						60
凡路酮		20		40									20																			20
反,反-2,4-庚二烯醛																							30			20			50			
反,反-2,4-癸二烯-1-醇																							40			20			40			
反,反-2,4-壬二烯醛							30					10	10							10				10						20		10
反,反-2,4-十二碳二烯醛	10																			30			60									
反,反-2,4-辛二烯-1-醇																				30			40		10	20						
反,反-2,4-辛二烯醛	30						30																30									10
反-2-反-6-壬二烯醛							30																30			20			20			
反-2-庚烯醛							60																20									20
反-2-庚烯酸						20	20														10		20									30
反-2-癸烯醛							20																60						20			
反-2-癸烯酸乙酯							20																30									50
反-2-己烯醇							80					10	10																			
反-2-己烯酸							10														20		30						20			20
反-2-己烯酸己酯							40																20									40
反-2-己烯酸甲酯							10													10									10			70
反-2-己烯酸叶酯							60																20									20
反-2-己烯酸乙酯							10																						10			80
反-2-甲基-2-丁烯酸叶酯							40						10				20						20						10			
反-2-壬烯醛																				20			80									
反-2-十一烯醛																				10			80						10			
反-2-顺-4-癸二烯酸甲酯	20																						40									40

续表

香料名称	C	B	L	J	R	O	G	I	Cm	K	S	Z	H	W	P	T	Y	Li	Mu	D	Ac	E	A	Q	X	U	Fi	M	Ve	V	N	F
	橘	橡	薰	茉	玫	兰	青	冰	樟	松	木	芳	药	辛	酚	焦	土	苔	霉	乳	酸	醛	脂	膏	麝	臊	腥	瓜	菜	豆	坚	果
反-2-顺-4-顺-7-十三碳三烯醛							50						10	10									20						10			
反-2-顺-6-十二碳二烯醛							40						10	20									20						10			
反-2-辛烯-1-醇							40																10						10			40
反-2-辛烯酸																	20						60									20
反-2-辛烯酸甲酯							40																20									40
反-2-辛烯酸乙酯							40																20									40
反-3,3,5-三甲基环己基碳酸甲酯																	60															40
反-3-己烯酸甲酯																				10									10			80
反-3-己烯酸乙酯																													20			80
反-4-庚烯醛							30																70									
反-4-癸烯醛							20																80									
反-4-癸烯酸乙酯							40																20									40
反-6-甲基-3-庚烯-2-酮							40													20			40									
反罗勒烯	10	20																		10												60
反玫瑰醚					95															5												
反式-β-罗勒烯						10	20				30																					40
反式辣薄荷醇								80																								20
反式异丁香酚						20							20	40	20																	
反氧化芳樟醇(呋喃型)			40			10		40					10																			
芳香玫瑰醚					80	10	10																									
芳油		10	10	10	20	5		10			20		5											10								
芳樟醇(合成)		10	30	10	10	10					10	10											10									
芳樟醇(天然)			40	10	10	10	10																	10					10			

续表

香料名称	C	B	L	J	R	O	G	I	Cm	K	S	Z	H	W	P	T	Y	Li	Mu	D	Ac	E	A	Q	X	U	Fi	M	Ve	V	N	F
	橘	橡	薰	茉	玫	兰	青	冰	樟	松	木	芳	药	辛	酚	焦	土	苔	霉	乳	酸	醛	脂	膏	麝	臊	腥	瓜	菜	豆	坚	果
芳樟醇头油		10	5	10	20	20	10					10																	10			5
芳樟醇氧化物	10		10					20			10		40																			10
芳樟净油		10	10	10	20	20					20													10								
芳樟叶油		10	40	10	10	10	10																						10			
芳樟叶油脚子			20	10	30						20						10							10								
芳樟油			40	10		10	10				10												10						10			
防臭木油	20						20																									60
防风根香树脂					20						10													60		10						
防风根油					20						10		10											40	10	10						
非洲檀香木油					10					10	70						10															
分馏过的椒样薄荷油					10		10	70					10																			
芬檀麝香											10		3												87							
芬檀麝香腈					20																				80							
粪臭素				20																						80						
风轮菜油							20	10					60	10																		
风信子浸膏				40			10																	50								
风信子净油				40		10	10																	40								
风信子醚				10	20		60																	10								
风信子醛				10	10	30	40																	10								
风信子素			10	10			60					10												10								
枫茅萜	50						20	10					10										10									
枫茅油	70		10				20																									
枫槭浸膏					40											40								20								

续表

香料名称	C	B	L	J	R	O	G	I	Cm	K	S	Z	H	W	P	T	Y	Li	Mu	D	Ac	E	A	Q	X	U	Fi	M	Ve	V	N	F
	橘	橼	薰	茉	玫	兰	青	冰	樟	松	木	芳	药	辛	酚	焦	土	苔	霉	乳	酸	醛	脂	膏	麝	膻	腥	瓜	菜	豆	坚	果
枫香精油														60										40								
枫香树脂														50										50								
菿醇	10							20		10	30		25				5															
蜂蜡净油					20								40			20							10							10		
蜂蜜浸液					40	10								20																10		20
佛手油	60										10																					30
呋喃丙醛缩二甲醇		20		20	30	30																										
呋喃甲酸甲酯					10											10	10															70
福橘油	80										5												5									10
福罗莎					40		40				10						10															
覆盆子醛					10																									10		80
覆盆子酮													10	5	5	5				10				5	10					40		10
覆盆子酮乙酸酯					10						20																			10		60
覆盆子油					20															20												60
伽罗木油			40		50						10																					
伽罗木油树脂			20		40	10					10												10	10								
干木松节油										80	20																					
甘草浸膏					10								60											30								
甘草流浸膏					20								60											20								
甘牛至油								20		10		10	60																			
甘松油											40		60																			
柑橘醚	30						20	20			20		10																			
柑青醛	65		10				20																5									

续表

香料名称	C	B	L	J	R	O	G	I	Cm	K	S	Z	H	W	P	T	Y	Li	Mu	D	Ac	E	A	Q	X	U	Fi	M	Ve	V	N	F
	橘	橼	薰	茉	玫	兰	青	冰	樟	松	木	芳	药	辛	酚	焦	土	苔	霉	乳	酸	醛	脂	膏	麝	膻	腥	瓜	菜	豆	坚	果
橄榄净油					10		10																60									20
高粪臭素				40																						60						
高呋喃酮					10											10													20			60
高顺式玫瑰醚					60		20						20																			
高惕各醛					10		10							20																		60
藁本内酯							20						70				10															
格力克力二噁茂烷			10		10		60				10									10												
格蓬浸膏							30						50											20								
格蓬树脂							20				10		40											30								
格蓬烯							40						20										20	20								
格蓬油							30						60											10								
格蓬油树脂					5		70						15											10								
格蓬酯							40																									60
葛缕子油					10		10				10		50	20																		
葛缕子油树脂					10								30	20										10					30			
庚叉丙酮							10													30			30									30
庚醇					50		10					10											10								10	10
庚基环戊酮				60									40																			
庚基香叶醚	30				30		30																10									
庚醛	10												5										85									
庚醛-1,2-丙三醇缩醛				20	20												60															
庚醛-1,3-丙三醇缩醛				20	20												60															
庚醛二甲醇缩醛				10	20	10	5						10							5			40									

续表

香料名称	C	B	L	J	R	O	G	I	Cm	K	S	Z	H	W	P	T	Y	Li	Mu	D	Ac	E	A	Q	X	U	Fi	M	Ve	V	N	F
	橘	橡	薰	茉	玫	兰	青	冰	樟	松	木	芳	药	辛	酚	焦	土	苔	霉	乳	酸	醛	脂	膏	麝	臊	腥	瓜	菜	豆	坚	果
庚醛二乙缩醛					40	30	10																20									
庚炔羧酸甲酯					10		60																10									20
庚酸																				40	10		20			20						10
庚酸丙酯							20													10			30						10			30
庚酸丁酯							10						40							10												40
庚酸甲酯							20													10			10						10			50
庚酸戊酯																				10			20	10							10	50
庚酸烯丙酯							40					10																				50
庚酸辛酯																				20			20									60
庚酸乙酯							20													10			20						10			40
庚酸异丁酯							20													10			10									60
枸橘油	80										10												10									
古巴油											20													80								
广桂油													20	80																		
广藿香醇								15		10	68						7															
广藿香油								7			80		10				3															
广木香根油											50						5						5			40						
广玉兰油	20	10	10	20		30																										10
癸醇					40																		40			10						10
癸二烯酸乙酯							20																30									50
癸基乙烯基醚						40	20																40									
癸醛	10																						80									10
癸醛二甲醇缩醛	10				10								10										60									10

续表

香料名称	C	B	L	J	R	O	G	I	Cm	K	S	Z	H	W	P	T	Y	Li	Mu	D	Ac	E	A	Q	X	U	Fi	M	Ve	V	N	F
	橘	橡	薰	茉	玫	兰	青	冰	樟	松	木	芳	药	辛	酚	焦	土	苔	霉	乳	酸	醛	脂	膏	麝	臊	腥	瓜	菜	豆	坚	果
癸醛二乙缩醛	10				15		5																60									10
癸炔羧酸甲酯							80						10										10									
癸炔羧酸乙酯					10		80																10									
癸酸																					10		80			10						
癸酸甲酯							10													10			10			5						65
癸酸乙酯							5													10			20			5						60
癸酸异戊酯							10																40									50
癸烯醛							10										10						75			5						
桂醇						20								70										10								
桂花浸膏					30	20	5						5											20								20
桂花净油	5			7	18							20																				50
桂腈							10					10	40	40																		
桂皮油													20	80																		
桂醛											10		40	50																		
桂酸														40										30	10	20						
桂酸苯乙酯						25								43										25								7
桂酸苄酯						5								60	2									30						3		
桂酸丙酯													20	50										30								
桂酸丁酯												10	10	40										40								
桂酸芳樟酯		20							10					30										40								
桂酸桂酯														65										35								
桂酸甲酯						10							15	45							5			10								15
桂酸松油酯										50				30										20								

续表

香料名称	C	B	L	J	R	O	G	I	Cm	K	S	Z	H	W	P	T	Y	Li	Mu	D	Ac	E	A	Q	X	U	Fi	M	Ve	V	N	F
	橘	橡	薰	茉	玫	兰	青	冰	樟	松	木	芳	药	辛	酚	焦	土	苔	霉	乳	酸	醛	脂	膏	麝	膘	腥	瓜	莱	豆	坚	果
桂酸戊酯													20	30										30								20
桂酸乙酯					5								15	30							10			20								20
桂酸异丙酯							10						15	30									10	20								15
桂酸异丁酯													20	30									15	25								10
桂叶油													20	80																		
果腈					10	10								10										20		10						40
海吡啶												30					70															
海风醇	30					50	10																10									
海风醛						10	10										30	10									10	30				
海风醛希夫基	10					10	10	10														10					10	20	10			10
海狸萃取物											10	37			10	3										40						
海狸香膏																10								10	50	30						
海狸香净油																10									50	40						
海洛酮					10	10	10	10			10		10				10			10					20							
海索草油								20		20	20		40																			
海酮			10				20																30			10						30
含硫萜烯混合物	20						10	10		10																20						30
含笑花油			10	10		10																										70
含羞花净油					20	10	10				20		20										20									
含羞花油					20		10				10	20	20																	20		
杭白菊浸膏													80											20								
蒿脑						12								70	3					15												
合成桂醇					10								10	60										20								

续表

香料名称	C	B	L	J	R	O	G	I	Cm	K	S	Z	H	W	P	T	Y	Li	Mu	D	Ac	E	A	Q	X	U	Fi	M	Ve	V	N	F
	橘	橡	薰	茉	玫	兰	青	冰	樟	松	木	芳	药	辛	酚	焦	土	苔	霉	乳	酸	醛	脂	膏	麝	臊	腥	瓜	菜	豆	坚	果
合成檀香 803											90						5								5							
合成橡苔							10				10		10		10		10	50														
黑醋栗花净油							12	3																								85
黑醋栗油							5																			5			40			50
黑胡椒油										20			20	40	10									5						5		
黑檀醇											80		10				5			5												
黑香豆酊					20											10								10						60		
黑香豆浸膏																10								30						60		
黑香豆净油						25					10		10	5			5													45		
红茶酿制蒸馏物			10	10	40	20					10																					10
红茶轻质蒸馏物		20		10		30	30																							10		
红覆盆子香料					30																											70
红果山胡椒油					30								40	30																		
红橘油(1)	80									5	5																					10
红橘醛 10%CITR	50																						50									
红橘油(2)	80										10												10									
红橘酯	50			10									10				10															20
红没药膏											20			10										55						5		10
红没药烯	20					10					50		20																			
红没药油											5			15										65						2		13
红楠油					40				10														30									20
红松(针叶)油							10			60	20		10																			
猴樟油								10	20	10	20		30	10																		

续表

香料名称	C	B	L	J	R	O	G	I	Cm	K	S	Z	H	W	P	T	Y	Li	Mu	D	Ac	E	A	Q	X	U	Fi	M	Ve	V	N	F
	橘	橡	薰	茉	玫	兰	青	冰	樟	松	木	芳	药	辛	酚	焦	土	苔	霉	乳	酸	醛	脂	膏	麝	膻	腥	瓜	菜	豆	坚	果
忽布灵净油					10						30		50			10																
胡薄荷酮						20		8					60	5	2															5		
胡薄荷油								80					10																			10
胡椒基丙酮					18	20	2					30																		30		
胡椒净油											20		40	40																		
胡椒醚			10		10						30			30																		20
胡椒树油							10				20	10		40																		20
胡椒酮								20					40	20										20								
胡椒烯酮								20					80																			
胡椒油							10						10	80																		
胡椒油树脂													20	70										10								
胡芦巴浸膏					20											20								20					40			
胡芦巴净油					20		10									20							10						40			
胡芦巴油树脂													20			20								20					30	10		
胡萝卜草油					20		10	10		20			20	20																		
胡萝卜油													60	30									10									
胡萝卜籽油							10						10	20									60									
花椒油							10					20		70																		
花青醛		10	10	10		20	30																	10				10				
花生香精浓缩物																10	10						40							40		
化合物 1020(天然)																10				70			10									10
桦焦油											50	10				40																
环胺	30						30										20									20						

续表

香料名称	C	B	L	J	R	O	G	I	Cm	K	S	Z	H	W	P	T	Y	Li	Mu	D	Ac	E	A	Q	X	U	Fi	M	Ve	V	N	F
	橘	橡	薰	茉	玫	兰	青	冰	樟	松	木	芳	药	辛	酚	焦	土	苔	霉	乳	酸	醛	脂	膏	麝	臊	腥	瓜	菜	豆	坚	果
环格蓬酯							30					10											10									50
环己醇												60	20																			20
环己基丙酸烯丙酯							30																									70
环己基甲醇								10					60				20			10												
环己基戊酸烯丙酯							30																10									60
环己基乙醇		20		30	10	20	20																									
环己基乙酸					30											10	10				20		30									
环己基乙酸烯丙酯							10																10									80
环己羧酸							10				20									20	20											30
环己羧酸甲酯					20			10																								70
环己羧酸乙酯					10															40			10									40
环己酮								20				30	20																			30
环己烷并吡嗪																10	20												30	20		20
环己烷丁酸烯丙酯					30		10																10									50
环己烷基丙酸乙酯					10																		10									80
环己烷基丁酸烯丙酯					20																		10									70
环己烷基戊酸烯丙酯					10																		20									70
环己烷基乙酸烯丙酯					10																											90
环己烷甲醛缩二乙醇								10					40				40													10		
环甲基香茅醇					50	50																										
环醚							20					20	40																			20
环柠檬醛	30						10	10					10																			40
环十六内酯					10																				80	10						

续表

香料名称	C	B	L	J	R	O	G	I	Cm	K	S	Z	H	W	P	T	Y	Li	Mu	D	Ac	E	A	Q	X	U	Fi	M	Ve	V	N	F
	橘	橡	薰	茉	玫	兰	青	冰	樟	松	木	芳	药	辛	酚	焦	土	苔	霉	乳	酸	醛	脂	膏	麝	臊	腥	瓜	菜	豆	坚	果
环十六碳-5,9,13-三烯酮																									90	10						
环十六烯酮																	10								80	10						
环十五内酯					10																				80	10						
环十五酮																									95	5						
环十五烯内酯																							10		90							
环十五烯酮																									90	10						
环松油烯		20		20	20	20							10																			10
环戊酮							40				40						20															
环烯腈					60	40																										
环烯酮缩苏糖醇				60	10		10						20																			
环氧柏木烷											80					5									5	10						
环氧罗勒烯							10						80																			10
环己酮								40				40	10																			10
黄蒿油					20	20							40	20																		
黄菊花浸膏													80											20								
黄葵净油											30					5									30					5		30
黄葵内酯					10	10																			70	10						
黄葵油																							20		80							
黄兰花(叶)油		20		20	20	30																										10
黄色檀香油											90									5						5						
黄蜀葵内酯																									80	20						
黄水仙花浸膏				25	10	10							10								5			20		20						
黄水仙油				30	10	10						10	10											10		20						

续表

香料名称	C	B	L	J	R	O	G	I	Cm	K	S	Z	H	W	P	T	Y	Li	Mu	D	Ac	E	A	Q	X	U	Fi	M	Ve	V	N	F
	橘	橼	薰	茉	玫	兰	青	冰	樟	松	木	芳	药	辛	酚	焦	土	苔	霉	乳	酸	醛	脂	膏	麝	膘	腥	瓜	菜	豆	坚	果
黄油浓缩物							10													60	10		20									
黄樟油					10								20	70																		
黄樟油素													20	80																		
茴香丙酮					20		10				10									10										10		40
茴香脑													30	60						10												
茴香酸甲酯					20									80																		
茴香油													30	70																		
茴香酯		20		30	20	20							10																			
桧烯	10						20			10	20		20										20									
混合甲基酮							20													60			20									
藿檀酯					10						50			30			10															
鸡蛋果精油					40																											60
鸡蛋花浸膏		20			60	10																		10								
鸡蛋花油		20			70	10																										
鸡油萃取物																5				20			35			40						
吉兰吡喃					30	10	60																									
吉龙草油	80																															20
吉普缩酮											30														70							
己醇							10																20									70
己基环戊酮				60																												40
己基茉莉酮				60									20										20									
己硫醇																10							20			30			40			
己醛							10				10												60									20

续表

香料名称	C	B	L	J	R	O	G	I	Cm	K	S	Z	H	W	P	T	Y	Li	Mu	D	Ac	E	A	Q	X	U	Fi	M	Ve	V	N	F
	橘	橼	薰	茉	玫	兰	青	冰	樟	松	木	芳	药	辛	酚	焦	土	苔	霉	乳	酸	醛	脂	膏	麝	臊	腥	瓜	菜	豆	坚	果
己醛二乙缩醛			10	10	10	10																	10									50
己酸																				30	10		20			10			10			20
己酸-2-甲基丙酯							10					20																				70
己酸-3-甲基丁酯							10					10								10												70
己酸-3-巯基己酯														30		20										10						40
己酸苯丙酯					30		10																									60
己酸苯乙酯			10		30	10	10				10												10									20
己酸苄酯				50			10					20								10			10									
己酸丙酯							10													10									10			70
己酸丁酯							5													10									5			80
己酸丁酯													10							20			10									60
己酸反-2-己烯酯							20																20									60
己酸芳樟酯							10		10																	10						70
己酸己酯													10							10			20									60
己酸甲硫酯							20																20			10						50
己酸甲酯							20													10									10			60
己酸戊酯																				10									15			75
己酸烯丙酯							20					10											10									60
己酸香茅酯					40							10																				50
己酸香叶酯					50																											50
己酸叶酯				10			60																						10			20
己酸乙酯							30					10								20												40
己酸异丙酯							20					5								10			5						10			50

续表

香料名称	C	B	L	J	R	O	G	I	Cm	K	S	Z	H	W	P	T	Y	Li	Mu	D	Ac	E	A	Q	X	U	Fi	M	Ve	V	N	F
	橘	橼	薰	茉	玫	兰	青	冰	樟	松	木	芳	药	辛	酚	焦	土	苔	霉	乳	酸	醛	脂	膏	麝	臊	腥	瓜	菜	豆	坚	果
己酸异丁酯							10													15									15			60
己酸异戊二烯酯							10																20						10			60
己酸异戊酯							5													20									15			60
记诺					60		10																									30
加菲力士											40					10							10			40						
加利克索				60	10															10												20
佳乐麝香					5												5			5				5	80							
甲苯麝香											10						10								80							
亚甲基苯并吡喃							5				20					10								40						20		5
甲基 1-丙烯基二硫醚							30																			30			40			
甲基 1-乙酰氧基环己基酮		10	10	10	30	10																										30
甲基 2-甲基-3-呋喃基二硫醚							30																			20			40		10	
甲基-2-氯代乙基硫醚					30						20														10	10	10		10	10		
甲基-β-紫罗兰酮					50	10					10									10												20
甲基柏木醚											95															5						
甲基柏木酮					20						70															10						
甲基苯基二酮												20		70																		10
甲基苯甲醛(邻,间,对混合物)					20								40																	20		20
甲基苯乙醚				20	50							30																				
甲基苄基二硫醚							20																			30			40		10	
甲基苄基硫醚																20										20			60			
甲基丙基二硫							15																			20			65			
甲基丙基三硫							20																			20			40		20	

续表

香料名称	C 橘	B 橡	L 薰	J 茉	R 玫	O 兰	G 青	I 冰	Cm 樟	K 松	S 木	Z 芳	H 药	W 辛	P 酚	T 焦	Y 土	Li 苔	Mu 霉	D 乳	Ac 酸	E 醛	A 脂	Q 膏	X 麝	U 膻	Fi 腥	M 瓜	Ve 菜	V 豆	N 坚	F 果
甲基丁位紫罗兰酮				10	50						10					10																20
甲基丁香酚													20	60	10									10								
甲基对甲苯缩水甘油酸乙酯			10		20		10																									60
甲基对甲酚								10					30		50															10		
甲基二硫							20																			20			60			
甲基甘菊酯			10	5		5							60																			20
甲基柑青醛	60						20																									20
甲基庚二烯酮					10		30						40	20																		
甲基庚烯醇				10	10	10	20					30	20																			
甲基庚烯酮		20		30	20																											30
甲基癸烯醇					10		50	10																				10	10			10
甲基桂醛					10								30	30										30								
甲基桂酸												10		30							10			40		10						
甲基环戊烯醇酮					20						5					10				20										20	15	10
甲基己基甲酮												70	20																			10
甲基甲硫基吡嗪							10									20	10			10									10	20	20	
甲基甲位紫罗兰酮					50						40																					10
甲基甲氧基吡嗪							10									50				5										20	15	
甲基糠基二硫							20									10										20			40		10	
甲基糠基硫醚							20																			20			60			
甲基糠基醚																60	10														30	
甲基糠基酮							40																						60			
甲基糠硫基吡嗪							10					10				40										10			10		20	

续表

香料名称	C	B	L	J	R	O	G	I	Cm	K	S	Z	H	W	P	T	Y	Li	Mu	D	Ac	E	A	Q	X	U	Fi	M	Ve	V	N	F
	橘	橡	薰	茉	玫	兰	青	冰	樟	松	木	芳	药	辛	酚	焦	土	苔	霉	乳	酸	醛	脂	膏	麝	臊	腥	瓜	菜	豆	坚	果
甲基壬基酮							70						10										20									
甲基壬基乙醛						10																	50		10	30						
甲基壬基乙醛 MA 席夫基					10	10							5									35		10	10	20						
甲基壬基乙醛缩二甲醇											10												60		10	20						
甲基壬基乙醛缩二乙醇					10									20									40	20		10						
甲基戊醇							40					30																				30
甲基香兰素					10															30										60		
甲基辛乙醛	10						20					10											50									10
甲基乙基硫醚							20													50						20			10			
甲基乙基三硫醚							30													50						20						
甲基乙酰基呋喃												10				20	10			10						20			10	10	10	
甲基乙氧基吡嗪							10					10				40													10	20	10	
甲基异长叶醇					20						60															20						
甲基异长叶烷酮					10						60														10	20						
甲基异丁基酮																				20												80
甲基异丁子香酚					5		5						15	45	10									5	5	5				5		
甲基正已基醚					20						20	20	40																			
甲基紫罗兰酮					50	10					10		5			5	5			5												10
甲基紫罗兰酮后馏分					50						10	10				5	10						5	10								
甲硫醇							10																			30			60			
甲硫基苯											20			20		10													50			
甲硫基乙酸甲酯					10		10													20						10			50			
甲酸														20							30								10			40

续表

香料名称	C	B	L	J	R	O	G	I	Cm	K	S	Z	H	W	P	T	Y	Li	Mu	D	Ac	E	A	Q	X	U	Fi	M	Ve	V	N	F
	橘	橼	薰	茉	玫	兰	青	冰	樟	松	木	芳	药	辛	酚	焦	土	苔	霉	乳	酸	醛	脂	膏	麝	臊	腥	瓜	菜	豆	坚	果
甲酸-2-甲基丙酯																												20	10			70
甲酸-3-苯基丙酯					20								50																			30
甲酸-3-己烯酯	20						50																10									20
甲酸-3-甲基丁酯																												10	10			80
甲酸-3-甲基丁酯							20																			20			60			
甲酸-α,α-二甲基苯乙酯				40			20				10		30																			
甲酸-α-戊基桂酯				30			10						60																			
甲酸-β-亚甲基苯乙酯		15	15	20	20	10	20																									
甲酸八氧萘酯											80									20												
甲酸苯乙酯					70		20						10																			
甲酸苄酯							15	15				10																				60
甲酸丙酯																												20	10			70
甲酸薄荷酯					5		5	70																								20
甲酸长叶酯							10			20	60															10						
甲酸橙花酯					70															10												20
甲酸大茴香酯					20								10	30																10		30
甲酸丁香(酚)酯														20	60																	20
甲酸丁香酯													10	50																		40
甲酸丁酯																												20	10			70
甲酸二氢月桂烯酯	20		10			10	20				40																					
甲酸反-2-己烯酯							50																									50
甲酸芳樟酯	10	20	20	10					20		20																					
甲酸庚酯							10																			10						80

续表

香料名称	C	B	L	J	R	O	G	I	Cm	K	S	Z	H	W	P	T	Y	Li	Mu	D	Ac	E	A	Q	X	U	Fi	M	Ve	V	N	F
	橘	橡	薰	茉	玫	兰	青	冰	樟	松	木	芳	药	辛	酚	焦	土	苔	霉	乳	酸	醛	脂	膏	麝	臊	腥	瓜	菜	豆	坚	果
甲酸癸酯					10															10			10									70
甲酸桂酯														60										30								10
甲酸环己酯					20			20																								60
甲酸己酯							20																					10	10			60
甲酸甲酯							10	20				20																	20			30
甲酸龙脑酯								30		30			40																			
甲酸玫瑰酯					70															10												20
甲酸松油酯	10									70			10																			10
甲酸苏合香酯							20					30																				50
甲酸戊酯												10								20												70
甲酸烯丙酯							10																						10			80
甲酸香茅酯					70															10												20
甲酸香叶酯					80		20																									
甲酸辛酯							10						10										20									60
甲酸叶酯							80																									20
甲酸乙酯							10					30								10												50
甲酸异冰片酯								30		20			30				20															
甲酸异丙酯												10								10								10	10			60
甲酸异丁香(酚)酯							10				20			20	10																	40
甲酸异丁酯																				10								10	10			70
甲酸异龙脑酯								20		30			50																			
甲酸异戊酯																				10								5	10			75
甲位柏木烯										20	80																					

续表

香料名称	C	B	L	J	R	O	G	I	Cm	K	S	Z	H	W	P	T	Y	Li	Mu	D	Ac	E	A	Q	X	U	Fi	M	Ve	V	N	F
	橘	橡	薰	茉	玫	兰	青	冰	樟	松	木	芳	药	辛	酚	焦	土	苔	霉	乳	酸	醛	脂	膏	麝	臊	腥	瓜	菜	豆	坚	果
甲位长叶烯										80	20																					
甲位己基桂醛				80			10						10																			
甲位龙涎醇											10						5								85							
甲位蒎烯								10		90																						
甲位水芹烯	57							3					30											10								
甲位松油醇										60	20	10	10																			
甲位松油醇						10				70	20																					
甲位松油烯	10						5	10		40	5	10	5		5	5								5								
甲位松油烯								30		50			20																			
甲位檀香醇											90									5					5							
甲位突厥酮					50						10									20												20
甲位戊基桂醇		20		50		30																										
甲位戊基桂醛				80			5						10										5									
甲位异甲基紫罗兰酮				5	50	10					10					5																20
甲位苧烯	80																															20
甲位紫罗兰醇			10	10	60	10																										10
甲位紫罗兰酮											15	85																				
甲乙基酮												30								20												50
间苯二酚															20	20	20			20										20		
姜草油					40		10				10			20									20									
姜花油	10			20	20	20	10																									20
姜黄油					20		10				20			20									20						10			
姜酮														30	20					20			10						10	10		

续表

香料名称	C	B	L	J	R	O	G	I	Cm	K	S	Z	H	W	P	T	Y	Li	Mu	D	Ac	E	A	Q	X	U	Fi	M	Ve	V	N	F
	橘	橡	薰	茉	玫	兰	青	冰	樟	松	木	芳	药	辛	酚	焦	土	苔	霉	乳	酸	醛	脂	膏	麝	臊	腥	瓜	菜	豆	坚	果
姜油											10		15	60			2			3									10			
姜油树脂	10				10						10		15	30			2			3				10					10			
降龙涎醚							5			10	10														10	65						
降龙涎香醇					20						10															70						
椒样薄荷油							2	83					10											5								
焦糖					40											60																
焦糖吡喃					30		10							10		40							10									
接骨木花酊					30								20	30																		20
接骨木花浸膏					20								20	30										10								20
接骨木花净油					20	10							20	30																		20
接骨木浆果浸膏					20								20																			60
结晶玫瑰					90										10																	
芥菜籽油												30		40									10						20			
金合欢醇					20	35	5			10	10		10																	10		
金合欢净油					10	10	10				10	17	20	3										7						10		3
金合欢醛	10	20				20	10				20														10							10
金合欢烯						10	10			30	30		10										10									
金橘油	20																												10			70
金雀花净油				10	10	10	3				7		10		10					10			5	10		10				5		
金银花浸膏		20			40	20																		20								
金盏花净油					20		10				10			20																		40
荆芥油								20					80																			
九里香浸膏		20			30	20							10											20								

续表

香料名称	C	B	L	J	R	O	G	I	Cm	K	S	Z	H	W	P	T	Y	Li	Mu	D	Ac	E	A	Q	X	U	Fi	M	Ve	V	N	F
	橘	橡	薰	茉	玫	兰	青	冰	樟	松	木	芳	药	辛	酚	焦	土	苔	霉	乳	酸	醛	脂	膏	麝	膘	腥	瓜	菜	豆	坚	果
九里香油		20			40	20							10											10								
酒花酊													50	30		10					10											
酒花油							10						50	30		10																
酒用药草浸剂					10		10	20					20	30							10											
桔油	90											5																				5
菊二酸					30								30			20					20											
菊花浸膏			10		30	20							40																			
菊苣固状萃取物					30											20	10															40
菊苣浸膏					20						10					20	10													10		30
菊醛							40						40	20																		
菊油		20			20								60																			
橘皮油	60										20												20									
橘醛	30																						70									
橘叶油	60	20		10							10																					
橘油	50						10																10			10						20
橘子酊	70																				10											20
蒟酱精油													20	40	40																	
聚檀香醇											90														10							
咖啡酊											20				10	30	10													30		
咖啡油											20				10	40	10													20		
咖郎酮																	75															25
卡佳果泥	20						5						5																			70
卡拉花醛											80															20						

续表

香料名称	C	B	L	J	R	O	G	I	Cm	K	S	Z	H	W	P	T	Y	Li	Mu	D	Ac	E	A	Q	X	U	Fi	M	Ve	V	N	F
	橘	橼	薰	茉	玫	兰	青	冰	樟	松	木	芳	药	辛	酚	焦	土	苔	霉	乳	酸	醛	脂	膏	麝	膻	腥	瓜	菜	豆	坚	果
卡藜油											50			20	10		10							10								
卡南加油				30		10						5	5				2	5					5	5	10	20						3
开司米酮				10	10							25		5											50							
开托克醛												75	5	10						5												5
蒈烯										70			20											10								
莰烯	10						10	20		30	30																					
康酿克油				20	20		10														10		10	10								20
糠醇					20											70													10			
糠基吡咯							60									20													20			
糠基二硫化物							10									20										20			20	20	10	
糠基甲醚																70				10											20	
糠基硫醇																40										20			20		10	10
糠基乙酸乙酯													10																30			60
糠净油					20											10													50	20		
糠醛																80													20			
烤澳洲坚果浸液																20				40			20								20	
可卡醛							20					20	20																		20	20
可可浸膏																10	10			10				10						30	30	
可可精油																10	10			10										40	30	
可可醛												20		20						20										20		20
克莱门小柑橘油	80																															20
枯茗醇			10			10	10						10	60																		
枯茗基乙醛		20			20		30																									30

续表

香料名称	C	B	L	J	R	O	G	I	Cm	K	S	Z	H	W	P	T	Y	Li	Mu	D	Ac	E	A	Q	X	U	Fi	M	Ve	V	N	F
	橘	橼	薰	茉	玫	兰	青	冰	樟	松	木	芳	药	辛	酚	焦	土	苔	霉	乳	酸	醛	脂	膏	麝	膿	腥	瓜	菜	豆	坚	果
枯茗腈														80															20			
枯茗醛							60						20	20																		
枯茗油							50						20													30						
枯茗油树脂							5						35	40										20								
枯茗籽油							5				5		35	50			5															
苦艾油								30				10	50				10															
苦橙花油	20	40	10	20								10																				
苦橙叶油	20	20		20		20							20																			
苦橙油	80												10																			10
苦蒿油					10						5		70				5							10								
苦味无萜橙油	50										10					5				10			10									15
苦小茴香油						10		10						75			5															
苦杏仁油													15							5												80
喹啉													60			10	20									10						
葵子麝香					10																				80	10						
刺柏油	5									15		10	55	10						5												
蜡梅浸膏			10		20	20	10				10			10										20								
蜡菊浸膏							10						20		10	20								20						20		
蜡菊净油							20						20		10	20														20		10
蜡菊油						20	20						20		10	10														10		10
蜡梅花浸膏		20			20	20							10										10	20								
辣根油							20					30					20												30			
辣椒油							20					30		50																		

续表

香料名称	C	B	L	J	R	O	G	I	Cm	K	S	Z	H	W	P	T	Y	Li	Mu	D	Ac	E	A	Q	X	U	Fi	M	Ve	V	N	F
	橘	橡	薰	茉	玫	兰	青	冰	樟	松	木	芳	药	辛	酚	焦	土	苔	霉	乳	酸	醛	脂	膏	麝	膻	腥	瓜	菜	豆	坚	果
辣椒油树脂					10		20				10	10		40		10																
赖白当浸膏											10				18	1								40		31						
赖百当净油											10		10		8	2								20		50						
赖百当叶油					20								10			5								35		30						
赖百当油					10						10		10		8	2								20		40						
橄青酮							50					10	20				10															10
橄香胶	75									5	5		3	2										10								
朗姆醚（天然）							10				10	10				10				20	20		10			10						
雷冰诺星	30						40																									30
冷杉净油					10		10	20		30	30																					
冷杉油										72			20				5			3												
冷压红橘油	80																						10									10
冷压柠檬油	75																						15									10
冷榨柠檬油	50											10	10																			30
冷榨甜橙油	60																						10									30
冷榨香柠檬油	30		10							10	30																					20
藜芦醛											20	10																		70		
栎片萃取物					10						70			10		10																
荔枝精油					50		10																									40
良姜油											5	30	30	30			5															
邻氨基苯甲酸苯乙酯	20				20							20	20																			20
邻氨基苯甲酸薄荷酯		20				20		10					10																			40
邻氨基苯甲酸丁酯	20	20																														60

续表

香料名称	C	B	L	J	R	O	G	I	Cm	K	S	Z	H	W	P	T	Y	Li	Mu	D	Ac	E	A	Q	X	U	Fi	M	Ve	V	N	F
	橘	橡	薰	茉	玫	兰	青	冰	樟	松	木	芳	药	辛	酚	焦	土	苔	霉	乳	酸	醛	脂	膏	麝	臊	腥	瓜	菜	豆	坚	果
邻氨基苯甲酸芳樟酯	20	20		20		20																										20
邻氨基苯甲酸桂酯	10												20	30										30								10
邻氨基苯甲酸甲酯	10			10																			10		10	20			10	10		20
邻氨基苯甲酸松油酯	10									40	20		10																			20
邻氨基苯甲酸烯丙酯	20												20																			60
邻氨基苯甲酸香茅酯	20	20			20																											40
邻氨基苯甲酸香叶酯	20	20			20																											40
邻氨基苯甲酸叶酯	20	20		20			5																									35
邻氨基苯甲酸乙酯	20			10									20				10								10	10						20
邻氨基苯甲酸异丁酯	20				30																											50
邻苯二甲酸二丁酯			10		30	10							10				20							20								
邻苯二甲酸二甲酯					10	10	10					40																			20	10
邻苯二甲酸二乙酯					20	5	5					40																			10	20
邻甲氨基苯甲酸甲酯	30	20		20		20																				10						
邻甲酚													20		60		20															
邻甲基大茴香醚						20					10		10	20	20		20															
邻甲氧基桂醛					20						20			60																		
邻叔丁基环己酮								30				20	50																			
邻位香兰素					10								30		10		10								10	10				20		
邻仲丁基环己酮								55					43				2															
临界 CO_2 萃取橡苔木油											50			20	20	10																
临界二氧化碳咖啡萃取物															10	40														30	20	
灵猫酮																									45	55						

续表

香料名称	C	B	L	J	R	O	G	I	Cm	K	S	Z	H	W	P	T	Y	Li	Mu	D	Ac	E	A	Q	X	U	Fi	M	Ve	V	N	F
	橘	橡	薰	茉	玫	兰	青	冰	樟	松	木	芳	药	辛	酚	焦	土	苔	霉	乳	酸	醛	脂	膏	麝	膘	腥	瓜	菜	豆	坚	果
灵猫香膏																								10	10	80						
灵猫香净油																									10	90						
灵檀内酯											40			30			10									20						
灵香草浸膏		20									10		20			40																10
铃兰吡喃					10	70														20												
铃兰醇					20	40	20								20																	
铃兰浸膏		10	10	20	30	20																		10								
铃兰净油		10	10	20	30	30																										
铃兰醛	5		5	5	5	40	5					10						10					5					10				
铃兰醛 MA 席夫基	3					30						7														60						
铃兰原醇				50	20	10	5						5															10				
另丁基原醇												20								10							10	10	10			40
留兰香超级可溶树脂							30	20					50																			
留兰香净油						10	30	20					40																			
留兰香特殊馏分					10		20	20					40							10												
留兰香油							5	55					25	15																		
硫桉叶油素	10						20	10					30																			30
硫代丙酸糠酯							20																			20			60			
硫代丙酸烯丙酯							20																			10			60			10
硫代薄荷酮							65						15							20												
硫代丁酸甲酯							10										10			30						20			30			
硫代糠(酸)-s-酸甲酯																30													30		30	10
硫代糠酸甲酯																										80					20	

续表

香料名称	C	B	L	J	R	O	G	I	Cm	K	S	Z	H	W	P	T	Y	Li	Mu	D	Ac	E	A	Q	X	U	Fi	M	Ve	V	N	F
	橘	橼	薰	茉	玫	兰	青	冰	樟	松	木	芳	药	辛	酚	焦	土	苔	霉	乳	酸	醛	脂	膏	麝	膙	腥	瓜	菜	豆	坚	果
硫代乳酸							10																			60			30			
硫代香叶醇							10	10																		30			40			10
硫代乙酸丙酯							60																			20			20			
硫代乙酸糠酯							10									10										20			60			
硫代乙酸乙酯							20																			20			60			
硫化氢																										80			20			
六氢-4,7-亚甲基二氢茚-1-甲醛		20					60																10									10
龙涎香酊											10														10	80						
龙蒿脑					20		10						30	20	20																	
龙蒿油										5			15	68	2					10												
龙葵醛				10	10		30					25	20																			5
龙葵醛二甲缩醛					20	20	20					20	10																			10
龙葵醛乙二醇缩醛				20	20	20	20										20															
龙葵缩醛						40	40										20															
龙脑								60		25	8												7									
龙脑烯腈							10	10			20		40				20															
龙涎醇																									20	80						
龙涎醚											10						5									85						
龙涎醛											10															90						
龙涎缩醛											40															60						
龙涎酮											95						2									3						
龙涎香											10														10	80						
龙涎香酊											5						5								20	65				5		

续表

香料名称	C	B	L	J	R	O	G	I	Cm	K	S	Z	H	W	P	T	Y	Li	Mu	D	Ac	E	A	Q	X	U	Fi	M	Ve	V	N	F
	橘	橼	薰	茉	玫	兰	青	冰	樟	松	木	芳	药	辛	酚	焦	土	苔	霉	乳	酸	醛	脂	膏	麝	臊	腥	瓜	菜	豆	坚	果
龙涎酯					30					10	40															20						
露兜花净油		20		20	20	20						20																				
芦荟浸膏							20						60											20								
绿茶萃取物			10			20	20						40																	10		
绿茶浸膏						10	20				10		30				10													20		
罗卜斯通		20				20							40				20															
罗汉柏烯	10						10			20	40		10																			10
罗汉果浸膏					50								40											10								
罗勒二氧化碳萃取物					20		20				20		20		10								10									
罗勒烯		20			20	20	10						20																			10
罗勒油													60	32	8																	
罗马春黄菊萃取物					10	10	30				10		20																	10		10
罗马春黄菊花油							80			10				3															7			
罗马酮					20							20																				60
罗望子固态浸膏	20				10		10																									60
萝卜挥发物							10																			10			60	10		10
螺加螺																										50			50			
马鞭草净油	20					10	20						20										10							20		
马鞭草烯醇		20								80																						
马鞭草烯酮								20					80																			
马鞭草油	30						20						30	10									10									
马达加斯卡桂皮油					10						10		25	50																		5
马达加斯卡黑胡椒油										10	10		20	60																		

续表

香料名称	C	B	L	J	R	O	G	I	Cm	K	S	Z	H	W	P	T	Y	Li	Mu	D	Ac	E	A	Q	X	U	Fi	M	Ve	V	N	F
	橘	橡	薰	茉	玫	兰	青	冰	樟	松	木	芳	药	辛	酚	焦	土	苔	霉	乳	酸	醛	脂	膏	麝	膻	腥	瓜	菜	豆	坚	果
马伦西亚橙油	90																						10									
马赛醛						30	10					10					20													10		20
马索亚内酯临界二氧化碳萃取物					20															30			10							30		10
马尾松油										60	10		30																			
麦芽萃取物					20		10						10			10				20	10		10	10								
麦芽酚					20										10	5				10									15	10		30
麦芽固态提取物					20											20				50									10			
曼多克斯											60					10										30						
芒果酱浓缩液	20									20	20																					40
芒果提取物(天然)							10													30												60
芒果蒸馏物							20			10																			10			60
茅香浸膏					60																			20						20		
没药树脂								3						17	1									76								3
没药香树脂											10		10	10		10								60								
没药油											10			17	2	10								55								6
玫瑰草油	3				75		5						15							2												
玫瑰醇		20		10	70																											
玫瑰呋喃					80					20																						
玫瑰花醇		20			80																											
玫瑰花油					90																			10								
玫瑰己酰胺				20	80																											
玫瑰浸出物					60						10		10			10													10			
玫瑰浸膏					80																			20								

续表

香料名称	C	B	L	J	R	O	G	I	Cm	K	S	Z	H	W	P	T	Y	Li	Mu	D	Ac	E	A	Q	X	U	Fi	M	Ve	V	N	F
	橘	橡	薰	茉	玫	兰	青	冰	樟	松	木	芳	药	辛	酚	焦	土	苔	霉	乳	酸	醛	脂	膏	麝	臊	腥	瓜	菜	豆	坚	果
玫瑰腈	10									10	10		10				20															40
玫瑰净油					91						5	3		1																		
玫瑰醚					20		10					20	10			10	20														10	
玫瑰木醚	90									10																						
玫瑰木油			50	10	10	10				5	10		5																			
玫瑰香醇		20			60						20																					
玫瑰油					95		1						1	1						2												
梅弗兰醛	30					50	10																10									
美国薄荷油													40		60																	
美国柠檬油	80						10																									10
蒙古蒿油													60	30			10															
咪西呋喃							10									10	10									10			40	20		
迷迭香浸膏							10	5					60	20										5								
迷迭香油								30				20	45											5								
猕猴桃花油						20	10																						10			60
米兰浸膏			10	30		20							20											20								
秘鲁浸膏												10	20				10							60								
秘鲁净油					10									10										60						20		
秘鲁香脂											10			10										60						20		
秘鲁香脂油														20										60						20		
蜜露精油(400 倍)							20																10						10			60
面包皮香					20											20			10	30	10									10		
摩洛哥菊花油													90											10								

续表

香料名称	C 橘	B 橼	L 薰	J 茉	R 玫	O 兰	G 青	I 冰	Cm 樟	K 松	S 木	Z 芳	H 药	W 辛	P 酚	T 焦	Y 土	Li 苔	Mu 霉	D 乳	Ac 酸	E 醛	A 脂	Q 膏	X 麝	U 臊	Fi 腥	M 瓜	Ve 菜	V 豆	N 坚	F 果
摩洛哥茉莉净油				55									20	10												10						5
摩洛哥香叶油					70		10						10				10															
蘑菇精油							10										80												10			
蘑菇醛				20													80															
茉莉 8		5		60		10						15	10																			
茉莉吡喃		20		40	20	20																										
茉莉浸膏				60		10	10						10											10								
茉莉净油				40								10	10										10	10	10	10						
茉莉内酯		20		20		10														10			10									30
茉莉素				60									20																			20
茉莉酮	10			70							10		10																			
茉莉酮酸甲酯		5		70		5	5						10										5									
茉莉香基 F			10	80		10																										
茉莉乙酯				60																												40
茉莉油香基				60								40																				
茉莉酯				65			5					5	5				20															
墨红浸膏			10		60								5				5							20								
墨红净油			10		70								5				5							10								
母菊酯							10						10																			80
牡丹花精油		10	20	10	20	10					10			20																		
牡丹腈			10	10	40	20	10										10															
牡荆叶油								20			40		40																			
牡荆油								10					80				10															

续表

香料名称	C	B	L	J	R	O	G	I	Cm	K	S	Z	H	W	P	T	Y	Li	Mu	D	Ac	E	A	Q	X	U	Fi	M	Ve	V	N	F
	橘	橡	薰	茉	玫	兰	青	冰	樟	松	木	芳	药	辛	酚	焦	土	苔	霉	乳	酸	醛	脂	膏	麝	臊	腥	瓜	菜	豆	坚	果
木槿固态提取物					60											10																30
木槿属植物浸液							10																						20			70
木犀草花净油		30	10			5	40							10		5																
木犀花浸膏		5	30			5	35							10		5								10								
木香酮											60		20				20															
苜蓿浸膏					50											10														30		10
奶油发酵剂馏出液																			10	70	10								10			
奶油酸					10															30			60									
奶油酯					10															45			40									5
萘甲酮混合物	30				10	10						50																				
南洋杉木油								20			70	10																				
楠叶油					60					10													30									
柠檬桉油	60												20											20								
柠檬草油	70						15				2		13																			
柠檬姜倍半萜烯	20							10			30			40																		
柠檬腈	85												15																			
柠檬醛	70									5	10		5																			10
柠檬醛丙二醇缩醛	60				40																											
柠檬醛二甲醇缩醛	65									10	5	10																				10
柠檬醛二乙醇缩醛	62						3				10	10	5																			10
柠檬酸乙酯												20																				80
柠檬萜	80									10																						10
柠檬叶油	40		10			10														20												20

续表

香料名称	C	B	L	J	R	O	G	I	Cm	K	S	Z	H	W	P	T	Y	Li	Mu	D	Ac	E	A	Q	X	U	Fi	M	Ve	V	N	F
	橘	橡	薰	茉	玫	兰	青	冰	樟	松	木	芳	药	辛	酚	焦	土	苔	霉	乳	酸	醛	脂	膏	麝	臊	腥	瓜	菜	豆	坚	果
柠檬易挥发组分	75																			10			5									10
柠檬油	75										10	5	5																			5
柠檬樟油	60						10						30																			
柠檬汁	80									5																			5			10
牛奶焦糖吡嗪																10	30			60												
牛至油													65	19	15	1																
扭鞘香茅油					10		10						20		60																	
浓馥香兰素														10	10					20										60		
浓红三叶草浸液					40								20			10																30
浓厚圆叶当归浸液					30		10						10			10	10															30
浓咖啡净油																50							10							40		
浓缩白柠檬香精油	60						10				10												10									10
浓缩大蒜汁					20		20									10										10			40			
浓缩三倍的橙油	80						10																10									
浓缩桃子香味料					20															10												70
浓缩洋葱汁					20											10										30			40			
女贞醛							95						5																			
女贞缩醛	20		10	10		10	50																									
诺蒎醇								10			30		60																			
欧芹子油							30				20		10	20																20		
爬岩香油					30		20						50																			
排草浸膏					15								10			5								10						60		
哌啶																	20									60					20	

续表

香料名称	C	B	L	J	R	O	G	I	Cm	K	S	Z	H	W	P	T	Y	Li	Mu	D	Ac	E	A	Q	X	U	Fi	M	Ve	V	N	F
	橘	橡	薰	茉	玫	兰	青	冰	樟	松	木	芳	药	辛	酚	焦	土	苔	霉	乳	酸	醛	脂	膏	麝	膻	腥	瓜	菜	豆	坚	果
哌咯					20	20								20												40						
莰诺异丁醛							20					30	10																			20
莰烷								30		30	20	10					10															
莰烷硫醇							20	10			20															10						40
拔针叶檀香木油					20						80																					
啤酒花浸膏	20						20				30		10											10					10			
啤酒花浸液	20						20				40		10																10			
啤酒花精油						10	10			10	20		25			5				20												
啤酒蒸馏液						10	10				10	10	10							30	10								10			
苹果醋粉														10							20								20			50
苹果萃取液					20		10																									70
苹果浓缩液					15		5																									80
苹果香味料							5				10										5											80
苹果酯					10																											90
菩提花固体萃取物					40											10														20		30
菩提花酯			10	10	10	40							20											10								
葡萄柚提取物	70										10												5									15
蒲公英根					20	20	10									5													25	20		
蒲公英液体萃取物					20											10													40	10		20
奇华酮				20	20	20	10					10	10																			10
千里酸苯乙酯					20								30										10	20								20
千年健油				10	10	40					10	20			10																	
千日菊油树脂	30							10					30				10															20

续表

香料名称	C	B	L	J	R	O	G	I	Cm	K	S	Z	H	W	P	T	Y	Li	Mu	D	Ac	E	A	Q	X	U	Fi	M	Ve	V	N	F
	橘	橡	薰	茉	玫	兰	青	冰	樟	松	木	芳	药	辛	酚	焦	土	苔	霉	乳	酸	醛	脂	膏	麝	臊	腥	瓜	菜	豆	坚	果
强烈海索浸膏					20											10													30			40
羟基香茅醇					10	70						10																10				
羟基香茅醛			10	10	10	55						5																10				
羟基香茅醛二甲醇缩醛			5	5	10	65						5																10				
羟基香茅醛二乙醇缩醛				10	10	70																						10				
羟基香茅醛脚子			10				20	5					20				20							20								5
羟基香茅醛吲哚(席夫基)				60																						40						
巧克力吡嗪混合物																10	20			20										40	10	
芹菜酮										10		10	60											20								
芹菜油							40						20																40			
芹菜油树脂							40						20											10					30			
芹菜籽油														70						5												25
芹菜子油树脂					10		10						10	60										10								
青榄呋喃					70		30																									
氢化松香酸甲酯												15	40										30								15	
氢醌单乙醚					40								30	30																		
清风醛	10					10	20	10				5					10					5					10	10	10			
清洁众香子油					20						10		20	40	10																	
清晰焦糖蒸馏液					30										10	20	10	10		20												
清香木姜子油	80				10		10																									
全粉红色圆柚浸膏	60						10																10			10						10
醛氧甲基异长叶烯					10						60		10													20						
人参固体萃取物													30		10	10	40							10								

续表

香料名称	C	B	L	J	R	O	G	I	Cm	K	S	Z	H	W	P	T	Y	Li	Mu	D	Ac	E	A	Q	X	U	Fi	M	Ve	V	N	F
	橘	橡	薰	茉	玫	兰	青	冰	樟	松	木	芳	药	辛	酚	焦	土	苔	霉	乳	酸	醛	脂	膏	麝	臊	腥	瓜	菜	豆	坚	果
人造康酿克油				10	30		10												10	10			10	10								10
人造檀香					10						80									10												
壬醇	20				20																		60									
壬二烯醛							20																20			10			30			20
壬醛	10				10		10															60	10									
壬醛二乙缩醛					20																		80									
壬酸																				20	10		60			10						
壬酸甲酯																				30		10	10	5					20			25
壬酸壬酯					10		5													10			30									45
壬酸烯丙酯																							10						10			80
壬酸辛酯							20																40									40
壬酸乙酯				5	5															40			20									30
壬酸异戊酯																							20						20			60
壬烯腈							20										2					30	48									
日本樟脑白油								80		20																						
肉豆蔻油	25												35	30										10								
肉豆蔻酸甲酯					5															10			80									5
肉豆蔻酸乙酯					10															10			80									
肉豆蔻酸异丙酯					10															10			80									
肉豆蔻衣油										20	10		30	10									20			10						
肉豆蔻衣油树脂										20	10		10	10									20	20		10						
肉豆蔻油					10		10			20	10		30	10										10								
肉桂皮油											10		30	40		10								10								

续表

香料名称	C	B	L	J	R	O	G	I	Cm	K	S	Z	H	W	P	T	Y	Li	Mu	D	Ac	E	A	Q	X	U	Fi	M	Ve	V	N	F
	橘	橡	薰	茉	玫	兰	青	冰	樟	松	木	芳	药	辛	酚	焦	土	苔	霉	乳	酸	醛	脂	膏	麝	臊	腥	瓜	菜	豆	坚	果
肉桂叶油					10						5		40	30	10									5								
肉桂油											10		40	50																		
乳酸																				80	20											
乳酸薄荷酯					15			10					70			5																
乳酸丁酯																				70									10			20
乳酸叶酯							40																10						30			20
乳酸乙酯					10															60												30
乳香						10				10			5		1	1								73								
乳香精油	10						10			20	10													35		5						10
乳香净油											20		30	10										40								
乳香香树脂	10						10						20										10	40		10						
乳香油	4					10				10			2		2									72								
萨利麝香											10														80	5				5		
噻啶							10																			30			20			40
噻吩硫醇							10									10										40			40			
噻唑					20		20																						40			20
赛檀木油								10		20	60						10															
赛维他缩醛							70						20																			10
三丙酸甘油酯												40								20			40									
三丁酸甘油酯																				40			40						20			
三甲胺																							10			80			10			
三甲基吡嗪																10	10												60	20		
三甲基庚烯醛	90																															10

续表

香料名称	C	B	L	J	R	O	G	I	Cm	K	S	Z	H	W	P	T	Y	Li	Mu	D	Ac	E	A	Q	X	U	Fi	M	Ve	V	N	F
	橘	橡	薰	茉	玫	兰	青	冰	樟	松	木	芳	药	辛	酚	焦	土	苔	霉	乳	酸	醛	脂	膏	麝	臊	腥	瓜	菜	豆	坚	果
三甲基环己基甲基酮		20			20	40											20															
三甲基环十二碳烯氧化物							70																						20			10
三聚乙醛																10	10												20			60
三硫代丙酮	10						20	5																		10			35			20
三乙酸甘油酯																				60			10						20			10
伞花麝香					10																				90							
砂仁油								10		10			80																			
莎莉麝香													10												70	20						
晒干的西红柿萃取物							20							20									20						20			20
山苍子脚油	60									10							10							10								10
山苍子头油	60						20					10																				10
山苍子油	85										5																					10
山菊净油					40								60																			
山梨醛	20				20		20																20									20
山梨酸甲酯							20						20	20		10																30
山梨酸烯丙酯					30		10																									60
山毛榉杂酚油															80	20																
山柰油													40	40										20								
山萩油					60	10					10		10							10												
山楂核烟熏香味剂																60										10			30			
山楂花酮					20							20		40																20		
山楂浸膏						10								40																10		40
山栀子油			10	30		10	10				10		20										10									

续表

香料名称	C	B	L	J	R	O	G	I	Cm	K	S	Z	H	W	P	T	Y	Li	Mu	D	Ac	E	A	Q	X	U	Fi	M	Ve	V	N	F
	橘	橼	薰	茉	玫	兰	青	冰	樟	松	木	芳	药	辛	酚	焦	土	苔	霉	乳	酸	醛	脂	膏	麝	臊	腥	瓜	菜	豆	坚	果
杉木油							10			40	50																					
杉松油							10			40	30		20																			
少花桂油													60	40																		
麝葵子净油																									80	10						10
麝葵子油																									75	15						10
麝香																									25	75						
麝香 103																									80	20						
麝香 105													5												95							
麝香 105 脚子													5			5	20								60	10						
麝香 204					20																				80							
麝香-781					10						10														80							
麝香 83					5																		5		80	10						
麝香-89					10																				80	10						
麝香 BRB(1)					10						5														80					5		
麝香 DDHI																									90	10						
麝香 F					5						5														80	5				5		
麝香-T					10																		10		80							
麝香 TM-п																									90	10						
麝香草酚													40		40	10														10		
麝香酊					10																				50	40						
麝香净油																									50	50						
麝香内酯					10																				70	15						5
麝香酮					20																				80							

续表

香料名称	C	B	L	J	R	O	G	I	Cm	K	S	Z	H	W	P	T	Y	Li	Mu	D	Ac	E	A	Q	X	U	Fi	M	Ve	V	N	F
	橘	橡	薰	茉	玫	兰	青	冰	樟	松	木	芳	药	辛	酚	焦	土	苔	霉	乳	酸	醛	脂	膏	麝	臊	腥	瓜	菜	豆	坚	果
麝香烯酮																									80	20						
神农菊油								10				10	80																			
神农香菊油											5	10	70	5			5							5								
神香草油						30	10						60																			
生姜二氧化碳萃取物	15				10					20	20			20		5	10															
生姜净油							10						20	40																		30
圣约翰面包(角豆)固态提取物					10											10			10	20	10	10	10	10								10
十二(烷)腈	20										60												20									
十二醛																	10						80									10
十二酸乙酯																				20			70									10
十三醛	10																						90									
十三烷二酸环亚乙酯						10																			90							
十四腈	50						20																30									
十四酸乙酯																				10			75			10						5
十四酸异丙酯																							90									10
十四碳醛																						70	10	20								
十五内酯					10																				90							
十一(碳)烯酸					20																20	10	30									20
十一(碳)烯酸乙酯					20																		40		40							
十一醇	15				15																		70									
十一醛	10				20																		70									
十一酸																				40			60									
十一酸甲酯							10													40			40									10

续表

香料名称	C	B	L	J	R	O	G	I	Cm	K	S	Z	H	W	P	T	Y	Li	Mu	D	Ac	E	A	Q	X	U	Fi	M	Ve	V	N	F
	橘	橡	薰	茉	玫	兰	青	冰	樟	松	木	芳	药	辛	酚	焦	土	苔	霉	乳	酸	醛	脂	膏	麝	臊	腥	瓜	菜	豆	坚	果
十一酸乙酯					10															40			40									10
十一碳-1,3,5-三烯	10						30	20		10							30															
十一碳烯醇醋酸酯					40																		60									
十一碳烯醛	40				40		20																									
十一烷醛	30				20																		40									10
十一烯醇	10				20		10																60									
十一烯醛					20		5													5			60									10
石荠苎油													60		40																	
石香薷油													40		60																	
石竹精油					10								30	30	30																	
石竹烯											87			3			10															
莳萝草油					20		10	20					30	20																		
莳萝醇							83							7										10								
莳萝醛							10						30	60																		
莳萝油												5	60	30						5												
鼠尾草油								5					80	15																		
树兰花油			10	30	20	30	10																									
树兰浸膏		20		30		20	10																	20								
树兰叶油			20	20	10	20	20						10																			
树苔浸膏																30	10							30						30		
双(2,5-二甲基-3-呋喃基)二硫醚							20																			60			20			
双环腈		10	10	10	10	10								50																		
双环乙二缩醛							40																						40			20

续表

香料名称	C	B	L	J	R	O	G	I	Cm	K	S	Z	H	W	P	T	Y	Li	Mu	D	Ac	E	A	Q	X	U	Fi	M	Ve	V	N	F
	橘	橡	薰	茉	玫	兰	青	冰	樟	松	木	芳	药	辛	酚	焦	土	苔	霉	乳	酸	醛	脂	膏	麝	臊	腥	瓜	菜	豆	坚	果
双甲硫基甲烷							20										40									10			30			
水芹醚							80																									20
水仙醇					10								10	60		10														10		
水仙花浸膏			10	30	10	7	10			10					3									10		10						
水仙花净油			10	30	20	7	10			10					3											10						
水杨醛								10					30	30			10													20		
水杨酸													40	30			10							20								
水杨酸苯酚酯					20	40		10			20				10																	
水杨酸苯乙酯					30	38	5					10												10						2		5
水杨酸苯酯						20							60											20								
水杨酸苄酯				5		75					5	5												10								
水杨酸丁酯						80							20																			
水杨酸环己酯						30						20	50																			
水杨酸己酯						80							19		1																	
水杨酸甲酯						70							30																			
水杨酸邻甲酚酯													80		20																	
水杨酸戊酯						80							20																			
水杨酸辛酯						60																		40								
水杨酸叶酯						45	50								2		3															
水杨酸乙酯						55		5					25	10										5								
水杨酸异丁酯						90							10																			
水杨酸异戊酯						80							20																			
水杨酸正己酯						40																		60								

续表

香料名称	C	B	L	J	R	O	G	I	Cm	K	S	Z	H	W	P	T	Y	Li	Mu	D	Ac	E	A	Q	X	U	Fi	M	Ve	V	N	F
	橘	橡	薰	茉	玫	兰	青	冰	樟	松	木	芳	药	辛	酚	焦	土	苔	霉	乳	酸	醛	脂	膏	麝	臊	腥	瓜	菜	豆	坚	果
顺-2-己烯-1-醇							70																						20	5		5
顺-2-壬烯-1-醇							55																30						10			5
顺-3-己烯酸							30													30			20									20
顺-3-己烯酸叶酯							50																						20			30
顺-3-辛烯-1-醇							40										60															
顺-4,7-辛二烯酸乙酯					10		10																									80
顺-4-庚烯-1-醇							20																									80
顺-4-庚烯酸乙酯							50																20					20				10
顺-5-辛烯-1-醇							40					10					40															10
顺-5-辛烯醛							20																									80
顺-6-壬烯-1-醇					20		30																30						20			
顺-6-壬烯醛							5															5	5					80				5
顺橙花叔醇					50	50																										
顺玫瑰醚					50			20				10	10				10															
顺式-4-庚烯醛二乙缩醛							30						10							10			20									30
顺式-4-己烯醇							50						30				20															
顺式-*E*-巴豆酰基三甲基环己烷								10					30				60															
顺式对叔丁基环己酯				10	20						40																					30
顺式己烯基碳酸甲酯					30	10	40																									20
顺式茉莉酮内酯																				60			30									10
顺式异丁香酚					20								30	30	20																	
顺氧化芳樟醇(呋喃型)												92	5				2			1												
斯里兰卡肉桂皮油											20			80																		

续表

香料名称	C	B	L	J	R	O	G	I	Cm	K	S	Z	H	W	P	T	Y	Li	Mu	D	Ac	E	A	Q	X	U	Fi	M	Ve	V	N	F
	橘	橼	薰	茉	玫	兰	青	冰	樟	松	木	芳	药	辛	酚	焦	土	苔	霉	乳	酸	醛	脂	膏	麝	膻	腥	瓜	菜	豆	坚	果
斯里兰卡肉桂叶油											5		10	85																		
四川胡椒二氧化碳萃取物							10			10	10		40	30																		
四甲基六氢乙酰基萘酮	20				40		10				20														10							
四氢-2-异丁基-4-甲基-4(2*H*)-吡喃醇	95																5															
四氢别罗勒烯醇		20									5	75																				
四氢对甲基喹啉											10															90						
四氢芳樟醇	8											85	5				2															
四氢芳樟醇乙酸酯		20		20		20					10		10																			20
四氢糠醇																20							60						20			
四氢柠檬醛	80																						10									10
四氢噻吩酮							20																			20			60			
四氢香叶醇	5				80												5						5									5
松焦油										40					20	40																
松节油										80														20								
松罗浸膏(树苔浸膏之一种)						20											20							20						40		
松香芹醇								10		30	20		40																			
松香酸甲酯										40														60								
松乙醛							10			50													40									
松油醇							10			60	20		10																			
松油-4-醇	20				20		10	10		40																						
松油烯	40						10			20	20		10																			
松针油							20	10		25			20										10	10								5
苏合香醇				30		15	55																									

续表

香料名称	C	B	L	J	R	O	G	I	Cm	K	S	Z	H	W	P	T	Y	Li	Mu	D	Ac	E	A	Q	X	U	Fi	M	Ve	V	N	F
	橘	橡	薰	茉	玫	兰	青	冰	樟	松	木	芳	药	辛	酚	焦	土	苔	霉	乳	酸	醛	脂	膏	麝	臊	腥	瓜	菜	豆	坚	果
苏合香膏													40	10										50								
苏合香净油			10		10	10								20										50								
苏合香树脂					10	10								20										60								
苏合香树脂净油												20		20										40								20
苏合香油													40	20										40								
素凝香					10	20							20							20				10	10					10		
酸樱桃精油(3000 倍)					20																											80
穗花槭树皮液体萃取物													70			30																
穗檀香油					20						60													20								
穗薰衣草油		20						5			10	30	35																			
缩酮							10				10		30				10			10				10								20
塔希提白柠檬(98 倍)	80						10																10									
檀香 196					10						90																					
檀香 208					5						80						10									5						
檀香 210					5						85	5					5															
檀香 803											90	10																				
檀香醇											90									10												
檀香醚					20						70	10																				
檀香烯			10							10	80																					
檀香油					5					5	80		5	2												3						
桃金娘烯醇								10			40		50																			
桃金娘烯醛													70	30																		
桃金娘月桂(叶)油					10								20	50	10									10								

续表

香料名称	C	B	L	J	R	O	G	I	Cm	K	S	Z	H	W	P	T	Y	Li	Mu	D	Ac	E	A	Q	X	U	Fi	M	Ve	V	N	F
	橘	橡	薰	茉	玫	兰	青	冰	樟	松	木	芳	药	辛	酚	焦	土	苔	霉	乳	酸	醛	脂	膏	麝	臊	腥	瓜	菜	豆	坚	果
桃醛																				10												90
桃酮													20																			80
桃子浓缩液							10																									90
特级香叶醇	10				80																											10
特佳杂醇油																				20			40									40
特拉斯麝香												10													90							
惕各酸					10									10		10																70
惕各酸-1-乙基己酯							20						20	20																		40
惕各酸苯乙酯					80								20																			
惕各酸苄酯					20								10	20			10							40								
惕各酸乙酯																10																90
惕各酸异丙酯							20	10						70																		
天然白脱香							10													80			10									
天然白脱酯					10															70			10									10
天然吡嗪混合物																10	20												40	10		20
天然橙醛	60									10													10									20
天然除烃圆柚油	80						5																10						5			
天然笃斯越橘粉	10										10																					80
天然二甲基吡嗪混合物																	10						10						60	20		
天然番石榴							20																									80
天然桂醛													40	60																		
天然烘烤榛子萃取物							10									10							10						30		20	20
天然胡薄荷酮							10	10					70																			10

续表

香料名称	C	B	L	J	R	O	G	I	Cm	K	S	Z	H	W	P	T	Y	Li	Mu	D	Ac	E	A	Q	X	U	Fi	M	Ve	V	N	F
	橘	橡	薰	茉	玫	兰	青	冰	樟	松	木	芳	药	辛	酚	焦	土	苔	霉	乳	酸	醛	脂	膏	麝	臊	腥	瓜	菜	豆	坚	果
天然花生																10							20							30	40	
天然花生浸液					20															20			30							30		
天然花生提取物																10				20			20							30	20	
天然黄瓜蒸馏液							40																						60			
天然混合酮																				40			40									20
天然鸡蛋香基香味料							10													10			20	10	10	20	10		10			
天然椒样薄荷油					10		10	40					40																			
天然咖啡醇																10				10										20	60	
天然咖啡浸取液																10	10						10						10	30	30	
天然烤榄如树坚果的萃取液					30											10							10								30	20
天然可可油树脂																							10	10						30	50	
天然苦杏仁油					10								50																			40
天然朗姆					20						20					10			10	10	10		10	10								
天然朗姆浓缩液					30						20					10				20	10											10
天然马索亚内酯					20															30			10						30			10
天然麦芽蒸馏物					30															30	10		10	10					10			
天然柠檬醛紫苏醛	80																						10									10
天然浓缩朗姆酒					20							20							10	10	10											30
天然苹果浓缩精油					20						10																					70
天然普拉龙					20											20													50			10
天然青胡椒精油	10		10				10						20	50																		
天然醛 PK					40										5														40			15
天然热带萜烯调和物	40						10			20																						30

续表

香料名称	C	B	L	J	R	O	G	I	Cm	K	S	Z	H	W	P	T	Y	Li	Mu	D	Ac	E	A	Q	X	U	Fi	M	Ve	V	N	F
	橘	橡	薰	茉	玫	兰	青	冰	樟	松	木	芳	药	辛	酚	焦	土	苔	霉	乳	酸	醛	脂	膏	麝	臊	腥	瓜	菜	豆	坚	果
天然生梨					20		10																									70
天然生梨酯类					10		10																10									70
天然檀香油											90									6					2	2						
天然桃子/杏子型内酯					20																		10									70
天然酮混合物																				80												20
天然土耳其烘烤咖啡					10										10	30														20	20	10
天然西红柿增强剂							40																						60			
天然杏仁精油					10								60										10									20
天然圆柚香基	70				5					5																						20
天然紫苏油					10	10	5						35	40																		
天竺葵酯					90		10																									
甜橙腈	50					40																	10									
甜橙醛	60					10	10					10	10																			
甜橙香料 F-1	70										10												20									
甜橙油	88																						6	4								2
甜甘牛至油													80	15	3		2															
甜瓜醚					30		20																									50
甜瓜醛							20	5						5									20									50
甜瓜香精					30		30																									40
甜瓜汁浸膏					30		20																									50
甜桦木油													40	40	20																	
甜罗勒油			10		10		10				10		10	40										10								
甜樱桃粉													10																			90

续表

香料名称	C	B	L	J	R	O	G	I	Cm	K	S	Z	H	W	P	T	Y	Li	Mu	D	Ac	E	A	Q	X	U	Fi	M	Ve	V	N	F
	橘	橡	薰	茉	玫	兰	青	冰	樟	松	木	芳	药	辛	酚	焦	土	苔	霉	乳	酸	醛	脂	膏	麝	臊	腥	瓜	菜	豆	坚	果
甜月桂油												5	10	80										5								
酮麝香					10																				85	5						
酮麝香脚子					3						5					2	40							5	40					5		
头花杜鹃油		20		10	10	20																		20								20
突厥酮					50		2				10						3			20				5								10
突厥酮 1-4					20	20																		20								40
突厥烯酮					50											10																40
土耳其玫瑰油					80																		10									10
土荆芥油								10					90																			
土木香油											50						30							20								
吐鲁浸膏														5										70						20		5
吐鲁精油					10									10										70						10		
吐鲁香脂萃取物														5										68						20		7
吐纳麝香											10														90							
吐纳麝香												10													90							
兔耳草醛						60	10																					20				10
脱氢薄荷呋喃内酯								10					70																	20		
脱水芳樟醇氧化物								10					60	30																		
晚香玉浸膏			10	10	20	20							20											20								
晚香玉净油		10	10	30	10	10					10		10																			10
晚香玉酸甲酯												10	30										60									
晚香玉油香基				10	10	10							30										10	10	10					10		
万山麝香																									90	10						

续表

香料名称	C	B	L	J	R	O	G	I	Cm	K	S	Z	H	W	P	T	Y	Li	Mu	D	Ac	E	A	Q	X	U	Fi	M	Ve	V	N	F
	橘	橡	薰	茉	玫	兰	青	冰	樟	松	木	芳	药	辛	酚	焦	土	苔	霉	乳	酸	醛	脂	膏	麝	臊	腥	瓜	菜	豆	坚	果
万山麝香腈					20																				80							
万寿菊净油			10		10	10							50	20																		
万寿菊酮							80						20																			
万寿菊油							10					45	15										10	10								10
王朝酮					30	10	30																									30
威士忌内酯											10									20										10		60
威士忌浓杂醇油					40						20									20												20
微吉酮					50						40																					10
维奥酮		5	80		10	5																										
乌龙茶萃取物		20	10	20	30	10					10																					
乌头酸							10									10	20												60			
乌头酸乙酯(混合酯)					40																											60
乌药油											10	10	60	20																		
无花果浸膏							20																									80
无花果浸剂							20													10												70
无花果油					10															10												80
无色朝鲜蓟提取物					5		5				40		40										10									
无萜 Super X 圆柚汁	80						10																									10
无萜白柠檬	75										10												5									10
无萜橙油	85				10		5																									
无萜广藿香	5							5		10	50		20	10																		
无萜圆柚精油	80						10																						5			5
五月铃兰醇					20	20	20																									40

续表

香料名称	C	B	L	J	R	O	G	I	Cm	K	S	Z	H	W	P	T	Y	Li	Mu	D	Ac	E	A	Q	X	U	Fi	M	Ve	V	N	F
	橘	橡	薰	茉	玫	兰	青	冰	樟	松	木	芳	药	辛	酚	焦	土	苔	霉	乳	酸	醛	脂	膏	麝	膝	腥	瓜	菜	豆	坚	果
戊基环戊酮				70			10						10	10																		
戊醛							10													10			30			30						20
戊酸																				20	10		30			10						30
戊酸-2-甲基丙酯																				10									10			80
戊酸-3-甲基丁酯																				10									5			85
戊酸丙酯																				10									10			80
戊酸丁酯																				20												80
戊酸反-2-己烯酯							10																									90
戊酸己酯																				20			20									60
戊酸甲酯												10								20												70
戊酸糠酯					10											5																85
戊酸龙脑酯										20	10		60																			10
戊酸戊酯																				10									5			85
戊酸烯丙酯																													10			90
戊酸香茅酯					60								40																			
戊酸香叶酯					50								50																			
戊酸叶酯							60																									40
戊酸乙酯																				20								10				70
戊酸异丙酯																			5	5									10			80
戊酸异丁酯																				20												80
戊酸异戊酯																				20												80
戊酮酸乙酯							30																10									60
西班牙鼠尾草油								15		5			75											5								

续表

香料名称	C	B	L	J	R	O	G	I	Cm	K	S	Z	H	W	P	T	Y	Li	Mu	D	Ac	E	A	Q	X	U	Fi	M	Ve	V	N	F
	橘	橡	薰	茉	玫	兰	青	冰	樟	松	木	芳	药	辛	酚	焦	土	苔	霉	乳	酸	醛	脂	膏	麝	膘	腥	瓜	菜	豆	坚	果
西伯利亚人参浸膏							5	5			5		20	5			60															
西藏麝香					30																				70							
西番莲蒸馏物					20																					10						70
西瓜醛							50										10						10					30				
西西里橘油	80																						10									10
西印度肉豆蔻提取物			5		10	5					10			60									10									
西印度檀香木油					20						60													20								
西印度樱桃汁													10																			90
烯丙(基)硫醇							40																			30			30			
烯丙基二硫							70					20		10																		
烯丙基环亚柠檬烯丙酮					25		10																10									55
烯丙基甲基二硫化物							40							20												20			20			
烯丙基甲基三硫							30							20												10			40			
烯丙基硫醚							60					20		20																		
烯丙基三硫							60							20															20			
烯丙基紫罗兰酮					30						20																			10		40
锡兰肉桂油													30	60	10																	
锡兰油	10												40	40									10									
细辛油								10					50	30	10																	
夏香薄荷油													20	60	20																	
鲜薄荷酮							10	80					10																			
鲜草醛		20				10	50										10						10									
香菠酯													20	20																		60

续表

香料名称	C	B	L	J	R	O	G	I	Cm	K	S	Z	H	W	P	T	Y	Li	Mu	D	Ac	E	A	Q	X	U	Fi	M	Ve	V	N	F
	橘	橡	薰	茉	玫	兰	青	冰	樟	松	木	芳	药	辛	酚	焦	土	苔	霉	乳	酸	醛	脂	膏	麝	臊	腥	瓜	菜	豆	坚	果
香草根醇											90						1									9						
香橙油	80																															20
香豆素													10	10																80		
香蜂草油													20		80																	
香附油								5			70		15				10															
香根醇													10				90															
香根浸膏					10						70						20															
香根油					5						71			3		1	5							5		10						
香瓜醛							20																					80				
香桂油													30	50	20																	
香旱芹油													20	20	60																	
香荚兰醇					5											10				5										80		
香荚兰萃取物											15				2	1								20						62		
香荚兰豆酊																1				9				10						80		
香荚兰豆二氧化碳萃取物					20						5												10	5						60		
香荚兰豆浸膏					10									5									5	5						75		
香荚兰豆净油					15									5									5	5						70		
香荚兰净油二氧化碳萃取物					15															10			5							70		
香荚兰提取物(天然)					8											2				10										80		
香荚兰油树脂					20						5				5					20				10						40		
香蕉精油					20																											80
香辣醚											70			10									10			10						
香兰醇					10										10					10										60		10

续表

香料名称	C	B	L	J	R	O	G	I	Cm	K	S	Z	H	W	P	T	Y	Li	Mu	D	Ac	E	A	Q	X	U	Fi	M	Ve	V	N	F
	橘	橡	薰	茉	玫	兰	青	冰	樟	松	木	芳	药	辛	酚	焦	土	苔	霉	乳	酸	醛	脂	膏	麝	臊	腥	瓜	菜	豆	坚	果
香兰腈											20																			80		
香兰素					5									3						10										82		
香兰素 3-1-薄荷氧基-1,2-丙二醇缩醛												10	10	10																70		
香兰素丙二醇缩醛						5								5																90		
香兰素苏和赤-2,3-丁二醇缩醛					10								10							10										70		
香兰酸											5				5	5				15			5							65		
香料烟浸膏											10					70								10						10		
香茅醇	10	20			70																											
香茅醇和香叶醇混合物	5		5		90																											
香茅腈	20				40		20						10																			10
香茅醛	43				30		10			10			7																			
香茅醛邻氨基甲酸甲酯席夫基	60		10		20									10																		
香茅醛头油	10				10	10	20					10																	20			20
香茅酸					20		80																									
香茅酸甲酯					10		10																									80
香茅氧基乙醛	5				25	52	5													3								10				
香茅油	50				25		10						15																			
香玫瑰缩酮					60					10			20											10								
香柠檬薄荷油	10	10	10							10	20																					40
香柠檬醛	40						10						5				5															40
香柠檬油	60										2	35	3																			
香柠檬酯	30									10	20		20																			20
香芹薄荷醇								20					80																			

续表

香料名称	C	B	L	J	R	O	G	I	Cm	K	S	Z	H	W	P	T	Y	Li	Mu	D	Ac	E	A	Q	X	U	Fi	M	Ve	V	N	F
	橘	橼	薰	茉	玫	兰	青	冰	樟	松	木	芳	药	辛	酚	焦	土	苔	霉	乳	酸	醛	脂	膏	麝	臊	腥	瓜	菜	豆	坚	果
香芹酚													20	70	10																	
香芹孟烯醇										15			80	5																		
香芹醚				10	20	10	40					10																	10			
香芹酮(天然)							10	45						5									40									
香石竹浸膏					30		10						20	30										10								
香石竹净油					40		10						20	30																		
香桃木油			10								10		60	20																		
香叶吡喃	10		10		60								10	10																		
香叶醇			10		85												5															
香叶醇底油					60							10	5				10						5	10								
香叶基丙酮			5		80	5														10												
香叶腈	40						30			10	10		10																			
香叶醛	50						10						10																			30
香叶天竺葵油					60								40																			
香叶氧基乙醛					80																		20									
香叶油					90		3	3					4																			
香圆油	80																															20
香橼油	80										5												5									10
香脂冷杉油，加拿大型										10	30		30											30								
香脂檀油					10						80					2								8								
香子含笑油			10										30	40	20																	
香紫苏浸膏												10	50											20	10	10						
香紫苏净油			10		20								50	10																10		

续表

香料名称	C	B	L	J	R	O	G	I	Cm	K	S	Z	H	W	P	T	Y	Li	Mu	D	Ac	E	A	Q	X	U	Fi	M	Ve	V	N	F
	橘	橼	薰	茉	玫	兰	青	冰	樟	松	木	芳	药	辛	酚	焦	土	苔	霉	乳	酸	醛	脂	膏	麝	臊	腥	瓜	菜	豆	坚	果
香紫苏内酯											70					10	10													10		
香紫苏油	5										10		52	10			3							20								
橡苔单甲醚					20								20		20									20						20		
橡苔浸膏													6		1	1	70							20						2		
橡苔净油													5		3	1	90													1		
消旋香茅醇			10		80																											10
消旋苎烯	80									20																						
小豆蔻酮净油							10				10	10	10	60																		
小豆蔻油								10		20			20	50																		
小豆蔻油树脂								10		20			20	40										10								
小豆蔻籽油													40	60																		
小花茉莉浸膏				60			10						20											10								
小茴香根					20		10						40	20		10																
小茴香浸液					20								40	40																		
小茴香甜油						10								75			5			10												
小茴香油					5		5						40	40			5															5
缬草根萃取物											20		60				20															
缬草油								15			10	5	70																			
辛醇			10		10	20	20													10			30									
辛醛							35																60									5
辛醛二甲缩醛							40																50									10
辛醛二乙缩醛	20													20								10	40									10
辛炔羧酸甲酯					10		80																10									

续表

香料名称	C	B	L	J	R	O	G	I	Cm	K	S	Z	H	W	P	T	Y	Li	Mu	D	Ac	E	A	Q	X	U	Fi	M	Ve	V	N	F
	橘	橼	薰	茉	玫	兰	青	冰	樟	松	木	芳	药	辛	酚	焦	土	苔	霉	乳	酸	醛	脂	膏	麝	臊	腥	瓜	菜	豆	坚	果
辛炔羧酸乙酯							75																20									5
辛酸																				40			50			10						
辛酸苯乙酯					20																											80
辛酸芳樟酯					20								60																			20
辛酸庚酯							10										10						50									30
辛酸己酯							40																20									40
辛酸甲酯																				15			35			10						40
辛酸糠酯					20											10							30						40			
辛酸壬酯					60												20						20									
辛酸戊酯					20																		60									20
辛酸烯丙酯					30																		20									50
辛酸辛酯				10	10	10	10																40									20
辛酸乙酯					10															10			40			10						30
辛酸异戊酯							10													10			20									60
3-辛酮							10										60			10			10									10
辛烯基环戊酮							20																									80
新福力酯					10		40				10												10									30
新铃兰醛					10	87	3																									
新铃兰醛邻氨基苯甲酸甲酯席夫基	20			20	10	30							10													10						
新玫瑰酯					70		10				10			10																		
新戊酯							20				40																					40
新鲜浓缩白柠檬	80										5												5									10
新香柠檬酯	70						10																									20

续表

香料名称	C	B	L	J	R	O	G	I	Cm	K	S	Z	H	W	P	T	Y	Li	Mu	D	Ac	E	A	Q	X	U	Fi	M	Ve	V	N	F
	橘	橡	薰	茉	玫	兰	青	冰	樟	松	木	芳	药	辛	酚	焦	土	苔	霉	乳	酸	醛	脂	膏	麝	臊	腥	瓜	菜	豆	坚	果
新洋茉莉醛		10			10	10	55																					10				5
新玉兰酯				10			40																10									40
星苹酯							10																									90
杏仁油													30																	10		60
杏子香浓缩物					10																											90
匈牙利春黄菊花油							90							3															7			
溴代苏合香烯					40							40			5									15								
雪松叶油										20			80																			
血柏木油										10	80		5				5															
血红橙提取物	80																															20
血红橙油	80																						5									15
薰衣草恶烷													40	60																		
薰衣草净油			60		10						10	5	5				10															
薰衣草香噁烷							50						50																			
薰衣草油								3				45	48	1			2															1
压榨精馏白柠檬油	80																2															18
鸭皂树浸膏			20		30	20							10											10						10		
鸭皂树精油			20		30	30							10																	10		
牙买加的姜油树脂	10										40		20	30																		
牙买加众香子提取物											20		20	40	10								10									
亚苄基丙酮				20																										80		
亚糠基丙酮					20															20				30						20		10
亚实基隆葱油					20		40																			10			30			

续表

香料名称	C	B	L	J	R	O	G	I	Cm	K	S	Z	H	W	P	T	Y	Li	Mu	D	Ac	E	A	Q	X	U	Fi	M	Ve	V	N	F
	橘	橼	薰	茉	玫	兰	青	冰	樟	松	木	芳	药	辛	酚	焦	土	苔	霉	乳	酸	醛	脂	膏	麝	膻	腥	瓜	菜	豆	坚	果
亚香兰基丙酮					20															20				30						30		
亚硝酸乙酯							10					20																				70
亚洲薄荷素油					20		10	30					40																			
亚洲薄荷油							10	50					40																			
烟草花浸膏					20						20									30			30									
烟草净油					20								40			10														30		
烟酸甲酯											15		80			5																
芫荽除萜油	20		10		20	20	10							10															10			
芫荽油树脂	10		10			20	10				5		10	10										10					10			5
芫荽子油							3				5	25	15	52																		
岩兰草酮					40						60																					
岩兰草香酮					20						60						20															
岩兰草油											80						20															
杨梅醛													5								15											80
洋葱油							30																						70			
洋甘菊油										10	50		30																	10		
洋茴香油					30								30	40																		
洋李浸剂													20																			80
洋茉莉醛					20	15						5								10										50		
洋茉莉醛二乙醇缩醛		10			30	10								10																40		
氧代戊二酸																				80												20
氧化芳樟醇			20	10				50				10	10																			
氧化玫瑰					60						10					20	10															

续表

香料名称	C	B	L	J	R	O	G	I	Cm	K	S	Z	H	W	P	T	Y	Li	Mu	D	Ac	E	A	Q	X	U	Fi	M	Ve	V	N	F
	橘	橡	薰	茉	玫	兰	青	冰	樟	松	木	芳	药	辛	酚	焦	土	苔	霉	乳	酸	醛	脂	膏	麝	臊	腥	瓜	菜	豆	坚	果
氧化异佛尔酮					30			20					20				10			10						10						
氧化异佛尔酮					30	10						20	10				10						10		10							
氧杂硫代环戊烷	10												10																			80
药香酮										10	20		60																			10
椰子精油					20															60			20									
椰子醛																				50			10									40
椰子酮																				60										20		20
野胡萝卜籽油					30								20	40		10																
野黄桂油													40	40										20								
野香橼油	80						10							10																		
叶醇							80					10																				10
叶青嗯烷											60																					40
叶青素		10		10		10	60						10																			
叶醛							60							10									10									20
叶缩醛					20		65						10										5									
衣草香嗯烷		10						10			20		40	20																		
依兰香基油			10	20		10						20		5										10	10	10						5
依兰依兰油			10	20		10						10		5										10	10	20						5
依兰油(纯净油)	5			50	20	15								5																		5
乙醇												90																	5			5
乙基-(2-甲基-3-呋喃基)二硫醚					20																					20			60			
乙基吡嗪																10	20									10			50	10		
乙基芳樟醇		40	30	10	10	10																										

续表

香料名称	C	B	L	J	R	O	G	I	Cm	K	S	Z	H	W	P	T	Y	Li	Mu	D	Ac	E	A	Q	X	U	Fi	M	Ve	V	N	F
	橘	橡	薰	茉	玫	兰	青	冰	樟	松	木	芳	药	辛	酚	焦	土	苔	霉	乳	酸	醛	脂	膏	麝	臊	腥	瓜	菜	豆	坚	果
乙基芳樟醚			20	10	40	10																										20
乙基环戊烯醇酮					60											20															20	
乙基麦芽酚					30											10																60
乙基十二氢三甲基萘并呋喃					10						10															80						
乙基香兰素															10															90		
乙基香兰素丙二醇缩醛					20						10									20										50		
乙基香叶醚					40		60																									
乙基乙酸																				60	40											
乙基乙烯基甲酮							10					30		50												10						
乙醛							10					20								20												50
乙酸																				20	50											30
乙酸-1-辛烯-3-醇酯		10				10	20						20				10						10									20
乙酸-1-正丁基氧基乙酯																													10			90
乙酸-2,3,3-三甲基环己酯	50				10																											40
乙酸-2,4-二甲基-3-环己烯基-1-甲酯	60																															40
乙酸-2,4-己二烯酯							60													5			10									25
乙酸-2-己基四氢呋喃-4-醇酯					30																								10			60
乙酸-2-己烯-1-醇酯							10																									90
乙酸-2-甲基-4-苯基-2-丁酯				10	10		10																	10								60
乙酸-2-甲基丙酯																				15									5			80
乙酸-2-甲基丁酯																				10									5			85
乙酸-2-甲氧基苯酚酯											10		10		60	10														10		
乙酸-2-戊酯					20																											80

续表

香料名称	C	B	L	J	R	O	G	I	Cm	K	S	Z	H	W	P	T	Y	Li	Mu	D	Ac	E	A	Q	X	U	Fi	M	Ve	V	N	F
	橘	橡	薰	茉	玫	兰	青	冰	樟	松	木	芳	药	辛	酚	焦	土	苔	霉	乳	酸	醛	脂	膏	麝	膻	腥	瓜	菜	豆	坚	果
乙酸-2-乙基丁酯					20							8					2															70
乙酸-3,7-二甲基辛酯					60																		20									20
乙酸-3-苯丙酯					40									20										20								20
乙酸-3-苯基-3-丁烯酯					60	10																		20								10
乙酸-3-甲基-1-苯基-3-戊醇酯		10		20	40	10																										20
乙酸-3-甲基-2-丁烯-1-醇酯		10		20	20	10	10																									30
乙酸-3-甲硫基-1-己酯							30							30															20			20
乙酸-3-甲硫基丙酯							20																20									60
乙酸-3-巯基己酯							20																			10			10			60
乙酸-3-壬酮-1-醇酯													40																20			40
乙酸-3-辛酯	20						30	10															20						20			
乙酸 3-乙酰巯基己酯							20																			10			30			40
乙酸-4(3)-(4-甲基-3-戊烯基)-3-环己烯基乙甲醇酯	5				20		20																5									50
乙酸-4-苯基-2-丁酯					20		20																									60
乙酸-4-甲基-5-噻唑乙醇酯																10										20			70			
乙酸-α,α-二甲基苯乙酯		10			40	10																										40
乙酸-α-异甲基紫罗兰酯					40	20					20																					20
乙酸-β-甲基苯乙醇酯		10	10	20	20	20	10																									10
乙酸-β-十氢萘酯				20	20						20						10															30
乙酸-β-紫罗兰酯					50						20									10												20
乙酸艾兰酯		10	10	20	20	40																										
乙酸艾薇酯							35				20	45																				

续表

香料名称	C	B	L	J	R	O	G	I	Cm	K	S	Z	H	W	P	T	Y	Li	Mu	D	Ac	E	A	Q	X	U	Fi	M	Ve	V	N	F
	橘	橡	薰	茉	玫	兰	青	冰	樟	松	木	芳	药	辛	酚	焦	土	苔	霉	乳	酸	醛	脂	膏	麝	膘	腥	瓜	莱	豆	坚	果
乙酸柏木烯酯										5	90															5						
乙酸柏木酯										5	85															10						
乙酸苯丙酯					50									20										10								20
乙酸苯酚酯													40		60																	
乙酸苯乙酯					85										5																	10
乙酸苄酯				70								10																				20
乙酸丙酯												10								10												80
乙酸薄荷酯							3	26					70				1															
乙酸长叶酯					20					10	50																					20
乙酸橙花/香叶酯混合物	40				50																		10									
乙酸橙花酯		10			80																											10
乙酸大茴香酯												20	20							20										10		30
乙酸丁香酯														87	8																	5
乙酸丁酯																				10												90
乙酸对甲酚酯												5			15										20	60						
乙酸对甲基苄酯				20									10		10																	60
乙酸对叔丁基环己酯										35	30									5				30								
乙酸二甲基苯乙基原酯		10				7						80																				3
乙酸二甲基苄基原酯						10	10	10				60																				10
乙酸二甲基庚酯	10												60	20																		10
乙酸二氢松油酯										50	5	40	5																			
乙酸二氢香芹酯								7				28	60																			5
乙酸二氢月桂烯酯					30	20				20	20																					10

续表

香料名称	C	B	L	J	R	O	G	I	Cm	K	S	Z	H	W	P	T	Y	Li	Mu	D	Ac	E	A	Q	X	U	Fi	M	Ve	V	N	F
	橘	橼	薰	茉	玫	兰	青	冰	樟	松	木	芳	药	辛	酚	焦	土	苔	霉	乳	酸	醛	脂	膏	麝	膻	腥	瓜	菜	豆	坚	果
乙酸二氢月桂烯酯头子		20				10						20	10				10															30
乙酸反,顺-3,6-壬二烯醇酯							60																20									20
乙酸反-2-顺-6-壬二烯醇酯							20																10						40			30
乙酸反式-2-辛烯酯							30																20									50
乙酸芳樟酯	3										5	92																				
乙酸葑酯					20			10					70																			
乙酸柑青酯				40	20		20																									20
乙酸庚酯							10																50									40
乙酸癸酯							5																60									35
乙酸桂酯					20								10	20									10	40								
乙酸胡椒酯				20	50								10																			20
乙酸琥珀酯					10					20	50															20						
乙酸环己基乙酯				10			30						20				10						10									20
乙酸环己酯				10	10	10		10				10								10												40
乙酸茴香酯					10									20						40				5						5		20
乙酸己酯							10						10							10			10									60
乙酸甲硫酯							20																			20			60			
乙酸甲酯							10	20												10								20	10			30
乙酸金合欢酯		10	10	20	40	20																										
乙酸枯茗酯						20	30				10		40																			
乙酸邻甲酚酯													40																			60
乙酸邻叔丁基环己酯					50					10			10							10												20
乙酸龙脑烯醇酯				10	10	10	10	10																								50

续表

香料名称	C	B	L	J	R	O	G	I	Cm	K	S	Z	H	W	P	T	Y	Li	Mu	D	Ac	E	A	Q	X	U	Fi	M	Ve	V	N	F
	橘	橡	薰	茉	玫	兰	青	冰	樟	松	木	芳	药	辛	酚	焦	土	苔	霉	乳	酸	醛	脂	膏	麝	臊	腥	瓜	菜	豆	坚	果
乙酸龙脑酯								10		50			40																			
乙酸玫瑰酯		10			80																											10
乙酸诺卜酯										10	20	50	20																			
乙酸壬酯		10			10								10										40									30
乙酸壬酯	20			5			10										5						20									40
乙酸三环癸烯酯							30				10		40				10						10									
乙酸石竹烯酯											60																					40
乙酸叔-2-己烯酯(天然)					20		20																5									55
乙酸四氢别罗勒烯酯	40									20	40																					
乙酸四氢芳樟醇	40			10	10						10						10															20
乙酸四氢糠酯					15											5																80
乙酸四氢香叶酯					90			3																								7
乙酸松油酯										30		40	30																			
乙酸苏合香酯						10	40					10	20																			20
乙酸檀香酯					10						80																					10
乙酸桃金娘烯酯		10				10	10	10			60																					
乙酸特丁酯												10								10												80
乙酸萜品烯酯	20									60			20																			
乙酸戊基桂酯					10		10							10									10									60
乙酸戊酯																				20												80
乙酸烯丙酯							10					10																				80
乙酸香根酯											90						1									9						
乙酸香兰酯		10			20	10														20			10	10						20		

续表

香料名称	C	B	L	J	R	O	G	I	Cm	K	S	Z	H	W	P	T	Y	Li	Mu	D	Ac	E	A	Q	X	U	Fi	M	Ve	V	N	F
	橘	橡	薰	茉	玫	兰	青	冰	樟	松	木	芳	药	辛	酚	焦	土	苔	霉	乳	酸	醛	脂	膏	麝	臊	腥	瓜	菜	豆	坚	果
乙酸香茅酯					75							20																				5
乙酸香茅酯(天然)	10				50		10				10																					20
乙酸香芹酯					20		10						40																			30
乙酸香叶酯					80							10	5																			5
乙酸辛酯						10														10			20									60
乙酸新异薄荷酯							10	60				10	20																			
乙酸岩兰草酯					20						60						20															
乙酸岩兰香酯											70						30															
乙酸叶酯							70						10																			20
乙酸乙基芳樟酯	20	10	10	10	10	10																										30
乙酸乙位十氢萘酯										20	10		20				10															40
乙酸乙酯												10								20												70
乙酸异丙酯								10				10								15												65
乙酸异薄荷酯							10	70					20																			
乙酸异丁苯原酯											80													10								10
乙酸异丁香酯						5						15		80																		
乙酸异丁酯												10								20												70
乙酸异胡薄荷酯							10	60					30																			
乙酸异龙脑酯								2		65			30				3															
乙酸异壬酯							20																10									70
乙酸异戊二烯酯							10					20																				70
乙酸异戊二烯酯												10											5									85
乙酸异戊酯																				5												95

续表

香料名称	C	B	L	J	R	O	G	I	Cm	K	S	Z	H	W	P	T	Y	Li	Mu	D	Ac	E	A	Q	X	U	Fi	M	Ve	V	N	F
	橘	橡	薰	茉	玫	兰	青	冰	樟	松	木	芳	药	辛	酚	焦	土	苔	霉	乳	酸	醛	脂	膏	麝	臊	腥	瓜	菜	豆	坚	果
乙酸愈疮木(酚)酯					30										40	20														10		
乙酸愈疮木倍半萜醇酯					60						20																			10		10
乙酸愈创木酯					15						80				1	1	3															
乙酸鸢醇酯										60	30		10																			
乙酸鸢尾酯								3			15	80																				2
乙酸月桂烯酯	80	10			10																											
乙酸月桂酯	60				30																		10									
乙酸左旋薄荷酯						20							40																			40
乙缩醛乙基香兰素丙二醇					20						10				10					20										40		
乙位柏木烯										10	80									10												
乙位萘甲醚	30	10		10	10	10						30																				
乙位萘甲酮	25				10	10						45														10						
乙位萘乙醚	20	10		10	10	10						40																				
乙位蒎烯										70	30																					
乙位蒎烯	20									50			30																			
乙位水芹烯	10							20		20		10	10	20																		10
乙位松油醇										40		60																				
乙位檀香醇											90									10												
乙位甜橙醛	20				20	20																										40
乙位突厥酮					60							5	5			20				10												
乙位紫罗兰酮											25	70					2															3
乙烯酯(天然混合物)					30		30																10									30
乙酰(基)乙酸乙酯																				20												80

续表

香料名称	C	B	L	J	R	O	G	I	Cm	K	S	Z	H	W	P	T	Y	Li	Mu	D	Ac	E	A	Q	X	U	Fi	M	Ve	V	N	F
	橘	橡	薰	茉	玫	兰	青	冰	樟	松	木	芳	药	辛	酚	焦	土	苔	霉	乳	酸	醛	脂	膏	麝	臊	腥	瓜	菜	豆	坚	果
乙酰丙酸乙酯							10																									90
乙酰丁香酚													30	40	20															10		
乙酰呋喃					30											10	10												30	20		
乙酰化芳樟叶油	3	5	5	5	5	5					5	65												2								
乙酰化岩兰草油					20						60						20															
乙酰基柏木烯					10						70															20						
乙酰基吡咯					30																					10			40			20
乙酰基吡嗪												20				10													50			20
乙酰基别异长叶烯											80															20						
乙酰基二聚异戊烯					20						80																					
乙酰基呋喃					20		10																						50			20
乙酰基柠檬酸三丁酯													60																			40
乙酰基乙酸异丁酯					40																											60
乙酰基乙酸异戊酯					30																											70
乙酰基异丁香酚													30	40			10							10						10		
乙酰基异戊酰					15		5													40			20									20
乙酰甲基原醇					20															60			20									
乙酰壬酰																				70			30									
乙酰薰衣草油												35	57							3												5
乙酰乙酸苄酯				20																												80
乙酰乙酸乙酯							10										5															85
乙酰异丙苯					30								20	30																		20
乙酰异丁酰																				50			20									30

续表

香料名称	C	B	L	J	R	O	G	I	Cm	K	S	Z	H	W	P	T	Y	Li	Mu	D	Ac	E	A	Q	X	U	Fi	M	Ve	V	N	F
	橘	橡	薰	茉	玫	兰	青	冰	樟	松	木	芳	药	辛	酚	焦	土	苔	霉	乳	酸	醛	脂	膏	麝	臊	腥	瓜	菜	豆	坚	果
异丙叉丙酮					40																								40			20
异丙醇																																10
异丙醇胺																							20			60			20			
异丙基格蓬					20		60										20															
异丙基甲苯										50			50																			
异丙基喹啉											10						5									85						
异薄荷酮								20					70																			
异长叶烷酮					20						70															10						
异长叶烯										80																						20
异丁基喹啉													10		30		50													10		
异丁基酮(天然)					20		20					20																				40
异丁硫醇							20																			20			60			
异丁醛							20													20			20									40
异丁酸																				20	20		10			20						30
异丁酸-2,4-己二烯酯					20		20																20									40
异丁酸-2-苯基丙酯					20						40																					40
异丁酸-2-苯氧基乙酯					60																											40
异丁酸-3-苯基丙酯					40																		20									40
异丁酸苯基二甲酯					20																											80
异丁酸苯氧乙酯							10																10									80
异丁酸苯乙酯					60										5															3		32
异丁酸苄酯				60																									10			30
异丁酸丙酯																				20									10			70

续表

香料名称	C	B	L	J	R	O	G	I	Cm	K	S	Z	H	W	P	T	Y	Li	Mu	D	Ac	E	A	Q	X	U	Fi	M	Ve	V	N	F
	橘	橡	薰	茉	玫	兰	青	冰	樟	松	木	芳	药	辛	酚	焦	土	苔	霉	乳	酸	醛	脂	膏	麝	臊	腥	瓜	菜	豆	坚	果
异丁酸橙花酯					40															10									10			40
异丁酸丁酯																				20												80
异丁酸对甲酚酯																										80						20
异丁酸二甲基苄基甲酯					20	10	10						20																			40
异丁酸芳樟酯	10	15	15								20									10												30
异丁酸庚酯																				20			30									50
异丁酸桂酯														50										20								30
异丁酸胡椒酯					30																											70
异丁酸环己酯						20	10																									70
异丁酸己酯																				10			20						10			60
异丁酸甲酯																				10									10			80
异丁酸龙脑酯										30			50																			20
异丁酸麦芽酚酯															10					20			10	10								50
异丁酸玫瑰酯					40	10														10									10			30
异丁酸壬酯	20				20																		10									50
异丁酸十二醇酯																	10						60									30
异丁酸十氢-2-萘酚酯											10												10									80
异丁酸松油酯										50	10		20																			20
异丁酸苏合香酯				80			10				10																					
异丁酸戊酯																				20												80
异丁酸烯丙酯																				10									10			80
异丁酸香兰酯					10															40			10	20						20		
异丁酸香茅酯					45	5														10												40

续表

香料名称	C	B	L	J	R	O	G	I	Cm	K	S	Z	H	W	P	T	Y	Li	Mu	D	Ac	E	A	Q	X	U	Fi	M	Ve	V	N	F
	橘	橡	薰	茉	玫	兰	青	冰	樟	松	木	芳	药	辛	酚	焦	土	苔	霉	乳	酸	醛	脂	膏	麝	臊	腥	瓜	菜	豆	坚	果
异丁酸香叶酯					50															15												35
异丁酸辛酯																				20			40									40
异丁酸叶酯							40					10	10																			40
异丁酸乙基香兰酯					20											10				32									18	20		
异丁酸乙酯																				10									10			80
异丁酸异丙酯																				20									10			70
异丁酸异丁酯																				20												80
异丁酸异戊酯																				15									5			80
异丁香酚					20						30			40	10																	
异丁香酚苄(基)醚					60									40																		
异丁香酚苄基醚						20								30										50								
异丁香酚甲醚													20	75	5																	
异丁香酚乙醚													15	70	5									10								
异二甲基苄甲醇				50									10											10								30
异佛尔酮					10	10	10	10			20		10				10			10												10
异庚酸																				30			70									
异胡薄荷醇							10	20			10		60																			
异环柠檬醛	80						15						5																			
异黄樟(油)素													40	60																		
异己酸							10													60	30											
异己酸丙酯																				10			10						10			70
异己酸丁酯							10													10			20									60
异己酸己酯							10													10			30									50

续表

香料名称	C	B	L	J	R	O	G	I	Cm	K	S	Z	H	W	P	T	Y	Li	Mu	D	Ac	E	A	Q	X	U	Fi	M	Ve	V	N	F
	橘	橡	薰	茉	玫	兰	青	冰	樟	松	木	芳	药	辛	酚	焦	土	苔	霉	乳	酸	醛	脂	膏	麝	臊	腥	瓜	菜	豆	坚	果
异己酸甲酯							20																									80
异己酸乙酯							15																									85
异己酸异丙酯							10													10			10									70
异己酸异丁酯							5													10			20						5			60
异己酸异戊酯							5													10			25						5			55
异甲基-β-紫罗兰酮			10	10	50						5																					25
异甲基突厥酮					60						5	10	10			10	5															
异甲基紫罗兰酮					50						20		5				5			10												10
异喹啉													40	60																		
异硫氰酸-3-甲硫丙酯							30							10			10												50			
异硫氰酸苯乙酯							30							20			10												30	10		
异硫氰酸烯丙酯							40																						40			20
异龙脑										20			80																			
异茉莉酮				80			10						10																			
异醛 C_{10}(异十碳醛)					10		10																50									30
异醛 C_8(异八碳醛)	20						20																40									20
异壬醇					30		10													10			50									
异十四醛							10				10												80									
异十-碳烯醇					30																		70									
异十一醛					20		20																60									
异松油烯	60									40																						
异维奥酮					40						60																					
异戊基(2,5-二甲基-3-呋喃基)二硫醚							20																			20			50			10

续表

香料名称	C	B	L	J	R	O	G	I	Cm	K	S	Z	H	W	P	T	Y	Li	Mu	D	Ac	E	A	Q	X	U	Fi	M	Ve	V	N	F
	橘	橼	薰	茉	玫	兰	青	冰	樟	松	木	芳	药	辛	酚	焦	土	苔	霉	乳	酸	醛	脂	膏	麝	膘	腥	瓜	菜	豆	坚	果
异戊基(2-甲基-3-呋喃基)二硫醚							20									5										20			50			5
异戊硫醇							20																			20			60			
异戊醚												20								20												60
异戊醛							10													10			30						20			30
异戊醛二糠硫醇缩醛					20											10													60	10		
异戊酸																				40			10			20			10			20
异戊酸 2-甲基丁酯																				10			10									80
异戊酸-2-戊基桂酯														20																		80
异戊酸-3-苯基丙酯														10																		90
异戊酸铵					20															80												
异戊酸苯乙酯					50															30												20
异戊酸苄酯				50									10							30						10						
异戊酸丙酯																				10			10						10			70
异戊酸薄荷酯							10	20			10		40																			20
异戊酸橙花酯	10	10			10																											70
异戊酸丁酯																				10			5						5			80
异戊酸反-2-己烯酯							20																20									60
异戊酸芳樟酯	10	10	10			20				10	20									10												10
异戊酸桂酯										10			30	50						10												
异戊酸环己酯					20																											80
异戊酸己酯																				10			20									70
异戊酸甲硫酯							20													30									50			
异戊酸甲酯							10													20												70

续表

香料名称	C	B	L	J	R	O	G	I	Cm	K	S	Z	H	W	P	T	Y	Li	Mu	D	Ac	E	A	Q	X	U	Fi	M	Ve	V	N	F
	橘	橡	薰	茉	玫	兰	青	冰	樟	松	木	芳	药	辛	酚	焦	土	苔	霉	乳	酸	醛	脂	膏	麝	臊	腥	瓜	菜	豆	坚	果
异戊酸龙脑酯							10			20			70																			
异戊酸玫瑰酯					50															30						10						10
异戊酸壬酯	20				10																											70
异戊酸松油酯										40	40		10							10												
异戊酸戊酯																				10			10									80
异戊酸烯丙酯					20									10																		70
异戊酸香茅酯					60								35			5																
异戊酸香叶酯					60								20							10												10
异戊酸辛酯																	10						60									30
异戊酸叶酯							50						10							10			20									10
异戊酸乙酯																				10									10			80
异戊酸异丙酯																				10			10						10			70
异戊酸异丁酯																				5			20									75
异戊酸异龙脑酯										30	10		60																			
异戊酸异戊酯																				10									10			80
异戊酸酯					20								20																			60
异戊烯醇		10				10	10						10																			60
异戊烯基乙基醚												20																				80
异戊烯硫醇																10										30			50	10		
异戊烯酸											20					5	20				30								25			
异香柠檬酯										10	60																					30
异叶花椒油	80						10						10																			
异植醇				10	20	30	5						5										10	10								10

续表

香料名称	C	B	L	J	R	O	G	I	Cm	K	S	Z	H	W	P	T	Y	Li	Mu	D	Ac	E	A	Q	X	U	Fi	M	Ve	V	N	F
	橘	橼	薰	茉	玫	兰	青	冰	樟	松	木	芳	药	辛	酚	焦	土	苔	霉	乳	酸	醛	脂	膏	麝	臊	腥	瓜	菜	豆	坚	果
意大利 4 倍体橘油	70																						10									20
意大利 GN,橙特级净油	10	10		40			10				10												10									10
意大利橙花油	10	10		50	10	10																	10									
意大利金合欢净油		40	10	20		10								10																10		
意大利苦橙叶油		10		20	20	10	30				10																					
意大利迷迭香油								20			10		40	20										10								
意大利柠檬油	80																															20
意大利甜橙油	90																															10
意大利香柠檬油		10		20	10	10	2						2			2							2	2								40
意大利香紫苏油		10			20								20												20	20						10
意大利小茴香油							5						25	60			5															5
茵陈蒿油					10								40	50																		
银白金合欢浸膏				20	30								10	10										10						20		
银白金合欢净油				20	10	20					10		10	10																20		
银醛	5					70	10																5									10
银肉豆蔻油													40	60																		
吲哚				40																						60						
吲哚 MA 席夫基	3		7	30																						60						
吲哚芳烷				20								30														50						
吲哚烯液				40								20														40						
印度菖蒲油											10		60	10			10			10												
印度伽罗木油			30		60		10																									
印度甘牛至油													50	40	10																	

续表

香料名称	C	B	L	J	R	O	G	I	Cm	K	S	Z	H	W	P	T	Y	Li	Mu	D	Ac	E	A	Q	X	U	Fi	M	Ve	V	N	F
	橘	橡	薰	茉	玫	兰	青	冰	樟	松	木	芳	药	辛	酚	焦	土	苔	霉	乳	酸	醛	脂	膏	麝	膙	腥	瓜	菜	豆	坚	果
印度广藿香油											20		60				20															
印度姜油	30				10						10			40										10								
印度芥子油												20		80																		
印度玫瑰草油					70								10											10								10
印度乳香					30		10																	60								
印度莎草油											50		20	20			10															
印度香根油											80						20															
印度小豆蔻油					10			5			10		25	40										10								
印度小茴香油							5						25	50			10															10
印蒿油					30																											70
英国白种薄荷油							10	10					40	30										10								
英国甘菊油	10	10			20	10					20		30																			
鹰爪豆净油					20	20							40																	20		
鹰爪豆油					50								30																10	10		
硬花球花椰菜浸液							30																						70			
油酸																				10			80						10			
油酸甲酯																				30			60						10			
油酸乙酯																				20			70						10			
油樟油								40	20	20			20																			
柚酚	70										10												10									10
鱼香草油	20						10																50									20
鱼腥草油													20										80									
愈疮木酚					60										40																	

续表

香料名称	C	B	L	J	R	O	G	I	Cm	K	S	Z	H	W	P	T	Y	Li	Mu	D	Ac	E	A	Q	X	U	Fi	M	Ve	V	N	F
	橘	橡	薰	茉	玫	兰	青	冰	樟	松	木	芳	药	辛	酚	焦	土	苔	霉	乳	酸	醛	脂	膏	麝	臊	腥	瓜	菜	豆	坚	果
愈疮木烯										20	80																					
愈创木油					60						38					2																
鸢尾(根)油				5	50	10					10		5				10						5									5
鸢尾浸膏		10		10	40	10	10				10	10																				
鸢尾净油				10	60	10					5	5											10									
鸢尾醚											70			5										5		20						
鸢尾醛		10		10	30	10																	20									20
鸢尾树脂					50						5					1								40								4
鸢尾香膏			10	5	60					5	5												5							5		5
鸢尾酯					50						30	5											5	10								
圆叶当归子油							10						90																			
圆柚油	95																															5
圆叶当归根油													55	20			5			20												
圆柚甲烷	70										20						10															
圆柚精油	80				10																											10
圆柚硫醇	60						20	10																					10			
圆柚醛	85						5	2					2							1			1						4			
圆柚酮	80						5				10		5																			
圆柚油	80				10																											10
月桂醇					10																		90									
月桂醛							5				10											70	15									
月桂醛					20						10												70									
月桂酸																				10			90									

续表

香料名称	C	B	L	J	R	O	G	I	Cm	K	S	Z	H	W	P	T	Y	Li	Mu	D	Ac	E	A	Q	X	U	Fi	M	Ve	V	N	F
	橘	橼	薰	茉	玫	兰	青	冰	樟	松	木	芳	药	辛	酚	焦	土	苔	霉	乳	酸	醛	脂	膏	麝	膻	腥	瓜	菜	豆	坚	果
月桂酸丁酯																				5			90						5			
月桂酸对甲苯酯					20										20								10	40						10		
月桂酸甲酯																				15			75						10			
月桂酸乙酯																				20			80									
月桂酸异戊酯											10									30			40	20								
月桂烯	20						10			20	20												10									20
月桂叶油								20				10	50	20																		
月桂油													40	60																		
云南樟油			20				10	20	20	20			10																			
云杉油										30			40											30								
芸香浸膏													20	30										50								
芸香油													60										20									20
杂薰衣草油								20				30	47																			3
再蒸馏中国桂皮油											10		30	60																		
早橘油	80																															20
枣子酊					60																											40
樟脑								70		22	8																					
樟脑油								30		10	20	10	30																			
樟树油			20					20	20	20			20																			
榛子酮(天然)							50				10			10		10													10	10		
蒸馏白柠檬油										25		75																				
蒸馏橘皮油	80																															20
蒸馏柠檬油	70										10																					20

续表

香料名称	C	B	L	J	R	O	G	I	Cm	K	S	Z	H	W	P	T	Y	Li	Mu	D	Ac	E	A	Q	X	U	Fi	M	Ve	V	N	F
	橘	橡	薰	茉	玫	兰	青	冰	樟	松	木	芳	药	辛	酚	焦	土	苔	霉	乳	酸	醛	脂	膏	麝	臊	腥	瓜	菜	豆	坚	果
蒸馏甜橙油	80																															20
蒸馏香柠檬油	50										20		10																			20
正癸基甲醚					10						10												80									
正癸醛	10				10																		80									
正壬醛	5	5	10		10																		70									
正乳酸丁酯					10												5			70			5									10
正十三醛	10				10																		80									
正十一醛	5				10																	70	10									5
正十一烯醛	15																						80									5
正戊肉桂醇				50	20	20	5																5									
正辛醇	10				20																		70									
正辛醛	10			10																			70									10
正辛醛二甲缩醛	10			10	10																		60									10
芝麻提取物																20													10	20	30	20
芝麻油																10							30							30	10	20
栀子花浸膏				10	30	20																		10								30
栀子花净油		10		10	30	20																										30
栀子花油		10		20	20	20																	10									20
栀子醚		20		20	20	10	10																									20
智利 Arbol 辣椒油树脂											50			40		10																
智利 guarillo 辣椒油树脂											40		30	20		10																
中国薄荷油					10			50					40																			
中国冬青油													80	20																		

续表

香料名称	C	B	L	J	R	O	G	I	Cm	K	S	Z	H	W	P	T	Y	Li	Mu	D	Ac	E	A	Q	X	U	Fi	M	Ve	V	N	F
	橘	橼	薰	茉	玫	兰	青	冰	樟	松	木	芳	药	辛	酚	焦	土	苔	霉	乳	酸	醛	脂	膏	麝	臊	腥	瓜	菜	豆	坚	果
中国肉桂浸膏											10		10	70																		10
中国肉桂皮油													20	80																		
中国肉桂叶油													15	80	5																	
中国香叶油					70							10	10				10															
仲庚醇							10				10						10			10			30									30
众香浆果净油					40						10		10	40																		
众香子油													20	80																		
苎烯	88											10								2												
爪哇檀香					10						80									10												
紫(白)丁香浸膏			20	50	10	20																										
紫丁香醛		15	15	10	30	10	20																									
紫罗兰花浸膏				10	50	10	30																									
紫罗兰醛					40		20				40																					
紫罗兰炔							60																									40
紫罗兰酮			10	10	50						10					5																15
紫罗兰酮底油					30						20	5	10			10	5						10	10								
紫罗兰叶醇						20	60																20									
紫罗兰叶浸膏					28		50										2						10	10								
紫罗兰叶净油		10		5	30		50				5																					
紫苏醇							30						65	5																		
紫苏醛	5				10		10				5		30	30									5									5
紫苏油	5				10		10				5		20	40									5									5
棕榈酸异丙酯																							90									10
左旋香芹酮								10					90																			

二、自然界气味关系图

众所周知，太阳光可“分解”成七色光谱，图 2-1 是常见的七色光谱图。

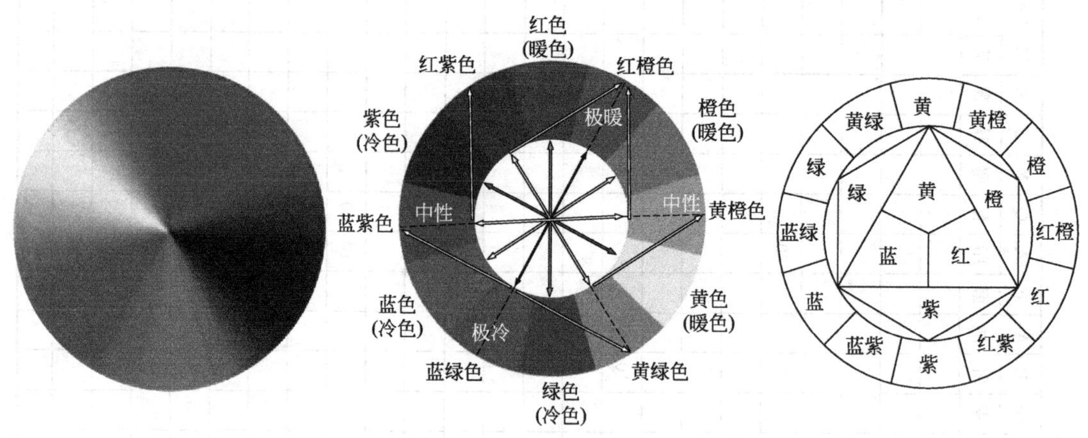

图 2-1　太阳光七色光谱图

最后一个谱图又把七色光谱“浓缩”成黄红蓝“三原色”。利用“三原色”原理，黄、红、蓝三种颜色就可以配制出人世间万物所有的色彩，这就是彩色印刷、彩色电影、彩色电视在现代能够实现的前提。

从太阳光的七色光谱图可以看出光谱的“互补”现象，即对角补缺、邻近补强，一般的理解就是对角两组光谱互相消减，而邻近的两组光谱互相增强。

自然界所有的气味能不能也像太阳光一样“分解”成几个“基本气味”或“基本香型”呢？如果可能的话，调香师和评香师可就“省事”多了，怎么“盖臭”、怎么“增香”都变得易如反掌，电脑调香、电脑评香、气味电影电视电脑、让人居环境香气变幻等也都将成为现实。

世界各国的调香师和香料工作者在这方面做了大量的工作和努力，发表了许许多多的“香味轮”、“气味轮”、“食品香气轮”、“香水香气轮”等，都各有特色，但都有所侧重，不能把自然界中所有的气味归纳进去。

笔者参考捷里聂克的香气分类体系和叶心农等的香气环渡理论加上现代芳香疗法的一些概念，结合几十年来的调香和评香经验提出一个较为“完整”的“自然界气味关系图”，首先发表于 1999 年笔者编著的一本科普书——《闻香说味——漫谈奇妙的香味世界》“附录”上，在笔者编著的《调香术》第 1 版、第 2 版、第 3 版中都有收录进去，每一次都有所改动和调整。国内不少调香师对这个“关系图”提出了一些不同的看法，下面这个关系图是综合这些意见修改而成的（见图 2-2）。

以下是“关系图”中 32 种“基本”香型及其排列位置的说明。

坚果香——坚果和水果的气味都属于“果香”，英文中的“果香”fruity flavour 类似某种干鲜果香，如核桃香、椰子香、苹果香等等。在这个气味关系图里，自然而然地让这两类比较接近的香气为邻——按顺时针排列（下同），水果香放在坚果香“后面”，而坚果香的“前面”是豆香。

坚果包括可可、板栗、莲子、西瓜子、葵花子、南瓜子、花生、芝麻、咖啡、松仁、榛子、橡子、杏仁、开心果、核桃仁、白果、腰果、甜角、酸角、夏威夷果、巴西坚果、胡桃、碧根果等，这其中有些在日常生活中被称为坚果，但实际上利用的部位并不完全符合坚果的定

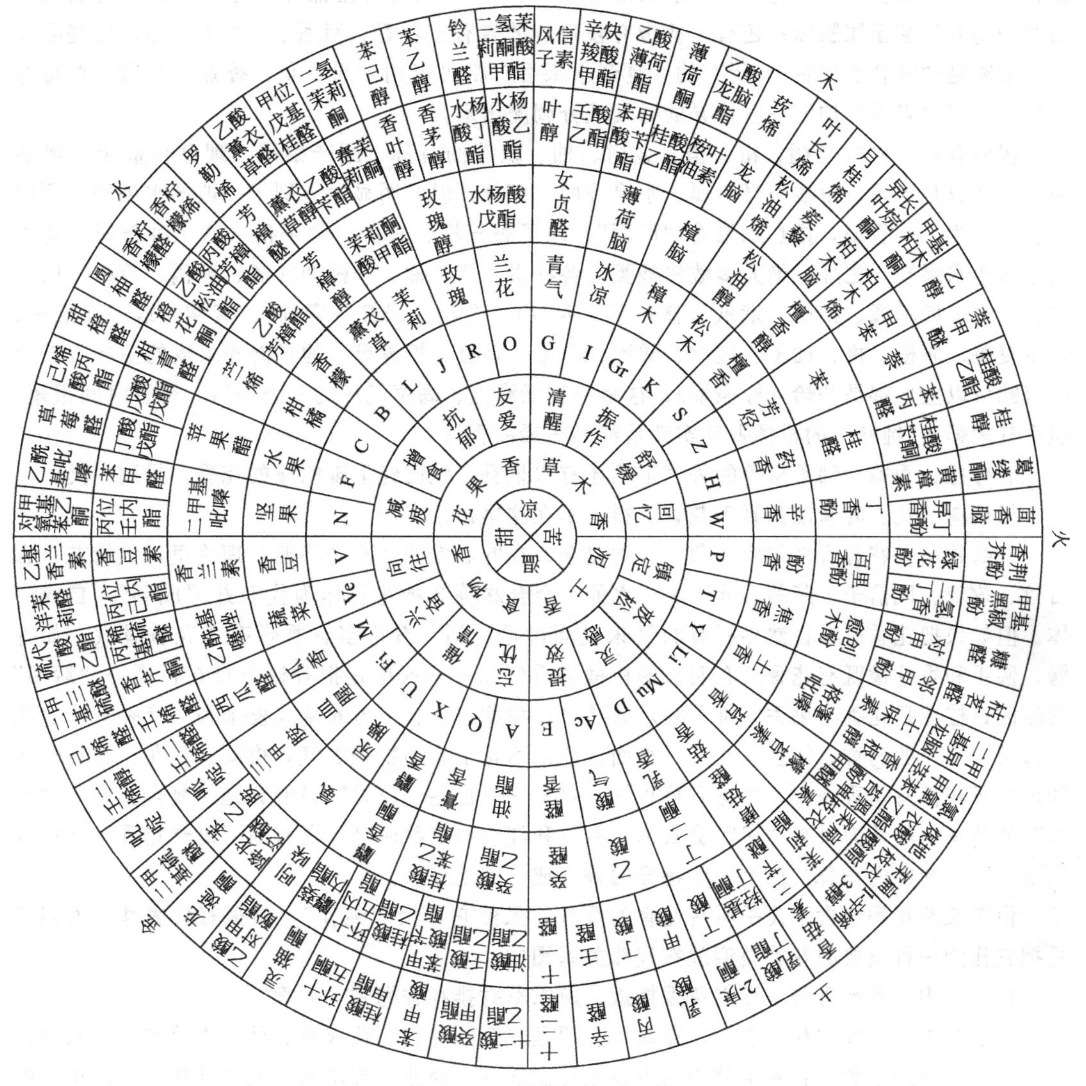

图 2-2　自然界气味关系图

义。大多数坚果需要经过“热处理”——烧、煮、煎、烤、烘、焙等以后才会有令人愉悦的香气，就是所谓的“坚果香”。这一点与水果有较大的差异，坚果香与水果香的主要差别也在这里。

水果香——水果香指苹果、梨、桃子、李子、奈李、油柰、杏、梅、杨梅、樱桃、石榴、芒果、香蕉、桑葚、椰子、柿子、火龙果、杨桃、山竹、草莓、蓝莓、枇杷、圣女果、奇异果、无花果、百香果、猕猴桃、葡萄、菠萝、龙眼、荔枝、菠萝蜜、榴莲、红毛丹、甘蔗、乌梅、番石榴、番茄、余柑、橄榄、枣、山楂、覆盆子等的新鲜成熟果实，也包括各种山间野果如桃金娘、地稔、酸浆、野牡丹（野石榴）、山莓（树莓、悬钩子）、刺莓、赤楠、乌饭子、金樱子、牛奶子、枳椇子（拐枣、鸡爪梨）等的香气，大多数香气较强烈但留香都不长久，只有少数（水蜜桃、草莓、蓝莓、葡萄、覆盆子等）例外。

与“花香”类似，水果香也是比较复杂的——自然界里“纯粹的水果香”只有苹果、梨、香蕉、石榴、草莓、甘蔗等寥寥几个品种，其余的如桃、李、杏等有坚果香；梅、杨梅、桑葚、杨桃、葡萄、余柑、橄榄、山楂、酸浆等有较强的酸味；芒果、椰子、菠萝、龙眼、荔枝、番石榴、菠萝蜜、榴莲等热带水果都有“异味”，有的带蜂蜜甜味，有的带各种含硫化合物的动物香气甚至尿臊味；还有一些带有较强烈的青香、花香、豆香、“涩味”等；这些品种都只能算是“复合水果香”。所有的“复合水果香”都可以用苹果、梨、香蕉、石榴、草莓等五种“纯粹水果香”加上一些特异的香气成分调配出来。

柑橘香——柑橘是橘、柑、橙、金柑、柚、枳等的总称，原产中国，现已传播至世界各地。柑橘也是水果，柑橘香当然属于水果香的一部分，但又明显地有别于一般的水果香，所以把它们列为另一香型，排在水果香“后面”。除了香柠檬、香橼、佛手柑（这三种都属于花香而不属于水果香）之外，绝大多数柑橘类［各种柑、橘、柚、柠檬如红橘、黄橘、芦柑、巴甘檬、血橙、四季橘、枸橼、玳玳、葡萄柚（西柚）、金橘、来檬（青柠）、蜜橘、地中海红橙、日本夏橙、脐橙、橙、柚子、椪柑、酸橙、广柑、香橙、枳等等］的果肉和果皮的主要香气成分（90%以上）都是苎烯（柠檬烯），这是一种低沸点、高蒸气压的头香香料，留香时间很短，但香气较强。“纯粹”的柑橘香其实就是纯品苎烯的香气。

香柠檬、香橼、佛手柑等的香气虽然还有水果香，但已经呈现明显的花香，另列一类。

柑橘树的花、叶精油都属于花香香料，不在这里讨论。

香橼香——花香香气包罗万象，非常复杂，在叶心农的“八香环渡”理论里，以梅花、香石竹、玫瑰、风信子、茉莉、紫丁香、水仙、金合欢等 8 种花香作为代表并“成环”，自成一体。但如果把花香放在自然界所有的气味里面讨论的话，有许多花香带有非花香香气，如香橼、佛手和香柠檬既有花香又有明显的柑橘果香气息——这也是把香橼香排在柑橘香“后面”的原因；桂花是花香与果香（桃子香）的结合；穗薰衣草、杂薰衣草和夜来香（晚香玉）的花香都带有明显的药香；依兰依兰花、水仙花和茉莉花带有动物香香气；梅花、荷花、香石竹花和风信子花都有辛香香气；兰花有草香气；等等——这些“花香”只能算是“复合花香”。“纯粹”的花香一般认为只有“正”薰衣草、铃兰和红玫瑰三种而已。所有的“复合花香”都可以用这三种“纯粹的花香”加上一些特异的香气成分调配出来。

由于茉莉花香包含了几乎所有花香的香气，虽然它不太“纯粹”，但很有代表性，人们还是把它作为一种重要的花香类型放在气味关系图中。

在花香中，香橼香与正薰衣草香接近，薰衣草香排在香橼香“后面”。

薰衣草香——在香料工业上，薰衣草主要是三个品种：正薰衣草、穗薰衣草和杂薰衣草。

作为芳香疗法和芳香养生使用的主要是正薰衣草，商业宣传薰衣草的“功效”指的也是这个品种。其他两个品种的香气较杂，效果不同。如正薰衣草有镇静、安眠作用，而穗薰衣草和杂薰衣草却有清醒、提神作用，刚好相反。

正薰衣草的香气才是“纯粹”的花香，穗薰衣草和杂薰衣草的香气都可以看作是带有浓厚药香的薰衣草香气。

四个重要的花香——薰衣草香、茉莉花香、玫瑰花香、兰花香的香气成分中芳樟醇的含量依次下降，所以这四个花香也按这个顺序“往下”排列。

茉莉花香——茉莉花香是所有花香的“总代表”，也是自然界里“最复杂”的复合花香。配制茉莉花香，可以用现成的三个“纯粹花香”薰衣草、红玫瑰和铃兰花的香基加入适量的动物香、果香、辛香、药香、青香、草香、膏香、木香等香气材料调配即成。

虽然调香师认为茉莉花香与玫瑰花香的差异较大，前一个香气丰富而复杂，后一个香气则“简单”且“纯粹”，但是茉莉花香的香气成分里有不少的玫瑰花香香料，而且都还含有较多的芳樟醇，都带有明显的芳樟醇气息，这是把玫瑰花香排在茉莉花香“后面”的理由。

玫瑰花香——玫瑰花香几乎与自然界里所有的香气配合都能融洽和谐，这也是它出现于各种不同风格的日用品香精中的一个原因。在调香师眼里，玫瑰花香还可以再划分成几类：紫红玫瑰、红玫瑰、粉红玫瑰、白玫瑰、黄玫瑰（茶玫瑰）、香水月季、野蔷薇等，真正的“纯粹花香”只有“红玫瑰”一种。其他玫瑰花香都可以用红玫瑰香精加些“特异气味”的香料调配出来。

玫瑰花香气都是以甜韵为主，但也有部分玫瑰花的香气带青气，跟某些带甜香韵调的兰花香气接近，这是把兰花香排在玫瑰香“后面”的主要原因。

兰花香——兰花的香气，在我国被文人们“抬”到极高的地位，称为“香祖”，所谓“空谷幽兰”，简直进入至高无上的境界了！可惜在香料界，“兰花香”却没有这个“福分”，调香师一提到“兰花香”，头脑里马上闪出几种极其廉价的合成香料——水杨酸戊酯、异戊酯或丁酯、异丁酯，因为兰花香精里这几种香料是必用的，而且用量很大。久而久之，在调香师的心目中，“兰花香”的“地位”低微，和我国文人们对它的“高抬”形成鲜明的对照。

其实即使兰花单指“草兰”，其香气也是多种多样的，水杨酸酯类的香气只是其中一部分花有，不能代表全部，自然界里确有香气“高雅”的兰花，让人闻了还想再闻，不忍离去；但也有一些兰花散发出令人厌恶的臭味！

大多数兰花都有明显的青香气息，有些兰花的青气很重，带有各种青草的芳香，所以把青香排在兰花香的“后面”。

青香——青香包括各种青草、绿叶的芳香，调香师常用的青香有绿茶香、紫罗兰叶香、“青草香”等，气味关系图里的“青气”或者“青香”主要指的是“青草香”。

青草的香气是怎么样的？一般人说不出个所以然来，最多只是说“新鲜”、“清新”、“有些青香气”，再问就没词了。其实要问调香师“青草香”应该怎么“界定”，调香师也难以回答。但调香师们早已约定俗成，将稀释后的女贞醛的香气作为“青草香”的“正宗”，就像水杨酸戊酯和水杨酸丁酯的香气代表兰花（草兰）的香气一样。如此一来，“青草香”便有了一个“谱”，调香师互相交流言谈方便多了。当然，每个调香师调出的“青草香”香精还是有着不同的香味，就像茉莉花香精一样，虽然都有点像茉莉花的香味，但差别可以非常明显。

有许多青草的香气带有凉气，带凉气的草香更让人觉得“青”，所以紧跟青草香“后面”的是“冰凉气息”。

冰凉气息——凉香香料有薄荷油、留兰香油、桉叶油、松针油、白樟油、迷迭香油、穗薰衣草油、艾蒿油以及从这些天然精油中分离出来的薄荷脑、薄荷酮、乙酸薄荷酯、薄荷素油、香芹酮、桉叶油素、乙酸龙脑酯、樟脑、龙脑和其他“人造”的带凉香气的化合物。“凉气”本来被调香师认为是天然香料中对香气“有害”的“杂质”成分，有的天然香料以这些“凉香”成分含量低的为“上品”，造成大多数调香师在调配香精的时候，不敢大胆使用这些凉香香料，调出的香精的香味越来越不“自然”，因为自然界里各种香味本来就含有不少凉香成分。极端例外的情形也有，就是牙膏香精、漱口水香精，没有薄荷油、薄荷脑几乎是不可能的，因为只有薄荷脑才能在刷牙、漱口后让口腔清新、凉爽。举这个例子也足以说明，要让调配的香精有清新、凉爽的感觉，就要加入适量的凉香香料。

樟木头的主要香气成分——樟脑的气味也带清凉，所以把“樟木香”放在“冰凉气息”“后面”。

樟木香——樟木历来深受国人的喜爱，又因为它含有樟脑、黄樟油素、桉叶油素、芳樟醇等杀菌、抑菌、驱虫的成分，人们利用这个特点，用樟木制作的各种家具特别经久耐用。

配制樟木香精可以用柏木油、松油醇、乙酸松油酯、芳樟醇、乙酸芳樟酯、乙酸诺卜酯、檀香 803、檀香 208、异长叶烷酮、二苯醚、乙酸对叔丁基环己酯、紫罗兰酮、桉叶油素、樟脑或提取樟脑后留下的“白樟油”和“黄樟油”等，没有一个固定的“模式”，因为天然的樟木香气也是各异的。

与樟脑一样，桉叶油和桉叶油素都是带冰凉气息的香料，我国大量出口的“桉樟叶油”含有大量的桉叶油素，在国外被称为“中国桉叶油”。

松木香——松杉柏木的香气与樟香非常接近，所以排在樟香“后面”。

松木的香气原来一直没有受到调香师的重视，在各种香型分类法中常常见不到松木香，不知道被“分”到哪里去了。20世纪末刮起的“回归大自然”热潮，“森林浴”也成为时尚，松木香才开始得到重视。

松脂是松树被割伤后流出的液汁凝固结成的，在用松木制作纸浆时得到的副产品“妥尔油”的主要成分也是松脂，但松脂的香气并不能代表松木的香气。一般认为，所谓“松木香”或者“森林香”应该有松脂香，也要有“松针香”才完整。因此，调配松木香香精或森林香香精既要用各种萜烯，也要用到龙脑的酯类（主要是乙酸龙脑酯，也可用乙酸异龙脑酯）。

有些松杉柏木的香气有明显的檀香香气，所以让松木香与檀木香为邻也是自然而然的事。

檀木香——檀香的香味是“标准”的木香，可以把它当作“纯粹”的木香，是木香香气的总代表。其他木香都可以用檀香为“基香”再加上各种“特征香”调配而成。例如“樟木香”可以用檀香香基加樟脑配制，“松木香”可以用檀香香基加松油醇、松油烯等配制，柏木香可以用檀香香基加柏木烯配制，“沉香”可以用檀香香基加几种药香香料配制而成，等等。

天然檀香与合成檀香的香气都带有明显的芳烃气息，所以人们把芳烃气息排在檀木香“后面”。

芳烃气息——从“木香”到“药香”之间有一个“过渡”香气——芳香烃的气味，这种气味令人不悦，一般人说是有明显的“化学”气息，大多数合成香料都或多或少的带有这种气息，许多天然香料其实也带有这种“化学”气息，调香师把它们当作“不良气味”，从煤焦油里提取出来的苯和萘的气味就是“芳烃气息”的代表。

“芳烃气息”的“后面”就是所谓的“药香”了。

药香——“药香”是非常模糊的概念，外国人看到这个词想到的应该是“西药房”里各种令人作呕的药剂的味道——这就是“药香”与“芳烃气息”为邻的原因——而我国民众看到“药香”二字想到的却是“中药铺”里各种植物根、茎、叶、花、树脂等（非植物的药材也有香味，但品种较少）的芳香，不但不厌恶，还挺喜欢呢。

中国的烹调术里有“药膳”，普通老百姓也常到中药铺里去购买有香味的草药回家当作香料使用，各种食用香辛料在国人的心目中也都是“中药”。这是东西方人们对“药香”的认识差异最大之处。

作为日用品加香使用的“药香”虽然每个人想到的不一样，但基本上指的是中药铺里这些药材的香味，调香师能够用现有的香料调出来的“药香”大体上可以分为桂香、辛香、凉香、壤香、膏香四类。这一节“药香”指的是“桂香”，也就是肉桂的香气，另外四种香气都各有特色，在下面各节里分别介绍。

辛香——天然的香辛香料都是“中药”，所以与“药香”为邻。食用香辛料有丁香、茴香、肉桂、姜、蒜、葱、胡椒、辣椒、花椒等，前四种的香气较常用于日用品加香中。直接蒸馏这些天然香辛料得到的精油香气都与“原物”差不多，价格也都不太贵，可以直接使用，但最好还是经过调香师配制成“完整”的香精再用于日用品的加香，这一方面可以让香气更加协调、宜人，香气持久性更好，大部分情形下还可以降低成本。

香辛香料里有的也含有“酚”成分，如丁香油里面就有丁香酚，虽然有“酚”的气息，但它们的香气不属于“酚香”，而是归入“辛香”里面。所以“酚香”紧跟在“辛香”的“后面”。

酚香——草药里有不少带酚类化合物气息的，如百里香、荆芥、土荆芥、康乃馨、牛至等，它们是自然界里“酚香”的代表。合成香料里的苯酚、二苯酚、乙基苯酚、对甲酚、二甲基苯酚、愈创木酚、二甲氧基苯酚、麦芽酚、乙基麦芽酚以及它们的酯类香气有的属于“酚香”，有的属于“焦香”，差别在于“烧焦味”是否明显，“焦味”明显的就属于“焦香”了。

“酚香”的香气处于“辛香”与“焦香”之间，与这两个香气“左右”为邻。

焦香——各种植物材料烧焦（高温裂解）后得到的焦油都含有大量的酚类物质，也就是说，所谓的“焦香”其实主要是各种酚类物质的气味，所以“焦香”与“酚香”为邻可以说是“天经地义”的。

焦香不一定令人厌恶，在日化香精里有许多“皮革香”带有焦香气息，食物里带焦香气息的也不少，如焦糖香、咖啡香、烧烤香，等等。香烟的香气更是明显的焦香气味，烟民们却对这种焦香趋之若鹜。

在农村，农民们经常把各种农作物的秸秆、根茎、籽壳等拌土熏烧成为“火烧土”作为肥料使用，这种“火烧土”的气味既有焦香也有土壤香，是“乡土气息”的重要组成部分。焦香与土壤香的气味比较接近，所以把土壤香排在焦香的“后面”。

土壤香——“土腥味”本来也是天然香料里面“令人讨厌”的“杂味”，在许多天然香料的香气里如果有太多的“土腥味”就显得“格调不高”，合成香料一般也不能有“土腥臭”。但大部分植物的根都有“土腥味”，有的气味还不错，尤其是我国民众对不少植物根（中药里植物根占有非常大的比例）的气味不但熟悉而且还挺喜欢，最显著的例子是人参，这个世人皆知的“滋补药材”的香气强烈，是“标准”的壤香香料。也许就是因为自然界有这个“人见人爱”的“大补药”，调香师才创造了“壤香”这个词汇，公众也才承认这一类气味是“香”的！

土壤香是焦香与苔香之间“过渡”的“桥梁”。

苔香——苔藓植物喜欢阴暗潮湿的环境，一般生长在裸露的石壁上或潮湿的森林和沼泽地，一般生长密集，有较强的吸水性，因此能够抓紧泥土，有助于保持水土，可以积累周围环境中的水分和浮尘，分泌酸性代谢物来腐蚀岩石，促进岩石的分解，形成土壤。有少数的苔藓植物带有明显的气味，其代表为橡苔和树苔，二者的香气都比较接近“土壤香”，因此，把苔香排在土壤香“后面”也是自然而然的事。

菇香——“菇香”指的是各种食用菌和非食用菌的香气，这些菌类生长在腐败的草木、土壤上，或长在树上，如花菇、草菇、茶树菇、茶新菇、杨树菇、长根菇、杏鲍菇、真姬菇、姬菇、金针菇、金福菇、黄金菇、白灵菇、白玉菇、海鲜菇、春菇、冬菇、蘑菇、平菇、红菇、松菇、香菇、滑菇、滑子菇、秀珍菇、袖珍菇、巴西菇、鲍鱼菇、松乳菇、虎奶菇、猴头菇、凤尾菇、鸡腿菇、猪肚菇、蟹味菇、阿魏菇、大球盖菇、双孢蘑菇、双孢菇、桦褐孔菌、北虫草、姬松茸、鸡油菌、青头菌、松菌、松茸菌、牛肝菌、干巴菌、珊瑚菌、羊肚菌、鸡纵菌、虎掌菌、银耳、木耳，等等。在闽南话里，“长菇了”或“生菇了”就是“腐败发霉”的意思，所以“菇香”也就是霉菌的香气。

菇香与土壤香、苔香都比较接近，这从它们的来源都可以看得出来，所以把菇香放在苔香的“后面”。

乳香——“乳香”包括鲜奶、奶油、奶酪和各种奶制品的香气，属于“发酵香”——鲜奶虽然没有经过微生物发酵，但也是食物在动物体内通过各种酶的作用产生的，等同于“发酵”，与霉菌的作用类似，香气也接近——都有一种特异的令人愉悦的鲜味。为此，把乳香放在菇香的“后面”，作为菇香与酸气息的“过渡”香气。

食物发酵大多数会产生酸，带有酸气息，所以把酸气息排在乳香“后面”。

酸气息——酸本来是味觉用词，是水里氢离子作用于味蕾产生的刺激性感觉。但所有可挥发的酸都会刺激嗅觉，产生“酸气息”。有些不是属于酸的香料也令人联想到酸，所以评香术语里面也有“酸味”这个形容词，不一定说明它的香气成分里含有酸。

脂肪酸的碳链越长，酸气越轻，高级脂肪酸已经闻不到多少酸味了，油脂气味慢慢出现。这中间“过渡”的香气是高级脂肪醇和高级脂肪醛的气味，香料界称为“醛香”，所以醛香处在酸气息与油脂香之间。

醛香——醛香香精是“香奈尔 5 号”香水畅销全世界以后才在日用品加香方面崭露头角的“新香型”香精，由于“香奈尔 5 号”香水特别受到家庭妇女的喜爱，所以醛香香精非常适合家用化学品、家庭用品的加香。

为了解释香奈儿 5 号香水特别受到家庭妇女欢迎的原因，有人做了实验，发现暴晒过的棉被、衣物等织物有明显的醛香气息，进一步分析这些醛香成分主要是辛醛、壬醛、癸醛、十一醛、十二醛等，并且确定这些醛香成分是棉织品里的油脂成分在阳光下（紫外线）分解的产物。这也说明醛香与油脂香是比较接近的，所以把油脂香放在醛香的“后面”。

油脂香——油脂是油和脂肪的统称，从化学成分上来讲，油脂都是高级脂肪酸与甘油形成的酯。自然界中的油脂是多种物质的混合物。纯粹的油脂是没有气味的，因为它们在常温下不挥发。所谓“油脂香”是指油脂中含有的少量稍微低级的油脂分解产物醇、醛、酮、酸等和某些“杂质”成分的混合气息。

没有酸败的食用油脂都带有各自令人愉悦的香气，如芝麻香、花生香、菜油香、茶油香、橄榄油香、椰子油香、猪油香、牛油香、羊油香等，这里讨论的不是这些“特色”香气，而是所有油脂共同的香气息，即“油香气”和“脂肪香”。

油脂香与膏香相似，都比较沉闷、不透发，但留香持久，耐热，有定香作用。所以膏香自然而然地排在油脂香的“后面”。

膏香——有膏香香味的天然香料是安息香膏（安息香树脂）、秘鲁香膏、吐鲁香膏、苏合香、枫香树脂、格蓬浸膏、没药、乳香、防风根树脂等，合成香料有苯甲酸、桂酸及这两种酸的各种酯类化合物等，膏香香料大多数香气较为淡弱，但有“后劲”。在各种日用香精里面加入膏香香料可赋以某些动物香气，隐约可以嗅闻到麝香和龙涎香的气息。因此，把麝香排在膏香的“后面”。

麝香——麝香是最重要的动物香，香气优雅，有令人愉悦的“动情感”。留香持久，是日用香精里常用的定香剂，其香气能够贯穿始终。合成的麝香香料带有各种“杂味”，有的带膏香香气，有的带甜的花香香气，也有带油脂香气的。

日用香精里使用的动物香有麝香、灵猫香、龙涎香和海狸香，后三者的尿臊气息较显，把它们的香气都归入“尿臊气息”中，列在麝香香气的“后面”。

尿臊气息——浓烈的尿臊气息令人不快，但稀释以后的尿臊味却令人愉悦——与粪臭稀释以后的情形相似，而且“性感”，这可能是人和动物的粪尿里含有某些人体信息素如雄烯酮、费洛蒙醇等的原因。

龙涎香的香气是尿臊气息的代表作——浓烈时令人不快，稀释后却人人喜爱。天然龙涎香是留香最为持久的香料，古人认为龙涎香的香味能“与日月同久”，而龙涎香的气味是“越淡（只要还闻得出香气）越好”，合成的龙涎香料虽然已取得相当大的成就，但还是不能与天然龙涎香相比。现在常用的龙涎香料有龙涎酮、龙涎香醚、降龙涎香醚、甲基柏木醚、甲基柏木酮、龙涎酯、异长叶烷酮等，这些有龙涎香气的香料都有木香香气，有的甚至木香香气超过龙涎香气，所以目前全用合成香料调配的龙涎香精都有明显的木香味。

在世界各国的语言里，腥臊气息常常混在一起，难以分清，指的都是动物体及其排泄物散发的气息，浓烈时都令人作呕，腥味比臊味更甚。把血腥气息排在尿臊气息“后面”是意料中的事。

血腥气息——“血腥气息”包括鲜血的腥味和鱼腥气味，虽然这两种“腥味”不太接近，但带有这两种“腥味”的物质在加热以后都显出令人愉悦的带着“鱼肉香”的熟食味。古代宗教里“荤菜”指的是一些食用后会影响性情、欲望的植物，主要有五种荤菜，合称五荤，佛家与道家所指有异。近代则讹称含有动物性成分的餐饮食物为荤菜，事实上，这在古代称为腥。所谓“荤腥”即这两类的合称。这里讨论的是“腥”类，植物“荤菜”在“菜香”一节里讨论。

鱼肉一类的食物在新鲜时令人不悦甚至恐怖畏惧，人类的祖先在“茹毛饮血”时代可能会觉得血腥味是“美味”，现在还保留一些痕迹，如生吃三文鱼、海蛎、血蚶等，一般都选取血腥味不太强烈的，而且大多数人吃的时候喜欢加点香料（调味料）以掩盖之。

加热（烧煮烤煎）以后的鱼肉没有了血腥气息，取而代之的是现代人类（可能也只有人类和人类豢养的动物）特别喜欢的“肉食香味”，这些香味主要来自于氨基酸和糖类加热时发生的美拉德反应。

瓜香——调香师在配制“幻想型”的“海洋”、“海岸”、“海风”等“海字号”香精时，免不了想到在海边经常嗅闻到的鱼腥气味，但太明显的鱼腥气味用在日化香精里令人不悦。聪明的调香师发现清淡的鱼腥香里似乎有一种青瓜的气息，而青瓜一类的香气更能唤起人们对于海洋的种种美好回忆，配制“海字号”香精常用的海风醛、环海风醛、新洋茉莉醛等合成香料也都有明显的瓜香香气，都是配制瓜香香精的原料。这就是把“瓜香”放在“血腥气息”后面的主要原因。

食用的瓜类有西瓜、甜瓜、木瓜、黄瓜、小黄瓜、南瓜、菜瓜、冬瓜、苦瓜、丝瓜、葫芦瓜、八月瓜等，有许多瓜类都被人们当作“菜肴”，与各种蔬菜一样，生吃熟食均可，这是瓜香与菜香为邻的主要原因。

菜香——菜香也与果香、花香一样，品类众多，很难以哪一种香气作为菜香的“总代表”。有强烈香气的蔬菜有的被称为“荤菜”，如葱、蒜、韭、薤之属。

有许多豆类也被人们当作蔬菜，如荷兰豆、豌豆、扁豆、菜豆、蚕豆等，所有食用豆类发芽后制得的“豆芽菜”和各种豆制品尤其是豆腐制品也被广泛地用作菜肴，把菜香与豆香的距离拉近了，所以把豆香放在菜香的“后面”。

豆香——豆香香料有：香豆素、黑香豆酊、香兰素、香荚兰豆酊、乙基香兰素、洋茉莉醛、丙位己内酯、丙位辛内酯、苯乙酮、对甲基苯乙酮、对甲氧基苯乙酮、异丁香酚苄基醚、噻唑类、吡嗪类、呋喃类等，可以看出，许多豆香香料也是配制坚果香香精的常用香料，也就是说，豆香与坚果香有时候不易分清，这就是把豆香放在坚果香“前面”的原因。

以上是自然界气味关系图中32个香型排列位置的说明。

注意看这个关系图，在“尿臊”的对角是“樟木香”，这就是为什么人们喜欢在卫生间里面放樟木粉或“樟脑丸”的原因；在“土香”的对角是“柑橘香”，意味着在香精里面如果有“土腥臭”可以加点柑橘香掩盖之；在一个青香香精里面，除了要使用女贞醛等青香香料外，加点凉香香料和有兰花香气的香料也可以起到增强青香气息的效果……很明显，这个气味关系图就像太阳光的七色光谱图一样，具有“对角补缺”和“相邻补强”的性质。

该图的应用是相当广泛的，对于用香厂家来说，为了掩盖某种臭味或异味，可以利用该图中呈对角关系的香气或香料（和由这些香料组成的香精）“互补”（补缺）的性质选择之，也可以利用相邻香气或香料（和由这些香料组成的香精）的“互补”（补强）性质来加强香气。调香师和评香师更可以利用这“对角补缺”和“邻近补强”的原理：为了加强某种香气，在图中该香气所在位置的邻近寻找“加强物”；为了消除某种异味，在该香气所在位置的对角寻找将其掩盖的香料。

利用“金木水火土”五行的观念来看这个关系图也是很有意思的：

金克木——木香（属木）香精里面如果有血腥味、尿臊味（属金）则容易“变形”，或者说，血腥味、尿臊味等容易把木香的香气“屏蔽”掉；

木克土——土香、苔香、菇香、乳香、酸气、醛香（属土）都“怕”木香（属木），木香对它们的“伤害”都较大；

土克水——所有的花果香气（属水）都“怕”土香，在各种花果香精里只要有“土腥气”（属土）就变“贱”了。

水克火——所有的“药香”（属火）都“怕”花果香气（属水），药香（属火）一有花果香气（属水）就容易“变调”；

火克金——药香、辛香、酚香、焦香（属火）可以掩盖血腥味、尿臊味（属金），这就是人们在烹调时常用烧烤（产生焦香）、加入香辛料等方法来掩盖动物腥臊味的原因。

至于金生水、水生木、木生火、火生土、土生金在气味关系图里也有各种不同的解释，比如你可以按顺时针方向往下看：坚果香里有水果香，水果里面包含柑橘，柑橘类里有香橼，香橼的香气里带有薰衣草的气息，薰衣草的香气里有茉莉花的气味，茉莉花的香气里有玫瑰花的气息，玫瑰花的香味里面有兰花香气，兰花香味里有青香气，青气里有冰凉气息，冰凉香味里包含樟木香，樟木香里有松木香，松木香里有檀香香气，檀香香味里有芳烃气息，芳烃气息包含药香，药香里面有辛香，辛香里面有酚香，酚香里面有焦香，焦香里有土香，土香里有苔香，苔香里有菇香，菇香里面有乳香，乳香一般都带有酸气，酸气息包含着醛香，醛香里有油脂香，油脂香里有膏香，膏香里包含着麝香香气，麝香味里有尿臊味，尿臊味里面有腥臭，血腥味里隐约可以闻到瓜香气息，瓜香气味里有蔬菜香，蔬菜里有豆类，豆香包含着坚果香，……

阴阳五行的观念毕竟还是有点玄，有时候解释起来总让人觉得有些牵强，有时还互相矛盾，不能自圆其说，也不太“科学”。在这里提出来让读者见仁见智自己掌握吧。

三、气味关系图在加香术中的应用

相信用不着多加解释读者也能理解“自然界气味关系图”的意义，现在来举几个例子说明它的应用。

厕所、卫生间用什么香型的空气清新剂最好？看看这张图里在“尿臭”与“粪臭”的对角是“樟脑香”与“桉叶香”，这就是人们在卫生间里置放“樟脑丸”的原因了。在“樟脑香”与“桉叶香”旁边的“木香”与“草香”对“粪尿臭”的掩盖作用也较好，所以厕所的管理员总爱在厕所里点燃有檀香味的卫生香；带有强烈香茅气味的洗衣皂放在卫生间里可以祛臭几乎人尽皆知。

肥皂皂基免不了有“油脂臭”，用什么香型的香精“盖臭”最好呢？图中“油脂气”的对角是“草花香”，旁边还有“青花香”和“草香”，用这几个香型的香精绝对没错。

用“杂木”做的家具虽有淡淡的木香，但香气还是“不尽人意”，加入一般的木香香精，香气强度不够大，用什么香能增加木香香味的强度呢？图中“木香”旁边有“樟脑香”和“辛香”，再旁边还有“桉叶香”和“药草香”，把这些香精适量加入木香香精中就能加强木香香味了。

准备要加香的物品，不管是食品、日用品还是其他物质，细细嗅闻、发挥你的想象力，总会“品”出它的气味出来，实在“想象”不出的话，你可以尝试着先把它放在“泥土香”、“草木香”、“花果香”、“食物香”四大类别里的某一个类别里，再到这个类别里找到最相似的气味。例如给一批蚊香加香，这批蚊香的主要成分是木粉，带有明显的木香气，看图：木香有

“樟”、“松”、“檀”，这些都可以加强木香，可以直接作为蚊香加香使用的香型；在木香周边有“凉香”、“花香”和“药香”、“辛香”等，可以加强木香香气，也都可以作为蚊香加香使用的香型；在“花香”里，越靠近木香的越适合给蚊香加香使用，它们依次为兰花、玫瑰、茉莉、薰衣草，实践证明，兰花和玫瑰的香味比茉莉和薰衣草的香味更适合于蚊香的加香。

在做加香实验时，“补强”是比较经常的，但有时也要用到“补缺”；在使用香味“掩盖”某种不良气息时，则经常是“补缺”，但有时也可以用到“补强”。这都不是绝对的，只有在实践中灵活应用，总结经验，才能在日后的每一次加香实验时做到胸有成竹，遇到困难可以比较快就“拿定主意”，提出解决的办法。

总之，气味关系图在加香术中的应用是相当广泛的，也是非常有意义的。读者经常看着这张图，或在加香实验时经常使用这张图，认识它，熟悉它，像地图一样，把它牢牢记住、存在大脑中，就能在以后的加香实验工作中活学活用，触类旁通，加快每一次实验的进度，也让这张图发挥越来越大的作用。

第三节　香气共振理论

香料大多是“易挥发物质”，在密封度不够或不密封或使用时会逐步挥发减量，一个单体香料的挥发减量是有一定的规律可循的，多种香料在一起时（香精、香水和加香产品）的挥发有没有规律可循呢？

人们都知道，在一定的外界条件下，液体或固体中的分子会蒸发（或升华）为气态分子，同时，气态分子也会撞击液面或固体表面回归液态或固态，这是单组分系统发生的两相变化，一定时间后，即可达到平衡。平衡时，气态分子含量达到最大值，这些气态分子对液体或固体产生的压强称为饱和蒸气压，简称蒸气压。任何物质（包括液态与固态）都有挥发成为气态的趋势，其气态也同样具有凝聚为液态或者凝华为固态的趋势。在给定的温度下，一种物质的气态与其凝聚态（固态或液态）之间会在某一个压强下存在动态平衡，此时单位时间内由气态转变为凝聚态的分子数与由凝聚态转变为气态的分子数相等，蒸气压与物质分子脱离液体或固体的趋势有关。对于液体来说，从蒸气压的高低可以看出其蒸发速率的大小。因此，要了解香料、香精及加香产品的香气变化规律一定要研究香料的蒸气压。

实际上，香料、香精和香水的香气与其蒸气压之间的关系非常密切，尤其是15～50℃时各种香料的蒸气压对研究香料的香气有着特别重要的意义。

表2-4是部分单体香料和溶剂在25℃的蒸气压（μmHg）数据（表中没有列出的香料读者可以自己测定填入使用，注意要统一在25℃测定）。

表2-4　部分单体香料和溶剂在25℃的蒸气压　　μmHg

香料或溶剂	蒸气压	香料或溶剂	蒸气压	香料或溶剂	蒸气压	香料或溶剂	蒸气压
乙醛	837000	甲基己基甲酮	820	丙酸苯酯	65	苯甲酸戊酯	12.8
甲酸甲酯	584000	α-小茴香酮	800	枯茗醇	65	邻氨基苯甲酸甲酯	12
二甲基硫醚	500000	糠醇	770	乙酸松油酯	64	乙酸大茴香酯	12
甲酸乙酯	243000	小茴香醇	680	对甲基龙葵醛	62	乙酸桂酯	12
二乙酮	224000	乙酰乙酸乙酯	670	甲基壬基甲酮	62	吲哚	11.8
乙酸甲酯	218000	α-辛酮	560	苯甲酸异丁酯	60	乙二醇单苯基醚	10.6

续表

香料或溶剂	蒸气压	香料或溶剂	蒸气压	香料或溶剂	蒸气压	香料或溶剂	蒸气压
乙酸乙酯	94600	庚酸乙酯	550	大茴香脑	58	金合欢醇	10
丙酸甲酯	85300	甲酸庚酯	525	柠檬醛	58	β-紫罗兰酮	9.9
甲酸丙酯	82700	水杨醛	480	乙酸苯乙酯	58	对乙酰茴香醚	9.6
乙醇	59000	β-侧柏酮	435	L-薄荷脑	54	茉莉酮	9.4
异丁酸甲酯	50400	甲酸辛酯	400	苯乙醇	54	十一烯酸甲酯	9.4
异丙醇	44500	乙酸庚酯	400	丙酸芳樟酯	54	亚苄基丙酮	9
甲酸异丁酯	42000	苯乙醛	390	异十一醛	54	橙花叔醇	8
甲酸	40000	正庚醇	380	水杨酸乙酯	54	大茴香醇	8
丙酸乙酯	36500	苯甲酸甲酯	340	黄樟油素	53	异丁酸香茅酯	8
乙酸丙酯	33600	薄荷酮	320	甲酸香叶酯	50	甲基紫罗兰酮	7.1
正丁酸甲酯	32600	甲酸苄酯	320	α-松油醇	48	桂酸乙酯	7.1
水	23756	苯乙酮	307	乙酸香茅酯	48	邻苯二甲酸二甲酯	7
异丁酸乙酯	22100	正壬醛	260	异丁酸龙脑酯	48	兔耳草醛	6.7
戊酸甲酯	19000	甲酸龙脑酯	240	乙酸对叔丁基环己酯	47	α-檀香醇	6.3
乙酸异丁酯	17200	香茅醛	230	四氢香叶醇	46	酒石酸二乙酯	6.2
异丁酸异丙酯	15900	龙葵醛	225	玫瑰油	45	檀香醇	6
丁酸乙酯	15500	苯甲酸乙酯	220	二苯甲烷	44	十一烯醇	6
乙酸	15200	丙二醇	220	丙酸苯乙酯	42	异丁酸香叶酯	6
甲酸异戊酯	14000	樟脑	202	甲基壬基乙醛	42	十一酸乙酯	5.5
丙酸丙酯	13100	二甲基对苯二酚	180	十二醛	42	3-甲基吲哚	5.3
二乙硫	8400	辛酸乙酯	175	格蓬油	40	香茅基含氧乙醛	5
异戊酸乙酯	8100	芳樟醇	165	丙酸香茅酯	38	异丁香酚	5
异丁酸丙酯	7900	除萜香柠檬油	165	异丁酸芳樟酯	38	水杨酸异戊酯	4.9
丙酸异丁酯	6600	草莓醛	153	二苯醚	37	十一醇	4.5
乙酸异戊酯	5600	乙酸苏合香酯	145	百里香酚	35	异丁香酚	4.5
苏合香烯	4900	琥珀酸二乙酯	140	乙酸二甲基苄基甲酯	34	羟基香茅醛	4.4
异丁酸异丁酯	4700	胡薄荷酮	138	乙酸香叶酯	34	桂醇	4.2
正丁酸正丙酯	4500	对甲基苯乙酮	137	龙脑	33.5	洋茉莉醛	4.2
α-蒎烯	4400	乙酸辛酯	135	二缩丙二醇	33	柏木脑	4
正壬烷	4250	苯乙醛二甲缩醛	130	异丁酸苯乙酯	33	丙位壬内酯	4
丙酸	4000	甲酸芳樟酯	125	大茴香醛	32	洋茉莉醛	4
甲基戊基甲酮	3850	苯乙酸甲酯	125	异丁酸苄酯	32	乙酸香根酯	4
异硫氰酸烯丙酯	3550	甲酸薄荷酯	120	桂醛	29.5	瑟丹内酯	3.8
正庚醛	3400	乙酸苄酯	120	苯乙酸异丁酯	29	苯乙酸	3.7
大茴香醚	3300	水杨酸甲酯	118	月桂醛	28	春黄菊倍半萜烯醇	3.5
莰烯	2700	甲酸苯乙酯	116	香芹酚	26	乙酰丁香酚	3.3
丙酸异戊酯	2600	苄醇	115	石竹烯	25.5	十二醇	3.2

续表

香料或溶剂	蒸气压	香料或溶剂	蒸气压	香料或溶剂	蒸气压	香料或溶剂	蒸气压
正丁酸异丁酯	2250	甲基黑椒酚	110	羟基香茅醛二甲基缩醛	25	桂酸异丁酯	3.1
异戊酸异丁酯	2200	龙蒿油	110	正壬醇	24	香豆素	3
丙酸正戊酯	2100	庚炔羧酸甲酯	110	苯丙醇	23	甲位戊基桂醛	3
异丁酸正戊酯	2100	溴代苏合香烯	105	丙酸香叶酯	23	麝香酮	2.5
异松油烯	1800	乙酸对甲酚酯	105	苹果酸二乙酯	23	苯乙酸苄酯	2
己酸乙酯	1700	乙酸芳樟酯	101	异黄樟油素	22.8	惕各酸香叶酯	2
桉叶油素	1650	正辛醇	100	*N*-甲基邻氨基苯甲酸甲酯	22	异戊基桂醛	1.3
月桂烯	1650	龙葵醛二甲基缩醛	100	甲基丁香酚	22	二苯甲酮	1
戊酸异丁酯	1550	香叶油	100	乙酸苯丙酯	22	丙位十一内酯	1
糠醛	1500	留兰香酮	95	香叶醇	20.5	柠檬酸三乙酯	0.9
对伞花烃	1450	乙酸壬酯	95	6-甲基喹啉	20	甲位己基桂醛	0.7
二聚戊烯	1400	苯丙醛	92	广藿香油	20	环十五内酯	0.5
异戊酸正戊酯	1400	乙酸异胡薄荷酯	92	橡苔浸膏	20	邻苯二甲酸二乙酯	0.5
甜橙油	1400	异胡薄荷醇	90	水杨酸异丁酯	19	苯甲酸苄酯	0.36
香柠檬油	1400	乙酸龙脑酯	86	异戊酸苄酯	18	6-甲基香豆素	0.2
对甲酚甲醚	1200	壬酸乙酯	75	α-紫罗兰酮	16	香兰素	0.17
甲基庚烯酮	1200	乙酸薄荷酯	75	苯乙酸异戊酯	16	水杨酸苄酯	0.15
苯甲醛	1100	依兰依兰油	75	β-杜松烯	15.6	乙基香兰素	0.15
乙基戊基甲酮	1100	十一醛	74	桂酸甲酯	15.4	葵子麝香	0.025
α-水芹烯	1030	异戊基苯甲基醚	71	香茅醇	15.1	二甲苯麝香	0.01
正丁酸	1030	丙酸异龙脑酯	70	异丁香酚甲醚	15	酮麝香	0.0024
正辛醛	850	丙酸龙脑酯	68	正癸醇	14		
正丁酸正戊酯	850	苯乙酸乙酯	66	丁香酚	13.8		

假如把25℃时蒸气压在101μmHg和101μmHg以上的香料看作“头香香料”，作为第一组，21μmHg和21μmHg以上、101μmHg以下的香料看作“体香香料”，作为第二组，21μmHg以下的香料（低于1μmHg的算1μmHg）看作“基香香料”，作为第三组的话，来看一个茉莉香精：

组别	香料名称	百分含量 c	蒸气压 p	cp
第一组	芳樟醇	6.0	165	990
	乙酸苄酯	23.0	120	2760
	苯甲醇	10.0	115	1150
	乙酸芳樟酯	9.0	101	909
总蒸气压				5809
第二组	丙酸苄酯	3.0	65	195
	乙酸苯乙酯	2.0	58	116
	苯乙醇	6.0	54	324
	松油醇	3.0	48	144

续表

组别	香料名称	百分含量 c	蒸气压 p	cp
第二组	乙酸二甲基苄基原醇酯	5.0	34	170
总蒸气压				949
第三组	甲位紫罗兰酮	3.0	16	48
	丁香酚	0.9	14	12.6
	邻氨基苯甲酸甲酯	4.0	12	48
	吲哚	0.1	12	1.2
	甲位戊基桂醛	10.0	3	30
	苯甲酸苄酯	10.0	1	10
	水杨酸苄酯	5.0	1	5
总蒸气压				154.8

第一组香料与第二组香料的总蒸气压比为5809∶949＝6.12，第二组香料与第三组香料的总蒸气压比为949∶154.8＝6.13，5809∶949≈949∶154.8，三组香料的总蒸气压组成了5809∶949∶154.8＝37.5∶6.12∶1。37.5∶6.12∶1与下面提到的25∶5∶1和1169000∶1081∶1在动力学上称为“共振”，共振是最稳定的结构，人们已经知道，结构稳定的吸引子是“奇怪吸引子”，因此，上述茉莉香精与下面提到的香水香精、改良配方后的香水都是“奇怪吸引子”，香气平衡、和谐。

人们发现，按上面这个配方配制出来的香精不管放置多久，包括沾在闻香纸上“分段”或嗅闻，散发出的香气都令人愉悦，稍微改变一下配方，配制出来的香精放置时或沾在闻香纸上嗅闻，香气都有所差别，有“断档”的现象。

再来看一个香水香精：

组别	香料名称	百分含量 c	蒸气压 p	cp
第一组	香柠檬油	2.0	1400	2800
	甜橙油	2.0	1400	2800
	芳樟醇	4.0	165	660
	乙酸苏合香酯	2.0	145	290
	乙酸苄酯	8.0	120	960
	乙酸芳樟酯	2.0	115	230
总蒸气压				7740
第二组	依兰依兰油	4.0	75	300
	十一醛	0.5	74	37
	丙酸苄酯	2.0	65	130
	乙酸松油酯	6.0	64	384
	苯乙醇	10.0	54	540
	玫瑰油	2.0	45	90
	十二醛	0.5	42	21
	苯丙醇	2.0	23	46
总蒸气压				1548

续表

组别	香料名称	百分含量 c	蒸气压 p	cp
第三组	香叶醇	6.0	20.5	123
	广藿香油	0.5	20	10
	橡苔浸膏	0.2	20	4
	香茅醇	2.0	15.1	30.2
	邻氨基苯甲酸甲酯	0.2	12	2.4
	甲基紫罗兰酮	7.0	7.1	49.7
	檀香醇	1.0	6	6
	异丁香酚	1.0	5	5
	洋茉莉醛	3.0	4	12
	羟基香茅醛	3.0	4.4	13.2
	乙酸香根酯	5.0	4	20
	香豆素	1.0	3	3
	甲位戊基桂醛	4.0	3	12
	苯甲酸苄酯	8.1	1	8.1
	香兰素	1.0	1	1
	赖伯当浸膏	1.0	1	1
	吐纳麝香	4.0	1	4
	水杨酸苄酯	5.0	1	5
总蒸气压				309.6

第一组香料与第二组香料的总蒸气压比为7740∶1548=5，第二组香料与第三组香料的总蒸气压比为1548∶309.6=5，三组香料的总蒸气压组成了7740∶1548∶309.6=25∶5∶1的共振结构。

按上面这个配方配制出来的香精的香气和谐、稳定，随时闻之都令人愉悦，久贮不变，把它沾在闻香纸上分段细细嗅闻数天也是这样的。

“香气共振”只是说明该香精体系在贮存时的每个阶段的香气基本稳定、平衡，也就是说，组成该香精的每个单体香料在室温下（约25℃）的挥发是同步的，香精随时散发的都是相似的一团香气，千万不要误认为达到“共振”的香气会美好一些。

调香师在掌握了香气共振理论知识后，有必要对每一个即将完成的香精配方进行一番计算，必要时调整或增删几个香料的用量，让香精里头香、体香、基香三组香料的总蒸气压形成共振结构。

香水（包括古龙水、花露水和液体空气清新剂）配方里大量的乙醇和水都将影响到香气是否“共振”，这个“秘密”目前还没有被调香师们注意到，一般人以为加入乙醇和水的量只是区分香水“浓”或者“淡”而已，有影响的也只有制作成本，所以加入时有些“随意”。现在看起来花点时间算一算配制后每一组香料（包括乙醇、水）的总蒸气压、调整让三组总蒸气压达到“共振”还是很有必要的——据说喝54度的茅台酒比喝40几度的其他白酒还“顺喉”一些，这应该也与香味（不单香气，还有味道）的“共振”有关。

要把乙醇和水等高蒸气压物质算进去的话，25℃时蒸气压在10000μmHg以上者应算为第一组，1～10000μmHg者为第二组，余者为第三组。还是以上述香水香精为例，假如要把这个香精加乙醇、水配制成一个香水的话，用这个配方配出来的香精 100g，加 95%乙醇 380g，水 20g，得到的香水 500g，这个香水含香精 20%，乙醇 72.2%，含水 7.8%，算一下这个香水里各组成分的全蒸气压。

第一组成分的全蒸气压（按总量 500 计算）为 $361\times59000+39\times23756\approx22225000\mu mHg$，第二组成分的全蒸气压为 $7740+1548+309.6-19.1=9578.5\mu mHg$，第三组成分的全蒸气压为 $8.1+1+1+4+5=19.1\mu mHg$，$9578.5^2\approx91750000<22225000\times19.1$（$\approx424500000$），此时香气不共振。如果再添加香柠檬油 7.9g 的话（此时香水总量为 507.9g），第一组成分的全蒸气压仍为 22225000，第二组成分的全蒸气压为 $9578.5+1400\times7.9\approx20640$，第三组成分的全蒸气压仍为 19.1，$20640^2=426000000$ 与 424500000 非常接近，也就是形成了 $222250000:20640:19.1\approx1169000:1081:1$ 的共振结构，这个香水的香气平衡、和谐，长期贮存稳定不变。

37.5∶6.12∶1、25：5∶1、1169000∶1081∶1 都属于 $m^2:m:1$ 式共振结构，即 $m^2:m=m:1$，m（6.12、5、1081）为“中间数”，对于香水香精来说，m 一般为 4～6，当 m 大于 6 时，该香精的留香时间不长；当 m 小于 4 时，该香精的留香时间很长，但香气沉闷，不透发；对于配制好的香水来说，m 一般为 500～2000。

第四节　混沌调香与加香理论

一、混沌数学

数学是关于客观世界模式的科学，是对现实世界的事物在数量关系和空间形式方面的抽象。数学来源于人们的生产和生活实践，反过来又为人们的社会实践和日常生活服务，是人类从事各项活动不可缺少的工具。数学通过揭示各种隐藏着的模式，帮助人们理解周围的世界。无论是数、关系、形状、推理，还是概率、数理统计，都是人类发展进程中对客观世界某些侧面的数学把握的反映。数学思维是从抽象开始的，人们用数学的方法认识周围世界时，可以忽视某些无关的因素，而思考更为本质的问题。

人们从实际中提炼数学问题，抽象化为数学模型，再回到现实中进行检验。从这个意义上来说，数学是作为一种技术或一种模型。现在的数学已不只是算术和几何，而是由许多部分组成的一门学科。它处理各种数据、度量和科学观察；进行推理、演绎和证明；形成关于各种自然现象、人类行为和社会体系的数学模型。

马克思曾经说过，一门学科，只有当它能够成功运用数学的时候，才有可能成为一门真正的科学。的确，数学总是以其简洁性、明确性走在所有科学的前列，任何学科都把能否成功地运用数学作为自身是否成熟的标志。

艺术曾经一度被认为是追求理性的典范。在人类历史上，艺术是人类体验自然的不可或缺的一部分。科学技术的兴起，将机械的内容和意识引入艺术，再加上其他因素，逐步界定了艺术——从本质上说，艺术蕴涵的自我相似要远比人文的或者机械的自我相似深刻和复杂：当人们不能理解自然或者伟大的作品的时候，往往使用“艺术”这个词来掩盖其无知。

作曲、绘画和调香三大艺术产生于人们的知觉和语言。在这个范畴内，艺术家们使用比喻（明喻、暗喻、隐喻）、描述、协调等许多类推方式来产生和谐和冲突，和谐和冲突则常常出现令人惊讶的自我相似（Self-similarity）和自我相异（Self-different）的模式，反映出人们所在世界的令人好奇的神秘感。

众所周知：二维是“规则化的”，三维即产生混沌。用人们熟知的语言来解释就是：单是两个香料混合，虽然也有无限个组合（从 0：100 到 100：0），但除了这两个香料发生化学变化再产生一个或数个新香料外，混合物的香气是可以预料的。加入第三个香料以后，产生了混沌，香气变化就复杂化了。就像天文学上出现的情况一样，牛顿可以精确地计算只有两个星球时各自的运行轨道，再加入一个星球进去，不但牛顿束手无策，现代的天文学家也计算不出“精确”的运动状态，只能“近似地”得到，这里不得不用到最新的数学工具——混沌！

混沌理论虽然被数学家正式接纳才三十几年的历史，有些理论却已能比较深刻地解释一些过去的理论难以解释的事物。例如奇怪吸引子理论，用来解释许许多多自然科学甚至社会科学的现象都能得到比较满意的解答。为了把这一新的理论用于调香，这里先解释一下：什么叫做“奇怪吸引子”？

在动力学里，就平面内的结构稳定系统——典型系统而言，吸引子不外是：①单个点；②稳定极限环。也可解释为：长期运动不外是：①静止在定态；②周期性地重复某种运动系列。在非混沌体系中，这两种情况都是“一般吸引子”；而在混沌体系中，第二种情况则被称为“奇怪吸引子”，它本身是相对稳定的、收敛的，但不是静止的。奇怪吸引子是稳定的、具分形结构的吸引子。

什么叫分形结构呢？举个例子最容易理解这个数学名词：地图上的海岸线就是天然存在的分形的一个佳例——在不同标度上描绘的海岸线图，全部显示出相似的湾、岬分布，每一个湾都有它自己的小湾和小岬，这些小湾和小岬又有更小的湾和岬……以此类推，无穷无尽。用数学家的话来说，它们具有有限的面积，却有无限的周长。日常见到的雪花、云朵和烟雾等都具有分形结构。人们很容易联想到的“一团香气”应该也具有分形结构。

艺术家们开始用“奇怪吸引子”理论和“分形结构”理论解释他们的工作：音乐家将一个优美的旋律看作一个“奇怪吸引子”，可以谱出无限多的乐曲；画家将一个美丽的物体形状（例如人体、花朵）看作一个“奇怪吸引子”——它同样可以创作无限多的美术作品。

现在回到主题上来，一股美好的香气——例如天然的茉莉花香即是一个天然的“奇怪吸引子”，这个吸引子是如此稳定——你往其中加入些香料（当然也包括天然茉莉花香中含有的香料成分），它仍然是“茉莉花香”，除非你大量加入强度大的其他香料掩盖住它的香气，但这已超出讨论范围了。

这个“奇怪吸引子”，还真具有“分形结构”，你可以无穷尽地改变它的香气成分中各种单体的数量，或者改变一些香气成分，而它仍然表现出公认的茉莉花香！它的“收敛性”也显而易见：少量的依兰花香、树兰花香、玉兰花香、紫丁香花香、玫瑰花香、桂花香、橙花香、苹果的果香、桃子的果香甚至麝香和龙涎香等都被它“吸入”而让嗅闻者不容易觉察到。

音乐家孜孜以求的是“寻找”到一个前人没有“发现”的旋律；调香师竭尽全力“寻找”的是“一团最令人愉快的香气”，也就是前人还没有“发现”的“奇怪吸引子”。

大自然早已为人们提供了大量的“奇怪吸引子”：茉莉花香、玫瑰花香、玉兰花香、茶香、苹果香、草莓香、桃子香、檀香、麝香、各种熟食香等，“吸引”了众多的调香师在自己的实验室中用人工合成的香料把它们一一再现出来；千百年来，人类也制造了许多“奇怪吸引子”：巧克力香、可乐香、古龙香、馥奇香、素心兰香、“东方”香、“力士”香等，香精制造厂就是大量生产带有这些“奇怪吸引子”的产品供人类享用。

如何“发现”或寻找新的“奇怪吸引子”呢？

根据前面对“奇怪吸引子”的介绍，“奇怪吸引子”是具有分形结构的稳定的吸引子，这就提供了一种思路：利用各种香料单体的蒸气压、沸点、阈值、香比强值、香品值、留香值、分子量、“酸”“碱”度（路易斯酸碱理论和软硬酸碱理论的“酸”“碱”度）等数据，通过一定的数学处理，设计一个配方，再经过不断的试配制，就能比较快地找到一个新的“奇怪吸引子”。虽然目前这样做的难度还是比较大的，但总比毫无目标的乱调（初学者往往以为这是一条“捷径”）好多了。

下面稍为系统地讲一讲混沌、分形以及分维的基础知识，以便读者更好地理解和掌握“混沌理论”并指导调香工作。

混沌是决定论系统所表现的随机行为的总称，它的根源在于非线性的相互作用。所谓“决定论系统”是指描述该系统的数学模型是不包含任何随机因素的完全确定的方程。自然界中最常见的运动形态往往既不是完全确定的，也不是完全随机的，这就是混沌，有关混沌现象的理论，为人们更好地理解自然界提供了一个框架。

混沌的数学定义有很多种。例如正的“拓扑熵”定义拓扑混沌；有限长的“转动区间”定义转动混沌等等。这些定义都有严格的数学理论和实际的计算方法。不过，要把某个数学模型或实验现象明白无误地纳入某种混沌定义并不容易。人们引用动力学的混沌工作定义：若所处理的动力学过程是确定的，不包含任何外加的随机因素；单个轨道表现出像是随机的对初值细微变化极为敏感的行为，同时，一些整体性的经长时间平均或对大量轨道平均所得到的特征量又对初值变化并不敏感；加之上述状态又是经过动力学行为和一系列突变而达到的。那么，你所研究的现象极有可能是混沌。

把这个动力学的混沌工作定义用在调香和加香作业上：首先，调配一个香精的过程是“确定”的，“不包含任何外加的随机因素”——比如用香茅醇40%、香叶醇40%和苯乙醇20%加在一起，调配一个玫瑰香精，不管是谁调的，也不管是什么时候调都一样；“表现出像是随机的对初值细微变化极为敏感的行为”——用“合成香叶醇”和用“天然香叶醇”调出来的香气就不一样，同时，“一些整体性的经长时间平均所得到的特征量又对初值变化并不敏感”——虽然你可能用“合成香叶醇”，有可能用“天然香叶醇”调配，但调出来的香精香气还是公认的玫瑰香精；而这种“状态”（用香叶醇、香茅醇和苯乙醇调配出的玫瑰香精）又是“经过”调香“行为”和“一系列突变而达到的”——香叶醇是一种香气，加了香茅醇后，香气有了“突变”，再加苯乙醇，香气又有了“突变”，最终形成了玫瑰香精，有了天然玫瑰花的香气。那么，人们所研究的现象——调香和加香过程，“极有可能是混沌”。既如此，人们为什么不能用混沌的理论来指导调香和加香工作呢？

二、分形与分维

初步认识混沌和混沌同调香、加香的关系以后，再来了解一下“分形”。

分形是近20年来科学前沿领域提出的一个非常重要的概念，具有极强的概括力和解释力，分形理论是一种非常深刻、有价值、让人着迷的理论，是非线性科学中最重要的概念之一。著名理论物理学家惠勒说过，在过去，一个人如果不懂得“熵”是怎么回事，就不能说是科学上有教养的人；在将来，一个人如果不能熟悉分形，他就不能被认为是科学上的文化人。

20世纪80年代前，分形概念的价值并没有引起人们的重视，一直到80年代中期，各个数理学科几乎同时认识了它的价值，人们惊奇地发现，哪里有混沌、湍动、混乱，分形几何学就在哪里登场。

分形不但抓住了混沌与噪声的实质，而且抓住了范围更广的一系列自然形式的本质，这些形式的几何在过去相当长的时间里是没办法描述的，如海岸线、树枝、山脉、星系分布、云朵、聚合物、天气模式、大脑皮层褶皱、肺部支气管分支及血液微循环管道、香味等，用分形去描述大自然丰富多彩的面貌应当是最方便、最适宜的。

美国数学家芒得布罗特曾提出这样一个著名的问题：英格兰的海岸线到底有多长？这个问

题在数学上可以理解为：用折线段拟合任意不规则的连续曲线是否一定有效？这个问题的提出实际上是对以欧氏几何为核心的传统几何的挑战。此外，在湍流的研究、自然画面的描述等方面，人们发现传统几何依然是无能为力的。人类认识领域的开拓呼唤产生一种新的能够更好地描述自然图形的几何学，可以称之为自然几何。

数学家们曾经讨论了一类很特殊的集合（图形），如康托集、皮诺曲线、科赫曲线等，这些在连续观念下的“病态”集合往往是以反例的形式出现在不同的场合。当时它们多被用于讨论定理条件的强弱性，其更深一层的意义并没有被大多数人所认识。

1975 年，芒得布罗特在其《自然界中的分形几何》一书中引入了分形（fractal）这一概念。从字面意义上讲，fractal 是碎块、碎片的意思，然而这并不能概括芒得布罗特的分形概念，尽管目前还没有一个让各方都满意的分形定义，但在数学上，大家都认为分形有以下几个特点：

① 具有无限精细的结构；

② 比例自相似性；

③ 一般它的分数维大于它的拓扑维数；

④ 可以由非常简单的方法定义，并由递归、迭代产生等。

①②两项说明分形在结构上的内在规律性。自相似性是分形的灵魂，它使得分形的任何一个片段都包含了整个分形的信息。第③项说明了分形的复杂性，第④项则说明了分形的生成机制。

把传统几何的代表欧氏几何与以分形为研究对象的分形几何作一比较，可以得到这样的结论：欧氏几何是建立在公理之上的逻辑体系。其研究的是在旋转、平移、对称变换下各种不变的量，如角度、长度、面积、体积，其适用范围主要是人造的物体。而分形是由递归、迭代生成的，主要适用于自然界中形态复杂的物体。分形几何不再以分离的眼光看待分形中的点、线、面，而是把它看成一个整体。

分形观念的引入并非仅是一个描述手法上的改变，从根本上讲，分形反映了自然界中某些规律性的东西。以植物为例，植物的生长是植物细胞按一定的遗传规律不断发育、分裂的过程，这种按规律分裂的过程可以近似地看作是递归、迭代的过程，这与分形的产生极为相似。在此意义上，人们可以认为一种植物对应一个迭代函数系统，人们甚至可以通过改变该系统中的某些参数来模拟植物的变异过程。

分形几何还被用于海岸线的描绘及海图制作、地震预报、图像编码理论、信号处理等领域，并在这些领域内取得了令人瞩目的成绩。作为多个学科的交叉，分形几何对以往欧氏几何不屑一顾（或说是无能为力）的“病态”曲线的全新解释是人类认识客体不断开拓的必然结果。当前，人们迫切需要一种能够更好地研究、描述各种复杂自然曲线的几何学，而分形几何恰好可以堪当此用。所以说，分形几何也就是自然几何，以分形或分形组合的眼光来看待周围的物质世界就是自然几何观。

海岸线是海浪和其他地质力共同组成的自组织系统，是混沌的结果，这个系统在小的尺度上重复的形状，与大尺度上呈现的形状大体相当，或者说有相似的模式。

一棵树也是一个自组织系统，它的形状反映在不同的尺度上，也具有相似的模式：树干分成树枝，树枝又分成树杈……树叶在脉络上重复树干的模式。无论是大的尺度还是小的细节，树时时刻刻在创造着自我相似的记录，不可测的混沌活动创造并维持着这种模式。

“自我相似”的分形，既可以是自然的，也可以是人为的；可以是线性的，也可以是混沌的。今天的科学家，可以使用计算机制作出由无数机械的分形所组成的美丽图案，并且成为艺术品，无论是否有艺术价值，人们都必须承认，这是存在的。

海岸线作为曲线，其特征是极不规则、极不光滑的，呈现出极其蜿蜒复杂的变化。人们不能从形状和结构上区分这部分海岸与那部分海岸有什么本质的不同，这种几乎同样程度的不规则性和复杂性，说明海岸线在形貌上是自相似的，也就是局部形态和整体形态的相似。在没有建筑物或其他东西作为参照物时，在空中拍摄的100km长的海岸线与放大了的10km的长海岸线的两张照片，看上去会十分相似。事实上，具有自相似性的形态广泛存在于自然界中，如：连绵的山川、飘浮的云朵、岩石的断裂口、布朗粒子运动的轨迹、树冠、花朵、棉花、大脑皮层等等。

自相似原则和迭代生成原则是分形理论的重要原则。它表示分形在通常的几何变换下具有不变性，即标度无关性。自相似性是从不同尺度的对称出发的，也就意味着递归。分形形体中的自相似性可以是完全相同，也可以是统计意义上的相似。标准的自相似分形是数学上的抽象，迭代生成无限精细的结构，如科赫（Koch）雪花曲线、谢尔宾斯基（Sierpinski）地毯曲线等。这种有规分形只是少数，绝大部分分形是统计意义上的无规分形。

现在，可以把“一团香气”想象成一朵云彩，或者一簇放在水里的棉花糖，这团香气不断地运动、扩散，直至“无形”，它虽然在一定的时间内只占有有限的空间，但其“边界”是不定的，又是自相似的，可以看作是分形的一种。

那么，什么是“分维”呢？

分维，作为分形的定量表征和基本参数，是分形理论的又一重要原则。分维又称分形维或分数维，通常用分数或带小数点的数表示。长期以来人们习惯于将点定义为零维，直线为一维，平面为二维，空间为三维，爱因斯坦在相对论中引入时间维，就形成四维时空。对某一问题给予多方面的考虑，可建立高维空间，但都是整数维。在数学上，把欧氏空间的几何对象连续地拉伸、压缩、扭曲，维数也不变，这就是拓扑维数。然而，这种传统的维数观受到了挑战。曼德布罗特曾描述过一个绳球的维数：从很远的距离观察这个绳球，可看作一点（零维）；从较近的距离观察，它充满了一个球形空间（三维）；再近一些，就看到了绳子（一维）；再向微观深入，绳子又变成了三维的柱，三维的柱又可分解成一维的纤维。那么，介于这些观察点之间的中间状态又如何呢？

显然，并没有绳球从三维对象变成一维对象的确切界限。数学家豪斯道夫（Hausdoff）在1919年提出了连续空间的概念，也就是空间维数是可以连续变化的，它可以是整数也可以是分数，称为豪斯道夫维数。记作 Df，一般的表达式为：$K=L\text{Df}$，也作 $K=(1/L)-\text{Df}$，取对数并整理得 $\text{Df}=\ln K/\ln L$，其中 L 为某客体沿其每个独立方向皆扩大的倍数，K 为得到的新客体是原客体的倍数。显然，Df 在一般情况下是一个分数。因此，曼德布罗特也把分形定义为豪斯道夫维数大于或等于拓扑维数的集合。英国的海岸线为什么测不准？因为欧氏一维测度与海岸线的维数不一致。根据曼德布罗特的计算，英国海岸线的维数为 1.26。有了分维，海岸线的“长度”就确定了。

分形理论既是非线性科学的前沿和重要分支，又是一门新兴的横断学科。作为一种方法论和认识论，其启示是多方面的：一是分形整体与局部形态的相似，启发人们通过认识部分来认识整体，从有限中认识无限；二是分形揭示了介于整体与部分、有序与无序、复杂与简单之间的新形态、新秩序；三是分形从一特定层面揭示了世界普遍联系和统一的图景。

掌握了混沌、分形和分维的基础知识后，人们就可以利用它们来讨论、建立香味的“数学模型”了。

三、香气的分维

调香师的工作是把 2 个以上的香料调配成有一个主题香气的香精，这个主题香气可能在自然界存在，如茉莉花香、柠檬果香、麝香等，也可能是人类创造的各种“幻想型香气”，如咖喱粉香、可乐香、力士香等，模仿一个自然界实物的香气或者别人已经制造出来的“幻想型香气”的实验叫做“仿香”，而调香师自己创作一个前人没有的香气的实验叫做“创香”。不管是“仿香”还是“创香”活动，调香师都是先把带有他要调配的这个“主题香气”的香料找出来，然后确定每个香料要用多少，如果不考虑配制成本的话，带有这个主题香气越多的香料用量越大。

如果把一团具有一个明确主题的香气看作混沌体系中一个奇怪吸引子的话，这个奇怪吸引子将具有分形结构，可以用已有的关于混沌、分形的理论来分析这个奇怪吸引子的种种特征。

调香师手头上的每一个香料一般都带有几种香气，例如乙酸苄酯就带有70%的茉莉花香、20%的水果香、10%的麻醉性气味（所谓的“化学气息”），所以在配制茉莉花香香精时，乙酸苄酯的香比强值（香气强度值）只有70%对茉莉花香做出“贡献”，其余30%的香气被强度大得多的一团茉莉花香掩盖掉了。

在这里需要指出的是：所谓“70%的茉莉花香”是“动态”的，不是绝对的——当人们用闻香纸沾上少量乙酸苄酯拿到鼻子下面嗅闻时，人们马上会觉得它的香气里大约有70%的茉莉花香；再闻一次，就会觉得“茉莉花香”少了些许；再闻一次，又少了些许……直至闻不到茉莉花香，或者认为“根本就不是茉莉花香”时为止。其他香料的香味感觉也全都如此。人类的所有感觉——视觉、听觉、嗅觉、味觉和肤觉都是这样，从对一个事物的“非常肯定”到“难以断定”到“模糊不清”。说一个例子恐怕人人都有同感：随便写一个字在纸上端详半天，越看越不像这个字，最后甚至对这个字产生怀疑。

正是香气的“动态”特征让人们把香气与混沌、分形挂上了钩。

假设用3个香料配制出一个茉莉花香（主题香气）香精，这3个香料原先都带着2/3的茉莉花香，配出的茉莉花香香精的主题香气强度是整体香气强度的2/3，可以把用这3个香料配合而成的一团茉莉花香气看成一个康托集：

```
———————————————————————————

—————————         —————————

———   ———         ———   ———

— —   — —         — —   — —
```

（康托集图解：把每一个线段中间的1/3去掉，无限进行下去的结果是形成无限“稀释”的“康托尘”）

那么这个康托集的分维 D_0 可以计算出来如下：

$$D_0=(\ln K)/(\ln L)=(\ln 2)/(\ln 3)\approx 0.6309 \tag{2-1}$$

式中　D_0——分形的维数；

K——全部香料对主题香气的贡献值之和（本例中为 $3\times 2/3=2$）；

L——香料的个数（本例中为3）。

实际配制的一个茉莉花香精配方如下：

乙酸苄酯	50%	甲位己基桂醛	40%	茉莉净油	10%

查《香料气味ABC表》，乙酸苄酯有70%的茉莉花香气，甲位己基桂醛有80%的茉莉花香气，茉莉净油有60%的茉莉花香气，它们对配制出的茉莉花香精的平均香气贡献率为

$$0.50\times 0.70+0.40\times 0.80+0.10\times 0.60=0.73$$

$$K=3\times 0.73=2.19$$

因此，这个茉莉花香精主题香气的分维

$$D_{02}=(\ln 2.19)/(\ln 3)\approx 0.7135$$

按这个方法计算了280个不同配方的茉莉花香精主题香气的分维，它们都在0.6000～1.0000之间。表2-5是其中的部分数据（随机十取一）。

表2-5 不同配方的茉莉花香精主题香气的分维

编号	3	13	23	33	43	53	63	73	83	93	103	113	123	133
分维	0.6453	0.9236	0.8384	0.7501	0.6892	0.7577	0.6930	0.7135	0.7469	0.8677	0.7248	0.6986	0.8672	0.9013
编号	143	153	163	173	183	193	203	213	223	233	243	253	263	273
分维	0.7864	0.7438	0.8266	0.7026	0.7961	0.8249	0.7530	0.8387	0.8103	0.9015	0.7372	0.7604	0.8297	0.8923

由数十个有丰富评香经验的专业人员组成的评香组对这些香精的香气进行评价（打分），取平均值，按“越接近于天然茉莉花香的排得越靠左边”的规定排列如下（数字为编号）：

13，133，233，273，123，93，23，213，263，193，163，223，143，183，253，83，53，33，203，153，243，103，73，173，63，113，43，3

明显看得出：在通常的情况下，分维越接近1，该香精的主题香气（天然茉莉花香气）就越突出，也就是这个香精的香气让人觉得更像天然茉莉花香。其他香型香精也是如此。

来看看这个结论对调香工作有什么实际意义：假如用100个香料调配一个茉莉花香精，这些香料都带有70%的茉莉花香气，这个香精的分维

$$D_{03}=(\ln 70)/(\ln 100)\approx 0.9225$$

而用50个香料调配茉莉花香精，所有使用的香料也都带着70%的茉莉花香气，这个香精的分维

$$D_{04}=(\ln 35)/(\ln 50)\approx 0.9088$$

可以看出，用100个带有70%茉莉花香气的香料调出的茉莉花香精比用50个带有70%茉莉花香气的香料调出的茉莉花香香精的分维更接近1，前者的香气明显要比后者更接近天然茉莉花香。这就是为什么高级化妆品香精和香水香精的配方单总是那么长的缘故，也可以部分解释为什么香水和葡萄酒总是越陈越香——因为陈化后的香水和葡萄酒的成分更复杂多样了（K值与L值同时增大）！当然，也有陈化以后香气变“坏”的特例，这是因为生成大量“异味”物质的结果，同样可以用分维理论来解释：大量的“异味”造成K值变小，而L值增大，从而减小了主题香气的分维。

上述内容建立在“所有香料的香比强值都一样”的假设上，主要是为了计算的简化，实际情况当然要复杂得多，但文中用数学推导得到的结论同实践还是吻合的，对调香工作是有指导意义的。

如果考虑到香比强值的影响，上述茉莉花香精的香比强值为$0.5\times120+0.4\times65+0.1\times800=166$，3个香料对配制出的茉莉花香精的平均香气贡献率为$0.5\times0.7\times120/166+0.4\times0.8\times65/166+0.1\times0.6\times800/166=0.667$，$K=3\times0.667=2.01$。因此，这个茉莉花香精主题香气的分维$D_{03}=(\ln 2.01)/(\ln 3)=0.635$。

再来看用大量的带茉莉花香等于或少于50%的香料能否配制出茉莉花香香精：用100个带有50%茉莉花香的香料或用100个带有30%茉莉花香的香料来调配一个茉莉花香香精，假设“所有香料的香比强值都一样”，它们的分维分别是

$$D_{05}=(\ln 50)/(\ln 100)\approx 0.8495$$

$$D_{06}=(\ln 30)/(\ln 100)\approx 0.7386$$

这两个分维值都比上面“实例”（实际用3个香料调配的例子）的分维值（D_{02}）更接近1，说明用多种虽然只带“一部分”主题香气的香料来调配该香气的香精是可行的——这早已为数百年来众多的实践经验所证实。实际上，所有的花香香料都可以用来配制茉莉花香香精，

因为它们多多少少都带有茉莉花香香气。这里有个前提，就是每个香料带进来的非茉莉花香气是不一样的，否则用几个香料跟用一个香料有什么不同？

单单一个带70%茉莉花香的香料嗅闻时与天然茉莉花香的差距是很大的，因为另外30%的“杂气”（非主题香气）影响不小，许多带茉莉花香的香料混合在一起以后，它们各自带着的“杂气”比例变小，如上述用3个香料调配茉莉花香香精的例子中，乙酸苄酯所带的10%“麻醉性气味”在配制后的香精的整体香气里面降到5%（10%×50%）的比例，嗅闻这个配制后的茉莉花香香精时，它的“化学气息”小多了。这个分析也告诉人们，在为配制一个香精而选择香料的时候，最好不用或少用带着相同“杂气”的香料，尤其是那些带着“不良气息”的品种。气味接近的“杂气”也会组成奇怪吸引子，从而对主题香气产生较大的影响。

假设使用100个香料配制一个茉莉花香香精，其中30个香料都带有10%的麻醉性气味（“化学气息”），那么，它们组成的麻醉性气味的奇怪吸引子的分维

$$D_{07}=(\ln3)/(\ln100)\approx0.2386$$

而用50个香料配制一个茉莉花香香精，其中15个香料都带有10%的麻醉性气味，它们组成的麻醉性气味的奇怪吸引子的分维

$$D_{08}=(\ln1.5)/(\ln50)\approx0.1036$$

D_{07}比D_{08}更接近1，说明虽然都是30%香料带有10%的“杂气”，但使用的香料品种越多，“杂气”对主题香气的影响越大。

如果把香精香气的奇怪吸引子看作是一条科赫曲线（见图2-3）的话，那么该曲线的分维

$$D_0=(\ln L)/(\ln K)$$

经过计算，各种香精的主题香气的分维都在1.0000～1.50000之间，同样可以得到“分维越接近1，香精的主题香气就越突出”的结论。

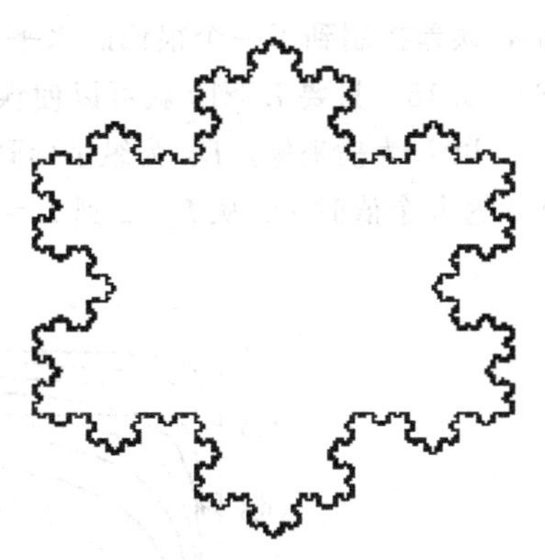

图2-3　科赫（雪花）曲线

这一节的讨论给人们指明了调香工作的一条“康庄大道”——当你准备调配某一个确定香味的香精或者在调配一个香精的过程中需要增加某种香味时，你应该把你“手头上”所有带这种香气的香料尽量都“找出来”试用上去，当然，香气越接近标的物的香料用量可以越多，因为这样做有可能让调配出的香精的分维越接近1。调香师们长期的实践早已证明了这一点。仿香时如果手头上缺少一个或几个香料，不一定要等到这几个香料都到齐才调配，你可以试着用几个带有所需香气的原料试调，也许也能调出“惟妙惟肖”的香精来。

顺便说一句，本书中列举的香精配方都是“框架式”“示范性”的，或者说它们还不能算是“完整的配方”，一般都比较简单，读者在使用这些配方时应该再试着多加入一些香气类似的香料（使得香精的配方复杂一些，例如原配方里用的是“香茅醇”，你可以试着改用香叶醇、玫瑰醇、苯乙醇和乙酸对叔丁基环己酯等代替一部分香茅醇），以使最终调出的香精的香味更加宜人、和谐，更有使用价值。

实际上，式(2-1)可以写成：

$$D_{02}=(\ln K)/(\ln L)=[\ln(LS)]/(\ln L)=(\ln L+\ln S)/\ln L=1+\ln S/\ln L \quad (2\text{-}2)$$

即$K=LS$。其中S表示“平均香气贡献率”。上例中$S=0.50\times0.70+0.40\times0.80+0.10\times0.60=0.73$，$K=LS=3S=3\times0.73=2.19$。令$A_i$和$W_i$分别表示第$i$种香料的主题香气强度和浓度，$A_i$和$W_i$都处在0到1之间且浓度之和为1。例如上例中$A_1=0.70$，$W_1=0.50$，$A_2=0.80$，$W_2=0.40$，$A_3=0.60$，$W_3=0.10$。

则 $S=A_1W_1+A_2W_2+A_3W_3+\cdots+A_LW_L<A_mW_1+A_mW_2+A_mW_3+\cdots+A_mW_L=A_m(W_1+W_2+W_3+\cdots+W_L)=A_m$。即 $S<A_m$。平均香气贡献率 S 小于单个香料的最大香气贡献率 A_m。因此恒有式(2-2)

$$D_0=1+\ln S/\ln L<1+\ln A_m/\ln L$$

那么把式(2-2) 中不确定的平均香气贡献率 S 值用各种参加配置的香料的最大香气贡献率 A_m 来代替以简化处理。即

$$D_0=1+\ln A_m/\ln L \tag{2-3}$$

这样得出的结果 D_0 肯定偏大。其误差$=[(1+\ln A_m/\ln L)-(1+\ln S/\ln L)]/(1+\ln S/\ln L)=(\ln A_m/\ln L-\ln S/\ln L)/(1+\ln S/\ln L)=[(\ln A_m-\ln S)/\ln L]/[(\ln L+\ln S)/\ln L]=(\ln A_m-\ln S)/(\ln L+\ln S)=\ln(A_m/S)/\ln(LS)$ (2-4)

为了减小误差就要调整 A_m 值使之更接近 S。记调整后的 A_m 值为 a，式(2-3) 写成

$$D_0=1+\ln a/\ln L \tag{2-5}$$

a 可以是最大的 5 个 A_i 值的平均，或是取最大的 5 个 W_i 所对应的 5 个 A_i 值的平均，更方便的是把 A_m 值降到原来水平的 0.9，使 $a=0.9A_m$。这三种方法都可以使 A_m 值十分接近 S，使得式(2-4) 中的分子 $\ln(A_m/S)\approx\ln1=0$，而 L 较大使得分母 $\ln(LS)$ 是一个比较大的数字，误差控制到了一个很低的水平。当 $A_m/S=1.2$ 时（实践中这是很容易办到的），$\ln(A_m/S)=0.18$，只要 $L>10$ 就可以使误差小于 8%，$L>20$ 就可以使误差小于 6%。

以 L 为横坐标，D_0 为纵坐标画图，图 2-4 中自下而上显示的是当 a 分别取 $a=0.1$，0.2，…，0.9 这九个值时 D_0 从 $L=2$ 到 $L=100$ 时的变化情况。

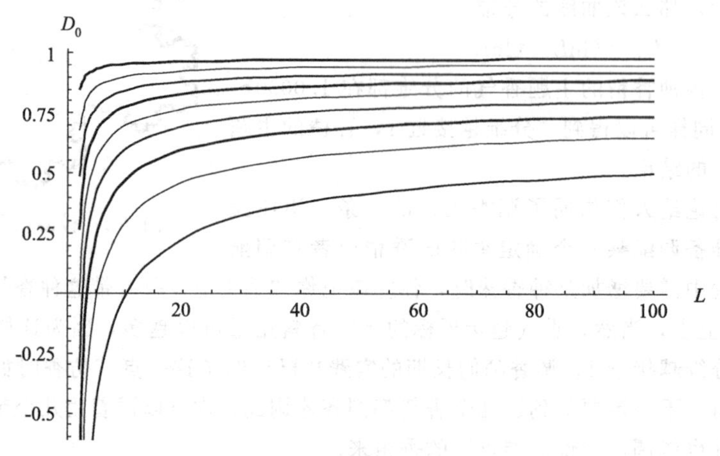

图 2-4　D_0 的变化情况

结合调香的实践感悟可以从图 2-4 得到诸多启示——当 a 固定而 L 不断增大时，D_0 单调递增且不断的趋近 1。这说明这个香气的分维公式是基本有效的。更为特别的是出现"拐点-平缓区"效应。曲线群在 $L=20$ 左右时出现明显变动，即"拐点"，其斜率急剧减小，使曲线变得比较平坦且 a 越大就越接近直线，使 L 的增大对 D 值的升高帮助不显著。因此，要学会把有限的资源用到刀刃上面。即当曲线进入"平缓区"时，除非手头有香气贡献率特别大的香料，否则就不必花太大的代价去加入新的香料，因为这样的帮助是很小的。相反，当曲线在拐点（通常 $L=20$ 左右）之前时加入新香料会取得意想不到的效果。一定不要在所用香料在 20 种以下时就因眼前的失败而灰心，而应该继续加入香料；但当香料在 30 种以上时情况还没有显著改善就得考虑接受失败或大幅度改变配方的现实。这一猜想是从分维理论得到的。

来看看图 2-5 的科赫曲线衍变图。

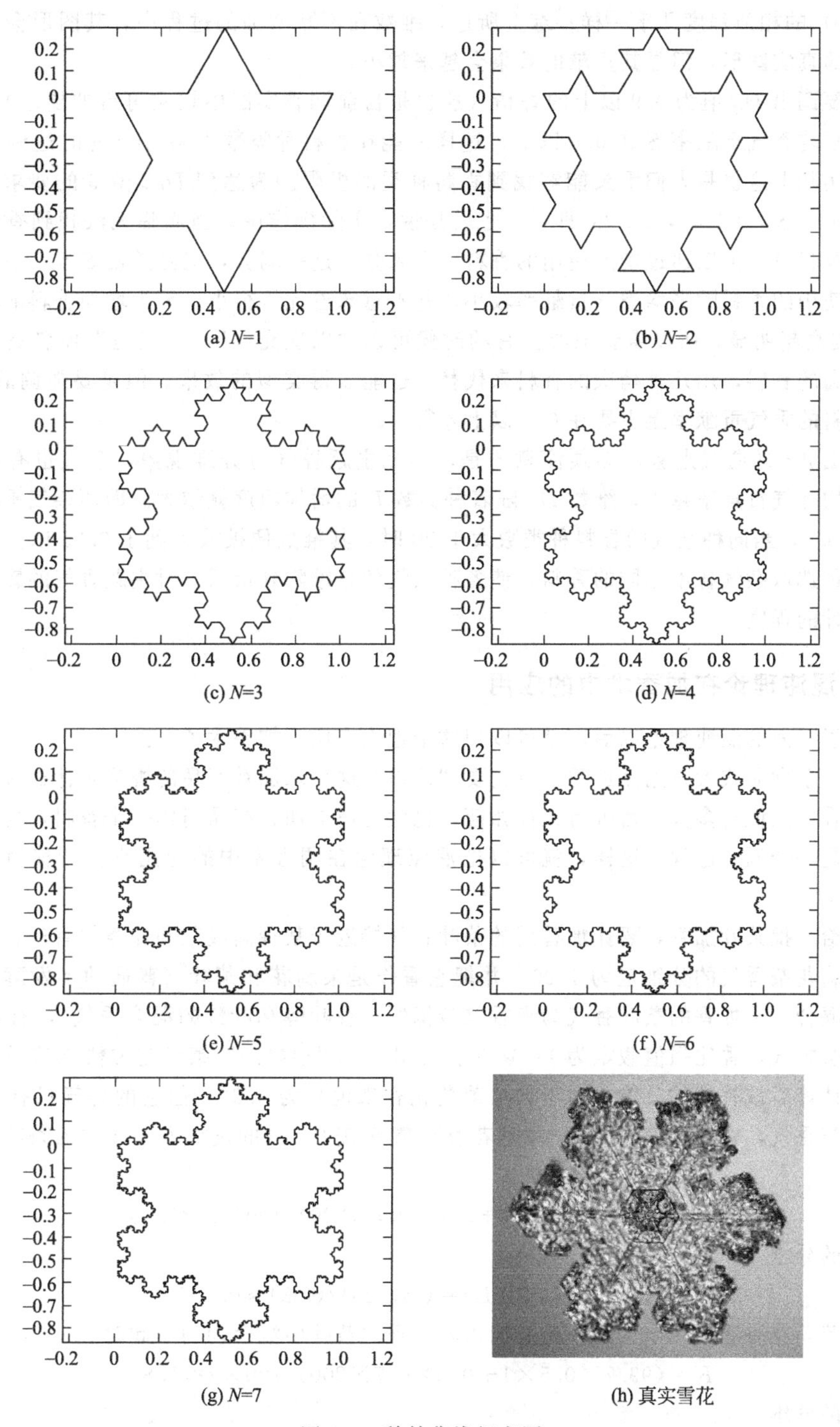

图 2-5　科赫曲线衍变图

图 2-5(a)～(g) 是用数学软件绘制的，维数 N 分别为 1 到 7 的科赫曲线，即所谓的“雪花图”；图 (h) 是自然界中的真实雪花照片。通过观察可以发现一个有趣的现象：当维数处于一个较低的水平时，维数多增加 1，其图形与真实图形的接近程度会显著增大，如图 (b) 明显比图 (a) 更像真实中的雪花［图 2-5(h)］；但是当维数增大到较大水平时，维数的增加对图形真实性的贡献增加程度会显著减小，直至微乎其微，如图 (g) 比图 (f) 的维数多 1。但二

者与图（h）的相似程度几乎一样；综上所述，维数在不断增加的过程中，其图形会不断接近它所模拟的真实图形，但是其贡献的效果会越来越小。

假设要调出 D_0 值为 0.9 以上的香精（这也是目前调香实践中切实可行的要求），就必须使得表示平均香气贡献率 S 在 0.6 以上，这样才能在香料种类数 L 在 100 种时达到 $D_0=0.9$ 的效果。实际上这也是人们手头能够找到香料种类的极限。为达到 $D_0>0.9$ 的要求，当 $S>0.7$，$L>40$，$S>0.8$ 时，$L>20$ 即可。也就是说，实际操作中，当面临无法找到香气贡献率足够大的香料时，可以通过增大使用的香料种类来弥补这一弱势，但必须使 S 至少为 0.6。

可以使用的香料的平均香气贡献率较小，并不意味着优势很小。因为增加香料的种类数 L 对 D_0 的提高越明显，所以需要恒心。有的时候可以“以次充好”，也就是撤掉名贵难得的香气贡献率高的香料，用几种稍次的香料来代替，也能取得类似的效果。但是要强调的是，“稍次的”香料的香气贡献率至少要在 0.7 以上才行。

根据图 2-5 的曲线走势，必须注意的是，不光主题香气有分维现象，杂气也有它们的分维，其平均香气贡献率越小，维数 D_0 随着种类数 L 的增加幅度就越大。即便杂气平均香气贡献率小到 0.1，当同种杂气的香料种类数大于 20 时，其维数便被放大到了 0.25 以上！对应的策略是尽量选取杂气各不相同的香料，使各种杂气的分维降到最低，对主题香气的影响小到可以忽略不计的程度。

四、混沌理论在加香术中的应用

学习了上面的混沌理论以后，就可以把这个理论应用于加香术了。

要给一个食品或者日用品加香，首先要“认识”这个未加香产品的香味是什么香型的，气味强度即香比强值有多大，留香持久性如何，也就是把未加香产品当作一个香料，把整个加香过程看作是一个调香过程，这样，就可以把混沌理论在调香术中的应用直接“移植”到加香术中。

比如给一批茶叶加香，要让加香后的茶叶香气接近于某种高级茉莉花茶的香气，如果把这种高级茉莉花茶香气的分维定为 1.00，并把它看作是茉莉花和茶叶（普通的半发酵茶叶）两种香气的混合。未加香的茶叶香气为青香（芳樟醇、香叶醇和叶醇的混合香气），有 50%的天然茉莉花茶香气，香比强值假定为 1；现在想要用一个“很好的”茉莉花香精 A 来给这批茶叶加香，经计算后该香精的分维（对于天然茉莉花香来说）为 0.90，但它的香气只有 70%的天然茉莉花茶香气，香比强值为 200；茉莉花香香精 A 按 0.1%的量加入未加香的茶叶中混合均匀，此时

$$K=(99.9\times0.5\times1+0.1\times0.7\times200)/100\times2\approx1.28$$

香气的分维

$$D_1=(\ln K)/(\ln L)=(\ln1.28)/(\ln2)\approx0.356$$

如果茉莉花香香精 A 按 0.3%的量加入未加香的茶叶中混合均匀，此时

$$K=(99.7\times0.5\times1+0.3\times0.7\times200)/100\times2\approx1.84$$

香气的分维

$$D_2=(\ln1.84)/(\ln2)\approx0.88$$

选用这个香精按 0.3%的量加入应该是不错的，当然，这仅仅是说明加香后茶叶的香气分维是 0.88，比较接近 1.00 了，实际上，香气可能跟高级茉莉花茶的香气相差甚远；未加香茶叶的香比强值“假定为 1”，实际上还要修正几次；茉莉花茶的香气并不是简单地把茉莉花香和茶香混合在一起就行了，因为茉莉花跟茶叶里的各种成分会有“化学反应”产生、各种酶和微生物的作用也比两种物质（干燥的茉莉花和茶叶）各自存放时要复杂得多……

再举一个加香例子：比如给一个洗衣液加香，细细嗅闻这个洗衣液的气味，虽然有明显的“化学品气息”，但还是可以感觉到某种兰花的气味，那最好把这个洗衣液的香味调配成“兰花香型”的——假设这个未加香的洗衣液有40%的兰花香气，香比强值假定为1；找出一个兰花香精B，该香精的分维（对于某种兰花香来说）为0.80，但它的香气只有60%的天然兰花香气，香比强值为250；兰花香精B按0.2%的量加入未加香的洗衣液中混合均匀，此时

$$K=(99.8\times0.4\times1+0.2\times0.6\times250)/100\times2\approx1.40$$

香气的分维

$$D_1=(\ln K)/(\ln L)=(\ln1.40)/(\ln2)\approx0.49$$

不理想，加大香精的用量如何？

如果兰花香精B按0.4%的量加入洗衣液中混合均匀，此时

$$K=(99.6\times0.4\times1+0.4\times0.6\times200)/100\times2\approx1.76$$

香气的分维

$$D_2=(\ln1.76)/(\ln2)\approx0.82$$

这就比较“理想”了。

以上两个例子中都把未加香产品的香比强值定为1，这是为了便于计算，在实践中应该给未加香产品“测定”其香比强值，方法是取一张没有沾染任何气味的滤纸，重量为100g，喷上1g香精（最接近于未加香产品气味的香精），装入有盖的瓶子里密封24h，取出与未加香产品比较气味，估计未加香产品的香比强值。

第五节 香味的陈化理论

调香师经常有一些调好的香精觉得香气不理想，随手把它丢在一旁，过了一段时间偶然拿来闻一闻，发现它的气味变得非常宜人舒适，心想：天助我也！拿给评香小组评定，深得好评，终于“脱颖而出”，成为畅销品种；加香实验师也经常有这样的经历：一个物品加了香精以后，香味“不太好”，暂时放在旁边，过一段时间再拿出来评香，却得到好评——这种“二见钟情”对调香师和加香实验师来说早已不是什么新鲜事。

对一般人来说，也早就知道，香水与葡萄酒一样，越陈越香，人们简单地称之为“陈化”，很少有人深入探讨其中的奥妙。本章既然题为“加香术理论基础”，对调香和加香的“善后工作”当然也应有所认识。

从微观方面来讲，众所周知，香精和加香产品包括香水中各种各样的香气成分，由于里面的分子处在不断的运动、碰撞之中，每一次互相碰撞的两个或多个分子，都有可能再组成新的分子，比较容易想象和理解的如酸碱“中和”（包括路易斯酸碱理论和软硬酸碱理论的“酸”、“碱”“中和反应”），酸与醇的酯化，酯的水解（皂化），酯与酸、醇、酯的酯交换，醇醛和醛醛缩合，醛与胺的缩合，分子重排（包括立体异构重排），聚合反应，裂解反应，歧化反应，催化连锁反应，萜烯的环化和开环反应等，这些反应的结果产生了大量新的化合物（最明显的是陈化前后的香精用气相色谱法打出的谱图，大部分陈化后的香精增加了许多“杂碎峰”，就像天然香料的情形一样），也有可能少掉了一些化合物，从而改变了原来香精的香气。但是为什么大多数香精和香水陈化以后香气较佳呢？这是因为许多气味比较尖刺的、生硬的香料的化学活动性较大，分子通常也比较小，“陈化”以后这些物质减少并组成新的通常分子量较大的香气比较圆和的化合物，所以闻起来觉得香气较好。当然，“陈化”以后香气变劣的情形也并

不少见，这同样可以理解。

如果用热力学第二定律中“熵”的理论来解释“陈化”现象也可以，大家知道，在一个密闭的系统中，熵是不断增大的，借用贝塔朗非的术语：第二定律只说热力学平衡态是个“吸引中心”，系统演化将“忘记”初始条件，最后达到“等终极性”状态。孤立系中发生的不可逆过程总是朝着混乱度增加的方向进行的。因此，香精、香水和加香产品“陈化”以后总是产生众多的新的化合物，将原来比较简单的组成变得复杂起来，让调香者本人以外的人们即使用气相色谱加质谱（气质联机）法或者其他更为“高级”的仪器分析也难以知道原来的配方是怎样的。调香师倾向于认为调配同一个香型的香精，用几十个香气接近的香料往往比用简单的几个香料调配时的香气要圆和一些（所以高级香水的配方单总是很长），香精和香水的“陈化”等于把较简单的组成变成复杂的组成了。

从宏观方面来讲，混沌理论也可以解释香精、香水和加香产品的“陈化”过程。一团好的香气，就是一个“奇怪吸引子”，由于“奇怪吸引子”具有“分形结构”，它能把“周围”的“非主流香气”成分“吸引”进去，虽然香气有所改变，但基本香型没有太大的变化，在大多数情况下，“吸引”了众多不同香气的“奇怪吸引子”的香气将更圆和宜人。“陈化”后的香精香水产生众多的新的化合物，这些化合物的香气绝大多数接近于产生它们的母体物质，也就是说，它们仍是配制这个香精或香水的“最适合”的香料原料，在本章第二节“香气的分维”里已经知道，用100个带有70%茉莉花香气的香料调出的茉莉花香精比用50个带有70%茉莉花香气的香料调出的茉莉花香香精的分维更接近1，香精或加香产品包括香水“陈化”以后，等于用更多香气接近的香料调配同一个香精，分维自然更接近于1，最终产物的香气自然就更“理想”了。

掌握了香精香水的“陈化”规律以后，人们就能化被动为主动，在调配香精时有意识地加入一些香料，估计它们将会与哪一些香料成分产生什么化学反应，生成什么物质，这些新的物质与所要调的香型有什么关系等等。例如某茉莉香精含有大量的甲位戊基桂醛和吲哚，前者的香气比较粗糙，而后者已用其他香料掩盖住它的“粪臭”气，不希望它再与前者缩合而影响香气，此时可以考虑添加邻氨基苯甲酸甲酯，让它与甲位戊基桂醛慢慢缩合产生“茉莉素”，预料这样配成的香精“陈化”以后的香气将比刚配制的香精的香气好些，实践证明确实如此。

香精配方成分中如有大量的醇类，也将与香气比较尖刺的醛酮化合物缩合产生香气较为圆和的化合物，而它不像醛醛、醛酮之间的缩合反应那样大幅度降低香精的香比强值（醇与醛的缩合一般也有所降低香比强值，但降低程度小一些，香气变化也小一些）。

类似的例子还可以举出许多，有经验的调香师、评香师和加香实验师也早已掌握了不少规律，总之，调香师、评香师和加香实验师对调制好的香精与配制好的加香产品，不但要闻它们现在的香气，还要“闻”出它们贮藏一段时间以后的香气出来。

第三章　加香实验与评香

第一节　食品和日用品制造厂的加香实验室

食品和日用品加香最重要的是加香实验，可惜国内直到现在绝大多数生产食品和日用品的厂家和香精厂都还没能给予足够的重视，香精厂给香精、食品和日用品生产厂随便用香精是很普遍的事。须知每一种食品和日用品都各有它的特性，不是随便一种香精加进去都能达到加香的目的。“乱加香精”有时不但造成极大的浪费，整个生产厂因此倒闭的事也时有发生。要使自己的产品带上最让消费者喜欢的香气，只有重视、勤做加香实验，为此，建立加香实验室是很有必要的。

对于食品和日用品生产厂来说，理想的加香实验室应由四个部分组成：香精室，加香室，评香室，架试室。

香精室把平时收集到的、各香精厂家送来的香精样品分门别类置于各种架子上，做加香实验的人员要经常来嗅闻这里的每一个香精的香气并记住它们，以便需要时把它们找出来。

加香室的面积一般比较大，里面安装着各种小型的加香实验机械，如香皂制造厂的加香室应有拌料机、研磨机、挤压机、成型机等，这些机械虽小，但都要尽量做到与车间里操作的“工艺条件”（如温度、压力等）接近。

评香室就像是一个小型的会议室，一般可容纳十几个人围坐讨论，有条件的可以用能升降的隔板把它分割成十几个或几十个小室，每个小室配备一台电脑和一个洗手盆、没有香味的洗涤剂或无香肥皂（洗手用），进空气和排气系统能保证室内在评香时没有干扰的气息存在。

架试室就同小型图书馆一样，放着许多架子，层层叠叠，以便多放样品，架试室也要有排气装置，保持室内“负压”，以免“窜味”影响评香结果。根据需要，有的架试室还带有冷、热恒温箱和紫外灯照射设备。

一个产品的加香实验和评香全过程是这样的。

① 通知各香精厂送香精样，要把开发这个新产品的目的、意义、计划生产量、准备工作让香精厂知道，并尽量详细地向香精厂介绍该产品的理化性能，以便香精厂能有的放矢地调配适合的香精样品送来实验。有的香精厂也做加香实验，你可以把未加香的样品寄给香精厂让他们先做实验，这样香精厂送来的样品会更接近你的需要。

② 初选香精：把各香精厂送来的和原来“库存”的香精反复比较挑选，找出适合做实验的香精样品。

③ 按照香精厂的“建议加香比例”把香精和未加香的样品拌均匀，固体、半固体产品还要经过“挤压”、“成型”或者加热、冷冻等步骤才能把香精加进去，加工工艺尽量与大量生产时的实际操作接近。

④ 做出的样品包装或不包装地置于架试室的样品架上，一般在自然通风条件下放置，有的样品根据需要放在冷或热的恒温箱里，有的要放在紫外灯下照射一定的时间。

⑤ 架试室里的样品每天都要观察、记录每一个样品的外观有没有变化、香气是否变淡了或者消失了，做完实验的样品要及时清理掉。

⑥ 评香：做完“架试”（规定的时间）后的样品就可做评香测试了。“评香组”可以临时组合，但其中要有几位相对固定的人员。每次评香至少 10 人以上，评香时主持人要详细给每一位参加评香的人员讲解本次评香的目的、要求、注意事项、如何按统一的规格把各人的感受输入电脑或写在统一发放的设计、印制好的表格纸上等，参加评香的人员全都理解了才开始嗅闻香气，此时有隔板装置的要“上隔板”，把评香人员各个隔开，根据每个人的感觉给样品“排序”或“打分”，具体看第三节“感官分析”。

⑦ 评香结论：评香主持人根据电脑（由专门设计的评香统计软件计算结果）显示或收集评香人员填写的评香结果进行简单的计算得出的数据、排序表做评香结论。保存好每一次评香的结论，即使出现“意外”的评香结论也不能轻易丢弃。

第二节　香精厂的加香实验室

香精厂的加香实验室比用香厂家的加香实验室的要求更高，因为香精厂里各处空间都弥漫着强烈的香味，必须选一个通风条件好、光照强度适中的实验室。面积可根据厂家的实地面积而定，大致需 $100m^2$ 以上，并且有两个以上的隔离房。最重要的一点就是尽量远离强烈的香气，与调香室、车间、仓库、卫生间等距离较远并隔离开。因其设备器械较多，保险丝容量必须达到 60A 以上，以保证同时开启几种器械所能承受的电压。整个实验室需有一个单独的安全开关，保证防火功能。

一般加香实验室分为四大区，分别是样品区、加香区、洗涤区、留样区。其中样品区与留样区应与加香区完全隔离开。

样品区——这里所谓的样品区是指未加过香的各种样品存放的区域。如未加香的护肤护发品、洗衣粉、洗发香波、洗洁精、洗衣液、蚊香坯、小环香坯、塑料制品、橡胶制品、石油制品、纸制品、衣物、鞋子、干花、人造花，还有各种规格的“塑料米”、橡胶粒或片、皂粒、石蜡、果冻蜡、气雾剂罐等等。因为品种不同，各种保存方式不大相同，所以对温度、湿度有一定的要求，室温最好保持在 21～25℃、相对湿度控制在 60%左右。如蚊香与小环香久置，若室内湿度太大，会长霉，影响加香效果。所以样品区内通常是设计成一个柜子，依墙而立。柜子类似中药房药柜的造型，由许多小柜组合而成，采用拉式抽屉，并且底部是用小滚珠拖动，助省力。紧贴地面的那一柜应做成左右打开式柜门，并且高度在 80～100cm 之间，宽度为 50cm，深度为 100cm，这是为了专门存放一些较重的样品而设计的，如皂粒、洗衣粉、“塑料米”、橡胶片、石蜡、果冻蜡等。上面的柜子都采用拉式，各小柜的高度为 50cm，宽度为 50cm，深度为 100cm，整柜体积为 300cm×1cm×3cm，各个柜应有标签标明，以备用之。平常应把样品区的门关闭，以免有香气进入，并保持地面干燥。公司一般不喜欢置放太多的未加香的样品，而采取现用现买和随时向用香厂家索取的办法，因为香精厂内免不了会有一些香气笼罩，未加香的样品吸收香味物质而略带些香气，不利于实际加香效果。

有了样品，就要及时进行加香实验，要加香必须有操作台，操作台设计应具人性化。以人体高度和操作时的舒适度为宜，一般高 80～100cm，宽 50～100cm，长 400～500cm，操作台以下部分做成柜子，存放物品。操作台以上应做成壁式柜子，且需以瓷砖为表面，减少腐蚀。实验室应具备以下器械和仪器：最小感量为 0.01g、最大感量为 300g 的电子秤一台，药物天平 500g、1000g 各一台，分析天平，恒温水浴锅，封口机，电炉，研磨机，压模机，气雾罐装机，冰箱，电热恒温干燥箱，紫外灯照明箱，空调，排气扇，空气净化器等等。各种器械、仪器的用途将在以下章节中详细介绍。要注意的是，在进行气雾剂加香实验特别是罐装时，千万不能使用电炉，并且避免使用烘箱，以免引起火灾。

加香完后，把样品放入留样室，留香室的室内设计与样品区的设计是有区别的，采取的是书柜的造型，总体积为 300cm×50cm×300cm，各小框为 70cm×50cm×40cm。因各种加过香的样品的香气都不同，如何保证让它们不串味，就是个较难解决的问题，所以各种样品必须都予以密封包装，有次序地摆列于框内，并作记录。室温保持在 21～25℃，相对湿度为 60%左右为宜，排气扇也要定时打开，室内处于正常的通风状态。留样室的门也不宜经常开启。

样品从留样区取出来后，就得把用于加香的玻璃器皿、工具等放置于清洗槽清洗。洗后烘干放在相应的位置，以免杂乱无章，待到用时遍找不着。

安全防火是加香实验特别要重视的事，加香实验室至少得具备三个以上不同性质的灭火器，确保安全。

以下附加香实验室平面图一张（见图 3-1），供参考。

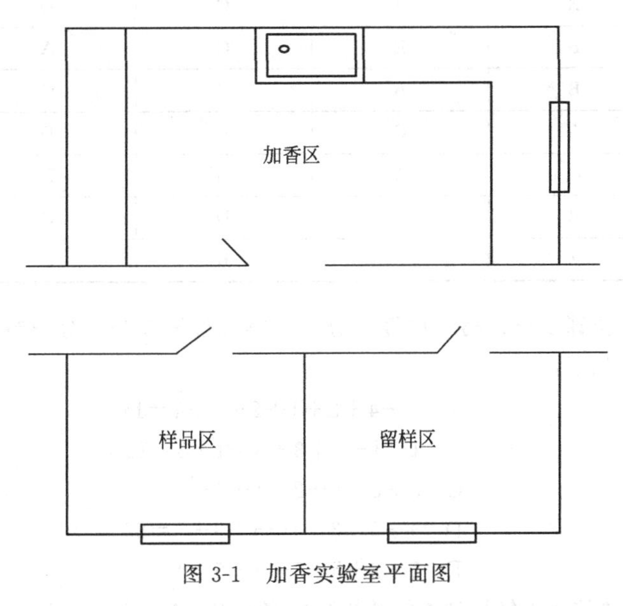

图 3-1 加香实验室平面图

随着人们生活水平的提高，越来越讲究生活的质量。应运而生的加香产品也会越来越多，香精厂加香实验室的内容也会日趋增多，更加完善。

第三节 感官分析

感官分析一般可分为两大类型：分析型感官分析和偏爱型感官分析。加香产品的评香属于偏爱型感官分析，这种分析依赖人们心理和生理上的综合感觉，分析的结果受到生活环境、生活习惯、审美观点等多方面因素的影响，其结果往往因人、因时、因地而异。

常用的感官分析方法可分为三类。

① 差别检验：有两点检验法、二-三点检验法、三点检验法、“A”-“非 A”检验法、五中取二检验法、选择检验法、配偶检验法等。

② 使用标度和类别的检验：有排序检验法、分类检验法、评分检验法、成对比较检验法、评估检验法等。

③ 分析或描述性检验：有简单描述检验法、定量描述和感官剖面检验法等。

本节主要介绍产品评香最常用的排序检验法，具体做法如下。

首先，把准备评香的样品（要求事先做成外观尽量一致、用同样的容器盛装）贴上代号标签，代号可用英文字母、天干地支或随便一个没有任何暗示性的“中性”文字，唯独不能用数字，评价主持人要对每一个参加评香的人员说明如何排序，是按照自己的喜好排序呢还是按照某一种香气（比如天然茉莉花香或者一个外来样品的香气）的“相似度”排序，从左到右还是从右到左排序，由主持人或通过电脑记录下每一个评香者的排序结果。

下表是A、B、C、D、E五个样品请七个人评香的结果，主持人要求每个评香员把五个样品按自己认为香气最好的排在最左边，次者排在第二……自己认为香气最不好的排在最右边，如下表中的1号评香员认为B的香气最好，A次之，C、D更次，认为E的香气最不好：

项目	1	2	3	4	5
1号评香员	B	A	C	D	E
2号评香员	B	E	C	A	D
3号评香员	B	A	D	C	E
4号评香员	A	C	B	D	E
5号评香员	C	A	B	E	D
6号评香员	B	A	D	C	E
7号评香员	A	C	B	E	D

如果把排在第一位算1分，第二位算2分……第五位算5分（分数越低，香气越好）的话，五个样品的得分如下：

A　2＋4＋2＋1＋2＋2＋1＝14

B　1＋1＋1＋3＋3＋1＋3＝13

C　3＋3＋4＋2＋1＋4＋2＝19

D　4＋5＋3＋4＋5＋3＋5＝29

E　5＋2＋5＋5＋4＋5＋4＝30

7个评香员评香总结按香气好到不好的排列次序是B、A、C、D、E。

再多几个人来参与评香的话，这个次序可能会改变，也许A排在B前面或者E排在D前面，一般认为参与评香的人数越多，其“可信度”会越高。10个人评香比7个人评香的“可信度”提高多少呢？这要用到统计学和模糊数学知识，这里不再详述。

香料香精行业里有一套“40分”评分检验法：对一个香料或者香精进行香气评定，“满分”为40分，“纯正”为39.1～40分，“较纯正”为36.0～39.0分，“可以”为32.0～35.9分，“尚可”为28.0～31.9分，“及格”为24.0～27.9分，“不及格”为24.0分以下。对评香组成员的要求很高，由公认的“好鼻子”、德高望重的调香师和评香师担任。重大的检验和有关香气的仲裁由“全国评香小组”执行。企业可以参考这种评分检验法自己组织调香师和评香师对香料、香精与加香产品进行评价，但实际意义并不大。

用感官方法来辨香与评香是调香师、评香师和加香实验师在识辨、评比、鉴定香精香料及加香制品香气的过程中必不可少的手段和方法。

辨香是识辨香气，评香是对比香气或鉴定香气。通过辨香和评香，要做到以下几点。

① 识辨出被辨评样品的香气特征，如香韵、香型、强弱、扩散程度和留香能力等。作为调香师、评香师和加香实验师，尤其是初学者，必须每天安排一定的时间来认辨和熟悉香气。

② 要辨别出不同品种和品类，包括要了解其真伪、优劣、有无掺杂等，以及尽可能了解到样品的来源、产地、价格、加工方式和使用的原料等情况。

③ 在香料、香精或加香产品生产厂中，评香人员要对进厂的香料或香精香气做出鉴定，并对本厂的每批产品的香气质量进行评定，做出是否合格的结论。

④ 在研配香精的过程中（包括加入介质后），嗅辨和比较香韵、头香、体香、基香、协调程度、留香程度、相像程度、香气的稳定程度和色泽的变化等，便能通过修改达到要求。要进行辨香与评香，必须注意或具备下列各点。

a. 要有适合的场所，注意工作场所的环境，全神贯注，仔细地评辨，根据样品香气的强弱和评辨者的嗅觉能力来掌握评辨的时间间隔。总的来讲，评辨香气的时间不能过长，要有间歇，有休息，使鼻子嗅觉在饱和疲劳和迟钝下能恢复其敏感性，效果更佳。一般开始时的间隔是每次几分钟，最初嗅的三四次最为重要，易挥发者要在几分钟内间歇地嗅辨；香气复杂的，有不同挥发阶段的，除开始外，可间歇5～10min，再延长至半小时乃至一天，或持续两三天。要重复多次。要观察不同时间中的变化，包括香气和挥发程度（头香、中香、晚香）。

b. 要有好的采样，不同品种、不同地区、不同原料、不同工艺、不同等级，要有不同的标样，应详细标明。装标样的容器，一般用白色的玻璃小瓶（最好是深色的）。要选择新鲜的标样满装于瓶中盖紧（用后亦然），在15℃、无阳光直射下保存，一般存放在冰箱的冷藏室中。一般在6～12个月内更换标样。

c. 辨香时要用评香条，通常是用厚度适宜的滤纸条，宽度为0.5～1.0cm，长度为18cm，适用于液体样品。对固体样品用长8cm、宽10cm的滤纸片。存放时要注意防止沾染或吸入任何香气。

d. 辨嗅时要注意香精香料的浓度，因为过浓易引起嗅觉饱和麻痹或疲劳，有必要把香精香料用纯净无臭的溶剂如95%乙醇、重蒸馏水或纯净邻苯二甲酸二乙酯稀释10～100倍，甚至更淡些来辨别。香气强度高或固态树脂状的品种更应当这样做。

e. 辨香的准备和要求。首先在评香条上标明被辨评对象的名称号码，日期和时间。然后将评香条一头浸入拟辨的香精或香料（或其稀释溶液）中，蘸上约1～2cm，对比时要蘸得相等。嗅辨时，样品不要触及鼻子，要有一定的距离（刚可嗅到）。对于固体样品，可将其少量置于滤纸片中心嗅辨。

f. 对加香制品的辨香或评香。市售的各种化妆品、香皂等日化产品及食品的辨香或评香时，一般即以此成品用嗅辨的方法来辨评。如要进一步评比（为了仿制或其他需要），则可从产品中萃取出其中的香成分，再进行如上的辨评。

如想了解某一香料或自己配的香精在加香制品中的香气变化、挥发和持久程度、变色情况等，则必须将该香料或香精加入加香制品，然后进行观察评比，视加香制品的性质和工艺条件，考察一段时间，并尽可能同时做对比实验。

g. 建立记录卡。对初学者来说，这一步骤是非常重要的。随着学习的进行，对接触过和嗅过的各种香精香料要随时记录下自己的心得和它们的性能、数据，以利于学习和工作。可将香精香料分门别类地记载，记录的内容应包括如下项目，并作为自己的技术档案妥善保存：

品名、来源、来样日期、编号等；

化学名称、学名、商品名、主要成分、价格等；

外观（色泽、状态及各种物理数据等）；

香气或香味特征（香韵、强度、扩散程度、头香、中韵、尾香等）；

溶解性能（包括不同的溶剂和不同的浓度）；

在各种介质中的稳定程度和变色程度；

对人体的安全性文献；

评价、建议应用范围和用量。

当自己把握不准时，应召集同行或专家共同评辨，发挥集体的力量来解决问题。应虚心向前辈学习，切忌墨守成规，闭门造车。

第四节　人的嗅觉和味觉

前一节提到偏爱型感官分析因人、因时、因地而异，这是因为人的嗅觉有差别，爱好也不一样，即使同一个人在不同时间嗅闻一个样品，也不一定得出同样的结论。这些因素都直接影响到评香结果。因此，本节简要地叙述人的嗅觉理论，以便读者对评香结果和“结论”有更清楚的认识。

嗅觉和味觉在评香组织的工作中占主要地位，嗅觉和味觉的误差对于评香分析结果将造成极大的影响。因此，必须了解会造成嗅觉和味觉误差的嗅觉生理特点及嗅觉的基本规律，以便在评香员的选择、试验环境的布置、试验方案的设定、结果的处理等方面尽量避免并将嗅觉的误差减少到最低程度。

嗅觉是辨别各种气味的感觉。嗅觉的感受器位于鼻腔最上端的嗅上皮内，其中嗅细胞是嗅觉刺激的感受器，接受有气味的分子。嗅觉的适宜刺激物必须具有挥发性和可溶性的特点，否则不易刺激鼻黏膜，无法引起嗅觉。

“入芝兰之室，久而不闻其香”，这是典型的嗅觉适应。嗅细胞容易产生疲劳，而且当嗅球等中枢系统由于气味的刺激陷入负反馈状态时，感觉受到抑制，气味感消失，这便是对气味产生了适应性。因此，在进行评香工作时，数量和时间应尽可能缩短。

嗅觉的个体差异很大，有嗅觉敏锐者和嗅觉迟钝者。嗅觉敏锐者并非对所有的气味都敏锐，因不同的气味而异。人的身体状况对嗅觉器官会有直接的影响。如人在感冒、身体疲倦或营养不良时，都会引起嗅觉功能降低。女性在月经期、妊娠期及更年期都会发生嗅觉缺失或过敏的现象。

引起刺激的香气分子必须具备下列基本条件才能引起嗅神经冲动：有挥发性、水溶性和脂溶性；有发香原子或发香基团；有一定的分子轮廓；分子量为17～340；红外吸收光谱为7500～1400nm；拉曼吸收光谱为1400～3500nm；折射率为1.5左右。

人的嗅脑（大脑嗅中枢）是比较小的，通常只有小指尖那么小的一点点，鼻腔顶部的嗅区面积也很小，大约为5cm^2（猫为21cm^2，狗为169cm^2），加上人类一级嗅神经比其他任何哺乳动物都少（来自嗅感器的信号经嗅球中转后，一级神经远不能满足后继信号传递的需求），因此，人的嗅觉远不如其他哺乳动物那么灵敏。人类的嗅感能力，一般可以分辨出1000～4000种不同的气息，经过特殊训练的鼻子可以分辨高达10000种不同的气味。

嗅细胞容易产生疲劳，这是因为嗅觉冲动信号是一峰接着一峰进行的，由第一峰到达第二峰时，神经需要1ms或更长的恢复时间，如第二个刺激的间隔时间大于神经所需的恢复时间，则表现为兴奋效应；如间隔时间过短，神经还处于疲劳状态，这样反而促使绝对不应期的延长，任何强度的刺激都不引起反应，就表现为抑制性效应。这就是“入芝兰之室，久而不闻其香；入鲍鱼之室，久而不闻其臭”的道理。因此，一般人嗅闻有气味的物品时，闻了3个样品之后就要休息一下再闻，否则会得出不正常的结果，影响评判。

通过训练可以提高人的嗅觉功能。“好鼻子”应该是嗅觉灵敏度高，同时，对各种气味的分辨力也要高。嗅觉灵敏度是“先天性”的，有的人“天生”就对各种气味灵敏，同时，每一个人随着年龄的增长，嗅觉灵敏度也会下降；但人对各种气味的“分辨力”却可以通过训练得到极大的提高，大部分调香师和评香师的嗅觉灵敏度只能算一般，但对各种气味的“分辨力”则是一般人望尘莫及的，这都是长期训练的结果。

味觉是指食物在人的口腔内对味觉器官化学感受系统的刺激并产生的一种感觉。

从味觉的生理角度分类，传统上只有四种基本味觉：酸、甜、苦、咸；直到最近，第五种味道——鲜才被大量这一领域的作者所提出。因此可以认为，目前被广泛接受的基本味道有五种，即：酸、甜、苦、咸、鲜，它们是食物直接刺激味蕾产生的。其中酸和咸是由感受器的离子通道接收的，而甜、苦、鲜则属于一种G蛋白偶联受体。

在五种基本味觉中，人对咸味的感觉最快，对苦味的感觉最慢，但就人对味觉的敏感性来讲，苦味比其他味觉都敏感，更容易被觉察。

人的几种基本味觉来自舌头上的味蕾，舌头前部，即舌尖有大量感觉到甜的味蕾，舌头两侧前半部负责咸味，后半部负责酸味，近舌根部分负责苦味。实际上，舌头上的味蕾可以感觉到各种味道，只是有不同的敏感度。辣不属于味觉，乃属于痛觉，它能直接刺激舌头或皮肤的神经。所以基本味觉只有五种。不过，实际生活中不同地域的人对味觉的分类不一样。

日本：酸、甜、苦、辣、咸。

欧美：酸、甜、苦、辣、咸、金属味、钙味（未确定）。

印度：酸、甜、苦、辣、咸、涩味、淡味、不正常味。

中国：酸、甜、苦、辣、咸、鲜、涩。

准确来说，辣味并不是一种味道，而是一种刺激，就像你把切好的辣椒放在眼睛旁边会感觉到刺激，切洋葱的时候，感到眼睛很辣，就是因为辣是一种刺激。

辣味：食物成分刺激口腔黏膜、鼻腔黏膜、皮肤和三叉神经而引起的一种痛觉。这是人体的自我保护机能，在婴幼儿时期，辣的食品会被当成一种有害的物质被排斥，这也是成人吃辣过度后，上吐下泻的原因。

涩味：食物成分刺激口腔，使蛋白质凝固时而产生的一种收敛感觉。涩味不是食品的基本味觉，而是刺激触觉神经末梢造成的结果。

味觉产生的过程——呈味物质刺激口腔内的味觉感受体，然后通过一个收集和传递信息的神经感觉系统传导到大脑的味觉中枢，最后通过大脑的综合神经中枢系统的分析，从而产生味觉。不同的味觉产生有不同的味觉感受体，味觉感受体与呈味物质之间的作用力也不相同。

味觉传导——舌前2/3味觉感受器所接受的刺激，由经面神经的鼓索传递；舌后1/3的味觉由舌咽神经传递；舌后1/3的中部和软腭，咽和会厌味觉感受器所接受的刺激由迷走神经传递。味觉经面神经、舌神经和迷走神经的轴突进入脑干后终于孤束核，更换神经元，再经丘脑到达岛盖部的味觉区。

味蕾——口腔内感受味觉的主要是味蕾，其次是自由神经末梢，婴儿有10000个味蕾，成人有几千个，味蕾数量随年龄的增大而减少，对呈味物质的敏感性也降低。味蕾大部分分布在舌头表面的乳状突起中，尤其是舌黏膜皱褶处的乳状突起中最密集。味蕾一般由40～150个味觉细胞构成，10～14d更换一次，味觉细胞表面有许多味觉感受分子，不同物质能与不同的味觉感受分子结合而呈现不同的味道。一般人的舌尖和边缘对咸味比较敏感，舌的前部对甜味比较敏感，舌靠腮的两侧对酸味比较敏感，而舌根对苦、辣味比较敏感。人的味觉从呈味物质刺激到感受到滋味仅需1.5～4.0ms，比视觉13～45ms、听觉1.27～21.5ms、触觉2.4～8.9ms

都快。

阈值：感受到某种呈味物质的味觉所需要的该物质的最低浓度。常温下蔗糖（甜）为0.1%，氯化钠（咸）0.05%，柠檬酸（酸）0.0025%，硫酸奎宁（苦）0.0001%。

根据阈值的测定方法的不同，又可将阈值分为以下三种。

绝对阈值：是指人感觉某种物质的味觉从无到有的刺激量。

差别阈值：是指人感觉某种物质的味觉有显著差别的刺激量的差值。

最终阈值：是指人感觉某种物质的刺激不随刺激量的增加而增加的刺激量。

物质的结构：糖类——甜味，酸类——酸味，盐类——咸味，生物碱——苦味。

呈味物质必须有一定的水溶性才可能有一定的味感，完全不溶于水的物质是无味的，溶解度小于阈值的物质也是无味的。水溶性越高，味觉产生的越快，消失的也越快，一般呈现酸味、甜味、咸味的物质有较大的水溶性，而呈现苦味的物质的水溶性一般。

温度：一般随温度的升高，味觉加强，最适宜的味觉产生的温度是10～40℃，尤其是30℃最敏感，大于或小于此温度都将变得迟钝。温度对呈味物质的阈值也有明显的影响。

25℃：蔗糖0.1%，食盐0.05%，柠檬酸0.0025%，硫酸奎宁0.0001%；

0℃：蔗糖0.4%，食盐0.25%，柠檬酸0.003%，硫酸奎宁0.0003%。

两种相同或不同的呈味物质进入口腔时，会使二者的呈味味觉都有所改变的现象，称为味觉的相互作用。

味的对比现象：指两种或两种以上的呈味物质，适当调配，可使某种呈味物质的味觉更加突出的现象。如在10%的蔗糖中添加0.15%的氯化钠，会使蔗糖的甜味更加突出，在乙酸水溶液中添加一定量的氯化钠可以使酸味更加突出，在味精中添加氯化钠会使鲜味更加突出。

味的相乘作用：指两种具有相同味感的物质进入口腔时，其味觉强度超过两者单独使用的味觉强度之和，又称为味的协同效应。甘草铵本身的甜度是蔗糖的50倍。但与蔗糖共同使用时末期甜度可达到蔗糖的100倍。

味的消杀作用：指一种呈味物质能够减弱另外一种呈味物质味觉强度的现象，又称为味的拮抗作用。如蔗糖与硫酸奎宁之间的相互作用。

味的变调作用：指两种呈味物质相互影响而导致其味感发生改变的现象。刚吃过苦味的东西，喝一口水就觉得水是甜的。刷过牙后吃酸的东西就有苦味产生。

味的疲劳作用：当长期受到某种呈味物质的刺激后，就感觉刺激量或刺激强度减小的现象。

味觉是人和动物的一种基本生理感觉，用来识别食物的性质、调节食欲、控制摄食量。味觉不仅仅存在于口腔中，同样存在于胃肠道中。研究表明，动物肠道的黏膜上存在着表达味觉受体和味觉相关因子的细胞，调控着肠道激素如GLP-1和GIP的分泌以及糖转运体SGLT-1和GLUT-2的表达。甜味剂的刺激影响这些激素的分泌及载体的表达，从而影响机体对葡萄糖的吸收和利用。肠道味觉的研究有助于揭示肠道消化吸收功能的调控机制，同时为糖尿病、肥胖、代谢失调及其他饮食相关疾病的治疗提供新的切入点。

像舌头一样，肠道能够“品尝”人们摄取的食物，感知其苦味、甜味、脂肪味及鲜味，而且其信号转导机制也类似。食物进入肠道后，人体会分泌相应的激素来控制饥饱感和血糖水平。而在过量摄入食物时，胃部的感受器或者受体也会产生相应的信号。这些受体的失效可能在肥胖、糖尿病和相关代谢问题的发生过程中起着重要的作用。通过选择性地将肠道细胞上的味觉受体作为靶点，来促使人体分泌产生饱腹感的激素，可以模拟进餐后的生理效果，从而让人体产生已经吃过了的错觉。越来越多的证据表明，肥胖和相关的代谢问题或许能通过这种方法来预防和治疗。通过减肥手术可以明显减轻体重，并减少糖尿病和其他与肥胖相关疾病的发生率。其作用机制虽然并未被完全理解，但可能也和肠道激素分泌的改变有关。将这些味觉受体作为靶点，不需要通过手术就可影响激素的分泌并控制食物的摄入。目前还需要做的工作是确定哪些肠道味觉受体可以作为有效的药物靶点。

普通绒是生活在巴西热带雨林中的一种小型猴子，日本研究人员发现，它的盲肠中有大量能传递味觉信息的蛋白质，这意味着它的盲肠在感知味觉方面有独特的作用。普通绒栖息在热带雨林的树冠上，以植物的叶子和果实等为食。树脂和树液在普通绒的盲肠中发酵从而提供营养。盲肠在人体中的作用并不明显，而植食性动物则有长袋状盲肠，特别是那些不能反刍消化植物纤维的动物。日本京都大学灵长类研究所的研究人员检测普通绒的消化器官时发现，其盲肠和大肠中传递味觉信息的蛋白质的合成量并不亚于舌头。而在日本猕猴和狒狒体内，盲肠和大肠并不合成同样的蛋白质。研究人员认为这跟普通绒特殊的食性有关。在人类大肠等处的细胞中已发现了与味觉有关的蛋白质，被认为有助于调整食欲和血糖值。研究负责人今井启雄说，普通绒盲肠的味觉机能可能与调节发酵及异常时的排泄有关，他认为，对普通绒盲肠的研究有助于了解灵长类动物肠道的味觉机能。

第五节　现代评香组织

给食品和日用品加香无非就是为了让消费者对其气味产生欢愉而激起购买欲。因此，对香气的品质评价，人的嗅觉是最主要的依据。至今在香气的评定检测中，仍没有任何的仪器分析和理化分析能够完全替代感官分析。如何科学地提高感官分析结果的代表性和准确性，这便是评香组织的工作目的。本节将从嗅觉的基本规律、评香的类型、评香员的选择和培训、试验环境条件、感官分析常用方法等方面详细探讨。

较早期的评香组织是由一些具有敏锐嗅觉和长年经验积累的专家组成的。一般情况下，他们的评香结果具有绝对的权威性。当几位专家的意见不统一时，往往采用少数服从多数的简单方法决定最终的评香结果。这是原始的评香分析，当然这样的做法存在很多弊端：

第一，评香组织由专家组成，人数太少，而且不易召集；

第二，各人对不同香气的敏感性和评价标准不同，几位专家对同一香气的评价各有不同，结果分歧较大；

第三，人体自身的状态和外部环境对评香工作是一大影响因素；

第四，人具有的感情倾向和利益冲突，会使评香结果出现片面性，甚至做假；

第五，专家对物品的评价标准与消费者的感觉有差异，不能代表消费者的看法。

由于认识到原始评香的种种不足，在嗅觉分析试验中逐渐地融入了生理学、心理学和统计学方面的研究成果，从而发展成为现代评香组织。现代评香组织对于评香组织的各项工作要求，将不再依靠权威和经验，而是依靠科学。

一、评香的类型

在评香分析中，根据评香目的的不同而分为两大类型，即分析型评香和偏爱型评香。分析型评香是把人的嗅觉作为一种测量的分析仪器来测定物品的香气与鉴别物品之间的差异，如质量的检查、产品评优等。为提高分析型评香测定结果的准确性，可以从以下几个方面获取。首先，评香基准的标准化。选择并配制出标准样品作为基准，让评香员有统一、标准化的对照品，以防他们采用各自的基准，使结果难以统一和比较；其次，实验条件的规范化，在此类型评香实验中，分析结果很容易受环境的影响；最后，评香员的选定，参加此类型评香实验的评香员，在经过恰当的选择和训练后，应维持在一定的水平。综上所述，分析型评香是评香员对物品的客观评价，其分析结果不受人的主观意志干扰。偏爱型评香与分析型评香正好相反。它是以物品作为工具，来测定人的嗅觉特性。如新产品开发时对香气的市场评价。偏爱型评香不需要统一的评香标准和条件，而是依赖人的生理和心理上的综合感觉。即人的嗅觉程度和主观判断起决定性作用，分析结果受到生活环境、生活习惯、审美观点等方面因素的影响，其结果往往是因人因时因地而异。在各种评香实验中，必须根据不同的要求和目的，选用不同类型的评香分析。

二、评香员的选择和培训

建立一支完善的评香组织，首要任务就是组成评香队伍，评香员的选择和培训是不可或缺的。如前所述，评香分析按其评香目的的不同而分为分析型评香和偏爱型评香。因此，评香队伍也应分两组，即分析型评香组和偏爱型评香组。分析型评香组的成员有无嗅觉分析的经验，或接受培训的程度，会对分析结果产生很大的影响。偏爱型评香组织仅是个人的喜好表现，属于感情的领域，是人的主观评价。此评香人员不需要专门培训。分析型评香组成员根据其评香能力可分为一般评香员和优选评香员。

由于评香目的性质的不同，偏爱型评香所需的评香员的稳定性不要求太严，但人员覆盖面应广泛些。如不同祖籍、文化程度、年龄、性别、职业等，有时要根据评香的目的而选择。而分析型评香组人员的要求相对稳定些，这里要介绍的评香员的选择和培训，大部分是针对此类型评香员而言的。当然，两种类型的评香组成人员并非分类非常清楚，评香员也可同时是偏爱型评香员和分析型评香员。

1. 候选评香员的条件

一般的用香企业和香料香精企业均是从公司内部职员或相关单位召集志愿者作为候选评香员的。候选者应具备以下条件：

① 兴趣是选择评香员的前提条件；

② 候选者必须能保证至少 80%的出席率；

③ 候选者必须有良好的健康状况，不允许有疾病、过敏症。无明显的个人气味如狐臭等。身体不适时不能参加评香工作，如感冒、怀孕等。

④ 有一定的表达能力。

2. 评香组人员的选定

并非所有的候选评香者都可入选为评香组成员，还可从嗅觉灵敏度和嗅觉分辨率来考核测试，从中淘汰部分不适合的候选员，并从中分出分析型评香组的一般评香员和优选评香员。

(1) 基础测试

挑选 3～4 个不同香型的香精（如柠檬、苹果、茉莉、玫瑰），用无色的溶剂配成 1%浓度。让每个候选评香员得到四个样品，其中有两个相同、一个不同，外加一个稀释用的溶剂，评香员最好有 100%的选择正确率。如经过几次重复还不能觉察出差别，此候选员直接淘汰。

(2) 等级测试

挑选 10 个不同香型的香精，(其中有 2～3 个较接近易混淆的香型) 分别用棉花沾取同样多的香精，然后分别放入棕色玻璃中，同时准备两份样品，一份写明香精名称，一份不写名称而写编号，让评香候选员对 20 瓶样品进行分辨评香，将写编号的样品与其对应香气的写了名称的样品“对号入座”。本测试中签对一个香型得 10 分，总分为 100 分，候选员分数在 30 分以下的直接淘汰。30～70分者为一般评香员，70～100分者为优选评香员。

（3）评香组成人员的培训

评香组成人员的培训，主要是让每个成员熟悉实验程序，提高他们觉察和描述香气刺激的能力，提高他们的嗅觉灵敏度和记忆力，使他们能够提供准确、一致、可重现的香气评定值。

① 评香员工作规则。评香员应了解所评价带香物质的基本知识（如评价香精时了解此香精的主要特性、用途等，而评价加香产品时，应了解未加香载体的基本知识）。

评香员应了解实验的重要性，以负责、认真的态度对待实验。

进行分析型评香时，评香员应客观地评价，不应掺杂个人情绪。

评香过程应专心、独立、避免不必要的讨论。

在实验前30min，评香员应避免感受到强味刺激，如吸烟、嚼口香糖、喝咖啡、吃食物。

评香员在实验前应避免使用有气味的化妆品和洗涤剂，避免浓妆。试验前不能用有气味的肥皂或洗涤剂洗手。

② 理论知识培训。首先应该让评香员适当地了解嗅觉器官的功能原理、基本规律等，让他们知道可能造成嗅觉误差的因素，使其在进行评香实验时尽量地配合以避免不必要的误差。

香气的评价大体上也就是香料、香精的直接评价或加香物品的香气评价。因此，评香员还应在不断的学习中了解香料、香精的基本知识和所有加香物品的生产过程、加香过程。

③ 嗅觉的培训。在筛选评香员时，已对嗅觉进行了测试，选定合格的评香员就无需再进一步训练。应该让评香员进入实际的评香工作中，不断锻炼和积累，以提高其评香能力。

④ 设计和使用描述性语言的培训。设计并统一香气描述性的文字，如香型、香韵、香气强度、香气像真度等，香型的分类、香韵的分类等。反复让评香员实验不同类型的香气并要求详细描述，这样可以进一步提高评香结果的统一性和准确性。

另外，可用数字来表示香气强度或两种香气的相近度等，例如，香气强度表示：

0＝不存在，1＝刚好可嗅到，2＝弱，3＝中等，4＝强，5＝很强。

三、评香实验环境

评香实验环境要求的原则是尽量远离一切有杂味的物品。因此，评香实验的场所最好远离香精香料生产车间、加香车间、加香实验室、调香室、香精香料仓库及洗手间等。评香组织的场所应包括办公室、制样分配室、单独评香室和集体评香室及其他附属部门（见图3-2）。

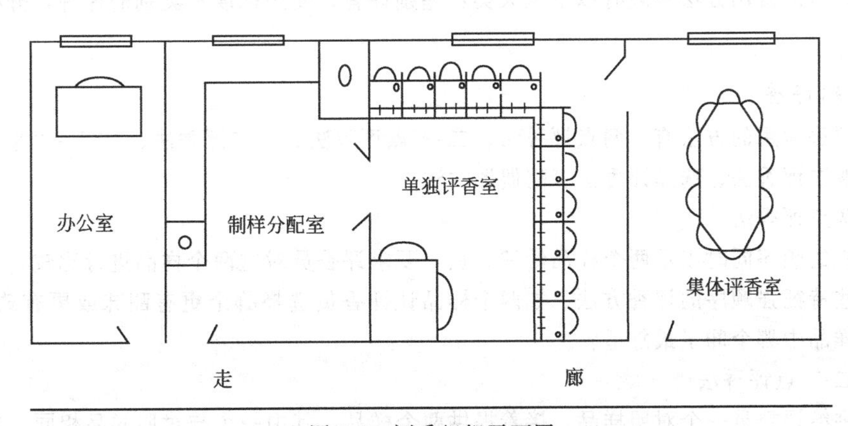

图3-2　评香组织平面图

1. 办公室

评香表的设计、分类，评香结果的收集、处理以及整理成报告文件的场所，常用设备有办公椅、文件柜、电脑、书架、电话等。

2. 制样分配室

这里的制样分配室并非加香实验室，而是从加香实验室取来加香样品或预备进行评香的物品进行制样，如香精统一用棉花沾取一样的量分别置于瓶子中，盖上瓶盖，标上记号，再分配给每个评香师进行评香实验。

制样分配室与评香室相邻隔壁，要求之间的隔墙要尽量密闭，制样分配室在制样过程会产生香气散发问题，要求分配室必须有换气设备，有些香气太浓烈的物品应在通风橱内操作，香气太强烈的物品需在分配室内放置较久时，应放置在有能风设备的样品柜中。

3. 评香室

分为单独评香室和集体评香室。单独评香室分为几个单独评香间，每个评香间用隔板分开，其各自具备有提供样品和问答表等的窗口，群体评香室可供数个评香员边交换意见，边评价香气品质，也可用于评香员与组织者一起讨论问题、评香员培训以及评香实验前的讲解。

评香室的装修应尽量营造一个舒适、轻松的环境，让评香员在没有压力的情况下进行评香实验，从噪声、恒温恒湿、采光照明等方面考虑。这里要特别提出的是换气。评香室的环境必须是无味的，一般用气体交换器和活性炭过滤器排除异味。如经常会有香精香料的直接评香，为了与驱逐室内的香味物质，必须有相当能力的换气设备。以1min内可换室容积的2倍量空气的换气能力为最好。评香室的建筑材料必须无味和易打扫，内部各种设施应是无味的，如外界空气污染较严重，必须设置外界空气的净化装置。

4. 附属部分

如有条件的话，应另设有更衣室、洗涤室等附属部分。另外，有些特殊的加香物质的评香实验，可根据需要附加其他部分。如卫生香、蚊香等加香产品点燃后的香气评定实验，可准备几间与一般房间空间大小相当的空房。评香实验时，在每个空房中分别同时点燃后，几分钟后，让评香员进入空房进行评香。

四、评香分析常用方法

评香分析的常用方法一般有以下三大类：差别评香，使用标度和类别的评香，分析或描述性评香。

1. *差别评香*

差别评香常用的方法有：两点评香法、二-三点评香法、三点评香法、“A”-“非A”评香法、五中取二评香法、选择评香法、配偶评香法。

（1）两点评香法

以随机的顺序同时出示两个样品给评香员，要求评香员对这两个样品进行比较，判定整个样品或某些特征强顺序的评香方法。如两个样品让评香员选择哪个更有甜味或更有玫瑰花香？以及两个样品中哪个闻了最舒适？

（2）二-三点评香法

先提供给评香员一个对照样品，接着提供两个样品，其中一个与对照样品相同。要求评香员挑选出那个与对照样品相同的样品。

（3）三点评香法

同时提供三个编号样品，其中有两个是相同的，要求评香员挑选出其中的单个样品。

(4)"A"-"非 A"评香法

先让评香法对样品"A"进行嗅闻记忆以后，再将一系列样品提供给评香员。这样样品中有"A"和"非 A"。要求评香员指出哪些是"A"，哪些是"非 A"。

(5) 五中取二评香法

同时提供给评香员五个以随机顺序排列的样品，其中两个是一种类型，另外三个是一种类型。要求评香员将这些样品按类型分成两组。

(6) 选择评香法

从 3 个以上的样品中，选择出一个最喜欢或最不喜欢的样品。

(7) 配偶评香法

把数个样品分成 2 群，逐个取出各群的样品，进行两两归类的方法。如评香员选择中嗅觉的等级测试。

2. 使用标度和类别的评香

(1) 排序评香法

比较数个样品，按指定特性的强度或程度排列一系列样品的方法，如几个香精中，请评香员按香气强度的强弱顺序排序。

(2) 分类评香法

评香员对样品进行评香后，按组织者预先定义的类别划分出样品，如预先定义某个样品香气中若含有 20%的果香为 1 级，含 10%的果香为 2 级，含 5%的果香为 3 级，不含果香为 4 级。请评香员将 4 个样品分级。

(3) 评分评香法

要求评香员把样品的品质特性以数字标度的形式来评香的方法。

(4) 成对比较评香法

把数个样品中的任何 2 个分别组成一组，要求评香员对其中任意一组的 2 个样品进行评香，最后把所有组的结果综合分析，从而得出数个样品的相对评香结果。

(5) 评估评香法

由评香员在一个或多个指标的基础上，对一个或多个样品进行分类、排序的方法。

3. 分析或描述性评香

(1) 简单的描述评香法

要求评香员对构成样品特征的各个指标进行定性描述，尽量完整地描述出样品品质的方法。

(2) 定量描述评香法

要求评香员尽量完整地对形成样品感官特征的各个指标强度进行评价的方法。

以上数种评香方法，可根据评香实验的目的和要求的不同而选择。可能在评定一个物品时会使用数种评香方法，那样可以更全面地了解此物品的香气品质和特征。本书在此仅列简单的方法介绍，详细介绍和评香结果的统计在此就不赘述。

第六节 电子鼻和电子舌评香

前几节都讲到人鼻子和舌头的许多缺点会影响评香结果，近年来，随着化学传感器和电子技术的快速发展，有人开始提出能否用"电子鼻"和"电子舌"代替人的鼻子和舌头评香，期望评香结果能更“公正”、“客观”一些，也更“轻松”一些。本节简单介绍一下这方面近期的进展。

气体传感器：1953年，Brattain和Bardeen发现气体在半导体表面的吸附会引起半导体电阻的明显变化，20世纪80年代，Zaromb和Stetter提出传感器阵列的思想，并出现了用半导体微加工技术研制的微型氧化物气体传感器。

人工嗅觉系统：典型的人工嗅觉系统（AOS）是由传感器阵列模式识别系统及支持部件——微处理机和接口电路等构成的，阵列由多个具有不同选择性的气敏元件构成，各传感器响应经接口电路输入微处理机，进行预处理（滤波，变换等）和特征提取之后，通过模式识别实现气体组分分析。分析结果大致可分为三种类型：一是混合气体与单一气体的鉴别，二是根据气体浓度进行分类，三是定量组分分析。

对传感器阵列的输出信号进行适当处理，以获得混合气体组分信息和浓度信息。AOS采用的识别方法主要包括统计模式识别和人工神经网络模式识别，后者20世纪80年代以来已得到广泛应用。

英国Warwick大学研制的电子鼻由12个传感器组成，每一个传感器的响应电阻都对一个对啤酒的前缘空间的某一局部特性灵敏，来自传感器组的信号经过接口电路，由一个化学的或神经系统的分类器处理，最后使用多变量统计法得出结果。这种电子鼻能区分不同品牌的啤酒，更重要的是能区分合格的啤酒和腐败的啤酒。

意大利Rome Tor Vergata大学研制的电子鼻已经应用于区分鱼的新鲜度和番茄的质量等食品分析中。他们用这种电子鼻和7名经过训练后的品尝者来确定番茄浆的总体质量，结果表明，电子鼻和品尝者在定性识别方面具有类似性，但电子鼻给出了更加好的分类结果。

最近的报道证实，电子鼻已经发展为能分类和识别大量不同的食品，例如咖啡、肉类、鱼类、干酪、酒类等。有一种电子鼻采用了大量的附有改进后的金属功能卟啉和相关化合物的石英微平衡器（QMB），传感器对具体应用中所感兴趣的种类具有较宽范围的可选择性。电子鼻在真实的不用特殊调整的环境中进行检测，所有测量方法都是在室温和40%的相对湿度、标准大气压下进行的。它的性能已经通过几种食品分析中所感兴趣的物质成分的灵敏度进行了实验，这些化合物是很有代表性的，例如有机酸、乙醇、胺、硫化物、金属羰基化合物等。对鳕鱼和牛肉的分类和识别存贮天数、对番茄浆产生的乙酸浓度、对红葡萄酒暴露在空气中的香味等检测工作中，电子鼻得出的结果胜过有训练的人鼻。

电子鼻还可用于医疗诊断——呼吸气体诊断，英国的学者们正在研究用它诊断肠胃病、消化不良、艾滋病和糖尿病。

1998年，Joel等人根据人的嗅觉机理，建立了一个新的“人工鼻”系统，该系统采用的光纤化学传感器响应特性与人的嗅觉感受神经元类似，接近实际生理系统输出随时间变化的动态信号，该信号经嗅球的计算机仿真模型处理，转化为与气体种类相对应的具有一定时空编码的信号模式，采用一个线性延迟神经网络实现最终的模式识别。这个系统比传统的由前向人工神经网络构成的电子鼻具有更高的维度，经实验验证，无论是在识别范围还是精度上都有十分明显的优势，而且需要的“训练”数据要少得多。

可以看出，这种新的“人工鼻”系统已经非常接近人的鼻子，如果把一种特定的香气（某名牌香水或者某种鲜花的香味）给这个系统“训练”，让它“记住”，再把仿香的样品给它“嗅闻”并按人的喜恶“打分”或“排序”，“人工鼻”系统将会像初学评香的人逐渐“掌握”直到能“独立工作”为止，就像现在电脑的“语音输入”训练一样。

我国的华东理工大学信息学院建立了一个功能较为完善的嗅觉模拟装置（香气质量分析仪器），用之对醇类、酯类、酸类、醛类等（甲酸乙酯、乙酸乙酯、乙酸异戊酯、丙酸乙酯、丁酸乙酯、戊酸乙酯、己酸乙酯、庚酸乙酯、辛酸乙酯、乳酸乙酯、月桂酸乙酯、乙酸、丁酸、40%乙醛、丁醛、乙醇、丁醇、丙醇、己醇、丙三醇）共20种单体香料和一种混合液（五粮液）进行识别实验，正确率可达95%以上；对甲醇、花露水、冷榨橘子油、蒸馏橘子油、苯甲醛、丁酸乙酯、奶油香精、小花茉莉净油、十六醛、十九醛、薄荷脑、乙酸异戊酯等13种简单与复杂成分呈香物质的挥发气进行测试，通过学习，该仪器的识别正确率可达100%。在对环境和测试箱的温湿度进行控制的前提下，也可以实现对呈香物质浓度的定量分析。实验显示，用该仪器对甲苯、乙醇、乙酸乙酯、己酸乙酯、乳酸乙酯的浓度进行估计，正确率超过95%，仪器的感知下限可以达到或低于1.0mg/kg；对天然苯甲醛中是否含有微量苯进行了分析，结果“较为满意”。与色谱方法相比，这种电子鼻具有操作简便、测试速度快、对环境条件要求不高等优点，在香气强度和头香、体香、基香的连续监测中具有优势。

电子舌的作用原理——使用类似于生物系统的材料作传感器的敏感脂膜，当类脂薄膜的一侧与味觉物质接触时，膜电势发生变化，从而产生响应，检测出各类味觉物质的量化关系，同人的味觉感觉相匹配而分析出酸、甜、苦、咸、鲜等味觉指标来分析。这类仪器具有很高的灵敏度、可靠性和重复性，它可以对样品的感官指标进行量化，从而客观地衡量了样品的感官状态。基于这类仪器各自的特点与检测中的优越性，已有了各种应用与潜在发展领域，国内外已在食品工业、医疗卫生、药品工业等方面报道了很多研究成果。

味觉传感器（Taste Sensor，TS）——目前，人们对味觉的研究尚处于探索时期，虽然某些传感器可实现对味觉的敏感性，如pH计可用于酸度检测，导电计可用于咸度检测，比重计可用于甜度检测等。但这些传感器只能检测味觉物质的某些物理化学特性，并不能模拟实际的生物味觉敏感功能，测量的物理化学参数要受到外界非味觉物质的影响。此外，这些特性还不能反映味觉物质之间的关系，如协合和抑制效应等。另一方面，用于味觉检测的化学传感器试图从对化学物质的选择性出发，但要研制出对多种物质具有选择性的化学传感器仍十分困难。目前，实现味觉传感器的一种有效的方法是用类似于生物系统的材料作为传感器的敏感膜，已有的研究表明，当类脂薄膜的一侧与味觉物质接触时，膜两侧的电势将发生变化，从而对味觉物质产生响应，且可检测出各味觉物质之间的相互关系，并具有类似于生物味觉感受的相同方式，即具有仿生性。

在最近十几年中，应用味觉传感器阵列和根据模式识别的数字信号处理方法（如人工神经网络、主元分析、模糊逻辑等），出现了模拟人和生物概念的电子舌。俄罗斯研究并将电子舌与电子鼻复合成新型的分析仪器，其测量探头的顶端是由多种味觉电极组成的电子舌，而在底端则是由多种气味传感器组成的电子鼻，其电子舌中的传感器阵列是根据预先的方法来选择的，每个传感器单元具有交叉灵敏度。因此，这种电子舌对于多成分的溶液，如食品、生物溶液以及重金属溶液等，不仅可以作定性分析，同时还可以作定量分析。

日本采用类脂制备的PVC膜研制味觉传感器阵列，除应用类脂膜的静态响应多通道味觉传感器外，还通过非线性动力学，如用混沌控制来构造味觉传感与辨识系统。目前，在计算机应用领域中，对机器味觉的研究进展比较缓慢，其中研究的难度及实现的复杂性是主要原因。研制与人类味觉感应相似的味觉传感器，实现对味觉的机器识别，是食品生产、开发用于辅助或替代人类感官检查的重要目标。

一个完善的味觉传感器系统——电子舌，必须具有感受不同味道，对味觉信息进行编码、综合图像处理和识别的能力。目前，电子舌在食品工程、环境、生物医学检测及制药行业中有广泛的用途。

电子舌除了能对五种基本味道进行识别外，还可用于区分不同品牌的水，即使矿物质水中的味觉物质的浓度很低，对离子高度敏感的味觉传感系统仍然能够区分出不同品牌水质之间的差异。电子舌对许多化学物质具有敏感性，可以检测出水的软硬度，以及其中是否含有有害物质，电子舌在水质环境检测方面有较好的应用前景。同样，电子舌也可以用于食品工厂排水污染物的检测，许多污染物质，比如铁、铜等离子在几分钟之内就可以检测出来。

味觉传感器系统不仅可用于液体食物，还可用在胶状食物或固体食物的味觉检测上。人们吃东西的时候首先是用牙齿咀嚼，然后才知道味道如何，如区分不同品种的番茄，可在测量之前使用搅拌器打碎番茄，最后可通过输出电势模式的形状区分不同品种的番茄。

使用味觉传感器的一大优点是不需要对食物进行任何预处理，就可以很快测出味道来，而且还可测出时间的变化对味道的影响，可能很容易地区分不同种类的饮料，比如咖啡、啤酒和离子饮料，甚至可以人工合成上述饮料，且结果与实际饮料有相似的味感，但人所能感受的味觉强度还难以表达出来，因为味觉物质之间存在着相互干扰，因此，还需要定义材料的味觉强度，加强味觉传感器生物敏感材料的研究。

在制药行业中，为了抑制苦味而加入甜味物质的方法已被应用。最近，实验发现，磷脂如磷酸能够抑制苦味而不影响其他味觉质量，因此，使用多通道味觉传感器测试蔗糖和磷脂对苦味的抑制能力，可定量地表示出奎宁的苦味通过增加蔗糖和磷脂的浓度而被减弱的程度。

如西班牙科学家研发出的一种电子舌，能够分辨出西班牙起泡卡瓦酒（Cava）的不同等级，它会复制人类舌头的功能，通过测量酒中的含糖量对其进行分类，还可以发现酒类生产过程中的缺陷，担起质量把关的重任，利用电子传感系统和先进的计算程序，能够鉴别酒类的等级，能够辨别出“干”、“天然干”以及“中干”型葡萄酒的差异，这种电子舌可能成为传统人类品酒师的竞争对手，甚至使他们面临失业的危险。

从以上介绍的国内外情况看来，电子鼻和电子舌作为评香工具已具雏形，当然，不管是电子鼻或电子舌用来作为评香的工具，都只能是机械地模仿一个或一群人的工作，永远不可能全部代替人的鼻子，“电脑调香”和“电脑评香”都是如此。

第七节　食品和食品香精的评香

好的食品应该是色、香、味、形、质俱佳，但人们形容食品的美，除了诱人的色和香外，最终要落到味上。人们要欣赏饮食，也必定要品味，饮食艺术属于味觉艺术，味是食品的灵魂。通常，人们都是以综合的形式来感觉食物所含的由多种呈味成分组成的复杂的滋味，由此判断食物好吃或不好吃。食品的主要成分是蛋白质、糖类和脂肪，糖类中以淀粉和纤维素为首的多糖类是无味的，纯净的蛋白质和脂肪也是无味的，有味的是少量或微量成分。少量或微量成分的种类极多，这些少量或微量成分大部分会对舌产生某种化学刺激，这就是造成食品味道复杂的主要原因。

现以肉类香精的评香为例进行说明。

肉类香精的感官特性如下。

基本味：基本味包括酸、甜、苦、咸、鲜等，其中鲜味是一种复杂的综合味感，可以增强食物的肉味、口感、温和性、持续性。肉类香精要求无酸味和苦味，甜度小，鲜、咸味适中。

香气：肉类香精的香气由多种呈香的挥发性物质组成，香气特征包括红烧肉香、烤肉香、油脂香、酱肉香等，应该具有以下特点：

① 直冲感，即香气冲鼻感，来源于低沸点和挥发性香料强烈的嗅觉感；

② 逼真感，香气要和普通老百姓日常生活食用的熟肉香气相同或相近；

③ 圆润感，即香气天然柔和感，来源于氨基酸、多肽、还原糖和脂肪等，经美拉德反应而来的特殊肉源香气。

口感：肉类香精最主要的感官特性就是要具有饱满的肉味，持久性好，回味鲜香绵长。

化学性感官因素：化学感官因素是由香精中的一些化学物质造成的感觉，如涩、辣、烧、凉、刺等。

感官评价指标是肉味香精质量的首要标准。

分析型感官评价：把感官评价的内容按感觉分类，逐项分类评分的感官评价方法。

这种评价方法与肉类香精的风味和强度有密切的关系，主要包括香精风格、香气强度、香气仿真度、肉味强度、肉味真实度、鲜度、咸度等指标。

该法对评价员、评价基准和感官评价室的条件都有严格的要求。

① 评价员应经过适当的选择和培训，对肉类香精有较深刻的认识，一般由公司的研发人员组成。他们应该对肉类香精的各项感官指标有区别、分析和判断的能力，嗅觉和味觉敏锐，对香精的各种特性具有准确的表达能力。

② 评价基准要标准化，对肉类香精的评价要预先统一规定评价使用的术语、评分尺度、评价项目指标和等级的定义。

③ 评价条件要规范化，感官评价室的照明、温度、气流或隔行等对评价员造成影响的因素都要有一定的规定。

感官评价方法的类型如下。

① 两点识别法：从给定的A、B两种香精样品中，选择与某种特别性能相对应的一种。

② 两点嗜好法：对A、B两种试样加以比较，以判断哪一种更好。

③ 三点比较法：将A、B两种香精样品分为如（A、A、B）或（A、B、B）的三点一组，选择三点中感觉不同的一点，这样可以减少因判断不准而带来的误差。

④ 三点嗜好法：在三点比较法的基础上将选出的一个和另外两个进行比较，选出所喜爱的一方。

⑤ 1∶2点比较法：先将作为标准试样的A或B给质检员，对其特征充分记忆后，再同时给以A、B两种试样，从中选择与标准样品相同的一种。此方法一般用于生产品控。

⑥ 顺序法：给以A、B、C、…、n个香精样品，然后按香气强度的强弱或嗜好度依顺序记录的方法。

⑦ 选择法：从样品A、B、C、…、M中选出最好一个样品的方法，样品数必须在3个以上。

⑧ 配偶法：给出两组相同的香精样品A、B、C、…、M，评价员将两组中相同的样品组合在一起的评价方法。

⑨ 评分法：分别对于所给香精样品的质量采用1～100分，1～10分或－5～5分等数值尺度进行评价的方法。

感官评价方法的建立顺序：

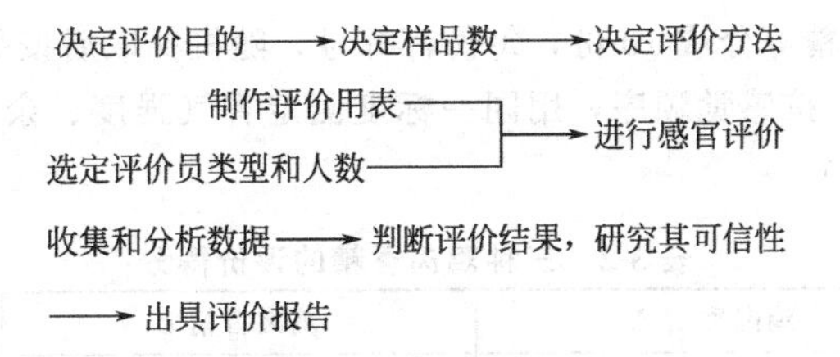

肉味香精评审的注意事项如下。

① 液体香精和膏体香精评审前要摇匀，防止沉淀；

② 待评审的香精应置于避光阴凉处，开启包装后应尽快使用，没有用完的应立即密封保存，防止香气损失、吸潮或变质。

在肉类香精的感官评价中常会遇到的问题有：疲劳效应、顺序效应、记号效应、位置效应、对比效应及变调效应等，这些都在一定程度上影响了感官评价的进行，因此，要让感官评价真实可信，就应该对这些问题加以注意和避免。

为了保证感官评价统计分析的有效性，减小这些效应的不良影响，在肉类香精的感官评价中一定要注意以下几个事项。

① 选择身体健康、感觉正常的人参加评定，有一定经验的评价员，一般不少于5人。

② 要有良好的评判环境，评价室要求安静、光线充足、无异味。评定前主持人就有关要求向评价人员进行交代，评价时评价员应独立做出判断，不互相讨论。

③ 制备好的香精样品分盛在相同的容器中，样品的数量、部位应尽量一致。

④ 一次评定的样品数不宜过多，特别是由于肉类香精一般要进行口感评价，比较容易产生味觉疲劳。配对法一般不超过5对，名次法和评分法7个以下为宜。

⑤ 每次品尝一个样品后应漱口，以除去残留的刺激作用，然后再进行下一次品尝。另外，样品编码及位置对实际品评结果有不可忽略的影响。

克服位置效应，可从三个方面来：

① 评价员应努力提高自己的品评能力，包括敏感力、判断力；

② 利用顺序中性字编码；

③ 一次轮换全部样品，样品呈圆形摆放，品尝顺序随机。

举例如下。

鸡肉香精评价内容及标准：鸡肉香精的评价内容主要包括鸡肉特征香气强度、香气仿真度、肉味、汤汁感、鸡脂香和回味感；鸡肉香精评价标准见表3-1。

表3-1 鸡肉香精评价标准

项目	标准	满分
鸡肉特征香气强度	香气直冲，留香持久	20
香气仿真度	和红烧鸡块香气一致	10
肉味	肉味饱满、圆润	20
汤汁感	浓郁的鸡汤感	20
鸡脂香	鸡脂香突出	10
回味感	回味鲜香绵长、持久	20

评价目的：比较三个不同香精厂生产的鸡肉香精质量的优劣。

评价方法：分别描述分析法，采用分析性感官评价人员，人数为10人。

统一对感官特征的认识，设计记录表格。

进行评价实验：将三种鸡肉香精（A、B、C）按20%浓度用80℃热水稀释（可添加0.5%食盐），再将各种鸡肉香精等分成10份，每份都标号，随机抽取后按品字形摆在托盘上，呈递给评价员独立进行实验，按感觉顺序，用同一标度测定香气强度、余味、滞留度及综合印象，记录评价结果（见表3-2）。

表3-2 三种鸡肉香精的评价得分

评价人员	鸡肉香精A	鸡肉香精B	鸡肉香精C
1	89(18,8,17,18,9,19)	80(16,7,16,16,8,17)	74(15,6,15,15,7,16)
2	88(17,8,18,18,9,18)	79(16,6,17,15,8,17)	77(16,7,15,16,8,15)

续表

评价人员	鸡肉香精 A	鸡肉香精 B	鸡肉香精 C
3	87(17,9,18,17,9,17)	80(17,7,16,15,7,18)	80(17,7,16,16,8,16)
4	89(19,8,17,18,9,18)	86(17,8,18,17,9,17)	75(16,6,15,14,7,17)
5	87(18,8,18,18,8,17)	87(18,8,17,18,9,17)	76(15,7,15,15,7,17)
6	85(17,7,18,17,8,18)	80(16,8,16,17,7,16)	79(16,8,16,16,7,16)
7	85(18,7,18,17,7,18)	88(18,7,18,18,9,18)	79(17,7,17,16,7,15)
8	87(18,8,18,17,8,18)	79(16,8,15,17,8,15)	76(16,5,16,17,7,15)
9	90(18,8,19,17,9,19)	85(18,7,17,17,9,17)	79(18,7,16,16,6,16)
10	84(17,7,17,18,7,18)	83(17,8,17,17,7,17)	74(16,5,15,16,7,15)
平均值	87.1(17.7,7,8,17.8,17.5,8.3,18.0)	82.7(16.9,7.4,16.7,16.7,8.1,16.9)	76.9(16.2,6.5,15.6,15.7,7.1,15.8)

鸡肉香精评价内容及标准：鸡肉香精的评价内容主要包括鸡肉特征香气强度、香气仿真度、肉味、汤汁感、鸡脂香和回味感。

评价结果：评价员对三种鸡肉香精的各项指标评分后统一求和，得各香精样品的分项得分和综合得分，三种鸡肉香精的分项感官描述得分如图 3-3～图 3-5 所示。

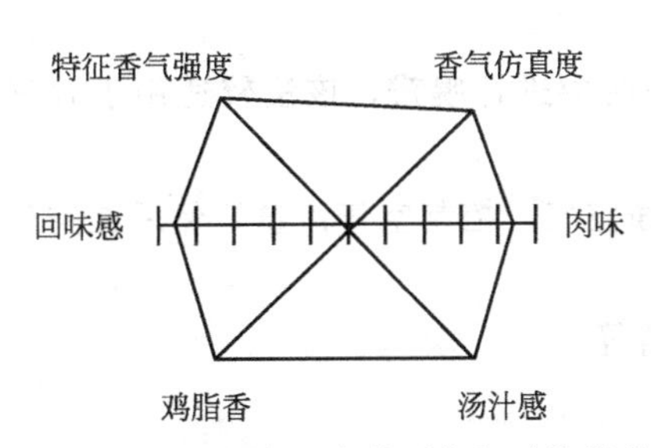

图 3-3　鸡肉香精 A 各分项指标平均得分

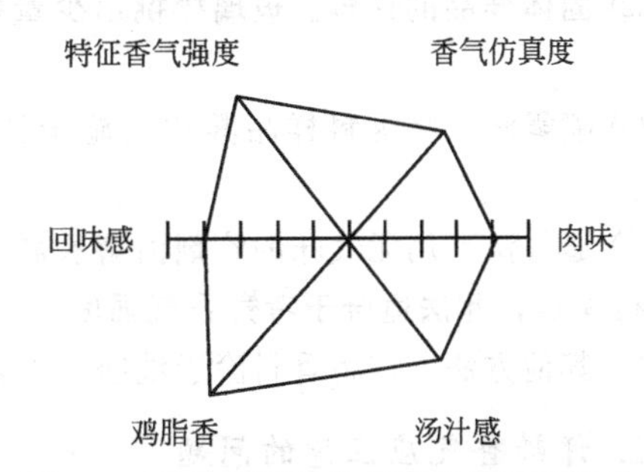

图 3-4　鸡肉香精 B 各分项指标平均得分

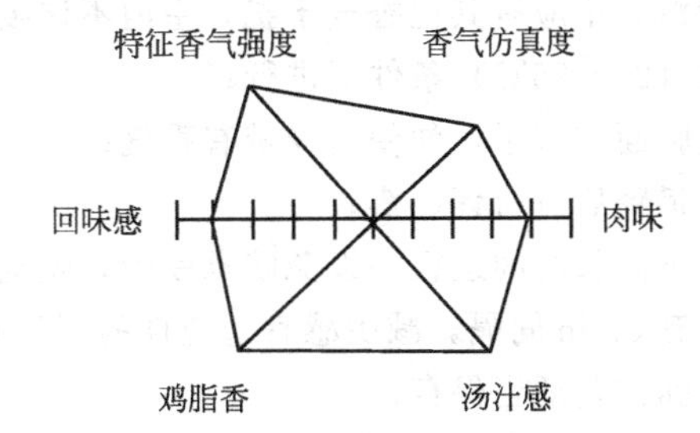

图 3-5　鸡肉香精 C 各分项指标平均得分

数据分析：对表 3-2 进行数理统计分析，结果见表 3-3。

表 3-3　数理统计结果

鸡肉香精样品	平均值	最大值	最小值	标准偏差	样本方差	t	P 值
A	87.1	90	84	1.9892	3.8778	139.87	<0.001
B	82.7	88	79	3.5292	12.4556	74.10	<0.001
C	76.9	80	74	2.2336	4.9889	108.87	<0.001

由平均值可知，在各项指标的感官评价中，鸡肉香精 A 的质量最优，B 次之，C 最差。由

各样品的 P 值均小于 0.001 可知此评价结果可信。

其他食品香精的评香方法都与肉类香精相似，可以参照。

第八节　烟草及烟用香料香精的评香

调香技术与评香密不可分。评香是调香的基础，不能正确评价香料及香精的香气就无法进行香精的仿创。调制烟用香精不仅要对香料及香精自身的嗅觉特性进行正确的评价，而且还要对其燃吸后在卷烟中的作用予以正确的评价。调香技术是实现最优评香的途径，因为个别的单体往往不能实现或达到最佳的卷烟香气的作用，所以必须进行适当的香精调配。

1. 评香方法

常见的评香方法有以下几种。

① 用辨香纸评辨。此方法为最常用的方法，辨香纸通常设计成宽 6～7mm、长 13～16cm、坚实而又有良好吸收性的纸条。辨香前在辨香纸上写明香料名称、产地、规格等内容，然后蘸取一定量的样品进行评辨。

② 固体样品的评辨。玻璃棒挑出少量样品，均匀涂于洁净的纸片或表面皿上，进行仔细分辨。

③ 喷雾法。将香料样品雾化喷施于特制的试香橱中进行嗅辨，该法较适用于香气浓度评价。

④ 通气法。用无气味的溶剂溶解香料，通入洁净空气，控制空气流量，然后在空气出口处进行嗅辨，此法适合于考察香气强度。

⑤ 其他方法。如将香料涂于洗净的手背进行嗅辨等。

2. 评辨香气应注意的问题

① 评、辨香气要在清静安宁的环境中进行，思想要集中，精神要愉快；

② 室内空气要流通、清洁，不应有其他香气干扰，室内不许吸烟；

③ 评、辨香气应在常温（20～25℃）条件下进行；

④ 评、辨香气前要清洗脸面和双手，勿使自身带有香气；

⑤ 香气强度高的香料应稀释后进行评、辨；

⑥ 嗅辨同一类型的香料不能长时间进行，以免嗅觉疲劳，嗅觉迟钝时，应予适当休息；

⑦ 两样品的评价时间应有 3min 间隔，减少感官适应性的不利影响；

⑧ 对比样品要有标样，标样要适当保存；

⑨ 要有香气评辨记录，记录内容包括：样品名称和代号、香型、香韵归属、强度、挥发度、香气衍变情况、留香性等，因此，一个样品要反复评辨，有时要用好几天进行评辨，并不断复习才行。

3. 香料在卷烟中的作用评价

由于烟用香料的使用对象是烟草制品，其香气应和烟气一起发挥作用，所以说香精香料在卷烟中的作用评价更为重要。对香料自身的评价是为了调好香精，而香料施加于卷烟中的评价是调制烟用香精的最终目的和最终要求。作为一名烟草调香和配方工作者，必须具备评香和在烟气中作用评价两个方面的基本功。

常见的香精香料在卷烟中作用的评价方法有以下三种。

① 辨香纸涂渍法。将香精、香料用溶剂稀释至一定浓度，用剪刀将辨香纸剪成尖状，然后用辨香纸沾取香料均匀涂渍在卷烟纸外表面，放置一段时间后对卷烟进行评吸。

② 微量进样器注射法。将香精或香料用溶剂稀释至一定浓度，用微量进样器吸取一定量的稀释后的香精、香料，然后均匀地注射于卷烟烟丝中，放置一段时间后对卷烟进行评吸。

③ 微量喷雾器喷施法。准确称取一定量的香精或香料，用一定量的溶剂稀释后，均匀喷施于一定配方的烟丝中，放置于密封袋内一定时间后，卷制成卷烟，调节好卷烟的水分，进行评吸。

上述第一种方法对于判断一种香精香料对卷烟的协调性及初步印象是一种快捷的方法，但对香气衍变的判断不够准确。第二种方法往往用于第三种方法的初步实验，第三种方法较为全面，在选择不同量的情况下能反映出烟用香精香料的协调性和作用效果。

评吸方法可按照“卷烟感官评吸技术”的有关要求进行。对于香精可按现行国标方法。对于香料可采取不同的方法来进行评吸，应侧重考察以下几个方面。

① 与烟香的协调性及风格特征；

② 烟气的甜润度和细腻程度；

③ 烟气的刺激性及生理强度；

④ 余味的干净程度；

⑤ 香气的浓度、强度和持续性；

⑥ 杂气的变化。

根据以上内容可自行设计成表格对香料进行在烟气中的感官评价。

第九节 饲料及饲料用香料香精的评香

1. 并列实验法

把两种要做实验的香精以相同的浓度分别加入水中或相同的饲料中，并排放置。每日或隔日把加香饲料（或加香水）的位置调换一次。根据实验动物光顾不同加香饲料的平均次数，可以容易地对供试香精作出评价。这种方法适合于评价动物对两种香精的嗜好性差别。

2. 反转实验法

把实验动物分为两群，并准备 A、B 两种饲料（同一种配方的饲料分别加入不同的香精）。把饲料 A 在一群动物中投放一定时间后，再投放一定时间的饲料 B。将这种操作反复进行数次后求出平均值作为结果。这种方法的优点是对于大家畜（牛、猪等）比较方便，缺点是得出实验结果所需要的时间较长。

3. 单一投放实验法

把实验动物按品种、日龄、性别、体重等均匀地分为 A、B 两群，在 A 群投放一定时间饲料Ⅰ，B 群投放一定时间饲料Ⅱ，求出结果。

除了上述这些方法之外，研究适用于各种动物的新的实验方法是重要的，有必要在反复进行实验的基础上研制出有重现性的香精。现在国外已经有用电脑观察、记录、分析动物采食状况的设备，国内也有大型饲料生产厂家引进使用了。

诱食效果——专业上常采用“偏嗜指数”来衡量它。其测定方法为：将同一组饲料分为两组，一组加饲料香味剂并混合均匀，另一组不加作为对照组，放在两个不同的料槽中，同时供给动物自由采食。饲料每天更新，测量两个料槽的采食量，加香组与不加香组的采食量比值定义为偏嗜指数。

甜味剂质量评价指标：甜感，包括甜味的纯正性和持久性。

记住一句话：饲料香料和饲料香精是给饲养动物闻的，不是给人闻的。所以对饲料用香料和香精的评价只能用动物做实验，不能人为判断，用人的嗜好代替动物的嗜好是不行的。

第十节　日用品及日用香料香精的评香

几乎所有的日用品都是有气味的，只是或淡弱或强烈而已，如果成品的气味刚好令人愉悦，可以不加香，或者略加一点让香气强度恰到好处，例如有些实木制品就是这样的。但这种例子实在太少，倒是有些日用品带有强烈的不良气息，例如早期的气雾杀虫剂，由于它含有大量的煤油，煤油的恶臭令人不悦，后来有了“脱臭煤油”，气味淡了许多，再往里面加入适当的香精，气味好得多了。早期生产的蚊香也是这样，因为含有极臭的农药滴滴涕，臭不可闻，即使加入大量的香精也掩盖不了，现在这一类日用品也不多见了，建筑、装修用的“三大材料”以前都散发出浓烈的有机溶剂和甲醛的气味，现在人们都认识到甲醛对人的危害，所以市售的各种人造板如胶合板、刨花板、纤维板等散发的甲醛量也越来越少，气味不那么浓烈了，但有机溶剂的气味还是令人不悦。大多数日用品的气味都很淡，加香是提高这些日用品的商品价值、审美价值和实用价值最经济、最有效的手段之一。

对大多数人们来说，非常淡的气味“闻不出来”，需要请嗅觉灵敏、对各种气味比较敏感的人来仔细嗅闻，调香师、评香师和加香实验师等专业人员在这方面可以大显身手，但有时候还需要一些闻香的“技巧”，这个技巧就是巧妙地应用“自然界气味关系图”，先初步确定这淡弱的气味属于哪个“大类”，“温”、“凉”、“苦”、“甜”选一个，或者“花果香”、“草木香”、“泥土香”、“食物香”选一个，甚至可以从材料的来源认定它是属于哪种香型的，比如洗衣皂，它是用油脂加烧碱“皂化”制成的，油脂有动物油脂和植物油脂，都属于“食物”，所以未加香的洗衣皂有“食物香”，再细闻一下，是不是“食物香”呢？以前有石蜡氧化法制作的合成脂肪酸加碱中和制造的洗衣皂，带着明显的“有机溶剂”的臭味，这就不是“食物香”了。有机溶剂的气味属于“草木香”。

日用化学品的气味最难界定，闻香的人要发挥想象力，带有“化学臭”的可以在“草木香”里找到一个对应物，但有时会在“花果香”或“泥土香”里找到。实在“没辙”的话，加点花果香、草木香或泥土香的香精试试，如果香气加强了，那你猜的就对了；如果香气变淡，那就再用其他香型的香精实验。

日用香料和日用香精的评香主要采用“三值”理论，也就是确定它们的“香比强值”、“留香值”和“香品值”，根据这“三值”来设计、拟定一个日用品的加香配方和加香工艺，通过实验，特别是加香后成品的评香来判断加香工作是否已经“做到家”了。

第四章 各种食品的加香

食品、日用品的加香技术和加香量与一个国家或民族的物质文明和精神文明程度几乎呈正比，不加香的食品未必就是好食品，但遗憾的是，由于目前我国仍处于改革开放过程之中，商业诚信基础极其脆弱，有鉴于国内经济发展情形、国民的需求和担忧，对食品的加香要求不得不制定比国外严厉的规定，2011年，中国卫生部发布的《食品添加剂使用标准》(GB 2760—2011) 等4项新食品安全国家标准，其中增加了食品用香料香精和食品工业用加工助剂的使用原则，规定发酵乳、灭菌乳、生鲜肉等27种食品不得添加食用香料香精，规定使用食品添加剂不得掩盖食品腐败变质、不得掩盖食品本身或者加工过程中的质量缺陷，不得以掺杂、掺假、伪造为目的而使用等。标准强调，在食品中使用食品用香料、香精的目的是使食品产生、改变或提高食品的风味。食品用香料一般配制成食品用香精后用于食品加香，部分也可直接用于食品加香。食品用香料、香精不包括只产生甜味、酸味或咸味的物质，也不包括增味剂。

不得添加食用香料、香精的27种食品名单：巴氏杀菌乳、灭菌乳、发酵乳、稀奶油、植物油脂、动物油脂（猪油、牛油、鱼油和其他动物脂肪）、无水黄油、无水乳脂、新鲜水果、新鲜蔬菜、冷冻蔬菜、新鲜食用菌和藻类、冷冻食用菌和藻类、原粮、大米、小麦粉、杂粮粉、食用淀粉、生、鲜肉、鲜水产、鲜蛋、食糖、蜂蜜、盐及代盐制品、婴幼儿配方食品（较大婴儿和幼儿配方食品中可以使用香兰素、乙基香兰素和香荚兰豆浸膏，最大使用量分别为5mg/100mL、5mg/100mL和按照生产需要适量使用，其中100mL以即食食品计，生产企业应按照冲调比例折算成配方食品中的使用量；婴幼儿谷类辅助食品中可以使用香兰素，最大使用量为7mg/100g，其中100g以即食食品计，生产企业应按照冲调比例折算成谷类食品中的使用量；凡使用范围涵盖0至6个月婴幼儿配方食品不得添加任何食用香料）、饮用天然矿泉水、饮用纯净水、其他饮用水。

除了以上27种食品外，其他食品目前是可以添加食用香料、香精的。

第一节 家居食品的加香

家居食品就是烹调食品，家居食品使用的香料、香精就是家庭和菜馆厨房里常用的各种调味料。老百姓过生活“开门七件事，柴米油盐酱醋茶”除了“柴”和“米”以外，后面五件都在其中，现在已经包括了生姜、大蒜、葱、洋葱、辣椒、虾夷葱、韭菜、香菜（芫荽）、香芹、辣根、山葵、白松露菌、胡椒、花椒、干姜、辣椒、八角（大茴香）、丁香、月桂叶、肉桂、桂皮、陈皮、小茴香、柠檬叶、薄荷、香荚兰豆、豆蔻、九层塔（罗勒）、百里香、茶叶、迷迭香、薰衣草、鼠尾草、番红花（藏红花）、甘草、紫苏、芝麻、麻油、芝麻酱、花生酱、罂粟籽、芥末、兴渠、食茱萸、罗望子、玫瑰香水、石榴、香茅、五香粉、十三香、咖喱粉、七味粉、鸡精、味精、鸡粉、番茄酱、喼汁、卤水、蚝油、XO酱、HP酱、太太乐浓汤宝、辣鲜露、食盐、白糖、味精、醋、酱油、酱、鱼露、虾酱、豆豉、面豉、南乳、腐乳、豆瓣酱、味噌、料酒、味醂、酿造醋等等。

烹调是指将可食性的动植物、菌类等原料进行粗细加工、热处理及科学地投放调味品等烹制菜肴的过程，是通过加热和调制，将加工、切配好的烹饪原料熟制成菜肴的操作过程，包含两个主要内容：一个是烹，另一个是调——烹就是对食物加热，把生的食物原料加热成熟食，使食物在加热过程中发生一系列的物理变化和化学变化，这些变化包括食物凝固、软化、溶解等；调就是调味，在食物加热过程中，同时加入所需的调味品，使菜肴滋味可口，色泽诱人，形态美观。

烹调有许多方法，最常用的有炸、煮、炒、煎、煨、炖及烤等。

不同的烹调方法，加入不同的调味料，即使是同一种菜，也可做出多种味道不同的菜肴来。

好的食品应该是“色香味形质”皆好，烹调就是为了让食物尽量达到这“五好”，满足人们的食欲。

随着科技的进步，人们生活质量的提高，中西方烹调方法的交流融汇，年轻人口味的变化，厨房用品、工具开始变得琳琅满目，各种甜味香精、咸味香精也都在慢慢变成家用“调味料”，逐渐成为新式烹调的材料了。食品调香师、评香师和加香实验师今后在这方面大有作为。

一、调味的作用

1. 确定滋味

调味最重要的作用是确定菜肴的滋味。能否给菜肴准确恰当的定味从而体现出菜系的独特风味，显示了一位烹调师的调味技术水平。

对于同一种原料，可以使用不同的调味品烹制成多样化口味的菜品。如同是鱼片，佐以糖醋汁，出来是糖醋鱼片；佐以咸鲜味的特制奶汤，出来是白汁鱼片；佐以酸辣味调料，出来是酸辣鱼片。

对于大致相同的调味品，由于用料的多少不同，或烹调中下调料的方式、时机、火候、油温等不同，可以调出不同的风味。例如都使用盐、酱油、糖、醋、味精、料酒、水豆粉、葱、姜、蒜、泡辣椒作调味料，既可以调成酸甜适口微咸、但口感先酸后甜的荔枝味，也可以调成酸甜咸辣四味兼备、而葱姜蒜香突出的鱼香味。

2. 去除异味

所谓异味，是指某些原料本身具有使人感到厌烦、影响食欲的特殊味道。

原料中的牛羊肉有较重的膻味，鱼虾蟹等水产品和禽畜内脏有较重的腥味，有些干货原料有较重的臊味，有些蔬菜瓜果有苦涩味……这些异味虽然在烹调前的加工中已解决了一部分，但往往不能根除干净，还要靠调味中加相应的调料，如酒、醋、葱、姜、香料等，来有效地抵消和矫正这些异味。

3. 减轻烈味

有些原料，如辣椒、韭菜、芹菜等具有自己特有的强烈气味，适时适量加入调味品可以冲淡或综合其强烈的气味，使之更加适口和协调。如辣椒中加入盐、醋就可以减轻辣味。

4. 增加鲜味

有些原料，如熊掌、海参、燕窝等本身淡而无味，需要用特制清汤、特制奶汤或鲜汤来“喂”制，才能入味增鲜；有的原料如凉粉、豆腐、粉条之类，则完全靠调料调味，才能成为美味佳肴。

5. 调和滋味

一味菜品中的各种辅料，有的滋味较浓，有的滋味较淡，通过调味实现互相配合、相辅相成。如土豆烧牛肉，牛肉浓烈的滋味被味淡的土豆吸收，土豆与牛肉的味道都得到充分发挥，成菜更加可口。菜中这种调和滋味的实例很多，如魔芋烧鸭、大蒜肥肠、白果烧鸡等。

6. 美化色彩

有些调料在调味的同时，赋以菜肴特有的色泽。如用酱油、糖色调味，使菜肴增添金红色泽，用芥末、咖喱汁调味可使菜肴色泽鲜黄，用番茄酱调味能使菜肴呈现玫瑰色，用冰糖调味使菜肴变得透亮晶莹。

二、调味的阶段

1. 原料加热前调味

调味的第一个阶段是原料加热前的调味，即菜中的码味，使原料下锅前先有一个基本滋味，并消除原料的腥膻气味，例如下锅前，先把鱼用盐、味精、料酒浸渍一下。有一些炸、熘、爆、炒的原料，结合码芡加入一些调味品，许多蒸菜都在上笼蒸前一次调好味。

2. 原料加热过程中的调味

调味的第二个阶段是在原料加热过程中的调味，即在加热过程中的适当时候，按菜肴的要求加入各种调味品，这是决定菜肴滋味的定型调味。如菜中的兑滋汁，就是在加热过程中调味的一种方法。

3. 原料加热后的调味

调味的第三个阶段是原料加热后的调味，属于辅助性调味，借以增加菜肴的滋味。有些菜肴，如锅巴肉片、脆皮全鱼等，虽在加热前、加热中进行了调味，但仍未最后定味，需在起锅上菜后，将随菜上桌的糖醋汁淋裹在主料上。在菜中，炸、烧、烤、干蒸一类菜肴常在加热装盘后，用兑好调料的滋汁单独下锅制成二流芡浇淋在菜肴上；煮、炖、烫一类菜肴一般调制味碟随菜上桌蘸用；而各种凉拌菜则几乎全都是在加热烹制或氽水后拌合调料的，如用事先调好的滋味汁浇淋在菜上，或调制味碟随菜上桌。

三、调味的原则

1. 定味准确、主次分明

一味菜品，如果调味不准或主味不突出，就失去风味特点。只有按所制菜肴的标准口味，恰当投放各种调味品，才能使味道准确且主次分明。

例如川菜虽然味型复杂多变，但各种味型都有一个共同的要求，就是讲究用料恰如其分、味觉层次分明。同样是咸鲜味菜品，开水白菜是味咸鲜以清淡见称，而奶汤海参则是味咸鲜而以醇厚见长。再如同样用糖、醋、盐作基本调料，糖醋味一入口就感觉明显甜酸而咸味淡弱，而荔枝味则给人酸、甜、咸并重，且次序上是先酸后甜的感觉。川菜中的怪味鸡丝使用12种调味品，比例恰当而互不压抑，吃起来感觉各种味反复起伏、味中有味，如同听大合唱，既要清楚地听到男女高低各声部，又有整体平衡的合声效果，怪味中的“怪”字令人玩味。

2. 因料施味、适当处理

依据菜肴中主辅料本身不同性质施加调味品，以扬长抑短、提味增鲜。

对新鲜的原料，要保持其本身的鲜味，调味品起辅助使用，本味不能被调味品的味所掩盖。特别是新鲜的鸡、鸭、鱼、虾、蔬菜等，调味品的味均不宜太重，即不宜太咸、太甜、太辣或太酸。

带有腥气味的原料，要酌情加入去腥解腻的调味品。如烹制鱼、虾、牛羊肉、内脏等，在调味时就应加酒、醋、糖、葱、姜之类的调味品，以解除其腥味。

对本身无显著滋味或本味淡薄的原料，调味起增加滋味的主要作用。如鱼翅、燕窝等，要多加鲜汤和必需的调味品来提鲜。

一些颜色浅淡、味道鲜香的原料，最好使用无色或色淡的调料且调味较轻，如清炒虾、清汤鱼糕等菜肴，只放少量的盐和味精，使菜品有“天然去雕饰”的自然美。

此外，应根据季节变化适当调节菜肴的口味和颜色。人们的口味，往往随季节的变化而变化，在天气炎热的时候，口味要清淡，颜色要清爽；在寒冷的季节，口味要浓，颜色要深些。还要根据进餐者的口味和菜肴的多少投放调味品，在一般的情况下，宴会菜肴多，口味宜偏轻一些，而便餐菜肴少，则口味宜重一些。

调制咸鲜味，主要用盐，某些时候，可以适当加一些味精，但千万别只靠味精增鲜。因不同菜肴的风味需要，也可以加酱油、白糖、香油及姜、椒盐、胡椒调制，但一定要明白糖只起增鲜作用，要控制用量，不能让人明显地感觉到放了甜味调料；香油亦仅仅是为了增香，若用量过头，也会适得其反的。应用范围是以动物肉类，家禽、家畜内脏及蔬菜、豆制品、禽蛋等为原料的菜肴。如：开水白菜、鸡豆花、鸽蛋燕菜、白汁鱼肚卷、白汁鱼唇、鲜熘鸡丝、白油肝片、盐水鸭脯等。

一般制作牛肉风味除特殊香韵需加葱、蒜、姜、黑胡椒、青椒、辣椒之外，选择香辛料烘托主香，平衡香气，贯通香与味，是十分关键的，常用的香辛料有：黑胡椒、肉豆蔻、草果、芫荽、众香子、陈皮、孜然、小茴香、花椒等。

一般制作猪肉、排骨风味除葱、蒜、姜等之外，常用的香辛料有：大茴香、花椒、丁香、桂皮、鼠尾草、甘牛至、肉豆蔻等。

一般制作海鲜类风味常用的香辛料有：白豆蔻、生姜、白胡椒、莳萝、小茴香、花椒、月桂叶等。

中国菜不但有地域的差异，民族、宗教、风俗语习惯的差异，而且在饮食文化特点上习惯百菜百味，在香辛料及各种食品原料的使用上个性发挥，不屑于标准化，所以就“红烧牛肉”一个品种，几百家不同的厂家在风味上各有差异，各有各的独到之处。中式菜肴讲求“五味调和，百味生”，“善于用香，精于和味”，力求做到：香与味的和谐统一，使香为味的表现，使味是香的基础。利用香辛料作为风味剂能调出各式风格不同的香韵与香型。

第二节　方便食品的加香

方便食品就是快速食品，是指以米、面、杂粮等粮食为主要原料加工制成的，只需简单烹制即可作为主食的具有食用简便、携带方便、易于贮藏等特点的食品。种类很多，大致可分成以下几种。

① 即食食品。如各种糕点、面包、馒头、油饼、麻花、汤圆、饺子、馄饨等，这类食品通常买来后就可食用，而且各具特色。

② 速冻食品。速冻食品馒头是把各种食物事先烹调好，然后放入容器中迅速冷冻，稍经

加热后就可食用。

③ 干的或粉状方便食品。这些食品像方便面、方便米粉、方便米饭，方便饮料或调料、速溶奶粉等通过加水泡或开水冲调也可立即食用。

④ 罐头食品。即指用薄膜代替金属及玻璃瓶装的一种罐头。这种食品较好地保持了食品的原有风味，体积小，重量轻，卫生方便，只是价格稍高。

另外，还有一部分半成品食品，也算是方便食品。

⑤ 方便菜肴。指将中式菜品经过工艺改进后批量生产，之后定量包装、速冻的方便菜品，水浴加热，开袋即食。它继承了传统烹饪工艺的色香味，满足了快节奏生活对美味的需求。

随着中国经济的迅速发展，尤其是生活节奏的加快，促使着人们改变了传统的生活方式，人们越来越不愿意在厨房里多花时间，新一代的消费群体在不断壮大，使方便食品越来越保持良好的增长势头。

方便食品得到发展的主要原因是：除了便宜、方便之外，卫生、营养、口感也是消费者考虑的重要因素，方便食品正随着人们的需求变化而不断变化着。

目前，国内以菜肴为主要内容的新型方便食品，运用中华传统美食的“色、香、味、型”四大要素将其延伸到方便食品，使得方便食品市场已进入一个新的发展阶段，全国市场上方便菜肴的品种约有250种之多，方便食品正随着人们的需求变化而不断变化着。

从目前来看，我国方便食品行业在收入上仅占食品制造业的16%，而从国内贸易局中华商业信息中心每月公布的全国16种连锁商业食品销售排行榜来看，仅方便食品就占了七种。北京、上海、广州等大城市的最新调查统计显示，方便食品销售年增长率连续几年保持在8%～10%。方便食品消费在很大程度上与“旅游热”的兴起有关，通过有关市场调查机构对10000家超市、商场和便利店的调查，方便食品的销售量和销售额已位居所有销售商品的前茅，我国的方便食品加工业尚处于成长阶段，方便食品市场有着巨大的发展潜力，方便食品将占我国食品市场的大半江山。

说到方便食品，就不能不提到日本的方便食品。人们都知道，方便面的创始人就是日本人。同时，方便饭也是日本的专利。日本的方便食品的生产量也一直高居世界第一。在日本，方便食品占到了总食品量的95%！这比欧美国家还要高。

日本人发明方便食品，当然主要是由于日本人的空闲时间太少，而繁重的家务往往使人累上加累，自然有损健康。据悉，家庭每食用一次方便食品，便可节约下至少1h的做家务时间，而这腾出的1h，就可以从事健身、休闲等活动。

日本的方便食品还特别注重营养丰富。如，东京地铁推出的营养盒饭量虽不多，但包含了米饭、馍馍、鱼、菜、水果片等10余种食品，而且还额外补充了多种矿物质。

方便食品加香主要用的是复合调味料。复合调味料是指用两种或两种以上的调味品配制，经特殊加工而成的调味料。

1. 复合调味料的分类

(1) 固态复合调味料

以两种或两种以上的调味品为主要原料，添加或不添加辅料，加工而成的呈固态的复合调味料。

① 鸡精调味料。以味精、食用盐、鸡肉或鸡骨的粉末或其浓缩抽提物、呈味核苷酸二钠及其他辅料为原料，添加或不添加香辛料和/或食用香料等增香剂，经混合干燥加工而成的具有鸡的鲜味和香味的复合调味料。

② 鸡粉调味料。以食用盐、味精、鸡肉或鸡骨的粉末或其浓缩抽提物、呈味核苷酸二钠

及其他辅料为原料，添加或不添加香辛料和/或食用香料等增香剂，经混合加工而成的具有鸡的浓郁香味和鲜美滋味的复合调味料。

③ 牛肉粉调味料。以牛肉粉末或其浓缩抽提物、味精、食用盐及其他辅料为原料，添加或不添加香辛料和/或食用香料等增香剂，经加工而成的具有牛肉鲜味和香味的复合调味料。

④ 排骨粉调味料。以猪排骨或猪肉的浓缩抽提物、味精、食用盐、食糖和面粉为主要原料，添加香辛料、呈味核苷酸二钠等其他辅料，经混合干燥加工而成的具有排骨鲜味和香味的复合调味料。

⑤ 海鲜粉调味料。以海产鱼、虾、贝类的粉末或其浓缩抽提物、味精、食用盐及其他辅料为原料，添加或不添加香辛料和/或食用香料等增香剂，经加工而成的具有海鲜香味和鲜美滋味的复合调味料。

⑥ 其他固态复合调味料。

(2) 液态复合调味料

以两种或两种以上的调味品为主要原料，添加或不添加其他辅料，加工而成的呈液态的复合调味料。

① 鸡汁调味料。以磨碎的鸡肉/鸡骨或其浓缩抽提物以及其他辅料等为原料，添加或不添加香辛料和/或食用香料等增香剂，经加工而成的具有鸡的浓郁鲜味和香味的汁状复合调味料。

② 糟卤。以稻米为原料制成黄酒糟，添加适量香料进行陈酿，制成香糟；然后萃取糟汁，添加黄酒、食盐等，经配制后过滤而成的汁液。

(3) 复合调味酱

以两种或两种以上的调味品为主要原料，添加或不添加其他辅料，加工而成的呈酱状的复合调味料。

① 风味酱。以肉类、鱼类、贝类、果蔬、植物油、香辛调味料、食品添加剂和其他辅料配合制成的具有某种风味的调味酱。

② 沙拉酱。西式调味品。以植物油、酸性配料（食醋、酸味剂）等为主料，辅以变性淀粉、甜味剂、食盐、香料、乳化剂、增稠剂等配料，经混合搅拌、乳化均质制成的酸味半固体乳化调味酱。

③ 蛋黄酱。西式调味品。以植物油、酸性配料（食醋、酸味剂）、蛋黄为主料，辅以变性淀粉、甜味剂、食盐、香料、乳化剂、增稠剂等配料，经混合搅拌、乳化均质制成的酸味半固体乳化调味酱。

④ 其他复合调味酱。

2. *复合调味料发展趋势*

随着餐饮业和食品加工业的繁荣，调味料行业正以前所未有的速度在发展，呈现出空前繁荣的景象。中国调味料市场经过几轮的行业整合和国内、国际资本整合之后，已经从一个相对滞后的行业，大跨越地转型为激烈的市场竞争行业。当人们从单一的味精增鲜，到普遍接纳鸡精之后，新一代的复合调味料其实已经悄然兴起了，这就是鸡粉、牛肉粉、排骨粉、海鲜粉、蘑菇精以及鸡汁等以增味剂为基础的增鲜产品。

目前，国外复合调味料对传统调味料的替代率已达到60%以上，我国复合调味料的年产量约为200万吨，已成为食品行业新的经济增长点，且正以每年超过20%的幅度增长，成为食品制造业中增长最快的行业之一。

复合调味料则以新鲜植物（如蘑菇）和动物肉类（如鸡肉、牛肉、猪肉、海鲜）为原料，再配以盐、糖、香辛料、核苷酸等多种物质复合而成，具有更多元、更强的鲜味，所以在调味的鲜美度上自然比口味单调的味精更胜一筹。尤其是餐饮专用的复合调味料、休闲食品特色调味料、简单便捷的家庭用调味料，将成为复合调味品中最受市场欢迎的大类产品。

3. 复合调味料快速发展的原因

(1) 快速发展的餐饮业需求

肯德基、麦当劳、必胜客等“洋快餐”的大量涌入，促使餐饮后厨化进程加快，带动涮料、蘸料等快速上市。

火锅等的长足发展，带动了鸡精复合调味料、汤精、汤粉、鸡粉等的快速发展。火锅系列的发展呈现出芝麻油香精、高汤粉、鲜香宝等新产品。

卤菜行业的快速发展呈现出卤菜增香粉、卤菜增香汁等等。

从鸡精调味料等的市场占有量不难看出，快速发展的餐饮业是当今复合调味料的最主要需求。

(2) 食品加工专业化需求

主要是以下几个方面的需求导致复合调味料的深度研发。

① 方便食品的快速发展。目前有很多复合调味料生产厂家的主要职责就是为方便面厂家配套生产而实现复合调味料的研发。

② 肉制品的快速发展。肉制品的快速发展也带来了一些专业为肉制品加工的复合调味料，如香肠腊肉调味料的畅销就是个证明。

③ 膨化及其小食品的快速发展。土豆片专用麻辣味调味料、烤肉味调味料等，薯片调味料、土豆掉渣调味料等，妙脆角、可比克、天使、百事等都是很好的膨化及其小食品复合调味的典范。

(3) 家庭简捷化需求

由于三口之家成为当今居民的普遍组成结构，对快节奏的家庭用复合调味料呈上升态势。主要有以下几方面。

① 汤料系列。玉米羹、酸辣汤、胡辣汤、黑胡椒酸辣汤等，这些是因家庭需求而出现的快捷方便汤料，只要在3min即可得到3～4份汤，总计在600mL左右，多数只需要添加一个鸡蛋即可。

② 炸鸡料。系列炸鸡配料非常之多，这系列产品高标准的要求是：肉的外皮较脆，肉质较嫩，口感较好，香味扑鼻，炸后的鳞片比较好看且均匀分布、不容易掉，色泽比较好看。这样的炸鸡粉很受消费者的欢迎。

③ 烧菜料。如鱼香肉丝调味料、麻辣鱼调味料、香水鱼调味料、麻婆鱼调味料等等。这些复合调味料的品种非常丰富，需求也在不断上升。

④ 出口的需求。如块状复合调味料（汤块），该产品已经形成系列：（按口味不同分类）鸡味汤块、牛肉味汤块、鱼味汤块、虾味汤块、羊肉味汤块、洋葱味汤块、番茄味汤块、胡椒味汤块、咖喱味汤块、茄子味汤块等，产品主要面对非洲、亚洲、大洋洲、欧洲、美洲等国家，目前产品供不应求。

复合调味料产生的原因是人们饮食消费档次的提高，是人们追求口味多样化、使用方便快捷化的结果。因为传统以及提纯型调味品在味道的表现力上是有局限性的，它们只能在某种味道的表现上起协调作用，一般不能指望用某种单一的调味品完成对某种食物的调味。

复合调味食品被消费者认可的主要原因是使用复合调味料后产生的肉香特征。

4. 复合调味食品的肉香体现

(1) 复合调味食品具有纯肉香的特点

复合调味食品的肉香风味是人们经常饮食所接受的风味，它接近于自然，风味特色较明显，其主要特点如下。

① 传统菜肴或传统小吃等流传下来的风味。如葱清香肉风味、葱白香肉风味、椒香肉风味、蒜香肉风味、姜香肉风味等等。味道比较逼真、醇厚，头香较淡。

② 复合调味精品的肉香风味往往是复合的，而不是单一的风味，其肉香比较饱满，回味无穷。

③ 日常生活中比较熟悉的肉香风味容易被消费者接受，特色风味比较容易创新复合调味料精品，也会诞生很多新的食用方法和创造新风味。

(2) 复合调味料的研发不可缺少肉香风味

复合调味食品没有肉香，就没有其特色，风味相当平淡。如鸡精调味料肉香风味的好坏，会直接影响菜肴的整体风味。

复合调味精品不可缺少特色的肉香风味，特色的肉香风味也是消费者认同的关键原因，特色的肉香来源于特殊的复合调味料。

复合调味料的研发离不开高品质的肉香风味化原料，研发高品质的风味化原料成为咸味香精研发所不得不下功夫的必然趋势。

5. 复合调味食品核心特征的实现

(1) 咸味香精精品或新品发挥很大的作用

工业时代与便捷时代丢弃了很多传统的饮食工艺，让人失去很多美味。比如回锅肉，现在的回锅肉为什么很多人会感觉已经没有20年前的好吃了，因为现在的猪肉已经不再是20年前的猪肉了，通过天然的原味的复合调味料来弥补这些食品的美味与营养，是复合调味料加香发展的一个方向。

复合调味料加香的核心部分是咸味香精，同质化的咸味香精研发的复合调味料大同小异，这样的产品在市场上没有竞争力。

咸味香精之中尤其是精品香精或者新品在复合调味料的研发之中发挥了很大的作用。没有咸味香精的精品就没有高品质的复合调味料，也就没有高品质的复合调味食品。

(2) 复合调味料的加香技术

① 传统技术。以发酵产品为主体原料——这类产品是以发酵的酱油、豆酱、面酱为底料，辅以白砂糖、食盐、味精、增稠剂等调配而成的；在市场上有柱侯调味酱、海鲜调味酱、排骨调味酱、卤水汁、烧烤汁、豉油鸡汁等。

以肉类抽取物为主体原料——这类产品是以猪肉、鸡肉、牛肉等禽类抽取物为主体原料，辅以食盐、味精、增稠剂、乳化剂等调配而成的，在市场上有鸡精、鸡粉、排骨调味粉、浓缩鸡汁、鸡汤等。

以海鲜或其抽取物为主要原料——这类产品是以水产的虾、鱼、贝类的粉末或其抽取物、食盐及其他辅料调配而成的，在市场上有沙茶酱、沙爹酱、浓缩海鲜汁。

② 微生物发酵技术。利用食品级微生物发酵技术，获得天然、安全的鲜味食品调味配料，替代化学合成产品，实现“味料同源”技术创新理念，以肉骨蛋白抽提物为基料，借助食品原料来源的呈味核苷酸等成分，通过各种风味成分协同作用，使产品肉风味具有浓郁、醇厚、回味绵长、持久等特点，大幅提高了产品的整体风味水平。

③ 新型抽提技术。花溪牛肉米线上百年来一直是西南地区鼎鼎有名的美食，影响力很大，可谓是家喻户晓。但传统的花溪牛肉米线，秘密不在于牛肉，令它美味无比的在于其汤，传统的花溪牛肉米线制作的汤品并不是牛肉汤，而是骨头汤，是牛骨头、猪骨头与鸡骨架复合熬制的汤品，辅以植物香辛料。鲜骨提取物的香度自然浓郁，调味效果好，而且鲜骨富含钙质，容

易被人体吸收；如果能够将不同类的鲜骨，按照科学配比进行复合，辅以一些植物香辛料，再以现代增鲜增香技术精制，将是一种全新的天然营养型复合调味料。

第三节 烘焙食品的加香

现代人生活节奏的加快和工业化的规模生产，使烘焙食品趋于携带方便化、品种丰富化、口味多样化。市场需求的不断变化和快速发展也给食用香精的生产企业提供了新的机遇和市场空间。在烘焙食品的生产过程中，考虑到其不同的生产工艺和特殊的操作方式的要求，对食用香精的选用一直有其特殊的要求和使用目的。

1. 烘焙食品加香的意义

烘焙食品的加香同其他食品的加香一样，对整个烘焙食品有着举足轻重的作用。

① 赋予烘焙食品以诱人的香气。例如夹心面包、饼干中使用的果香型香精可以赋予制品新鲜的水果风味。

② 掩盖原料中的不良气味，矫正和补充烘焙食品中的香气不足。例如在蛋糕中使用各种乳脂香型的烘焙香粉可以掩盖蛋腥味，给制品带来愉快的气味，增加食欲。

③ 稳定和辅助烘焙食品固有的香气。例如巧克力饼干中加入巧克力、香草等香精可以使巧克力饼干的香气更加饱满、圆润。

④ 用来不断创造出新产品，做到口味多样化。例如通过不同风味、色泽的色香油，调制出不同风味的奶油蛋糕。

2. 烘焙食品的加香方式

烘焙食品传统的风味形成是基于其特殊的工艺加工过程所产生的浓郁香味，以此作为烘焙食品的基本风味呈现，再借助于天然食品原料呈香剂（如从各种天然植物的花、果、叶、茎、根皮或动物的分泌物中提取出来的致香物质），进一步烘托出烘焙食品的基本风味，强化某种原料的特色诱人风味。如香肠乳酪、洋葱热狗、粟米火腿、肉松芝士条、奶酪肉松杯、葱香奶油、水果披萨等面包、饼干产品，无一不是利用了天然食品原料中洋葱、乳酪、玉米等特有的风味特点。随着烘焙食品的工业化生产，根据烘焙食品的生产工艺和产品特性要求的不同，更多有助于产生诱人风味的加香方式被不断演绎出来。

在调制面团时的预混合阶段加香——出于操作方便和传统习惯双重因素的考虑，几乎所有的烘焙食品都会考虑在此阶段添加风味物质，直接与面粉及其他辅料混合。由于在面团成型后要经过200℃以上的高温烘烤，有些产品还要经过发酵过程，这个阶段的加香需要考虑的因素相对较多，因而对香精的要求也较高。所以此阶段的加香多选用一些稳定性好、具有耐高温特点的微胶囊类、天然精油类风味物质。随着食品配料业的快速发展，越来越多的烘焙产品生产厂家逐渐推行使用已加入香精的各种预拌粉，这样不仅简化生产工艺，提高生产效率，而且还可以降低采购成本。

在发酵后烘烤前阶段加香——面团分割成型、醒发完成后，在进入烘烤阶段前，可通过表面撒粉、刷液、喷淋、涂抹等处理，然后再进入烘烤阶段。这个阶段的加香不必顾虑打面、分割、成型、醒发等长时间操作过程所导致的风味挥发损失，但需考虑有些产品长达半小时200℃的耐高温性能。所以在选用香精时也必须考虑到香精的耐高温性能，一般选用易于分散，没有凝冻、沉淀等不良现象的油溶性香精或者粉末香精，确保香气能够均匀分布于饼胚的表面。

在烘烤出炉后阶段加香——在产品烘烤出炉后经过喷油工序进行风味强化。如饼干在出炉后，以液体油脂为载体，将香精或香料溶于其中再喷洒于饼干的表面。这种方式可以避免高温烘烤，能够有效地保留香精的风味，方便生产和使用。但是这种加香方式也不能完全避免受热损失，因刚出炉的烘烤食品，仍有较高的表面温度，因此，仍需选用耐高温的香精。

在夹心、涂饰工艺段加香——这种方法适用于夹心饼干、各种卷式夹心蛋糕、注心蛋糕及涂饰蛋类芯饼、派类等，需要在饼干单片之间或蛋糕卷层之间夹入馅料，有些还进一步进行表面涂衣。将易分散的香精、香料与糖、油脂、乳制品、果酱、饴糖等均匀混合在一起，然后经夹心机或人手加工，将夹心馅料固定在饼干单片之间。还可进一步调配出涂衣层涂布于产品的外层，使最终产品获得更多口感的同时，也收获更多的风味。在此工艺阶段的加香多用于冷加工食品，对香精的要求不是很高，一般水油两用香精就可以达到要求。

在售前阶段加香——此类加香方式也多用于冷加工产品，同上述的夹心、涂饰方式所不同的是香精呈现的载体不同，终产品的保质期也比较短。如裱花蛋糕、花式面包等，在烘烤或冷却后的蛋糕、面包等胚体的表面、中间或内部，利用奶油、果酱、果膏、果馅等进行售前装点修饰，创造出不同的风味、造型和口感。这类加香方式不需要耐高温，多为水果风味并兼有绚丽的水果色泽，通常会借助于已经成熟的烘焙辅助原料，色香油、果酱、果膏、果馅等来体现色、香、味的效果，比如借助于色香油获得不同风味色泽的奶油于蛋糕表面进行裱花处理，达到加香调色的目的。

3. 烘焙食品的香精选择

液体香精——水溶性香精主要用于蛋糕裱花、饼干夹心等加工温度较低或冷加工的产品中，一般以水果风味占主导地位。油溶性香精耐热温度较高，不易挥发，留香时间较长，主要适用于较高温度的烘焙产品。耐高温、滋味型的乳化香精，用于打粉既能提供目标香型的表香，又能协同提供部分滋味感，可很好地带出天然风味底料的滋味。水油两用香精是一种既亲水又亲油的香精，能耐一定的高温，留香时间较油质香精稍短，但由于价格一般较低，受一些中低端产品的青睐，在饼干或各式休闲食品的表面喷洒着味的产品生产中被广泛使用。而一些不耐高温、表香型的奶香精，用于饼表的喷洒，可简单低成本地提供奶表香，但人们的嗅觉迟钝性会影响其持久性地提供奶香气。

粉末香精——粉末香精是以油溶性香精经糊精等载体类物质吸附、包埋或混合而制成的一类为避免香精受高温逸失、留香时间较长的一种香精。尤其是微胶囊类香精，通过特殊的工艺和选材能将液体香精包埋到微小、半透性或封闭的胶囊内，将液体香精变成流散性良好的固体粉末，从而使内容物在特定的条件下以可控的速度释放；并能够防止光、热、氧等导致香精的损失和变质，降低挥发性，有效隔离活性成分，掩盖不良风味，延长风味滞留期，因非常适合烘焙食品的工艺特性要求和物料系统组分，以及其使用的便利性，得以在应用方面迅速增长。另外，此类香精也常借助于（乙基）香兰素、（乙基）麦芽酚等提香元素被大量调配成各种风味特色的烘焙香粉在烘焙食品及其他相关食品中得以广泛应用，不但有甜味、咸味，肉香味、酵香味等的特殊风味配料在烘焙类食品中也屡见不鲜。

天然香料——天然香料是指通过物理方法，从自然界的动植物（香料）中提取出来的完全天然物质。通常可获得天然香味物质的载体有动物器官、植物的根、茎、叶、皮、花、果及种子等，其提取方法有萃取、蒸馏、顶空捕集、浓缩等。因提取的产品天然纯正、风味完整、香气持久、安全性高等优点，在烘焙产品中底香、留香效果好，能够很好地与烘焙食品中用到的各种原辅材料和发酵、烘烤等生香工艺相融合并协同增效，最终使烘焙产品在保质期内的香味持久、稳定、厚实。这类风味物质虽然价格高，有的品种每公斤达数百元，但由于食用方便，能够简化各种生产工艺，越来越受到许多注重口感和滋味感的品牌生产厂家的关注，目前多在一些预拌粉、风味油脂等产品中得到广泛应用。

生物香精——生物香精多采用大宗谷物、牛奶等天然原料通过酶解或发酵等组合生物技术将香味物质按组分释放，经纯化、富集、修饰和微胶囊包埋，制成高度浓缩、风味纯正的天然风味强化基料，能够最大化地保留风味的天然、营养，自然逼真，柔和圆润，在使用过程中具有相当高的安全性。

4. 香精使用注意事项

以上香精在选择和应用时，除本身的溶剂、载体、贮存环境、光照、氧化、用量控制等因素会影响到最终的使用效果外，还要掌握它们自身的物理性质和化学性质与整个烘焙产品配方、口感、滋味的一致性，以求得香型的协调、和谐和完美；同时还要避免用量少而香味不突出，而大量使用给产品带来的不良异味和成本压力。总之，使用香精时要考虑到以下几个因素对烘焙食品的影响。

高温烘烤——要求所使用的香精、香料有较高的沸点，在高温条件下挥发损失少，以确保经高温烘烤后仍有足够的香气。如果调制面团需要较长时间时（如制作面包），还应注意选择加入的适当时间，尽量减少香料在调制过程中的挥发。

香气成分之间的化学反应——香精化合物可能含有几十种不同的化学物质，并带有大量的活性基团，不但各组分之间可能会发生反应，烘焙食品的发酵过程也会产生大量的独特的香气物质，若组合不当，各组分不能稳定地存在于统一的食品系统中，就会影响到香气的正常发挥，或达不到理想的香气效果。

食品质构与酸碱度——烘焙食品的质构对香气的释放和香味的效果有一定的影响，尤其是对滋味的感觉。另外，面糊或面团的酸碱度（pH）对产品的加香效果也有不同的影响。如香精在弱酸性条件下，香气会很好地挥发，而在碱性条件下，则不但会影响到产品的色香味等，还会导致香气成分的变化或降低香味。所以在投放香精时应尽量避免和有关碱性产品的直接接触，尤其是在使用化学疏松剂的蛋糕、饼干等烘焙产品中，要尽量避免香精与小苏打的直接混合。

香精的溶剂或载体的选用——香味物质仅占大多数香精的10%～20%，其他部分都是由液态或粉态的载体来填充或稳定体系的。有些溶剂或载体会弱化面团的面筋网络结构，对于面包制作时，虽然面团的流变性会有所改善，但也易导致粘手、粘机，使制作出的面包成品外观形状扁踏、内部结构粗糙。有些溶剂或载体则有助于烘烤时的美拉德反应和焦糖化反应，不但使制品表皮的色泽均匀诱人富有光泽性，还能缩短烘烤时间、加速生产流程而节约能耗。

总之，烘焙食品所用到的香精香料除要求香气满意之外，更追求热稳定性留香性好、滋味感强。在给烘焙食品加香时，根据消费者的年龄层次和口味嗜好等特点，结合烘焙食品制作的不同生产工艺，对不同口味的烘焙产品进行针对性的加香，做到选用适当的香精类型，讲究方法、技巧以及加入时间，用量适中就可获得逼真、良好、愉快的香气，使产品香飘四逸，令消费者回味无穷。

第四节　糖果类的加香

由于香精、香料必须在冷却盘中的糖稍微冷却后，尚有可塑性时加入，这时糖的温度约为100℃，所以必须选用那些挥发性低的、在受热时不会发生异臭、异味的香精、香料，并尽可能缩短香精、香料停留在糖表面的时间，迅速地把香精、香料拌入糖中并混匀。在通常情况下使用油质香精香料，加香率也较高，一般加香率为 0.2%～0.4%之间。香气种类一般以水果为主，但其他类型的香气也适用，如薄荷、果仁、咖啡、红茶以及洋酒等，品种非常广泛。

奶糖——把砂糖、麦芽糖、炼乳、油脂、乳化剂等混合后，在 120℃下熬煮到含水分 8%～10%。在熬糖过程中发生的焦糖化反应和美拉德反应都产生焦糖香气，加入香精香料后放入冷却盘中冷却、成型、切块。见图 4-1。

香精或香料
↓
主要原料→混合→熬煮→冷却盘→碾压→切块→包装

图 4-1　奶糖的工业制造过程

温度过低时加入香精或香料混合会促使砂糖结晶化，在奶糖质地方面造成很大的缺陷，所以必须在 100℃左右的高温下加入香精、香料，因此，要求香精、香料的耐热性能好，一般使用油质香精或香料。奶糖中所用的香精或香料主要是以油树脂为主体的香荚兰豆香精和牛奶香精。有时配合使用柠檬、香橙等柑橘类香精。在软型奶糖中含有多量的黄油等乳制品，为了加强乳制品的香气，除了加入香草香精外，还可加入奶油香精和黄油香精。其他风味的奶糖可以加入和原料相称的巧克力、咖啡、果仁、水果等各种香精。

澄清型透明水果糖要求在原料呈流动的液体状态时用简单的混合方法加入香精，所以香精必须能经受 140℃的高温，即对于耐热性能的要求比水果糖更高，而且要求香精有良好的溶解、扩散性，因此，必须在经过充分的设计和实验的基础上选用合适的香精。

高级糖果在原料、形态上容易研制出新的花色品种，商品的附加值高，对厂家来说有利可图，对研制人员来说，可以充分发挥自己的才智、能力。从使用的香精来看，种类和形态上灵活运用的范围非常广泛，并且逐渐更多地采用天然香料、含酶香精、咸香型香精等新的技术。

胶冻类糖果是用琼脂、果胶等制成的果冻、胶质软糖。凝胶的形成能力因胶化剂的种类而异，糖度在 50%～85%范围内，熬煮的最高温度不超过 105℃，加入香精时基本原料的温度为 85℃，对于糖果来说，这是比较低的加香温度。

这类食品分为鲜胶冻和干胶冻两种。鲜胶冻是指在容器中凝胶后一直到消费者食用前，一直保持在低温状态的果冻等冷食，所用的香精一般与清凉饮料、冷食相同，用水质香精等。干胶冻是指液体倒入撒有淀粉的模型或浅盘中冷却凝胶后，经过干燥工序制成胶质状的软糖等食品。在干燥过程中会造成香气损失。

在制造干胶冻类食品时，因对香精的溶解性、香气、香质等方面的要求，大多使用以丙二醇、丙三醇作为溶剂的油水两用型香精。加香率大约为 0.3%。从香气的种类来看，国外最普遍的是水果类、咖啡、红茶、洋酒等；我国较流行的产品是高粱饴、阿胶饴、人参饴、鹿茸饴、桂花饴等。

巧克力——这种糖果原料本身的香气具有鲜明的特征，很有魅力，但只有香荚兰豆（香草）香精最能充分地利用原料的香气特征，并加以发挥，使它变得更加美好。出于增加花色品种的目的，有时也使用香橙、柠檬等柑橘类香精，以及咖啡、果仁、薄荷、酒类等香精香料，但这类产品占的比例很小。

由于巧克力的原料可可豆的价格昂贵且变化很大，我国企业大量采用可可代用品来仿制巧克力等产品，因此，就必须使用巧克力香精和牛奶香精来增加香气效果。但口感不佳，味同嚼蜡。改进的思路有两条，一是在产品中只用部分可可代用品，以提高产品的档次；二是改进生产工艺和更新生产设备。

一般使用的香精以油质香精为最佳，因为作为溶剂的水或丙二醇使巧克力组织受到损害以至造成表面起霜等恶劣的影响。即使使用油质香精，也要尽量减少香精的用量。解决的方法是在香荚兰香精中，所加的香兰素、乙基香兰素之类的单体香料的比例大大增加，这样既可以取得良好的着香效果，又可达到减少香精用量的目的。也可使用“中心填馅”的加香方式，避免在巧克力中直接加香。加香率随工艺和生产条件的变化而变化很大。

口香糖——只有部分成分可以食用，用大约60%的糖和40%的树胶为主要原料，混合、乳化后，固化成为一种特殊的食品。在香气表现上的圆和性、持续性非常重要，一般使用油质香精，并且对香精的要求很严格。入口前香气要有诱人的魅力，入口后在咀嚼过程中的刺激性和香气的散发性要相当强烈，在口中形成“滋味”，但苦味和胶味等令人不快的因素要弱。

口香糖的魅力几乎全部是由包含在几克基质中的香精所决定和提供的，所以是最能表现香精技术水平的商品，最能代表一名调香师的个人水平。口香糖中的油质香精与树胶的亲和性要比与糖的亲和性高，因此，咀嚼数分钟之后，口香糖中残留香精的比例依然很高，一般加香率为0.5%～1%。所以应选用香气强度高、扩散性能好的香精。同时加大产生尾香效果香料的比例。

成人用口香糖中使用的香精以薄荷为主，以儿童为对象的泡泡糖大多使用儿童喜爱的水果香精。在以酯类为主的香精中溶剂应降到最低限度，也就是说，使用最浓的香精；柑橘精油等需经过除萜处理等方法，以提高其香气强度后再使用。

口香糖吃起来食感不重，嚼上一颗可以享受很长时间，具有健齿和锻炼脸部肌肉的功效，作为一种符合现代生活方式的时髦食品，今后全世界的需求量都有增加的趋势。目前一些富有魅力的咖啡、花香、洋酒等香型的口香糖新品种已陆续进入市场，竞争趋于白热化。

第五节　饮料的加香

一、软饮料的加香

软饮料是指不含酒精（或酒精含量占全容量的1%以下）的饮料。根据是否含有二氧化碳分为两大类，即碳酸饮料和非碳酸饮料。

碳酸饮料又可分为四类。

① 水果类：柑橘和一般水果；

② 药草、辛香类：可口可乐、滋补剂、营养保健饮料、运动型饮料等；

③ 乳类：奶油苏打水、牛奶色克（milk-shake）等；

④ 无香类：天然和人工矿泉水、蒸馏水、太空水等。

非碳酸饮料可分为三类。

① 果实饮料：果汁水、果实蜜、果味糖浆等；

② 乳类饮料：乳酸饮料等；

③ 嗜好饮料：咖啡、茶、可可等。

1. 清凉饮料

有代表性的碳酸饮料和所用的香精如下。

(1) 汽水

它的定义为pH在2～4.6之间、填充二氧化碳的饮料。如雪碧、七喜等。

汽水要求有清澄、透明的外观，通常加入0.1%左右的水溶性香精，起调香作用。香精和其他辅料溶解后饮料清澈透明。必要时选择以丙二醇或丙三醇为溶剂的油水两用型香精。

(2) 水果苏打水

从外观来看，一般都有很鲜明的水果般的颜色，在香味方面则强调水果感，清凉性居次要地位，CO_2 气体的压力较弱。

有时为了强调天然感使用乳化香精，并加入乳化剂和稳定剂，同时加入有特色的酸味剂。如天津的“山海关”。

需要注意的是，加入或不加入 CO_2 对香精的选择有很大的影响，因为 CO_2 有强调苦味和把香气巧妙地遮蔽起来的作用。加香率一般在 0.1%～0.2%。

(3) 可乐型

如可口可乐和百事可乐，使用的香精以可乐豆的提取物和白柠檬为主，配以肉桂、肉豆蔻、姜、芫荽等多种香辛料，以及一些药草的精油或浸提物，其中有著名的毒品古柯叶的提取物（可口），古柯叶中的古柯碱虽然被提走，但仍有少部分残留，并存留了咖啡因。其他的可乐型饮料大都含有咖啡因。这些物质经过巧妙的调和后，香气具有奇妙的魅力。

酸味剂为磷酸，着色剂为焦糖，并加入咖啡因补强。这些物质对于饮料滋味的清爽、浓郁、和谐都起重要的作用。

各种香料的配比和着香率都是制造公司的核心机密，少有公开。

(4) 奶类

奶油苏打水、牛奶色克等饮料一般是指冷饮店出售的表面浮有冰淇淋的水果苏打水，或牛奶和糖浆等混合而成的发泡饮料等。但饮料中不一定含有牛奶成分，欧美等国的奶油苏打水一般就不含乳类成分，而是用香精来表现乳类的香气，并且外观是透明的。

香气成分以香荚兰豆（香草）为主，配合柑橘、蜂蜜，有时加入玫瑰等香精。目前，由于乳类成分在碳酸饮料中能保持稳定的乳化状态，所以含有二氧化碳的乳类饮料已经进入市场，主要采用香橙、柠檬、圆柚、香瓜、草莓等香精。

2. 果实饮料

从完全不含果汁全凭香精表现果实感的制品到含有多量果汁的制品都可以叫做果实饮料。加香一般在均质前进行，加香率一般在 0.2%～0.3%之间，多数情况下香精与乳化剂同时使用，以强调天然感。

(1) 果味饮料

不含果汁或只含少量果汁的饮料。使用以香橙为代表的柑橘系列香精，但许多其他果实香精也都适用，香精与乳化剂同时使用。它们和碳酸饮料的区别是更加强调天然感，清凉性次之。

(2) 含果汁的清凉饮料（fruitade）

饮料中果汁含量在 10%以上，所适用的水果种类和香精的使用方法与上述果味饮料大致相同，但必须考虑香精和果汁间的调和以及加热过程中的香味劣化等具体问题。

(3) 果汁饮料（fruits juice drink）

果汁含量在 50%以上，果汁含量多并不一定会提高呈味嗜好性，有时反而使人感到有过于酸涩、味道过浓和后感有点苦等缺点。

这类饮料的加香在于矫正果汁含量过多时的弊病（如过于酸涩或味道太浓）、加强香气的新鲜感、补充果汁在加工过程中香气的损失，其次才是为了表现香精本身的香气。

(4) 天然果汁

使用香精的目的和果汁饮料相同，但只限使用天然香料。因此，只能使用天然精油和果汁浓缩时的回收香气物质。

(5) 果肉型饮料 (nectar)

此类型的饮料虽因果实种类的不同而有一定的差别，但其中都含有百分之几十的果泥，是一种黏稠状的饮料，如曾流行一时的各种果茶。

强调呈味满足感，使用香精的目的是补充在加工过程中香气的损失和增加花色品种，香精与果汁饮料相同。

(6) 果子露（国外也叫果味糖浆，syrup）

除用于夏季刨冰等特殊食品外，已几乎没有市场。饮用时加水稀释 5～6 倍。

所用的香精是不含天然品的低档次香精，并且预先制成各种瓜果类型后直接加入制品中，属于典型的三精一素制品。

3. 乳类饮料

这类饮料最初是为了使不喜欢喝牛奶的儿童提高嗜好性而设计，用乳、脱脂乳或发酵乳制成的饮料，种类非常广泛。

在我国较闻名的品牌有娃哈哈和乐百氏等系列乳类饮料。

一般加香率为 0.4%～0.5%，在均质前加入香精，并与乳化剂同时使用。

调入牛奶后容易产生香气效果的香精有咖啡香精、巧克力香精、草莓香精和一些水果香精，为了补强牛奶的香气必须添加牛奶香精或奶油香精。

这类饮料与果实饮料非常匹配，可以组合成各种类型，这时除了加入牛奶香精或奶油香精外，也可加入其他香精，其要求可参照果实饮料部分。

(1) 乳类饮料中使用的香精

根据不同消费群体的不同嗜好，乳类饮料的种类非常多，比纯奶更受欢迎。

① 牛奶水果饮料中使用香橙、草莓、菠萝等香精，加香率一般为 0.1%。有时配合果汁或果肉一起使用，加入量视香气、味道效果和成本核算后确定。

加香时，应先在低温搅拌下把果汁加入牛奶、砂糖和稳定剂的混合液中，然后加入香精和酸味剂，经过灭菌、冷却、填充、封口等过程最后得到成品。

② 有代表性的乳类饮料有牛奶咖啡、牛奶水果饮料等。咖啡和牛奶的香气很匹配，牛奶香气可以使咖啡香气变得柔和，而咖啡香气则可掩盖牛奶的腥膻气味。

制作牛奶咖啡饮料时，先在牛奶、脱脂乳、砂糖、咖啡提取物或速溶咖啡的混合液中加入香精，再按照制作牛奶水果饮料的过程制作。

(2) 乳酸菌饮料中使用的香精

这类饮料是用脱脂乳和乳酸菌发酵制成的，有的保留活菌，有的则经灭菌措施，但以活菌乳酸菌饮料为现在流行的趋势。

活体乳酸菌饮料有两种类型，分别是浓厚型和单纯型。

浓厚型流行于日本等国。

① 浓厚型所用的香精以柑橘类的香橙、柠檬为主，一般采用柑橘原油和无萜精油。

除了可以单独使用香橙香精之外，还可采用加入 25%～30%柠檬香精的混用型，这种类型不仅能够遮盖发酵乳特有的发酵臭，同时可以产生清凉感，使嗜好性显著提高。

一般加香率为 0.5%左右。

② 单纯型活体乳酸菌饮料是使脱脂乳发酵后加入灭菌砂糖糖浆和香精，经过搅拌、冷却、填充、冷藏、出料等过程制成的。

香精的香型以香草为主，配合使用少量香橙、柠檬、草莓、葡萄、苹果等水果香精。因为在使用香草香精时配合使用微量的水果香精可以取得遮盖发酵臭的效果，并使香气具有特征。

加香率为0.4%左右。

4. 粉末饮料或固体饮料

如速溶咖啡、果珍、高乐高、麦乳精、豆浆精，以及最近迅猛发展的速溶茶类饮料和泡腾饮料，据专家预计，泡腾饮料将在我国市场上迅速崛起，并占一定的份额。

固体饮料的制造工艺分为混合吸附型和喷雾干燥型。

着香率一般为0.8%左右，因为饮用时加水稀释，最终饮品的着香率为0.1%。

要注意区分着香率和加香率两个概念，加香率是指在生产时加入香精的百分率；着香率是指在最终产品中含香精的百分比。

(1) 混合吸附型

采用粉末香精（最好是胶囊型粉末香精），一般分两次加入。现在以这种工艺制造的固体饮料（如麦乳精、豆浆精等）已不多见，被其他类型的饮料所替代。

泡腾饮料采用胶囊型粉末香精，筛别后加一道压片工序。

(2) 喷雾干燥型

采用液体香精，所用的香型与品种和一般饮料类似。

5. 豆乳饮料

加入香精的目的：掩蔽豆乳固有的豆腥气，这在欧美等国是非常重要的，因为他们对豆腥气特别敏感，而且不适应这种气味。

现在一般不采用加香的方式来掩蔽豆腥味，而是采用以下两种方法的结合使用来除臭。

① 磨豆浆时保持温度在80℃以上或将脱皮大豆在沸水中煮30min，钝化或抑制脂肪氧化酶的活性，防止产生豆腥味。

② 采用真空脱臭的方法除去豆乳中固有的不良气味。

为了增加豆乳的花色品种，可加入各种水果类香精、牛奶类香精、咖啡香精和香草香精。各种形态的香精都可以使用，但最好是乳化香精。加香率和加香方式与其他饮料相同。

二、冷食、冷点的加香

这类食品包括冰淇淋、雪糕、雪泥、冰棍等产品。

在所用香精方面倾向于强调各种香精能互相取长补短、香气融合为一，加工成为一个完整的商品；对于每种香精具有鲜明个性的要求居于次要地位。

在这类食品中香精所起的作用越来越重要，可以说对公司的生存有决定意义。

下面对冰淇淋类食品的加香进行介绍。

1. 对香精的要求

这类食品属于嗜好食品的范畴，所以香气十分重要。香精调配应注意以下几点。

① 香精的香气和冰淇淋基质的气味必须协调一致。如其香气必须和奶油等乳类的香气相称；在果汁冰淇淋和果肉冰淇淋中，香精与果汁、果肉之间的香气和谐很重要；对于品种日益增多的冰冻甜食来说，所用的香精不仅与冰淇淋基质要和谐，就是与搭配冰淇淋一道食用的点心、饼干等也需保持和谐。

② 低温时必须能达到香气平衡，而且香气的散发性或挥发性好。低温对于香精有利的方面是可以利用对温度和光比较敏感的天然香料，只有这些香料最有可能调配出种类丰富的香气。

③ 香精在冰淇淋基质中能均匀分散，但也有例外的情况。

香精大多在冰淇淋基质杀菌后至冷冻前，分几次加入，一般着香率在0.1%左右；调味汁和果仁等在填充时加入，其加入量视具体品种而定，并且调味汁和果仁等在加入前要杀菌和冷却。

2. 所使用香精的主要形态

（1）水质香精

这种形态的香精的芳香成分容易在水中溶解、分散，不仅在冰淇淋基质中能够混合均匀、操作简便，而且具有低温时香气易于散发这一优点。

（2）乳化香精

香气比水质香精柔和，并可以产生很强的浓厚感。

有牛奶、咖啡、果仁等多种类型的香精。

（3）粉末香精

用胶囊型粉末香精，香气特征和用法与乳化香精类似。

与上述几种香精以芳香成分为主，使用时的着香率只有0.1%相比，调味汁中使用了多量巧克力、咖啡等呈味成分和果汁香精，调制成香和味具备的浆状，使用时加入量可高达5%～20%。

从质地来看，有蛋黄酱状、果酱状、果冻状等各种形态。各自具有独特的色、香、味，并且可以无需加工而直接食用。

使用方法也很别致，有的掺入冰淇淋中形成大理石般的花纹或其他的图案，有的做成棒状插在冰淇淋中心，有的浇在冰淇淋表面，也有把调味汁混入冰淇淋基质中使用的。

3. 冰淇淋类食品所用香精的香型和特征

（1）香荚兰豆（香草）型香精

香荚兰豆（香草）型香精是冷食中最广泛采用的一种类型，低档次的“香草”香精是用香兰素、乙基香兰素、麦芽酚、乙基麦芽酚、胡椒醛等合成香料调配而成的；高档次的“香草”香精是以香荚兰豆浸提液和油树脂为主体，再用香兰素、乙基香兰素、麦芽酚、乙基麦芽酚、胡椒醛、桃醛等合成香料强化、变调后成为一种完整的香精。还可用牛奶类、鸡蛋、槭糖、柑橘、洋酒等香精香料调和后形成多种香气类型。

在选择香精香料时必须仔细考虑冰淇淋基质的组成和商品的形象特征。如果是高档“香草”香精，则要求香精生产厂家提供香荚兰豆的产地和提取方法，因为香荚兰豆浸提液和油树脂的香气和味道因产地和提取方法的不同而异。

（2）巧克力香精

以天然可可浸提液（如可可酊）和油树脂为主体，再用合成香料调和而成。

合成香料包括噁唑类、吡嗪类和吡啶类化合物，这些都是美拉德反应的产物，在形成巧克力香气方面起重要的作用，在调配巧克力香气时可灵活运用。

巧克力香精根据使用的可可种类、提取方法以及配合使用的合成香料种类等情况，其香气可以有种种变化，所以必须按照冰淇淋基质的类型和加入可可的量来选择合适的香气类型。

（3）乳类香精

因为所用原料乳的质和量所限制（如每批原料乳的香气存在一定的差别），常有奶味不足的感觉，所以使用乳类香精补强乳类的风味，使每批产成品的质量和香气达到稳定和一致的目的。

乳类香精可分为鲜乳型、炼乳型、鲜牛奶型、黄油型等。

这类香精除了可用合成香料调配外，还可以利用从天然原料得到的香气物质，如把牛奶或奶油等乳类成分用脂肪酶或其他酶处理后使牛奶、奶油或黄油的香气得到加强，也可作为香料来使用。

(4) 咖啡型香精

在冷食中大多使用咖啡浸提物或速溶咖啡，若为了增强这些天然咖啡的香气、突出咖啡的形象才使用咖啡香精。

这些香精是以咖啡浸提物为主体，再用噁唑类、吡嗪类和吡啶类等杂环化合物类香料调配，以补强天然咖啡的香气。

根据咖啡豆的品种、产地、烘焙条件、提取条件等，咖啡浸提物可分为多种类型。在采购时提出产品的具体要求，厂家会按要求生产的。

(5) 草莓型香精

草莓型香精有时直接使用天然草莓，但现在市售的草莓因品种、栽培条件和大量使用化肥、农药，所以香气越来越无味，因此，合成香料配制的草莓型香精的使用更加普遍。

草莓型香精分为两大类，一类叫做天然型，模仿天然草莓的香气；另一类叫做幻想型，创造出的香气是天然草莓所没有的。有些厂家选用兼有幻想型之华丽、天然草莓之真实感的混合型。

不管选用哪种类型的草莓香精，必须与冷食基质的香气和谐一致。

三、乳制品的加香

乳制品是以牛乳为原料加工后所得产品的总称。包括炼乳、奶粉、黄油、乳酪、冰淇淋类、发酵乳、乳酸菌饮料、乳饮料及人造黄油等多种产品。

由于人们在饮食方面受到西方文化的影响而日益趋向西洋化、高级化和面向绿色食品，乳制品作为一种重要的蛋白质来源和嗜好食品，其种类和数量在我国呈逐年增加的趋势。

由于冰淇淋类、发酵乳、乳酸菌饮料、乳饮料等产品已在前几节介绍过，所用的香精有共同之处，可以互相参考。

以下将介绍乳酪，以及和乳类香气关系密切的人造黄油这些产品的香精的调香与加香。

1. 乳制品中适用的香精类型

乳制品中应用的香精以不损害乳类固有的香气，与乳类香气和谐一致为首要条件。

从乳制品的性质来看，要求加入的香精为天然型香精。

下面以常用于乳制品的香精加以介绍。

(1) 香荚兰（香草）香精

香荚兰豆是制造香草香精的原料之一。在乳制品香草香精的调配中除了使用香荚兰豆的浸提物和含油树脂等天然香草香料外，为了达到变调和增加强度等目的还使用合成的单体香料，如香兰素、乙基香兰素、胡椒醛、麦芽酚、环甘素等。

(2) 咖啡香精

咖啡香气是咖啡豆在焙煎时发生的热分解反应、美拉德反应等过程中生成的，因此，烘焙过程对于咖啡香气的生成非常重要。

阿拉伯品种的咖啡的香气和味道均佳，罗巴斯塔种的咖啡的风味不好，但有苦味强烈这一特征。

调香时必须按照目的、要求来选择合适的品种和烘焙度，有时也使用咖啡浸提物。如可以用咖啡浸提物作为香基，然后加入糠基硫醇、吡嗪类（增加美拉德反应香气）、脂肪酸类、丁二酮、麦芽酚、环甘素等合成的单体香料进行香气的强化和变调而制成咖啡香精。

咖啡的香气与牛奶的香气很相称，所以对于乳制品来说是重要的香精。

（3）柑橘类香精

柑橘类香精不仅广泛用于清凉饮料，对于乳制品来说也是重要的香精之一。主要包括柠檬、香橙、葡萄柚、酸橙等种类。

原料从形态来看，包括用压榨法、蒸馏法得到的精油，以及果汁浓缩时馏出的水溶性精油或回收的精油。

这些精油在实际使用时，先用含水乙醇提取（以达到除萜的目的），制成富含精油中水溶性成分的香精后再使用。

乳制品使用的香精要求有一定的强度和表现天然感，为了满足这些要求，基本上同时使用由蒸馏或溶剂提取法得到的无萜油和合成的无萜油等进行香精调配。最近已采用分子蒸馏技术生产高品质的无萜油。有的类型是配合其他柑橘油制成的，可以满足在香气上的不同需要。

从香型的变化趋势来看，已逐渐从果皮型向果汁型转变。

（4）水果类香精

在适合用于乳类制品的水果类香精中以草莓为首，还有菠萝、葡萄、桃、苹果等许多品种。

为了适合于乳类制品本身的天然风韵，要求在这类制品中使用的水果香精也要有强烈的天然感。

另外，由于使用果汁、果肉的乳类制品大量增加，与果汁、果肉香气的调和、强调天然感的香精的大量使用已成必然趋势。

① 草莓香精。分为天然型和果酱型两大类。

在乳制品中使用的天然型以鲜草莓香调的占多数。

从成分特征来看，用天然成分中的叶醇类、芳樟醇、内酯、麦芽酚作为主体香气，巧妙地配合脂肪酸的香气，效果比较好。

在乳类饮料中，用叶醇类强调青香气息、用内酯类来增强奶感的类型比较符合嗜好性。

② 菠萝香精。在菠萝香精中以有果汁感的熟香型为主流。

主要香气成分由以烯丙酯为中心的硫代丙酸酯类、麦芽酚类和柑橘油类等组成。

有时也配合使用果汁和天然香料，今后发展的趋势是鲜果调香精。

③ 桃子香精。以黄桃型为主，最近已有强调青香、新鲜感的白桃型和类似黄桃、但更加强调甜韵的熟香型香精面市。

④ 葡萄香精。在葡萄香精中顶香部分由带甜味的乙酯类化合物和邻氨基苯甲酸酯组成的类型很多。最近出现了一种用鲜葡萄制成的、嗜好性很强的“巨峰型”葡萄香精。

调制葡萄香精的关键在于如何抑制鲜葡萄的青气味、增强香气的强度和甜度。

目前在水果香精中最引人注目的成就是高度利用了天然有机物的分析结果和有效地利用了天然等同物之类的新型香原料。

（5）黄油香精和酶香精

为了使人造黄油等制品与天然食品更为接近，要求在这些人造食品中使用的黄油香精有强烈的天然风味。

在黄油的香气成分中已知有脂肪酸类、醛类、酯类、内酯、硫化物等各种化合物，以目前的调香水平可调制出具有相当水平的黄油香精。

与家用黄油香精相比，工业上使用的黄油香精的耐热性显得更为重要，为了提高耐热性能，在原料中使用了高沸点的内酯类及其前体物质，因而与家用黄油香精的组成不同。

在家庭和工业方面都可广泛使用的黄油香精是酶香料，这种香料是乳类成分用脂肪酶处理后得到的黄油样香料，具有独特的脂肪酸组织，呈味效果也很显著。

2. 几种乳制品的加香

酸乳酪是历史悠久的乳制品，在欧美各国是传统食品，他们的产品嗜好性强，不加香精，有独特的发酵臭。

这类食品在我国大部分省市尚处于萌芽期，只是在内蒙古、新疆、青海、西藏等边远地区比较普及，在其他地区找到这类食品则非常困难。

酸乳酪分为硬型和软型两种。

(1) 硬型酸乳酪

在欧美各国和我国上述部分地区流行的是不加任何香精的。现在越来越多的产品加入香精，以满足多数人的口味。

多采用精油形态的香橙、柠檬等柑橘类香精与香草香精并用，也有使用什锦水果和蜂蜜等类型的产品。

要求香精的香气与发酵乳的香气和谐一致，并有遮蔽不快气味的效果。

加香率一般为0.1%左右。

(2) 软型酸乳酪

它有加入果肉等强调天然风味的各类制品。

当制造加入果肉的酸乳酪时，不要在加入酵母后立即加入果肉，而应在发酵罐中使乳类发酵后加入果肉，混匀后再填充。

天然香料与香精并用，天然香料可用柑橘类的回收香气成分、水果浸液、果肉等，用香精加以强化。适用的天然物有香橙、草莓、桃、菠萝等，有效地利用了酸乳酪的酸味特点。

天然香料的加香率为0.2%～1%就可以取得天然感的效果；并用的香精一般使用强度比精油更强一些的香精，加香率为0.1%～0.2%。

3. 人造黄油

定义：在食用油脂中加入水等乳化后，经过急速冷却、搅拌制成的可塑性物质或流动状物质。

一般分为家庭用和食品工业用两大类。

(1) 家庭用人造黄油

家庭用的人造黄油，制造时的重点在于改进物理性质方面存在的一些缺点，提高营养价值和风味。

把牛奶或奶粉与精制食用油脂配合后，加入黄油香精着香，即在乳化过程中加入香精。

加香率因香精的浓度而异，在0.01%～0.10%之间。如果同时加入0.2%～1.0%的发酵香料还可以提高呈味效果。

因有乳化剂存在，可以使用水质香精、油质香精和乳化香精。

(2) 工业用人造黄油

工业用人造黄油主要用来制作点心、面包等食品，改进的重点放在硬度和延展性等物理性质方面。

在这类食品中使用的人造黄油必须经过加热过程，对香精而言，重要的是其耐热性能以及经过加热后残留的香气品质良好。

现在经过惰性气体搅打的掼黄油在我国市场上走俏，掼黄油中使用了巧克力、甜柠檬、花生等类型的香精。并且还出现了在乳脂肪中加入植物性脂肪的制品，使全部脂肪含量接近于天然黄油或人造黄油的一半，专门用于高蛋白低热量面包的烘焙。

第六节　肉制品的加香

最近几年，随着肉制品工业的发展，香精发挥的作用越来越大，这一方面是因为产品品种越来越丰富，口味呈现多样化，这些都要求厂家在调味方面大做文章；另一方面，香精的技术也在不断提高，人们可以通过科技手段分析出肉香味的关键成分（牛肉经煮、炖、烤制熟以后，人能闻到的肉香味成分就有二百四十多种，猪肉也有二百多种），这有助于人们利用生物技术提取呈味物质，因此，所做的香精香气逼真，能明显增加引起食欲的肉香。更重要的一点是，现在高出品率的产品非常多，这就更离不开香精来助一臂之力。总结起来，香精的作用可概括为六点。

① 增加香味——所谓增加香味，是指所用原料本身并没有明显的特征香气，在加工过程中也不会产生明显的香味，只有依靠肉类香精来增加食品的香味，如在仿肉食品中，使人造肉呈现牛肉香，就需添加牛肉香精。高出品率的产品中，只加入很少的原料肉，这就更需要香精来增加产品的香气。

② 增强香味——原料在经热加工后会产生一定的香味，但由于大多数原料肉都是经催肥养殖所产生的肉，肉香本身相对较弱。或在肉的冷冻、解冻过程中，丧失大量血水，使肉的风味劣化，这都需添加香精予以补充，增强香味。

③ 掩蔽不良气味——有的原料带有不愉快的气味，加工中又难以彻底驱除，如大豆腥味、牛肉腥味等，添加一定量的香精，可掩蔽不愉快的气味，使产品将最好的一面呈现给消费者。

④ 补充香味——肉制品加工中，会产生一定的香味，像烟熏香肠中使用木材烟熏产品的熏烟，但在加工中香气也会有一定的损失，使香气不浓，需添加同类型的香精，如烟熏剂，以补充烟熏香肠的熏香味。

⑤ 修饰香味——加工产品时，为使产品新颖，具有创新性，往往需要添加不同香气类型的香精予以修饰，如猪肉火腿，可加入红烧肉香精予以修饰。

⑥ 增强口感——在肉类香精中，反应调理型香精是利用蛋白质原料、糖类原料、脂肪原料等有机原料，经美拉德反应而成的，它的反应物配比和原料肉中的很多呈味前提取物相同，所以就可生成如生肉在加工过程中产生的非常逼真的风味物质，产生如真肉一样的口感和风味，可增强肉的口感，在生产中可使原料肉含量少的产品增强口感，达到良好的效果。

香精的魅力的确不小，但只有选择品质优秀、香气稳定、适合企业产品的香精，才能达到最终目的。香精一般分为粉末、液体、膏状三大类。

粉末香精，属于半天然、半化学合成香精。其中有一部分天然成分，还有一部分是合成香料。这种香精的特点是直冲感强，香气浓郁。其缺点是耐高温性稍差。如果采用微胶囊技术或喷雾干燥精制而成，挥发性就会大大减弱。这种香精的用量一般为0.15%左右。

液体香精，浓度高，其载体大多是水解植物蛋白或丙二醇，很少的用量就可赋予产品浓郁的风味，这种产品用在高出品率的产品中的效果更为明显，更突出。

膏体香精，这种香精属天然香精，是天然原料肉经美拉德反应精制而成的。所以其香气完全是原汁原味，而且肉香浓郁，留香持久，耐高温。

另外，就香气而言，各厂家急需解决的问题就是留香不足，尾香不够。为解决留香问题，一些厂家已开发出几种香精，可弥补留香不足的缺陷。

有了好的香精，还要选择合适的添加工序高温火腿：高温火腿一般都采用以下三种工艺：

① 原料肉→分割→搅碎→配料；

② 搅拌→乳化→灌制→灭菌→冷却→成品；

③ 斩拌过程中加入香精和香辛料。

采取第①、②种工艺生产的肉制品，在搅拌工序时，香精和香辛料一起加入搅拌锅；采用第③种工艺生产的火腿肠，在斩拌工序时香精和香辛料一起加入。

在此过程中必须特别注意一点，就是避免香精和磷酸盐（焦磷酸钠、三聚磷酸钠、六偏磷酸钠等）直接接触，堆集在一起，磷酸盐作为品质改良剂，其 pH 偏碱性（约为 9），而香精 pH 则偏酸性（在 5～6 附近，甚至更低），因为如果这两种物质直接接触或堆积在一起，在有水分的情况下，会发生中和反应，作用都会减弱，所以在添加香精时一定不能和磷酸盐同时添加，可先加磷酸盐，待其分散均匀以后，再添加香精，以防止其作用减弱，达不到预期的效果。另外，不管采用哪种工艺，都要保证香精加入后能分散均匀，以保证起到应有的效果。

低温肉制品采用注射滚揉工艺的西式火腿如下：原料肉→分割→盐水注射→嫩化→真空滚揉→灌制→装模→蒸煮→冷却→成品。香精在此工艺中，最好在配置盐水时的最后阶段加入，以减少香气损失，并要搅拌均匀后再注射，低温肉制品采取搅拌或斩拌工艺生产灌肠类产品，其加工工序和高温肠相同。

不同的肉制品加工工艺选用不同类型的香精——目前，很多人认为同一种肉类香精可通用于高低温肉制品中，而在实践和理论上，这种观点并不十分正确，因为他们忽视了肉制品生产中，高低温生产工艺的不同对香精的影响和不同档次的肉制品对香精的要求也不同，高温火腿的热杀菌温度为 120℃，在此条件下，有些香精的成分会发生分解，或发生了变化，失去原有的香味，甚至产生不愉快的杂味，达不到预期加香的目的。这就是香精的耐温性问题，并且经过高温灭菌后，火腿肠本身的结构相对于低温肉制品来讲，在肉感、弹性、口味方面也受到影响，口感比低温肉制品差，肉感不强，有蒸煮味，根据这两种情况，最好选用耐高温、能改善口感的香精，因此，主要选用反应型香精为好，如猪肉精膏、鸡肉精膏、牛肉精膏等，这些香精在高温情况下，还可继续以美拉德反应生成更多的呈味物质，改善高温肉制品的口感和香气。

相对来讲，低温肉制品的加热温度低，其产品具有口感细嫩、肉感强、弹性好的优点，而且低温肉制品在流通过程中一般都采用冷藏的方式，在食用时，大多不加热，直接切片食用，香精的挥发性又起到很大的作用，即在相对较低的温度下，使用时香气挥发能起到诱人食欲的作用，可选用液体香精或粉末香精。

要考虑添加香精的方便性——肉制品生产中各类产品的生产工艺不同，就要考虑到香精使用的方便性，在采取斩拌工艺的产品中，水溶性香精和水油溶性香精，以利于香精能均匀分散在盐水中，保证产品质量。在搅拌工艺中，选择粉末香精和液体香精都可以比较容易添加，分散均匀，而膏体香精则难于分散，可在添加前用 5 倍水先使其溶解再用。

天然香辛料的历史及在肉制品中的应用是伴随着人类文明的发展而不断进步和推广应用直到今天的。早在远古时代，人类由于偶然发现大自然造成的火灾如雷电使来不及逃离的动物被活活烧死，人类的祖先从被迫接受到能够品尝到熟肉的美味，这一漫长的过程改变了人类长期食用生食品的历史，熟食食用的重大改变使人类自身消化吸收营养成分更加完善，促进了人类大脑及骨骼的强健。同时，人类对工具的发明和使用，很快让人类进入一个相对食物剩余的时代，在与自然和动物紧密接触的过程中，人类也发现了许许多多可被用来食用和调味的植物，在实践中他们慢慢领悟到不同植物对他们身体的作用及与动物躯体共烹时所起的不同味道。天然香辛料就这样走进人类的生活，并与人类的生活质量休戚相关，起到不可替代的作用。

天然香辛料以其独特的滋味和气味在肉制品加工中起着重要的作用。它不仅赋予肉制品独特的风味，还可以抑制和矫正肉制品的不良气味，增加引人食欲的香气，促进人体消化吸收，并且很多香辛料还具有抗菌防腐功能，而且大多数香辛料无毒副作用，在肉制品中的添加量没有加以限制。因此，充分了解香辛料的特征、应用以及鉴别，在肉制品调味中非常重要。

香辛料的分类、在肉制品中的使用形式及使用原则如下。

1. 香辛料的分类

① 以芳香为主的香辛料：大茴香、肉豆蔻、肉桂、丁香、小茴香、豆蔻、多香果、花椒、孜然、莳萝子等；

② 以辣味增进食欲为主的香辛料：姜、辣椒、胡椒、芥末等；

③ 以香气矫臭性为主的香辛料：大蒜、葱类、月桂叶、洋苏叶等；

④ 以着色为主的香辛料：红辣椒、姜黄、藏红花等。

2. 香辛料在肉制品中的使用形式

① 香辛料整体。香辛料不经任何加工，使用时一般放入水中与肉制品一起煮制，使呈味物质溶于水中被肉制品吸收，这是香辛料最传统、最原始的使用方法。

② 香辛料粉碎物。香辛料经干燥后根据不同要求粉碎成颗粒或粉状，使用时直接加入肉品中（如五香粉、十三香、咖喱粉等）或与肉制品在汤中一起卤制（像粉碎成大颗粒状的香料用于酱卤产品），这种办法较整体香辛料的利用率高，但粉状物直接加入肉馅中会有小黑颗粒存在。

③ 香辛料提取物。将香辛料通过蒸馏、压榨、萃取浓缩等工艺即可制得精油，可直接加入到肉品中，尤其是注射类产品。因为一部分挥发性物质在提取时被去除，所以精油的香气不完整。

④ 香辛料吸附型。使香辛料精油吸附在食盐、乳糖或葡萄糖等赋形剂上，如速溶五香粉等，优点是分散性好、易溶解，但香气成分露在表面，易氧化损失。

第七节　酒的加香与勾兑

按照调香师的分类法，酒有三种类型：蒸馏酒，非蒸馏酒，药酒。调香师最喜欢蒸馏酒，因为蒸馏酒容易调配，单单用食用酒精、蒸馏水和香精就可以配制得跟各种名牌酒“惟妙惟肖”的程度，而且蒸馏酒香精也比较容易调配出来。

酒主要是以粮食、水果、农副产品等为原料经发酵酿造而成的。酒的化学成分主要是乙醇和水，一般含有微量的其他醇和醛、酮、酸、酯类物质，未经蒸馏的酒还含有色素、糖、氨基酸等不挥发物质。食用白酒的浓度一般在60°（即60%）以下。白酒经分馏提纯至75%以上为医用酒精，提纯到99.5%以上为无水乙醇。调香师和香精制造厂主要研究的是饮用酒里面的“杂质成分”。

一、酒的制造和分类

我国是许多名酒的故乡，也是酒文化的发源地，是世界上酿酒最早、规模最大的国家之一。在中国数千年的文明发展史中，酒文化与其他各种文化的发展基本上是同步进行的。

关于酒的起源，世界各民族有着各种各样的民间传说，而且每一个民族都声称酒是本民族

"发明"的，其实这个争论并没有实际意义。酒是一种"自然"发酵食品，它是由酵母分解糖类产生的。酵母是一种分布极其广泛的微生物，在广袤的大自然原野中，尤其是在一些含糖分较高的水果中，这种酵母更容易繁衍滋长。含糖的水果是早期人类的重要食品。当成熟的野果坠落下来后，由于受到果皮上或空气中酵母的作用就可以生成酒。日常生活中，在腐烂的水果摊附近，在垃圾堆里，人们经常会嗅到由于水果腐烂而散发出来的阵阵酒味，这就是"酒"不需要"发明"的证据，但"造酒"就需要"发明"，因为它是一种技术。

古人在水果成熟的季节，贮存大量水果于树洞、石洞、"石洼"或各种"窖"里，堆积的水果受自然界中酵母的作用而发酵，就有被叫做"酒"的液体析出。这样的结果，并未影响水果的食用"价值"，而且析出的液体——"酒"，还有一种特别的香味供享用。习以为常，古人在不自觉中"造"出酒来，这是合乎逻辑又合乎情理的事情。当然，古人从最初尝到发酵的野果到"酝酿成酒"，这是一个漫长的过程，究竟漫长到多少年代，那就谁也无法说清楚了。

有甜味的液体（含糖）发酵能够变成酒，动物的奶汁也是甜的，也含有糖，所以"奶酒"和"果酒"一样也是早就被古人发现并食用的了。后来，人类又掌握了把各种粮食里面的淀粉转化成糖（如麦芽糖、葡萄糖等）的技术，再把这种"人造糖"通过发酵变成酒也是自然而然的事了。

晋人江统在《酒诰》里载有："酒之所兴，肇自上皇……，有饭不尽，委余空桑，郁积成味，久蓄气芳。本出于此，不由奇方。"说明煮熟了的谷物，丢在野外，在一定的自然条件下，可自行发酵成酒。人们受这种自然发酵成酒的启示，逐渐发明了人工酿酒。

我国早在夏代之前已能人工造酒。如《战国策》："帝女令仪狄造酒，进之于禹。"据考古发掘，发现在龙山文化遗址中，已有许多陶制酒器，在甲骨文中也有记载。藁城县台西村商代墓葬出土之酵母，在地下三千年后，出土时还有发酵作用。罗山蟒张乡天湖商代墓地，发现了我国现存最早的古酒，它装在一件青铜所制的容器内，密封良好，至今还能测出成分（每100mL酒内含有8.239mg甲酸乙酯），并有果香气味，说明这是一种浓郁型香酒，与甲骨文所记载的相吻合。

谷类酿成酒，应始于殷。殷代农业生产兴盛，已为多数学者公认。农产物既盛，用之做酒，势所必然。殷人以酗酒亡国，史书所载，斑斑可考。

周代，酿酒已发展成独立的且具相当规模的手工业作坊，并设置有专门管理酿酒的"酒正"、"酒人"、"郁人"、"浆人"、"大酋"等官职。

大体上，古酒可分成两种：一为果实谷类酿成之色酒，二为蒸馏酒。有色酒起源于古代，据《神农本草》所载，酒起源于远古与神农时代。《世本八种》（增订本）陈其荣谓："仪狄始作，酒醪，变五味，少康（一作杜康）作秫酒。"仪狄、少康皆夏朝人。即夏代始有酒。此种酒，恐是果实花木为之，非谷类之酒，谷类之酒应起于农业兴盛之后。陆柞蕃著《粤西偶记》关于果实花木之酒，有如下记载："（广西）平乐等府深山中，猿猴极多，善采百花酿酒。樵子入山，得其巢穴者，其酒多至数石，饮之香美异常，名猿酒。"若此记载真有其事，则先民于草木繁茂花果山地之生活中，采花作酒，自是可能。

早初酒应当是果酒和米酒。自夏之后，经商周，历秦汉，以至于唐宋，皆是以果实粮食蒸煮、加曲发酵、压榨而后才出酒的，无论是吴姬压酒劝客尝，还是武松大碗豪饮景阳冈，喝的都是果酒或米酒。随着人类的进一步发展，酿酒工艺也得到了进一步改进，由原来的蒸煮、曲酵、压榨，改为蒸煮、曲酵、蒸馏，最大的突破就是对酒的提纯（直至"酒精"）。

不蒸馏的酒是"色酒"，主要是黄酒，也有"金酒"、红酒、"黑酒"等等。各种"色酒"通过蒸馏变成白酒也是需要"发明"的，只是现在同样无从认定到底是哪一个民族、哪一个人最早发明了酒的蒸馏技术。不过这对人们来说并不重要，谈这些"酒历史"只是为了让大家了解酒里面香气成分的来源而已。

除了“色酒”（葡萄酒、啤酒、黄酒、金酒等）和白酒（蒸馏酒）以外，世界各地还有用这些“色酒”和白酒加上其他物质混合（或浸泡滤取）而成的调配酒。事实上，古人用各种有香的材料（主要是草药）浸泡在酒里也是给酒加香，同现在往酒里加香精是一样的道理。

白酒——中国特有的一种蒸馏酒。由淀粉或糖质原料制成酒醅或发酵醪经蒸馏而得。又称烧酒、老白干、烧刀子等。酒质无色（或微黄）透明，气味芳香纯正，入口绵甜爽净，酒精含量较高，经贮存老熟后，具有以酯类为主体的复合香味。以曲类、酒母为糖化发酵剂，利用淀粉质（糖质）原料，经蒸煮、糖化、发酵、蒸馏、陈酿和勾兑而酿制而成的各类酒。

啤酒——是人类最古老的酒精饮料，是水和茶之后世界上消耗量排名第三的饮料。啤酒于20世纪初传入中国，属外来酒种。啤酒以大麦芽、酒花、水为主要原料，经酵母发酵作用酿制而成的饱含二氧化碳的低酒精度酒。现在国际上的啤酒大部分均添加辅助原料。有的国家规定辅助原料的用量总计不超过麦芽用量的50%。

葡萄酒——是用新鲜的葡萄或葡萄汁经发酵酿成的酒精饮料。通常分红葡萄酒和白葡萄酒两种。前者是红葡萄带皮浸渍发酵而成的；后者是葡萄汁发酵而成的。“葡萄美酒夜光杯”说明我国的葡萄酒在唐代已经香味四溢了。

黄酒——是中国的民族特产，也称为米酒（ricewine），属于酿造酒，在世界三大酿造酒（黄酒、葡萄酒和啤酒）中占有重要的一席。中国的酿酒技术独树一帜，成为东方酿造界的典型代表和楷模。其中以浙江绍兴黄酒为代表的麦曲稻米酒是黄酒历史最悠久、最有代表性的产品。它是一种以稻米为原料酿制成的粮食酒。不同于白酒，黄酒没有经过蒸馏，酒精含量低于20%。不同种类的黄酒颜色亦呈现出不同的米色、黄褐色或红棕色。山东即墨老酒是北方粟米黄酒的典型代表；福建龙岩沉缸酒、福建老酒是红曲稻米黄酒的典型代表。

米酒——酒酿，又名醪糟，古人叫“醴”。是南方常见的传统地方风味小吃。主要原料是江米，所以也叫江米酒。酒酿在北方一般称它为“米酒”或“甜酒”。

药酒——素有“百药之长”之称，将强身健体的中药与酒“溶”于一体的药酒，不仅配制方便、药性稳定、安全有效，而且因为酒精是一种良好的半极性有机溶剂，中药的各种有效成分都易溶于其中，药借酒力、酒助药势而充分发挥其效力，提高疗效。国外有许多名牌酒也是药酒。

二、酒的勾兑

勾兑酒是用不同口味、不同生产时间，不同度数的纯粮食酒，经一定工序混合在一起，以达到特定的香型、度数、口味、特点。GB/T 15109—94《白酒工业术语》对白酒生产中的“勾兑”一词作了定义：“勾兑”就是把具有不同香气和口味的同类型的酒，按不同比例掺兑调配，起到补充、衬托、制约和缓冲的作用，使之符合同一标准，保持成品酒一定风格的专门技术。同时，GB/T 17204—2008《饮料酒分类》在对各种白酒进行定义时也指出，勾兑是白酒生产中一项重要的工艺生产过程。

“勾兑”是酒类生产中的专用技术术语，是生产中的一个工艺过程，指将各种不同类型、不同酒度、不同优缺点的酒兑制成统一出厂风格特点和质量指标一致的工艺技术方法。

“勾兑酒”并不是贬义词，也不是说酒不好，它只是酿酒的一个工序而已。

勾兑是靠“勾兑师”的感官灵敏度和技巧来完成的，有丰富经验的勾兑师才能调出一流的产品，历来有“七分酒三分勾”之说，勾兑师的水平代表着企业产品的质量风格。

“勾兑”对葡萄酒的酿造而言也同样重要，在葡萄酒生产中，勾兑过程通常被称为“调配”。在许多优质葡萄酒的酿造过程中，酿酒师根据葡萄酒的风格需要对两个或更多不同葡萄品种的原酒进行一定比例的调配，从而使得不同品种的葡萄酒的感官品质能够相互补充和协调。当然，用于调配的这些原酒只能是按照国标用100%葡萄酿造出来的葡萄酒或葡萄蒸馏酒，而不能是其他非葡萄发酵而成的酒。

鸡尾酒（Cocktails）现在已经走进了国人的生活，闲暇时间在酒吧喝点鸡尾酒，已经逐渐成为一种时尚。鸡尾酒也是一种现场调配的“勾兑酒”，它是一种量少而冰镇的酒，是以朗姆酒（RUM）、金酒（GIN）、龙舌兰（Tequila）、伏特加（VODKA）、威士忌（Whisky）等烈酒或葡萄酒作为基酒，再配以果汁、蛋清、苦精（Bitters）、牛奶、咖啡、可可、糖等其他辅助材料，加以搅拌或摇晃而成的一种饮料，最后还可用柠檬片、水果或薄荷叶作为装饰物。

鸡尾酒起源于1776年纽约州埃尔姆斯福一家用鸡尾羽毛作装饰的酒馆。一天，当这家酒馆各种酒都快卖完的时候，一群军官走进来要买酒喝。一位叫贝特西·弗拉纳根（Betsy Flanagan）的女侍者把所有的剩酒统统倒在一个大容器里，并随手从一只大公鸡身上拨了一根毛把酒搅匀端出来奉客。军官们看看这酒的成色，品不出是什么酒的味道，就问贝特西，贝特西随口就答：“这是鸡尾酒哇！”一位军官听了这个词，高兴地举杯祝酒，还喊了一声：“鸡尾酒万岁！”从此便有了“鸡尾酒”之名——这是在美洲被广泛认可的起源传说。

鸡尾酒世界也是多彩多姿的，人们总觉得它是那样的微妙，不同的酒配搭起来，变换出那么多的色彩，拥有那么多美丽动听的名字。其实鸡尾酒虽然千变万化，却有一定的公式化可循，你只要备齐以下基本材料，就有可能成为吧台后面的调酒高手：摇酒壶、滤冰器（有些自带滤冰器的摇酒壶就不需要单配一个滤冰器了）、吧勺、盎司杯、冰铲、需用的酒品、辅料以及装饰等。准备好之后，先用冰铲在摇酒壶的壶身中加入五六块冰（冰的量要根据杯子的大小和摇酒壶的大小而定），用盎司杯量取辅料（如果汁、牛奶等），倒入摇酒壶身，然后依次是辅酒、基酒，最后放上杯饰。如果需要盐边、糖边的话，要在调制酒品之前用柠檬油擦一圈杯边，然后把盐或者糖倒在一个平整的面板上，把杯子倒过来转圈沾取（玛格丽特）。彩虹鸡尾酒制作的时候要把密度大的酒先从子弹杯的中间倒入杯底，然后依照密度减小的次序把其他酒品用吧勺引流，顺杯壁流下，切勿碰触下面一层的酒，以免引起混层。

三、酒的加香

有人认为“勾兑酒”是指完全或大比例使用食用酒精和食品添加剂（主要是香精）调制而成的酒，也就是“配制酒”，对“配制酒”大加鞭挞。其实这种配制酒的生产和销售并不违法，全世界都有，但质量相差甚远，有优劣之分。一般由正规的生产厂制造、在正规的流通环节出售的酒，手续齐全、质量相对有保证，饮用是没有问题的。至于到底哪种酒才是“好”的，最简单的回答是：在具备基本质量和卫生指标合格的前提下，在众多的酒品中选取适合自己口味的就是“好”的，不管它是勾兑的、配制的还是全部酿造生产的。

高明的勾兑师用好的专用酒精加上适当的香精确实可以调制出中低档的饮用酒，目前还调不出高档酒，这是因为人们对酒真正的认识还在“初级阶段”，这种配制酒由于缺少发酵过程的生物代谢产物，一般不如好的原浆发酵优质酒。站在化学家的角度看，用食用酒精加香精配制的酒安全度更高，香味、品质更加稳定可靠，今后最好的、最高档的酒肯定是这种配制酒。非专业的勾兑者和配制者调制出来的产品质量肯定不好，用极其廉价的材料调制出来却想获取暴利的当然只能是“伪劣产品”了。实际上，缺少技术、设备落后的一般发酵酒口感差，卫生指标、成分等还不如配制酒，饮用以后也会出现视力下降、头痛（所谓“上头”）等不适反应。

消费者有权知道自己购买的酒是“原浆发酵酒”还是“配制酒”，所以生产厂家必须在商标上注明。半“原浆发酵”半“配制”的酒、在酒醪里加酒精蒸馏或搅拌过滤得到的酒等也都要如实告诉消费者，让消费者自己选择是否购买。

念过化学的人都相信，只要把各种酒里面的成分"弄清楚"，"依样画葫芦"就可以配制出这些酒了。理论上这个想法没有错，只是到目前为止，虽然市面上"简单地"用食用酒精、酒用香精、水和色素调配而成的调配酒也有一定的销路，但它们的"品质"尤其是口感还是与用酿制法（白酒则要蒸馏）得到的酒（加适量的香精"调整"而不是"全配制"）有相当的差距。也许随着分析手段越来越"高明"，今后有可能像配制香水一样，全部用食用酒精、酒用香精、水和色素调配出的"名牌酒"和调香师独创的"特香型"酒也能得到民众的喜爱。

相对来说，各种白酒的配制是比较容易的——中国白酒香精有：浓香型白酒香精、酱香型白酒香精、清香型白酒香精、米香型白酒香精、凤香型白酒香精、豉香型白酒香精、芝麻香型白酒香精、药香型白酒香精、特香型白酒香精、兼香型白酒香精等；洋白酒香精有白兰地香精、威士忌香精、老姆酒香精、伏特加酒香精等。用这些香精加上食用酒精、水就可以配制出香气不错的白酒，但味感稍差一些，还得根据评香组的意见进行某些调整，必要时再加入少量的酸、甜、苦、咸、鲜、辛、辣、涩等味感物质才行。

色酒的配制就难得多了——果酒香精有白葡萄酒香精、红葡萄酒香精、橘子酒香精、荔枝酒香精等；黄酒香精有浙江绍兴黄酒香精、山东即墨老酒香精、河南双黄酒香精、福建龙岩沉缸酒香精、福建老酒香精等；啤酒香精有生啤酒香精、黑啤酒香精、低醇啤酒香精、无醇啤酒香精、运动啤酒香精、果味啤酒香精、小麦啤酒香精等。用这些香精加上食用酒精、色素、水、二氧化碳（汽酒）可以配制出外观有点像、香气也不错的酒，但味感差多了，还必须加入各种糖、苦味物质、涩味物质、辛辣味物质、酸味物质等才能调出令人满意的"作品"。有的果酒可以加入各种水果原汁，像真度会高些，口感也比较好。

药酒的配制有各种技巧，直接用食用酒精浸泡草药或某些植物材料，滤出清液后再加入适量的药酒香精、水、色素就可以配制出不错的药酒了——有时候加水后会显得浑浊，还需过滤一次才能装瓶。药酒香精有春生堂药酒香精、五加皮药酒香精、妙沁药酒香精、龟寿酒香精、劲酒香精、五蛇酒香精、五精酒香精、周公百岁酒香精、安胎当归酒香精、愈风酒香精、红颜酒香精、腰痛酒香精、八珍酒香精、十全大补酒香精、鹿茸参鞭酒香精、五味子药酒香精、八珍酒香精、人参酒香精、枸杞酒香精、调经酒香精、当归酒香精、杜松酒香精、金酒香精、利口酒香精、味美思酒香精、苦味酒香精、龙舌兰酒香精等，这些香精在配制的时候都已大量使用草药或某些植物材料的提取物（包括精油），有的直接加食用酒精、水过滤后就是各种药酒了。

各种酿制酒和蒸馏酒经过勾兑后往往香气还是不够，可以使用上述的各种香精加香，也可以根据检测结果加入适量的某些香料以加强香气，这是所有酒厂公开的"秘密"。用勾兑后的酿制酒和蒸馏酒加上完全用食用酒精制作的"配制酒"混合也能制造出质量上乘的各种"名牌酒"，只是酒厂目前还不愿意公开让民众知道罢了。

第五章 饲料的加香

作为一个农业国，我国几千年来都是“一户一猪”、“一人一猪”或“一亩一猪”的家庭养殖方式，牛羊鸡鸭兔鱼虾蟹等也是以家庭养殖为主，没有形成规模。直到20世纪80年代中期，我国的饲料工业才开始有了一定的基础。随着民众生活水平的迅速提高，肉类消费量快速增长，促使禽畜饲料生产业也随之飞跃发展。

目前，我国年产饲料20000多万吨，其中配合饲料7000多万吨，已成为仅次于美国的世界第二大饲料生产国。饲料工业在我国已形成一个大规模的产业部门。对饲料香精的研究开发，也早已提上议事日程。认识和研究国内外饲料香精的发展状况和应用技术，对提高我国饲料的质量、推动饲料工业的发展、提高动物生产水平都是很有意义的。

第一节 饲料香味剂

饲料香精通常被称为饲料香味剂，它是通过研究、利用畜禽嗅觉、味觉等生理学原理，用来改善和增强饲料的天然口味与气味，促进采食、生长、生成的一类感官添加剂，是一类为了改善饲料适口性，增强动物食欲，提高动物采食量，促进饲料消化吸收与利用，而添加于饲料中的特殊添加物。

饲料香味剂根据它的组成特性，所含成分大都是一些极易挥发的物质，保存时间短，加工过程中易损失，但它可以使饲料具有特殊的香味和掩盖不良气味、改善饲料的适口性、提高采食量、赋予饲料商品风格特点等优点。

饲料香味剂按其性状及工艺特点，一般可分为液体型、拌合式粉末型及微胶囊型等。在饲料工业中使用较多的为拌合式粉末型饲料香味剂。在饲料生产中，考虑到一般饲料为颗粒状态，粉末型饲料香味剂易分散均匀。而液体型饲料香味剂和微胶囊型饲料香味剂在应用中较少，前者在饲料颗粒中不易分散；后者相对加香成本较高。

饲料用香味剂主要采用具有一定挥发性的天然物质（如从植物的根、茎、皮、叶、花、果、籽等提取的香味物质）和人工合成香原料（如醛、酮、醇、酸、酯、醚、杂环化合物等）的几种甚至数十种、数百种香料，经过专业调香师科学和艺术的调配制成。由于饲料用香味剂是由多种香料物质组成的复杂混合体，也可以把它视为是一种高浓度的食品级香精。

饲料香味剂不仅仅是一种香料，也是一种香、味统一的结合体；饲料香味剂具有动物喜好的香气和味道，引起动物食欲；能散发飘逸的香气，感染周围的环境，通过呼吸刺激嗅觉，诱导动物采食量的增加；具有良好的适口性，能刺激味觉，促进动物继续采食；“香”和“味”相互促进，发挥协同作用，构成饲料香味剂的基本特征。通过以上几种感觉的共同作用，使动物获得一种愉快的食欲心理，经过条件反射传导到消化系统，促进唾液、胃液、胰液及胆汁的大量分泌；促使淀粉酶、蛋白酶、脂肪酶的分泌增加，加快胃肠的蠕动，提高动物的采食量和消化吸收能力，从而促进畜禽的生长发育，提高动物的生产性能和饲料的利用效率。

我国生产的饲料目前应用香味剂最普遍的是猪饲料，鸡饲料、宠物饲料次之，其他动物(牛、羊、兔、鸭、鹌鹑、水产动物、特种动物等）饲料较少。幼畜饲料及宠物饲料的使用量最多。用于猪饲料的香味剂虽然有很多香型，但饲料厂乐于使用奶香、果香、复合果奶香、鱼腥香等香型的香味剂。鸡饲料用鱼腥香、辛香（如茴香、大蒜）等香型的香味剂。宠物饲料用鱼腥香、肉香等香型的香味剂。牛饲料用奶香（犊牛)、辛甜香（如茴香、肉桂)、草香等香型的香味剂。

饲料用香味剂的主要作用如下。

① 改善饲料适口性，增强动物食欲，促进动物对饲料的消化、吸收和利用，加快动物生长速率，降低料肉比。

饲料适口性取决于其颜色、滋味和气味等。动物与人一样，对食物的色、香、味有感官上的要求。饲料用香味剂其实是利用香刺激嗅觉器官，再由大脑发出指令，促使消化液分泌和胃肠蠕动，产生食欲，启动采食行为。

② 掩盖饲料中的异味，改善适口性。

现代畜牧业生产为了降低饲料成本，配合饲料中除了谷物类饲料外，还使用许多廉价、适口性差的原料，如使用低价的能量或蛋白质饲料（如棉籽饼、菜籽饼、玉米胚芽饼等)、农副产品的下脚料、食品轻工业的副产物、新开发的原料（如混合油、动物副产品）等，还添加了工业合成原料如维生素、无机盐、矿物质元素及各种药物等多种添加剂。这样就改变了谷物饲料的天然口味，有时还会有异味产生，从而影响了饲料的适口性。添加饲料用香味剂可掩盖饲料中的不良气味。

③ 维持畜禽在应激状态下的采食量，提高应激或患病时畜禽的采食量，有助于治疗疾病。

由于畜禽生长发育不同生长阶段的饲料原料、价格的变化，饲料配方需经常改变，虽然其营养价值不变，但由于各种原料对畜禽的适口性不一，再加上畜禽对饲料风味的铭记特性，饲料变化势必影响采食量，使用饲料用香味剂可使不同批次的饲料具有相同的香味，使饲料保持原有的色香味，诱使动物采食，维持原有的采食量，顺利适应配方的改变。动物应激时（热应激、断奶、分组、运输)，导致采食量下降，而添加饲料用香味剂可缓解这一反应，抵抗换料、高温、疾病等引起的应激反应。

④ 刺激消化液分泌，提高营养消化吸收率。

饲料用香味剂可刺激动物的视觉、味觉、嗅觉，然后经条件反射传导到消化系统，引起唾液、胃液、肠液及胆汁等的大量分泌，提高蛋白酶、淀粉酶、脂肪酶的含量，加快胃肠蠕动，增强消化运动，有利于固体饲料的咀嚼、吞咽和消化吸收，使饲料中的营养成分充分吸收，促进畜禽的生长发育。

⑤ 使饲料更具商品性。

目前顾客购买饲料时，不仅考虑营养水平，也要闻气味、看外观。添加饲料用香味剂，可使饲料具有独特的芳香气味或某些特征性的气味风格；另外，在饲料中使用特定的饲料用香味剂，可作为产品标记，提高饲料商品的竞争力，有效防止假冒。

⑥ 有利于开发新的饲料资源，降低饲料成本。

使用饲料用香味剂，可提高非常规原料的用量，降低饲料成本，开拓新的饲料资源，扩大农副产品的综合利用范围和程度，缓解人畜争粮的矛盾。

动物嗅觉的敏感性与嗅细胞的多少有关，嗅细胞存在于鼻腔深部的嗅黏膜内，嗅神经细胞通过专门的组织结构捕捉气味分子，嗅腺分泌物将之溶解。嗅细胞突起穿过筛板进入脑部嗅球，到达丘脑外嗅觉感受中心。按嗅觉能力的大小，动物，包括人在内，可分为三大类，如表 5-1 所示。

表 5-1 按嗅觉能力的大小对动物的分类

项 目	嗅上皮细胞面积/cm^2	每平方厘米神经细胞数
无嗅觉类(鲸、海豚)	0	0
钝嗅觉类(鸟、人类)	5	10～20
敏嗅觉类(家畜哺乳类,包括猪、牛、兔等)	70～100	125～225

动物味觉的敏感性与味蕾的多少有关。味蕾是味觉的基本单位，是由特殊神经细胞产生的，位于舌黏膜上，由味觉细胞与支持细胞组成。味觉细胞有一系列的感受纤毛，聚集在味孔处，溶解于唾液中的有味物质被味毛所捕捉后，诱发了一系列类似嗅感觉的神经传递。调味剂内的挥发性部分引起动物对饲料的注意，在咀嚼过程中，出现新的味道，与饲料的味道混在一起，导致不同的味感觉。表 5-2 列出各种动物味蕾数目的比较。

表 5-2 各种动物味蕾数目的比较

物种	数目	物种	数目
小鸡	24	鸭	200
猫	470	狗	1070
人	9000	猪	15000
山羊	15000	兔	16000
奶牛	35000		

可以看出，家禽在嗅觉和味觉两方面都很迟钝。人的嗅觉也很迟钝（与家禽相似），但味觉敏感度比家禽高。猪、牛、兔的嗅觉和味觉都很敏感。大多数哺乳动物的味觉敏感度都比人类高。因此，在动物饲料中加香味剂，不一定要让人嗅闻、品尝，也许人不觉得香味浓，而其他动物已经觉得很浓烈了。

第二节 饲料香味剂的质量控制

饲料用香味剂一般要求其特殊性能强，符合特定动物的品种年龄及口味嗜好要求；其香味浓度相对稳定性好，可不同程度地耐受加工、运输、贮存中各种不良因素的作用；配伍性好，与饲料原料及其他饲料添加剂配伍性不冲突；均匀性及一致性好，以免在混合饲料时发生分级现象；安全性好，在动物产品中残留少。生产饲料用香味剂所用的各种天然香料、合成香料及溶剂等其他辅料，必须符合食品添加剂所允许使用原料的规定。为判断饲料用香味剂的质量优劣，可以通过下列几项主要指标来控制。

1. 外观

外观主要有色泽、颗粒度、自由流动性几项质量控制指标，色泽可通过对生产样品与标准样品在适当的光线下用视觉进行比较。

颗粒度是控制粉末香味剂颗粒直径大小的指标。一般可规定一个幅度范围，并标明符合该幅度范围的颗粒在香味剂整体中占有的最低百分数，可用生物显微镜结合测微目镜测定。

香味剂本身加工颗粒体积越小，其单位体积内的表面积越大，且与饲料颗粒的接触机会就愈多，愈能发挥香味剂的作用。添加了香味剂的饲料颗粒越小，气味散发面积越大，香气相对就感觉越浓。

自由流动性可通过把粉末香味剂置于经干燥的有塞玻璃瓶中加以摇晃，应无粘壁现象。

2. 香气

感官指标，需熟悉香气和香味的有经验的人员来评判，方法是对生产样品与标准样品通过对比来进行感官评香和评味。

描述或交流“香气”是非常困难的，需要特殊培训。“香气语言”是建立在互相了解的表达方式上，例如：奶香、辛香或果香。这些描述方式都是不精确的，“辛香”可以表示茴香、丁香、肉桂，“果香”可以表示草莓、青苹果、香蕉。调香师采用单一标准以达到精确描述：玫瑰花香像苯乙醇，青苹果像顺式-2-己烯醛，新鲜奶香像牛奶内酯。不熟悉香气语言的普通人“知道”他们所想象的香味剂，但无法描述出来，最好是研发饲料用香味剂的调香师和客户之间加强交流，理解客户的意见，满足他们的想法，使客户得到满意的产品。

饲料香味剂是给动物闻的，不是给人闻的，只有带着饲养动物喜欢的香气才能作为饲料香味剂。所以研究饲料香精的调香师和饲料加香的实验师都必须反反复复地做“动物实验”，把香精和香味剂给饲养动物嗅闻、把加香后的饲料给动物试吃，观察动物的喜好或厌恶，通过实际采食量才能决定该香味剂是否有效。至于饲料厂的采购人员、饲料经销商、饲养员等对香味剂香气的要求都应该排在次要位置。

3. 含水量

水分指标可通过干燥失重法进行测定，是否符合在该产品标准所规定的范围。含水过高的香味剂会形成黏结，失去疏松、自由流动的状态，给使用带来困难。可通过把粉末香味剂置于经干燥的有塞玻璃瓶中加以摇晃，应无粘壁现象。另外，含水量高，不利于香味剂气味的散发，外在表现为香气不足。

4. 挥发性和热稳定性

饲料香味剂要具有一定的挥发性，又要有一定的稳定性（货架寿命，一般为一年），在饲料加工、制粒及贮存中不致逸失走味，保持其功效。还要求与饲料混合后有一定的保存期（一般为一个月）。

一般通过应用对比实验的数据来判定其优劣性。

5. 有效性

能改进饲料适口性，增进动物食欲，提高采食量和日增重，在饲料本身配制合理时还可提高饲料转化率。能赋予产品特殊的风格和增强商品性。

6. 理化标准

质量要稳定，每批产品内和不同批次间都均匀一致，粉末固体产品不能分层和结块、结球，这便要求载体粒度小且各组分均不吸潮。化学稳定性好，和饲料中的其他组分间不产生化学反应，也不致过快自身氧化分解，产生不好的气味和味道。

其他卫生和细菌、重金属指标按国家标准检验。

第三节　正确选用饲料香味剂

饲料质量的高低主要取决于营养水平、采食量和消化吸收三大要素。营养均衡，采食量大，消化吸收好的饲料才是优质饲料。在饲料中添加香味剂不仅可以提高采食量和消化吸收率，缓解断奶、高温、惊吓、运输、更换饲料等各种应激反应导致的食欲下降，生产性能降低，而且可以大大提高饲料产品的质量档次，增强饲料企业的市场竞争能力，有利于商品销售，给厂家和用户都带来显著的经济效益。一些经营效益较好的饲料厂生产的饲料价格虽然高，但质量好，猪、鸡爱吃，长得快，用户欢迎，畅销不衰，其奥秘之一就是使用了饲料香味剂。因此，正确选用饲料香味剂是提高饲料产品质量的有效途径。

在饲料中加香味剂时必须根据不同动物对香味的敏感性，采用不同类型的香味剂。选择时除考虑香味剂本身的味道是否适用于动物及饲料成本外，还应考虑以下几个方面。

① 稳定性：指香味剂在贮藏期、饲料加工期、饲料再贮藏期的品质稳定性；

② 调和性：与其他原料、添加剂混合时是否会影响香味剂的功效；

③ 香味剂本身的均匀度、一致性、分散性、吸湿性是否正常；

④ 用量效力、耐热程度、安全性；

⑤ 酯类化合物及芳香族醛类对碱性物质很不稳定，混合时应注意。

明确使用对象和使用目的，了解使用动物的风味嗜好。如果目的是诱食、维持或提高采食量，必须选择带有动物喜好的风味的香味剂，结合嗅觉和味觉的效果更佳；在乳猪料中，如果所用的香味剂不带甜味剂，需另加。另外，乳猪、小猪与中大猪对气味、口味的偏爱不一致，应选择相对应的香味剂。

对香味剂性能有更好的了解。用户须了解的香味剂性能包括香气的香型、安全和稳定性、用量与香气强度的关系、加香技术等。

选用动物所熟悉和喜爱的风味。在改变香味剂产品时，避免太突然的改变风味，可采取渐进或过渡的方法，这样可避免动物对带有新风味饲料的排斥。同时兼顾传统偏爱，协调香味剂的风味与购买者感觉之间的关系，使顾客只要一闻到或感觉到那香味，就知道饲料的质量可靠。

添加香味剂不是万能的。香味剂添加是在保持饲料质量的前提下对饲料的衬托，而不是喧宾夺主，这对饲料生产者更为重要，要有充分的认识。目前多数饲料厂自制饲料只考虑营养与价格，而把适口性完全寄希望于香味剂上，忽视有些原料缺陷是香味剂不能弥补的。一些含有较高有毒有害成分的原料，像含胰蛋白酶抑制因子的大豆饼粕、含抗硫胺素因子的生鱼粉等，常常伴有苦、涩、辣、麻等不良口味，如制订配方时不加选择、处理和限制，香味剂就不能有效地发挥其作用。

不要试图用香味剂掩盖腐败变质和霉变污染的饲料，这样做会对动物造成极严重的后果。霉变的原料加香味剂不仅不能起掩盖作用，还会因香气组分的挥发而增大不好的霉变气味，饲料中腐败油脂味在香味的作用下极易挥发增大。

不要用与香味剂有拮抗作用的原料预混合。避免香味剂与矿物质、药物等直接接触，以保护香味剂香气在饲料中发挥作用。

香味剂也属添加剂范畴，对其粒度要求同其他添加剂一样。加工颗粒越小，与饲料颗粒接触的机会就越多，越能发挥作用。另外，对加工时辅助基质的选择及加工方法也有一定的要求。

避免香味剂中的香味过浓。在香味剂应用上有一个误区，用户为了追求促销效果，认为香味越浓越好，实际上这可能对饲料的诱食性有负面影响。

第四节　饲料香精的添加方法

液体饲料香精可以采用喷雾加香的方法加入饲料中，但目前应用得最普遍的是把液体香精先同甜味剂、咸味剂、酸味剂、抗氧化剂和各种添加剂及载体拌成粉状“预混料”（俗称饲料香味剂或饲料香味素）再加入饲料中去。

在颗粒料、膨化料的生产中，由于有一段“高温处理”过程，会造成一部分香精挥发损失。此时可以采用内外加结合的添加方法，在制粒前和制粒后各加入一部分香料，这样可使颗粒料里外都有香料，既能使头香浓郁，又保证了香味的持久性。对于不同香型的香味剂添加方法也有差异，奶香型、豆香型、坚果香型等香精较耐高温，宜于内添加，果香型香味剂飘香性较好，宜于外添加。在颗粒料、膨化料、预混料、浓缩料中采用内加甜、外加香的效果也是不错的。

一般来说，液体或颗粒状香味剂可在从预混到制粒的任何环节添加，但应考虑香味剂的类型与组成。香味剂的香味主要由挥发性含氧化合物所致，氧化速率直接影响香味剂作用时间的长短。因此，可采用中效香味剂和长效香味剂进行混合；在颗粒饲料生产中，需用对热相对稳定的香味剂；有机酸可与香味剂化合，颗粒黏合剂会吸附香味剂而影响其作用，另外，香味剂的添加顺序也很重要。

1. 内加

首先，取适量香味剂与粉末状谷物或其副产品进行10倍以上的预混合，使香味剂在饲料中均匀分布。其次，待所有营养和非营养性添加剂进入混合机后，再从投料口投入已预混合好的香味剂。制粒过程中，在满足制粒要求的条件下，使温度、压力减到最低，减少香味剂气味的散失，同时也可减少维生素的损失。

2. 外加

由于在制粒过程中，高温高压及抽气快速降温两道工序使香味剂的损失很大，近年来有的国家采用喷雾加香技术，即在制粒冷却后将香味剂喷雾加入饲料中。在我国目前的加工条件下，一般可在颗粒料经振荡筛落入饲料袋中的过程中加入，也可直接在封口时加入。

3. 内外加相结合

内加香味剂可用持久性好、耐高温的香味剂，外加时可用有耐60℃温度、价格较低的香味剂。

第五节 猪饲料加香

在猪的饲料中添加香料最初是为了使那些开始用人工乳代替母乳的仔猪喜欢吃食。一般仔猪生下后先由母猪哺乳1～2个月，然后逐渐用饲料代替母乳。如果不及时断奶，便会影响母猪下一次受胎。在人工乳中加有母乳香气的香料可以提高仔猪对人工乳的嗜好性。一般仔猪饲料中使用的香料是带甜味的牛奶味香料，它可以使仔猪联想起母乳的香气。加入香料的人工乳可以使仔猪消化酶的作用活跃起来，促进消化。由于猪的嗅觉敏感，所以香料的用量以及饲料中鱼粉、氨基酸等成分对于香味的影响都必须充分考虑在内。仔猪喜好的香料成分有丁二酮、乳酸乙酯、丁酰乳酸丁酯、丁酸和异丁酸及其酯类、香兰素、乙基香兰素、乙基麦芽酚、茴香脑等。有人提出猪对蔗糖和谷氨酸钠也有嗜好性。

猪的嗅觉敏锐，仔猪喜食带甜味的牛奶香味的饲料。小猪在舒适或非应激条件下，一般不会采食不同气味的新饲料，喜食与母乳相似的香味。大量的饲养实验表明，在仔猪开食料中，添加与母乳气味相似的带有奶酪味和甜味的饲料最易被仔猪接受。尽管饲料香精的作用随仔猪日龄的增长越来越小，饲料香精对生长猪仍有显著的效果。一般情况下，猪饲喂香味剂后采食量提高 5%～20%，日增重提高 17%～25%，饲料报酬提高 8%～12%。

在食物供应充足时，猪对香味相当挑剔。国内应用较多的猪用饲料香味剂有乳香香型、果香香型、甘草香型和谷物香型等，现在还有巧克力香型、鱼腥香型和辛香型等。近年来还有一些生产厂家在奶香型中添加青草香味，使饲料更具有天然风味。

第六节　家禽饲料加香

家禽的味觉差，对苦、咸不敏感，故苦药不影响采食和饮水；严格控制食盐含量（0.3%以下），含盐药物或添加剂尽量拌料给药，尽量不饮水补盐，否则，越饮越渴，越渴越喝，尤其是一月龄以内的小鸡，血液中的食盐比成年鸡更容易通过血脑屏障而中毒。

家禽有挑食颗粒料的习性，又几乎无味觉，故食盐或药物颗粒的细度最好接近饲料，否则容易中毒，需严格控制含量、均匀度和细度。

家禽的嗅觉比味觉好，拒饮、拒食有气味的药物，如：氯苯胍、氯羟吡啶等，这些药物的存在会影响家禽觅食，也影响采食和饮水。对于喜欢的气味则能促进饮食。

例如鸡的味蕾只有 20 个，由于鸡的味觉较差，为了增加鸡的采食量、重量和成活率，节省饲料，一般采用辛香型、鱼腥香型、巧克力香型的饲料香味剂。因为这类香料和香精的香比强值高（阈值较低），可以对鸡的嗅觉和味觉产生刺激。

鸡喜欢食用带有辛香、茴香、果香和酒香味道的饲料，并喜欢带有蒜香味的饲料。大蒜不仅可以促进食欲，而且具有杀菌、防止下痢、防止产蛋率下降和提高鸡肉香味的作用。一般在夏季使用，是消除高温应激造成鸡生产下降的重要手段。

其他家禽也与鸡接近，选择饲料香味剂都同鸡相似。

第七节　牛和其他食草动物饲料的加香

根据牛的不同种类、年龄和重量调配的香味的主要用途在于牛犊断奶和喂养奶牛。牛犊断奶期间，如需要尽快地过渡到使它进食，可以采用代乳品和加香饲料。一般牛犊喜欢乳香味和甜味。奶牛喜欢柠檬、干草、茴香和甜味的饲料。奶牛出的牛乳与饲料有很大的关系。夏天用青草作为主要的饲料，牛乳中会有青草的香味；而到冬天用干草作为主要的饲料，牛乳中会有香甜的气味。

牛奶的风味、色调能随饲料发生变化，也就是说，饲料中的香气成分可以转入到牛奶中去。另外，当强迫仔牛断奶时，仔牛常常因为一时不习惯而不爱吃食，以致造成营养不足停止生长发育或生病等情况。通常，仔牛生下后用母乳哺育十天左右开始用代用乳饲养。在代用乳中加有牛奶味的香料。直到仔牛长到六七周时才逐渐改用人工乳饲养。但人工乳中所用的香料仍然以牛奶味的香料为主。反刍胃尚未发育完全可和单胃作同样考虑。除了牛奶味香料以外，还可使用茴香油，但也有报告提出，在实际应用时，茴香油使牛的嗜好性降低，其原因可与人类的嗜好作相同的解释。还有一些报告指出，牛对于乳酸酯类、香兰素、柠檬酸、丁二酮、3-羟基-2-丁酮、尿素、砂糖等也有嗜好性。

其他食草动物饲料的加香都同牛饲料加香大同小异。

第八节　鱼饲料加香

鱼用饲料香味剂中主要有鱼粉、酵母、植物蛋白以及鱼类喜好的各种香料。使用鱼用饲料香味剂时要考虑鱼的种类对嗅觉的要求以及鱼的味觉等对饲料的要求。一般来讲，肉食性鱼类喜欢腥味和肉味的香料，而草食性鱼类喜欢具有草香、酒香型等有植物芳香的香味。此外，大蒜素、甜菜碱、酸味、苦味、甜味和咸味都对味觉迟钝的鱼类有反应。现在许多厂家利用天然香料、特有鱼油以及各种甲壳类提取物为原料，将鱼类香味剂的市场不断翻新。

鱼虾类水族一般都喜欢鱼腥香味的饵料，其香味的主体大致是δ-氨基戊醛、δ-氨基戊酸等。曾经用鳗鱼、鲤鱼、鳟鱼、鲫鱼、虾等对鱼用饲料香料进行对照实验。在这些鱼的饲料中主要原料是鱼粉，出于经济目的也可用植物蛋白质代替，在其中添加壬二烯醇、δ-氨基戊醛、δ-氨基戊酸、甜菜碱、海鲜香味料等。植物蛋白质在咬食、嗜好性、消化性等方面还存在一些问题。在上述各种鱼类中，幼鳗鱼的饲料主要使用蛤仔香精、虾香精、海扇香精等。

南方常见鱼种适用的添加剂如下：

鲫鱼——蛋奶、草莓精、香草、花生粉、地瓜粉、杏仁精、寒梅粉、香虎、氨基酸、南极虾粉、蚕蛹粉等；

鲢鱼——凤梨精、寒梅粉、蛋奶、香草、杏仁精、香蕉精、花生粉、地瓜粉、黑粉、蒜头精、香虎、玉米淀粉等；

草鱼——凤梨精、香蕉精、杏仁精、花生粉、香虎、蛋奶、草莓精、地瓜粉、氨基酸、蒜头精等；

福寿鱼——南极虾粉、鸡肝粉、鳗鱼粉、蛋奶、黑粉、香虎、氨基酸、玉米淀粉等；

鲮鱼——香草、杏仁精、花生粉、香虎、蛋奶、草莓精、虾粉、玉米淀粉等；

鲤鱼——花生粉、地瓜粉、蛋奶、草莓精、香虎等；

乌头鱼——蛋奶、花生粉、寒梅粉、香虎等；

武昌鱼——香虎、香草等。

不同季节、不同水域环境、不同厂商的香精品牌型号不同，香精的扩散力和渗透力会有差异；同时，不同水域鱼的嗜好不同，香料香精对鱼的诱食性也会有不同程度的差异，如何用好香料香精还是要多实践，多摸索。

鱼饵香精在钓鱼调饵时的参考用量如下：

① 油质香精的一般用量为0.1%～0.15%；

② 水质香精的一般用量为0.35%～0.75%；

③ 水油两用香精的一般用量为0.25%左右；

④ 乳化香精的一般用量为0.1%左右（0.08%～0.12%）；

⑤ 粉末香精适用于膨化饵的用量为0.2%～0.5%；

⑥ 调味料香精的一般用量为1%左右；

⑦ 饲料用香精的一般用量为0.5%左右。

总的原则是：必须根据季节、水温、水质的变化，对饵料的“香、酸、甜”进行调整。例如：当水温较高，水底有较厚的淤泥时，所配制的饵料为“六分酸四分香”，初闻是酸味，再仔细闻是香味，即“酸里透香”。为什么水温高时，要“六分酸四分香”呢？因为水底的食物容易变馊发酸，鱼儿对此已经习惯。假如光香不带酸味，反而不灵。然而季节渐渐变凉后，水温也随之下降，应以“六分香四分酸”为宜，即“香里透酸”，实践证明，只要随季节变化而调整饵料的味道，就可以收到较为满意的效果。

夏季还可以考虑使用——臭味饵！一般臭味饵用臭豆腐或者韭菜大葱发酵水。

不同的水产动物，其首选的饲料香精不同，养殖者应根据所饲养水产动物的品种选择最适宜的饲料香精。在水产动物不同的生长阶段和养殖条件下，饲料香精的适宜添加量有所不同，应根据实际情况选择最佳添加量。针对水产动物的不同化学感受器，水产饲料的香精可由两种或两种以上的引诱物质混合组成，以达到功能协同增强的效果。

第六章　烟草的加香

全世界生产烟草的国家有一百三十几个，从产量看，以亚洲为最多，约占世界总产量的一半，主产国是中国、印度、土耳其、印度尼西亚、日本、菲律宾、巴基斯坦、泰国和韩国等；北美洲次之，约占世界总产量的1/4，主产国是美国、加拿大、古巴；总产量居第三位的是欧洲，约占世界总产量的1/5，主产国是俄罗斯、意大利、希腊、保加利亚等；在南美洲有巴西、智利、阿根廷等国家；在非洲有津巴布韦和赞比亚等国家。

烟草植物随着生态环境自然变异以及栽培技术和处理方法的不同，形成了烤烟、白肋烟、马里兰烟、香料烟、半香料烟［如俄罗斯的索霍米（Sukhumi）烟］、晒烟和不同用途的雪茄烟等的烟草栽培类型。

烟草采收后需要经过一系列的处理，如干燥、发酵、复烤、陈化等。烟草在处理过程中烟叶所含的化学成分会不断发生变化，并降低叶片中的含水量。处理的方法主要有烤、晾、晒三种。烤制是将烟叶放在烤房中进行，经变黄、定色和干筋三个阶段，再经复烤、贮存、自然发酵、醇化。晾制是将烟叶放在阴凉通风的室内或晾棚中晾干。晒制是利用日光的热量暴晒，蒸发烟叶中的水分，使之干燥。也有晾晒结合或用明火烘烤的。

烤烟主要在中国、美国、巴西、加拿大、日本、印度、津巴布韦、韩国、阿根廷等国家种植。我国烤烟产量约占世界烤烟总产量的50%，美国烤烟产量约占世界烤烟总产量的10%。白肋烟主要在美国、日本、韩国、巴西、墨西哥、西班牙、保加利亚等国家种植。美国白肋烟的产量约占世界白肋烟总产量的38%，居首位。香料烟主要在土耳其、俄罗斯、希腊、保加利亚等国家。土耳其的香料烟产量约占世界香料烟总产量的25%。雪茄用烟叶主要在美国、古巴、菲律宾、印度尼西亚等国种植。

就不同类型烟草的产量来说，全世界以烤烟为最多，深色晾烟和晒烟占第二位，香料烟第三，白肋烟居第四，其他为淡色烟、雪茄烟等。在烟叶的贸易方面，英国、德国和法国本国产烟很少，以进口为主；土耳其、希腊、津巴布韦、巴西等国产烟较多，以出口为主；美国的进出口量都比较大。

我国现在是世界上产量占第一位的产烟国，烟草制品有：卷烟、雪茄、斗烟、嚼烟、鼻烟和我国的水烟等品种。

① 卷烟（Cigarette）。用卷烟纸将烟丝卷制成条状的烟制品，又称纸烟、香烟、烟卷。有滤嘴卷烟和无嘴卷烟，又有淡味和浓味之分。卷烟开始进入中国商品市场是在1890年，设厂制造则始于1893年，产销逐年增加。自1980年起至今，中国卷烟产量居世界各国的首位，是目前烟草制品中最主要的品种。

② 雪茄烟（Cigar）。由干燥及经过发酵的烟草卷成的香烟，吸食时把其中一端点燃，然后在另一端用口吸咄产生的烟雾。雪茄烟草的主要生产国是中国、巴西、喀麦隆、古巴、多米尼加共和国、洪都拉斯、印度尼西亚、墨西哥、尼加拉瓜和美国。雪茄在烟草制品中也是较为重要的品种，其用烟叶量占烟草总产量的9%～10%。基本是以晾晒烟叶为主，经醇化和重复发酵，使其自然产生香味物质。国际上目前仍以古巴的“哈瓦那雪茄”代表优质高级品；菲律宾

的“马尼拉雪茄”为高中级雪茄烟的代表。

③ 斗烟（Pipe Tobacco)。用烟斗吸抽的香烟。因其成品往往呈板块、片状或条块，故习惯上又称“板烟”。

④ 鼻烟（Snuff)。鼻烟是把优质的烟草研磨成极细的粉末，加入麝香等名贵药材，或用花卉等提炼，烟味分五种：膻、糊、酸、豆、苦。因为鼻烟放在鼻烟壶里容易发酵，所以一般把它用蜡密封几年乃至几十年才开始出售。鼻烟是古老的烟草制品之一。清代赵之谦说：中国最先传入的烟草制品是鼻烟，明万历九年（1581 年）由利玛窦带入。让·尼古送给法国皇太后的烟就是鼻烟，曾是法国上层社会的时髦嗜好。鼻烟的制造可分为干法与湿法两种。

⑤ 嚼烟（Chewing Tobacco)。以晾晒烟或烤烟并加香料、树胶制成条块或索状的成品，供爱好者放在口中咬嚼，现在国外的产量很少，国内也少有人嗜嚼烟的习惯。

⑥ 水烟。我国烟草制品的传统品种。早在 1785～1845 年间已有生产，它是要用特制的烟具——水烟筒燃吸的。烟气通过筒内的清水，经过滤洗涤作用，使烟气内的一部分烟碱和焦油溶于水中后再进入口腔。

虽然全球“戒烟”的口号铺天盖地，但仍然可以预见今后世界烟草的产量还会继续增长——发达国家烟产品的消费确已开始下降，但是人口更多的发展中国家的烟草市场却在快速增长之中。

第一节　吸烟与健康

烟草作为一种特殊的经济作物，原产于亚热带地区，起源于南美洲。而由烟草制成的特殊商品——卷烟，一直与人们的生活有着密切的联系，随之而来的吸烟与健康问题就一直受到人们的关注。自 16 世纪初烟草由美洲传入欧洲继而传遍世界后，人们对“吸烟与健康”的问题就有着截然不同的看法。

早期的说法是：吸烟能防瘟疫——1665 年伦敦大瘟疫时就以吸烟为防瘟疫措施。汉堡的一次霍乱流行中，该市烟厂的工人无一得病。在《鲁滨逊漂流记》中也曾经提到过主人公在孤岛上得了痢疾，生命垂危，是烟草治好了他的病，救他一命。我国明代张景岳所著的《本草纲目拾遗》一书中提到烟草流行过程时说：“征滇之役，师旅深入瘴地，无不染病，独一营安然无恙，问其故，则众皆服烟”。但是，与之相反的是反对吸烟的呼声也日益高涨。早在 1604 年英国国王詹姆士一世就发布过《对烟草的强烈抗议》的文告，认为吸烟是一种“视之可恶，嗅之可恨，伤脑损肺的坏习惯”。1639 年，我国明朝崇祯皇帝也曾一度明令禁烟，违者处以劓型。

近代关于吸烟与健康的争论始于 1900 年。一些流行病学者的调查研究发现，肺癌患者的逐步增加与吸烟人数的增加呈正相关性。流行病学统计分析还进一步表明，吸烟不仅与肺癌有关，而且也会造成其他器官的疾病，诸如心血管病、呼吸系统器官的疾病等。1954 年英国皇家医学会、1964 年美国医政总署都正式发表了“吸烟与健康”的报告，综述流行病学研究、吸烟对实验物的影响、吸烟对人和动物的病变机制等多方面的资料，明确提出吸烟对人体是有害的。各国行政管理部门则着手制定各种与吸烟有关的法令和政策，一方面增加税收，另一方面积极宣传吸烟对健康的影响。

可以肯定的是，吸烟对人体健康有一定的影响。但人们需要烟草，而且从多少年来吸烟与反吸烟争论的历史来看，要在短期内从世界上消灭烟草还是不现实的。因此，在烟草行业中，尽量减少烟草的危害性是当前科技人员的使命。

烟叶及烟气中所含物质的种类是随分离鉴定手段的进步而逐步为人们所认识的。在点燃卷烟的过程中，当温度上升到300℃时，烟中的挥发性成分开始挥发而形成烟气；上升至450℃时，烟丝开始焦化；温度上升到600℃时，烟支就被点燃而开始燃烧。卷烟的燃烧存在两种方式：一种是抽吸的燃烧，另一种是抽吸间隙的阴燃。在烟支燃烧时，燃烧的一端是锥形体状，锥体周围的温度最高。抽吸时大部分气流从锥体与卷烟纸相接处的周围进入，这个区域称为旁通区，而锥体的中部却形成一个致密的不透气的炭化体，气流不大容易通过。锥体周围的含氧量很低，以致使燃烧受到限制，也就是说，锥形体周围进行的燃烧是不完全的。这个区域的烟丝就处于一种缺氧干馏状态，处于还原状态。新生烟气中含有6.4%～8.2%的氢气、10.6%～12.6%的一氧化碳、1.3%～1.8%的甲烷，另外还有许多其他的物质。

据1982年的统计资料报道，烟叶和烟气中已鉴定的成分达5289种，其中烟气中有3875种，烟叶中有2549种，烟叶与烟气中所共有的为1135种。烟气气相物中的主要有害物质有一氧化碳、挥发性芳香烃、氢氰酸、挥发性亚硝胺等。烟气粒相物质中的主要有害物质有稠环芳烃、酚类、烟碱、亚硝胺和某些杂环化合物。有一点应指出，并非所有的稠密环芳烃都有较强的致癌性，如苯并芘、烟碱在人体的代谢过程很快，在短时间内即可排出体外，基本不会造成累积性的危害。

一般认为对健康有影响的主要是烟气中的焦油，而真正有害物质只占焦油量的很少一部分。通过研究，烟气焦油中有99.4%的成分是无毒的，只有0.6%是有害的，其中0.2%是致癌的诱发物质，0.4%的促癌物质。因此，应在保证质量的前提下，尽量降低卷烟的焦油量（在各类卷烟中混合型卷烟的焦油量是较低的），或者想办法让这极少量的致癌物质和促癌物质消除掉或化为无毒。

自1954年以来，虽然各国政府和卫生部门在吸烟与健康问题的研究方面耗资巨大，但得出的结论仍停留在流行学的统计和一些推理性的假说上，尚无直接的实验证据加以证明（有毒或无毒）。这里有多方面的原因，一是医学界对许多疾病的病因不十分清楚，如癌症的病因就是一个典型的例子；二是烟草化学成分与发病的关系不是急性的毒害，且涉及遗传、环境和生活习惯等各种因素，还未能做到通过实验确定吸烟就是肺癌的病因。在这种情况下，研究烟草的危害时，不能忽视其他的致病原因。

对于吸烟会导致癌变的主要依据是烟气中含有公认的致癌物苯并芘，有人收集过一些资料，全世界每年向大气释放出来的苯并芘的重量为5000t。其实苯并芘到处皆有，避也避不了，如日常的食物、取暖、室内装修的建筑材料、呼吸的空气都有苯并芘的存在。在大城市中，人们一天呼吸空气中的苯并芘的量就相当于吸50～60支烟的量，就是清洁的城市也相当于吸入5～6支卷烟。所以既不能完全肯定吸烟致癌的说法，但也不能忽视吸烟对健康的影响。

用卷烟焦油做小白鼠的涂肤实验，往往被人认为是吸烟致癌最强有力的证据。但是，有的科学家同时对小白鼠和大白鼠做涂肤实验时，小白鼠长出了肿瘤，而大白鼠却没有。其他的一些动物包括猴子的涂肤实验，结果也是阴性。这里暂且不说小白鼠的血液与人体血液的性质相距有多远，小白鼠的皮肤与人体的呼吸道的结构功能更是大不相同，仅仅在实验时在单位面积上施加的焦油剂量就大大高于正常吸烟时烟气焦油作用于呼吸道的剂量。因此，依据涂肤实验就得出人体的肺部生癌的结论说服力不强。

从国际烟草业来看，发达国家早在20世纪50年代即已投入大量的人力物力进行降低卷烟焦油技术及低焦油卷烟的研究，并取得了较大的成就。在降焦技术措施方面，从物理、化学、配方、加料加香、工艺技术等方面都作了大量的卓有成效的工作。从国内的情况看，近年来国家烟草专卖局及国家有关部门也开始重视卷烟的焦油量问题。随着我国卷烟工业技术的不断进步和产品结构的不断调整，全国卷烟焦油量已大幅度下降，但与发达国家相比仍有较大的差距，主要表现在卷烟焦油量仍普遍偏高且变化幅度较大。随着反吸烟运动的不断高涨和吸烟者健康意识的提高，发展低焦油卷烟，降低现有卷烟、尤其是名优卷烟产品的焦油量已成为烟草行业求得生存和发展的必由之路。因此，稳定、降低卷烟的焦油量，消除焦油里的诱癌物质、致癌物质或使这些有毒成分化为无毒，对于国内的卷烟企业来说，既是机遇又是挑战，更是企业自身参与市场竞争的需要，也是一个企业产品科技含量的体现。

第二节　影响卷烟焦油产生量的因素

卷烟焦油量受烟丝组分、烟支燃烧物质数量、燃烧条件及过滤、稀释等因素的作用，涉及从烟叶生产、产品设计到卷烟生产的各个环节。目前，我国烟草行业在大力开展降低卷烟焦油量的工作方面有几个因素值得研究。

① 卷烟产品类型的影响——我国长期以来已形成以烤烟型卷烟为主体的消费习惯，而且短时间内难以改变这一事实。由于该类卷烟的配方本身就具有高焦油和烟气浓度较淡的特性，因此，降焦难度较大。

② 烟叶质量的影响——我国烟叶长期以来实行计划调拨，烟厂对计划内调拨的烟叶没有选择余地。由于生产技术、气候条件以及小地区的差异而无法控制烟叶的化学成分，这本身就造成了卷烟焦油产生量的不稳定性。

③ 辅料质量的影响——国外卷烟企业所需的辅料能够得到最大限度的质量保证，所设计的低焦油卷烟产品能够保持其焦油量的稳定性。这一点，我国的企业还做不到。

④ 科研机构及经费的影响——在一些发达国家的卷烟制品公司设有专门的产品科研发展部，有大量专职的科研人员，并配备有各种理化实验设备和仪器，设有实验工厂，科研经费完全能够满足产品从设计、研制到投入市场所需的各项费用，这对于我国烟草企业来说暂时是难以想象的。

随着卷烟焦油量的大幅度降低，将导致烟味偏淡且香气不足，使消费者难以接受，因而在降低卷烟焦油量后，如何保持卷烟的香味，是降焦工作的重中之重。为达到降焦保香之目的，应注意下面几点。

1. 烟叶的选择

烟叶是卷烟焦油产生的物质基础，烟叶的物理特性和化学特性直接影响着卷烟的特性和焦油量。烟叶和配方的多变性是导致卷烟焦油量不稳定的主要原因之一。因此，就降焦而言，叶组配方的设计需满足三方面的要求：一是降低卷烟焦油量；二是控制焦油波动幅度；三是满足卷烟降焦后的感官要求。

配方中烟叶的选择应着重于满足降焦后的感官要求，尤其是要保证各种降焦技术应用后的烟味浓度和口感。试图通过在配方中选用一些燃烧后焦油产生量较低的烟叶来达到降焦的目的，在实际应用中很难实现。一是相对其他措施而言，降焦效果不甚明显，二是这类烟叶大多香味不足、香气质较差，难以满足感官质量的要求。因此，应将烟叶生产目标调整为提高烟叶的香气质量，为卷烟工业采用各种降焦措施提供物质基础。同时，要努力提高烟叶的醇化程度，这样一方面可减低烟叶的含糖量，有利于从根本上减少焦油的产生源，有利于改善烟叶的燃烧，另一方面，醇化好的烟叶香气质改善，香气量增多，对低焦油卷烟的香味有提高作用。

根据我国的情况，应将降低焦油量的重点放在烤烟型卷烟上，而不是单纯靠改变卷烟的类型来达到降低焦油的目的，因为85%以上的产品和消费市场是烤烟型卷烟。

2.“两丝一片”的使用

“两丝一片”是指在卷烟中加入膨胀烟丝、膨胀梗丝和烟草薄片。“两丝一片”的加入一方面可以减少烟支含丝量，另一方面由于其组织结构疏松、燃烧性较好，对降低卷烟焦油的效果较为明显。

但对“两丝一片”的使用也要慎重，掺入不当会对卷烟香味产生负面影响。烟丝经膨胀后，由于燃烧速率加快，刺激性也随之增大，香味受到损失，特别是采用干冰膨胀的烟丝，由于液态CO_2将烟叶中的香味物质液化并随高温挥发掉，因此，较大比例的掺兑会降低卷烟的吃味。梗丝和烟丝相比，本身的内含物就差了很多，木质气较重，就更显得烟味差，较大比例的掺兑亦会破坏卷烟的香味。烟草薄片在重组过程中由于一些添加剂的影响，也会产生不良的气息。

鉴于以上原因，应对“两丝一片”作适当的处理，烟丝和梗丝在膨胀前应先进行加料处理，目的在于增加它们的香味，可用一些较耐高温的加料物质。烟草薄片则可作为一些与烟香协调、有增香作用、对遮盖杂气有较明显效果的香味添加剂的载体，使“两丝一片”在利于降焦降耗的前提下为全配方提供一定的香味。

3.发展加香料技术、开发应用新型香料

改变在加料时加入糖和酸的传统做法。因为这两类物质都会降低卷烟的pH，使卷烟烟气偏酸性而使烟气过于平淡，同时糖本身就是卷烟燃烧时增加焦油产生量的一个因素，并使烟丝的填充值下降，从而增加卷烟烟丝的填充密度，造成焦油量增加。可考虑在加料时加入一些反应类物质及一些与烟香协调且挥发性小的天然浸膏类及增香效果明显的单体香料。在改变了传统的加料物质后，烟叶的物理性能（如韧性）可能会受影响，这可以通过调整工艺加工指标予以解决。即使是加料时要加糖，也应严格控制料液中的糖和含糖物质的用量，用量要控制在既使烟草中的含氮化合物全部或大部分参与烟叶工艺处理过程中的棕化反应，又不至于过量。

加香也宜采用一些挥发性小的香料及烟草的天然提取物成分等，使卷烟在燃烧时能产生足够的香味，以克服低焦油卷烟比一般卷烟加香加料较多而容易产生不协调的缺点。加入的香料尽量选用烟叶或烟气中已鉴定出的特征香味物质如异戊酸、β-甲基戊酸、吡咯类、吡嗪类、紫罗兰酮、突厥酮、二氢突厥酮、氧化异佛尔酮、氧化石竹烯和巨豆三烯酮以及烟草提取物、烟草精油和烟花精油等。

另外，采用滤嘴加香，与烟丝加香相比，滤嘴加香可以避免卷烟燃吸期间香料的变化，同时亦可避免卷烟静燃期间香料的损失。据报道，有些草药如芦荟、芳樟、茶叶等的提取物加在滤嘴里可以进一步减少烟气和焦油中有害物质对人的伤害，值得卷烟制造厂家和科研机构多做实验，深入研究取得数据，总结推广。

第三节 卷烟加香

1.烟用香精与卷烟产品的关系

烟用香精是烟草工业的一种辅助材料，是烟草制品添香矫味的重要添加剂。配制烟草香精所用的原料称为烟用香料，这类物质既可调和使用也可以单独使用，其作用主要是增强烟草制品的香气和改善烟气吸味。所有的食用香料都可以作为烟用香料。烟用香精的概念是两种或两种以上的烟用香料，按一定的配比并加入适当的辅料（溶剂、色素、增味剂等）所组成的，专供各种烟草制品加香矫味使用，使之在燃吸时产生优美的香气和舒适的“吃”味的一类烟草制品添加剂。

烟用香精与卷烟产品之间是相辅相成的关系。卷烟配方设计过程一般可用下面的框图表示：

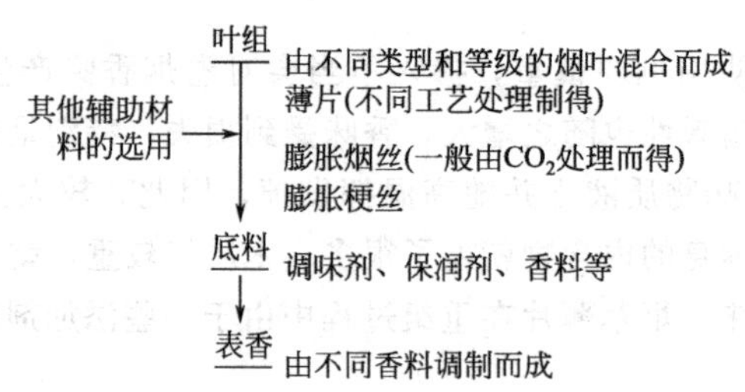

从上图不难看出，卷烟加香在产品设计中占有重要的地位。那么为什么要对产品进行加香加料处理呢？一方面，叶组配方是由几种至数十种烟叶组合而成的，经组合的烟叶配方的化学成分并不能完全达到平衡，抽吸时会表现出不同侧面和不同程度的缺陷，这就必须进行加香及加料，即使是一个完美的叶组配方，若不进行加香或加料处理，产品就不会有特征的风味，也就难使有不同爱好和习惯的吸烟者得到满足。随着低焦油卷烟的发展，卷烟制品的香气经过滤和稀释，香气显得明显不足，因此，卷烟加香越来越重要，对烟草企业而言，没有良好香气与吸味的卷烟产品，企业的经济效益会受到直接影响。

另一方面，烟用香精有其专指性，只能用于卷烟（或其他类型烟草制品）中，而不能用于其他非烟草制品中。如果没有卷烟或其他烟制品的生产，烟用香精也就无法存在。

2. 卷烟加香的目的及作用

卷烟所用的烟叶，经过调制、陈化（或发酵处理）以及合理的配方，使各种烟叶的香味协调起来，形成了不同类型风味的卷烟叶组。由于烟叶某些品质缺点在叶组中不可能完全得到改善，卷烟叶组尚存在例如杂气、刺激、余味等方面的问题，尤其是在上等烟叶原料短缺时表现得更为突出，因此，加香及加料的主要目的就是针对这些方面的问题而进行的具体工作，以期达到使卷烟香气和吸味品质最佳的结果。加香以及加料可表现出以下几个方面的作用。

① 消除不同等级烟叶之间的差异。

卷烟通过料香和表香的辅助和衬托作用，可以有效地达到补充香气、掩盖杂气、改进吸味的目的，原来叶组中各烟叶之间的香气通过加香协调起来，从而减少或消除了不同等级烟叶之间的差异。

② 有目的的增加或增强其他香味，使烟味丰满。

叶组配方之后，尤其是在加入其他变体原料之后，经常出现香气欠丰满和单调的问题，这就要根据设计产品风格的总体要求增加或增强香味，使烟味丰满。

③ 降低干燥感，消除粗糙感，增加甜润度，改善吸味。

烟气干燥和粗糙是配方人员经常遇到的问题，除合理配方以外，加香加料可以起到应有的作用，通过合理加香加料能达到增加甜润度、改善吸味的效果。

④ 加香赋予卷烟特征香，增加对消费者的吸引力。

卷烟作为嗜好品，其特征香是否明显是产品设计成败的重要方面。卷烟的特征香应有独特的风格，一是嗅香和开包香的风格不同，另外，抽吸风格更应有自己的特点。风格特征比较强的卷烟牌号例如 Marboro、中华等产品。

⑤ 加香合适，在一定程度上能提高烟叶等级，由相对低等级的烟叶组成的叶组配方产生级别较高的卷烟产品。

烟用香精的研制和调香，具有特定的要求和目的，从应用技术方面来看，它与其他用途的香精的调配既有共性又有其个性的专门的要求。

可以单独或调配后添加于烟草制品的香料，称为“烟用香料”，“烟用香料”同时也是调配烟用香精的原料，可能是一种“单体香料”，也可能是一种混合物（如天然香料、香基等）。

烟草是农作物，由于品种、种植地、气候、管理、加工等因素经常性的变化，不能保证每一批烟草的香气都一模一样，有时候卷烟厂因为各种原因不得不使用原来未曾使用过的新来源的烟草，因此，调香师得随时改变香精配方，以适应卷烟厂经常性的变化，使得一种牌号的香烟能保持一种固定的香型，至少不能让消费者明显地感到香气有变化。

美国食品及药品管理局规定，从 2009 年 9 月 22 日起，卷烟或它们的组成成分中不能包含除薄荷和烟草以外的任何人造香料或天然香料或任何香草或香料，使其产品或烟雾包含这些特有味道，包括草莓、葡萄、橘子、丁香、肉桂、菠萝、香草、椰子、欧亚甘草、可可豆、巧克力、樱桃或咖啡，并禁止加香卷烟的生产、运输和销售。该禁令的目的是降低吸烟率，烟草每年导致 40 万人死亡，是首要可预防的死亡因素。该禁令尤其是针对年轻人，因为大约 90%的成年烟民从青少年开始吸烟，卫生官员把芳香的烟草产品看作是年轻人通向尼古丁上瘾的门户。美国食品和药品管理局的调查发现，17 岁的吸烟者吸食风味卷烟的概率为 25 岁以上吸烟者的三倍。中国一些学者与中国疾控中心的联合调查也发现，烟民转吸草药香烟最主要的两个理由即味道更好与有益健康。

加拿大参议院于 2009 年 10 月 6 日通过了一项名为“打击针对青年人的烟草市场营销法案”，禁止加香的烟草产品进入加拿大。在 10 月 8 日，这项法案获得了最后批准。根据此法案，加拿大禁止了大多数加香卷烟如樱桃味、奶油味、巧克力味的产品和小雪茄的制造、进口和销售。不过，没有禁止薄荷味的卷烟。

2010 年 11 月底召开的世界卫生组织《烟草控制框架公约》第四次缔约方会议上，171 个缔约方一致通过一项决议：烟草制品中旨在增强吸引力的香料成分应当被管制。这些被“禁止”或“限制”的成分包括：葡萄糖、蜂蜜、香兰素、薄荷、草药等提高香烟可口性的成分；维生素、矿物质、水果、蔬菜、氨基酸等可让人感到有健康效益的成分；咖啡因、牛磺酸等与能量和活力有关的成分。《烟草控制框架公约》的实施准则草案中称：“从公共卫生的角度说，没有理由允许使用调味剂等成分，以使烟草制品具有吸引力。”

“香烟”不能加香，这个新动向值得烟用调香师们高度关注。

我国生产的香烟以烤烟型为主，烟草总产量中烤烟的比重为 80%～90%，混合型较少，其他就更少了。因此，本节列举的香精主要也是用于烤烟型卷烟，一般也可用于混合型卷烟。

烤烟型卷烟有浓香、淡香和中间香三种，可分为甲、乙、丙、丁、戊五级，前三者又分为一级和二级（甲一、甲二、乙一、乙二、丙一、丙二），因此，烤烟用香精又可分为甲、乙、通用三大等级（丙、丁、戊级卷烟使用通用烤烟香精加香）。

烟用香精如按添加方式分类还可分为加料香精、表香香精、滤嘴用香精和外加香精（喷涂在铝箔内壁或盘纸上用的）四类，这四类香精有所差异，香精配制厂可根据卷烟厂提出的要求在原有的烟用香精配方上修改，以适应不同的加香要求。

烟用香精在某些方面与熏香香精相似，吸烟时人们嗅闻得到的也是各种香料和非香料经过熏燃后散发出的气味，因此，调香难度要比调一般的食用香精、日用香精难一些，调香师不但要嗅闻调出后香精的气味，还要凭想象（主要是经验）预测该香精熏燃后散发的气味。可用于调配烟用香精的香料品种也比配制食用香精时所用的要多，例如各种植物材料的酊剂、浸膏在配制烟用香精时就很有优势了。调香师还可以到自然界里继续寻找更多的植物材料来制成各种酊剂、浸膏以供使用。

对香烟评吸人员的基本功要求中，不仅要求对烟气质量做出准确的判断，而且要求评吸人员能够运用专业术语正确描述。因此，熟悉专业术语并理解其含义是很重要的。目前，国标规定的评吸术语大体有 24 个，分述如下。

① 油润：烟丝光泽鲜明，有油性而发亮。

② 香味：对卷烟香气和“吃”味的综合感受。

③ 味清雅：香味飘溢，幽雅而愉快，远扬而留暂，清香型烤烟属此香味。

④ 香味浓馥：香味沉溢半浓，芬芳优美，厚而留长，浓香型烤烟属此香味。

⑤ 香味丰满：香味丰富而饱满。

⑥ 协调：香味和谐一致，感觉不出其中某一成分的特性。

⑦ 充实：香味满而富有，实而不虚，能实实在在的感受出来，但比半满差一些，即富而不丰，满而不饱。

⑧ 纯净：香味纯正，洁净不杂。

⑨ 清新：香味新颖，有一种优美而新鲜的感受。

⑩ 干净：吸食后口腔内各部位干干净净，无残留物。

⑪ 舌腭不净：吸食后在口腔、舌头、喉部等部位感受有残留物。

⑫ 醇厚：香味醇正浓厚，浑圆一团，给人一种圆滑满足的感受。

⑬ 浑厚：香味浑然一体，似在口腔内形成一实体，并有满足感。

⑭ 单薄：香味欠满欠实。

⑮ 细腻：烟气粒子细微湿润，感受如一下子滑过喉部，产生愉快舒适感。

⑯ 浓郁：香味多而丰富，芳香四溢，口腔内变有饱满感。

⑰ 短少：香味少而欠长，感觉到了，但不明显。

⑱ 充足：香味多而不欠，但却不优美丰满。

⑲ 淡薄：香味淡而少、轻而虚，感觉不出主要东西。

⑳ 粗糙：感受烟气似颗粒状，毛毛的，产生不舒适感。

㉑ 低劣：香味粗俗少差，虽有烟味，但不产生诱人的感受。

㉒ 杂气：不具有卷烟的本质气味，而有明显的不良气息，如青草气、枯焦气、土腥气、松质气、花粉气等。

㉓ 刺激性：烟气对感官造成的轻微和明显的不适感觉，如对鼻腔的冲刺，对口腔的撞击和喉咙的毛辣火燎等。

㉔ 余味：烟气从口鼻呼出后，口腔内留下的味觉感受。

第四节 卷烟加香的安全性

香料香精的应用量与应用范围的日益扩大，人们在日常生活中与之接触的机会渐渐增多，因此，涉及对人的安全性问题越来越引起人们的关注。香精香料的安全性也是调香工作中的一个非常重要的问题。

世界卫生组织（WHO/FAD）对作为食品添加剂的食品香料安全性管理的品种还不多，有时可同时作为药用的香料，有关国家在自己的药典中作了规定。我国的药典中也规定了一些品种。

对于食品香料的安全卫生管理，各国有其自己的法规和管理机制，如：美国的食品和药物管理局（Food and Drug Administration，简称 FDA），就是主管食用香料的政府组织。民间有“美国食用香料制造者协会”（Flavoring Extract Manufacturer's Association of United States，简称 FEMA），该机构在政府的支持下，编制美国化学品法规（Food Chemicals Codex，简称 FCC），FEMA 从事关于食用香料毒性及使用剂量的研究，并公布 GRAS 名单（Generally Recognised as Safe）。欧洲国家共同组织的“欧洲委员会”（Council of Europ，简称 CE）对食品香料的安全使用问题也有正式规定。

我国也成立了食品添加剂标准化技术委员会，负责制订食用香料和食品添加剂的管理条例和法规，中华人民共和国食品卫生法也有关于食用香料的安全卫生管理要求。

关于日用香精香料的安全卫生管理工作，目前只有民间组织在进行，他们实行“行业内自己管自己的”办法。如在 1966 年由 43 家具有一定规模的世界香精香料企业发起并出资在美国设立了“日用香料研究所”（Research Institute for Fragrance Materials Inc，简称 RIFM），从事有关香料（包括合成香料、单离香料与天然香料，但不包括香精）的安全问题研究。该所的主要任务是：

① 收集香料及有关原料样品并进行有关分析测定；

② 向成员企业提出香料的测试（包括有关安全性的）方法和评估方法；

③ 与政府或有关部门合作进行香料的安全性的测试工作并评估结果；

④ 推动统一测试方法的实施等。

1973 年 10 月，十个国家的香精香料协会（同业协会）联合发起并在比利时首都布鲁塞尔组织成立了“国际日用香料香精协会”（International Fragrance Association，简称 IFRA），现在成员国已发展到了十几个，该机构采取公布开章法业（Code of Practice）的方式限制某些香料的使用。尽管 IFRA 发布的限制使用法规不是法定的，但仍具有一定的权威性。

关于烟用香料的安全性，目前世界范围内尚无统一的规定，一般参考有关食品香料的有关安全管理规定，例如可参照国内外 FDA、FEMA、CE 以及我国食品卫生法管理的有关规定。我国烟用香料安全管理问题已开始列入议事日程，国家烟草局已委托郑州烟草院着手制订相应的管理标准，其中包括允许使用的香料名单及最高用量。

从上述情况看，无论是食用香料、烟用香料或是日用香料的使用都必须考虑安全性问题，这是一个涉及人们健康的严肃问题，必须认真对待。

香精的安全性依赖于其中所含香料和辅料是否符合安全性要求，所以，调香工作者在为某加香成品设计香精配方时，就要根据该加香成品的使用要求来选用包括持久性、稳定性和安全性在内的合适的香料和辅料，三者不可偏废。香精的持久性、稳定性和安全性在调香中是三位一体的，是科学、技术和艺术的结晶。

第五节　电　子　烟

电子烟又名电子香烟，主要用于戒烟和替代香烟。它有着与香烟一样的外观，与香烟近似的味道，甚至比一般香烟的口味要多出很多，也像香烟一样能吸出烟、吸出味道跟感觉来。电子烟没有香烟中的焦油、悬浮微粒等其他有害成分，生产商也认为电子烟没有弥漫或缭绕的二手烟。但一些研究认为，电子烟还是有二手烟的。由于电子烟一直缺乏有系统的临床实验数据支持，一些国家认定电子烟非法，一些国家认定电子烟必须符合药物标准才能当成戒烟药品贩售。

中国最初的电子烟是应国外的要求制造的，因为国外有很多法律法规禁止在公共场所吸烟，而且国外人的生活水准普遍较高，有钱人多，对生活质量要求严格。所以，最初就是设计用来外贸出口的。

电子烟当时在国内也有一些品牌，但价格非常昂贵，几乎没有在国内销售，都是出口的，所以很多国人都不知道。但是随着金融危机的到来，很多出口产品都转内销了，价格也慢慢降下来了。

第一代电子烟的设计从外型上完全是模仿普通真烟——电子烟的形状，烟弹是黄色的，烟体是白色的。这种一代电子烟流行了几年，因为其外型类似于真烟，在第一感觉上就被顾客所接受。但是，随着人们对第一代电子烟的使用越来越多，尤其是国外客户，慢慢的在使用过程中就发现了第一代电子烟的许多缺点，主要表现在雾化器上面。第一代电子烟的雾化器很容易烧断，另外，在更换烟弹的时候，容易伤害到雾化器的尖头部位。日积月累就会完全磨坏，最后导致雾化器不出烟。

第二代电子烟要比一代电子烟稍长，直径一般为9.25mm，最主要的特点是二代电子烟的雾化器经过了改进，雾化器外面带有保护罩，烟弹是插入到雾化器里面的，而一代电子烟是雾化器插入到烟弹里面的，两个正好相反。二代电子烟的特点就是把烟弹与雾化器进行了合并，这是最为显著的特点。

第三代电子烟有些采用一次性雾化器烟弹，相当于雾化器也是一次性的，解决了以前的问题，质量有很大的提升，并且外观和原材料做了更换。

一般电子烟主要由盛放尼古丁溶液的烟管、蒸发装置和电池3部分组成。雾化器由电池杆供电，能够把烟弹内的液态尼古丁转变成雾气，从而让使用者在吸时有一种类似吸烟的感觉，实现“吞云吐雾”。它甚至可以根据个人喜好，向烟管内添加巧克力、薄荷等各种味道的香料。制造商宣称，电子烟中没有香烟中的焦油、悬浮微粒等有害成分，因此，比传统香烟健康。

烟杆内部构造使用相同的基本组成部分：一个灯PCBA板，充电电池，各种电子电路。

大多数电子香烟是使用锂离子及二次电池电源元件。电池的寿命则取决于电池的类型和大小，使用的次数和操作环境。并且有许多不同的电池充电器类型可供选择，例如插座直充、车充、USB接口的充电器。电池是电子香烟最大的组成部分。

有些电子香烟使用电子气流传感器启动该加热元件，一吸气就会使电池电路工作。而手动感应的需要用户按下一个按钮，然后吸烟。气动的使用方便，手动的电路比气动的稳定，相对来说，出烟量也比气动的好。传统上，电子烟利用电子手段激活。这个涉及到使用纯手工对咪头气动开关及与之相关的电路、发热元器件的改造。用户可以很快发现这并不是很可靠的，随着硬件和软件的发展，有些厂商开始着手研发全自动机械制造电子烟，杜绝使用人工自己布线、焊接或电子，以达到更高的安全性和可靠性。

雾化器——一般来说烟弹就是吸嘴部分，而有些工厂应客户的需求把雾化器和烟弹或者烟油一起黏合起来，做成一次性雾化器。这样做的好处就是可以极大地提高电子烟的口味和烟雾量，同时质量更稳定了，因为做电子烟的人都知道，雾化器是最容易坏的，传统电子烟都是一个单独的雾化器，没几天就坏了。这也是电子烟以前为什么被人质疑的根本原因。而且如果一直用一个单独的雾化器，时间久了，口感也非常差，烟雾量也非常小了。这就直接影响戒烟的效果。并由工厂专业人员注液，避免了自己注液过多或过少导致烟液倒流进嘴里或流到电池部分腐蚀电路的问题，存烟油量也比一般的烟弹多，密封性能好，所以使用时间比其他烟弹都要久，这样算下来它的性价比反而更高了。

由于电子卷烟技术相对较新颖，以及与烟草法律和医药政策的某些联系，因此，在许多国家，关于电子卷烟的立法和公共健康调查都没有定论。在澳大利亚，销售含有尼古丁的电子卷烟是违法的。2014 年 3 月，洛杉矶决定在部分公共场合禁止吸电子烟，这项限制先前也曾出现在纽约和芝加哥。

世卫组织在报告中说，有足够的证据表明，孕妇和育龄妇女使用电子烟，可能会对胎儿的大脑发育产生不良影响；电子烟所产生的二手烟不会对周围人造成健康风险。

世卫组织的建议还包括：禁止生产商和第三方宣称电子烟具有健康效益，包括声称电子烟是戒烟辅助品；不得在室内使用电子烟制品；各缔约方应考虑对电子烟的广告、促销和赞助进行有效的限制等。

国外有部分研究表明，电子烟的烟弹中包含的化学药品对人体造成的伤害要远小于香烟烟雾，但有公共健康专家表示，当前对于电子烟能够产生的二手烟的危害尚无非常全面的认识。还有人表示，这种禁止措施可能会诱使先前原本通过电子烟戒烟的人再度开始吸烟。

电子烟香精的成分：

尼古丁（烟碱）　　＜50%；

烟草致香物质　　＜1.6%；

除烟碱烟草提取物　　＜8%；

烟草香精　　＜3%；

稳定剂　　＜1%；

增稠剂　　＜10%；

保湿剂　　0%～80%。

其中的“烟草香精”由食用级香料配制，“保湿剂”一般为丙二醇和甘油。

用 15%的电子烟香精加上 15%的水、70%的丙二醇和甘油搅拌均匀即为电子烟液。

一般来说，烟弹里面的尼古丁浓度有以下几种。

超高浓度：24mg；

高浓度：16mg；

中浓度：11mg；

低浓度：6mg；

零浓度：0mg。

不含焦油，所以人们普遍认为它的危害性低于卷烟。

第七章　各种日用品的加香

生产各种日用品的工厂技术人员，虽然对自己的产品比较熟悉，但对使用的香精却知之甚少，不懂得向香精厂和调香师提出具体的要求，待到拿来香精样品试用时才发现问题不少；而香精制造厂这边，直到现在有许多人包括调香师还未能重视香精在各种日用品里的“表现”——不管对象如何，通通给一样的香精！差别只在于所谓的“档次”也就是价格的不同而已。这是很不应该的，须知每一种日用品都有它的特点，对香精的各种理化性质的要求不同，没有一种香精配方可以适应所有日用品的加香。例如用于发油的香精要求能溶于白矿油，而用于气雾杀虫剂的香精则根据溶剂的不同分别要求能溶于煤油、乙醇或能方便地乳化于水中，还要同液化气体形成稳定的“气溶胶”。蜡烛用的香精与香皂用的香精的要求比较接近，但前者要求香精能全溶于矿物油（包括蜡），而后者因为有“游离碱”的问题，部分原来用于蜡烛“表现”很好的香精移植用于香皂却“表现”不佳。

这些例子都是比较“浅显”、容易理解的，而更多的问题是在加香的时候才暴露出来的。因此，要求每一个香精的“推出”都应做足够的加香实验。问题是加香实验应由谁来做：用香厂家做加香实验有个优势，就是除了香精以外的材料都与今后实际使用的一样，做加香实验时的工艺条件也容易与实际情形一致，但由于用香厂家的技术人员一般香料香精知识较为缺乏，而且完全不知道香精里面的成分，有了问题不知道出在哪里、怎样解决；香精制造厂做加香实验有更大的优势，需要的实验材料和要求的工艺条件可以向用香厂家索取。

因此，现代化的香精制造厂都拥有大量的加香实验技术人员、大面积的加香实验室和加香实验器材设备。当今香精制造厂的业务推销员拿给用香厂家的样品几乎都是自己信心十足的已加香的产品，小瓶香精只是给用香厂家技术人员闻闻香气好不好、适合不适合而已。

当然，用香厂家也不是就不用做加香实验了：

① 虽然已提供自己生产用的原材料样品和工艺条件给香精制造厂，但仍有所保留；

② 生产使用的原材料和工艺条件也在不断地改变着；

③ 怀疑香精制造厂的推销员没有全说实话，毕竟人人都会“王婆卖瓜，自卖自夸”；

④ 不一定得完全按照香精制造厂的配方生产，有时候想试一下也许可以少用一点香精以降低成本；

⑤ 几个不同厂家生产的香精再混合成一个新的香精，这样可以使自己的产品让别人更难模仿——当然加香实验得自己做了。

本章中各节的介绍有简有繁，凡涉及“配方”的日用品（如气雾剂、化妆品、洗涤剂、熏香品等）讲解都比较详细，这是因为“配方”中各种化工原料可能与香精中的各种香料起作用，影响到加香效果和其他理化性能，介绍详细一些让读者能更好地分析、作出判断。

第一节　气　雾　剂

1931年挪威人俄利克·波希姆开始研究气雾剂，1933年成功地用液化天然气作为气雾剂的抛射剂，申请并获得世界上第一个气雾剂的专利权。同年，米德里·亨内和纳利等人发明了氟碳化氢（氟利昂）作气雾剂的抛射剂，也获得了专利。1948年已经发展到使用无缝的不锈钢罐和铝罐。超低容量气雾剂也是在这段时期开始研究、到20世纪60年代世界各国世界才形成工业化生产的。我国从1973年开始引进超低容量气雾剂技术，1978年前后才大规模应用于农业上，后来再进一步扩大到卫生防疫的杀灭害虫和空气灭菌消毒等方面。

气雾剂近几十年来发展最快的是在日用化学品领域，在发达国家人均使用量达十几罐/年，每个家庭任何时候都有几十罐气雾剂，包括空气清新剂、化妆品、护肤护发品、舞会和舞台用品、各种洗涤剂、食品、药品、驱虫杀虫剂、油漆、涂料、宠物用品、花卉用化学品、家用胶黏剂、灭火剂、旅游用品、汽车清洁防雾剂等，而我国目前人均使用量还不到0.5罐/年，品种也较少，主要是空气清新剂和家用杀虫剂、护肤护发品，其他的还不多，说明发展潜力还很大。如果人均达到10罐/年的话，每年一百多亿罐，价值上千亿元（人民币），相当可观。如每罐使用价值一元（人民币）的香精的话，就有一百多亿元的香精市场，这不能不引起香精制造厂和调香师们的兴趣和关注。

以前气雾剂采用氟利昂作抛射剂，氟利昂几乎没有什么气味，所以香精的选择几乎可以随心所欲，想用什么香型都可以。由于现在禁用氟利昂，气雾剂的抛射剂普遍采用液化石油气（LPG，主要成分是丙烷、丁烷以及其他烷系或烯类等，丙烷和丁烷的含量超过60%）和二甲醚，液化石油气和二甲醚不管怎么“精制”都还是带有让人闻起来不舒服的“异味”，这就需要气雾剂生产厂和香精厂多做加香实验，才能让每一个气雾剂产品都香气宜人、广受欢迎。

液化石油气带有石油的“有机溶剂”气息，在自然界气味关系图里属于“草木香”的范畴，可以用草木香类香精和花果香类香精让它在头香中不暴露而在体香中出现而不被人们厌恶。二甲醚带有淡淡的醚类果香气息，用花果香香精可以让它的这种气息与香精的头香结合而形成令人愉悦的香味。这都仅仅是理论上的想法，实际做加香实验时要复杂得多，没有这么简单。只有实践才能出“真知”。

一、空气清新剂

空气清新剂可以看作是“环境用香水”或“公众香水”，与香水不同的是：第一，它是让众人闻的，不是供自己享受的；第二，在掩盖“臭味”方面，香水要掩盖的是“体臭”，而空气清新剂要掩盖的是“环境臭”。因此，虽然二者都是给人“鼻子的享受”，使用的香精配方却有很大的不同，香水香精可以大量使用价格昂贵的天然香料，而空气清新剂香精基本上全用合成香料，如用到天然香料也都是一些单价比较低的，毕竟空气清新剂是“大众化”的产品，不是奢侈品。

自然界各种花香、草香、水果香、木香、“五谷香”等都是空气清新剂用香的首选，因为这些香气有让人投身大自然的感觉。人类各种嗜好品——烟、茶、咖啡、酒以及各种熟食的香味有时也可用于一些特定的场合。各种古龙水、花露水的香型用于空气清新剂也颇受欢迎，因为它们也属于“大众香型”，绝大多数人喜欢，并且“百闻不厌”。我国特色的花露水香型（玫瑰麝香香型）也可作为空气清新剂使用，但在一些特定的场所比如餐厅、厨房、卫生间等就不适合使用了。

同其他香精的作用一样，空气清新剂香精的功能也是一“盖臭”（消除、抑制或掩盖臭味）、二“赋香”、三“增效”。消除臭味可以用易与胺类、硫化物、吡啶等起反应的异丁烯酸月桂酯、正丁烯酸癸异二烯酯、洋茉莉醛、柠檬醛、苯甲醛、香兰素、乙基香兰素、香豆素等和一些天然香料如芳樟、鼠尾草、丁香、月桂等的提取液，利用它们的“反应基团”与发生臭味的化合物起作用变成无臭或者臭味较淡的物质；也可以用麻醉嗅觉神经、减少对臭味及刺激性气体的感觉如薰衣草、茉莉花、松树等的提取液。“赋香”则要求香精从头香、体香到基香都要完全“压”过残存的臭味，也就是既要用蒸气压大的也要用蒸气压中与低的香料，当然，这些香料还要配制得让人们闻起来舒服、清爽。至于“增效”那就要根据不同的使用场合来选择香料了。

市售的空气清新剂除了气雾剂以外，还有做成凝胶状的产品，“汽车香水”也应算是空气清新剂的一种，这两种产品都将另外介绍，本节只讨论气雾剂型的空气清新剂。

气雾剂型的空气清新剂有“醇基”和“水基”两种剂型，“醇基”型更接近于香水，配制比较简单，但制造成本较高，香精配方用料可以比较随意，因为绝大多数香料都易溶于乙醇；“水基”型是靠乳化剂把香精乳化（或微乳化）在水里的，由于各种香料的“HLB值”（亲水亲油平衡值）的差别很大，因此，要使用各种不同的乳化剂，而且要做大量的乳化实验才能确定一个配方。一般来说，含醇量较高的香精比较“亲水”，用在“醇基型”空气清新剂里可以多加一些水（既降低成本又可减慢香精的挥发），而用在“水基型”空气清新剂里却反而不易乳化（或微乳化）。

因此，空气清新剂使用的香精还分成“亲水型”和“亲油型”两个类型。用香厂家在向香精厂购买香精时要注意区分这两个类型，香精厂也要主动向用香厂家介绍这两个类型不同的性质和使用方法。

二、家用杀虫剂

1945年，美国把杀虫气雾剂从军用转向民用，慢慢地普及到全球的几乎每一个角落。我国在20世纪70年代试产了第一批家用杀虫气雾剂，由于携带轻便、使用方便、杀虫效果显著，很快就形成了“气候”，现在已经成为与蚊香（包括盘式蚊香、电热蚊香和液体蚊香）、精油驱避剂并驾齐驱的夏季家庭必备用品。

1. 家用杀虫气雾剂的构成

(1)“药液”

这是产品的主要部分。

① 有效成分——包括击倒剂、致死剂及增效剂。

② 溶剂——主要用来溶解有效成分及其他组分，有的也作为有效成分（如煤油对昆虫有触杀作用）。气雾杀虫剂中常用的溶剂有脱臭煤油、乙醇及去离子水。

③ 共溶剂——促进抛射剂与产品浓缩物的相溶性。常用的共溶剂有乙醇及异丙醇，加入量为3%左右。

④ 香精——在产品中的添加量为0.2%～0.5%，利用复配精油驱虫杀虫的不在此例。

⑤ 乳化剂——表面活性剂，用在水基型气雾杀虫剂中。

⑥ 腐蚀抑制剂——主要用在水基型气雾杀虫剂中，防止药物的水溶液对金属容器的腐蚀作用。

⑦ 酸度调节剂——调节配方组成物的pH。

(2) 抛射剂

主要作用是在容器内形成压力，使产品能通过阀门喷射。所以说抛射剂是气雾杀虫剂的动力。

(3) 阀门和促动器

主要作用是不但使气雾剂内容物能够喷射出来，还能使不喷射时有良好的关闭密封性，使内容物不会渗漏出来。

(4) 容器

气雾杀虫剂常用的容器有马口铁“三片罐”及铝“一片罐”等。

2. “药液”的参考配方比例

(1) 以天然除虫菊素为主要成分

天然除虫菊素	0.176%
胺菊酯	0.081%
氧化胡椒基丁醚	0.110%

(2) 以丙烯菊酯为主要成分

右旋反式丙烯菊酯	0.16%
苄呋菊酯	0.08%
氧化胡椒基丁醚	0.80%

3. 杀虫气雾剂生产程序

(1) 使用多功能式充装机

① 药液的混合、调制；

② 液化石油气的准备；

③ 将药液注入罐内、抽真空、注入液化石油气及阀门封口三道工序在瞬间一次完成；

④ 检验产品合格后入库。

(2) 使用直接通过阀门式充装机

① 药液的混合、调制；

② 液化石油气的准备；

③ 将药液注入罐内、阀门、封口，注入液化石油油气；

④ 检验充装后的产品包装入库。

4. 杀虫气雾剂的加香

香精在气雾杀虫剂中的用量很少，只占其中的0.2%～0.5%，虽然香精不是有效成分，但它的作用非常关键，是必不可少的添加剂之一。一个杀虫剂生产厂家的产品能否受到市场的欢迎，香味是主要因素之一。香精选用恰当，既能掩盖产品中原料的异味，又能发出高雅的气味，满足消费者的追求。

香精的选用应考虑到消费者的爱好，如生活环境和习惯、文化经济发展情况的不同和变化，对香味的感觉及需要也不同。中国人大多喜爱茉莉、玫瑰、桂花、兰花等花香和各种水果香味。如产品销售北方市场，因北方天气较冷，偏爱浓郁的香气，应以甜美果香为主；产品销售南方市场，因南方气候温和，偏爱清雅的香气，应以清淡花香为主；出口欧美及日本的产品，选择柠檬、柑橘及百花香型最好。

不同剂型的杀虫气雾剂对香精的选择也不一样。大多数气雾杀虫剂不能使用碱性香精，以避免药液中有效成分的稳定性受到影响，铝制的气雾罐也怕碱性腐蚀。

利用复配精油驱虫杀虫的，虽然也有可能加入一些有气味的杀虫剂，但现今家用杀虫剂的气味都较淡，所以香味的选择基本上不需要考虑杀虫剂的气味影响，而是复配精油的气味能不能调得圆和一些，不太刺鼻、令人不悦。当然，能调到既有驱杀虫功能又“像香水一样”香喷喷的就更受欢迎了。

家用杀虫剂有三种剂型：油基型、水基型和醇基型。

① 油基型气雾杀虫剂。主要以脱臭煤油为溶剂的气雾杀虫剂称为油基型气雾杀虫剂。油基型气雾杀虫剂的溶液是将击倒剂、致死剂、增效剂及其他添加剂充分溶解的均相溶液。因为煤油属饱和烃，有合适的沸点，所以对人畜安全。煤油接触到昆虫就能将其表皮的蜡质层溶化，使药液较快地溶入昆虫的中枢神经，所以油基型气雾杀虫剂的杀虫效果好。杀虫成分在煤油中不会分解，药效稳定性也比较好。油基型杀虫气雾剂还具有对容器无腐蚀性的优点。所以，我国气雾杀虫剂中油基型气雾杀虫剂还占比较大的比例。

油基型以煤油为溶剂，要求香精全溶于煤油中。由于煤油的气味浓烈，即使是“脱臭煤油”仍带着令人厌恶的“煤油味”，想要用一种香精的香气把它完全掩盖住几乎是不可能的。最好的方案是把煤油的气味当作一种头香的成分，让它有机地与香精的整体香气结合起来，让人初次嗅闻时觉得不那么“臭”，还能接受，以后慢慢就习惯了。

还有一点是应当注意的：煤油按“平均沸点”来区分的话，还可以分成“轻煤油”、“中煤油”和“重煤油”三种类型，“轻煤油”接近于汽油，“重煤油”接近于柴油，“中煤油”介乎二者之间。“轻煤油”要用“平均沸点”较低的香精，“重煤油”则要用“平均沸点”较高的香精。最好用气相色谱测一下煤油，看它打出来的“峰”主要在哪一段，采用“主要峰”也在那一段的香精比较能“掩盖”或与煤油组成较为宜人的头香（也就是“轻煤油”用比较“轻”的香精，“重煤油”用比较“重”的香精）。

② 水基型气雾杀虫剂。主要以水为溶剂的气雾杀虫剂称为水基型气雾杀虫剂。水基型气雾杀虫剂的优点是不仅能大幅度降低气雾剂的成本，减少溶剂对环境的污染，减弱对人体的刺激性，而且水基型杀虫剂不燃烧，在生产、运输及使用过程中的安全性都比较高。所以，从20世纪80年代起，水基型气雾杀虫剂的开发已成为国内各大厂家发展的主要方向。

水基型气雾杀虫剂中因水对“药液”的溶解能力较差，所以要用乳化剂（或微乳化剂）。对乳化剂的选择，要根据相互之间的物质特性、油相和水相的比例及所要求的最后状态（一般做成水包油型）。

乳化剂（或微乳化剂）的品种很多，可以分为阳离子型、阴离子型、两性型和非离子型等。在水基气雾杀虫剂中使用的乳化剂（或微乳化剂）有吐温系列、司盘系列、平平加系列、肥皂、天然皂素以及各种农药专用乳化剂，虽然加大剂量可以用一种乳化剂乳化所有的农药和香精，但这是不合算的。最好是多做实验，找到“最佳的”乳化剂和乳化剂使用量。因为水不会像煤油那样有股难闻的“臭味”，香精在水基气雾杀虫剂中“抑臭”比较容易，所以香精的使用在水基气雾杀虫剂中应选用香品值比较高的，一般以清淡香型为主。

另外，选择香精添加在水基气雾杀虫剂中，还应考虑香精与乳化剂的结合，使之乳化效果能达到最佳程度。香精加入量一般为0.2%～0.3%。同水剂型空气清新剂用的香精一样，水剂型家用杀虫剂的香精也可分为2类：“亲水型”和“亲油型”。

③ 醇基型气雾杀虫剂。以乙醇作溶剂制成的气雾杀虫剂称为醇基型气雾剂。因为乙醇挥发快，在空间持效短、亲水性大，雾滴对虫体表皮的渗透力小，药效稍差，而且杀虫有效成分的稳定性也不如油基型。所以醇基型杀虫剂在我国的生产数量比油基型杀虫剂少得多，也不是今后发展的方向。因乙醇对香精的溶解性比较好，所以对香精的选择性就比较广泛。厂家可以根据市场销售的喜好进行选择。

三、喷发胶和摩丝

在我国，许多人懂得“气雾剂”这种产品是从喷发胶和摩丝开始的。20世纪70年代我国就已少量生产喷发胶供文艺界作舞台化装用，80年代中期开始进入家庭，同时，头发定型摩丝也出现了，一霎时全国上千家新的老的化妆品生产厂都来分享这杯“羹”，各地的理发店、发廊、美容院都摆满了这两个商品。

喷发胶和摩丝所用的头发定型材料——大分子树脂、聚合物有两个来源，一是合成化学品，二是天然物如虫胶、贝壳素等，后者虽然迎合了“回归大自然”的呼声，但也有致命的缺点：会堵塞气雾剂罐的喷嘴和导管，影响使用，也造成浪费。所以现在绝大多数喷发胶和摩丝用的成膜材料是聚乙酸乙烯酯或聚乙烯吡咯烷酮与乙酸乙烯共聚物等，它们都具有与抛射剂的互溶性良好、水洗后容易去掉、有很好的特性黏度和抗潮湿性能、喷在头发上不会发硬、可增强头发的弹性等优点。

抛射剂原来是氟利昂，现在改为液化石油气或异丁烷、二甲醚等。

下面是喷发胶的配方实例：

虫胶喷发胶

漂白脱蜡虫胶	2.0	聚乙二醇二月桂酸酯	0.1	香精	0.2
蓖麻油	0.8	芦荟酊	2.3	无水乙醇	32.5
貂油	1.0	甘油	1.0	抛射剂	60.0
精制羊毛脂	0.1				

“共聚物”喷发胶

乙酸乙烯酯/聚乙烯吡咯烷酮共聚物	4.8	硅油	0.5	无水乙醇	25.0
		甘油	3.0	抛射剂	65.7
邻苯二甲酸二甲酯	0.8	香精	0.2		

摩丝又称泡沫型头发定型剂，可以用聚乙烯吡咯烷酮、非离子型表面活性剂、保湿剂、香精和水、抛射剂配制而成，使用时把它喷射在手心中，然后将雪白色泡沫状“摩丝”均匀涂抹在头发上即可起到美发和定型的作用。

摩丝有硬性剂和软性剂之分：硬性剂摩丝的固发力强，用于发根直立、头发线条较粗的发型；软性剂摩丝的黏性较小，适用于发丝柔和的发型。下面是摩丝配方的例子：

特硬摩丝

ZD-900	12.0	十二醇硫酸钠	0.1	香精	0.2
三乙醇胺	0.5	二甲基硅油	1.0	水	84.0
尼诺尔	2.0	防腐剂	0.2		

注：ZD-900是我国自行研制的一种专用于摩丝配制的二元体系共聚物，含有羟基、氨基、叔氨基、酯基等多种基团，有轻度阳离子性，用它配制的摩丝具有高附着力、高光泽、绝无“白粉”的优点。

软性摩丝

聚乙烯吡咯烷酮	4.5	二甲基硅油	1.5	保湿剂	2.0
十二醇硫酸钠	1.0	EDTA二钠	0.1	香精	0.2
吐温-20	0.2	芦荟粉	0.3	95%乙醇	10.0
十六醇	0.5	防腐剂	0.2	水	79.5

喷发胶和摩丝用的香精的香型可谓丰富多彩，因为在喷发胶的配方中，除了抛射剂以外，

最大量的是无水乙醇，几乎所有的香精都易溶于乙醇，所以各种香精都能使用；而摩丝虽然除了抛射剂以外是以水作为溶剂的，但因为有使用乳化剂，只要先把香精（和其他不溶于水的物质如硅油等）用乳化剂乳化于少量的水中再加入其余原料即可。

四、芳樟消醛液

甲醛是无色、具有强烈气味的刺激性气体，是一种原浆毒物，能与蛋白质结合，吸入高浓度甲醛后，会出现呼吸道的严重刺激和水肿、眼刺痛、头痛，也可发生支气管哮喘。皮肤直接接触甲醛，可引起皮炎、色斑、坏死。经常吸入少量甲醛，能引起慢性中毒，出现黏膜充血、皮肤刺激症、过敏性皮炎角化和脆弱、甲床指端疼痛，孕妇长期吸入可能导致新生婴儿畸形，甚至死亡，男子长期吸入可导致男子精子畸形、死亡，性功能下降，严重的可导致白血病，气胸，生殖能力缺失，全身症状有头痛、乏力、胃纳差、心悸、失眠、体重减轻以及植物神经紊乱等。

各种人造板材（刨花板、密度板、纤维板、胶合板等）中由于使用了脲醛树脂黏合剂，因而可含有甲醛。各种家具的制作，墙面、地面的装饰铺设，都要使用黏合剂。凡是大量使用黏合剂的地方，总会有甲醛释放。此外，某些化纤地毯、油漆涂料也含有一定量的甲醛。甲醛还可来自化妆品、清洁剂、杀虫剂、消毒剂、防腐剂、印刷油墨、纸张、纺织纤维等多种化工轻工产品。

甲醛现在被各界普遍认为是室内第一杀手，它的释放期长达3～15年，其对人体尤其是婴幼儿、孕期妇女、老人和慢性病患者甚为严重。空气中的甲醛气体释放周期较长，轻微超标时居住者不易察觉。超标四五倍时，居住者才能嗅出气味。

除特殊工作岗位外，目前甲醛的危害主要来自装修污染，一般家庭装修后保持通风半年以后再入住，人们迫切希望能有一种简单易行的可以在装修后即能进驻又不受到甲醛伤害的办法。

目前各种“专业针对性清除甲醛”方法，虽然效果快速、强力、高效，但往往治标不治本，仅仅靠喷涂一层甲醛清除剂不可能把板材内部的甲醛清除干净，因为甲醛还会慢慢释放出来，只是释放的周期变得更长而已。所以“清除”后还得配合“固态吸附剂类”产品以养护和巩固清除的效果。市场上此类产品很多，选择不好还会造成二次污染。

市面上的其他“消醛产品”及方法如玛雅蓝、活性炭、竹炭、茶水、通风、植物吸收、光催化剂、光催化法等除甲醛都不同程度地存在着“除醛不净”、“操作不便”、“不适合家庭使用”、“二次污染”等缺点。

纯种芳樟是樟树里一个特殊的品种，其树叶用水蒸气蒸馏法得到的精油含左旋芳樟醇90%以上，厦门牡丹香化实业有限公司已经用无性繁殖法培育了大量的纯种芳樟树苗，并在江南各省大面积种植。纯种芳樟树的各个部位含有大量的多酚、木脂素、萜类化合物，这些成分可以同空气中的甲醛产生化学反应而变成无毒无害的物质。因此，用乙醇提取纯种芳樟的叶子、树枝、树根、树皮等得到芳樟叶酊、芳樟枝酊、芳樟根酊、芳樟皮酊等加入适量的香精即可得到芳樟消醛除臭液，通过喷雾的方法就可以消除空气中的甲醛、杀灭有害细菌、除去不良气息。

芳樟消醛除臭液按一般生产气雾剂的方法进一步加工成芳樟消醛除臭液气雾剂，使用时喷在空中可与空气中的甲醛产生化学反应变成无毒无害的物质，又可杀灭空气中对人有害的细菌，除去不良气息，使空气清新，有利于人的身心健康。

对于20～40m^2的密闭房间，在室内空间喷雾后可使室内甲醛浓度从1.00mg/m^3迅速降到0.05mg/m^3以下。（中华人民共和国国家标准《居室空气中甲醛的卫生标准》规定：居室空气中甲醛的最高容许浓度为 0.08mg/m³)。

生产企业可向厦门牡丹香化实业有限公司购买配制好的芳樟消醛液直接灌装为成品，也可向该公司购买高浓度的纯种芳樟叶酊，自己再加入消醛香精（中华人民共和国专利号 ZL201210570946.2）配制。这种消醛香精全部用食品级香料配制而成，带明显的水果香味，人群接受度很高。

五、其他气雾剂

除了上述几种产品以外，目前国内常见的气雾剂制品还有各种护肤护发品和化妆品（如发油喷雾剂、喷雾香水、防晒喷雾乳液、剃须摩丝、染发摩丝、护发素、爽发水、收缩水、化妆水、亮肤水、止汗水、祛毛剂、剃须液、胭脂、口红、指甲油等）、口腔清新剂、司机清醒剂(疲劳康复剂)、安眠香水、衣领净（强力洗涤剂）、花卉喷施用品、宠物用品、油漆、涂料、油墨、军队“迷彩”用品、药品、食品、舞会和舞台用品、家用胶黏剂等，这些气雾剂的加香和制作方法基本上可以参考上述空气清新剂、喷发胶、摩丝和家用杀虫剂所用的方法，部分产品下面各节有专门讨论。

采用气雾剂的形式给各种日常用品加香也是非常简便有效的方法，现在已经在“服装加香”等方面得到应用，今后还会推广到其他加香领域。这种“气雾剂香精”的生产是很简单的——只要把香精灌装到容器容量的 1/3～1/2，抽真空，再加进抛射剂就行了。它与一般的空气清新剂是完全不同的：首先，它几乎是 100%的香精（如香精配方中用了较多的固体香料或者配出的香精黏度太大，可以用苯甲醇、苯甲酸苄酯、邻苯二甲酸二乙酯等溶解、稀释，不能用酒精，因酒精会加快香精的挥发，而且施工时较危险）；其次，这种香精的留香值大，因为被加香的对象都是要求留香持久的。

第二节　洗　涤　剂

一、洗衣皂

人类从两千多年以前就懂得用肥皂洗衣服了。最早也许是出于偶然，人们发现草木灰和油脂混合（长时间放置以后）产生的物质搅在水里会起泡，用来洗衣服比直接用草木灰更能去污，后来便有意识地用草木灰提取的碱同油脂熬煮制造肥皂。到路布兰发明用芒硝制造纯碱的方法发展至大规模的工业化生产以后，肥皂工业慢慢普及到全球，成为日用化工的先驱。

普通的洗衣皂是块状的肥皂，早期的洗衣皂生产很简单，把各种动植物油脂、松香与烧碱(氢氧化钠水溶液）按一定的比例入锅熬煮“皂化”，待到形成均匀的胶体时注入冷凝器冷却结成硬块后，切成条块状，打印，包装即成。现代洗衣皂的生产要复杂多了，大型工厂要回收甘油，皂体里还要加入许多种添加剂和填充料如水玻璃（泡花碱)、碳酸钠（纯碱)、沸石粉、透明剂、着色剂、钙皂分散剂、荧光增白剂和香精等。

由于许多动植物油脂带有浓烈的气味，用石蜡氧化得到的高碳酸（在某些国家曾是制作肥皂的重要原料）也有难闻的气味，人们便使用一些天然的、比较廉价的香料来掩盖这些油脂和合成脂肪酸的不良气息。来自东南亚的一种禾本科植物——香茅（“刚好”与盛产椰子油和棕榈油——制造肥皂最佳的原料同籍）被一些大型制皂厂看上并得以大面积人工栽培、提炼精油直接用于肥皂加香，后流行全世界。直至今日，洗衣皂加香用的香精香型仍以香茅为主，甚至许多人以为洗衣皂“本来”就应该是香茅味的，一般老百姓一闻到香茅的气味就说是“肥皂味”。

到了现代，虽然洗衣皂（包括现在时髦的“透明皂”）都还是以香茅的香气为主，但已经较少直接使用天然香茅油了，而是用香精厂配制的香茅香精。

洗衣皂用的香精的香气比较“粗糙”，对色泽的要求不高，价格相对低廉，因此，许多合成香料和天然香料的“脚子”和“底油”在这里得到应用。这些香料下脚料加入香精里可以大幅度降低配制成本，但不能把它们完全看作是“填充料”，它们对香气也有贡献，而且有一定的定香作用。所以香料下脚料也不是可以随便“乱”加的，同样需要做大量的加香实验才能得到一个好的配方。高明的调香师既能够尽量多地使用香料下脚料，又能把它们的香气调配得让众人都能接受甚至“喜爱”的程度。

二、香皂

虽然现在的人们洗头用“香波”，洗澡用“沐浴液”，洗脸用“洗面奶”……但是许多人仍乐于使用香皂，一块香皂从头洗到脚，“简单又方便”，尤其是出门时省得带一大堆洗涤品。现代的香皂有许多品种已经不只具备一个“洗涤”的功能，变成“多功能香皂”了，如“强香香皂”——消费者买回家以后解开包装置于卫生间里先当作“空气清新剂”让它散香一段时间，待到香味变淡时作香皂使用；再如“护发香皂”——在香皂里加了护发、调理等添加剂，让香皂像“二合一香波”一样洗发又护发；“工艺品香皂”——把香皂做成各种漂亮的造型，有观赏价值；“药皂”——在香皂里加了草药、杀菌药物等，用这种香皂洗澡、洗发可以防治皮肤病；“芳香疗法香皂”——在香皂里加了某种单一精油或复配精油，声称这种香皂有稳定情绪、消除疲劳或振作、兴奋等作用，其原理如同精油沐浴；还有“美容香皂”、“芳疗香皂”、“养生香皂”、“保健香皂”、“减肥香皂”、“驱蚊香皂”、“香水皂”、“手工皂”等等。调香师得根据这些“多功能香皂”的特点来调配适合的香精。

早期香皂制造厂无论大小都得从“资源性原料”——油脂、碱、盐等做起，购进各种动植物油脂、自己根据这些油脂的理化性能制定一个配方、用烧碱（氢氧化钠）“皂化”、“盐析”、干燥，制成皂基，再用自己制造的皂基来生产香皂。大型制皂厂还要进行副产甘油的回收，增加许多笨重的设备；小型制皂厂甘油不回收造成浪费，而且污染环境。现代的香皂制造厂不一定要自己生产皂基了，而且自己制造也不一定能降低成本，有时候向大规模的皂基生产厂购买皂基反而还合算一些，质量更有保证。工厂规模可大可小，没有“三废”污染环境，设备投资少，容易上马。

购买皂基生产香皂其实是很简单的，没有什么大的技术“难题”需要“攻关”，倒是加香成了“头顶大事”，香精选对了差不多就“成功了一半”！所以香皂制造厂的技术部门完全可以把精力多放在“加香实验”上。

一般香皂的生产配方如下：

香皂生产配方

香精	1.5～2.5	其他添加剂	0.1～1.0	颜料(色素)或钛白粉	0.01～0.1
BHT(抗氧化剂)	0.1	水	1.0～5.0	皂粒(或皂片)	加至100.0
EDTA二钠(金属螯合剂)	0.1				

把“其他添加剂”按照“水溶性”或“油溶性”分别加入水或香精里，EDTA二钠也加入水里（水的加入量根据水溶性添加剂的多少和各种品级香皂的要求掌握），BHT加入香精里，全部溶解好以后与颜料（或钛白粉）、皂粒（或皂片）混合、研磨、压条、打印、包装就是成品了。

其他“多功能香皂”和“手工皂”的生产工艺也与上述“一般香皂”大同小异，无非是加入的添加剂不同或者多一些而已。“加香实验”是一定要做的，因为不同的添加剂（包括香精多加以后）对制成的香皂的硬度都有影响，必要时用少加水或向皂基制造厂购买硬度较大的皂基来解决。例：

芦荟香皂生产配方

原料	用量	原料	用量	原料	用量
芦荟粉	0.2	BHT	0.1	颜料(色素)或钛白粉	0.01～0.1
柠檬酸	0.2	EDTA二钠	0.1	皂粒(或皂片)	加至100.0
香精	1.5～2.5	水	1.0～5.0		

三、手工皂

手工皂是使用天然油脂与碱液，用人工制作而成的肥皂。基本上是油脂和碱液起皂化反应的结果，经固化、熟成程序后可用来洗涤、清洁。常用的油脂包括大豆油、花生油、茶油、菜油、橄榄油、棕榈油、棉籽油、椰子油、可可脂、猪油等。碱液通常为氢氧化钠或氢氧化钾的水溶液。手工皂还可依据个人的喜好与目的，加入各种不同的添加物，例如牛乳、母乳、豆浆、精油、香精、花草、中药药材、竹炭粉、防腐剂、天然色素、染料、颜料等等。

以下是网上关于手工皂的一些内容。

用来做手工香皂的原料是由动植物油等原料制成的，含有一定量的甘油，对皮肤的养护作用尤为突出，既可用作洗面、卸妆，又可用作沐浴用。手工香皂的泡沫细腻丰富，能清除毛孔深处的油污，使肌肤滋润光泽，富有弹性，并且不含防腐剂、表面活性剂等化学成分，是一种非常安全而又有效的皮肤清洁及美容产品。再加上食用色素、天然植物精油、植物花瓣、水果切片之后，变得精致玲珑起来，化腐朽为神奇。

手工香皂的造型更是多姿多彩，有可爱的小手、小脚丫造型，逼真的猫脸、马头造型，还有丝络分明的天然丝瓜筋络镶嵌在透明皂里，动感自在的热带海洋鱼，蜜蜂趴在蜂巢上……这些造型的不断延伸，形成了丰富的品种系列，既有属相系列、星相系列，还有海洋系列、花草系列、果冻系列、玩具系列、卡通系列、LOGO广告系列，甚至还有变化无穷的镶嵌造型系列，可以把人们的照片、名字清晰地镶嵌在里面，只要发挥想象力，有创意，就能尝试自己的创意，充分发挥自己的个性。

手工透明皂是以其将文化、艺术、品质与时尚融于一体的独特的魅力，在人们的生活中悄悄蔓延，将水晶般的神韵、鲜花的色彩和香气、无限的创意集于一身，晶莹剔透、绚丽多彩、高雅脱俗，只有你亲眼目睹了她，亲手做了她，你才能相信世上居然还有此尤物！

因为手工皂没有添加化学稳定剂、保鲜剂，导致其保存时间比工业皂短了很多。一般情况下手工皂可以在成熟后一年内使用。

冷制植物皂里含有许多天然成分和未参与皂化的润肤油脂，因此，平时要将香皂存放在阴凉干燥的地方，皂里的滋润成分才可以保鲜。近期一段时间不需要用到的手工皂可以放在冰箱里，使用期限最好不要超过一年。要使用透水良好的盛器，避免产生积水。

使用时请避免让皂液进入眼睛，如不慎入眼，会引起眼睛疼痛，但无须惊慌，只需立即用水冲洗干净即可。

手工皂除了洗净力，滋润皮肤，不会造成皮肤的负担。而且，对环境也不会造成污染。进入土壤中24h内就被分解。使用手工皂，不但对自己的皮肤好，也是在做环保，一举两得！所以，在这个强调绿色环保的时代，手工皂蔚然成风，世界流行。

市面上的香皂又便宜又“大方”，因为它们都是大批量生产的，将皮肤最需要的甘油抽离，添加一些对皮肤没有帮助的化学品。加起泡剂，让泡泡多；加硬化剂，让它更耐用，不易软烂；加防腐剂，让它可以放个三五年。这样的合成肥皂，只会让皮肤状况越来越差，越来越没有保护力。人体的皮肤表面有一层皮脂膜，这层皮脂膜是呈弱酸性的。人们用的香皂都是碱性的，如果用香皂洗脸的话会破坏皮肤的酸碱平衡，破坏皮脂膜。只要香皂残留在皮肤上，肌肤就会因处于碱性状态而逐渐变粗糙。

手工皂由于在制作过程中不需要高温加热，最大限度地保留了植物油和其他添加物中含有的天然维生素和营养成分，因此，是皮肤最好的保养品。人们知道通过摄入各种食品来为自己增加营养，皮肤同样也需要吸收营养。在沐浴中保养，是最快捷、最有效的方法，当全身毛孔都舒张时，用手工皂擦满全身，让肌肤尽情吸收、放松，沐浴后的皮肤好像擦过一层滋润霜似的，滑溜溜，不紧绷，那种感觉只有用过的人才会知道。

手工皂富含皮肤需要的天然甘油，保湿效果超凡，且对肌肤十分温和，无刺激；泡沫细腻丰富，能清除毛孔深处的油污；使肌肤滋润光泽，富有弹性。除了具有良好的清洁力之外，并且不会破坏肌肤的角质层，这是因为其中所含的甘油能在清洁污垢的同时，形成一层保护膜，达到保护肌肤的效果。肌肤的角质层一旦产生老化现象，会使得重要的水分流失，更是肌肤之所以干燥、出现皱纹的原因之一。

手工皂最简单的就是“融化再制法”，它是利用在市面上买的现成皂基经加热熔化后注入喜欢的模子，经一段时间冷却干硬后即可脱模，一块随心所欲独一无二的香皂即可完成。完成后为避免与空气接触建议立刻用保鲜膜或皂用 PE 膜仔细包裹。

因为不需使用氢氧化钠，操作过程就像上烹饪课一样有趣，所以连小朋友都可在大人的监督下轻松完成。

冷制法手工皂的配方如下。

配方一：白油 150g、橄榄油 150g、椰子油 100g、棕榈油 100g、氢氧化钠 73g、水 175g。

成品皂坚硬、厚实，质地细腻，泡沫多且稳定，使用中不易软塌。

皂化时间：20～30min。

成熟期：3～4 周。

适合肤质：一般性肤质。

配方二：白油 160g、芥花油 140g、椰子油 140g、橄榄油 30g、蜜蜡 30g、氢氧化钠 70g、水 170g。

芥花油、橄榄油泡沫细腻，成品滋润清洁度强、质地坚硬。

皂化时间：20～35min。

成熟期：4 周。

适合肤质：所有肤质。

配方三：葵花油 100g、芥花油 150g、椰子油 150g、棕榈油 100g、氢氧化钠 74g、水 180g。

成本低，效果不错。葵花油保湿，芥花油温和，泡沫及硬度均适中。

皂化时间：30min。

成熟期：3～4 周。

适合肤质：一般性肌肤。

配方四：蓖麻油 150g、椰子油 120g、棕榈油 200g、蜜蜡 30g、氢氧化钠 72g、水 170g。

蓖麻油做出的成品皂呈透明效果，泡沫多，但比较软，不好脱模。搭配硬油如棕榈油可平衡硬度，蜜蜡有助于脱模。使用时注意保持皂的干燥，避免软化。

皂化时间：30min。

成熟期：6～8 周。

适合肤质：中、油性肤质。

配方五：橄榄油300g、可可脂100g、椰子油100g、蜜蜡30g、氢氧化钠75g、水180g。

可可脂可柔软肌肤，是做皂及保养品的好素材。制作前应将固态的可可脂与蜜蜡熔化，注意不能直火加热。

皂化时间：35～40min。

成熟期：4～5周。

适合肤质：中、干性肤质。

制作冷制皂的好处之一在于材料的多样性，生鲜食材的加入，让手工皂的变化更多样化，有些材料具有保湿效果，有些具有染色效果，最重要的是天然。下面举几个例子。

① 菠菜是做皂材料中绿色系的代表作，含有丰富的叶绿素，有除臭效果，所含的胡萝卜素有助于修复伤口，和薄荷精油很搭配，可以避免受光褪色。做法：将一把菠菜洗净，放入250mL的纯水，放入果汁机打成汁，用滤网过滤，取出可溶氢氧化钠的量替代水使用。也可加入柑橘类果汁50mL和一些维生素E油（延长保存期限），再加精油（不要打太浓时加）。

② 鸡蛋可制作出绝佳保湿力的肥皂，成皂是漂亮的淡黄色，成熟期间虽会发出怪味，但熟成结束气味就会消失。1kg皂可加入2颗蛋，只用蛋黄部分，薄膜需去除干净，先将蛋黄和超脂油加在一起（超脂一定要用液态油如小麦胚芽或霍霍巴油，一条皂约15g）也可加些维生素E油（10g），延长保存期限。

油温勿太高，不要超过40℃，以免蛋黄凝固。

③ 蜂蜜具有保湿和抗菌的功能，添加比例1kg皂最多加入一大匙（15g），勿加太多，否则皂可能会变得太软，也可以加些脂类和蜡类来改善。

④ 水果皆可入皂，打成泥状或取果汁使用。例如：苹果皂可帮助皮肤平衡油脂，适合油性、痘痘肌肤使用，也可加入一些肉桂粉或肉桂精油。柠檬汁、柳橙汁、葡萄柚汁等可加入5%～10%及维生素E，增加防腐效果。而柠檬皮也可削成细丝加入，更添加皂的水果特性。但是像草莓、红色火龙果入皂酸碱综合之后会变成褐色。

⑤ 香荚兰豆（香草）本身就具有芳香气息，用来入皂，有淡淡的香味，常用的方式有熬汁溶氢氧化钠法、碎末入皂法，熬汁的方法一般可得淡褐色成皂，碎末加入皂可看的见颗粒在成皂中的感觉，熟成期间颗粒还是绿色的，但随着时间的加长，碎末会逐渐变成褐色。

⑥ 巧克力，可选用可可粉或是巧克力砖溶成液状加入，皂熟成后的颜色不会太深，也可配合巧克力香精使用。添加比例和一般矿石粉一样，为2%～5%（可依个人喜好调成适合的颜色）。

其他如小黄瓜有润肤、镇定效果；番茄可美白、软化肌肤；南瓜的保湿效果好；芦荟去皮打成泥入皂具有消炎、治疗青春痘的功效，等等。但要记得加些维生素E。

如做400g香皂的配方：橄榄油79g、茶油53g、椰子油26g、棕榈油66g、甜杏仁油26g、霍霍巴油13g、硬脂酸10g、纯净水103g、氢氧化钠35g。

做法如下。

① 量苛性钠、量纯净水，将苛性钠和纯净水混合搅拌溶化备用（注意苛性钠和水混合时温度会提高，请注意烫手）。

② 量油、量硬脂酸，将油和硬脂酸混合放在锅中以隔水加热的方式加热至硬脂酸溶化。

③ 待混合油和苛性钠溶液的温度都差不多40℃左右时，将两者混合，快速搅拌20min左右。

④ 待以上混合材料成黏稠时，用搅拌器挑起可写八字形即可，这时可以在材料中加入一些自己喜欢的添加料，如各种对皮肤有利的果汁、花粉、精油等，添加后续继搅拌均匀即可倒

模，建议模型用长方形纸盒，尺寸为32cm×5cm×3cm。

注：可根据以上的配方添加一些自己喜欢且对皮肤有益的香料及添加物，以下推荐一些精油添加供参考。

干性肌肤可添加：玫瑰油、纯种芳樟叶油、桂花油、白兰花油、洋甘菊油、香叶油、茉莉油、薰衣草油、橙花油、檀香油（以上精油可挑选3～4种自己喜欢的加，添加数量为每种20滴为准）。

功效：长期使用可使肌肤细腻光滑，有效改善肤质。

用法和用量：老少皆宜，随时作为清洁用品使用。

忠告：以上内容来自手工皂的推广者，带有广告性质，如果因为被手工皂富有创意乐趣的古老制作工艺所吸引，收集手工皂用来做洗涤皂洗手或洗衣服，作为一种爱好自己动手DIY都无可厚非，但说到底手工皂只是使用了早已被淘汰的古老手工制皂方法而制成的肥皂，所以不要轻易地将“传统手工制作”和“更安全、更有效”盲目画上等号。无论添加了什么稀奇古怪、天然“纯净”的营养美肤成分，实际上手工皂仍然只能算是制作相对粗糙的一种简单的清洁品而已，并不能真正起到什么护肤作用，更不适合作为保养品在脸上或头发上长期使用。如果护肤功效真的如此简单就能实现的话，手工皂当初也就不会被淘汰，而各大化妆品公司也不用每年投入财力人力来进行美容美发科技的研发了。

四、洗衣粉

20世纪40年代，化学工作者利用石油炼制得到的一些组分生产出一种比肥皂性能更好的洗涤剂原料——四聚丙烯苯磺酸钠，用它加上磷酸盐等制出了“第一代”的合成洗衣粉。之后，又开发出直链烷基苯磺酸钠、烷基磺酸盐、烯基磺酸盐、烷基硫酸盐等表面活性剂，到了60年代，全世界生产使用的洗衣粉总量已超过了肥皂，我国也在80年代中期完成了这个“超过”。我国现在生产的洗衣粉基本上都是用十二烷基苯磺酸钠、烷基磺酸钠加上三聚磷酸钠、水玻璃（泡花碱）、碳酸钠、硫酸钠、羧甲基纤维素（抗再沉积剂）、荧光增白剂、香精等配制而成的，1%水溶液的pH为9.5～11.0，与肥皂差不多。

中国洗衣粉国家标准规定的洗衣粉属于弱碱性成品，适合于洗涤棉、麻和化纤织物，按品种、性能的规格分为含磷和无磷两类，每类又分为普通型和浓缩型两种，即HL-A、HL-B、WL-A、WL-B四个品种。

国产五洲牌30型洗衣粉的配方（质量份，下同）如下：

烷基苯磺酸钠	30	硅酸钠	6	荧光增白剂	0.1
三聚磷酸钠	20	羧甲基纤维素钠	1.4	水	4.5
硫酸钠	38				

水分是随着各种原料“被动”带入的，下同。

上海牌25型洗衣粉的配方如下：

烷基苯磺酸钠	15	碳酸钠	4	羧甲基纤维素钠	1.2
烷基磺酸钠	10	硫酸钠	44	荧光增白剂	0.1
三聚磷酸钠	16	硅酸钠	6	水	3.7

白猫牌复配洗衣粉的配方如下：

LAS	20	硅酸钠	8	荧光增白剂	0.2
AEO-9	1	硫酸钠	22.9	对甲基苯磺酸钠	2.4
TX-10	1.5	羧甲基纤维素钠	1.4	水	12.6
三聚磷酸钠	30				

天坛牌低泡洗衣粉的配方如下：

LAS	8	硫酸钠	31.9	增白剂	0.1
聚醚	3	三聚磷酸钠	25	对甲基苯磺酸钠	2
皂片	2	碳酸钠	12	水	加至100
硅酸钠	7	羧甲基纤维素钠	1.0		

日本重垢型无磷洗衣粉的配方如下：

烷基苯磺酸钠	5～15	分子筛、聚丙烯酸	10～20	羧甲基纤维素钠	0～2
脂肪醇硫酸钠	0～10	碳酸钠	5～20	荧光增白剂	0.1～0.8
α-烯基磺酸钠	0～15	过硼酸钠、过碳酸钠	0～5	硅酸钠	5～15
脂肪醇聚氧乙烯醚	0～2	石英、黏土	0～5	硫酸钠	加至100
肥皂、硅油	1～3				

无磷浓缩洗衣粉的配方如下：

烷基苯磺酸钠	26	碳酸钠	5	4A沸石粉	20
脂肪醇聚氧乙烯醚	6	硼砂	5	荧光增白剂	0.1
脂肪醇聚氧乙烯醚硫酸钠	2	硅酸钠	13	硫酸钠	12
肥皂	2	羧甲基纤维素钠	1	水	加至100

加酶洗衣粉的配方如下：

烷基苯磺酸钠	25	硫酸钠	20	碳酸钠	2
三聚磷酸钠	28	羧甲基纤维素钠	1.5	对甲基苯磺酸钠	2
酶(粒状)	5	荧光增白剂	0.1	水	6.4
硅酸钠	10				

上述配方中都没有列出香精的加入量，其实现在不只是高档洗衣粉有加香精，中低档洗衣粉也都陆续加入香精了，加入量为0.2%～1.0%。早先加入香精只是为了掩盖洗衣粉的“化学气息”，加入量较少，现在则要求加入香精后不但洗衣粉闻起来有香味、洗衣时香喷喷，还要让衣物洗完晒干、熨烫以后还留有香味，这就给调香师提出了研究的课题——洗衣粉的“实体香”问题。当然，这并没有难倒调香师。经过大量的加香实验和理论分析以后，满足洗衣粉这个特殊要求的香精被研制出来了。但现在洗衣粉生产厂购买的香精不一定有“实体香”，这有许多原因，可能有的洗衣粉生产厂还不知道有这种“特殊功能”的香精；有的香精厂没有这个技术；还有“价格”因素——具有“实体香”功能的香精配制成本比较高，中低档洗衣粉还“用不起”。

用微胶囊香精给洗衣粉加香也有“实体香”的功能，但成本较高。

五、液体皂

目前市售的液体皂有两种。

1. 以肥皂为主要活性成分

用氢氧化钾代替氢氧化钠来同各种动植物油脂“皂化”就可以制得液体肥皂，再根据用途加入各种添加剂如护肤剂、富脂剂以及阴离子、非离子或两性表面活性剂、甘油、香精等。这种液体皂一般是黏稠的液体，有时是“半固体”，俗称“皂膏”，可以用玻璃瓶、塑料瓶或软管包装，也可以做成气雾剂的形式，使用更加方便。由于这种液体皂多数泡沫丰富、细致，作为剃须膏非常合适——至今剃须膏仍以这种液体皂为主；作沐浴液也不错，许多人认为肥皂是“天然物质”，虽然制作过程中用了碱，但至少人类已经使用2000多年没有听说有什么“副作用”或“潜在毒性”的，洗澡的时候放心；作洗衣皂也不少——俗称“肥皂膏”，但通常在钾皂里面再加了合成的表面活性剂和洗涤助剂，这样可以克服肥皂“怕”硬水的缺点。

2. 以合成表面活性剂为主要活性成分

这种“液体皂”现在更普遍的叫法是“液体洗涤剂”，用各种表面活性剂如烷基苯磺酸钠、醇醚硫酸盐、醇醚、烷醇酰胺、烷基磺酸盐等和助剂、香精、水配制而成，有“重垢型”与“轻垢型”之分，我国目前生产的几乎都是“轻垢型”的，根据发达国家的经验，我国还应当发展“重垢型”液体洗涤剂，因为“轻垢型”洗涤剂的去污力较差，只用于洗涤羊毛、羊绒、丝绸等柔软、轻薄织物及高档面料服装，而“重垢型液体洗涤剂”碱性高、去污力强，可以代替肥皂和洗衣粉。液体洗涤剂生产时耗能低，可节省大量的无机盐，使用方便，是洗涤剂发展的方向。

轻垢型液体洗涤剂的一例配方如下：

LAS	10	AEO	2	水	加至100
AES	2	三乙醇胺	4		

重垢型液体洗涤剂的一例配方如下：

AEO	30.0	三乙醇胺	10.0	氯化钾	2.5
LAS	15.0	乙醇	5.0	水	加至100.0

液体皂使用的香精跟洗衣粉一样，只是不使用微胶囊香精。

六、洗衣膏

洗衣膏与洗衣粉相似，只是少用或不用对洗涤不起作用的无机盐（主要指硫酸钠）而已，取代的是水，因此，可以降低制造成本，而且使用更加方便，因为洗衣膏在水里的溶解性更好，也更易于溶解，去污力较高，机洗手洗都行。一般洗衣膏的固体总含量为50%～60%，兹举一例配方如下：

LAS	15.0	三聚磷酸钠	16.0	氯化钠	4.0
AEO-9	3.0	碳酸钠	5.0	乙醇	2.0
OP-10	2.0	硅酸钠	7.0	香精	适量
CMC	1.2	尿素	5.0	水	加至100.0

市售的洗衣膏也有用“复合皂”为主体加合成的表面活性剂配制的，它保持了肥皂良好去污力的特点，又克服了肥皂“怕”硬水和单纯用肥皂洗衣会使织物发硬、变脆的缺点，泡沫低，易漂洗。早期的钾肥皂有时也被叫做“洗衣膏”。

洗衣膏绝大多数都有加香，使用的香精与洗衣粉大同小异。

七、溶剂型洗涤剂

水基洗涤剂虽然使用方便、价格便宜、毒性低、污染小，但有些天然纤维吸水后会膨胀，干燥时又会收缩，使得水洗后的织物出现褶皱、变形、缩水。尤其是一些羊毛织物干燥时发生缩绒，纤维变硬，手感、色泽变差。因此，市场上便有了“干洗剂”即溶剂型洗涤剂。

下面是一个常用的“干洗剂”的配方例子：

AEO-9	40	丁基溶纤素	3	单乙醇胺	7
丙二醇	17	十二烷基苯磺酸	33		

单乙醇胺要加到pH7～8为止。

上述组分混合后，再以1.0%～1.5%的量加入四氯乙烯中溶解均匀即为“干洗剂”。

由于四氯乙烯有醚样臭味，需要加入适量的香精掩盖它的臭味。

八、餐具洗洁精

餐具洗洁精是液体洗涤剂的一种，属于轻垢型洗涤剂。由于餐具洗洁精洗涤的是同人的食物直接接触的物品，甚至直接用来洗涤食品，所以要求无毒、不伤皮肤、去油污性能好、色浅、无异味，最好气味芬芳但又是“可食性”的香味。一个典型的餐具洗洁精的配方如下：

LAS	7	尼诺尔	2	香精	0.1
AES	8	食盐	2	水	加至100

美国每年消耗的餐具洗洁精将近100万吨，欧洲各国100多万吨，日本40万～50万吨，我国也已高达30万吨以上。如果香精的加入量为0.1%的话，全世界在这方面年耗香精达5000t，非常可观。

餐具洗洁精使用的香精比较简单，不需要留香，配制成本也都较低，大部分食用的水果香精都可以作餐具洗洁精香精，如香蕉、菠萝、柠檬、柑橘、甜橙、草莓、哈密瓜等香味的“香基”——就是全部用香料配制的，还没有用酒精、丙二醇、水、植物油等“稀释”的所谓“5倍”、“10倍”、“20倍”食用香精，它们全都有被加入餐具洗洁精过。有一点要注意的是：餐具洗洁精大部分是碱性的，上述的各种水果香基或多或少都含有一些遇碱容易变色的香料如香兰素、乙基香兰素、乙基麦芽酚等，这几个香料加在香精里面的目的是让香精的留香好一些，既然餐具洗洁精香精不必留香，干脆在配制“香基”的时候就不用它们了。

九、洗发精

英语单词shampoo意为清洁人的头皮和头发，在中国被译为香波、洗发水、洗发精、洗发香波等，早先主要是液体香皂（钾肥皂、软皂），后来粉状的、膏状的洗发用品都被称为“香波”，现在大部分人讲的“香波”指的是“洗发水”，透明或“珠光”的液体洗发精，也包括所谓的“二合一香波”——据称是把洗发精和护发素“合二而一”的产品，其实只是洗发精加头发调理剂而已，“正式”名称应当是“调理洗发精”。当然，也有一些洗发精加了去头皮屑、止痒、增加光泽、抗静电、头发晒后“修复”、“营养”等添加剂，叫做“护发香波”也无不可，不过，真正想要“护发”还是在洗发后再用“护发素”会更好。

兹举2个常用的洗发精的配方如下：

调理洗发精

AES	18	咪唑啉两性表面活性剂	5	香精	适量
尼诺尔	4	防腐剂	适量	水	加至100
阳离子变性纤维素醚	1	色素	适量		

珠光洗发精

AES	15	乙二醇单硬酸酯	1.5	香精	适量
尼诺尔	3	防腐剂	适量	水	加至100
椰子油酰胺基甜菜碱	5	色素	适量		

pH调至微酸性，最好为5.0～5.5，因为人体皮肤也是微酸性的。

洗发精用的香精早期也是五花八门的，各种香皂、化妆品、甚至食品用的香精都曾被使用于洗发精的加香。经过多年的“百花齐放”以后，现在已基本“定型”：人们希望洗发精的香味应该是洗头的时候感觉清爽、舒适，洗完以后有一定的留香，这残留的香味不但自己喜欢，别人也要喜欢，至少不要“招人白眼”，大部分人倾向于使用果香加花香、“后面”再加上木香的洗发精“专用”香精（而不是洗洁精、香皂、香水或其他产品已经用惯了的香型），当然，果香香料、花香香料、木香香料也是“丰富多彩”的，所以洗发精的香型仍是多种多样，不一而足的。

十、洗面奶

1. 洗面奶简介

洗面奶属于清洁类化妆品，用于清洁、营养、保护人体的面部皮肤。在清洁类化妆品的产品中，目前销售量最大的就是洗面奶。由于用洗面奶洗脸卸妆具有极好的洁肤保健功效，具有用香皂洁肤无可比拟的优点，因此深受消费者的青睐和喜爱。

洗面奶为弱酸性或中性白色乳液，多采用塑料瓶或国际流行的软管包装，是一种专供洗脸或卸妆用的新型皮肤清洁剂。洗面奶色泽纯正、香气淡雅、质地细腻，具有较好的流动性、延展性和渗透性。用它洗脸能去除面部的汗渍、油垢、粉底、皮屑等，用其卸妆能彻底洗去油粉、脂粉、唇膏、眉笔迹等，特别适宜洗去难以去除的眼影膏。洗面奶可以在无水条件下使用，不但能清洁面部皮肤，同时还兼有护肤、保湿、营养皮肤等功能，用后能使面部肌肤柔嫩、白里透红。

目前我国洗面奶的花色品种繁多。根据产品结构、添加剂的不同，可将洗面奶分为普通型、磨砂型、疗效型三大类。若根据使用对象，还可细分为油性皮肤用洗面奶、干性皮肤用洗面奶、混合性皮肤用洗面奶、家庭用洗面奶、美容院用洗面奶等。

2. 洗面奶的生产工艺配方

一般来说，洗面奶是由油相物、水相物、部分游离态的表面活性剂、营养剂等成分构成的乳液状产品。根据相似相溶原理，洗面时借助油相物溶解脸面上的油溶性脂垢；借助其水相物溶解脸面上水溶性的汗渍污垢。此外，洗面奶中部分游离态表面活性剂具有润湿、分散、发泡、去污、乳化等五大作用，是洁面的主要活性物。在洗面过程中，协同油相物与水相物共同除去污垢、油彩、脂粉、美容化妆品残迹等。若在洗脸过程中辅以轻柔按摩，令肌肤吸收营养和疗效成分，其洁肤营养保健的效果就更好了。

洗面奶的主要成分为油相原料、乳化剂、表面活性剂、保湿剂、营养剂、精制水和香精等。其制作方法和工艺与蜜类化妆品或奶液相同。配方实例如下：

项目	组分	含量(质量分数)/%
油相	十六醇	2.5
	白油	6
	羊毛脂	0.5
	单硬脂酸甘油酯	1
水相	*N*-月桂酰基谷氨酸钠	3
	甘油	8
	K12(十二醇硫酸钠)	0.4
	精制水	加至100
其他	香精	适量
	防腐剂	适量

3. 洗面奶标准

洗面奶的行业标准代号为VB/T 1645—92。

洗面奶的理化指标和质量要求见表7-1。

表 7-1　洗面奶理化指标和质量要求（VB/T 1645—92）

项目	指标要求
色泽	符合规定色泽
香气	符合规定香型，无异味
膏体	细腻，有一定的流动性
pH	4.5～8.5
黏度(25℃)	标准值±2.0
离心分离	2000r/min，30min 无油水分离（颗粒沉淀除外）
耐热	(40±1)℃，24h，恢复室温无分离、变稀、变色现象
耐寒	(−10±1)℃，24h，恢复室温无分离、泛黄、变色现象

4. 洗面奶加香

洗面奶加香的目的主要是使人们在使用洗面奶产品的过程中能嗅感到令人舒适的香气，另外，加香也是为了掩饰或遮盖洗面奶制品中某些组分所带有的令人不愉快或不良的气息，由于是为了面部皮肤的滋润保护，因此，在洗面奶产品的香型选择上，应具有舒适、惬意的香气，整体香气要细腻、文雅、留香时间长，香型要轻灵、飘逸、新鲜。如玫瑰、茉莉、白玉兰、铃兰百花、青瓜、苹果等香型，由于脸部皮肤是人体皮肤最受重视的部分，因此，洗面奶香精在选用香料的品种和用量时，要非常慎重，避免对皮肤产生刺激或引起过敏。配制洗面奶香精时应注意：

① 选择刺激性弱、稳定性好的香料；

② 选择不易引起变色的原料，因为洗面奶类产品一般色泽洁白或淡雅；

③ 不要选用树脂浸膏，因其对皮肤毛孔有阻塞作用；

④ 选择的香料品种要与介质性能相配，要考虑介质的酸碱性问题。

洗面奶用的香精香型非常广泛，花香型、草香型、清香型、果香型、麝香型、幻想型等香精均可用于洗面奶中，可以说适用于香水类的香型都可以使用，不过在香料品种及用量上应作相应的调整，香精用量通常在1%左右。

十一、洗浴液

洗浴液又称沐浴液，也是一种液体洗涤剂，许多人认为它应该就是“液体状的香皂”，同香皂是“一样”的，无非是“使用方便”、“更适于老年人、儿童使用”罢了，此话未必尽然，须知现代的洗浴液不是古代的“液体香皂”（钾皂），一般都是中性或微酸性的，没有“游离碱”，对皮肤更温柔、无刺激性、容易冲洗、安全无毒，不但能去除污垢、清洁肌肤，还能促进血液循环，且浴后皮肤滑爽、留香持久，因而广受欢迎，逐渐普及到每一个家庭中。

同洗发精一样，洗浴液也有清澈透明型、乳液型和珠光型三种，按功能分还有保健浴液、清凉浴液、止痒浴液、营养浴液、矿工浴液、老年人专用浴液和婴儿专用浴液等，配方其实大同小异，只是各自加了一些不同的添加剂而已。下面是一个“通用型”的洗浴液配方：

AES(70%)	16	食盐	2	色素	适量
尼诺尔	4	水溶性羊毛脂	2	香精	适量
BS-12	5	防腐剂	适量	水	加至100
甘油	5	柠檬酸	适量		

洗浴液用的香精也是多种多样的，一般要求在洗澡时要感觉清爽、令人愉快，洗澡后留香持久，留在身上的香味要让自己和周围的人都喜欢，所以洗浴液用的香精的香型也与洗发精用

的香型差不多，只是基香部分可以多一些动物香味如龙涎香型和麝香香型，头香仍是果香、花香最受欢迎。

由于现在时髦“精油沐浴”，把洗澡同“芳香疗法”和“芳香养生”挂起钩来，所以洗浴液使用的香精也可以考虑用“复配精油”，让洗浴液再多一个“功能”也是不错的。

十二、浴盐

浴盐也称温泉浴盐，开发这种产品的最初“动机”是看到天然温泉可以治疗皮肤病、关节风湿症等疾病受到的启发，因此，产品模仿天然温泉中的无机盐类而制成，但世界各地的温泉水成分大相径庭，不可能统一，所以，每个公司有每个公司的配方，都声称自己的配方取自某某著名天然温泉的成分，疗效如何如何，实际效果不得而知，心理作用恐怕还是排在第一位的——这有点像“芳香疗法”和“芳香养生”。不过，有些作用是可以肯定的，如保湿、抗菌、使角质软化，这可以从它们的配方中看出来，因为市售的浴盐均含有硫酸钠、氯化钠、碳酸氢钠、碳酸钠、硼砂、羊毛脂、甘油、蔗糖、曲酸、脂肪酶、胰酶、色素、香精等，这些原料都价廉易得（后几个原料虽然价格较高一些，但用量少，对成本影响不太大），不必“偷工减料”，对人体皮肤的作用是可以“预料”的。

现举一个常见的浴盐配方的例子如下，供参考：

硫酸钠	55	氯化钠	10	甘油	2.49
碳酸钠	10	硼砂	1	色素	0.01
碳酸氢钠	20	水溶性羊毛脂	1	香精	0.5

浴盐用的香精以玫瑰、檀香、馥奇、素心兰等香型为主，它们的香气都比较“沉重”，这可能是这种产品刚投入市场的时候，生产者和消费者都认为温泉的“气味”应该“沉重”一些吧？

天然温泉中，硫磺温泉的疗效是最引人注目的，也是公认对皮肤病的治疗效果最好的，所以也有人曾经设想开发“硫磺温泉水浓缩液”，由于硫化氢的恶臭难以进入现代家庭，而所有香精的香气都掩盖不了它，只好作罢。

第三节　护肤护发品

皮肤是人体的第一道防线，是人体的“衣服”，是人体抵御外界刺激和伤害的屏障。除此以外，皮肤还能阻止水分过度蒸发和外界水分大量渗入，使其含水量处于正常状态。

尽管皮肤的组织结构貌似天衣无缝，其实并非无懈可击。皮肤的表面沟纹是积垢纳污形成有害物质的场所。太阳光强烈的紫外线照射，会被皮肤中的黑素细胞吸收，产生黑斑。因此，清洁皮肤，使皮肤常常保持滋润，免受强烈紫外线的照射，使皮肤处于正常工作状态，显得非常重要。

毛发是一种弹性丝状物，它由角化的表皮细胞构成，分为毛干、毛根、毛囊和毛乳头几部分。毛发具有保护皮肤、保持体温的功能。毛发的主要成分是硬质蛋白，虽然化学性质较稳定，但在日光强烈照射、碱、氧化剂、酸等的作用下，仍会产生一些反应，使毛发变得粗硬、降低强度、减少光泽、易断掉落等等。因此，保持发质，使之光泽、柔顺，使生活充满“美”已经是人们日常生活最基本的追求。

爱美之心，人皆有之。由于皮肤和毛发对人体有不可替代的功能，又是形象美最直观的表露，因此，美容美发化妆品有着十分悠久的历史。《诗经》中有“自伯之东，首如飞蓬。岂无膏沐，谁适为容”的诗歌，表达当时女性在化妆时的心情。从古时候人们采集芦荟、皂角、红藻等天然植物进行美容美发，到创立于1830年的扬州“谢馥春”牌化妆品的问世，直至20世纪上海等地“雪花膏”的生产，都说明国人对护肤护发的重视，也证明人们对美的追求，对生活的憧憬！

现代的化妆品琳琅满目，可供人们选择的多得不可记数，由于人的皮肤肤质和毛发的发质不只是一种，因此，在选择使用这些护肤护发品前，首先要了解自己的肤质发质是属于什么类型的，各种护肤护发产品有什么功效，怎样使用。选择一种自己喜欢的香味的护肤护发产品也是一件非常惬意的事。目前市场上护肤护发的产品都是由具有不同功能的天然或合成的化工原料经过合理比例混合加工而成的。其起主要作用的是基质原料，当然辅助原料也不可缺少，它能对化妆品赋予更多的其他特性的功能作用。如化妆品添加的香精就是其中的一种“未曾使用先知其香”的香味作用。而香气的好坏可以是这种产品价格的杠杆。香味已经变成一种产品的“包装”，香味包装现在甚至已成为一种极其重要的防伪标志。好的香气的化妆品更会使人产生购物冲动，并最终成为这种香型、这种品牌的忠实消费者。那么这些化妆品应怎样选择香精添加？应该怎样加香呢？

一、护肤品

市场上目前的护肤产品有：洗面奶、卸妆水、面膜、清洁爽、花露水、爽身粉、痱子粉、沐浴液、护肤露、化妆水、润肤露、早晚霜等。属于清洁类化妆品的洗面奶和沐浴液前面已经介绍过，这里不再重复。还有一些特殊功能的护肤产品，如去斑、去死皮、丰乳霜、驱蚊油等。平时消费者根据自己的肤质选择不同的护肤品。一般认为人的皮肤分为干性皮肤、油性皮肤、中性皮肤和混合性皮肤，不同肤质的皮肤需要不同的方式呵护及选择不同的护肤品。除此以外，护肤品的香气也是消费者选择的标准之一，在尚未使用护肤品时并不清楚这种护肤品的效果到底如何，但却可以通过鼻子清楚地了解这种护肤品的香气如何？是不是自己喜爱的香型？消费者不管原来对该类化妆品的印象（通过广告、亲友介绍等获知的信息）如何，都有可能被刚打开化妆品时闻到的香气所改变，也就是说，购买化妆品时，香气常常成为最终决定买或不买的关键。

护肤品的原料大体可分为两大类：基质原料、辅助原料。基质原料主要是油质原料、粉质原料、胶质原料和溶剂原料以及保湿剂、抗菌防腐剂、抗氧剂以及表面活性剂等。所有这些基质原料的使用以及配方的设计和具体操作实例，大部分的厂家都差不多。所以其功效也大同小异。较能真正区别、让别人分清品牌的是辅助原料中的色素和香精，特别是其中添加的香精。

在护肤品当中，一般香精的添加量所占的比例在0.5%～1%范围，如果生产过程需要对原料进行加热溶解，正常情况下是在温度降到40～50℃时再加入香精。因为香精容易挥发，尤其是加热时挥发得更快，这样就会影响到香精所添加的比例，直接影响香精在这个产品中的留香时间及香气强度。而一个好的香精的加入，对护肤品可以起到画龙点睛的作用。怎样选择一个较适合、能被多数人接受的香型呢？

护肤品香精根据不同的香型大体可分为三大类：花香香型、瓜果香香型和幻想混合香型。花香型有：茉莉花香、玫瑰花香、桂花花香、栀子花香、铃兰花香、米兰花香、玉兰花香等；瓜果香香型有：哈密瓜香、香橙香、柠檬香、苹果香、菠萝香等；幻想混合香型有：国际香型、海岸香型、森林香型、海洋香型等等。

香精是由不同香料根据一定比例混合而形成的一种具有特定香气的一种原料。如茉莉花香，就是由茉莉浸膏、吲哚、甲位己基桂醛、乙酸苄酯等多种天然或合成的香料按一定的比例混合调配而成的。其香气近似天然茉莉花的香气。茉莉有大花茉莉和小花茉莉两种，二者的香气不一样，小花茉莉的香气清纯灵动，而大花茉莉的香气则鲜亮、浊腻。因此，在使用茉莉花香型时，首先要明确你选择的是大花茉莉，还是小花茉莉。一般说来，亚洲人比较喜欢小花茉莉的清香，而欧洲国家的人们则较习惯大花茉莉的浓烈的香味。

由于护肤品中“油蜡”类原料占的比例较大，没有加香前，有较强的油腻味，闻起来令人极不舒服。使用香气强度较大的香精，能够较好地掩盖这类护肤品中的“油腻”味，除茉莉花香外，其他如玫瑰花香、国际香型等一些香气强度较大的香精都适合用于护肤品，所以护肤品中所添加的香精首选应是香气强度较大的香精，其次才是香气的优雅、清新。

正常情况下，护肤品的生产厂家先有一个完整比例的产品配方，然后开始选择香型，香精生产厂家根据客户的要求会送上几种不同香型、用于护肤品加香的香精。由于护肤品是直接接触于皮肤的，因此，所要添加的香精必须安全。目前较权威和通常的做法是香精生产厂家所调配生产的香料要全部符合 IFRA 认可的安全的香料、按 IFRA 的规定做。

护肤品生产厂家拿到各种香型的香精添加到护肤品中进行选香。通常采用“双盲”的评选方法，也就是不告诉评香者所添加的是什么香型，是哪个生产厂家生产，只要求评香者认真辨别一下，哪一种香型你较喜爱，会让你感到舒服，同时也试着使用一下。如雪花膏，你可以当场涂抹在手背上，看一看它的留香时间长不长，最后计算出哪一种香型喜欢它的人多，留香时间又最长，这就初步选中这种香精的香型。然后做一小批量投放市场进行市场再调查，了解一下消费者的意见，从中最后确定一个能被大众所接受的香型的香精。

我国从 20 世纪 20 年代开始生产的雪花膏算起，到现在市场上五花八门的护肤品，其所添加的香精的香型从单一的花香型到现在的混合花香型和幻想混合香型，都说明护肤品使用的香型是从单一的花香到混合花香、复合花香变化，一直朝着“香水”的香型发展的趋势。现在你走在大街上迎面袭来淡淡的“香水”香气，不一定是对面的人喷洒了什么香水，说不定他刚洗完澡抹了一点什么膏霜，而这种膏霜里面添加的香精香型就类似于某一种品牌的香水香型。

现介绍几个常见的化妆品生产配方，以作选用香精时参考。

普通型雪花膏

油相组分

硬脂酸	5.0	液体石蜡	9.0	单硬脂酸甘油酯	3.0
十八醇	4.0	硅油	2.0	香精	1.0

水相组分

三乙醇胺	0.5	凯松(防腐剂)	适量	水	加至 100.0
甘油	5.0				

将油相组分熔化、溶解均匀，水相组分也溶解均匀，进入乳化器中乳化、均质后冷却出料包装即为成品。由于油相熔化时的温度高达 80～100℃，会造成香精的损失，所以最好是采用等到油相组分和水相组分混合、乳化、均质冷却到一定的温度时再加香精搅拌均匀，然后出料包装。以下膏、霜、蜜类化妆品（包括前面的洗面奶）的制作方法也一样，不再详述。

芦荟护肤膏

油相组分

硬脂酸	10.0	羊毛脂	1.0	单硬脂酸甘油酯	4.0
白矿油	10.0	硅油	2.0	香精	1.0
十六醇	5.0				

水相组分

甘油	8.0	芦荟多糖粉	1.0	水	加至100.0
三乙醇胺	0.8	防腐剂	适量		

芦荟冷霜

油相组分

蜂蜡	10.0	凡士林	7.0	司盘80	1.0
白矿油	34.0	石蜡	4.0	香精	1.0
羊毛脂	6.0				

水相组分

硼砂	0.6	防腐剂	适量	水	加至100.0
芦荟粉	2.0				

芦荟营养蜜

油相组分

蜂蜡	3.0	十八醇	1.0	香精	1.0
白矿油	10.0	单硬脂酸甘油酯	3.0		

水相组分

硼砂	0.3	甘油	5.0	防腐剂	适量
脂肪醇聚氧乙烯醚	0.7	蜂蜜	3.0	芦荟原汁	加至100.0

芦荟化妆水

芦荟水	78.7	丙二醇	4.0	95%乙醇	10.0
聚氧乙烯油醇醚(20E.O.)	2.0	油醇	0.1	香精	0.2
甘油	5.0				

芦荟水是纳滤膜分离芦荟原汁得到的副产品，外观淡黄色清亮透明，内含多种微量元素及分子量小于150的各种芦荟中的有效成分，带着芦荟原汁特有的清香气味。配制上述芦荟化妆水时应先将聚氧乙烯油醇醚等6个成分混合在一起溶解均匀后再加入芦荟水中搅拌，即可制得澄清的芦荟化妆水，当然最好还是过滤一下再灌装入瓶比较保险。

爽身粉

滑石粉	78	碳酸镁	6	硼酸	3
硬脂酸锌	3	高岭土	5	香精	1
氧化锌	3	钛白粉	1		

膏霜类化妆品的种类较多，它们的主要功用是为了滋润、保护皮肤。膏霜类的基质是一种乳胶体（或乳剂），它们是由水与油（蜡）经乳化剂的乳化作用形成的。膏霜类的乳胶体可分为两种类型：一种是“水包油”（O/W）型，如雪花膏（霜）、粉底霜、乳蜜等；另一种是“油包水”（W/O）型，如冷霜（亦称香脂）、清洁膏、按摩膏、夜霜等。

基质常用的“油”类原料有：矿物油（如石蜡油、凡士林、石蜡冻）、植物油（如硬脂酸、橄榄油等）、精制羊毛脂及其衍生物、蜡类（如石蜡、地蜡、鲸蜡、蜂蜡等）、十六醇、十八醇等。“水”类原料中主要是水与甘油或其他增湿剂。使用的乳化剂有阴离子型、阳离子型、非离子型和两性型表面活性剂。

这类制品中所用的油脂性原料因其质量不同而气息相差很大，如工业品蜂蜡、十八醇、硬脂酸等的油脂气息较重，劣质的羊毛脂常有特殊的臭气；常用的乳化剂，如司盘，带有油酸气息，三乙醇氨则为氨样刺激性气味等；营养霜中的添加物异味更强，主要有药草气（当归、人参）、腥气（珍珠）等。

膏霜类化妆品的基质大部分分为白色，常带有一些轻微的脂蜡气息。因此，在加香用的香精中，除了要选用对皮肤较为安全者外，应尽量避免使用深色和少用脂蜡香的香料，少用或不用易导致膏霜基质乳胶体稳定性遭到破坏的或影响添加物性能与其使用效果的香料。

由于膏霜类制品的加香温度在50℃左右，因此，在香精试样配得后，宜于50℃存放一定时间，观察其色泽及香气有无大的变化，再进行加香测试来确定是否适合。

可用于膏霜类化妆品的香精的香型也是较多的，几乎所有的香水香型都可以用于膏霜类化妆品，但容易导致严重变色的香型宜少选用。润肤霜以轻型的新鲜清香为宜，如茉莉、铃兰和兰花等。一般膏霜类化妆品的加香量为0.5%～1.0%，营养霜应为1.0%或更高。

二、护发品

护发品顾名思义是用来保护、清洁和美化人们头发的一类产品。其主要品种有：洗发精、护发素、发蜡、发油、焗油膏等。这些产品的主要作用是柔软头发、去除头皮中的头皮屑、调整头发使之易于梳理、光洁美观。一些特定功能的护发品如喷发胶、摩丝、染发水、脱毛膏、生发剂以及剃须膏等产品，则有固定发型、滋润头发、去掉难看的胚毛使皮肤光泽秀丽、使掉完的头发再生、美化、修饰头发的作用。而剃须膏则主要是柔软须毛，有利于剃除。

目前，人们使用最多的护发品是洗发精，也叫洗发香波。洗发香波正常情况下的液体是澄清的、流动性好的。洗发时泡沫丰富，易渗入发根，易于漂洗。有的还含有止痒祛屑、抗微生物和杀菌作用。能使洗后的头发柔软、光泽易梳理。洗发精前面已有介绍，这里不再重复。同洗发香波同时使用的还有护发素。护发素是在洗发香波洗后使用，主要是起着保护头发的作用，如抑制头发“纤维”中蛋白质的溶解，使头发光亮、柔顺。

市场上所谓的“二合一”香波声称能把洗发和护发功能混合在一起使用，可以节省人们使用时的时间。其实，真正有效果的“二合一”香波并不容易配制出来，最好还是把洗发香波和护发素分开使用。

平时，人们在采购洗发品时，总是先看一下洗发香波瓶上所介绍的功能，了解这种产品是适用于什么性质的发质，有什么样的功能，然后总会打开瓶盖闻一闻里面的香味——很明显，人们在选择洗发品时，忘不了先了解一下产品的香型是否是自己喜爱的。因为目前各个厂家所生产的护发品的功能性质都差不了多少，只是添加不同的香精，使产品有不同的香气，让消费者有更多对香气的选择。只有适合消费者的香气的产品才能真正适应市场。

正常情况下，香精的添加量在0.5%～1.0%之间，如果其他的原料需要加热，必须等加热后温度降至45～50℃才加入香精，以避免香精的流失。一个好香气的护发品，可以左右这类产品的价格。很难想象没有香气的护发品能够让消费者接受。因为生产护发品所添加的原料有明显的异味，所以没有香精来掩盖原料的气味是不可能的，谁愿意买一瓶“臭烘烘”的洗发水？不加香的洗发精和护发素洗后留在头上一股难闻的异味，让人退避三舍。据报道，20世纪80年代日本曾提出“不加香精的化妆品”，声称他们生产化妆品所用的原料非常纯净，不带异味，不用香精掩盖原料的气息，后来渐渐销声匿迹。说明人们无论如何还是欢迎香气好的化妆品。

护发品使用的香型更是千姿百态：有玫瑰香型、铃兰香型、茉莉香型、香水香型、芳草香型等等。这些香型由单一的果香型或花香型向复合花香、混合香型发展，如从“苹果”香型、

"草莓"香型到"海飞丝"香型、"潘婷"复合香型。后来这些复合香型由于找不到一种较准确、适当、能让大家接受的香型词汇，也由于这几个品牌的广告深入人心，因此，大家就以这种护发品的品牌名称定为其所使用的香精的名称直至如今，如"海飞丝"、"飘柔"等。所有这些无不体现人们对护发品不但在使用功能上有要求，而且对其使用的香型也越来越讲究。它不但能有香气，而且还要有较长的留香时间，使人们充分享受着香精散发的清香。

摩丝、喷发胶除对发型起固定作用外，还具有护发、乌发、抗静电、营养头发的作用。摩丝、喷发胶所添加的香精比例是在0.4%～1.0%之间，由于其配方中的原料有异味的原因，生产厂家较多地使用花香型来掩盖，如"玫瑰香型"，这种带有点甜香、又具香茅气味的香精能较好地抑制摩丝、喷发胶中的原料异味，起到掩盖作用，并散发出甜甜清香的效果。当然其他花香型也有类似的香气效果。

先来看看几个护发品的生产配方：

发油

白矿油	80	肉豆蔻酸乙酯	16	香精	2
硅油	2				

护发素

十八醇	3.0	水溶性羊毛脂	1.0	香精	适量
单硬脂酸甘油酯	1.0	色素	适量	水	加至100.0
十六烷基三甲基溴化铵	1.0	防腐剂	适量		

焗油

油相组分

硅油	4.0	脂肪醇聚氧乙烯醚	1.0	貂油	3.0
苯甲酸十二酯	4.0	水溶性羊毛脂	2.0	香精	1.0

水相组分

阳离子瓜尔胶	0.5	吡咯烷酮羧酸钠	适量	水	加至100.0
芦荟粉	0.2	防腐剂	适量		

发用啫喱膏

油相组分

聚氧乙烯化植物油	1.0	环状聚甲基硅氧烷	0.5	香精	1.0

水相组分

PVP/VA共聚物	6.0	三乙醇胺	0.7	乙醇	1.0
羧乙烯基聚合物	0.5	防腐剂	适量	水	加至100.0

随着人们生活质量的提高，原本单一清洁、保护皮肤的功能已经不能满足人们对生活质量提高的要求。随着植物精油悄悄进入市场，也随着植物精油宣传广告的深入，新一代的护肤护发品已植入植物精油的功效。

植物精油的作用就是目前人们经常谈到的"芳香疗法"。早在5000年前的中国就已经用香料植物驱疫避秽。经过几千年人们的实践，已知植物芳香疗法具有驱逐秽气、杀虫灭菌、松弛精神、提高记忆力等作用，对精神不安、易怒、紧张、神经过敏、失眠、头痛、头重感都具有较理想的效果。

目前市场上首推的精油护肤护发品主要是玫瑰精油，由于玫瑰精油具有安抚神经紧张、促进睡眠、改善皮肤、延缓衰老的效能，更具激发情趣、调节内分泌、滋润坚实皮肤、降压之功能，也由于玫瑰代表着爱情，千百年来一直被人们所青睐，于是有人推出添加有玫瑰精油的护肤护发品，能较快地被人们所接受，从而进一步推广其他植物精油的化妆品。其实，植物精油具有不同功效的品种比比皆是，如薰衣草油，是所有植物精油中最受推崇的，它能改善失眠、偏头痛、鼻膜炎，消毒驱虫、改善皮肤老化、静心修禅有助记忆。其他如纯种芳樟叶油、天竺葵油、迷迭香油、茶树油、百里香油、依兰依兰油等都具有特定的某些功效。添加在护肤护发品中，能与护肤护发品的原有功能相互辉映，发扬光大，把神奇的植物精油作用应用于普通日常的护肤护发品中，让人们充分享受香味世界里多姿多彩的功效，为21世纪变成“香味世纪”注入更多丰富多彩的内容。

第四节　色彩化妆品

色彩化妆品是人们对其外表的一种美化、修饰以达到美丽效果的产品。从人类的原始社会开始，就有了最早的化妆活动——“文身”。这种利用“利器”在身体上刻画着不同图案，再涂上色彩的近乎残忍、野蛮的手段，是当时生产力低下的生活表现，说明肉体的痛苦也抵挡不住人们对“美”的追求的意志。随着生产力的发展、社会的进步，人们先后发明了“宫粉”这种专供皇帝妃子使用的“化妆品”，并有了“朱砂”、“胭脂”等大众使用的美容品。妇女们利用这些“化妆品”来打扮自己，把千娇百媚的风姿尽展于人们的视线中。随着社会生产力的进一步发展，内服外用的美容产品把传统的化妆品发挥得淋漓尽致。远离中国的古埃及，更是把化妆品的意识发展成一种宗教仪式：人死以后也要被化妆。而古希腊却有更高的水平，他们那时已在大量使用香水和色彩化妆品。

目前市场上的色彩化妆品大致有：洗甲液、护甲水、指甲硬化剂、指甲油；唇部卸妆液、润唇膏、唇膏、唇彩、唇线笔；粉饼、胭脂、眼线、眼线笔、眉笔、染发剂等产品。这些产品能较好地弥补人们表情的某些不足或者使原本美丽的面孔、头发变得更加光亮、生动。当人们在欣赏美丽的时候，别忘了让鼻子也享受一下，因为这些色彩化妆品中当然也含有一定比例的香精。

下面是一些常用的色彩化妆品配方的例子。

珠光胭脂块

滑石粉	50.0	硫酸钡	5.0	白矿油	1.8
高岭土	3.0	氧化锌	5.0	凡士林	1.2
钛白粉	5.0	珠光粉	20.0	香精	1.0
硬脂酸锌	5.0	颜料	3.0		

胭脂锭

巴西棕榈蜡	4.0	硬脂酸十六酯	10.0	抗氧化剂	适量
小烛树蜡	5.0	肉豆蔻酸异丙酯	6.0	香精	适量
地蜡	3.0	颜料	5.0	蓖麻油	加至100.0
蜂蜡	2.0				

唇膏

巴西棕榈蜡	10.0	十八醇	4.0	颜料	5.0
蜂蜡	12.0	地蜡	7.0	抗氧化剂	适量
肉豆蔻酸异丙酯	3.0	单硬脂酸甘油酯	6.0	香精	适量
可可脂	5.0	钛白粉	2.0	蓖麻油	加至100.0

珠光指甲油

硝化纤维素	15.0	甲苯	30.0	珠光颜料	5.0
醇酸树脂	7.0	乙酸丁酯	35.0	染料	适量
邻苯二甲酸二丁酯	5.0	钛白粉	0.2	香精	适量

“热吻不留痕留香”——似曾相识的广告词，激情过后唯一留下的是香味。色彩化妆品添加香精的比例一般在0.6%～1.0%范围里。由于色彩化妆品配方中所含“油脂”料的比例较大，因此，香精添加量相应要加大，以能掩盖“油腻”又能散发淡淡清香，因为这些色彩化妆品大都是直接施展于人的面庞和其他部位的皮肤上，如果香味太过浓烈，长时间置身于这种浓烈的香气环境会使人觉得不舒适。但是不添加香精也不行，其中的“油脂”味本身就让人难以接受。因此，添加香精的比例以达到掩盖异味并略有清香为标准。同样，这些色彩化妆品的配方原料需要加热时，也应在降温到50℃左右才加入香精。当然，色彩化妆品并不是每一样都要添加香精，如眉笔、睫毛膏就无需添加或添加量很少。

色彩化妆品所添加的香精香型，大部分以花香型为主。例如唇膏，大部分厂家都是添加玫瑰香精，由于唇膏一般是“红色”的，玫瑰清香让人联想到温馨、甜蜜，涂在嘴唇上，让你充满幸福的感觉！而指甲油由于有“天那水”的气味，所要添加的香精必须能掩盖“天那水”的异味或者同“天那水”的气味组成让人们嗅闻时觉得舒适的香味。一般情况下，使用果香型的会比花香型的掩盖性能好些。这是由于指甲油所用的溶剂本身的香气强度已不小，如果要用强度超过它的香精加以掩盖，则会提高不少加香成本，直接影响到厂家的利润空间。因此，可以把指甲油溶剂当成香精的头香，进行香气修饰，“天那水”本身就是属于果香型的，所以果香型比较适合，如香蕉香型，这样既可不影响厂家的利润空间，又能真正起到掩盖其异味的功效。

第五节　香　水　类

一、香水

在法国国际香料香精化妆品高等技术学院里，珍藏着全世界1400多瓶从1714年法日那配制的“古龙水”到现在的知名香水，其中500多瓶有配方（调香师可以把配方锁在保险箱里交给学院保管，直到约定的时间公开），据说还有300多个世界知名的香水现在已经无处寻觅，配方也没有了。法国所有的调香师都愿意把自己的“佳作”送给这个学院保存，以便“流芳千古”。

香水是任何一个人都喜欢的，不只是女性。一般认为男人应该有“阳刚之气”，不能“像女人一样”，因而便有了所谓的“男用香水”，以别于“女用香水”。近年来，“男用香水”销售量的增长大于“女用香水”销售量的增长，这里面还包含着一个原因：有的女士喜欢“男用香水”!

香水的制造是非常简单的，只要把香精加入酒精中溶解均匀，冷冻一夜，滤取透明澄清的溶液就可以装瓶了！所谓的“技术”在于香精和酒精的选用，酒精应该选用“脱臭酒精”，据说法国香水是用葡萄酒精馏得到的酒精配制的，我国可以用米酒精馏、脱臭得到的酒精配制，用糖蜜酒、地瓜酒、各种曲酒得到的酒精即使“脱臭”还是难以达到香水用酒精的要求。

酒精的浓度根据各种香水的配制要求从75%～95%（其余5%～25%当然是“纯净水”）不等，香精的用量越大，酒精的浓度也越高——花露水香精含量为3%，酒精浓度是75%；古龙水（Eau de cologne）香精含量为3%～8%，酒精浓度是80%～90%；淡（一般为喷雾型）香水（Eau de toilette）香精含量为8%～15%，酒精浓度为90%～92%；浓（一般为“点滴型”）香水（Eau de parfum）香精含量为15%～25%，酒精浓度为92%～95%。实际上，酒精浓度还与香精配方有关系，含醇量较高的香精使用的酒精浓度可以低一些（即含水量高一点）。当然，香水制造厂是不可能得到香精配方的，但可以用实验来确定酒精浓度：先把香精按比例溶解于95%酒精中，再慢慢滴加纯净水（同时搅拌）至浑浊为止，算出水“饱和”时的酒精浓度，实际配制时加水量要低于“饱和”用量，以免配制好的香水在气温低时又显浑浊或分层。

刚配制的香水的香气肯定不好，须要“陈化”一段时间香气才变得圆和、宜人，为了减少“陈化”时间，可以采用让酒精预先“陈化”的办法，即工厂把刚购进的酒精统统加入“陈化剂”搅拌均匀，配制香水时用已经“陈化”多时的酒精就可以在冷冻过滤后马上装瓶发货，减少流动资金在仓库里的积压。下面介绍一例“陈化剂”配方供参考。

香水陈化剂

麝香105	30	麝香酮	10	苯甲酸苄酯	10
佳乐麝香	20	降龙涎醚	2	纯种芳樟浸膏	10
麝香T	18	水杨酸苄酯	10		

使用时在酒精里加入“陈化剂”0.1%～0.2%，搅拌均匀，密封保存数月即可。

当今社会市场竞争剧烈，香水更可作为竞争的“榜样”。一个名牌香水的诞生，离不开下列“程序”：

① 香水公司经过慎重考虑，决定“推出”新牌子香水；

② 确定香水的名字——据说有个好的名字便“成功了一半”，“毒物”（poison）、“鸦片”（opium）和三宅一生的“一生之水”（L'eau d'lssey）等都是这样的；

③ 把上述决定通知全世界所有知名的香精厂，请他们送香精样品；

④ 请香水瓶设计师设计玻璃瓶和盖子、内外包装、商标样式，尽量“与众不同”；

⑤ 选定“史无前例”的香型——这工作最关键也最繁重，先要成立“评香小组”，初步评选出几个“有特色”的“候选香精”，把它们一一配成香水以后，送到世界各地给至少数万人评价，收集、综合这些评价意见后确定最后的一个；

⑥ 花几千万美元（现在听说要1亿美元以上了）在各大媒介上做广告，同时生产约100万瓶小样赠送给适合的人群以形成“购买欲”；

⑦ 在巴黎促销成功；

⑧ 在纽约、东京、香港……

几千万、数亿元的投入，会不会成功则还要看“上帝”保佑不保佑了！

为什么香精厂不“自己做香水卖”？看了上面的“程序”你就会明白的。

在“现代派”的调香师眼里，所有的香水除了“单体”香型（花香、木香、麝香、龙涎香等）以外，其余都可以归入“素心兰”香型之中，因为“素心兰”香型已包含花香、果香、青香、豆香、醛香、木香、动物香、膏香等基本香型了，当今许多“新香型”无非是突出其中的某一部分而已，如“醛香素心兰”、“青香素心兰”、“花香素心兰”等等。

二、古龙水

现代人可能已经不把古龙水看作香水了，觉得它的香精含量太低，不留香，但调香师可忘不了它——现代香水是从古龙水开始的！前面讲到法国国际香料香精化妆品高等技术学院里珍藏的1400多瓶世界名牌香水中，年代最长的是1714年法日那配制的古龙水。以现代人的眼光看会觉得那时的配方“太简单”，又不懂得使用“定香剂”，不过如果没有这“第一个”，哪有今天琳琅满目的香水世界！

现代的古龙水配方已经发展到与香水一样精致细腻，香气也有多种，但最受欢迎的仍然是经典的“香柠檬橙花”香韵，特别是德国科隆出产的4711古龙水数百年来盛销不衰，独霸全球，连法国人都称羡不已！

传统的古龙水好像是男人们的专用品——男人们较少使用香水，只是在洗澡后往身上喷古龙水，让自己感觉舒服就行。不过这个世界发展到今日，好像只有女人有专用品，男人已经没有专用品可言了！君不见奥林匹克运动会原来女子是连看都不能看的，现在女人比男人还活跃(特别是我国)！牛仔裤也被女人们抢走了！古龙水“在劫难逃”，终于也成了女人们的“玩物”，现在的巾帼们不但用男人们的古龙水，还要创造一个“女用古龙水”自己享用！

传统的古龙水配方使用了大量的天然香柠檬油，由于天然香柠檬油免不了含有过量的香柠檬烯（IFRA对香柠檬烯有严格的限量指标!），所以现在的调香师倾向于使用自己调配的“人造香柠檬油”。下列几个古龙水配方中，如用到天然香柠檬油时，请注意先检测它香柠檬烯的含量！外购的“人造香柠檬油”或“配制香柠檬油”也要检测！

配制古龙水香精用到的原料中，排在第二位的是苦橙花油，我国已有自己的“苦橙花油”——玳玳花油可以代用，但用惯进口苦橙花油的调香师则倾向于以玳玳花油配制的“人造苦橙花油”。

现代的古龙水配方中加了不少体香香料和基香香料以弥补原来古龙水不留香的不足之处，但这些香料也不能加得太多，以免香气变调。

三、花露水

严格地说，花露水不能算作“香水”，只能算是“卫生消毒用品”，因为它含的香精量实在太少了，只能把它当作带点香味的卫生消毒用的75%酒精。事实上，正是有人在医用的消毒酒精（浓度为75%）里面加了一点薰衣草油就“发明”了现在的“花露水”。在欧美国家，花露水都是带薰衣草香味的。而在我国，由于花露水传入时国内还没有薰衣草油，进口这种香料又太贵了，当时的调香师就改用比较容易配制的玫瑰麝香香精加入到75%的酒精里去，成了“中国特色”的花露水。将近一个世纪，这种香型在中国盛行不衰，谁也改变不了。在贫穷落后的年代里，这种花露水也是一种奢侈品，平民百姓把它看作香水，新娘子把它作为嫁妆带到男方家里去，一辈子也舍不得用它。

一般花露水的配方如下：

花露水

95%乙醇	80	水	22	香精	3

先将香精加入95%乙醇里溶解均匀，再加入水搅拌，一般会显得有点浑浊，置于-15℃一夜后过滤，取清液装瓶，在仓库里陈化数月才能出售，否则“酒精味”太“冲”，消费者不

能接受。如要减少陈化时间，可以在购进的乙醇里加入前面介绍过的陈化剂适量，预先陈化一段时间，这样有可能在配制成花露水后短时间里就上市销售、回笼资金。

我国生产的花露水都是“玫瑰麝香”香型的，这是由于从20世纪30年代上海生产的“明星”花露水、“双妹”花露水和后来的“上海”花露水都采用这种香型的缘故，国人已经普遍接受并喜欢它，不易改变。国外的花露水香型都是比较“清爽”、“明快”的，基本上不留香。

20世纪90年代，上海家化厂厦门联营厂利用厦门一种名贵中成药“六神丸”，把它加入到原来的花露水配方里去，制成“六神花露水”，一炮打响，畅销全中国。“六神花露水”巧妙地利用了国人对名贵中药及中成药的崇拜，构思新颖，广告也到位，因而获得空前的成功。本来花露水就有杀菌、消毒、清凉、赋香等作用，加了“六神”二字，似乎更可信赖，更有魅力了。

利用芦荟的消毒、抑菌、止痒、抗过敏、保湿、软化皮肤、促进皮肤表面细胞新陈代谢等功效，把芦荟提取物加入花露水中，将赋予花露水更多的功能，这个想法由来已久，但却一直没能实现商品化生产。究其原因，在于花露水中只允许加入20%～25%的水分，这20%～25%的水分即使全部换为芦荟原汁，芦荟的功能还是体现不出来。把芦荟原汁加热浓缩，又会破坏芦荟中的许多有效成分。现在好了，自从膜分离技术用于芦荟原汁加工以后，在常温下已可把芦荟原汁浓缩成各种浓度而不会造成有效成分的破坏或损失。厦门牡丹香化实业有限公司用膜分离技术加工芦荟原汁得到的芦荟浓缩物制成芦荟多糖，芦荟中可溶于75%酒精的成分作为一种副产品——芦荟酊出售，这种芦荟酊含有的芦荟素为芦荟原汁的3～5倍，而价格与芦荟原汁差不多，由于它的酒精浓度刚好为75%，用它直接加入3%香精就成了地地道道的芦荟花露水了，而成本又极其低廉，芦荟的种种功效在这种产品里可以淋漓尽致地发挥出来。

芦荟花露水

芦荟酊	97	香精	3

芦荟酊是中国芦荟或库拉索芦荟原汁经纳滤膜分离浓缩至10～20倍，然后用乙醇萃取其中对皮肤有良好功效的成分而得的，含乙醇75%～80%，“生物水”20%～25%，有效成分是芦荟原汁的4～5倍，配制芦荟花露水非常适合。将芦荟酊与香精按上述比例混合溶解，于－15℃冷冻一夜后过滤，取滤清液装瓶即为成品。因芦荟酊已经用芦荟素“陈化”过，不必再经过长时间的陈化才出售，这也是用芦荟酊配制芦荟花露水的一大好处。

如市场上购买不到芦荟酊，可以用下列方法自制：

芦荟花露水

20倍芦荟浓缩液	17	95%乙醇	80	香精	3

三种原料混合均匀后置－15℃一夜，滤去粉状沉淀，装瓶即为成品。同一般花露水一样，也需要陈化数月才能出售，或者使用已经预先陈化过的乙醇。

第六节　牙膏、漱口水

口腔护理用品作为个人护理用品的重要组成部分，与人们的生活息息相关。而据调查表明，目前我国有1/3的城市人口没有良好的刷牙习惯，农村地区不刷牙的人数占到57%。由此可见，口腔护理用品在中国大有发展前景。

早在公元前3000年，我国就已有牙齿清洁卫生习惯的记载。人们用骨粉或食盐擦牙、刮舌后用盐水漱口，古老的洁齿方法一直传至20世纪初。我国1910年进口了日本的小燕牙粉和狮子牙粉。1911年，天津同昌行（天津牙膏厂前身）率先推出了大车头牌牙粉。继之，上海化学工业社（上海牙膏厂前身）生产出了三星牌牙粉。1912年以后曾进口美国高露洁牙膏。1926年，上海化学工业社生产出我国第一批管状牙膏——三星牙膏。1938年和1947年在天津和广州也分别建立了牙膏生产厂。之后我国牙膏生产发展较快，特别是改革开放以来，中国牙膏行业的产量、功能和品种之多均居世界第一。目前全行业有牙膏生产企业四十余家。其中，柳州两面针股份有限公司，上海牙膏厂、广州美晨股份有限公司、重庆牙膏厂、天津牙膏厂、中华牌牙膏、安徽芳草日化股份有限公司、广西梧州奥奇丽集团股份有限公司、江西草珊瑚企业、抚州牙膏厂这10家企业生产的牙膏产量占全国总产量的75%，成为国内十大民族品牌。目前全国生产的牙膏牌号已逾300个，花色品种已达400多种。在品种方面，含有草药的牙膏约占70%以上。

以往人们认为早晚刷牙就可达到卫生标准了，可就口腔卫生新理念来讲却远远不够。牙科医学专家提出：清洁口腔像洗手一样必需。但随时随地拿出牙膏、牙刷却又不现实，漱口水这时便可挺身而出，担当重任，随时随处它都可以为你清洁口腔，拒绝残渣对牙齿的侵蚀；再者，在一些场合进餐，含有葱、蒜等味重的美食，使你“欲罢不能”，但不是没有办法，备一小瓶漱口水，只需去趟洗手间，马上口齿清新，了无痕迹，让您尽可大饱口福；其次，旅行途中，水箱缺水或用水拥挤都是常有的，备瓶漱口水，一切烦恼一漱了之；另外，漱口水还将是牙齿脱落的老人、不会刷牙的孩子以及不能忍受刷牙的牙病患者口腔卫生保障的最佳选择。

漱口水也称漱口剂、漱口液等。其优点是使用简便、快捷、功能性强，而且不需要特别的用具，是非常有效的口腔清洁用品。漱口水和牙膏的不同之处，在于漱口水只在口腔内进行单纯的漱洗，而牙膏是和牙刷并用以利用其组成中的摩擦剂进行清洗的。

漱口水是一种新型的口腔卫生清洁用品，由于口腔黏膜和牙齿上会残留有害的细菌、牙垢、牙结石、食物残渣等，经腐败发酵会产生恶臭，在日常生活中，出于礼节认为口臭是极不礼貌的，因此，漱口水的使用非常平常而且也很有必要，在发达国家已经很流行了。目前国内这方面的产品也很多。

漱口水可分为治疗性和化妆品性两大类，治疗性漱口水可减少牙斑和龋齿、杀灭细菌、减轻牙龈炎（含0.12%洗必泰的漱口水实验证明对防止牙龈炎有效），不要求预防或治疗口腔疾病的漱口水属于化妆品类漱口水，它是通过杀菌、高效香精或二者兼用来达到减少口臭（不良气息）这一最普通的要求的。

漱口水一般在餐后使用，每次用量为15～20mL，在口腔内应保留15s以上。

一、牙膏的组成

牙膏在我国口腔内科学称为“洁牙剂”，美国牙科协会给牙膏的简明定义是“牙膏是和牙刷一起用于洗净牙齿表面的一种物质。”

牙膏起初也是肥皂型的；后来发展为合成洗涤剂型，一般称第二代牙膏；第三代则为现在流行的药物型牙膏。

牙膏是由摩擦剂、发泡剂、甜味剂、胶黏剂、保湿剂、香精、防腐剂等原料按配方工艺制得的。

牙膏中加入香精可掩盖膏体中的不良气味，并使人感到清凉爽口、气味芳香，同时具有一定的防腐杀菌作用，用量为1%～2%。用量过多会影响泡沫的产生和刺激口腔黏膜。牙膏香精由天然香料及合成香料调和而成，所用的香料有薄荷油、柠檬油、留兰香油、橙油、橘子油、冬青油、丁香油、肉桂油、肉豆蔻油、茴香油、薄荷脑、龙脑、柠檬醛、月桂醛、香兰素、乙酸戊酯和乙酸异戊酯、丁酸乙酯、己酸烯丙酯等。

二、牙膏的分类

牙膏的分类方法很多，可按其发泡剂、香型类型、包装类型、功能类型、规格、研磨剂类型、酸碱度等分类。这里着重介绍以下三类。

① 按香型分。按牙膏的香型分类，目前国产牙膏的香型主要有留兰香型、薄荷香型、水果香型、茴香香型、肉豆蔻香型、沙土香型等。牙膏的传统流行香型为前3种，例如上海防酸牙膏、田七牙膏、两面针牙膏等是留兰香型；厚朴牙膏、健美牙膏等是薄荷香型；中华牙膏、富强牙膏、小儿牙膏等是水果香型。

② 按牙膏的功能类型分类。按功能可分为普通洁齿牙膏、药物牙膏两大类，药物牙膏又称疗效性牙膏。

洁齿型牙膏有悠久的历史，着重于洁齿作用，目前已涌现出许多名牌产品，各具特色，如美加净牙膏、黑妹牙膏等。

疗效性牙膏一般加了各种药物，着重对口腔常见病和多发病的疗效的作用，有洁齿和疗效的双重作用。药物牙膏正是利用我国丰富的草药宝库，经过多种药物复配而成的。目前各种药物牙膏迅速崛起，已占市场销售量的70%以上。

③ 从市场商品的使用需要分类。牙膏分为普通牙膏、高档牙膏、药物牙膏、营养保健牙膏、儿童牙膏等。由于使用者年龄、职业、性别以及习惯的不同，因而对牙膏的香味及口味的要求也有所不同，所以，在牙膏配方中还必须研究香型的搭配。

三、牙膏的质量指标

牙膏的质量好坏，不能只凭某种原料的多少或泡沫的多少加以评定，应从以下几点来考虑：稠度要适当，从软管中挤出成条，既能覆盖牙齿，又不致飞溅；摩擦力适中，要有良好的洁齿效果，但不伤牙釉；膏体稳定，在存放期内不分离出水，不发硬，不变稀，pH稳定；药物牙膏在有效期内应保持疗效；膏体应光洁美观，没有气泡；泡沫虽然与质量无直接关系，但在刷牙过程中要有适当的泡沫，以便使食物碎屑悬浮易被清除；香味、口味要适宜。

牙膏的质量标准有以下几个方面。

① 感官指标。膏体应均匀，无水分分离，无漏水现象，细腻无结粒，洁净无杂质，香味定型无异味。

② 理化指标。牙膏部颁标准中对牙膏的pH、黏度、挤膏压力、泡沫量进行了规定。如甲级普通牙膏pH为7.5～9.0，室温挤膏压力≤4×10^4Pa，耐热挤膏压力≤4×10^4Pa，泡沫量≥130mm。

牙膏常见的质量问题主要是膏体发黑、膏体发硬、膏体稀薄或分离出水、软管破裂、软管尾部漏水等。

牙膏的国家标准代号为GB 8372—87，其主要内容如下。

1. 使用范围

该标准适用于口腔卫生用的各种牙膏。

2. 技术要求

(1) 感官指标

膏体应均匀、细腻、洁净、色泽正常。

(2) 理化指标

① pH 5.0～10.0。

② 稳定性：膏体不溢出管口，不分离出水，香味、色泽正常。

③ 无硬颗粒，玻片无划痕。

④ 稠度 9～33mm。

⑤ 黏度：不大于 360Pa·s。

⑥ 挤膏压力：不大于 40kPa。

⑦ 泡沫量：不小于 60mm。

⑧ 游离氟（F^-）400×10^{-6}～1200×10^{-6}（适用于氟化物牙膏）。

(3) 卫生要求

① 牙膏使用的香精、色素等添加剂，必须符合国家有关卫生安全标准的规定。

② 微生物：细菌总数不大于 500 个/g。

③ 重金属含量（Pb）：不大于 25×10^{-6}。

④ 砷含量（As）：不大于 5×10^{-6}。

四、牙膏的生产工艺

先简要了解一下牙膏常规生产工艺的主要步骤。

① 制胶：将牙膏中的黏合剂、润滑剂和水分等迅速溶胀，搅拌回流，至胶水均匀透明、光亮、无颗粒。

② 捏和：将香料、摩擦剂、发泡剂等配料在边搅拌的情况下加入，溶解。

③ 碾磨：捏和静止的膏体，输送到三辊碾磨机轧膏，使膏体进一步均化。

④ 脱气：在均匀搅拌下进行真空脱气。

⑤ 灌装及包装。

目前有三种制膏工艺。

① 间歇制膏工艺。间歇制膏是我国"合成洗涤型牙膏"冷法制膏工艺中普遍采用或曾经采用过的老式工艺。主要特点是投资少，而它的不足之处是工艺卫生难以达标，故已被真空制膏工艺取代而逐步淘汰。

② 真空制膏工艺。目前在国内有两种方法：一种是分步法制膏，它保留了老工艺中的制胶工序，然后把胶液与粉料、香料在真空制膏机中完成制膏，这种工艺被称为"三合一"制膏工艺，即拌膏、均质、真空脱气三合一，它的特点是产量高，真空制膏机利用率高；另一种是一步法制膏，它从投料到出料一步完成制膏，即制胶、拌膏、均质和脱气一次完成，称为"四合一"制膏工艺，其特点是工艺简化，卫生提高，制造面积小，便于现代化管理，是中小牙膏企业技术改造的必经之路。

③ 程控制膏工艺。程控制膏是当代国际上最先进的制膏工艺之一，几家牙膏大型企业均采用此工艺制造牙膏，我国也引进这种大型装置并已投入生产，运行正常。

程控制膏是将配方计量、工艺参数、操作要点、质量标准等参数输入程序控制器，控制由两台真空制膏机组或组合生产线，交替生产形成连续生产间歇程控操作。其工艺特点是：产量高；质量与消耗指数先进；工艺卫生优越。但其投资大，而且不宜实现多品种生产。程控制膏是在真空制膏的基础上程序化控制，故其工艺流程与操作要点可参照真空制膏参数，编程序后输入控制器而实现生产控制。

五、牙膏的加香

牙膏是用于口腔卫生、洗净牙齿表面的一种产品，与民众日常生活和健康状况紧密相连，随着牙膏工业日新月异地向前发展，其用途已不仅仅局限于清洁口腔和牙齿，还可以治疗牙痛，其功能也从洁齿疗效发展到了保健。

牙膏中的原料大多味苦，摩擦剂又有粉尘味，因此，牙膏中加入香精的目的就是掩盖膏体中的不良气味，消除发泡剂等原料的味道和香气，使人感到清新爽口，气味幽雅芳香，同时具有一定的防腐杀菌的作用。牙膏是在口腔中使用的，因此，必须要求香精可以入口，防腐性好，调配香精所选用的香料必须用食用级的。对于牙膏香精香型的爱好，因人因地而异，普遍大多以使用果香型和花香型为主。

牙膏香精配方中，可不用定香剂，而增大留兰香、橘子油、薄荷油、柠檬油、香柠檬油的用量。常用的香型有留兰香型、水果型、薄荷型、桉叶型、冬青型、茴香香型、沙土香型等。用量一般为0.5%～2%，用量应适宜，过多会影响泡沫的产生和刺激口腔黏膜。

牙膏的传统流行香型为留兰香型、薄荷香型、水果香型三种，目前国产牙膏的香型如上海防酸牙膏、田七牙膏、两面针牙膏、长白牙膏等都是留兰香型；厚朴牙膏、素美牙膏、健美牙膏等是薄荷香型；中华牙膏、富强牙膏、贝贝牙膏、小儿牙膏等是水果香型。

花香香型、草香香型本来很少用于牙膏的加香，欧美国家比较喜欢冬青油和桉叶油的香气，但在我国，桉叶油的香味在牙膏里行不通，冬青油还可以。最近有人推出了茉莉花香和茶香香味的牙膏，也取得不小的成功。薄荷型牙膏用香精配方见表7-2。

表7-2 薄荷型牙膏用香精配方

组分	质量/份	组分	质量/份
椒样薄荷油	38	柠檬油	3
薄荷油	30	肉桂油	1
茴香油	5	水杨酸甲酯	20
柑橘油	2	香豆素	0.5
香兰素	0.5		

六、漱口水的配制

漱口水中配有杀菌剂、收敛剂、中和剂、防霉剂、香精、乙醇、表面活性剂等多种物质，其主要功能如下：

① 清洁口腔，除去腐败、发酵的食物残渣；

② 抑制产生恶臭的微生物和发酵活性；

③ 除去口腔中恶臭的物质成分，杀灭致病菌；

④ 减轻或去除牙斑和口臭，加香料以掩盖恶臭。

漱口液的配制是在杀菌剂等药效成分中配入水、酒精、香精、色料等组成的。原则上与牙膏制备的成分一致，但必须注意使用浓度在法规许可的情况下，如未曾有先例使用的成分，则必须进行安全性的实验。

漱口水中常用的杀菌剂有：薄荷脑、硼酸、安息香酸、一氯麝香草酚、麝香草酚、间苯二酚、烷基吡啶季铵盐、柠檬酸、洗必泰、氯化锌、氟化物、酶等。

漱口水的药物添加剂与牙膏的药物选择是相同的，类似于药物牙膏，根据加入药剂的不同，也可制成各种功效的漱口水。如制成防龋齿漱口水、除口臭漱口水、除牙周病漱口水、防牙龈炎漱口水、防治牙斑漱口水、防牙结石漱口水等。除口臭漱口水配方见表7-3，除烟垢漱口水配方见表7-4。

表 7-3 除口臭漱口水配方

组分	含量/%	组分	含量/%
薄荷脑	1	硼砂	0.3
薄荷香精	1	乙醇	20
甜蜜素	0.5	水	余量

表 7-4 除烟垢漱口水配方

组分	含量/%	组分	含量/%
偏磷酸钠	40	氟化锡	0.4
无水二氧化硅	3	焦磷酸锡	1
糖精钠	0.2	植酸钠	2
香料	1	防腐剂	适量
水	余量		

目前市面上的漱口水产品主要有下列品种。

1. 含氟化物漱口水

大多数含氟化物漱口水含有0.05%的氟化钠，能为有需要的人士提供额外的氟化物。每天使用一次能为牙齿提供额外的保护，有效地防止蛀牙。

2. 防牙菌膜漱口水

这种漱口水有助于防止牙菌膜积聚，从而减低牙龈发炎的机会。其主要成分包括三氯生(Triclosan)、麝香草酚（Thymol)、十六烷基氯（Cetylpyridinium Chloride，CPC）等。但是，它们对预防牙周病的功效还未得到证实。

3. 抑制牙菌膜漱口水

葡萄糖酸氯已定（Chlorhexidine Gluconate）被证实能有效抑制牙菌膜的滋长，防止牙周病。但如果长期使用，会令牙渍容易沉积于牙齿表面，影响味觉及会引致复发性口疮。

4. 防敏感漱口水

这种漱口水的主要化学成分如硝酸钾能封闭象牙质的微细管道，令牙齿的敏感程度减低。但是，防敏感漱口水是不应长期使用的。选购防敏感漱口水前，应先征询牙科医生的意见。

5. 草本漱口水

草本漱口水主要是从茶叶中提取出来的，含丰富的维生素，具杀菌，抗龋，抗氧化力强，儿茶素可渗入牙缝、牙洞，可以有效抑制细菌，保护口腔洁净健康。

6. 传统草药类漱口水

此类漱口水是由药食两用类纯草药精制而成的，主要成分为藿香、香薷、丁香等，不含酒精、抗生素、玉洁纯等广谱消毒杀菌类化学成分，具有传统中医文化特色，老幼及孕妇皆宜。

七、漱口水的加香

漱口水除了含可控制牙斑和口臭的专用制剂外，几乎都含有4种基本组分——醇、湿润剂、表面活性剂和香精。其中香精是很重要的，因为气味是消费者选择此类产品的关键因素。由于是在口中使用的，所以应使香精有使人清爽可口的味感，能够遮掩组分中不愉快的气味，而且使用安全。漱口水用的香精属于食品香精。

漱口水香精中所用的主要香料是薄荷油、留兰香油、肉桂油、冬青油、薄荷脑、水杨酸甲酯等。薄荷脑、酚类（药用）和薄荷香料是漱口水最常用的。流行的漱口水中所用的香化剂具有明显的抗微生物活性。薄荷香的漱口水通常含薄荷油和留兰香油的混合物（称为“双薄荷”香料），含量一般为0.05%～0.5%。

为使漱口水产品中的香味发挥出来，以达到防止口臭、抑制齿垢、掩蔽恶臭的目的，要求混合许多组分，以制备出具有良好的初始效果和留下清新舒适味感的最佳混合物。选择的香料还必须可与漱口水的其他组分相配伍，并在产品贮存期间具有良好的稳定性。

漱口水制造一般是将香精和乳化剂溶解于乙醇中，在不断的均匀搅拌下逐渐注入水溶性物质的水溶液，混合均匀，冷却至5℃以下，存贮1周左右即可过滤灌装。通常漱口水的香精用量为0.2%～1%。

第七节　纺　织　品

随着人们生活质量的迅速提高，纺织品的加香现在已经不是什么新鲜事了。棉、麻、丝、绸、毛及“人造纤维”等天然物的主要成分是纤维素和蛋白质，它们的纤维末端都是“极性基团”，可以吸附香料分子，采用浸渍、涂抹、喷雾、熏蒸等方法或者在印染的同时加香都是可行的；“合成纤维”有的有“极性基团”，有的（如聚乙烯、聚丙烯等）没有，最好在成丝前或成丝时让香料进入纤维内部，这样即使是留香不好的香精也能有一定的留香能力，增加了香味的“花色品种”。

纺织品加香用的香精有“一般”液体香精和微胶囊香精两种，“一般”香精都是留香比较持久的品种，香气大部分较为“沉重”、“呆滞”，不够“清灵”；微胶囊香精则各种香气都有，但制作成本较高。

一、服装

“佛要金装，人要衣装”。衣、食、住、行四个字，“衣”还排在“食”的前面，说明服装的重要性。食品加香古已有之，不是什么新鲜事，而服装加香好像才刚刚听说。其实古人早就懂得用各种天然香料来熏蒸衣服，让它们带上令人愉悦的香味，有一种香料草叫做“薰衣草”，顾名思义就是能给衣服“薰”上香味的草。宫廷里有专门给皇帝、嫔妃、王公大臣们“熏衣”的工匠，他们给服装加香的技术用现代“科学”的眼光来看也堪称一流，有的甚至让现代人自愧不如。

汉代贵族上层社会，普遍有燃香料熏衣之习。用以燃香之器有香炉、熏笼等，后世沿之。《太平御览·服用五·香炉》引《襄阳记》：“荀令君（指荀彧）至人家，坐处三日香。”南朝梁简文帝《拟沈隐侯夜夜曲》：“兰膏断更益，熏炉灭复香。”

宋洪刍《香谱》：“凡熏衣，以沸汤一大瓯，置熏衣笼下，以所熏衣覆之，令润气通彻，贵香入衣难散也。然后于汤炉中，燃香饼子一枚，以灰盖……常令烟得所。熏讫，叠衣，隔宿衣之，数日不散。”

当然，现在的人们要给服装加香已经是轻而易举的事——随便拿一瓶香水或者空气清新剂对着衣服喷洒就算“加香”了，有的地方甚至已经可以买到服装加香专用的“气雾剂香精”和“服装加香机”。但要让衣服上带的香味留住几天、几个星期甚至几个月和多次洗涤、熨烫、暴晒以后还能有宜人的香味则不是简单的事。

让服装带上宜人的香味有许多方法，最简单的是在裁剪、缝纫的时候把装着粉末状或者小颗粒状微胶囊香精的布袋子固定在适当的位置上（如领内、袖口、腋下等夹层处），微胶囊香精平时散香少，随着衣服穿在身上时人一动香味就飘散出来，既节约香精（让留香更加持久），香气又不会太“冲”。

留香特别持久、在水里溶解度特别低的香精（如下面所举例子中的龙涎麝香香精、新东方香精、铃兰百花香精等）可以采用直接喷雾的方法加香，如果香精的黏稠度太大，可以先用少量酒精稀释。喷雾加香后要密封一段时间，香精进入衣服纤维里面会通过毛细管渗透到各处，所以不必担心会有“香气不匀”的问题。这个方法的缺点是一件衣服穿着、贮藏的时间和洗涤的次数、熨烫的次数多了，香气会逐渐减弱，直至消失。

给服装（其他纺织品也一样）加香最好的方法自然是在纺、织甚至（对“人造纤维”与“合成纤维”来说）在成丝前后就把香精加进去，例如可以把香精喷在纤维上，或者把微胶囊香精混在纤维里面，纺出的线带香味；也可以把香精喷在纺出的线上，织出的布就带香味了；如果是“合成纤维”的话，可以考虑把香精加在聚合物里面或者“凝固浴液”里面，拉出的丝就有香味了。

用印染的办法加香也是常见的，特别是T恤、衬衫、背心、各种广告衫等，往印染“药液”里加粉状微胶囊香精搅拌均匀然后印在这些织物上就行了，香味也能维持较久的时间。

以上各种加香方法对香精的性质有不同的要求，调香师已经根据这些不同的要求调出许多适合的香精以供应用，香型也是变化无穷的。

健康、舒适的高品质生活是现代人所追求和向往的，芳香的气味能愉悦人的身心，净化空气，改善人体的健康状况。纺织品与人们的生活息息相关，密不可分，是芳香气味的理想载体，但香精是易挥发物质，直接施加在纺织品上大多会很快散失，不能持久地发挥作用。采用微胶囊技术将芳香物质包覆起来，通过后整理的方式施加在织物上，可以在织物使用的过程中缓缓释放出芳香物质，从而延长作用时间。

微胶囊实际上是采用某种材料包裹另一种物质所形成的微小粒子，直径一般在1～1000μm之间。据统计，到目前为止，微胶囊的制备方法已发展到200多种，在实际应用中，应根据具体的用途来选择适宜的微胶囊制备方法。这里介绍两种比较典型的方法制备薰衣草香精微胶囊，以涂层的方式对纯棉织物进行整理。

① 界面聚合法。这是一种重要的微胶囊制备方法，具有包覆率高，囊壁致密性好等优点，将含有聚氨酯预聚体的香精丙酮溶液加入到含有乳化剂的水溶液中，在高速搅拌作用下，乳化剂扩散至油水界面处发生定向吸附，降低了油水界面的张力，从而形成了水包油型乳状液，聚氨酯预聚体与聚乙二醇进一步在油滴界面处发生聚合反应，缩聚成高分子量聚氨酯，沉聚在油滴的表面，从而形成微胶囊。反应条件对微胶囊的性能具有很大的影响，多次的对比实验结果表明：采用界面聚合法制备聚氨酯芳香微胶囊的最佳工艺条件为：聚乙二醇与二异酸酯的摩尔配比为1∶3，油水比例为1∶10，以OP10为乳化剂，海藻酸钠为分散剂，乳化阶段搅拌速率为3000r/min，反应阶段搅拌速率为800r/min，反应温度为70℃，反应时间为1.5h。

此法得到的聚氨酯微胶囊呈球状，囊壁具有半透性，香精能够通过囊壁缓慢扩散，在采用扫描电镜观察微胶囊的形态时，先要使样品处于真空环境中，由于香精的扩散，使囊壁表面出现了均匀的凹陷。

② β-环糊精包络体微胶囊。β-环糊精是由淀粉经过酶解后所形成的环状低聚糖化合物，它具有一个相对疏水的空腔和亲水的表面，可以包覆某些维生素及芳香物质。由于β-环糊精可以食用，且在对芳香物质形成包覆的过程中，不涉及有害化学物质，因此，对人体来说非常

安全，β-环糊精在使用过程中可以反复加载，很适合制备与人体密切接触的具有医疗保健作用的芳香纺织品。

将一定量的β-环糊精和表面活性剂均匀分散到水中，加热至55℃，加入香精，高速均化5min，水浴恒温搅拌4h，停止反应，自然降温后静置24h，β-环糊精-香精分子包合物将逐渐形成细小的晶粒，将上层澄清水溶液倒去，留下β-环糊精的湿浆备用。

芳香微胶囊可以采用多种方法施加在织物上，如：涂层法、浸渍法、喷雾法等。其中涂层法所需设备简单，而且可以在织物的背面加工，不影响织物表面的手感和外观，在涂层工艺中，选择适宜的黏合剂或涂层剂很重要，首先要具有较低的加工温度，但同时要保证较高的黏合牢度，其次要安全无毒无异味，还要具有柔软的手感和良好的透明度，采用自交联型丙烯酸酯类黏合剂进行了尝试，整理液配方和涂层工艺如下所示：

聚氨酯芳香微胶囊涂层整理液配方

聚氨酯芳香微胶囊乳液	30	增稠剂	1.5	水	加至100
黏合剂	20				

β-环糊精芳香微胶囊涂层整理液配方

β-环糊精芳香微胶囊湿浆	15	增稠剂	1.5	水	加至100
黏合剂	20				

芳香微胶囊涂层整理工艺：采用刮刀在织物背面刮涂，85℃烘焙3min。

聚氨酯芳香微胶囊整理过的织物上的初始香精含量较高，但释香速率较快，而β-环糊精芳香整理的织物上的香精初始含量较低，但释香速率慢，可以使芳香物质在织物上保留更长的时间，对于不与人体直接接触的纺织品，可以采用聚氨酯芳香微胶囊整理，它释放芳香物质的性能比较显著，而对于与人体密切接触的纺织品，可以采用β-环糊精芳香微胶囊整理，它可以实现促进人体健康的作用。

芳香整理是一种很有市场前景的功能整理技术，可以赋予纺织品芳香和医疗保健功能。将芳香微胶囊添加到涂料印花色浆中，可以在印花的过程中实现芳香功能，也可以与其他功能性添加剂一同加入到整理剂中，使织物获得多重功能。

网上有人介绍一种"衣物加香挺括技术"，现摘录于下，供参考。

将加香剂放入蒸气电熨斗贮水器内或手泵式塑料瓶喷雾，通过熨烫服装即可实现加香、杀菌、挺括、防蛀、防霉，香味淡雅宜人，加香一次可保持两个月左右，非常适合家庭和干洗店使用，也可直接为服装厂、服装经销商、布匹经销商、宾馆、干洗店等加香服务。

本技术是一种用于多种纺织物及成衣的多功能整理剂，以水溶性高分子化合物为主要成分。将挺括加香杀菌剂喷洒在衣物上，于中低温下熨烫，可使旧衣物挺括如新，延长衣物的使用寿命，且有防蛀功能。香味持久，不损伤衣物，对人体皮肤无害、无刺激和过敏作用。

本技术以水溶性高分子化合物作为成膜物质，加有杀菌剂和香精，也可采用少量酸溶性树脂。本技术的挺括剂能使旧衣物挺括如新，又便于洗涤，有如下优点：

① 对人无刺激、无过敏；

② 抗菌性持久；

③ 不损伤织物，保持原有色光、手感；

④ 生产方法简单、价廉；

⑤ 香味持久；

⑥ 适用范围广——适用于棉、毛、丝、麻等天然纤维织物，或涤纶、绵纶、晴纶等合成

纤维织物以及它们的混纺织物。用于纯毛时需先将衣物稍加润湿。

技术配方（质量分数，%）如下：

聚丙烯酸树脂	0.5～15	广谱消毒杀菌剂	0.01～5	香精	0.1～2
羟甲基纤维素	0.5～10	制霉菌素	0.01～4	乙醇	35～95
羧甲基纤维素钠	0.2～10	水	0～65	低毒溴氢菊酯	0.001～1

其独特之处是利用水溶性高分子化合物（喷涂后）加热时可成膜，见水又复溶的特性，制得加香挺括剂，从而避免了用米浆挺括衣物的传统落后方法。

人们日常穿戴的各种衣料在纺织厂出厂前都有上浆工序，使各种衣料有一定的硬度，制成成衣后有一定的挺括度，但是一经洗涤，原来纤维中所含的上浆剂就随着洗涤、揉搓而消失，使衣料变得柔软，无论怎样烫熨都无法恢复原有的挺括，而本技术是作为人们日常衣物的再整理剂，使衣物挺括如新。

由于温度、湿度的变化和环境的污染，各种衣物在存放中容易发霉和生虫。人们通常采用日光紫外线照射与放卫生球的办法来防止虫蛀和发霉，但日光紫外线照射受天气的限制难以均衡，用精萘制作的卫生球会直接影响健康和导致疾病的发生。另外，加入的香味能起到令人身心愉悦的作用，所以本技术根据上述原因制作了可重复增塑挺括、杀菌、防虫、加香的多功能加香挺括剂。

本技术采用不含生物蛋白酶的高分子化合物作为衣物增塑的骨架，不损伤衣物纤维，用水清洗方便，黏度易控制，加上有效的杀菌剂、香精，采用塑瓶手动喷雾，低温熨整，使用方便，可使衣物上的霉菌、大肠杆菌、金黄色葡萄球菌、绿肠杆菌等细菌得到抑制。

本技术中的主要成分高分子化合物的选择以产品易溶于水、中低温可烫熨为依据，其含量由增塑所需要的浓度和产品黏度所决定。含量过低起不到挺括作用，含量过高则成本增高，杀菌剂的选择以低毒、无刺激、抗菌效果持久为准。加香剂可选用各种香型。

实施实例如下。

常温下将聚丙烯酸树脂 8 份、羟甲基纤维素 1 份、羧甲基纤维素钠 0.5 份，混合搅拌均匀待用。

将制霉菌素 0.02 份，广谱消毒杀菌剂 0.025 份，低毒溴氢菊酯 0.015 份，溶解于 87 份乙醇中，再与前述高聚物混合后在低速下搅拌 2h，再加入香精 1 份，再搅拌 20min，静止 2h 后抽样检验，合格装瓶。所得产品为无色透明液体，产率 99%，用该产品 500g 可整理衣物 10～14 件，防虫期可达一年，衣物留香时间在两个月左右，可采用塑料瓶手泵式包装，熨整温度在 60℃以内，熨整后无痕迹，对人体无害，无刺激。

本技术有效地解决了人们对衣物洗涤后失挺和存放中发霉的烦恼，避免了卫生球的危害作用，并抑制了细菌，持久散发香味，延长了衣物的使用寿命。

二、鞋

给鞋子加香，虽然许多人现在才听说，或者最近才买到，其实这并不是什么“新事物”，古代就有“香鞋”的传说——试想古人（尤其是中国人）对脚那么重视，例如中国古代（少说也有 1000 多年的历史了!）看“美女”的重中之重是“三寸金莲”、英国的“尺”是皇帝脚的长度，他们难道会“忘记”给鞋子加香吗？富贵人家既然会给服装加香，免不了连鞋子也带上。不过古人怎样给鞋子加香，倒是没有看到过“文献”记载，有人“猜”出几种方法似乎有道理，比如把香料（当然是天然香料了）塞到鞋子里面一段时间让鞋子吸收香味、熬煮香料“汤”然后用来“煮”鞋子、用油脂浸渍香料得到的“香油”涂抹鞋面加香等等。

现代人给鞋子加香则简单得多，除了前面“服装加香”用的方法都可以应用在鞋子加香上以外，根据鞋子的特点，采用下面鞋面喷雾加香和鞋底加香是目前最常见的两种方法。

1. 鞋面喷雾加香

(1) 使用方法

① 把香精装入喷枪装液瓶内，把喷枪头雾状颗粒调大，但不能形成“点滴”；

② 掀开鞋的面衬，把枪头尽量伸到“鞋头”处按设定要求量喷射；

③ 盖好鞋的面衬，无需烘干可直接包装装箱。

(2) 加香成本控制

① 加香成本（即加香量）可根据对香气浓度的要求调整。一般的鞋子建议加香成本为0.2～0.3元/双，高级品0.8～1.0元/双。喷雾一次留香时间可达2～4个月。

② 加香量（每双鞋的加香量）的计算方法：

1000×每双鞋的加香成本(元)/香精单价(元/kg)＝加香量(g)

(3) 使用注意事项

加香时，应避免把香精喷洒到鞋面及鞋帮等橡胶质上，避免导致变色、皱面等现象的产生。

2. 鞋底加香

同一切塑料、橡胶制品的加香一样，鞋底加香碰到的问题也是：香精加入鞋料里混合后在高温（150～180℃）成型时大部分香精被蒸发掉，留下的也是气味很不好的那一部分，且能在这一温度中留香的香精其成本较高，不适合批量生产。解决的办法有：

① 全部用高沸点香料调配香精；

② 使用“反应型香精”——各种香料在高温下反应产生较大的香料分子，减少香料损失；

③ 使用“微胶囊香精”——将“微胶囊”香精加入鞋底料混合使用，加香比例为0.3%～0.5%，这样鞋底的留香（常态下）可以达到一至两年。

下面是鞋子加香常用的香精配方的例子：

“反应型”橙花香精

羟基香茅醛	40	苯乙醇	10	甲位己基桂醛	8
邻氨基苯甲酸甲酯	30	吲哚	2	苯乙酸苯乙酯	10

这个香精配好以后会慢慢变浑浊，把它加到胶料里面混合均匀加热到150～180℃刚好化学反应产生较大分子的香料，这是“反应型”香精的一个特点。

三、帽子、头巾、围巾、领带

现代人戴帽子的不多，戴头巾的人倒是不少，因为帽子和头巾、围巾、领带等的加香方法一样，所用的香型也相似，所以合在一起讨论。

与服装、鞋子的加香一样，帽子、头巾、围巾、领带除了在成丝、纺、织、缝纫等工序的前后加香，也可以在成型后采用喷雾、印染、熏蒸等方法加香，帽子和领带还可以用粘贴（在里面）的方法——把微胶囊香精撒在帽子和领带里面的中间位置，然后贴上不干胶纸即可。

帽子、头巾、围巾、领带加香使用的香型一般是玫瑰、铃兰、檀香、麝香、素心兰等，以柔和、淡雅为主，不要太标新立异，因为帽子、头巾、围巾、领带的香味主要是“给别人闻的”。有趣的是，中东的阿拉伯人士喜欢麝香的香味，我国每年出口不少颗粒状的葵子麝香，据说就是阿拉伯人买去包在头巾里让它慢慢散发出香味的。

四、劳保用品

现代的劳保用品包罗万象，在这里只讨论属于纺织品类的劳保服装、鞋帽、手套等，这些产品是劳动者（包括体力劳动和脑力劳动）在劳动的时候穿戴在身上的，根据目前人们对香味的认识，人在劳动的时候闻到某些香味可以提高效率、减少差错，有些气味可以引起警觉、重视，所以给这些劳保用品加上适宜的香味是很有必要的，不是“奢侈”。

劳保服装、鞋子、袜子、帽子、头巾、围巾、袖筒、手套等的加香方法与前面介绍的方法也都大同小异，有些纺织品和橡胶、塑料混合制作的物品像雨衣、雨靴、胶布手套等也可以采用类似“鞋底加香”一样的方法先给橡胶、塑料加香，再同纤维材料合为一体。“滴珠手套”更是可以先在胶乳里面加香精（要用耐热型的！）混合均匀，滴注在手套上然后加热固化。

茉莉花的香味已经被大量的实验证实能提高工作效率、减少差错，这种香味又几乎人人喜爱，百闻不厌，因此，可以预料将来有更多的劳保用品带上这种香味。一般的茉莉花香精不太耐热，为此，笔者经过多年的实验，配制成一种“反应型茉莉花香精”用于橡胶、塑料等需要在加入香精以后适当加热的场合，取得成功。下面就是“反应型茉莉花香精”的配方：

甲位己基桂醛	40	二氢茉莉酮酸甲酯	10	吲哚	4
邻氨基苯甲酸甲酯	30	苯乙醇	10	羟基香茅醛	6

该香精配好以后会慢慢变浑浊，这是因为各种香料之间的化学反应产生少量水的缘故，使用前一定要再搅拌均匀，然后混合在胶乳或者树脂里面，加热到超过100℃时水分自然会蒸发掉。

五、床上用品

床上用品就是“卧具”，属于纺织品的有床单、棉被、棉絮、被套、褥子、毛毯、枕头、枕套、枕芯、枕巾、蚊帐等，这些物品的加香都可以采用前面介绍的各种方法，包括成丝、纺织、缝纫前后的混入、掺和、喷雾、印染、不干胶贴等，可以用液体香精，也可以用微胶囊香精。棉被、枕头的加香还有一个办法，就是把带香味的纤维物品装到里面去，这些有香物品包括天然香料和加了香精的干花、叶片、木头刨花等。把装着微胶囊香精的小布袋塞在适当的位置也是床上用品加香的常用方法。

加香目的有两个——①创造一个温馨、浪漫的“窝”；②提高睡眠质量。因此，床上用品加香所用的香型可以有：玫瑰花香、铃兰花香、薰衣草香、檀香、麝香、龙涎香和各种淡雅、时尚的香水香，有时也可以考虑用一些水果香，其中薰衣草和檀香、桃子的香味有安眠作用，其他香型是“制造气氛”的。各种床上用品如果采用的香型不一样，有时可以组成宜人的混合香味，但有时适得其反：变成令人不快、不安甚至龌龊的气味，所以香气的搭配还是大有学问的！

蚊帐加香可以同驱蚊药物结合起来，也就是把香精和驱蚊药物先混合，采用浸渍、喷雾、涂刷、黏着等办法让蚊帐吸附药物和香料，有些天然香料及其配制而成的驱蚊精油香气宜人又有较好的驱蚊效果，当然可以“优先考虑”了。

六、地毯挂毯

1. 地毯

地毯是中国著名的传统手工艺品。中国地毯已有两千多年的历史，以手工地毯著名，有文字记载的可追溯到3000多年以前，有实物可考的，也有2000多年了。在1800多年以前的西汉时代，随着佛教的传入，藏民用牛、羊毛制成拜佛垫，后来就制作毯子使用，从而形成了我国早期的地毯业。根据文献记载，在唐宋到明清，地毯的品种越来越多。所制的地毯，常以棉、毛、麻和纸绳等作原料编制而成。唐代大诗人白居易在《红线毯》诗中有“地不知寒人要暖，少夺人衣作地衣”的名句。

中国所生产的编织地毯，使用强度极高的面纱股绳作经纱和地纬纱，而在经纱上根据图案扎入彩色的粗毛纬纱构成毛绒，然后经过剪毛、刷绒等工艺过程而织成。其正面密布耸立的毛绒，质地坚实，弹性又好。尤其以新疆和田地区所生产的地毯更为名贵，有“东方地毯”的美誉。那里所生产的地毯不仅质量好，产量也大。唐宋时代，其制作方法逐渐传到内地，编织技术也逐步改进提高。清朝康熙年间，宫廷里使用了地毯。但是由于当时地毯仅供朝廷皇亲、官僚贵族享用，且全部是手工制作加工，生产发展还是很缓慢。直到20世纪80年代中期以前，我国绝大部分地毯都用于出口，大多数人觉得地毯离自已太远了。80年代中期以后，随着改革开放，人们生活水平大幅度提高，地毯，这一古老的艺术品才被人们逐渐熟悉。如今，许多家庭都以拥有华丽的地毯作为高档品位的象征。

地毯原来是作为游牧民族或沙漠民族的铺设物而诞生的。后来被王侯贵族用作铺地材料。由于近30年来，地毯制造方法和使用原料有新的发展，地毯产量迅速增加，成本降低，现在已被广泛使用。就目前世界各地生产的地毯来看，总的可分为三大类：机器织造的现代地毯、手工织造的东方地毯和无纺地毯。

手工织造地毯是在底布经纱上以手工一个一个地把绒纱边结、边割而成绒头，并经剪毛整理而成的地毯。手工编织提花羊毛地毯，历史悠久，加工精细，造型美观，具有独特的风格，在国际市场上特别是伊朗、土耳其、中东等享有很高的声誉。手工打结栽绒羊毛地毯根据一英尺宽的经（纬）根数，将产品分90道、100道、110～150道等，道数越多，地毯越密，质量越好。产品栽绒厚度常用英制表示，有2.5in（1in＝0.0254m）、3in、4in、5in之分。

手织胶背地毯是指以手控制针枪在底布上栽植绒头成毯面，然后以胶黏剂加以固定的地毯，它是手工地毯的一种，是仅次于手工打结地毯的中高档地毯。手织胶背地毯以图案精美华丽、毯面平滑、手感丰富、富有弹性等特点可与手工打结毯相媲美，但价格却大大低于手工打结毯。

手工地毯的价值主要体现在以下几个方面。

① 欣赏价值。手工地毯采用各种传统的图案，如花、鸟、福、寿、龙等，表现了各国各民族的风格和精湛的技术。我国的纯羊毛手工地毯从图案上分为“京式”、“美术式”、“彩花式”、“京彩”等多种风格，内容丰富，其毯面的花卉、景物犹如浮雕，毯面光亮，色泽鲜艳，既凝结了中国古老文化的精华，又对现代文明和自然形态兼收并蓄，具有很高的欣赏价值。

② 使用价值。选用羊毛和丝作原料，手工编织，结构严密，坚固挺实，富有弹性，透气性好；采用天然纤维制造，冬暖夏凉，对人起到保养的作用，有很高的使用价值。

③ 收藏价值。高档地毯也称软黄金，纯羊毛工艺毯采用澳大利亚、新西兰羊毛，前后经过编织、平、片、洗、投、修等手工十道工序加工制作而成，立体感强，每款异样，是具有极大收藏价值的工艺品。随着人工费的提高，手工工艺地毯的价值必然趋高。

手工织造地毯是自古以来就使用的方法，波斯地毯就属于此类。这种地毯做工精细、图案优美、毯面丰满。中国手工地毯历史悠久，其特点是毛长、整齐、细密，有精美的花纹图案。手工地毯的弹性、耐磨损性、耐气候性俱优，使用寿命长，且越使用性能越好。

机器织造的现代地毯是采用机器生产的地毯，其特点是：多以丙纶、腈纶等化纤原料织成，毯面色泽鲜艳，毯子较薄，轻便柔软。机织地毯分为：①满铺地毯（一般为4m×25m）可随意裁剪，多用于房间满铺及走廊、楼梯等的铺设；②机织块毯，以它的轻便、色泽鲜艳、图案多变、价格低廉、易清洗等特点而越来越受到人们的青睐。

机织地毯也有二十多年的历史了，开始在欧洲，以后发展到各地，生产出各种类型的机织地毯。有平纹地毯、提花地毯、绒面地毯、毛圈地毯等。机织地毯一般采用双层双梭地毯或双层双剑杆地毯织机织造，经割绒加工，分成两层，质地紧密，可织出多种色彩的美丽图案，也可以印制与手工编织地毯相似的图案，具有手工编织地毯的效果，可以提高工效，降低成本。这种地毯的生产效率高，外观质感等方面都不如手工织造地毯，但价格较低。机器织造地毯主要有两种：威尔顿机织地毯和阿克斯明特地毯。威尔顿机织地毯是最早的机织地毯，毛绒经纬交错，耐久性好、织造细密、牢固、厚实；阿克斯明特地毯是英国改进的机织地毯，它比威尔顿机织地毯的颜色丰富得多，可以织造出非常复杂的花纹、图案。

机绣胶背毯是以缝纫的原理，将绒线均匀有序地固定在底布上形成毯面，然后用胶黏剂加以固定的地毯。这种地毯薄而轻便，可水洗，易清洁，图案多以抽象图案为主，色彩亮丽，适合于现代家居铺设。

无纺地毯：顾名思义是一种不需要编织的地毯，制作简便，更适合大量生产，价格低廉，是普及型地毯。无纺地毯主要有簇绒地毯、钩针地毯和针刺地毯等。无纺地毯都是将毛线用缝纫、钩针、针刺等方法将毛线植在预先织好的基布上，再用生橡胶乳将毛绒固定制成的。无纺针刺地毯是 20 世纪 60 年代的产品，它具有工艺简单、价格便宜、产品轻便等特点，在国外发展很快。产量已超过了机织地毯。品种有提花、条绒、起绒等。

簇绒地毯：簇绒地毯有两种，一种是剪绒地毯，另一种是圈绒地毯。剪绒地毯的密度较大，绒毛长度一般为 15～20mm；圈绒地毯的密度较小，价格比较便宜。簇绒地毯以素色夹花、几何图形居多。

植绒地毯：以棉布、人造革等为底布，在其面上用静电植绒法把锦纶、黏胶短纤维竖立黏合，使其成为短式长毛绒开头的地毯。

地毯的原料原来主要是羊毛，也有用其他兽毛以及丝和亚麻的。现在，制作地毯的材料一般有天然纤维、人造纤维及天然纤维和人造纤维混合三种。天然纤维以羊毛为主，也有少数利用蚕丝作材料；人造纤维则以尼龙和聚丙烯较为常见。一般而言，羊毛、尼龙和聚丙烯三者，以羊毛的价格较高，而以聚丙烯较廉。但高素质的人工纤维，在品质和价格方面均可媲美羊毛。

天然纤维中，用蚕丝织作的地毯售价高昂，而纯羊毛地毯，由于在品质上具有多项优点，加上多以手工编制，价钱较人工纤维地毯贵。

优点：弹性好，压倒后可恢复，能阻挡尘埃深入地毯底部；保暖性好；具防油阻燃性能；不会对人体造成化学敏感，也不会产生静电；附有纯羊毛标记的地毯，均经过防虫处理，可以防蛀。

缺点：惧怕潮湿；易污难洗；不耐磨损；易产生水渍现象。

一般人造纤维都有易燃、产生静电和吸附尘埃的缺点，但优质的人造纤维地毯，都经过特殊的加工处理，包括：防磨损、防尘、防火和防静电控制处理。

优点：不易吸收液体；不易掉毛；耐磨；易于染色，可以织造丰富的图案和色彩变化；价格低廉；弹性恢复率可媲美羊毛。

此外，按纤维绒圈结构可分为以下几种。

① 割绒地毯。长毛绒地毯：通常绒毛长度在 5～10mm，表面毛绒均齐。

特长毛绒地毯：毛绒长度在 30mm 左右，具有丰满的风格，触感良好。

强捻地毯：地毯的每根绒头纱具有强捻，有良好的弹性和耐久性，绒头比长毛绒地毯稍长，具有毛形感。

② 等高绒圈地毯。绒圈整齐均匀，保持一定高度的地毯，此类地毯的表面硬度适当而光

滑，行走舒适，耐磨性好，清扫容易，适用于步行量多的地方。

③ 高低绒圈地毯。在绒圈高度上分出高低，或把部分绒圈加以割绒，以显示图案，具有高档感。

④ 多层绒圈地毯。在绒圈有高低层，使地毯表面有规则的呈现高低明显的图案，比等高绒圈地毯增加花纹立体效果。

⑤ 平式地毯。像针刺地毯那样毛毡状的地毯或类似长毛绒地毯等绒头很短的地毯。这种地毯步行容易，耐久性好，但缺乏豪华性和舒适弹性感。

按铺用面积分类，可以分为满铺地毯和块状地毯。

从上面的介绍中，已经约略知道地毯应该怎么样加香、加什么档次的香精了。天然纤维的加香比较容易，在加工过程中的每一步都可以把香精喷上去让天然纤维吸收；人造纤维的加香较难一些，最好在纺纱之前把香精喷在“丝”上，让香精进入纱线里面，留香可以较久一些。事实上，在所有织造好的地毯上喷雾加香也都是可行的，当然，选择留香较为持久的香精是必要的。

地毯加香用的香精香型主要有：龙涎香，檀香，玫瑰麝香，藏红花香。

2. 挂毯

说起家居装饰，每家都有自己的风格，铺什么样的地板，买什么样的家具。注意到这两方面以后，雪白的墙壁似乎还缺少点意境。这个时候，用一张精美的挂毯来装饰是很好的选择。

挂毯因工艺的不同可分为许多种类，每个种类都有各自的特点。

手织胶背挂毯又称针织挂毯，它是采用手织胶背地毯的生产工艺织作的艺术挂毯。

针织挂毯的制作技术精良，采用先进的投片和片剪工艺，增加了图案的层次，突出了图案的立体感和艺术感染力，图案更加逼真，使人产生身临其境的艺术效果。

手绣艺术壁挂毯是采用手绣和机绣相结合的手法生产的艺术壁挂，它具有针法灵活、表现细腻、形象逼真等特点，因而受到人们的普遍欢迎。

挂毯按档次分为以下两种。

(1) 高档挂毯

① 皇宫手绣挂毯。此种挂毯是挂毯中的极品，它通常以圣经故事、古老神话为题材，以欧洲传统绘画为基础，精细毛纱纯手工编织。规格常以 2m×3m 为多，一般用于教堂、宫殿及高档别墅当中。因其制作成本较高，每米^2 3000～5000 元，所以目前我国产的皇宫手绣挂毯只用于出口。

② 90 道和 120 道纯毛挂毯。此种挂毯也属于高档挂毯之类，纯羊毛纯手工制作，道数越高，价值越高，档次也越高。此种挂毯也因工艺复杂，制作周期长，造价高（每米^2 也在 1200～2000 元），其成品也大都用于出口，市面上并不常见。因工艺复杂，图案较为单一，如长城、泰山、八骏图等等。

③ 枪刺挂毯。它以纯羊毛或腈纶为原料，手工编制而成。比较具代表性的有迎客松、六骏马、八骏图、梅花、长城、仕女图、四美图、雪屋、山景、南海风光等，既显档次，又极具古朴色彩，有很高的欣赏价值。

(2) 中档挂毯

① 手绘挂毯。它是近年来深受人们喜爱并争相购买的一种挂毯。它以化纤原料为基布，制作者必须具备美术功底，在毯面上将图案的轮廓绘制、着色、片剪出来，使其具有立体感，其图案富有国画特色，有妖艳的牡丹、雄伟的长城、奔腾的骏马、报春的梅花，还有描绘北宋繁荣景象的清明上河图。其规格也根据现代居室设计而制定。

② 普通手绣挂毯。此种挂毯也是一种以化纤原料（腈纶纱）为主制作的挂毯。它是以手工绣制为主，辅以机绣，毯面图案凹凸有致，色彩鲜艳，所绣图案上百种，有风景、有人物、有动物，各种图案都栩栩如生，价格适中。

③ 拼贴挂毯。工艺比较简单，其图案都是各种色块拼接粘贴而成的，非常逼真、价格较低。挂毯的风格多样，有古典的、现代的、典雅的、浪漫的、人物的或风景的。去朋友家拜访，您会从主人陈设的挂毯上略微体会出主人的爱好和情趣。

挂毯的加香技术、工艺都与地毯相似，但挂毯加香用的香精品种更多，一般留香时间要长一些，也更高档一些。常用的香型有：玫瑰花香，桂花香，檀香，龙涎香等。

七、窗帘

窗帘有竹、木、金属、塑料、橡胶等制作的，但更多、更常见的还是各种“窗帘布”制作的，竹、木、金属、塑料和橡胶制品的加香方法在本章各节有介绍，可以参考使用。这里主要谈谈“布窗帘”及其加香方法。

“窗帘布”也是由各种天然的棉、麻、毛、丝、绸和“人造纤维”、“合成纤维”等制造的，与其他纺织品的加香方法一样，可以在成丝前、纺、织、缝纫时把液体香精或微胶囊香精加入，也可以在制成品上喷雾加香，因为窗帘的洗涤次数要少一些，所以对留香的要求相对放宽一点，如采用喷雾加香的办法，可以根据洗涤间隔时间的长短来选用香精——洗涤间隔时间长的应当选用留香时间也长一些的香精。生产和出售窗帘布的工厂、商店可以给消费者配套供应香精和喷雾器——这也不失为一种有效的促销方法，因为消费者还可以用来给各种床上用品、家具、服装等加香。窗帘还有一种特殊的加香方法，就是在窗帘的“边缝”里置放微胶囊香精(可以把微胶囊香精与胶黏剂混合，然后粘贴在窗帘布边上再缝好)——大部分微胶囊香精摩擦时香味会释放得多一些，装着微胶囊香精的窗帘在拉的时候感觉要香得多了！

用于窗帘加香的香精的香型宜用“淡雅型”的，以花香、木香、果香为主，同室内其他物品的香味要协调，而且要考虑房间的用途和性质，如餐厅的窗帘最好采用果香香型；客厅的窗帘可以采用温馨的花香香型；卧室的窗帘使用薰衣草、檀香等香型是最好的，因为这两种香型都有安定、催眠的作用。

第八节　熏　香　品

一、卫生香

汉语中的“香”字有两个意思：作形容词时意为“好闻的气味”；作名词时指的就是卫生香（民间流传的千古绝对“香香两两”至今无人能对出下联来，其中“香香”意思是“有香味的卫生香”）。卫生香是人们采用各种木粉（会燃烧的树皮、树干弄碎）、黏粉，根据一定的比例，制成各式的香饼、香球、线香、棒香、盘香等，加上一些有香的物质（可以是有香的桧粉，也可以是各种中药粉或是各种香料香精），通过点燃，使之发出香味作为敬神拜佛、熏屋熏衣、防虫驱瘟、香化环境、调理身心作用的一种传统民族生活用品，所以大家称之为卫生香，有时也被称为“神香”、“檀香”。由于卫生香是点燃后熏香的，所以也有人喜欢把卫生香叫做“熏香”，现在统一叫做“燃香”。

熏香的习惯来源于宗教信仰。古代人们对各种自然现象解释不了，感到神明莫测，希望借助祖先或神明的力量驱邪避疫、丰衣足食，于是找寻与神对话的工具。由于人们觉得神仙与灵魂都是飘忽不定、虚无缥缈的（云雾缭绕之处也被人们以为是神仙居住之所），而卫生香点燃后会发出烟雾，于是古人就似乎找到了与神、祖先联络的办法——把各种要求向神祈祷：“借香烟之功，请神明下界”，寄托一种精神希望。而西方，香料一词的英语是 Perfume，拉丁语是 Perfumum，意为“通过烟雾”，说明古代西方的香料也是从熏香开始的。

燃香来源于古中国和古印度，至今已有几千年的历史，主要是佛教的用途多，而我国有关卫生香的记载也非常多，流传最广的是现在的各大寺院、各地方的庙宇。从古至今，香火不断，源远流长。日本至今还流传着的“香道”文化，是古代中国发明而传入日本的，至今日本的一些地方还可以找到其痕迹，说明日本的熏香是从中国传入的。

燃香的用途广泛，但主要还是应用于宗教活动和民间信仰方面，历代的王朝贵族，都有焚香祭祝拜天祭神的习惯，盼望风调雨顺，国泰民安。佛教信仰者每天都有点香拜神敬佛的习惯。自古道：人争一口气，佛受一柱香。烧香是为了传递信息，经常三炷香烧香敬佛，功德无量，心诚则灵。而马来西亚烧香并不是几根，每次都是一大把一大把地燃烧。我国各大寺庙每天都迎来无数的香客，每人都会带上大量的燃香，祈求神明保佑。中国的四大佛教名山，有时更是人山人海，人们盼望神佛会给他们带来好运。大旱之年，焚香祭天求雨；丰收之年，答谢神明；出门前焚香求平安、好运；开业时，焚香求发财；出海前，焚香保平安；大厦奠基时，焚香求吉利。可见焚香已成为人们渴望实现某种愿望的精神寄托，也是表明心迹的一种方式。另外，各个地方的祭祀活动、宗教活动和民间的修谱等，更是大量地焚烧卫生香，这种活动更有一场比一场壮观的发展趋势，每个地方的活动越搞越大，燃香的使用量也越来越大。

自古以来，人们生儿育女、延续香火的想法已成为一种信念，人死后，后人会烧上三柱香悼念，表达思念之情，代代相传。清明扫墓更是中华民族的优良传统，不但出远门的人们都要回家祭奠，有的侨胞、港澳台胞更是不远千里返乡祭祖，给祖先点上三炷香，以表明自己不忘祖德祖训的心声。

另外，和尚坐禅、念经，要点燃卫生香传递信息，练气功的人们点燃纯正的檀香，使心情平和，有益于修身养性，保健身体。

熏香还有防病驱瘟的作用，古代就有在端午节焚烧艾蒿的习惯，确实非常科学，它不但可以杀菌、驱除瘴气，还能赶走蚊蝇。现代生活水平高了，人们有时在房间、宾馆里或公共场所点燃好闻的卫生香，使人一闻顿感空气清新、环境优雅。随着对芳香疗法的重视，卫生香更加凸显其美好的明天。

历代人们使用卫生香，至今都有记载。早在商周时期，就有姜太公焚香祭天的传说，这在小说《封神榜》中有许多叙述。而在唐朝时期，佛教盛行，香作坊、香客遍布全国，形成一大行业。唐朝唐玄奘到西天印度取经的故事，四大名著之一《西游记》至今大家仍津津乐道，其中多处描写焚香。宋朝时期，宋洪驹先生的著书《香谱》中就记载着汉武帝宫廷制香的配方，明朝时期盛行的各种庙会，清朝各代皇帝的天坛祭天的传说，说明从古至今，卫生香行业长盛不衰。中国文革时期的破四旧、立四新运动，佛教、寺庙遭到前所未有的破坏，卫生香也一度被禁用。但改革开放以来，宗教信仰自由使得各地香作坊纷纷生产燃香来满足市场的需求。到现在，全国大大小小的香厂多达万家，发展成规模的厂家也不低于百家，由于中国的劳动力便宜，生产的燃香质量又非常好，东南亚、台湾、香港等国家和地区纷纷到大陆来购买卫生香，使得我国卫生香出口一度繁荣起来。

目前我国的燃香可以归纳为“南方人喜欢焚烧的棒香、塔香”和“北方人喜欢焚烧的线香、盘香”4 大类。

棒香，因燃香中心是一根“竹棒”而得名，“竹棒”的好坏直接影响棒香的质量，因此，选好“竹棒”非常关键。竹棒的长度、大小都有比较固定的规格，竹棒分圆形和方形两种，质量又分一层竹、两层竹等等。最好的竹棒是一层竹，圆形的起码径1.1cm，这种竹棒1t价值人民币一万多元。竹棒的长度有21cm、27cm、32.5cm、39.5cm等规格，这种竹棒主要在山区生产，有许多专门配套的生产厂家，生产好的棒香不能靠机器全自动生产，一台机器2人手工操作，这类燃香的生产主要分布在我国的南部。

福建：以厦门灌口、同安马巷、永春汉口、晋江安海、福州台江为中心；

广东：以东莞、新会、四会为中心；

还有江西、广西、四川、浙江、上海等地也有生产。

另外，印度、泰国、马来西亚、新加坡、港澳地区、台湾地区都盛行这种燃香，台湾还十分喜欢中药棒香，是因为采用大量的中药粉末而得名。

“竹棒”的要求很高，制作工艺也很精致，所以价格也最高。

线香，因生产出来的燃香像线一样一条一条而得名，生产线香的方法比较简单，就是各种香木粉按配方搅拌均匀后，用机器自动化生产出来，长度、直径按需要调整，经过烘干或晒干就可以了，也叫“菜香”。生产这类燃香的厂家主要分布在我国北方。

河北：以保定古城为中心；

北京：以密云、怀柔、北庄为中心；

还有东北、天津、河南、江苏北部等地区也有生产。

塔香，把长长的一根线香盘成一圈或两根线香盘成一圈，因点燃时用一根漂亮的香架架起呈一个塔状而得名，各地都有生产。这种燃香根据配方的不同可以制作成各种不同的规格，燃烧时间一般有4h、8h、12h、24h等，它是我国古代的祖先们发明的、用燃香来计时的计时香的延伸。

盘香又称环香，也是指香品的一种形状。一般而言，盘香有大小粗细的分别。大盘香制作较粗，可以垂直挂起燃烧，或用香架支托在香炉内熏烧，常见于寺院、道观或祠堂使用。小型的盘香则多是在个人修行或养生、娱乐时使用，直接使用香插或平放在香炉里的香灰上，置于桌面上使用。

香条由内向外依次围绕成若干圆圈形成同心环状，香条的横断面呈多边形，如四边形、六边形、八边形；香条上可设沟槽；沟槽是沿香条的轴向及径向边缘交叉设置的；香条上设有木质材料的助燃颗粒。它在烘干成型时收缩力不集中在中心区域，可提供较佳的空气导流和续燃层，使盘香燃烧时不易断燃熄灭。

在平面上回环盘绕，常呈螺旋形（许多“盘香”也可悬垂如塔，与“塔香”类似），适用于居家、修行、寺院等使用。

盘香在制作时，通常会先将香末做成长线香后再小心地弯成螺旋盘绕的环状，放一段时间，定型之后再晾起等待完全风干后使用。制作香盘的目的，主要是因为盘香燃烧的时间比线香更持久。

燃香品种还有：显像香，因点燃后会留下各种形状的图形或文字而得名；闪光香，因燃烧时会闪光而得名。

这些特殊香的生产量一般比较小。

古代，特别是四大文明古国的宗教徒们礼拜时用的燃香，就大量用一些天然植物材料如艾叶、菖蒲、沉香、檀香、玫瑰花、茉莉花、薰衣草等掺入其中，使之燃烧时发出更好闻的香气。那时候香料的使用局限于天然香料，由于古人无法知道各种天然香料所含的成分，也不知道这些香料焚烧时所起的化学变化，他们只能凭借经验将各种香料合理配搭，使之在焚烧时散发出更加美好的香气。所以“经典”的燃香仅局限于沉香、檀香、樟香、柏香四大木香，后来才多了几个花香如玫瑰、茉莉、桂花和某些草药香等几种比较固定的香型。

到了现代，香料的应用已不只是在焚香方面，而扩大到化妆品、食品、洗涤用品、香水、香烟等，技术的进步使得香料也不只局限于天然香料，大量合成香料的成功投产，给了调香师们施展才华的广阔空间，各式各样的香精广泛地应用到人们的衣、食、住、行各个领域，而燃香的香精只是其中的一小部分而已，甚至已很少受到调香师们的注意了。

多数的调香师只是将现成的一部分“日化香精”推荐给香厂，让香厂的技术人员自己去试配，其中对焚香香精的点燃效果不去研究，这样造成了非常大的资源浪费。为什么呢？因为熏香香精有它特殊的地方，香精是要经过熏燃而发出香味的，有许多本来香气非常好的香精点燃后香气变劣，而有些闻起来不好的香精点燃后却令人心旷神怡。因此，选择应用比较对路的熏香专用香精已是各香厂、甚至是蚊香厂的重头戏，目前国内也已经有了专门生产熏香香精的香精厂，他们对熏香的特点进行研究，发现熏香香精的调制只能是“将各种物质焚烧产生的气味调配成惹人喜爱的香气”，而不是香料原香的调配，因此，调配出一种成功的焚香香精比一般的日化香精、香水香精更难，不止是“照顾”香精的头香、体香、尾香即可，而应加入基料中进行点燃实验才能品评出其优劣。

因为大量香厂的激烈竞争，香厂对香精的配制成本提出越来越“苛刻”的要求，希望香精的香气不管是直接嗅闻或者是加在“素香”里点燃嗅闻都要好、留香要长、价格又要低，这是很矛盾的，怎么办呢？香精厂家就要对香料的使用、配方等进行调整，结果发现：有些价格昂贵的香料点燃后的香味比一些价格低廉的香料点燃后的香味还差，如：价格昂贵的合成檀香208点燃后发出的香味不如只是其价格1/4的合成檀香803的香味；调配高级香水常用的龙涎酮点燃后只有淡淡的木香，而价格只是其1/3的乙酰柏木烯（甲基柏木酮）却发出了浓厚的珍贵木香来；价格低廉的苯乙酸焚烧时散发出好闻的蜜甜香，而通常用于调配高级玫瑰香精的墨红浸膏焚烧时只有淡淡的甜味和烧焦味；调配日化香精时被认为“深沉”、不透发的羟基香茅醛焚烧时却散发出强烈的铃兰花香味……更重要的是，生产合成香料紫罗兰酮产生的大量下脚料——“紫罗兰酮底油”点燃后散发出非常好的紫罗兰花香味来，甚至比提纯后的紫罗兰酮的香气还好！其他还有许多合成香料和天然香料生产时产生的下脚废料都有此现象，完全可以也应当把它们拿来配制熏香香精。这有很大的经济效益和社会效益：一方面，熏香香精不直接接触人体，对原料的“卫生”要求可以低一些，对色泽的要求也不高，使用下脚料可以大幅度降低香精的配制成本；另一方面，为香料厂解决了一个老大难的问题——这些下脚料如不应用而随便倒掉会污染环境。

随着人们生活质量的提高以及燃香用途的多样化，“鼻子的享受”逐渐被提到重要的位置上来，燃香香精的选用也就越来越高档，各式各样的香型都被广泛地应用到燃香中来，甚至有的燃香点燃后散发出某种特别的香水的香味，那么到底燃香可以选用什么样的香型呢？

目前各香厂选用最多的是檀香香型，最为昂贵的是天然檀香油，这种香油最好的每公斤数万元人民币且资源越来越紧缺，价格也会越来越高，用得不多，而大量用的是经过调香师调配的各种适合于熏香用的檀香香型，这种香型比较“庄重”，最适合用在寺庙里熏燃。

玫瑰香型、茉莉香型和桂花香型也是被大量使用的熏香香精，目前用的玫瑰香精、茉莉香精和桂花香精，一般不用天然玫瑰花净油、天然茉莉浸膏和天然桂花浸膏，因为天然玫瑰净油点燃后的香气还不如只有其价格百分之一的“人造玫瑰油”好，天然玫瑰净油只是在高级香水香精中用上一些，使配出的香水更加优美圆和，而在熏香香精中使用这么高贵的材料实在是极大的浪费。“纯粹”的玫瑰花香精用于熏香，还是被认为太单调一些，其他花香精油和浸膏也是如此。

采用玫瑰作为头香成分比较成功的熏香香精，往往是玫瑰与檀香、玫瑰与麝香、玫瑰与其他“浓重”香气的“复合香型”，利用玫瑰的“甜”气掩盖其他香料中带来的“苦”味等杂气味。玫瑰与檀香的配合能取长补短，更是目前大量使用的香精之一。

茉莉花香型以清淡出名，但由于香型较为单调，一般是和其他香型一并使用的，而“茉莉鲜花香精”单独使用却很受欢迎。

桂花的香气在中国倍受“宠爱”，留香时间比较久，在燃香中也占有不小的比例。

中药香精是模仿台湾生产的“中药卫生香”而产生的，主要特点是药香浓烈、味多、味杂。台湾流行的“中药”卫生香，取“上药”中二十几种气味比较浓烈的中药如甘草、丁香、桂皮、茴香、甘松、缬草等，按一定的比例配比混合粉碎后直接加入木粉基料中合成散发出令人愉快的芬芳气味的卫生香，但天然的中药卫生香，使用大量的名贵药材，令人惋惜，且价格较高，点燃后也只有淡淡的“中药”味，很多贵重的药材在点燃后嗅闻不出来。因此，调香师们根据“中药”卫生香的特点，配制出“中药”卫生香香精，使其点燃后发出的气味与纯中药卫生香点燃后的气味接近，不必强调二十几种气味，这样的“中药”卫生香香精比纯粹的中药卫生香点燃后的气味更强烈，而成本则大大降低。有的香厂则采用部分中药材加“中药”卫生香香精合起来的办法生产“中药”卫生香。

燃香香型中不仅有来自植物的香料，还有一些动物香料，且特别珍贵，常见的有麝香、龙涎香、灵猫香和海狸香。此外，目前流行的“印度香”、“奇楠香”、“菩提香”、“粉香”等都是一些混合香味，既有花香也有动物香。“印度神香”更是将未加香料的“素香”浸入香精溶液中片刻捞出晒干，这样的燃香加入的香精成本比较大，但其香味浓烈，留香时间特别长。

近年来，燃香生产厂家采用的香型更为“大胆”，将可以食用的香草香型、奶油、草莓、水蜜桃，以及一些草香、香水香型如毒药、鸦片、香耐尔5号，还有各种幻想香型都应用到卫生香上来，燃香香型真的正在向流行香水香型靠拢，整个燃香走向真正的“芳香世界”。

网上常有人发表一些耸人听闻的段子，说“化学香”如何如何害人，毒过蛇蝎，把熏香的所有问题都归之于“化学香”，兹将这些段子的“论点”和“论据”摘录如下。

①“据香港理工大学科研部门的专家研究证实”：化学香中的香精、染料在燃烧过程中释放出大量的“苯”和“甲醛”，这二者都属强烈致癌物，被国家列为一类空气污染物，在建筑装修等生活领域对其严加控制。而其在燃烧时的毒性是常态挥发毒性的5～7倍！

② 栖霞寺僧人向本报反映，大量劣质香流向寺院，此类香中是以锯木屑、工业树脂、香精、色素为原料，毒性较大，污染空气，长期吸入焚香时产生的粉尘烟雾，还会危及健康，甚至导致患癌。栖霞寺的不少高僧都受害于香火，得了肺癌或呼吸器官疾病。近年由于香火太旺，劣质香应运而生，小作坊为降低成本，纷纷用工业色素、香精、树脂、锯木屑作原料制香，此类香在焚烧时产生的煤焦油和有害毒雾及粉尘，令长期生活在此类环境中的僧侣们受到极大的危害，一些寺院法师和礼佛者近年肺癌频发，与长期焚烧劣质香关联甚大。

③ 室内焚香易患肺癌——广州人有在屋内点香的习俗，长期生活在烟雾缭绕中，肺癌容易找上门来。中山大学附属肿瘤医院胸外科主任医师曾灿光教授向记者介绍，在室内点香会引起众多问题，长期慢性地吸入燃香释放出来的有害物质，可能会出现咳嗽、哮喘、过敏性鼻炎发作，严重的甚至会患上肺癌。

④ 焚香不当有害健康——烧香拜祭是中国的传统习俗。烧香对空气的影响究竟有多大？台湾的科研人员做了一个测试。结果证明，香烛不断的寺庙内，苯并芘（可导致肺癌）的含量比有人吸烟的房屋内高45倍，比没有室内燃烧源（如烧饭的烟火）的场所高118倍。由此可见，居室不宜过量烧香。否则，经常或过多吸入苯并芘、二氧化碳、烟雾微粒等有害物质，会引起咳嗽、过敏性鼻炎发作，会出现皮肤瘙痒、哮喘等过敏反应，严重的会罹患肺癌。

⑤ 早晚三炷香是许多年长家庭主妇每天要做的事，但是，消基会抽验祭祀用的香，验出最多的致癌物质是甲苯和乙醛。如果吸入过多的量，将造成眼睛、皮肤、呼吸系统、中枢神经

系、运动失调、忧郁症、肝脏、肾脏和心血管循环系统伤害！此外，验出1,3-丁二烯、苯可导致淋巴癌。专家建议焚香时注意空气流通。

⑥ 香在中国社会代代相传、生生不息，买香、烧香是大家都有过的经验。“香”不仅是佛道教信徒在用，其他宗教亦用，且不分种族，可见香在人类社会所扮演的角色是多么的微妙，尤其是在台湾的中国人更称为烧香的民族。日前，即84年（公元1995年）4月23日“自由时报”刊载中山医学院生化科所提出“劣质香”对人体影响之研究报告，文中有深入报道，更有“劣质香”会致癌之说，种种报道令人触目惊心。若真有其事，追究其原因，都是目前市面所充斥的“劣质香”惹的祸。市售“劣质香”因不易点燃，所以在制造过程中加入了助燃炭粉或助燃化学物质。如此，您每天在礼佛敬神祭祖时是否身陷危险环境之中而不自知？然而礼佛敬神理应是祈求平安，修持智慧，使人身体气脉畅通而达静心健康之效，若将之用于修行上，更是具有不可思议的助缘。

⑦《联合早报》报道，污染度高过都市要道——来自台湾成功大学的研究小组就台北一家寺庙烧香所产生的迷雾进行研究，发现其中含有高度的化学物，会造成肺癌，而其污染程度也高过一般都市的十字路口的正常值。将寺庙中的空气样本和十字路口的空气做比较，发现寺庙空气中含有浓浓的多环芳香烃等致癌物。对空气分析的结果显示，寺庙内多环芳香烃的含量较寺庙外一般空气高出19倍，也略高于十字路口。研究人员甚至发现，寺庙空气中含有尤其容易致癌的苯并芘，含量较有人抽烟的居家高出45倍，较没有烟雾来源的住家高出118倍。他们说：“在寺庙举行重大仪式时，同时有数百柱或甚至千余柱香在燃烧，我们担心的是寺庙工作人员的健康问题。”香气从口鼻、毫毛孔窍入体，通于肺腑气血，对身与心都有直接的影响，而修行人六根敏锐，气脉畅通，如用化学香，人体则毒，扰乱定境，易引烦恼，火气上升，不但不安神，反使身心受损，徒增违缘，故真修法弟子不可不察！

类似的还有许多，但大同小异，现在来分析一下这些“论据”吧。

仔细阅读这些言论，你会发现它们指出的都是焚香普遍存在的问题，希望人们少烧香，烧好香，并没有分别说明是“化学香”还是“天然香”，有的说“劣质香”不好，也跟“化学”无关——“天然香”就没有劣质的吗?!

至于“化学香中的香精、染料在燃烧过程中释放出大量的‘苯’和‘甲醛’”，这是子虚乌有的事，没有一个实验可以证实日用香料和香精里含有苯、甲醛，也没有一个实验可以证实日用香料和香精燃烧后会产生苯和甲醛，说明这“专家”要么不存在，要么是伪专家，专门搞些危言耸听的段子，“语不惊人誓不休”。

有人还列举了“化学香”的“害处”：

害处一，以有毒化工香精香毒熏诸圣贤，损害诸根无有功德，致使性命受损；

害处二，干扰定境，致使心境烦乱，致修为无法寸进；

害处三，有毒化工香由化工物质或杂粉组成，采用红、黄、金等有毒色彩掩盖成分，燃烧气味冲鼻、呛人或有冶艳香气，长期熏闻会导致呼吸道炎症，如僧人或居士长期处于有毒化工香品熏烧之道场，于300m范围内工作、修持，身体易不适，容易衰老及病变癌症；

害处四，有毒化工香精多由石粉和杂木构成，表面特别细滑，富含重金属，熏闻后吸入毒粉易导致人体慢性中毒、引烦恼、升火气、不安神，致使身心受损，烦躁不安；

害处五，以有毒香精香长期供养点燃于寺庙、佛堂，喜神吉神远离，神鬼厌烦，灾殃临近，钱财易损；

害处六，家庭不和，易多埋怨、多口角。

显然上面这些全是废话，这种想当然的文字也写得出来，读者自己分析一下就不会相信了，无须讨论。

有人为了推销自己生产的所谓“天然香”，还专门写一些《天然香与化学香的鉴别》之类的文章，兹举一例如下。

香气可从口鼻入，从毫毛孔窍入，通于肺腑气血，对身心两方面都有很直接的影响。所以，好香既要芳香宜人，还须不危害健康，且能调养身心，这应是鉴别香品的基本原则。

对于香品的鉴别，主要从以下几个方面鉴别。

1. 从原料、配方、工艺上

天然香料（包括天然香料的萃取物）的养生价值远高于合成香料。合成香料系化学制品，其原料取自煤化工原料、石油化工原料等含有苯环的芳香族化合物，虽然气味芳香，但作为化学制剂，对健康都存在不同程度的危害，熏烧类的香品尤其明显。

2. 从香气特征上

有些人可能长期使用质量较差的香而不觉察，不知不觉中形成了一些不好的用香习惯和评价标准；对于新接触的香品，即使有经验的用香者也未必能有正确的判断。但凡事都有一个学习的过程，只要注意多积累经验，多用心，培养出较好的判断力也不是件难事。鉴于不同的香品其风格各异，没有统一的鉴别方法，但质量较好的香，其香气一般都具有以下特点：

① 香气清新，爽神，久用也不会有头晕的感觉；

② 醒脑提神，有愉悦之感，但并不使人心浮气躁；

③ 香味醇和，浓淡适中，深呼吸也不觉得冲鼻；

④ 香味即使浓郁，也不会感觉气腻，即使恬淡，其香也清晰可辨；

⑤ 没有“人造香味”的痕迹，香气即使较为明显，也能体会到一种自然质量；

⑥ 使人身心放松，心绪沈静幽美；

⑦ 有滋养身心之感，使人愿意亲之近之；

⑧ 气息醇厚，耐品味，多用也无厌倦之感；

⑨ 留香较为持久；

⑩ 天然香料制作的香，常能感觉到在芳香之中透出一些轻微的涩味和药材味；

⑪ 较好的熏烧类的香品，其烟气浅淡，为青白色。

以上只是普通优质香的特点，至于上乘的极品合香，其美妙神奇则远远超出常人的经验，没有切身的体会实难想象。古人所云好香如妙药灵丹，可助人化病疗疾，开窍通关，悟妙成真，皆非虚言。要制出这样的好香，不仅要有上乘的香材，妙验的香方，还须有极高明的制香家，现在一般的市面上已很难见到了。

3. 从香品的外观上

染色剂可以调出漂亮的颜色（而天然香料做的香，颜色其实大多偏灰）；

利用特殊的化学添加剂可以轻易使香品表面变得光滑洁净；

化学香精就可以发出很浓的香气；

在包装上更容易使貌似优质与高档。

对于线香和盘香，还可以掂量其重量，虽然不是越重越好，但一般而言，很轻的香质量都较差，大多是使用了草木之类的原料。但不要看其“体积”，许多很粗很长的香，其实材料很疏松。

4. 从品牌、厂商上

相对而言，拥有自己品牌的正规生产厂商有更明确的理念，重视长远发展，注重产品信誉，有较高的可信度。但目前看来，大多数生产线香和盘香的厂商所采用的都是现代化学工艺，主要使用化学合成香料（即化学香精），即使是规模较大的公司，其产品质量也是良莠不齐。最可靠的办法还是品味香气、试用之后再做选择。

后面是广告，推销自己生产的“天然香”如何如何好，当然，价格嘛……自然不菲！姜太公钓鱼，愿者上钩吧。

总之一句话——“天然香”香气比较好，所以值得你多花钱买来点。这样的推销文字给香料行业人士看了会笑死，试看几十年来全世界每年评出的“十大名牌香水”，有哪一个是全部用天然香料配制的？

其实，正规厂家生产的香料、香精不管是天然的还是化学合成的，在按规定使用的前提下对人体都是安全无害的，不正确或过量使用的时候，不管是天然的还是合成的都存在同样的一系列问题，合成香料并不显得更加严重。

笔者并不反对推销“天然香”，也不反对生产厂家利用“一切回归大自然”的呼声多赚些利润，只是反对“言过其实”，“哗众取宠”。消费者有权知道自己买到的商品是用什么材料生产制作的，有人喜欢用“全天然”的产品，可能出于“高档”、“时髦”等想法，不一定全是为了“安全”、“健康”，也可能出于对环境保护、生态友好等方面的忧虑，单单从这一个角度来看，难道大量耗费宝贵的天然资源就值得大力提倡吗?!

二、蚊香

蚊香自1880年发明至今已有100多年了，一直是家庭驱灭蚊虫的必备用品，它是将杀虫有效成分混合在木粉等可燃性材料中，然后让它在一定的时间里缓慢燃烧，将杀虫的有效成分挥散出来，当空间里这样的有效成分达到一定浓度后，就能对蚊虫产生刺激、驱赶、麻痹、击倒及致死的作用。

在没有蚊香之前，人们是用香茅草、桉树叶来驱赶蚊子，有的是用破布蘸点敌敌畏或六六六粉来熏蚊虫；就是后来有蚊香了，一些较贫穷的地区还是用这种“原始”的方法驱赶蚊虫。

蚊香以前是细棒状，称为线香，长约30cm，可点燃1h。1902年，日本发明了螺旋形线蚊香，是用含有除虫菊干花的粉末和楠树叶的粉末加水混合，制成螺旋状线条，干燥而成的。现在还是这种螺旋状产品，以盘式为主，故称为盘式蚊香，全长130cm，一般可点燃7～8h，蚊香燃烧点的温度高达700～800℃，但在它后面6～8mm处的温度在170℃左右，正好是蚊香中杀虫有效成分所需的挥散温度，也是香精挥发特别快的温度。

1995年以前，我国的蚊香市场很不景气，生产厂家的效益差，后来在全国蚊香协会的引导下，在各相关厂家的努力开拓下，蚊香市场越来越红火，很多厂家也看准了这个行业，并加入了这个行业，想共同繁荣发展这个市场。但凡事都有个量，物极必反，大家纷拥而上，势必造成供过于求，蚊香市场又怎能繁荣起来？而且蚊香有其本身不环保、不清洁、不安全的因素，盘式蚊香势必逐渐向电热蚊香及电热液体蚊香过渡发展。但由于盘式蚊香在价格方面的优势，再加上我国因经济条件、居住环境、地域、习俗等诸多因素的制约影响，盘式蚊香在今后较长的一段时间内，仍具有一定的发展空间。要想在这个市场求发展，就必须在做好产品的基础上，努力提高产品品位，增加产品功能，改善产品香气，并积极开拓销售市场。

现在的蚊香有盘式蚊香、电热蚊香片、电热液体蚊香、线蚊香、纸蚊香等，下面分别介绍。

1. 盘式蚊香

蚊香从表面上看有黑色蚊香、绿色蚊香、黄色蚊香之分，这虽然可能只是所加的颜料不同而已，实际上它们之间还是有区别的——各自的用料不同，配方不同，成本也不同，还有燃烧后的烟雾大小不同。所以要生产优质的蚊香，除了要有合理的配方，还要选择好所用的各种材料。

黑色蚊香，需要用炭粉，炭粉常常呈碱性，会降低拟除虫菊酯的药效，所以在生产黑色蚊香时，要注意其粉料的酸碱性；特别是无烟蚊香由于用炭粉代替木粉使它点燃后无烟，碱性可能会更大。应注意的是，虽然黑色蚊香无烟型较为“环保”，不会把居室熏得乌烟瘴气，可所用的材料最讲究，炭粉少了会有烟，下多了抗折力和燃烧时间会受影响。除了要掌握好炭粉的用量，还必须用硝酸对炭粉进行酸处理，使之 pH 小于 7，略呈酸性；而且副产物硝酸钾（或钠）具有助燃作用，有利于无烟蚊香质量的提高。

以前我国蚊香行业使用的盘式蚊香生产机械主要以单模机、双模机为主，这两种机械已用了五十年左右。后来发展成为现在较为先进的 18 模、24 模等多模头自动化的生产机械，不仅速率加快，质量也提高了许多，香坯的平整度也很好，而且大大降低了工资成本，提高了工作效率。

(1) 盘式蚊香基础材料的选择

① 黏合材料通常使用：榆树皮粉，粘木粉，α-淀粉，其他（如甲基纤维素等）。

② 黏合材料既要注意它的黏度，又要注意它的酸碱性，因为拟除虫菊酯有效成分在碱性条件下容易分解，所以要使它呈偏酸性为主，粉末粒度在 80～150 目间，用量为基料总量的 16%左右。

③ 植物性粉末通常使用：柏木粉，樟木粉，松木粉，杉木粉，除虫菊花残粉，椰子壳粉，炭粉等。

④ 植物性粉末的粒度在 80～150 目的范围内，可以保持蚊香的表面细度及蚊香条内部的紧密度，从而保证蚊香有一定的强度，密度在 0.73～0.80g/cm^3，燃烧速率达到 1.7～2.0g/h。若粒度太粗，则蚊香表面粗糙，内部疏松，容易折断，燃烧时间太快，盘式蚊香不能维持一个晚上（8h）。用量过多，使香条的燃烧速率太快，有效成分大量挥发，颇不经济。用量过少，燃烧不良，产生闷熄。一般都要加入适量的硝酸钾作助燃剂；以防止蚊香在点燃过程中产生闷熄，用量通常在 0.5%～1.0%之间。生产绿蚊香应加入孔雀绿，加入量为 0.2%，还要加入防霉剂，如脱氢乙酸钠、苯甲酸等，用量为 0.025%～0.100%。

蚊香的技术性能

项目	指标	项目	指标	项目	指标
外观	颜色一致，香面平整，无断裂及霉斑现象	燃点气味	对人体皮肤及黏膜无刺激性异味，无过敏反应	有机氯、DDT、六六六残留量	$<5\times10^{-6}$
质量	13.0～14.5g				
抗折力	≥100g	量脱圈	除连接点外，其他部位应冲穿	砷化物残留量	$<5\times10^{-6}$
含水量	≤9%				
燃点时间	8h				

(2) 用药和加香方法

以前是将药物同粉末一起混合搅拌，再由挤出机将蚊香混合料挤成带状蚊香料，由冲压机冲出蚊香坯，最后经过烘炉烘干，这样药物的有效成分会在整个生产过程中损失很多，特别是在烘炉高温的烘干下，很多有效成分挥发掉，减少药效。后经全国蚊香协会技术组研制出一种“药物喷涂法”，即把药物同香精及溶剂混合在一起再经喷药机喷涂，这样可以减少药液的损失，提高药效 15%左右，最重要的是，用这种喷药的方法可以扩大蚊香香精的使用范围。蚊香在 20 世纪 80 年代以前没有加入香精，生产出来的蚊香，臭、杂、异味浓烈。点燃后也是臭药味很重，给人们的生活环境造成了污染，时人讥笑蚊香厂“你们生产的蚊香是不是应该改名叫‘蚊臭’”?! 后来，在全国蚊香协会和各地香精厂的倡议推广下，蚊香厂才开始重视加香并流行开来，现在不加香的蚊香已经没有了市场，几近绝迹。

由于蚊香的加香使得蚊香产品的质量改良如虎添翼，产品品质提高了，蚊香的应用也大幅度增加，经济效益也提高了，生产厂家从加香中受益匪浅。

(3) 香精的选用

同燃香香精一样，蚊香香精的选用不能只是到化工商店随便买些回来试配、只要勉强可以就满足了。应注意的是，化妆品、洗涤品和食品用的香精与熏香香精是不一样的，前者只需要闻起来舒服、香气连贯、留香好就可以，后者除了有前者的特点外，更重要的是熏燃时香气要好。一些日用化工用的香精闻起来香气非常好，但点燃后却不好，甚至有臭味。有一些用下脚料调出来的香精，闻起来不怎么好闻，但点燃后，却清香怡人，有的香精熏燃时发出的香气与原味接近，有的却变化极大。蚊香香精的选用，不是简单的闻闻其头香、体香、基香即可，而应加入基料中进行评香，最后还要进行点燃实验，才能品评出其优劣。例如很多水果香味的香精：香蕉、菠萝、柠檬等，香气天然、逼真，香气很好，闻了都有垂涎欲滴的感觉，但点燃后几乎闻不出什么香气。所以熏香香精都是专门配制的。

虽然卫生香常用的香精大部分也都可以用作蚊香香精，但蚊香里含有杀虫剂，有的香精里面的部分香料可能会影响杀虫效果，倒过来，有些杀虫剂也会影响香精的香味，加上目前蚊香还“用不起”高档香精，也就是说，蚊香香精“既要省又要猛”，调配这种既要成本低廉又要香气浓烈的香精，难度比燃香香精还大！

2. 电热蚊香片

盘式蚊香燃烧处的温度达 700℃，在离燃烧点后面 6～8mm 处蚊香上的温度为 160～170℃，正好适合于杀虫有效成分和香精的挥发。随着盘式蚊香的不断燃烧，温度点不断移动，这样保证了药物挥散温度及挥散量的稳定。

电热片蚊香就是利用了盘式蚊香的这一基本原理，把药物挥散温度设定在 160～170℃的范围，然后应用 PTCP 元件的温度自动调节性能，用电加热替代燃烧生热，来保证达到药物挥散温度及挥散量的稳定。

电热片蚊香是由驱蚊片和电加热器两部分组成的，驱蚊片是指浸渍过一定量驱蚊药液的专用纸片，一般是 23mm×35mm×2.8mm 的原纸片，通常含有 10mg 稳定剂（BHT），20mg 增效醚，香精适量，杀虫有效成分按品种而异，如 40mg 右旋丙烯菊酯，20mgEs-生物丙烯菊酯，15mgd-反式呋喃菊酯；电加热器是利用 PTCR 电阻产生的热量，通过热传达装置将热量传达到电加热器的导热板上，导热板的温度也就随着 PTCR 电阻的温度自动调节使其发热，温度保持在 160～170℃之间，正好是驱蚊片中药物和香精挥散的要求。当驱蚊片水平贴放在导热板上后，驱蚊片中浸渍的药物就和香精开始均匀地挥散，当然，驱蚊片上浸渍的药液量及挥散速率必须充分考虑到 8～12h 对蚊虫的驱赶杀灭作用，而香精也应在这段时间内均匀散发。

电热驱蚊片的开发在国内从 20 世纪 80 年代后期开始，到 90 年代初期发展已达到高峰。由于使用电热驱蚊片时，没有烟出现，而且非常干净，因而受到消费者的青睐。然而电热驱蚊片也有其不利的一面，即由于电热驱蚊片中的杀虫剂有效成分的蒸发量在使用期间是不均匀的，因而使其驱蚊效果有差异。在一般情况下，使用前期的蒸发效果差。因此，必须在电热驱蚊片点滴液配方中加入一定量的挥发调整剂，以调节有效成分在不同使用期间的蒸发量，达到较均匀蒸发的目的。然而，电热驱蚊片中的效果不单是与所使用的杀虫剂有效成分的种类、剂量以及配方有关，而且还与电加热器的加热温度以及其设计有关，因为温度过低则有效成分在使用期间内不能完全蒸发出来，有部分仍存留在纸片中，因而达不到应有的驱蚊效果。反之，温度过高，则蒸发量过大，以至于在使用后期驱蚊效果明显下降。还有设计方面必须具有良好的气流流动空隙，从而使有效成分能很容易地被气流带入空间。

电热驱蚊片原液除了杀虫有效成分、增效剂、稳定剂、香精和溶剂外，还含有挥发调整剂和特种染料。挥发调整剂的作用是控制杀虫有效成分在规定的作用时间内均匀挥发。特种染料的作用是当杀虫有效成分逐渐挥发直至消失时，可根据纸板色泽判断是否可继续使用。

如上所述，电热蚊香片使用的香精除了不得影响杀虫药剂的药效以外，还要保证在160～170℃、8～12h内均匀散发，不能“头重尾轻”，香气刚好足以掩盖杀虫药剂的臭味即可，最好不影响睡眠质量（能有安眠作用更好），调配这种香精的难度可想而知。目前能满足上述条件的香型还不多，但已能满足生产的需要。

3. 电热液体蚊香

电热液体蚊香与电热纸片蚊香一样，是由驱蚊药液和电加热器组成的，当电加热器接入电源后，PTCR元件就开始升温发热，然后依靠PTCR元件自身的温度调节功能，使它的温度保持在一定的范围内。PTCR元件产生的热量通过热辐射传递到药液挥发芯，使得通过挥发芯毛细作用从药液瓶中吸至芯棒上端的药液在热辐射的加热下增加挥散速率，当空间的杀虫有效成分达到一定浓度后，就对蚊虫产生驱赶、麻痹、击倒及致死作用。

电热液体蚊香加热器件中间金属套的内壁温度在120～130℃之间，挥发芯的温度在90～100℃范围是比较合适的。

目前药液多采用1%（质量分数）丙炔菊酯专用液，每瓶45mL，可使用20～30d（每天使用8～10h），室内有效范围约15m²。此药液为高效、安全的拟除虫菊酯、香精等复配而成，挥散出的物质对人体、食品无毒无害。电热液体蚊香使用方便、安全，驱蚊效果稳定，无需像电热驱蚊片那样每天要换新蚊片，换一瓶可使用30～45d。但由于电热液体蚊香靠芯棒输送药剂，是芯棒上端受热，借以挥散药剂，而药剂中各组分的沸点、蒸气压不一致，高沸点、低蒸气压的物质在芯棒加热段逐渐积累，造成芯棒“堵塞”现象，使药剂中各组分不能同步输送、同步挥发。所以电热液体蚊香要考虑各组分的沸点、蒸气压对芯棒造成堵塞的影响。要花大量的实验才能得到一个好的药剂配方，药剂配方难以调整，但长期使用单一药剂蚊虫较易适应。还有香精的选用也很关键，因为多数香精中成分复杂，不能很好地溶解于脂肪烃中，选择不当会造成芯棒的堵塞，也可能会使部分有效成分沉淀出来，造成损失并影响药效。

目前生产的芯棒主要有木质、陶瓷、树脂等材料，国外厂商正在开发玻璃芯棒以及塑料陶瓷棒。

电热液体蚊香香精的加香实验显然是极其重要的，即使是很有经验的调香师，也不敢肯定他调出来的香精一定不会堵塞芯棒，因为香精里面所含的各种成分有可能同杀虫药剂起化学变化，长时间的高温（90～100℃）也有可能造成更多的“状况”（包括低沸点成分挥发以后有些物质可能析出、香料之间“缩聚”等化学变化等等），这些都很难完全从理论上解析清楚，只有通过耐心的、细致的加香实验才能确定一个香精到底“行”或者“不行”。

4. 线蚊香

线蚊香是线香与驱杀蚊虫有效成分的组合，用各种线香加杀虫药液、香精制成，也有用草药、驱蚊精油制作的“全天然线蚊香”，驱蚊效果也不错。

5. 纸蚊香

纸蚊香的特征在于由一层或多层纸，其上被喷了驱杀蚊药，被冲压成两条或两条以上的连续条形，各条间隔盘在一起而构成盘状。盘状可以是圆形、方形、三角形或多边形；条形纸构成的盘状表面可喷有或印有一层彩色层。由于采用条状纸作为基材，不易折断，卫生干净，形式多种多样，色彩可随心所欲，给人一种新颖和上档次的感觉，驱蚊效果显著提高，盘式纸蚊香的诞生，有人说是蚊香历史上的一次革命。

其实纸蚊香与盘式蚊香、线蚊香差不多，但用材节省了许多，生产工艺也较简单易行，对环境影响较小，值得大力推广。

纸蚊香加香更加随心所欲，各种香型的香精都可以使用，目前的发展趋势是使用带有增效作用的精油，有的干脆不用杀虫剂，直接用驱蚊精油，效果也不错，深受消费者欢迎。

6. 几种蚊香优缺点的比较

（1）盘式蚊香

优点：①驱杀虫剂配方可以随意调整，蚊虫不易适应，驱杀蚊虫的效果好；②驱杀虫剂均匀分布在蚊香条上，采用逐步加热，杀虫剂挥散均匀，驱杀蚊虫效力稳定，KT_{50}值始终如一；③无需电源。

缺点：①无法保证固定的使用时间；②木质蚊香烟雾中有危害健康的成分，污染空间环境和物品；③明火点燃，潜在发生火灾的危险；④点燃时，蚊香条内部的杀虫剂来不及挥散（特别是传统工艺生产的盘式蚊香），有30%～40%的杀虫剂受热分解，失去驱杀蚊虫的作用；⑤需大量的设备投资，兴建宽大的厂房及使用大量的劳动力；⑥消耗国家大量宝贵的木材资源。

（2）电热片蚊香

优点：①无烟、无异味、无灰、无污染；②使用PTC加热源，安全、卫生；③产品便于运输。

缺点：①驱杀蚊虫的效果不稳定，前面4h较好，4h后，驱杀蚊虫的效力逐步下降；②杀虫剂配方不能随意调整，单一杀虫剂配方，蚊虫易适应；③纸片长期处于固定式加热，杀虫剂的分解率高；④使用后的纸基仍有20%～30%的杀虫剂残余，失去驱杀蚊虫的作用，造成浪费，也污染环境；⑤耗电5W/h。

（3）电热液体蚊香

优点：①无烟、无异味、无灰、无污染；②使用PTC加热源安全；③使用时间随心所欲，用时送电、不用时断电，使用十分方便，一瓶药剂约可连续使用300h（受PCT温度的影响）；④无须机械设备亦可生产。

缺点：①由于药剂中各成分的沸点、蒸气压不一致，加热时不能同步蒸发，造成芯棒堵塞，因此，药剂蒸发量随着使用时间的增加而逐步下降，驱杀蚊虫的效力也随之下降；②药剂配方不能随意调整，单一配方蚊虫易于适应；③使用过程中，杀虫剂分解率为30%～35%，使用后，在芯棒上有5%～10%的杀虫残余，这些损失，都大大降低杀虫剂的利用率，造成浪费，也污染环境；④耗电量5W/h；⑤溶剂为脱臭煤油，药瓶难以密封，易漏，煤油属危险品，不便运输。

（4）线蚊香

优点：①杀虫剂配方可以随意调整，蚊虫不易适应，驱杀蚊虫的效果好；②杀虫剂均匀分布，采用逐步加热，杀虫剂挥散均匀，驱杀蚊虫的效力稳定，KT_{50}值始终如一；③无需电源；④比盘式蚊香耗材少。

缺点：①无法保证固定的使用时间；②烟雾中有危害健康的成分，污染空间环境和物品；③明火点燃，有潜在发生火灾的危险；④点燃时，线蚊香内部的杀虫剂来不及挥散，有30%～40%的杀虫剂受热分解，失去驱杀蚊虫的作用；⑤容易被人看作是卫生香，忽视它含有杀虫剂成分，对儿童可能造成伤害。

(5) 纸蚊香

优点：①驱杀虫剂的配方可以随意调整，蚊虫不易适应，驱杀蚊虫的效果好；②驱杀虫剂均匀分布在纸条上，采用逐步加热，杀虫剂挥散均匀，驱杀蚊虫的效力稳定，KT_{50}值始终如一；③无需电源；④价格相对来说较便宜；⑤节省资源。

缺点：①无法保证固定的使用时间；②烟雾中有危害健康的成分，污染空间环境和物品；③明火点燃，潜在发生火灾的危险；④点燃时，蚊香条内部的杀虫剂来不及挥散，有30%～40%的驱杀虫剂受热分解，失去驱杀蚊虫的作用；⑤目前生产的线蚊香点燃后烟雾较大，有待改进。

这五种蚊香使用的香精的共同点是耐热，在加热的时候香气能均匀发散；不同点在于被加香的素材不一样，电热蚊香香精的颜色要浅淡，香味也要“清淡”一些；液体蚊香的香精必须能全部溶解于“药液”里的有机溶剂中，不能堵塞芯棒；盘式蚊香、线蚊香和纸蚊香所用的香精则广泛得多，各种花香、果香、木香、膏香、“香水香”都可以应用，色泽较深也没有关系，甚至可以用一些香料香精厂的下脚料配制。

五种蚊香的香精用量：盘式蚊香、线蚊香、纸蚊香较大，电热蚊香少一些，液体蚊香用量最少。

三、熏香炉

古代的熏香炉是金属或陶瓷做的外表有着精美图案的火炉，在里面点燃炭火，时时撒上香料散香。现代的“熏香炉”则是使用加热方法（一般是煮水）使香精的气味散发在空气中以调节环境气氛的一种器皿，它结合陶瓷艺术、蜡烛火焰和芳香疗法、芳香养生于一体，兼具实用、收藏、欣赏价值之功能。其构成由“炉体”、加热用蜡烛和香精（通常加入水中与水蒸气一起挥发）。使用时，将选择好的适当香型的香精滴入适量于开敞或封闭的容器上，同时加入少许的水，再将蜡烛放入炉膛中点燃即可。本节主要介绍这种“煮水型”熏香炉。

“现代”熏香炉的使用，在发达国家如美国、法国、瑞士和德国等，已有很长的历史，仅美国每年从中国进口的熏香炉的数量就达数千万套，在其国内已基本普及使用。在发展中国家如非洲各国、印度及中国等，随着人们生活水平的提高，熏香炉也正在悄然走俏，越来越受到人们的喜爱。我国最大的熏香炉批发市场在浙江，其销售量每年以大约20%的速率在增长，市场前景极为可观。我国主要的熏香炉制造产地在广东省潮州和福建省的德化县，产品已远销全球各地。

熏香炉的炉体一般用陶瓷或玻璃制成，可设计成各种不同的造型，如：茶壶、酒盅、各种动物和人物造型等，配以款式多样的精美的装饰图案，也可作为点缀家居及办公等室内环境的艺术品。其基本构成由加热炉膛和盛装香精的容器两部分组成，常见的有以下几种造型。

① 茶壶造型。将容器设计成茶壶的形状，在壶身或壶盖上开设若干小孔，加上壶嘴与外部环境相通，以便容器内香精气味的散发；炉膛形状与其上方的茶壶形容器相匹配，用于置放加热用的蜡烛，其上部应开设若干小孔，以利于炉膛内空气的流通，确保蜡烛能够充分燃烧。使用时，就如用火焰加热茶水，更增添趣味性和浪漫情调。

② 动物造型。将整个炉体设计成兔子、小猫、小鸭等各种可爱的动物形状，在其背脊或其他适当的位置巧妙地设置成开敞或封闭式的容器，用于盛装香精和水，容器之下是放置蜡烛并能保证其充分燃烧的炉膛。使用时，感觉就像是从动物身上散发出香味。

③ 吊篮造型。这种形式的熏香炉一般由玻璃制成，吊架与炉膛底座铸造成一体，用链索（精制的金属链条或用其他耐火材料做成的链索）将盛放香精的器皿悬吊起来。

熏香炉可以说是陶瓷制造业在现代生活中的又一创新，它使传统的陶瓷艺术和香精结合在一起，使人们在视觉和嗅觉上同时得到了满足。中国的陶瓷以其精致实用等优良品质深受海内外人士的青睐。自宋朝以来，中国瓷器在外销商品中占据上风，成为中世纪中国最大宗的出口商品，当时欧洲人称瓷器为china，以至于把中国也称为China。在古代，中国陶瓷曾影响或改变了有些国家人民原有的生活习俗，改善了这些国家人民的生活质量，如当时东南亚一些国家，使用陶瓷代替了早期的植物叶子作为食用器具；在东非，由于中国瓷器耐酸碱、无渗透性又结实耐用，远比东非传统的陶质、木质和金属质食具优越，故中国瓷碗、盘、瓶、罐等器皿成为当地民众的理想食具，间接地引起了当地人民饮食方式的变革。现在，随着瓷土原料精炼技术和烧窑技术的提高和成熟及研究开发人员的不断开发创新，陶瓷在生活、艺术等诸多领域中得到了更为广泛的应用。

蜡烛柔和的火焰能够营造出浪漫、温馨的氛围，对眼睛的刺激作用也较少，给人以舒适的感觉，为情侣约会、家庭生活、生日Party等所采用。随着生产技术的不断发展和研究人员的不断开发创新，蜡烛已从原先的单纯作为照明物，演变为现在的多种用途和功能。首先是其艺术造型，可以制成各种立体几何形状如圆柱体、棱锥体、立方体等；还可以制成花朵、蔬菜、水果、贝壳和卡通人物造型等，琳琅满目，兼具实用性和趣味性；再则，蜡烛的颜色五彩缤纷、多姿多彩，加上各种装饰图案，使其更具艺术感；另外，蜡烛的支架形式也种类繁多、精美绝伦，与各种造型的蜡烛相互辉映，极具艺术情调。如今，蜡烛又不断地被赋予了许多新的功能，如在制造蜡烛时可加入各种香型的香精，当其点燃时，就会散发出宜人的香味，调节环境氛围。熏香炉使用的蜡烛一般为无烟蜡烛，以避免燃烧时的烟气对环境造成的污染。通常还将蜡烛制成适当大小，以便其能在特定的时间内燃尽，增加使用的方便和安全性。

熏香炉使用的香精，可根据不同环境及个人爱好进行选择或根据芳香疗法、芳香养生的需要选用。对于香味“好”“坏”，各人自有见解，可谓见仁见智，只要认为自己喜欢的也就是香的，不适合或不喜欢的也可称为“臭”。在不同的场合不同的背景，令人愉悦的气味总会带给人自信安宁，有益于身心的健康，香气在一定场合里也会取得良好的经济效益和社会效益。在使用熏香炉时，如果使用一些芳香精油，则效果更好，既可以净化空气，又有益于健康。

下面举几种芳香精油及其功效供大家参考。

薰衣草油具有镇静、催眠、抗抑郁、提高记忆力、驱风祛邪、杀菌、净化空气等功效。

柠檬油具有兴奋、醒脑提神、清凉、抗抑郁、提高记忆力、净化空气等功效。

薄荷油具有醒脑提神、清凉、提高记忆力、驱风祛邪、杀菌抑菌、净化空气、抑制感冒、治口臭等功效。

菊花油具有醒脑、清凉、提高记忆力、激发灵感、抑制感冒、治咳嗽、治气管炎等功效。

檀香油具有催情、镇静、催眠、提高记忆力等功效。

玫瑰油具有催情、镇静、净化空气等功效。

橙油具有催情、镇静催眠、提高记忆力、激发灵感、驱风祛邪、驱赶蚊虫等功效。

以上所列的一些功效都已得到科学验证，对人具有实用价值，也可以作为清新剂净化空气使用，难怪国外发达国家对它有如此的需求，相信国内以及发展中国家也会慢慢普及。

熏香炉与一些清新剂同样都有香化环境、净化空气的作用，到底有何不一样呢？人们认为有以下的区别：

① 熏香炉的香气可以随时更换气味，方便；

② 熏香炉可以作为芳香疗法、芳香养生的一种，配合香油使用，取得一定的功效；

③ 熏香炉具有艺术欣赏价值；

④ 熏香炉的使用无污染、无毒性、无副作用、安全；

⑤ 价格适中，辐射范围广。

市场上还有一种“更有创意”的新型熏香炉，这是法国摩尔·贝格发明的，所以也被称为“贝格灯”。它整体上看起来就像一个漂亮的酒精灯，“熏香”的原理也类似于酒精灯，使用时先把“灯头”（用特殊的贵金属陶瓷做成，可使异丙醇在催化剂的作用下缓慢氧化保持恒温60℃左右）用打火机或火柴点燃，烧几分钟后熄火，“灯头”可保持高温（60℃）一段时间，此时利用“灯芯”（用棉纱或其他纤维素材料制作而成）的“虹吸”作用把瓶子里装的“香水”[含2%～3%香精或天然精油的异丙醇溶液，内含一定量的催化剂“微氧素”（ozoalcool），也可加少量水以延缓燃烧]“汲引”到“灯头”处散香。这种熏香炉的造型非常美观，价格不菲，盯准的是有钱人的钱包，年轻人趋之若鹜。

贝格灯“香水”配方

精油或香精	3	异丙醇	90	“微氧素”	适量
水	7				

香茅油、桉叶油、茶树油、艾蒿油以及上面提到的几种用蒸馏法提取的精油都能用于配制这种熏香炉的“香水”，而用溶剂萃取法制得的浸膏和净油则不能使用，因为浸膏和净油里面含有一些蜡质、大分子树脂等会堵塞毛细管。同样，使用配制的香精也要注意不能使用大分子、高沸点物质，这同“汽车香水”一样，可用的香精也一样，但配制时香精的浓度只要2%～3%就够了，详细请看“汽车香水”一节。

四、香精丸与清香片

自古以来，人们就用天然樟脑驱虫、防蠹，后来开始有了合成樟脑，再后来大量使用煤焦油和石油提取出来的萘制成的“臭丸”，现在有部分改用另一种化学药剂——对二氯苯，衣橱里面飘出的都是“臭”味，但人们习以为常，倒也“相安无事”。

随着人们居住环境的改善，“公共厕所”变成“洗手间”，家家户户也都有了卫生间，有人开始在卫生间里特别是在男小便槽里放置“臭丸”，也就是用樟脑、萘、对二氯苯制作的气味强烈的固体物质，意图掩盖卫生间里的臭味。我国现用于宾馆、饭店、会议及娱乐场所的卫生间、公共厕所的“臭丸”、“香精丸”年需80000t左右，且每年都在增加。但樟脑的气味不适合于卫生间，而且制造成本很高（天然樟脑的成本就更高了）；萘的毒性太大，已被卫生部下文禁用；对二氯苯有潜在的致癌性，部分国家也已限用或禁用，有的准备禁用而一时尚无经济、实用的代替物。现在卫生间只能用喷雾型或凝胶型空气清新剂，前者的留香时间太短，一天要喷数次；后者的香气淡，达不到卫生间祛臭赋香的目的，正在积极寻找、开发替代品。

针对目前市场上还没有卫生间专用祛臭赋香剂而滥用家用防虫“臭丸”、“香精丸”的情形，厦门牡丹香化实业有限公司的科研人员已成功地开发出卫生间专用清香片，该产品具有长效（留香时间长达1个月以上，比目前市售的“臭丸”、“香精丸”多1～2倍）、安全无害、香气美好、掩盖臭味能力大、使用方便（既可以直接放置于男小便槽里，也可以用小挂钩钩起挂在冲水马桶中间）等优点，预计以后有可能全面取代现在普遍使用的“臭丸”、“香精丸”。

清香片配方

香精	10～20	赋形剂A	30～40	赋形剂B	50

上述配方中赋形剂A难溶于水，赋形剂B易溶于水，二者同香精一起用搅拌机混合均匀，压片即为产品。香精可以随心所欲地挑选，目前以“森林香型”、“果香型”、“薄荷香型”、“芳樟型”为主，除了赋香以外，还有较好的杀菌效果。如果选择杀菌功能强大的香精，例如“芳

樟消毒液香精”等还能代替消毒剂使用，一举多得。

五、环境用加香机

给人类居住、生活、工作、学习、旅游、各种社交活动等场所赋予令人愉悦的香味是千百年来普天之下民众的追求和香料工作者孜孜不倦的努力，由此出现了各种各样的“加香技术”和“加香机器”，各种熏香器物都是环境加香的好帮手。古代宫廷里有“熏衣匠”，采用的是各种香味材料加水蒸煮熏衣的办法，可以香一条街，就是说，“水煮香料”也是环境加香不错的选择。

到了现代，除了上面各节提到的自然散香（凝胶型固体清新剂、“香精丸”、各种香材料片等）、焚香、电热加香、喷雾加香、水煮加香以外，还出现了吹风加香、超声波散香、飞行物加香等新技术、新方法。

所谓“吹风加香”，就是将有香物质置于“风头”，利用自然风、电吹风、空调机等制造的气流把香气带到各个角落去。

超声波散香有两种方式，一是直接使用超声波增湿机，在水里加入香精或精油（溶解或沉浮都不影响效果），利用超声波“蒸出”水汽的同时把香味带到各处；二是类似液体蚊香，在瓶子里装香精或精油，利用虹吸原理和芯棒上面的超声波发生器产生的剧烈振荡，把香气散发出来。

“飞行物加香”适应于大场所，如影剧院、会场、广场等，利用“无人机”喷雾或吹风把机上带的香精或精油散布于各处。

下面是目前常用于环境加香的各种加香机。

① 数码自动喷香机（见图 7-1）。

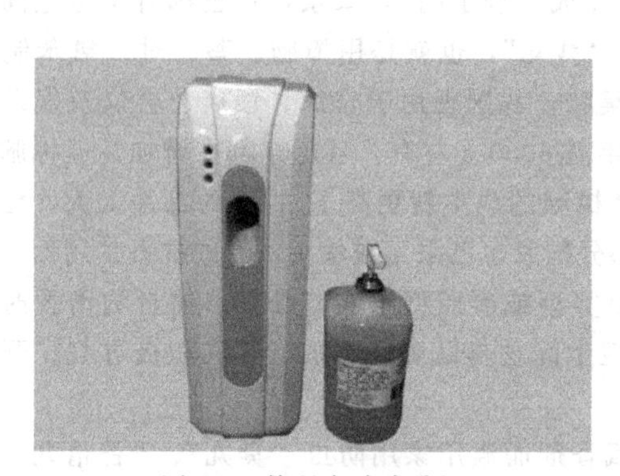

图 7-1　数码自动喷香机

图 7-2　精油扩香机

主要特点：全智能化微电脑控制系统；内设 LCD 屏幕及按键；内带螺丝及打孔塑胶，体现安装优势；智能自动感光功能，可设定 24h 工作，或白天及晚上工作；全自动傻瓜操作系统，简单快捷；香精消耗少，节约成本；可设定三段工作时间，7.5min、15min，30min。

机器尺寸：95mm×35mm×32mm；

实际包装尺寸：100mm×36mm×34mm；

功率：1.5W；

覆盖面积：50～60m^2；

安装：固定墙壁上即可。

② 精油扩香机（见图 7-2）。

主要特点：全智能化微电脑控制系统，采用超大彩色液晶屏显示器，使用最时尚的轻触控制面板，超静音设计，外观大方得体，采用先进的纳米技术，程序简单化，全中文操作模式，任意调整空间的香味浓度及工作时间段。

尺寸：300mm×165mm×300mm；

电压：AC12V/50Hz；

功率：6W；

覆盖面积：3000m^3；

操作功能如下。

a. 可设定星期一至星期天动作与不动作。

b. 可在每天24h内设定3段动作与不动作的时间。

c. 可设定每个动作时段，释出不同香味或同时释出多种香味。

d. 可任意调整在每段动作时段内释出不同的香味浓度。

e. 可释放香精油使之环境清新芳香，亦可在每日下班时间释放出除臭杀菌剂，去除霉臭味并杀菌，避免病菌感染。

③ 中央空调加香系统（见图7-3）。

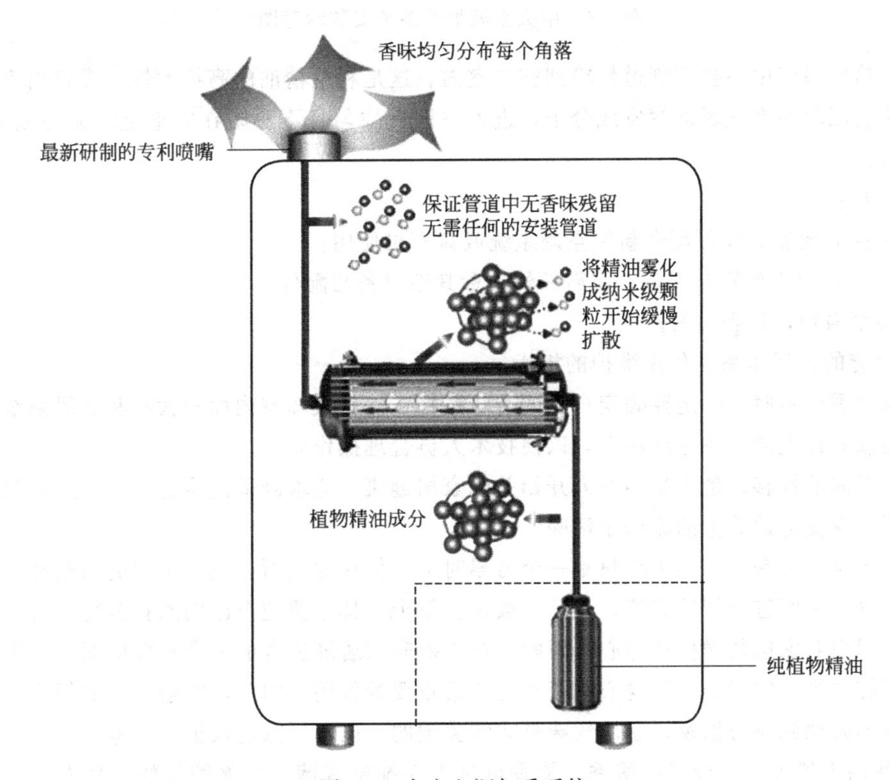

图7-3　中央空调加香系统

大面积的商业区域空间加香的理想选择，采用目前国际先进的混合双流体雾化技术，相比较传统产品提高90%以上的有效雾化量，大大节约精油使用量。雾化器生产出理想的悬浮粒度，提高精油的传送性能，增加在空气中的持留性，一直均衡的香味，完全智能编程功能，可调节香味的浓度，使其可保障客户按自身需求进行调节设置来控制香味的浓度。适用于各种大面积场所，例如酒店大堂，百货商场，大型展厅等。安装示意图见图7-4。

加香方式是将植物精油在常温下进行雾化然后通过酒店中央空调将雾化出来的雾吸入中央

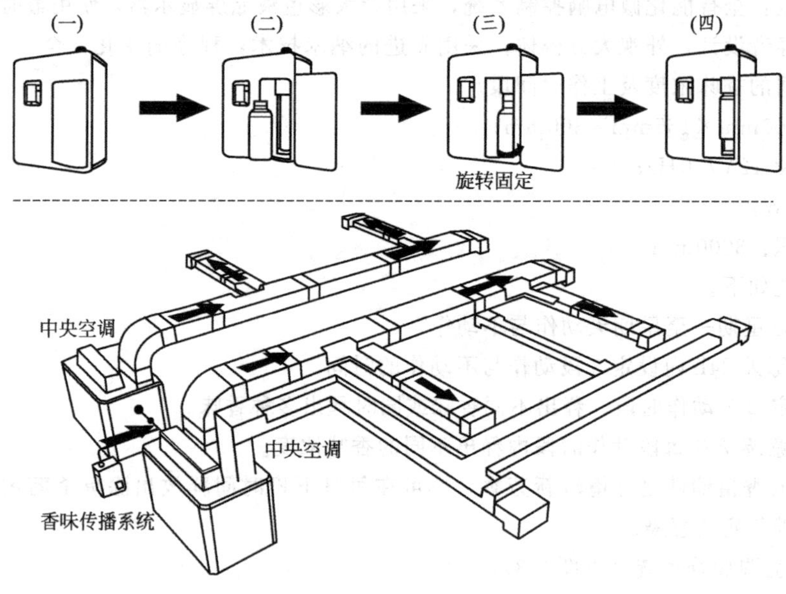

图 7-4　中央空调加香系统安装示意图

空调内，然后跟着中央空调管道传输到整个室内。这是利用精油的高挥发性，雾化出来的精油雾遇到快速流动的空气瞬间挥发成分子，进入空调后均匀且不黏附在管道上。加香效果持续，香味均匀。

优点如下：

a. 可独立放置，亦可配合新风空调系统或盘管机使用；

b. 小巧，便于放置与安装，无需额外购置其他设备与配件；

c. 功率强劲，扩香均匀；

d. 完善的售后体系，免除维护的担忧。

选购加香设备时，一定要确定自己的香味选择，然后熟知室内面积大小和通风系统，需要提供大厦或者住宅通风系统线路图，以便技术人员合理操作安排。

随着时间的推移，越来越多的人开始关注家居健康，追求舒适高雅的生活。如何提升家居生活品质、享受舒适养生的家居生活呢？

家对于每个人来说，不单单只是一个劳累时可以休憩的场所，也是情感的归宿和心灵的乐园，更是家人之间进行情感交流、互动的载体。每个人都希望把自己的家打扮得赏心悦目、舒适宜人，因而对家居装潢格外尽心。因此，对于提升家居舒适度的一个重要层面——家居的嗅觉品质不容忽视，它对于人的身心健康也有非常重要的作用。因此，缔造完美的舒适家居，使居住其中的人感到身心愉悦，家居气味是非常关键的。以下几点建议值得参考。

① 使用天然香品进行家居熏香。焚香也是古人抑制霉菌、驱除秽气的一种方法。从中医的角度来说，焚香当属外治法中的“气味疗法”。在家居环境中进行熏香，可以免疫避邪、杀菌消毒、醒神益智、养生保健。当然，在熏香的时候，可以根据自己的喜好和心情来选择合适的香品。例如：在家中进行瑜伽健身的时候，可以选择天然檀香，香韵醇厚绵长，放松效果极佳，对于瑜伽打坐、冥想有很好的助益。若是与家人小憩闲谈，则可以选用沉香进行熏香，香味清新淡雅，既可怡情助兴，促进交流，又可以改善家居环境，提升生活品质。

② 合理掌控熏香时间。进行家居熏香养生的时候，可以选择在每天清晨、中午及每晚临睡前三个时段进行。这三个时段是家居香道养生保健的黄金期，此时进行家居熏香可以使香品

更好地发挥养生保健的作用，改善家居环境，保持身心的健康水平。

③ 家居熏香贵在持之以恒。家居熏香是一个长期的养生功课，需要长期坚持，通过量的积累而逐步改善家居环境和人体的健康水平，使人的身心与环境达到一个相对的平衡。

④ 不同的场所选用不同功效的香品进行熏香。卧室、客厅、书房等可以选择怡情、养生、改善睡眠的天然香品，香味宜淡雅。厨房、卫生间等场所宜选择除菌效果较好的天然香品进行熏香，香味可选择醇厚、留香持久的，用以覆盖分化异味。除此之外，您也可以选择一些便携的轻便装香品随身携带，方便您随时进行熏香养生。

⑤ 房屋建筑加香。通过在空调系统或者房屋空气循环系统加装香味传播系统，可以让整个建筑持续散发迷人的香味。适用于KTV、休闲会所、娱乐场所、婚纱影楼、酒店、汽车4S店、展厅、高档购物广场、品牌服装店、娱乐中心、女性美容休闲场所、婚纱影楼、售楼部、高档写字楼、会议室等高档公共场所。

酒店香味营销起源于国外，是国外酒店管理集团或个性化酒店为自己的酒店品牌塑造属于自己酒店的香味品牌，在酒店的大堂、客房、酒廊等区域安装酒店加香设备，一般安装在中央空调通风系统等不起眼的地方，酒店香味的材料一般选用纯植物精油或经过调和过的复方芳香精油，通过合理的提纯调配，达到一个理想的香味，让人感觉是一种自然的味道，通过中央空调输送在各个区域的出风口，加香设备的功能发展到现在已经非常丰富和完备，能够随心所欲的按照人们的意愿和需要扩散香味到不同的区域，并可调节香味在空间中浓或淡，根据中央空调的分布及图纸，进行设定。

第九节　蜡　　烛

我国石油中石蜡含量比世界上其他国家的石油都高，300℃以后馏分的含蜡量我国平均高达80%，而中东石油和美国石油300℃以后馏分含蜡量分别才50%和30%。因此，我国自从20世纪60年代开始大规模开采和加工石油就同时大量出口石蜡。近年来，欧美发达国家加香蜡烛的需求量大增，如美国每年就消耗价值将近30亿美元的加香蜡烛。由于我国石蜡价格便宜，劳动力价格也相对较低，因此，这些国家从原来向我国进口石蜡自己加工蜡烛转向直接向我国购买蜡烛，其中大部分是加香蜡烛。

加香蜡烛在我国的消费量至今仍然很少，规模化生产（主要供出口）也仅仅是近十几年的事，对蜡烛的加香还没有引起香料界人士足够的重视。蜡烛厂到香精制造厂求购香精时，香精厂销售部人员随便给几瓶日化香精或薰香香精样品打发了事，让蜡烛厂自己去做“加香实验”，这是不正常的。须知每一个行业用的香精都有自己的特点和要求，蜡烛香精也不例外。本节从理论上探讨蜡烛香精有别于其他日用香精的地方，结合笔者多年的实践经验对蜡烛香精的配制提出一些看法。

目前蜡烛制造厂反映使用香精时经常出现的问题是：

① 香精在石蜡里溶解不好，因此出现浑浊、沉淀、香精上浮或下沉等现象，强烈搅拌令其勉强混合，冷却后蜡烛上下层不一样，或“冒汗”，蜡烛中有气泡和可见杂质等；

② 白蜡烛加香后变色，加染料的有色蜡烛出现染色不匀，色泽不鲜艳；

③ 香气不稳定，不透发，留香不长……

要解释这些现象，先要从石蜡的化学成分分析入手。

石蜡的主要成分是正构烷烃，极纯净的正构烷烃无色无臭透明或半透明，暴露于大气中长期也不会变色变质，但市售的石蜡不可能是100%的正构烷烃，而含有少量环烷烃、异构烷烃、芳香烃、不饱和烃、微量铁、硫、氮等无机和有机物杂质，这些杂质可以让石蜡带“石蜡味”、带色（特别是长期暴露在空气中颜色逐渐变深）、降低沸点，更重要的是，会与香精中的各种香料起化学变化或者催化各种成分的化学作用，导致香气的变化以及加香后颜色的变化与不稳定。

正构烷烃就是标准的“油”，无极性。因此，越是亲水的物质越难溶解于正构烷烃里面。在常见的香料单体中，酯类和萜烯类绝大多数易溶于正构烷烃；醇、醛、酮、酸、醚、杂环化合物在正构烷烃里的溶解度则难以料定，一般碳链越长（如从正辛醛到正十六醛）越易溶解，单环而不带长侧链者（如苯乙醇、苯乙醛、苯乙酸、苯甲醇、苯丙醇、苯丙醛、桂醇、桂醛、硝基麝香、香豆素、香兰素、洋茉莉醛、甲位戊基桂醛、大茴香醛、对甲氧基苯乙酮、丁香酚、异丁香酚、萘甲醚等）在正构烷烃里的溶解度都较小，大部分只能溶解1%左右，有的甚至低于0.1%。兹将常用香料在油（正构烷烃）中的溶解度列于表7-5，供参考。

表7-5　常用香料在各种溶剂中的溶解度　%

FEMA编号	香料名称	水	乙醇	丙二醇	油
2132	安息香	不溶	易溶	微溶	可溶
2465	桉叶素		易溶		100
2350	氨基苯甲酸环己酯	不溶	可溶		可溶
3486	巴豆酸乙酯	可溶	可溶		可溶
3066	百里香酚	0.1	可溶	可溶	5
	柏木脑		易溶		微溶
	柏木烯	不溶	可溶		微溶
2885	苯丙醇	0.33	易溶		1
2887	苯丙醛	不溶	可溶		1
3256	苯并噻唑	微溶	可溶		可溶
3223	苯酚	可溶	可溶		
3226	苯基-1,2-丙二酮	可溶	可溶		
	苯基乙二醇	微溶	可溶		
2127	苯甲醛(安息香醛)	0.3	100	100	7
2131	苯甲酸	0.3	可溶		
2860	苯甲酸苯乙酯	不溶	易溶		可溶
2138	苯甲酸苄酯	不溶	100	1	18
2471	苯甲酸丁子香酯	不溶	可溶		可溶
2638	苯甲酸芳樟酯		易溶		可溶
2683	苯甲酸甲酯	不溶	100		5
	苯甲酸肉桂酯	不溶	可溶		可溶
2511	苯甲酸香叶酯		易溶		可溶
2931	苯甲酸乙酯	不溶	可溶		可溶
2932	苯甲酸异丙酯	不溶	易溶		可溶
2185	苯甲酸异丁酯	不溶	100		可溶
2058	苯甲酸异戊酯	不溶	易溶		可溶

续表

FEMA编号	香料名称	水	乙醇	丙二醇	油
2423	苯甲酰基乙酸乙酯	不溶	可溶		
3616	苯硫醇	不溶	微溶		
	苯醚	微溶	可溶		可溶
	苯氧基乙醇	2.7	100	100	
2872	苯氧基乙酸	微溶	易溶	可溶	可溶
2038	苯氧基乙酸烯丙酯	微溶	可溶		
3220	苯乙胺	可溶	易溶		
2858	苯乙醇	2	易溶	可溶	1.5
2874	苯乙醛	不溶	可溶		0.1
2875	苯乙醛-2,3-丁二醇缩醛	不溶	可溶		
2877	苯乙醛丙三醇缩醛	不溶	可溶		
3384	苯乙醛二丁醇缩醛	难溶	可溶		可溶
2876	苯乙醛二甲缩醛	不溶	易溶		8
2878	苯乙酸	2	可溶	可溶	0.25
2866	苯乙酸苯乙酯	不溶	可溶		可溶
2149	苯乙酸苄酯		可溶		可溶
2955	苯乙酸丙酯	难溶	可溶		可溶
2209	苯乙酸丁酯		易溶		可溶
3077	苯乙酸对甲酚酯	不溶	可溶	微溶	可溶
	苯乙酸茴香酯		可溶		可溶
2733	苯乙酸甲酯	不溶	易溶		10
2985	苯乙酸玫瑰酯		可溶		10
2300	苯乙酸肉桂酯	不溶	可溶		可溶
3008	苯乙酸檀香酯		微溶		可溶
2516	苯乙酸香叶酯		可溶		可溶
2812	苯乙酸辛酯	不溶	可溶		可溶
2452	苯乙酸乙酯	不溶	易溶		可溶
2210	苯乙酸异丁酯		易溶		可溶
2477	苯乙酸异丁子香酯	不溶	易溶		可溶
2081	苯乙酸异戊酯		易溶		100
2535	苯乙酸愈创木酯	不溶	可溶		可溶
2009	苯乙酮	不溶	100		100
3233	苯乙烯	微溶	可溶		可溶
3386	吡咯	不溶	可溶	可溶	可溶
2137	苄醇	4	100	100	1
2953	苄基丁醇	难溶	可溶		可溶
3617	苄基二硫化物	难溶	可溶		

续表

FEMA 编号	香料名称	水	乙醇	丙二醇	油
2147	苄基硫醇		易溶		
2889	苄基乙酸	0.6	可溶	可溶	
2740	苄基异丁基酮	微溶	可溶	难溶	可溶
2208	苄基异戊醇	不溶	可溶		可溶
2928	丙醇	100	100	100	
3228	丙二硫	难溶	可溶		
2375	丙二酸二乙酯	不溶	100		
3521	丙硫醇	微溶	可溶	可溶	
2923	丙醛	可溶	可溶		
2867	丙酸苯乙酯	不溶	易溶	可溶	可溶
2150	丙酸苄酯		易溶		可溶
2958	丙酸丙酯	0.5	100	100	可溶
2777	丙酸橙花酯	微溶	可溶		可溶
2211	丙酸丁酯	微溶	100		可溶
2645	丙酸芳樟酯	微溶	可溶	微溶	可溶
2369	丙酸癸酯		易溶		可溶
2576	丙酸己酯	难溶	可溶	可溶	可溶
2742	丙酸甲酯	6.5	100	100	
2986	丙酸玫瑰酯	难溶	可溶		可溶
2897	丙酸氢化桂酯	难溶	可溶		可溶
3058	丙酸四氢糠酯	微溶	可溶		
3053	丙酸松油酯		易溶		可溶
2689	丙酸苏合香酯	不溶	可溶		可溶
	丙酸戊酯		易溶		可溶
2316	丙酸香茅酯		易溶		可溶
2517	丙酸香叶酯		易溶		可溶
2813	丙酸辛酯	不溶	可溶	可溶	可溶
2456	丙酸乙酯		100		
2959	丙酸异丙酯		100		可溶
2212	丙酸异丁酯	不溶	可溶	可溶	可溶
2163	丙酸异龙脑酯	难溶	可溶	微溶	可溶
2082	丙酸异戊酯	不溶	可溶	可溶	可溶
3326	丙酮	100	可溶	可溶	
2970	丙酮酸	100	100		
2457	丙酮酸乙酯	微溶	100		
3291	丙位丁内酯	100	易溶		可溶
2539	丙位庚内酯	难溶	可溶		可溶

续表

FEMA 编号	香料名称	水	乙醇	丙二醇	油
2360	丙位癸内酯	易溶			可溶
2556	丙位己内酯	难溶	可溶	可溶	可溶
2781	丙位壬内酯	不溶	易溶		可溶
2400	丙位十二内酯	不溶	可溶	难溶	可溶
3559	丙位松油烯	不溶	100		可溶
2796	丙位辛内酯	微溶	易溶	稍溶	可溶
	丙烯基丙基二硫	不溶	可溶		可溶
2922	丙烯基乙基愈创木酚	微溶	10	4	
2418	丙烯酸乙酯	微溶			
2665	薄荷醇	微溶	易溶		10
2667	薄荷酮	不溶	可溶		可溶
3174	草莓呋喃酮	0.1	可溶		可溶
2444	草莓醛	不溶	易溶		
2772	橙花叔醇	微溶	可溶		可溶
	橙花素	不溶	可溶		可溶
	橙花酮	微溶	易溶		可溶
2099	大茴香醇	0.0001	100		
2086	大茴香脑	0.1	100	1	100
2670	大茴香醛	0.3	100	1	1.5
2840	当归内酯(尾位十五内酯)	不溶	易溶		可溶
2180	当归酸异丁酯	难溶	可溶		
3130	丁胺	100	100		
2178	丁醇	可溶	可溶		
2396	丁二酸二甲酯	1	3		
3277	丁二酸二钠盐	20	不溶		
2370	丁二酮	25	可溶		
2215	丁硫醚	不溶	可溶		
2219	丁醛	微溶			
2221	丁酸	可溶	可溶		
2861	丁酸苯乙酯	难溶	易溶		可溶
2394	丁酸苄基二甲基原酯	不溶	可溶		可溶
2140	丁酸苄酯	不溶	100		100
2934	丁酸丙酯	难溶	100		可溶
2774	丁酸橙花酯	不溶	易溶		可溶
2186	丁酸丁酯	不溶	100		可溶
2639	丁酸芳樟酯		易溶		可溶
2549	丁酸庚酯		易溶		可溶

续表

FEMA 编号	香料名称	水	乙醇	丙二醇	油
2368	丁酸癸酯	微溶	可溶	可溶	可溶
2296	丁酸桂酯	不溶	可溶		可溶
2351	丁酸环己酯	微溶	可溶		可溶
2100	丁酸茴香酯	不溶	可溶		可溶
2568	丁酸己酯		易溶		可溶
2686	丁酸甲基苯甲酯	难溶	可溶		可溶
2678	丁酸甲基烯丙酯	不溶	可溶		可溶
2693	丁酸甲酯	微溶	100		
2982	丁酸玫瑰酯		易溶		可溶
3057	丁酸四氢糠酯	不溶	可溶		
3049	丁酸松油酯		易溶		可溶
2059	丁酸戊酯		易溶		可溶
2312	丁酸香茅酯				可溶
2512	丁酸香叶酯	难溶	易溶		可溶
2807	丁酸辛酯	微溶	可溶		可溶
3402	丁酸叶酯	微溶	可溶	可溶	100
2427	丁酸乙酯		易溶		
2935	丁酸异丙酯		易溶		可溶
2187	丁酸异丁酯	微溶	可溶		可溶
2060	丁酸异戊酯		易溶		可溶
2361	丁位癸内酯	难溶	可溶		可溶
	丁位茉莉内酯	不溶	可溶		可溶
	丁位壬内酯	难溶	可溶		可溶
2401	丁位十二内酯	不溶	可溶	难溶	可溶
2475	丁香酚甲醚	微溶	可溶		0.5
2467	丁香酚	微溶	可溶	可溶	3
	对二甲氧基苯	微溶			
2337	对甲酚	微溶	可溶	可溶	
2681	对甲酚甲醚	微溶	可溶		100
2005	对甲氧基苯乙酮	微溶	易溶		2
	对孟烯-1-醇	微溶	可溶	可溶	可溶
	对叔丁基环己醇	0.001	100	0.1	100
3156	对乙基苯酚	微溶	可溶		
3225	二苯基二硫	不溶	可溶		
2134	二苯甲酮	不溶	100	1	100
	二苯甲烷		易溶		100
3667	二苯醚		易溶		100

续表

FEMA 编号	香料名称	水	乙醇	丙二醇	油
3276	二丙基三硫	难溶	可溶		可溶
	二甲苯麝香	不溶	0.9	微溶	0.7
	二甲基苯乙基甲醇	微溶	可溶		可溶
	二甲基苄醇	微溶	100		可溶
3275	二甲基三硫	微溶	可溶	可溶	可溶
2746	二甲硫醚	不溶	可溶		
3257	二糠基二硫	微溶	易溶		
2930	二氢茴香脑	易溶			
	二氢茉莉酮	微溶	可溶	稍溶	可溶
3408	二氢茉莉酮酸甲酯	微溶	可溶		可溶
	二氢檀香醇	不溶	可溶		
2381	二氢香豆素	微溶	可溶		
2379	二氢香芹醇	不溶	可溶		
3565	二氢香芹酮	不溶	可溶		
	二氢月桂烯醇		易溶		
	二氢月桂烯硫醇	不溶	可溶	可溶	
	二十醛		可溶	微溶	
	二缩丙二醇	100	100	100	
2042	二烯丙基硫醚	不溶	100		
3265	二烯丙基三硫	不溶	不溶		
2002	二乙缩醛	5	100		
3165	反式-2-庚烯醛	微溶	可溶		可溶
3289	反式-4-庚烯醛(西瓜醛)	不溶	可溶		可溶
2635	芳樟醇	不溶	100		100
	粉檀麝香		可溶		可溶
2004	风信子素		易溶		可溶
2480	葑醇	难溶	可溶		
2496	呋喃基丙酮		可溶		
2703	呋喃甲酸甲酯	不溶	可溶		可溶
2007	甘油三乙酸酯	7	可溶	可溶	
	柑青醛	不溶	可溶		可溶
	葛缕酮				2.5
2548	庚醇	不溶	可溶	可溶	可溶
2540	庚醛	0.05	100		100
2542	庚醛-1,2(3)-丙三醇缩醛	易溶	易溶		
	庚炔羧酸甲酯		易溶		100
3348	庚酸	微溶	例如		可溶

续表

FEMA 编号	香料名称	水	乙醇	丙二醇	油
2948	庚酸丙酯	不溶	可溶		可溶
2199	庚酸丁酯		可溶		可溶
2705	庚酸甲酯		可溶		可溶
2031	庚酸烯丙酯		易溶		可溶
2810	庚酸辛酯	不溶	可溶		可溶
2437	庚酸乙酯		可溶		可溶
2200	庚酸异丁酯		可溶		可溶
2838	广藿香油		易溶		
2376	癸二酸二乙酯	可溶	100		可溶
3135	癸二烯醛	微溶	可溶	微溶	100
2362	癸醛	难溶	易溶		100
2363	癸醛缩二甲醇	难溶	可溶		可溶
2751	癸炔羧酸甲酯	不溶	可溶		可溶
2364	癸酸		易溶		可溶
2432	癸酸乙酯		易溶		可溶
2366	癸烯醛		易溶		可溶
2294	桂醇	稍溶	易溶		0.7
2286	桂醛	微溶	可溶		1.5
2288	桂酸	难溶	微溶		
2142	桂酸苄酯		100		4
2938	桂酸丙酯	不溶	可溶		可溶
2192	桂酸丁酯	难溶	可溶		可溶
2641	桂酸芳樟酯	不溶	可溶		可溶
2298	桂酸桂酯	不溶	易溶		可溶
2698	桂酸甲酯				100
3051	桂酸松油酯	不溶	可溶		可溶
2430	桂酸乙酯	不溶	可溶		100
2939	桂酸异丙酯	不溶	100	100	可溶
2193	桂酸异丁酯		易溶		可溶
	海风醇	0.0001	100		100
	海风醛	不溶	可溶	微溶	可溶
2261	海狸萃取物		易溶		
2411	蒿脑		可溶	可溶	可溶
3331	红没药烯	不溶	100		100
	胡椒基丙酮	不溶	可溶		
2909	胡椒碱	难溶	10		
2377	琥珀酸二乙酯		易溶		

续表

FEMA 编号	香料名称	水	乙醇	丙二醇	油
2026	环己基丙酸烯丙酯		易溶		可溶
2027	环己基戊酸烯丙酯		易溶		可溶
2431	环己烷基丙酸乙酯	不溶	可溶		可溶
2347	环己烷基乙酸	微溶	可溶	可溶	可溶
	环十六内酯	难溶	易溶		可溶
	环十五内酯		易溶		可溶
	环十五酮	不溶	可溶		可溶
2555	黄葵内酯		100		100
	黄樟素		易溶		100
2672	茴香丙酮	微溶	可溶	微溶	
2097	茴香醚	不溶	可溶		可溶
2679	茴香酸甲酯	不溶	可溶		
2420	茴香酸乙酯	不溶	可溶		
2674	茴香酮	微溶	可溶		
2567	己醇	可溶	100	100	100
2011	己二酸	微溶	可溶		
2557	己醛	微溶	100		100
2559	己酸	不溶	微溶		可溶
2896	己酸苯丙酯	不溶	可溶		可溶
3221	己酸苯乙酯	难溶	可溶		可溶
2949	己酸丙酯	不溶	可溶		可溶
2201	己酸丁酯		易溶		可溶
2643	己酸芳樟酯	不溶	可溶		可溶
2572	己酸己酯		易溶		可溶
2708	己酸甲酯	不溶	可溶		可溶
3403	己酸顺式-3-乙烯酯	难溶	可溶	可溶	可溶
2032	己酸烯丙酯	不溶	易溶		可溶
2439	己酸乙酯	不溶	可溶		可溶
2950	己酸异丙酯	不溶	可溶		可溶
	佳乐麝香	不溶	可溶		可溶
	甲基柏木酮		20		
2685	甲基苯甲醇	不溶	易溶		
3068	甲基苯甲醛	微溶	可溶		
3067	甲基苯甲醛丙三醇缩醛	微溶	可溶		
3308	甲基丙基三硫	不溶	可溶	可溶	可溶
	甲基二硫	微溶	可溶		可溶
3201	甲基二硫丙烷	难溶	可溶		

续表

FEMA 编号	香料名称	水	乙醇	丙二醇	油
3363	甲基庚二烯酮	难溶	可溶		可溶
	甲基庚基甲酮				100
2700	甲基环戊烯醇酮	可溶	易溶		
3362	甲基糠基二硫	不溶	易溶		
3186	甲基联苯	不溶	可溶		
	甲基壬基甲酮		易溶		100
	甲基戊基甲酮		易溶		可溶
3253	甲基烯丙基三硫	不溶	可溶		可溶
	甲基辛基乙醛	微溶	可溶		可溶
2716	甲硫醇	微溶	可溶		
2487	甲酸	可溶	可溶		
3353	甲酸-3-己烯酯	难溶	可溶	可溶	可溶
2864	甲酸苯乙酯	可溶	易溶		可溶
2145	甲酸苄酯		易溶		可溶
2943	甲酸丙酯	难溶	100		可溶
2776	甲酸橙花酯	难溶	易溶		可溶
2196	甲酸丁酯	微溶	100		
2642	甲酸芳樟酯	不溶	易溶		可溶
	甲酸庚酯	不溶	易溶		可溶
2299	甲酸桂酯	不溶	易溶		可溶
2353	甲酸环己酯	不溶	可溶		可溶
2101	甲酸茴香酯	不溶	易溶		可溶
2570	甲酸己酯	不溶	100		可溶
	甲酸甲酯	可溶	可溶		
2984	甲酸玫瑰酯		易溶		可溶
3052	甲酸松油酯	难溶	可溶		可溶
2688	甲酸苏合香酯	不溶	可溶		可溶
2314	甲酸香茅酯	不溶	易溶		100
2514	甲酸香叶酯	不溶	易溶		可溶
2809	甲酸辛酯	不溶	易溶		可溶
2434	甲酸乙酯	微溶	100		
2944	甲酸异丙酯	微溶	100		
2474	甲酸异丁香酯	难溶	可溶	微溶	可溶
	甲酸异丁酯	微溶	100		可溶
2069	甲酸异戊酯	微溶	可溶		可溶
2569	甲位己基桂醛	不溶	可溶	不溶	100
2673	甲位甲基茴香基丙酮	不溶	可溶	微溶	

续表

FEMA 编号	香料名称	水	乙醇	丙二醇	油
2697	甲位甲基桂醛	不溶	可溶		
2902	甲位蒎烯	不溶	可溶	难溶	可溶
2856	甲位水芹烯	不溶			可溶
3045	甲位松油醇	难溶	易溶	可溶	可溶
3558	甲位松油烯	不溶	100		可溶
2065	甲位戊基桂醇		易溶		
2061	甲位戊基桂醛		100		2
2033	甲位烯丙基紫罗兰酮		可溶		可溶
	甲位辛酮		易溶		可溶
2594	甲位紫罗兰酮		可溶		可溶
3302	甲氧基吡嗪	不溶	可溶		
	假性紫罗兰酮	难溶	可溶		可溶
3124	姜酮		可溶		
	降龙涎醚	不溶	可溶	微溶	可溶
2848	椒样薄荷油		易溶		
	结晶玫瑰	不溶	可溶		
2478	金合欢醇	难溶	可溶	可溶	可溶
2504	金雀花净油	不溶	可溶		
3044	酒石酸	可溶	可溶		
2378	酒石酸二乙酯	不溶	100		
2224	咖啡碱	可溶	可溶		
2229	莰烯	不溶	微溶		可溶
3284	糠基吡咯		可溶		
2070	糠基丙酸异戊酯	不溶	可溶		可溶
2198	糠基乙酸异丁酯	难溶	可溶		可溶
3159	糠基甲醚	不溶	可溶		可溶
2493	糠硫醇	不溶	可溶	可溶	可溶
3337	糠醚	不溶			
2489	糠醛	50	可溶	可溶	
2933	枯茗醇	微溶	100		
2341	枯茗醛		可溶		
2758	葵子麝香	微溶	可溶		1
	昆仑麝香	不溶	可溶	可溶	可溶
3109	藜芦醛	溶于热水	可溶		可溶
3129	联苯	不溶	可溶		
2859	邻氨基苯甲酸苯乙酯	不溶	易溶		可溶
2637	邻氨基苯甲酸芳樟酯	不溶	可溶	难溶	可溶

续表

FEMA编号	香料名称	水	乙醇	丙二醇	油
2682	邻氨基苯甲酸甲酯	可溶	易溶		100
2421	邻氨基苯甲酸乙酯		易溶		可溶
3261	邻仲丁基环己酮	不溶	10		可溶
3425	灵猫酮	难溶	可溶	微溶	可溶
	铃兰醛	微溶	100		
3282	硫代乙酸乙酯	不溶	易溶		
3810	硫代乳酸	可溶	可溶		
2053	硫化铵	易溶	可溶		
2049	龙涎香酊		易溶	可溶	
2157	龙脑	不溶	可溶		2
	龙涎酮		易溶		
2047	芦荟浸膏	易溶	可溶		
2656	麦芽酚	1.2	可溶	2.8	
2980	玫瑰醇	不溶	可溶	可溶	可溶
	茉莉内酯	不溶	可溶		可溶
3196	茉莉酮	微溶	可溶		
3410	茉莉酮酸甲酯	难溶	可溶		可溶
2783	茉莉酯	微溶	易溶		
2968	木乙酸浸剂	100	100	100	
	木杂酚油	不溶	100		
2171	奶油酸		微溶		可溶
2173	奶油蒸馏油	可溶	易溶		
2172	奶油酯	不溶	可溶		
	柠檬腈	不溶	可溶		可溶
2303	柠檬醛	微溶	可溶		100
	柠檬醛丙二醇缩醛	微溶	可溶	可溶	可溶
2305	柠檬醛缩二甲醇		易溶		
2304	柠檬醛缩二乙醇	难溶	易溶	可溶	
	女贞醛	不溶	可溶		可溶
	诺卜醇	微溶	可溶		可溶
2908	哌啶	100	100	100	100
3187	千里酸		可溶	可溶	
2869	千里酸苯乙酯	不溶	可溶		
2655	羟基丁二酸	易溶	易溶		
2586	羟基香茅醇		可溶		
2583	羟基香茅醛		可溶		1.5
2584	羟基香茅醛二乙醇缩醛	难溶	可溶		

续表

FEMA 编号	香料名称	水	乙醇	丙二醇	油
3577	芹菜酮	不溶	可溶		可溶
2789	壬醇	易溶	100	可溶	100
2367	壬基甲醇		易溶		可溶
2782	壬醛	0.001	100		100
2787	壬酸	不溶	易溶	可溶	可溶
2724	壬酸甲酯	不溶	可溶		可溶
2447	壬酸乙酯	不溶	易溶		可溶
2078	壬酸异戊酯	不溶	可溶		可溶
2763	肉豆蔻醛	不溶	可溶		可溶
3722	肉豆蔻酸甲酯	不溶	可溶		可溶
2445	肉豆蔻酸乙酯		微溶		可溶
2863	肉桂酸苯乙酯		可溶		可溶
2352	肉桂酸环己酯	不溶	可溶	难溶	可溶
2894	肉桂酸氢化肉桂酯		微溶		可溶
3320	肉桂酸四氢糠酯	不溶	可溶		可溶
2063	肉桂酸异戊酯		可溶		可溶
	肉桂酸正庚酯	不溶	可溶	难溶	可溶
2611	乳酸	100	100		
	萨利麝香		可溶		
3062	噻嗯基硫醇	微溶	可溶		
3398	三苯甲酸甘油酯	微溶			
3286	三丙酸甘油酯	不溶	可溶		
2223	三丁酸甘油酯	不溶	可溶		
	三环癸烯甲醚		可溶		
3241	三甲胺	100	100		
	伞花麝香	不溶	1		
2356	伞花烃	不溶	可溶		100
2050	麝葵子净油		可溶		可溶
2051	麝葵子油		可溶		可溶
	麝香 R-1	难溶	易溶		可溶
	麝香酮	难溶	可溶		可溶
	十二醇		可溶		2
	十二腈	微溶	可溶		可溶
	十二醛		易溶		100
2554	十六醇	不溶	易溶		可溶
	十六醛(棕榈醛)	不溶	可溶		可溶
	十三醛		100		100

续表

FEMA 编号	香料名称	水	乙醇	丙二醇	油
	十三醛	微溶	可溶	可溶	可溶
3556	十四酸异丙酯		100		100
3097	十一醇	0.001	100	100	100
3092	十一醛	不溶	100		100
3245	十一酸	不溶	可溶		可溶
3492	十一酸乙酯		易溶		可溶
	十一烯醇	不溶	易溶	可溶	可溶
3247	十一烯酸	不溶	可溶		可溶
2750	十一烯酸甲酯		易溶		可溶
2461	十一烯酸乙酯	不溶			可溶
	石竹烯醇	不溶	可溶		
	双戊烯	不溶	可溶		可溶
3004	水杨醛	微溶	可溶		
	水杨酸	微溶	可溶		
2868	水杨酸苯乙酯		可溶		可溶
2151	水杨酸苄酯	0.0001	100	1	100
3650	水杨酸丁酯		100		可溶
2745	水杨酸甲酯	0.01	可溶		100
2458	水杨酸乙酯	微溶	易溶		可溶
2213	水杨酸异丁酯		易溶		可溶
2084	水杨酸异戊酯	微溶	100		100
3061	四甲基乙基环已烯酮	难溶	可溶		
3060	四氢芳樟醇	难溶	可溶	可溶	可溶
3059	四氢假紫罗兰酮	微溶	可溶		
3056	四氢糠醇	100	100		
2391	四氢香叶醇	不溶	易溶		可溶
2805	松覃醇	不溶	可溶		
	松香酸甲酯		100	1	100
2975	酸式硫酸奎宁	10	4		
	檀香 208		易溶		可溶
	檀香 803		易溶		可溶
3006	檀香醇	不溶	易溶		100
	檀香醚		易溶		
3395	桃金娘烯醛	不溶	可溶		可溶
3091	桃醛	难溶	易溶		可溶
	特拉斯麝香	不溶	可溶		
2870	惕各酸苯乙酯	不溶	可溶		可溶

续表

FEMA 编号	香料名称	水	乙醇	丙二醇	油
3330	愓各酸苄酯	不溶	可溶		可溶
2460	愓各酸乙酯		可溶		
	酮麝香	难溶	微溶	不溶	0.7
	吐纳麝香	不溶	可溶		
2743	兔耳草醛	微溶	可溶		
2010	乌头酸	可溶	可溶		
2417	乌头酸乙酯	微溶	可溶		
2056	戊醇	20	可溶	可溶	可溶
3098	戊醛	微溶	可溶	可溶	可溶
3101	戊酸	微溶	可溶		
2217	戊酸丁酯	微溶		可溶	可溶
2752	戊酸甲酯	微溶	可溶	可溶	可溶
2462	戊酸乙酯	微溶	可溶		可溶
	戊酸异丁酯		易溶		可溶
	西藏麝香	难溶	1.4	难溶	可溶
2028	烯丙基二硫	不溶	可溶		可溶
	烯丙己甲基二硫	不溶	可溶		可溶
2035	烯丙硫醇	不溶	100		
	香草酸	微溶	易溶		
	香豆素		易溶		0.3
	香根醇	不溶	可溶		可溶
3107	香兰素	可溶	可溶		0.1
2309	香茅醇	难溶	可溶	可溶	100
	香茅腈	不溶	易溶		可溶
2307	香茅醛	不溶			100
3142	香茅酸	微溶	可溶		可溶
3361	香茅酸甲酯	难溶	可溶		可溶
2245	香芹酚	0.1	可溶		可溶
3176	香芹孟酮		可溶		可溶
2249	香芹酮	不溶	可溶	5	可溶
2507	香叶醇	难溶	可溶		100
	香叶基甲醚				100
2800	辛醇	0.05	100	可溶	可溶
2797	辛醛	0.1	100		100
2798	辛醛二甲缩醛	难溶	可溶		可溶
2726	辛炔羧酸甲酯	不溶	可溶		可溶
2448	辛炔羧酸乙酯		易溶		可溶

续表

FEMA 编号	香料名称	水	乙醇	丙二醇	油
2799	辛酸	难溶	可溶	可溶	可溶
3222	辛酸苯乙酯	不溶	可溶		可溶
2644	辛酸芳樟酯	不溶	可溶		可溶
2553	辛酸庚酯	不溶	易溶		可溶
2575	辛酸己酯	不溶	可溶		可溶
2728	辛酸甲酯	不溶	可溶		可溶
2790	辛酸壬酯	不溶	可溶		可溶
2811	辛酸辛酯	不溶	可溶		可溶
2449	辛酸乙酯	不溶	易溶		可溶
	新铃兰醛	不溶	可溶		可溶
	溴代苏合香烯	0.0001	100		100
	薰衣草醇	微溶	可溶		可溶
2881	亚苄基丙酮	不溶	可溶	可溶	可溶
3322	盐酸硫胺素	易溶	微溶		
2911	洋茉莉醛	冷水 0.2	可溶	微溶	0.8
	氧化玫瑰	微溶	可溶		可溶
2563	叶醇		易溶		可溶
3487	乙基麦芽酚	可溶	12	5.5	
	乙基戊基甲酮		易溶		可溶
2464	乙基香兰素	微溶	可溶		
2003	乙醛	可溶	可溶		
3426	乙醛二甲醇缩醛	100	100		
2006	乙酸	100	100		
	乙酸-1-正丁氧基乙酯	难溶	可溶		
2566	乙酸-2-已基四氢呋喃-4-醇酯	微溶	可溶		
2735	乙酸-2-甲基-4-苯基-2-丁酯	不溶	20		可溶
2890	乙酸-3-苯基丙酯		易溶	可溶	可溶
2786	乙酸-3-壬酮-1-醇酯	易溶	可溶	可溶	可溶
2882	乙酸-4-苯基-2-丁酯	不溶	可溶		可溶
2857	乙酸苯乙酯		易溶	可溶	可溶
2135	乙酸苄酯	0.0001	100	1	100
2925	乙酸丙酯	1.6	易溶		可溶
2668	乙酸薄荷酯				100
2773	乙酸橙花酯		易溶		可溶
2098	乙酸大茴香酯	不溶	100		可溶
2469	乙酸丁香酯	0.0001	100		100
2174	乙酸丁酯	难溶	易溶		可溶

续表

FEMA编号	香料名称	水	乙醇	丙二醇	油
3073	乙酸对甲苯酯		可溶	可溶	可溶
3073	乙酸对甲酚酯		易溶		可溶
	乙酸对叔丁基环己酯		易溶		可溶
2735	乙酸二甲基苯乙基原酯		易溶		可溶
2392	乙酸二甲基苄基原酯		易溶		可溶
	乙酸二氢松油酯	不溶	可溶		可溶
2380	乙酸二氢香芹酯	微溶	可溶		可溶
2636	乙酸芳樟酯		易溶		100
3390	乙酸葑酯	不溶	可溶		可溶
2547	乙酸庚酯	不溶	可溶		可溶
	乙酸癸酯		易溶		100
2293	乙酸桂酯	不溶	易溶		可溶
2912	乙酸胡椒酯	难溶	可溶		可溶
2349	乙酸环已酯	不溶	100		可溶
2565	乙酸已酯	不溶	可溶		可溶
3702	乙酸甲基苄酯		易溶	可溶	可溶
2684	乙酸甲位甲基苄酯		易溶		可溶
2676	乙酸甲酯	可溶	100		
3072	乙酸邻甲苯酯	难溶	微溶	微溶	微溶
	乙酸邻叔丁基环己酯		易溶		可溶
2159	乙酸龙脑酯		易溶		100
2981	乙酸玫瑰酯	不溶	易溶		可溶
	乙酸诺卜酯		易溶		可溶
2788	乙酸壬酯		易溶		可溶
	乙酸三环癸烯酯	不溶	可溶		可溶
	乙酸石竹烯酯	不溶	可溶		可溶
3055	乙酸四氢櫟酯	100	100		可溶
3047	乙酸松油酯		可溶	可溶	可溶
2684	乙酸苏合香酯		易溶		可溶
3007	乙酸檀香酯		易溶	可溶	可溶
	乙酸香根酯		易溶		可溶
3108	乙酸香兰酯	微溶	易溶		可溶
2311	乙酸香茅酯		易溶		100
2509	乙酸香叶酯		易溶		100
2806	乙酸辛酯		易溶		100
2414	乙酸乙酯	可溶	100		
2470	乙酸异丁香酯	0.0001	100		100

续表

FEMA编号	香料名称	水	乙醇	丙二醇	油
2160	乙酸异龙脑酯		易溶	可溶	可溶
	乙酸异壬酯		易溶		可溶
2055	乙酸异戊酯	难溶	易溶		可溶
3687	乙酸愈创木酚酯	难溶	100		可溶
	乙酸愈创木酯		可溶		可溶
	乙酸月桂烯酯	不溶	可溶		可溶
2616	乙酸月桂酯		易溶		可溶
	乙位萘甲醚		可溶		2
2723	乙位萘甲酮	不溶	可溶		
2768	乙位萘乙醚	不溶	可溶	难溶	6
2903	乙位蒎烯	不溶	可溶	难溶	可溶
	乙位石竹烯	不溶	可溶		可溶
3564	乙位松油醇	难溶	易溶		
2595	乙位紫罗兰酮		可溶		
2627	乙酰基丙酸	易溶	易溶		
2207	乙酰基丙酸丁酯	微溶	可溶		可溶
2442	乙酰基丙酸乙酯	可溶	可溶		可溶
2969	乙酰基甲醛		可溶		
3083	乙酰基柠檬酸三丁酯	不溶	可溶		可溶
2177	乙酰基乙酸异丁酯	不溶	可溶		可溶
3551	乙酰基乙酸异戊酯	不溶	可溶		可溶
2415	乙酰乙酸乙酯	微溶	可溶		可溶
2927	乙酰异丙苯	不溶	可溶		可溶
3368	亚异丙基丙酮	微溶	100	微溶	
2929	异丙醇	100	100		
	异长叶烷酮		可溶		
2179	异丁醇	可溶		可溶	
2222	异丁酸	20	可溶		
2892	异丁酸-2-苯基丙酯	不溶	可溶		可溶
2873	异丁酸-2-苯氧基乙酯		易溶		可溶
2893	异丁酸-3-苯基丙酯	不溶	可溶	可溶	可溶
2388	异丁酸苯二甲基原酯	不溶	可溶		可溶
2687	异丁酸苯基甲酯	微溶	可溶		可溶
2862	异丁酸苯乙酯		可溶		可溶
2141	异丁酸苄酯		易溶		可溶
2936	异丁酸丙酯	不溶	可溶	可溶	可溶
2775	异丁酸橙花酯	难溶	20		可溶

续表

FEMA 编号	香料名称	水	乙醇	丙二醇	油
2188	异丁酸丁酯	不溶	可溶		可溶
3075	异丁酸对甲苯酯	不溶	易溶		可溶
2736	异丁酸二甲基苯乙基甲酯	不溶	可溶		可溶
2640	异丁酸芳樟酯		可溶		可溶
2550	异丁酸庚酯	不溶	可溶	可溶	可溶
2297	异丁酸桂酯	不溶	易溶	难溶	可溶
2913	异丁酸胡椒酯	难溶	可溶		可溶
3172	异丁酸己酯	难溶	可溶	可溶	100
2694	异丁酸甲酯	微溶	100	100	可溶
2983	异丁酸玫瑰酯	不溶	可溶		可溶
3050	异丁酸松油酯	难溶	可溶		可溶
	异丁酸戊酯		易溶		可溶
2313	异丁酸香茅酯	难溶	易溶	难溶	可溶
2513	异丁酸香叶酯	不溶	可溶	可溶	可溶
2808	异丁酸辛酯	难溶	可溶		可溶
2428	异丁酸乙酯	微溶	100	100	可溶
2937	异丁酸异丙酯	不溶	可溶	可溶	可溶
2189	异丁酸异丁酯	不溶	可溶	可溶	可溶
3507	异丁酸异戊酯		易溶		可溶
2468	异丁香酚		可溶		0.7
2476	异丁香酚甲醚		可溶		可溶
2472	异丁香酚乙醚		可溶		可溶
3689	异丁子香基苄基醚		微溶		可溶
2962	异胡薄荷醇	难溶	易溶		易溶
	异环柠檬醛	不溶	可溶		可溶
	异黄樟素				100
2721	异己酸甲酯	不溶	可溶		可溶
2713	异甲基乙位紫罗兰酮	不溶	可溶		
2978	异喹啉	微溶	可溶		
2034	异硫氰酸烯丙酯	微溶	易溶		
2158	异龙脑		易溶		4
3324	异壬醇	不溶	可溶		可溶
3046	异松油烯	不溶	可溶		可溶
3219	异戊胺	100	100	100	100
2057	异戊醇	可溶	可溶	可溶	可溶
3304	异戊硫醇	不溶	100		
2692	异戊醛	可溶	可溶	可溶	可溶

续表

FEMA 编号	香料名称	水	乙醇	丙二醇	油
3102	异戊酸	可溶	可溶		
3506	异戊酸-2-甲基丁酯	不溶	可溶		可溶
2054	异戊酸铵	可溶	可溶		
2871	异戊酸苯乙酯	不溶	可溶		可溶
2152	异戊酸苄酯		易溶		可溶
2960	异戊酸丙酯	不溶	可溶		可溶
2218	异戊酸丁酯	不溶	可溶		可溶
2646	异戊酸芳樟酯		易溶		可溶
3500	异戊酸己酯	不溶	可溶		可溶
2753	异戊酸甲酯	不溶	可溶		100
2165	异戊酸龙脑酯		可溶		可溶
2987	异戊酸玫瑰酯	难溶	可溶		可溶
2899	异戊酸氢化肉桂酯	难溶	可溶		可溶
2791	异戊酸壬酯	不溶	可溶		可溶
2302	异戊酸肉桂酯	不溶	易溶	难溶	可溶
3498	异戊酸顺-3-己烯酯	不溶	可溶	可溶	可溶
3054	异戊酸松油酯	难溶	可溶		可溶
	异戊酸戊酯		易溶		可溶
2463	异戊酸乙酯		易溶		可溶
2961	异戊酸异丙酯	不溶	可溶		可溶
3369	异戊酸异丁酯	难溶	100		可溶
2166	异戊酸异龙脑酯	不溶	可溶	难溶	可溶
2085	异戊酸异戊酯	不溶	可溶		可溶
2814	异戊酸正辛酯	不溶	可溶		可溶
2778	异戊酯橙花酯	不溶	易溶		可溶
2593	吲哚		易溶		
2214	硬脂酸丁酯	不溶	可溶		可溶
2450	油酸乙酯	不溶	可溶		可溶
2532	愈创木酚	微溶	可溶		
	愈创木烯		可溶		可溶
2617	月桂醇		100	100	100
2615	月桂醛	0.0001	可溶		可溶
2614	月桂酸		易溶		可溶
2206	月桂酸丁酯	不溶	可溶		可溶
3076	月桂酸对甲苯酯	不溶	可溶		可溶
2715	月桂酸甲酯	不溶	可溶		可溶
2441	月桂酸乙酯		易溶		可溶

续表

FEMA 编号	香料名称	水	乙醇	丙二醇	油
2077	月桂酸异戊酯	不溶	可溶		可溶
2762	月桂烯	不溶	可溶		可溶
	月桂烯醇	不溶	可溶		可溶
2497	杂醇油	可溶	可溶		
2230	樟脑	0.1	50		
3131	仲丁基乙基醚	不溶	易溶		
2633	苧烯	不溶	100		
	紫罗兰酮		易溶		100
	紫苏醛	微溶	可溶	可溶	可溶
2451	棕榈酸乙酯		易溶		可溶
	棕榈酸异丙酯		可溶		易溶
3166	[+]-圆柚酮	不溶	可溶		可溶
	1,3-丁二醇	可溶	可溶	可溶	
3658	1,4-桉叶油素	难溶	可溶		
2465	1,8-桉叶素	难溶	可溶		
3095	10-十一烯醛	0.0001	100		100
2194	10-十一烯酸甲酯	不溶	可溶		可溶
2044	10-十一烯酸烯丙酯	不溶	100		可溶
	10-氧杂十六内酯	不溶	可溶		可溶
	12-氧杂十六内酯	不溶	可溶		可溶
2884	1-苯基-1-丙醇	不溶	可溶		
2883	1-苯基-3-甲基-3-戊醇	难溶	可溶		可溶
2365	1-癸醇	微溶	可溶		可溶
3193	1-甲基萘	不溶	易溶		可溶
3584	1-戊烯醇-3	微溶	100		
3515	1-辛烯-3-酮		易溶		可溶
3215	1-辛烯醛	不溶	可溶		可溶
3078	2-(*p*-甲苯基)-丙醛	不溶	易溶		
	2,3-丁二醇	100	可溶	可溶	
3271	2,3-二甲基吡嗪	可溶	可溶		
2543	2,3-庚二酮	微溶	可溶		可溶
2558	2,3-己二酮	微溶	可溶	可溶	可溶
2841	2,3-戊二酮	7	可溶		
3422	2,4-十一碳二烯醛	不溶	可溶		可溶
3272	2,5-二甲基吡嗪	100	100		
	2,5-二乙基四氢呋喃	微溶	可溶	可溶	
	2,6,10-三甲基-9-十一烯醛	0.001	100		100

续表

FEMA 编号	香料名称	水	乙醇	丙二醇	油
3273	2,6-二甲基吡嗪	可溶	可溶		
2390	2,6-二甲基辛醛	不溶	可溶		
	2,6-二甲氧基苯酚	微溶	可溶		
2780	2,6-壬二烯-1-醇	难溶	可溶	可溶	可溶
3378	2,6-壬二烯醛二乙醇缩醛	难溶	可溶		可溶
	2-苯丙醛(龙葵醛)		可溶		
2170	2-丁酮	可溶	可溶		100
2426	2-二乙丁醛	微溶	可溶		
3377	2-反式,6-顺式壬二烯醛(紫罗兰叶醛)		可溶	可溶	可溶
2071	2-呋喃基丙酸异戊酯	不溶	可溶		
2945	2-呋喃基丙烯酸丙酯	不溶	可溶		
3163	2-呋喃基甲基甲酮	不溶	可溶	可溶	
3288	2-庚醇	微溶	可溶		可溶
2544	2-庚酮	难溶	可溶		可溶
2562	2-己烯-1-醇	难溶	可溶	可溶	
2560	2-己烯醛		易溶	易溶	可溶
3169	2-己烯酸	微溶	可溶	可溶	可溶
2709	2-己烯酸甲酯	难溶	可溶		可溶
	2-己氧基-5-正戊基四氢呋喃	不溶	可溶		
3407	2-甲基-2-丁烯醛	微溶	100		可溶
3194	2-甲基-2-戊烯醛	不溶	可溶		
3195	2-甲基-2-戊烯酸(草莓酸)	微溶			
2748	2-甲基-3-甲苯基丙醛	微溶	可溶		
3309	2-甲基吡嗪	100	100		
2691	2-甲基丁醛	微溶	可溶	可溶	
2695	2-甲基丁酸	微溶	可溶	可溶	
3632	2-甲基丁酸苯乙酯	不溶	可溶		
3499	2-甲基丁酸己酯	难溶	可溶		可溶
2719	2-甲基丁酸甲酯	微溶	可溶		
3497	2-甲基丁酸顺己烯酯	不溶	可溶		
2706	2-甲基庚酸	难溶	可溶		可溶
	2-甲基-1-庚烯-6-酮	不溶	可溶		可溶
3191	2-甲基己酸	100	100		可溶
2749	2-甲基十一醛	不溶	100		100
2754	2-甲基戊酸	可溶	可溶		
2727	2-甲基辛醛	不溶	可溶		可溶
2671	2-甲氧基-4-甲基苯酚	微溶	可溶		

续表

FEMA 编号	香料名称	水	乙醇	丙二醇	油
3314	2-萘硫醇	微溶	微溶		
	2-羟基-5-正戊基四氢呋喃	微溶	可溶		
2898	2-氢化肉桂基四氢呋喃	微溶	可溶		
	2-壬醇	不溶	可溶		可溶
2785	2-壬酮		易溶		可溶
3213	2-壬烯醛	不溶	可溶		可溶
2755	2-壬烯酸甲酯	不溶	可溶		可溶
2402	2-十二烯醛	不溶	可溶		可溶
3082	2-十三烯醛	微溶	可溶		可溶
	2-十一醇	不溶	可溶		可溶
3093	2-十一烷酮		可溶		可溶
3423	2-十一烯醛		易溶		可溶
3218	2-戊醇	易溶	可溶		
2842	2-戊酮	微溶	100		
2801	2-辛醇		可溶		可溶
2729	2-辛炔酸甲酯	不溶	易溶		可溶
2802	2-辛酮		易溶		可溶
3673	2-乙基呋喃	微溶	可溶		
3151	2-乙基-己醇	不溶	可溶		可溶
3251	2-乙酰基吡啶		可溶		
3202	2-乙酰基吡咯	可溶	可溶		
	2-乙氧基-3-异丙基吡嗪		可溶		
2957	3-(*p*-异丙苯基)丙醛	不溶	可溶		
3168	3,4-己二酮	难溶	可溶	易溶	可溶
2741	3-苯丙酸甲酯	难溶	易溶		
2455	3-苯丙酸乙酯	不溶	可溶		
2454	3-苯基缩水甘油酸乙酯		易溶		
2146	3-苄基-4-庚酮	微溶	可溶		
2952	3-亚丙基苯酚	微溶	可溶		
3333	3-亚丁基苯酚	微溶	可溶		可溶
3547	3-庚醇	不溶	可溶		可溶
3400	3-庚烯-2-酮	难溶	可溶		可溶
3532	3-癸烯-2-酮	难溶	可溶		可溶
	3-己醇	微溶	可溶		
3290	3-己酮	微溶	100		
	3-己烯-1-醇	微溶	可溶	可溶	可溶
2738	3-甲基-2-苯基丁醛	不溶	可溶		

续表

FEMA 编号	香料名称	水	乙醇	丙二醇	油
3360	3-甲基-2-环己烯-1-酮	100			
3019	3-甲基吲哚	可溶	可溶		
3415	3-甲硫基丙醇	微溶	可溶	可溶	可溶
2747	3-甲硫基丙醛	难溶	可溶	可溶	
2720	3-甲硫基代丙酸甲酯	微溶	可溶		
2008	3-羟基-2-丁酮	100	可溶		
3298	3-巯基-2-丁酮	难溶	易溶		
3581	3-辛醇	易溶	可溶		可溶
2803	3-辛酮		易溶		可溶
	3-辛酮-1-醇	难溶	可溶		可溶
3394	3-乙基吡啶	微溶	可溶		
3424	3-乙酰基吡啶	可溶	可溶		
3334	3-正丁基苯酚	微溶	可溶		可溶
2588	4-(对羟基苯)-2-丁酮		可溶		
2372	4,4-二丁基丙位丁内酯	不溶	可溶	难溶	
3274	4,5-二甲基噻唑		可溶		
2739	4-苯丁酸甲酯	难溶	可溶		
2453	4-苯丁酸乙酯	不溶	可溶		
3349	4-庚烯醛二乙醇缩醛	难溶	可溶		可溶
3204	4-甲基-5-噻唑乙醇	易溶	可溶		
3313	4-甲基-5-乙烯基噻唑		可溶		
2677	4-甲基苯乙酮	不溶	可溶		
2744	4-甲基喹啉	微溶	100		
	4-甲基香豆素		可溶		
3293	4-羟基-3-戊烯酸内酯(甲位当归内酯)	微溶	可溶		
2843	4-戊烯酸	微溶	易溶		
3190	5-甲基-2,3-己二酮	微溶	100	100	可溶
2702	5-甲基糠醛	3.3	易溶	可溶	可溶
2597	6-甲基紫罗兰酮	可溶			可溶
	8(9)-十一烯醛	0.0001	100		100
3094	9-十一烯醛	不溶	可溶		可溶
	α-甲基呋喃	微溶	100		可溶
2479	*d*-葑酮	不溶	易溶		可溶
2910	*d*-胡椒酮	不溶	可溶		可溶
2666	*d*-新薄荷醇	不溶	可溶		可溶
2718	*N*-甲基氨基苯甲酸甲酯	不溶	可溶		可溶
2680	对甲基茴香醚	不溶	可溶		可溶

续表

FEMA 编号	香料名称	水	乙醇	丙二醇	油
	对甲氧基苯甲醛	不溶	可溶		可溶
3181	对甲氧基肉桂醛	微溶	可溶		可溶
3074	邻甲基苄基丙酮	微溶	可溶		可溶
2690	邻叔丁基苯乙酸甲酯	难溶	可溶		可溶
2413	邻乙氧基苯甲醛	微溶	可溶		可溶
2954	邻异丙基苯乙醛	微溶	可溶		可溶

各种香料在油（正构烷烃）中的溶解度是配制蜡烛专用香精时最重要的参考数据：在一个香精配方中，如果你用了大量难溶（于油）的香料，当把这个香精加入熔化的石蜡中时，这些难溶的香料势必析出沉淀或悬浮在石蜡里，冷却后就出现分层、“冒汗”等现象，这个配方就是失败的。不过这并不是说这些难溶于油的香料就完全不能用于配制蜡烛香精了，而是说这些香料在蜡烛香精中使用的量应控制在一定的范围内。有些特殊香型的蜡烛香精例如欧美国家非常受欢迎的“香草”（香荚兰）香精，配制时免不了大量使用香兰素与乙基香兰素、香豆素、洋茉莉醛等，这就需要通过大量的实验，把这些溶解性不佳的香料先溶解在香气强度较低的酯类或萜烯类香料中，由它们“带入溶解”在石蜡里面。

同皂用香精一样，用于制造白蜡烛的香精配方里要尽量少用易变色的香料，如吲哚、邻氨基苯甲酸酯类、酚类、喹啉类、香兰素、乙基香兰素、桂醛、硝基麝香、天然香料油及浸膏等，如不得不较大量地使用时，应注意包装不能用铁桶，并告知蜡烛制造厂“该香精易变色”，不宜用于制造白蜡烛，即使用于生产有色蜡烛，也必须选用纯度较高的石蜡，避免在生产时接触铁器，同染料的配伍也要先做实验并经较长时间的“架试”观察方能确定。

向蜡烛制造厂推荐使用的香精最好先在香精厂做好“加香实验”。其实蜡烛加香实验是最容易、最简单的实验，不像其他种香精的加香实验需要配备专用设备：首先向蜡烛制造厂索要该厂使用的石蜡、染料，将石蜡加热到熔化温度以上 20～30℃，加入染料搅拌溶解后，按工艺要求加入香精样品，搅拌并观察溶解情况，如能全溶，则可浇铸于小平皿里或预先制作的塑料模具里，冷却后取出进行各种“架试”实验（日光照、紫外线照射、耐热、耐寒、观察色泽与香气的变化并详细记录）；如溶解不好或者冷却后出现分层、色泽不匀、冒汗等现象，则说明香精配方有问题，需要重配。

从上面的“加香实验”可以看出，蜡烛的加香是在较高的温度下（工厂生产时温度更高，常高于 100℃）进行的，因此，蜡烛专用香精的配方里低沸点香料应尽量少用，否则熔化石蜡的高温会使这些低沸点香料挥发殆尽，既浪费香料又影响香气；加入太多低沸点香料的香精使用时也很不安全。

按照现在的分类法，蜡烛香精应属于环境用香精一类，常用的香型有：香草、肉桂、香茅、茉莉、玫瑰、紫丁香、葵花、栀子花、百合、铃兰、康乃馨、金合欢、水仙花、苹果、香柠檬、香蕉、樱桃、草莓、覆盆子、檀香、龙涎、古龙、馥奇、素心兰等各种花香、果香、木香、曾经广泛流行过的香水香型及一些近年来较受欢迎的“幻想型”香味，这些香型香精的配制可参考一般日化香精的“基本配方”，注意配方中在油里溶解度不大的香料如果用量大时尽量用香气接近的易溶香料代用，实在找不到代用品时就增加香气较淡的酯类用量，如香草香精的配制，多用一些苯甲酸苄酯类香料、水杨酸酯类香料和邻苯二甲酸酯类香料，既作为香兰素等固体香料的溶剂，也可让它们“带”着这些香料溶解在石蜡里面。

蜡烛用的石蜡熔点一般为 58℃左右，加入香精会使熔点下降，一般香精加入量为 2%左右，熔点会降几个摄氏度。因此，要求蜡烛专用香精的香气应较透发、香气强度大一些（香比强值 100 以上）。如香比强值低，香气沉闷，蜡烛厂不得不加大香精的用量，这样会造成蜡烛成品的熔点下降太多，达不到出口要求——须知我国南方集装箱海运到欧美各国要经过赤道高温地区，蜡烛熔点太低将造成蜡烛变型，严重时甚至粘成一大块，这损失就大了。

一些不法商人为了贪图高利润，人为地往香精里大量加入无香溶剂稀释出售，蜡烛厂使用时不得不加大香精的用量，这也是有的蜡烛厂制造不出高质量加香蜡烛的一个原因。

“果冻蜡”是将高分子树脂在高温下溶解在白矿油里冷却后制成的，主要基质是分子量稍小的正构烷烃。因此，“果冻蜡”与一般蜡烛使用的香精大同小异，也是要求香精配方里少用难溶于油的香料，以免香精溶解不好造成浑浊、沉淀或悬浮不清，影响外观。“果冻蜡”产品一般都是非常鲜艳透明、光彩夺人的，因而对香精的要求更高些，易变质变色的香精尽量不用为佳。

第十节　凝胶型清新剂

液体的香精、香水使用时有许多不便之处——只能瓶装，盖要紧密，一不小心碰倒或者溢出便造成“污染”……把它做成不流动的就好了——以上的想法导致“凝胶型空气清新剂”的出现，有人把它叫做“固体清新剂”，其实“凝胶”还不能算是“固体”，它只是用“凝固剂”把水溶液或者醇、油溶液凝固，让它不流动而已，我国现在生产的凝胶型空气清新剂几乎都是水凝胶，在本节里也只讨论这种剂型的产品。

把琼脂、明胶、海藻酸、果胶、卡拉胶、刺槐豆胶、淀粉或“变性淀粉”、甲基纤维素、羧甲基纤维素等加入热水中溶解（有时还要加其他助剂），冷却后就可以得到“凝胶”。所以只要先把香精乳化或微乳化（比乳化更加稳定、透明）于水中，在一定的温度下加入上述能形成凝胶的物质，就能够制造出凝胶型空气清新剂。

乳化剂有阴离子表面活性剂、阳离子表面活性剂、两性离子表面活性剂、非离子表面活性剂等多种，要选择哪一种或者几种表面活性剂来乳化一个指定的香精不是简单的事，一般要做几十次乃至几百次实验才能确定。用非离子表面活性剂如 AEO、平平加、烷基酚聚氧乙烯醚、脂肪酸聚氧乙烯酯、吐温、司盘、烷醇酰胺等配合，调整到适合的 HLB 值（亲水亲油平衡值）基本上可以乳化目前常用的各种香精，也是现在最常用的方法。但各种香精的“极性”不同，表面活性剂的比例要根据香精的性质调整、实验，尽量找到“最佳”的配方比例，否则既浪费乳化剂，做出来的产品又不美观，也不稳定。

凝胶型空气清新剂配方

香精	3.0～6.0	卡拉胶	0.3～0.5	防腐剂	适量
表面活性剂	适量	刺槐豆胶	0.4～0.8	水	加至 100.0
琼脂	0.3～0.5				

表面活性剂经常不只使用一种，各种表面活性剂的用量和比例对每一个香精来说都是不同的，比如用乳化玫瑰香精的配方来乳化柠檬香精就肯定不行，反过来也一样。所以上述表面活性剂的使用量只写上“适量”，读者应用时必须自己做实验才能确定。

“散装”的凝胶型空气清新剂也可以作为家具、人造花果、纺织品、纸制品、金属制品、塑料制品、橡胶制品、工艺品、家用电器、玩具、文具、灯具、钟表等加香用，因为凝胶型空气清新剂就像水溶性胶黏剂一样，只要在这些制品里面人的肉眼看不到的地方涂抹凝胶型空气清新剂就行了。

第十一节　汽车香水

随着汽车的普遍使用，汽车香水（Auto Perfume）也大步走进了人们的生活。汽车香水的好坏直接影响了驾车者的心情和安全，选择合适的汽车香水就显得特别重要了。汽车香水能保持车内空气洁净，去除车内异味，杀灭细菌，起到净化空气的作用，有利于驾驶人员的行车安全，它能够在狭小的车内空间里营造出一种清馨可人的氛围，以保持驾驶人员头脑清醒和镇静，从而能够减少行车事故的发生率，增添车内雅趣。现在许多汽车香水的造型都相当可爱，除了香味，还是很好的车内装饰小件，活跃车内气氛，提高驾驶乐趣。

汽车香水也是空气清新剂的一种，在前面介绍了气雾剂型和凝胶型的空气清新剂，这一节讲的是香水（液体）型的空气清新剂，利用类似于灯芯的纤维素物质的毛细管把“香水”“汲引”到瓶口散香，其他虽然也用于汽车上散香但不是这一类型的就不在本节里讲解了。

在“熏香炉”一节里，已经讲到一种类似于酒精灯的“熏香炉”，它与汽车香水的不同在于加热与不加热，因为汽车香水不通过加热散香，所用的“香水”香精的浓度自然要高得多，一般用5%～6%（是用95%乙醇配制的），和古龙水的浓度差不多，同时，配制香精用的香料要“轻快”的——也就是不能使用沸点高的、分子量太大的及固体香料，浸膏和净油之类也不能用，以免堵塞毛细管。

汽车香水中，乙醇对驾驶员有副作用，现在改用二缩丙二醇和二缩丙二醇乙醚为主溶剂，可以缓慢释放芳香，对人无害。

汽车香水的使用对象是各种性格精彩纷呈的人，人们的爱好、性格、品位，乃至于喜怒哀乐的情绪都会在香水的使用中留下印记，或者展示其人的本色。这就提供了人们给香水按人的意念划分性格个性的基础。每种香水能获得用香人的青睐，并在市场上有其一席之地，能够持久占据一定的市场，其根源就是这款香水的个性使然。目前汽车香水已经成为大众的必需品，它美观漂亮，是首选的汽车室内装饰品。

调香师的初衷也是每款香水都有特定的使用者群体，所以每个香水的使用者都应当找到适合自己并且个性相近的香水，让你在使用这款香水时能够引起共鸣，彰显你的特色和品格，实有事半功倍的奇效！当然，假如你所使用的香水个性是你的弱项，那也可来个相反相成，使你的性格、品位更全面、完美一些，那也是非常好的补充，也是事半功倍！

汽车香水和人用香水有一个共性，就是可以去除异味，不过相比而言，汽车香水的这个特点尤为突出，消除车内异味，让旅途空气更加清新。它散发的味道是淡淡的，不同于人用香水那么浓烈。挑选镇定功效较好的汽车香水对行车安全很有帮助，如清凉的药草香味、宜人的琥珀香味、薄荷香味、果香味、清甜的鲜花香味能松弛神经等等。

优质的汽车香水不仅制作精美、香味持久，还能杀灭细菌，清除异味。一些化学合成的高档香料比天然合成的香料的价格更高一些。好的车用香水主要以果香居多，花香其次，药香再次之。劣质品在使用很短时间后就会闻不到香味，而且气味上也无法与优质产品相比。

有些汽车香水的成分会对人体器官特别是呼吸系统造成不同程度的刺激，这种劣质香水有可能造成车内的二次污染，通常劣质的汽车香水挥发较快，香气刺鼻，在太阳光的照射下，经过一段时间颜色会逐渐变成白色。

在汽车香水香型方面，有柠檬、桂花、古龙、玫瑰、水果等。夏天车内的香品气味不要太浓烈，应选择较为清淡的气味。长期驾驶的人可以考虑选择提神醒脑的香型，薄荷味的香水可以消除驾驶中的疲惫和困意。

在严寒的冬季，薰衣草香型的汽车香水不宜选择，这种味道比较香甜，使用后让人容易产生困意，直接影响开车安全，车主可以根据自己的实际情况需求选择适合自己的汽车香水，比如爱抽烟的男人选择苹果香味的汽车香水，可以清除车内烟味。

汽车香水用的香型也是比较广泛的，但以果香型为主，这是因为水果香比较能掩盖汽油和柴油的气味，而且人人都可以接受。欧美国家人士比较喜欢柠檬香味，我国不管男女老少都好像更喜欢甜橙的清新气息，这两种香型的香精配制时都大量使用苧烯（有时高达90%!），这个香料价格低廉，沸点较低，扩散性较好，完全符合汽车香水的要求，所以被大量应用。其他像香蕉、菠萝、哈密瓜等香型也是常用的。

常用汽车香水香型的分类如下。

古龙香型（Gulong-noble）——由柑橘类的清甜新鲜香气配以橙花、迷迭香气息。新鲜，清爽，醒脑，舒适而愉快的淡雅气息，散发自然韵味，令人充满自信，含蓄中蕴藏低调沉稳的尊贵。

海洋香型（Ocean-free）——由晚香玉、水百合、紫罗兰、浆果混合成清新与洁净的气息，仿佛徜徉于大海的怀抱中。清新海风总会使你体验到自由的芬芳。自然的海风清香淡雅，一股来自海洋的气味。

苹果香型（Apple-weekend）——将天然的苹果萃取使用于香水中，一颗酸甜爽口的青苹果，形状简单却意义非凡，综合了清新的果香以及异国花香调，周末感觉来自繁忙生活中的香氛体验。

柠檬香型（Fashion-lemon）——自然的柠檬配以醒目提神的薄荷，令人难以忘怀的气息，讲求无拘无束，崇尚自然本位。提神薄荷香与柠檬香的完美搭配，从踏入座驾的那一刻起即充满动力。

玫瑰香型（Rose-Charm）——具情感的香味，由大马士革玫瑰配以少量佛手柑香气，混合茉莉和小苍兰。它散发出来的优雅芬芳，迷人的花香映照出成熟的韵味，让深邃的美感余韵不绝，增添与众不同的魅力。

第十二节　干花与人造花果

中国是花的国度。走进大自然，每个人冒出的第一句话就是“鸟语花香”，鸟语给人耳朵的享受，花香则给人鼻子的享受。花香扑鼻，沁人心脾。养花弄草是中国人的普遍爱好，赏花爱草则是中国人的传统美德。作为大自然的精华，花花草草以其优美的姿态、艳丽的色彩和浓郁的芬芳点缀着人们的生活，使环境美化，空气清新。千百年来，爱花佳话，养花轶闻，花草典故，赏花胜地，举不胜举。多少丹青画家为之染彩，多少文人雅士为之泼墨。

我国花多草美，花卉资源十分丰富，栽培历史也源远流长，是多种世界名贵花卉的起源中心，素有“世界花园之母”的美称。我国幅员辽阔，地跨寒、温、热三带，气候迥异，著称于世的观赏植物就有百余个属。许多有名的大山如武夷山、峨眉山、黄山、庐山、长白山、玉龙山和云贵山区等，都是奇花异草汇集的地方。东北的大丽花，河南的腊梅，山东的牡丹，安徽的梅花，云南的山茶，四川和江西的杜鹃，福建的水仙，广东的菖蒲，台湾的蝴蝶兰等，真是繁花似锦，琳琅满目。

“花虽无言最有情”。人们可以从赏花中寻求到高尚的情操和心理上的多种满足，从花卉的形状、色香及风姿中领略到它的神韵和达到艺术上的享受。寄物移情，焕发出自信、乐观、友好、激奋、憧憬向上的精神。

花为什么会有香气？主要是因为许多花瓣内有一种精油细胞，它含有会挥发的芳香油，当花盛开的时候，其内的芳香油就不断挥发，人们所闻到的就是这些芳香油的气味。而有些花瓣内没有精油细胞，但它内部却含有某种配糖体，配糖体不会挥发，它在代谢过程中能释放出芳香油来，所以这种花也有香气。花瓣内如果没有精油细胞和配糖体，那自然就没有香气了。而为什么有人觉得其中一些花是臭的？这仅仅是因为人的感觉而已，也许对其他动物来说，它可能是最好闻的！芳香油及配糖体都会在温度较高时释放得更多一些，因此，多数香花在阳光的照耀下香气更浓烈。而有些花偏偏在夜间发出香气，那是因为这种花的花瓣上面的气孔与众不同，当空气湿度大的时候，气孔就张得大，蒸发的芳香油就多了。夜间没有太阳照射，空气比较润湿，花瓣上的气孔放大，当然香气就浓了。植物开花放出的香气，并不是为了给人类欣赏，而是为了自身的生存和繁殖后代。

中国十大名花排序如下：

牡丹　　誉为“花中之王”；

梅花　　誉为“花魁”；

菊花　　誉为“高风亮节”；

兰花　　誉为“花中君子”；

月季　　誉为“花中皇后”；

杜鹃　　誉为“花中西施”；

山茶　　誉为“花中珍品”；

荷花　　誉为“水中芙蓉”；

桂花　　誉为“秋风送爽”；

水仙　　誉为“凌波仙子”。

我国各市的市花集萃如下：

茉莉花　　福州市

玫瑰花　　兰州市、银川市、佛山市、乌鲁木齐市

月季花　　北京市、天津市、郑州市、安庆市、宜昌市、沧州市、辛集市、焦作市、平顶山市、驻马店市、威海市、衡阳市、冷水江市、大连市、信阳市、淮阴市、邯郸市、瓦房店市、鹰潭市、常州市、西安市、南昌市

梅花　　武汉市、南京市、无锡市、苏州市

三角梅　　厦门市

琼花　　扬州市

水仙花　　漳州市

君子兰　　长春市

白玉兰　　上海市

广玉兰　　沙市

木芙蓉　　成都市

木棉花　　广州市

凤凰木　　汕头市

刺桐花　　泉州市

迎春花　　鹤壁市

桂花　　杭州市
丁香花　哈尔滨市、西宁市
牡丹花　洛阳市、延安市
荷花　　济南市、肇庆市
菊花　　北京市、开封市、中山市、南通市、湘潭市
山茶花　宁波市、景德镇市、金华市、昆明市、温州市、上饶市
杜鹃花　珠海市、韶关市、三明市、无锡市、长沙市、大理市、九江市
石榴花　新乡市、黄石市、荆门市、西安市、驻马店市、合肥市
……

鲜花的偏爱者无不因鲜花的短暂生命而抱憾。其实花开瞬间即逝无疑肯定了其珍贵的本质和不菲的价格，这又使得插花艺术简直就像从花园里采集时令珍品一般，再精美也维持不了多久。然而，能够使花色常凝枝头，把美丽延续，将时光留住的莫过于干制花卉了，在国内外市场上极为畅销的干花由此而诞生。

干制花卉，就是将自然界生长的新鲜花卉，利用先进的科学方法将其花卉迅速脱水干燥，使之保持原色原形，再经过人工染色的加工，更使之鲜艳夺目。与鲜花相比，别无差异，而且还使其优点突出，让它的色、香更持久。干花不受季节限制，在一年的任何时候都可以制作。不同的时节可以搭配不同时节的植物，用它来装饰家居会令人赏心悦目。同时，使用它制出的艺术品，可省去每天浇水的辛劳，省心、省事、省时，符合现代生活的节奏，它犹如一幅色彩丰富的画，给人以美好的精神享受。因此，干花及干花工艺品风靡全球，广泛被人们所接受。

制作干花的方法很多，有空气干燥法，干燥剂包埋法，常温压制法，甘油处理法，砂、硼砂干燥法，微波炉干燥法等多种方法。

(1) 空气干燥法

这是一种最容易和最简便的植物干燥方法，即将鲜花枝放在凉爽、黑暗、干燥、洁净和空气流通处，使它自然风干。一般花枝在环境适宜的情况下，通常需要3～4周的干燥时间，在此期间最好不要见到阳光，黑暗是使其颜色保持鲜艳的重要条件之一。

一般情况下，采集来的花枝应尽快干燥处理，而且干燥得越快越好。采集这些鲜花枝材，应在早晨露水干后进行，切忌在潮湿的天气采集，并要尽量挑选完整无损的，这样就能使它的色彩更鲜艳、质地更优良。空气干燥法适合含纤维素较多的花草，制作立体干花时常除去少量叶片和多余的枝以及损坏的部分，然后将它成束悬挂或插在通风处使之自然干燥，如芦苇、香蒲、狗尾草、补血草、风铃草等花小穗细的种类。

(2) 干燥剂包埋法

这是一种应用变色硅胶将鲜花枝包埋，使它脱水干燥的简便方法。此法适用于含水量较高的花卉，如芍药、月季、牡丹、百合等制作主体干花时使用。因为可以固定形状，制出的干花可保持原色原形，效果很好。制作的步骤是：先要选好大口、不漏硅胶而又有足够强度的容器，容器的大小应根据干制花枝的尺寸而定。然后将规格大小一致的硅胶颗粒（直径为1～1.5cm）均匀地铺在容器底部，厚度为3～5cm，再将剪取的鲜花枝正面向上放在铺好硅胶的容器内，然后再将颗粒细小而又均匀的硅胶轻轻撒入容器里，并使其充满花瓣的缝隙，必要时可用小软毛刷轻轻拨动花瓣，让硅胶注入空隙内，直到将所有花朵完全覆盖住为止。这时盖好容器，并用胶布将容器盖四周封严，以防漏气。最后将容器放在通风干燥处，经7d左右，硅胶就能把花朵内的水分吸干。有条件的可将容器放在干燥箱内，则花枝脱水更快。花卉枝叶的脱水固定方法与花朵脱水的固定方法相同，但应注意要将叶子压平，以免脱水后变形，影响观赏价值。花朵脱水成功后，打开容器盖，细心地将上层硅胶除去，使花朵露出，再轻轻地取出

花朵，然后按事先的艺术设计，将干燥的花、枝、叶组装起来。用镜框、钟罩等密封，并在里面放少量硅胶，以防潮湿。这样，可保存数年不变色。

如想保存更长的时间，可把脱水处理合格的花卉包埋在有机玻璃中，制成所谓的“人工琥珀”，可供人们长期欣赏。也可将形态各异、不同颜色的干花搭配在一起，插入颜色、形状协调的花瓶，在瓶内放些硅胶吸潮，外面罩上透明玻璃纸，这样制成一瓶高雅别致的艺术真品——插花。

(3) 常温压制法

这是制作平面干花常用的一种方法，其方法最为简单，较好制作，不需要特殊设备，只要将花枝放入吸湿纸内，再将砖块、石头等压在其上，将其置于空气流通处自然干燥即可。

这种方法也是目前较多干花厂家所使用的一种，速度较快，效果好。

(4) 微波炉干燥法

这种方法是用超短微电波将鲜花迅速干燥，速度非常之快，一般的鲜花瓣只需要几十秒钟的时间，整朵鲜花也只需几分钟，由于炉内温度很高，一要注意所选择干花的品种（在高温下不会变色的）；二要注意它的干燥时间，以免花朵被烧坏，造成不必要的损失。

还有一种可取的方法就是用甘油将枝叶浸泡处理，利用甘油吸收花中的水分，此法制得的干花质地仍可保持柔软，有光泽，用它作为衬托材料效果更佳，尤显高雅。

现在一般讲的干花已经不止是干燥的花朵，许多干后不易变形的树叶、花蕾、果、树枝、树根、草、贝壳等也都包括进来，这些本来只有在博物馆里才有的“标本”目前都已经进入每个家庭，成为时尚。有的植物组织干燥后还有香味，是不可多得的“干花”品种，但绝大多数气味很淡或不佳，此时就要考虑给它“加香”了。

单一干花如果该花种是有香味的（如玫瑰、茉莉、百合花、菊花、玉兰花等），加香就直接加该花种香型的香精；如该花种没有香味或香味很淡，可以凭想象“给”一种香味，但最好是请教调香师，因为调香师比较有经验，嗅觉也较灵——常人闻不到香味的他们可能闻出香味来，有的则可能已经“约定俗成”；“混合干花”的加香一般不用单花香，而用“复合香”或者“幻想香”，香型要根据“干花”的特色加以选择，例如松针、柏叶、松果（马尾松、杜松、杉等裸子植物的树蕾）、卷柏、蕨类、铺地蜈蚣、杉木刨花等最好用“松林百花”或“森林香”，芒花、竹叶、麦穗、“狗尾巴”花等可以用“田园风光”或“喜庆丰收”，油茶果、酸枣籽、葵花托、莲房、木贼等建议用“铃兰百花”或“花果山”，贝壳、海藻类、木麻黄等用“海岸”或“龙涎”……

给干花加香是比较容易的事，一般只要把香精或香精的乙醇溶液喷雾加上去就行了。经过充分干燥的花草很容易吸收香精，并通过花草中的纤维素毛细管渗入内部。香精中的许多香料成分有杀菌防腐的作用，有利于干花的保存、保鲜。

人造花果一般是用布（各种合成纤维制作）、纸、塑料、蜡等为材料做的，这些产品有的可以在制作完毕后喷上香精或者在适当的地方装上小包的粉状香精或微胶囊香精，有的要在成型前加到材料里面，大部分用单体香（花香、木香、青香、动物香、瓜果香等等），如茉莉、玫瑰、百合花、兰花、菊花、莲花、牡丹花、松、柏、苹果、桃子、草莓、荔枝、龙眼、香蕉、柠檬、柑橘、菠萝、西瓜、甜瓜、麝香等，现在的制作技术已发展到登峰造极、足以乱真的程度，但如果没有香精的加入，“像真度”是要大打折扣的。也有一些人造瓜果，其被仿的天然品本身就没有香味或香味很淡，如茶花、扶桑花、玫瑰茄、竹子、圣诞树等，也可以加上香气较淡而留香较久的香精，让购买者更加喜爱。

干花与人造花果常用的香精有：松林百花香精，森林香精，田园风光香精，喜庆丰收香精，铃兰百花香精，绿野香精，花果山香精，海岸香精，龙涎香精，茉莉香精，玫瑰香精，百合花香精，莲花香精，兰花香精，菊花香精，松柏香精，苹果香精，桃子香精，草莓香精，荔枝香精，龙眼香精，香蕉香精，柠檬香精，柑橘香精，菠萝香精，西瓜香精，甜瓜香精，麝香香精等。

第十三节　纸　制　品

造纸术虽然发源于古埃及尼罗河两岸的“纸草”制造法，传入我国后有了较大的变化和改良，并被大规模制造和使用，因而被公认为是我国古代科学技术的“四大发明”之一。到了现代，纸已经不仅仅用于书写、印刷文字，而成了人们日常生活不可或缺的“伴侣”——吃饭时要用餐巾纸，餐桌上要铺桌纸，已消毒的筷子是用纸袋包的，菜单是印在纸上的，“买（埋）单”掏出来的“钞票”大部分是纸做的，“买”的“单”也是纸，满目看到的都是纸做的宣传品（书籍、报刊杂志、招贴画、传单、各种商标、说明书、名片等等），纸制的一次性内衣裤，女用卫生巾，婴儿尿“布”，香纸巾，手帕纸，卫生纸，手纸，香卡，扑克、纸牌、生日卡，贺年片，信封，信纸，各种参观券，入场券，门票，车票，各种包装用纸，纸箱，油纸，油毡等，举不胜举。从发展趋势来看，不久的将来，连桌椅、铅笔、各种餐具、橱柜、地板、家用电器的外壳、房间隔墙、天花板甚至屋顶、门窗、鞋帽、衣服（不仅仅是内衣裤）、汽车外壳、游艇等都极有可能用纸做成。这些纸制品有许多已经用上香精加香了，有的还没有加，大部分早晚也要加，因为加香可以提高档次，卖出好价钱，当然也有利于延长使用寿命（主要是利用香料的杀菌、防腐、驱虫等功能）。

纸的主要化学成分是纤维素，纤维素几乎不与任何有机溶剂起化学反应，也不溶于绝大多数有机溶剂。因此，少量的香精加在纸制品里，一般不会有什么变化，只是要注意有色香精对纸的污染——对白色纸制品来说，应尽量用无色或浅颜色、不变色的香精，因此，纸制品的加香实验和“架试”还是要重视的。

相对于其他制品来说，纸制品的加香方法算是比较简单的——报刊、杂志、书籍、传单、说明书、簿籍、扑克、纸牌等印刷品可以预先把香精加在油墨（详见“文具”一节里有关油墨加香的介绍）里，印刷以后这些物品就有香味了；卫生纸、卫生巾、纸巾、各种包装用纸、纸箱等可以在生产流水线上喷雾加香；油纸、油毡等可以预先把香精溶解在油里，也可以在生产流水线上加香（把香精喷雾加在纸上或加在油里都行）；至于用纸做的材料，可以先把香精与纸浆混合搅拌均匀再压制成型，这样香料进入纤维素材料里面，留香会较为持久一些，当然也可以在材料压制成型后往表面上喷雾加香，香精通过纸纤维素的毛细管渗透到里面。要记住一点：任何纸制品都是在干燥的时候最容易吸收香精。

各种纸制品的加香也要根据其用途的不同而异，例如餐巾纸和餐具的加香，用水果、蔬菜、茶等香精有利于增加食欲，如果用香水香精或化妆品香精就不妥当了——可能反而要“倒胃口”了；各种宣传品的加香则要用香气较强烈的有特征的香精，让人容易记住、印象深；纸内衣裤用比较“性感”、带甜味的香精较好；女用卫生巾宜用淡雅的香精；家具、家用电器外壳、建筑材料等应该选用留香持久、人人都不厌恶的香型，尽量不要“标新立异”；贺卡票券之类可以用素心兰、馥奇、木香之类的香精……这里不再一一列举，读者可从下列香精中选取：苹果香精，菠萝香精，哈密瓜香精，香蕉香精，莴菜香精，乌龙茶香精，玫瑰花香精，茉莉花香精，铃兰花香精，紫丁香香精，玫瑰檀香香精，素心兰香精，馥奇香精，木香香精，“毒物”香精等。

第十四节　塑料制品

现代人已经离不开塑料，并且被塑料“包围”得紧紧的，随便何时何地举目望去都是塑料品的天下——衣食住行所有用品无一不是：穿的不单“雨衣”、拖鞋是塑料，“合成纤维”其实也是塑料，只是经过“拉丝”而已；吃的现在可能还不是塑料，但餐具可就大部分是塑料；住的方面就更不必细说了，建筑材料、家具、家用电器中塑料占了一半以上；行嘛，从行李包开始就大部分是塑料，至于汽车、轮船、飞机、宾馆、酒店里的设施、用品几乎都离不开塑料，据说今后连飞机外壳也要用塑料制作了！住在城市里的人们每天清除出的“垃圾”中塑料占了一半以上，这已经充分说明人们现在是生活在“塑料的时代”里。

这么多的塑料制品要是都加香的话，世界香料总产量恐怕还要翻几番！只不过现在塑料制品加香还是极少数，其原因除了加香要增加制作成本以外，加香技术也是一个原因：塑料加工时需要超过100℃的高温，大部分香料会挥发掉。要让塑料制品“吃香”，首先要攻克这个难题！

全部用耐高温的香料配制出来的香精当然也比较耐高温，但耐高温的香料品种不多，所以用这个方法可供选择的香型较少，而且香料都是易挥发的，即使沸点较高，在高温下还是会有一定的损失。许多塑料在“注塑”或“造粒”加工时要混合多种添加剂如增塑剂、稳定剂、填充剂、颜料等，这些添加剂有部分可能会同香精中的各种香料发生化学反应，影响到各自原来应有的效果，包括香气的改变等。微胶囊技术的出现较好地解决了这个难题，因为微胶囊在100～200℃时“外壁”还不会被破坏，“包”在里面的香精可以在以后慢慢地散发出来。只是目前微胶囊香精的制作成本还较高，影响了塑料制品加香的积极性。

在塑料制品的外面加香也是一个好办法，有些塑料（树脂）是“极性的”，如聚氯乙烯、聚苯乙烯、尼龙、“有机玻璃”等都可以直接在外面喷涂香精或香精溶液，让香精被吸收在塑料的表面上，达到加香的目的；“非极性的”塑料（聚乙烯、聚丙烯等）就比较麻烦，它们不吸收香精，可以采用塑料表面氧化、“接枝”等手段让它表面带“极性”而能吸收香精，在这种塑料表面印刷商标、文字也采用类似的方法，可以借鉴。

下面介绍几个“耐高温”香精、微胶囊香精和“一般的”塑料制品用香精以供选择：草莓香精、铃兰百花香精、水果香香精、檀香香精、水蜜桃香精、蓝莓香精、玫瑰香精、青苹果香精、雨林香精、桂花香精、香草（香荚兰）香精（耐高温），葵花香精（耐高温），茉莉香精（耐高温），橙花香精（耐高温），檀香香精（耐高温），麝香香精（耐高温），兰花微胶囊香精，茉莉花“分子微胶囊”香精，玫瑰微胶囊香精，薰衣草微胶囊香精等。

塑料加香的加香量一般为1%～5%。

近年来，有些塑料制品厂推出了塑料加香用的“香母粒”，下面是某塑料厂生产的“香母粒”的使用说明，供参考。

① 塑料加香用香母粒的应用领域。香母粒能用于玩具（塑料玩具、宠物玩具、长毛绒玩具）香素、工艺品、家庭用品汽车内饰件及保健、美容和化妆品的包装，能增加产品新的推销力度。

拿到香母粒，即可闻到各种不同的香味，如清新的花香、甜美的果香等。它极易应用于生产塑料的过程中，使制品有很好的留香效果。只要将香母粒与其他胶粒预先混合，再经一般的生产程序，便能使您的制品增添竞争能力。加进适当的香母粒，能使您的产品与众不同，我们能提供广泛的香味选择，目前已有十二种不同香味的香母粒供应：花香——茉莉、桂花、玫瑰、栀子花；果香类——苹果、柠檬、草莓、水蜜桃；其他——薰衣草、香草、烤牛肉、巧克力等，如遇有特别的要求，我们的工程师已准备好与你一起创作，务求达到理想的效果。适用于任何聚烯烃的生产过程。

栀子花可用于任何热塑性塑料的操作过程，如薄膜挤出、薄膜吹出、吹塑、注塑、发泡挤出及薄膜高频焊接等，如同塑胶色母粒一样，香母粒的用法只需按照用量和色母粒一起加进基本原料内，再按常规操作便可。

② 香母粒的用量。要依据制成品的要求而定，例如只要掩盖塑料的异味则百分之一或以下的用量已可，如要制成品有特殊的香味，以用于市场上的识别，则需要百分之五至百分之二十的香母粒用量，更可用百分之五十或甚至直接使用香母粒，例如固体空气清新剂类产品。本公司香母粒技术研究组成员可以提供意见以决定香型及其用量的多少。

③ 产品的质量及安全性。我们对塑料用香母粒的安全性是极其重视的，严格程度一如食用香料，因此，我们能提供符合任何地区或国家安全规定的保证。香母粒中可用的全部香原料经国家香料香精化妆品质量检测中心的严格审核，均符合国际日用香料协会“实践法规”的规定，属于可安全使用的产品，以确保产品的安全性。

④ 香料的留香。香料的寿命是非常难预测的。因为不同香型的香母粒，在不同的制成品内，有不同的挥发速率，由香型的类别及配方、塑料树脂的选择、制成品的厚度、形态等来决定。另外，流动的空气是香母粒留香的大敌。故将制成品包裹放在盒内，甚至制成品表面的装饰等，都可减少香味在贮存时的挥发，藉此延长产品的寿命。本公司乐于提供样本及资料以达到产品应有的要求。虽然用了香母粒后，会预知某些效果，但准确的留香程度或其他方面都得有实际的实验结果方可知道。

⑤ 增加小量成本，大大提高了产品附加值。与其他加香料的方法比较，采用香母粒是较便宜的，且能获得品质一致的产品，而香母粒更大的优点是易于应用，香味的挥发也较为理想，采用香母粒的加香塑料产品，成本虽然微量增加，但能使采购者认为有香味的产品更优美、耐用及卫生等。

⑥ 香母粒技术指标。

形状：椭圆状胶粒，颗粒表面呈干燥状态。

体积密度：0.48～0.650g/cm^3。

色泽：一般聚乙烯的本色呈浅棕色。

香料的均混性：平均分散在胶粒内。

⑦ 操作指引。生产温度：在普通条件下是稳定的。相容性：塑料加香用香母粒可用于任何品种的低密度聚乙烯、聚丙烯、共聚物及多种聚烯烃共聚物。

⑧ 包装材料及规格。涤纶/聚乙烯双层防锈香性复合薄膜袋包装。每袋装1kg，每10kg或15kg装一纸箱。

⑨ 贮存稳定性。香母粒包在涤纶/聚乙烯复合薄膜袋内是长期稳定的。制成品贮存的时间也取决于包装。

第十五节　橡胶制品

橡胶制品也是多得不可计数，常见的有各种汽车轮胎、自行车胎、摩托车胎、绝缘片、橡胶气球、广告气球、彩色胶乳气球、工业用手套、工业用指套、农用指套、医用导管、三角带、胶管、胶辊、乳胶管、胶管拉力器、医用手套、检查手套、乳胶制品、胶带、输送带、密封圈、橡胶圈、地板、管材、形材、海绵、回力胶、不织布、工程橡胶制品、桥梁橡胶支座、盆式橡胶支座、止水带、伸缩缝、橡胶板、夹管阀、渣浆泵衬套、柔性软管、硅橡胶、模具用硅橡胶、充气橡胶船、冲锋舟、救生衣、充气制品、减震垫、密封垫、防水卷材、石棉橡胶板、止水带、海绵、地砖、滚轮、导电橡胶、按键、薄膜开关、橡胶护舷、橡胶支座、伸缩缝、高压排吸泥管、铁路橡胶嵌丝道口板、家用手套、乳胶手套、避孕套、橡皮筋、橡皮擦、热水袋、水床、游泳帽、鞋底、胶鞋、雨衣、地毯胶垫、保温杯内迫紧及外套、奶嘴、胶黏剂等，几乎遍及人们工作、生活的各个角落，无处不在，这些橡胶制品如果都带上香味的话，无疑将使人们的生活更加“香甜”，更加美好。

目前橡胶制品加香的还不多，其原因与塑料制品是一样的——除了加香会增加成本之外，加香技术还没有普及也是一个重要因素。其实橡胶制品的加香技术并不难，因为橡胶（不管是天然橡胶或是“合成橡胶”）是“极性”的，相当于有弹性的“极性”塑胶，与香料容易结合，许多橡胶制品只要在外面用涂抹或者喷雾的方法就可以让香精慢慢渗透进入橡胶里面，当然这个方法在使用前要考虑到橡胶遇到香精会有变形之虞，对于精密的橡胶制品是不适宜的。

一般橡胶制品厂希望在橡胶“硫化”工序中加香，也就是把香精与胶片（或胶粒）、硫化剂、抗老化剂、补强剂、填充剂等混合均匀，高温硫化成型，出炉后的产品直接就带上香味。这种方法与塑料制品的“高温加香”是相似的，只是加在橡胶里的硫化剂和其他添加剂会在高温下同香精里面的各种香料起反应，有可能产生臭味物质。因此，采用这种方法加香更要强调多做加香实验，不是单单挑选“平均沸点”高的香精就“万事大吉”了。微胶囊香精用在这个方法里的效果很好，因为香精被包裹在胶囊里面，不易同外面的各种添加剂起反应，只是成本要高出许多。

前一节介绍的塑料制品加香的香精大部分也都适合于橡胶制品加香，但都必须再做加香实验才能确定。专用于橡胶制品加香用的香精还有香草（香荚兰）香精、太阳花香精、檀香香精、豆香香精、巧克力香精等，使用前仍然必须做加香实验，因为每一种橡胶制品“硫化”时使用的添加剂是不一样的。

用粉状香精给橡胶制品和塑料制品加香是比较方便的，所谓“粉状香精”有两类，一类是用惰性粉末材料如轻质碳酸钙（偶尔也用重质碳酸钙）、滑石粉、白土（高岭土）粉、炭粉（用于黑色制品）、各种颜料粉、木粉等吸附液体香精制成的；另一类就是微胶囊香精。后一种有耐热、散香较慢的特点，但制作成本较高。

第十六节 动物皮革与人造皮革

16世纪欧洲皮革制造业兴起，为了掩盖有些动物皮（主要是羊皮）的臭味，人们使用了各种天然香料（当时还没有合成香料），从只用单一的香料到后来发展至混合、调配几种香料（也就是香精）再加进去让制成品的香气更加宜人、更有“高档感”，所以有人说是欧洲的皮革业加香产生并直接促使香料香精成为现在这样一个大工业。

在香水开始流行于上层社会时，“皮革香”作为一种不太常用的香型偶尔出现在一些“女用香水”里。而在后来“异军突起”的“男用香水”里，皮革香已经成为一个重要的“经典香型”，颇受一些“时髦男女”的青睐，并进入许多日用品的加香领域中。传统的皮革香型有“俄罗斯皮革香”、“西班牙皮革香”等。

现代皮革加香用的香精已经大量使用合成香料，但香型还是传统的几种较受欢迎，像木香型、草香型、药草香型等，原来配制皮革香香精必用的香料——桦焦油现在也显得不是非用不可了，在需要“焦香”的场合，有时也可用其他香料如“干馏柏木油”和一些合成的焦香香料代替，并有向“烟草香”香气靠拢的趋势。

动物皮革的加香可以采用把香精加在“鞣革”、“整理”等工序中使用的“化学药剂”里，也可以在“整理”后直接喷在皮革表面让香精慢慢渗透进去，因为皮革蛋白质可以吸收香料。

人造皮革的加香则要采用另外的方法，因为“人造皮革”不是蛋白质，而是塑料（树脂）和“合成纤维”，要让人造皮革留香持久的话，最好采用：

① 塑料直接加香——见前面“塑料制品”和“橡胶制品”两节内容；

② 在纤维里面加香，这同前面的“纺织品”加香一样，请见该节内容。

“仿真皮革”希望有同天然动物皮革香气非常接近的香精使用，因此，市面上就有了各种“羊皮香精”、“牛皮香精”、“貂皮香精”，这些香精直接嗅闻确实有点像各种动物皮革的香气，但加在人造皮革里以后则令人大失所望，究其原因主要是橡塑材料加香时有个“高温处理”阶段，许多沸点较低的香料挥发掉了，所以“仿真皮革”至今在香味方面还是不尽如人意的，有待调香师的努力。

动物皮革与人造皮革常用的香精香型有：各种花香，百花香，各种木香，麝香，馥奇，素心兰，东方，醛香（类似香奈儿五号的香气）等。

第十七节　建筑涂料

一、什么是建筑涂料

在中国，一般将用于建筑物内墙、外墙、顶棚、地面、卫生间的涂料称为建筑涂料。实际上，建筑涂料的范围很广，除上述内容外还包括功能性涂料（如钢结构防火涂料、屋面防火涂料等）。

二、建筑涂料的功能

一般地讲，建筑涂料具有装饰功能、保护功能和居住性改进功能。装饰功能是通过建筑物的美化来提高它的外观价值的功能；主要包括平面色彩、图案及光泽方面的构思设计及立体花纹的构思设计；保护功能是指保护建筑物不受环境的影响和被破坏的功能，不同种类的被保护体对保护功能要求的内容也各不相同，如室内与室外涂装所要求达到的指标差别便很大，有的建筑物对防霉、防火、保温隔热、耐腐蚀等有特殊的要求；居住性改进功能主要是对室内涂装而言的，就是有助于改进居住条件的功能，如空气清新、散发香味、隔音、吸音、防结露等。

三、建筑涂料的分类

我国对建筑涂料的分类目前尚无统一的划分方法，但一般采用下述几种方法进行分类。

① 基料的类别分类。建筑涂料可分为有机涂料、无机涂料及有机-无机复合涂料。有机涂料又可根据使用溶剂的不同，分为溶剂型有机涂料、水乳型有机涂料及水溶型有机涂料。

② 涂膜厚度及质感（形状）分类。可分为表面平整、光滑的平面涂料；表面呈砂粒状装

饰效果的砂壁状涂料；形成凹凸花纹立体装饰效果的复层涂料。

③ 建筑物上的使用部位分类。可分为内墙涂料、外墙涂料、地面涂料、顶棚涂料等。

④ 按使用功能分类。可分为装饰性涂料与特种功能性涂料（如防火涂料、防霉涂料、防水涂料、弹性涂料等）。

四、建筑涂料的基本组成是什么？它们都起着什么作用？

建筑涂料由基料、颜料、填料、溶剂（包括水）及各种配套助剂所组成。

基料是涂料中最重要的组成部分，对涂料和涂膜的性能起着决定性的作用。有以下几种类型。

(1) 有机类

① 水溶性树脂：聚乙烯醇、聚乙烯醇缩甲醛等；

② 聚合物乳液：丙烯酸乳液、苯乙烯丙烯酸酯乳液、乙烯丙烯酸酯乳液、乙酸乙烯乳液、乙烯-乙酸乙烯乳液、有机硅丙烯酸酯乳液等；

③ 溶剂型高分子聚合物：丙烯酸树脂、丙烯酸聚氨酯树脂、有机硅改性丙烯酸树脂、氯化橡胶、环氧树脂等。

(2) 无机类

① 水玻璃：钾水玻璃、钠水玻璃等硅酸盐；

② 硅溶胶。

(3) 有机-无机复合类

硅溶胶-苯乙烯丙烯酸酯乳液、硅溶胶-乙烯丙烯酸酯乳液、硅溶胶-乙酸乙烯乳液、聚乙烯醇-水玻璃等。

其中使用最为广泛的是聚合物乳液及溶剂型高分子聚合物。

颜料也是涂膜的组成部分，因它不能离开主要成膜物质而单独构成涂膜，故称为次要成膜物质。主要作用是使涂膜具有各种色彩和一定的遮盖力，对涂膜的性能有一定的影响。

填料的主要作用是补充所需要的颜料组分，对涂膜起“填充作用”，以增大涂膜厚度，提高涂膜的耐久性及硬度，降低涂膜的收缩率，还可以降低涂料成本。

助剂也称辅助成膜物质，主要作用是改善涂料及涂膜的某些性能。

溶剂（包括水）也是辅助成膜物质。主要作用是调节涂料的黏度及固体含量。

五、中国建筑涂料的市场情况

全国城乡现有建筑面积为200亿～300亿米^2，每年城镇新竣工的建筑面积将在10亿米^{2}以上，农村也在10亿米^{2}以上。小城镇建设10年竣工的建筑面积将会进一步增长。因此，10年或15年后，中国的在用建筑面积可达到500亿米^{2}左右。据中国涂料工业协会估计，仅城市新建建筑面积每年对各种建筑涂料约有100万吨的需求，加上农村的新增建筑面积，估计需求量能够达到150万～200万吨/年的规模。

作为旅游大国，中国共有景点建筑面积为300亿～400亿米^2，仅以每年5%的比例进行维护性装修，就会有一个规模与新建建筑市场规模不相上下的建筑涂料消费市场。

把以上这些需求汇总起来，每年中国市场对建筑涂料的需求将有200万～300万吨。

六、中国建筑涂料的产品结构及发展趋势

中国建筑涂料的产品结构正在由低档产品向高档产品过渡，从单一品种向多品种、系列化产品过渡。建设部2001年第27号文件中公布了化学建材与产品公告目录，明确了4大类化学

建材产品优选、推荐、限制、淘汰的品种。

1. 淘汰品种

① 聚乙烯醇水玻璃内墙涂料（106 内墙涂料）；

② 聚乙烯醇缩甲醛内墙涂料（107 内墙涂料、803 内墙涂料）；

③ 多彩内墙涂料（树脂以硝化纤维素为主、溶剂以二甲苯为主的 O/W 型涂料）；

④ 聚乙烯醇缩甲醛及其同类性能的外墙涂料；

⑤ 聚乙酸乙烯乳液系列外墙涂料（含 VAE 乳液）；

⑥ 氯乙烯-偏氯乙烯共聚乳液类外墙涂料。

2. 限制品种

仿瓷内墙涂料。

3. 推荐品种

① 产品质量指标符合 GB/T 9756《合成树脂乳液内墙涂料》标准要求的丙烯酸共聚乳液系列内墙涂料；

② 乙烯-乙酸乙烯共聚乳液系列内墙涂料；

③ 产品质量指标符合 GB/T 9755《合成树脂乳液外墙涂料》标准要求的丙烯酸共聚乳液薄质外墙涂料；

④ 丙烯酸共聚乳液厚质外墙涂料；

⑤ 产品质量指标符合 GB/T 9755《合成树脂乳液外墙涂料》标准要求的有机硅丙烯酸乳液系列外墙涂料；

⑥ 水性聚氨酯外墙涂料；

⑦ 丙烯酸聚氨酯外墙涂料。

4. 优选品种

① 产品指标除符合 GB/T 9756 优等品标准外，还符合 HJBZ 4—1999《环境标志产品技术要求水性涂料》的丙烯酸共聚乳液系列内墙涂料；

② 产品指标除符合 GB/T 9755 优等品标准外，还符合 HJBZ 4—1999《环境标志产品技术要求水性涂料》的丙烯酸共聚乳液薄质外墙涂料；

③ 产品指标除符合 GB/T 9755 优等品标准外，还符合 HJBZ 4—1999《环境标志产品技术要求水性涂料》的有机硅丙烯酸乳液系列外墙涂料；

④ 溶剂型丙烯酸系列外墙涂料（低毒性溶剂）；

⑤ 有机硅改性丙烯酸树脂外墙涂料。

在中国众多的建筑涂料品种中，低档聚乙烯醇类涂料尚有较大的市场，占建筑涂料总产量的 30％～40％，该比例正在逐年下降；内墙乳胶涂料、外墙乳胶涂料占总产量的 40％～50％，该比例正在逐年提高；溶剂型涂料约占总产量的 20％，其产品类型正在向低毒性方向发展。

从产品的发展趋势来看，中国建筑涂料将继续向着水性、粉末和辐射固化的方向发展，向着功能性建筑涂料发展，积极开发清香、隔热、防结露、不粘贴、保温、防静电、导电、吸臭、吸湿等涂料，向着高装饰性、耐久性、抗污染性的方向发展，向着省能源、省资源、无害的方向发展。

七、建筑涂料为什么要加香？

建筑涂料使用较多的是内墙涂料和外墙涂料。外墙涂料要经历风吹、雨淋、日晒，即使加入香精也不能持续多长时间；再者，人们在生活中距离外墙相对内墙而言比较远，难以闻到不良气味或香精的气味，所以外墙涂料的加香不具有现实意义。下面着重探讨内墙涂料加香的必要性。

① 大多数人在装修新房子完毕后都要经过一段时间才搬入居住，其中当然有许多原因，但主要是刚装修好的新房子有不良气味散发出来，让人觉得难受，这不良气味就是涂料和油漆（油漆也是涂料的一类，只是人们习惯将涂料和油漆这两个术语分开来讲，以为是不同的建筑涂料，其实不然）散发出来的，如果加入合适的香精将不良气味掩盖，同时散发出清新的气味，那人们就不用受这份苦。

② 随着人们生活水平的提高，对家居环境的要求越来越高。在一般家庭中，日用品像牙膏、洗衣粉、洗发香波、沐浴露、香皂、蚊香、杀虫剂、空气清新剂、香水、芳香疗法精油等产品都是香的，建筑涂料作为居家的一种产品，人们对这种产品的品质自然也是要求越来越高，所以 20 世纪 80 年代中国开始使用乳胶涂料（优点是气味小、易施工、干燥迅速、安全无毒），使用量逐年增加，是推荐和优选的建筑材料。虽然乳胶涂料的气味小，但毕竟还是有一定的气味产生的，对人们还是有影响的。因此，在乳胶涂料中加香，掩盖其不良气味，让其散发出清新的气味，这是建筑涂料今后发展的趋势，才能满足人们追求高生活质量的要求。

八、建筑涂料加香应注意的问题

如上所述，内墙涂料必须加香，而内墙涂料推荐和优选的大多是乳胶涂料，因此，对内墙用乳胶涂料的加香应注意的问题进行探讨是切合实际的，下面以此为例。

① 香精分为日化用、食品用、烟用、饲料用和其他工业用五大类。内墙用乳胶涂料的加香目的是散发出清新的气味，类似于空气清新剂的作用，所使用的香精应接近于空气清新剂香精，而空气清新剂香精归属于日化香精，因此，乳胶涂料使用的香精也应归属于日化香精范畴。那么选择、使用和验收乳胶涂料香精就要按照日化香精行业标准 QB 1507—92 来执行。

② 色泽。内墙装修涂料一般情况下选择白色，这就要求香精的颜色不要太深，更重要的是香精不能变色。

③ 香精的“三值”（香比强值、留香值、香品值）。

a. 要掩盖乳胶涂料中的不良气味，同时散发出清新的气味，要求香精有一定的香气强度，这就是香精的香比强值。

b. 人们大都希望涂料能够留香一段时间，要求香精能留香持久，这就是香精的留香值。

c. 在涂料中加入香精是要让人们享受到清新优雅的气味，选择香气好的香精是必然的，这就是香精的香品值。

香精的“三值”是可以量化的，其中香比强值和留香值可以由生产香精的企业计算出来并提供给用香单位，香品值虽然也可以量化，然而要量化香品值是比较麻烦的，因为对香品值的认定，每个人都有不同的看法，是非常主观的，它要受很多因素的影响：如不同国家的人；不同区域的人；不同年龄的人；不同性别的人；即使是同一个人也要受身体状况、情绪等多方面的影响。一般情况下可以通过“民意测验法”来进行香品值的评定。

香精的“三值”乘积除以 1000 就是这个香精的“合理价位”。

④ 香精能否溶解于乳胶涂料？

乳胶涂料属于水溶性涂料，而香精一般是油溶性的，油溶性的香精加入水中本来是难以溶解的，然而乳胶涂料中有一定比例的乳化剂（极细的粉末也是乳化剂），加上涂料的黏性有利于不溶物悬浮而不易沉淀，所以一般情况下香精可“溶”（分散）于乳胶涂料中。如果其他涂料加香，就必须注意香精是否可溶于涂料中这一问题。

⑤ 加香成本。作为消费者而言，当然希望加香的涂料散发出高雅的气味，同时能够持续很长时间，但这必然会导致加香的成本很高，有可能香精的成本会超过涂料自身的成本而致使涂料售价昂贵，让一般收入的消费者无法接受，也就会失去加香的现实意义。因此，不同类型的涂料应加上相适应档次的香精。随着人们生活水平的提高，对涂料品质的要求会越来越高，所以今后所加入的香精档次也会跟着提高。

建筑涂料常用的香精香型：玫瑰花、茉莉花、铃兰百花、玫瑰麝香、檀香、芳樟香、龙涎香、馥奇、素心兰、东方香等。

第十八节　工　艺　品

工艺品包罗万象，金银首饰、钻翠镶嵌、玉雕摆件、象牙雕刻、织金彩瓷、各类刺绣、檀香花扇、工艺画扇、景泰蓝、挂画、角雕、木雕、动物标本、红豆礼品、十二生肖饰物、纪念币、地球仪、中国结、手机饰品（手机链等）、背包挂件、汽车挂件、室内壁挂、竹编动物、插花器、花盆套、仿古制品、软木画、寿山石、脱胎漆器、贝雕画、相框、首饰盒、文房四宝、仿真植物、绢花、盆景、风铃、仿真瓜果、泥人等，不一而足，它们分别由树脂、金属、丝绸、蜡、陶瓷、玻璃、蔓、人造丝花、铝膜、玻璃、琥珀、水晶、竹、木、藤、石、动物材料（包括角、牙、蹄、毛、骨等）、塑料、橡胶、矿石、泥土、石膏等制成，这些产品中有小部分带着天然的气味，如樟木、花梨木、柏木、檀香、琥珀等，经常也得人为地加一点香精让它们的香味更浓一些；而绝大多数的工艺品没有气味，为了再“提高一个档次”，现在也纷纷开始加香了。

给各种工艺品加香，首先要看制作它们的材料，根据材料的不同，分别有不同的加香工艺。

纺织品、塑料、橡胶、石蜡等——在前面已经做了介绍，可以参照应用。

陶瓷——“素烧”陶瓷或者叫“微孔”陶瓷的加香是比较容易的，只要把香精用涂抹或者喷雾的方法加在物品表面上即可，这种陶瓷自然会把香精吸收进去再慢慢释放出来，使得香精的留香更为持久；也有人专门制作了一种“微孔”陶瓷小罐子，装进几毫升香精以后可以散香好几个月，不愧为“能工巧匠”。一般陶瓷是不能在烧制前加入香精的，因为陶瓷烧制时的温度高达1000多摄氏度，所有的香料全部“跑”掉了！只能想其他办法，如在陶瓷物品的某个地方开洞装香精或者塞一小袋微胶囊香精散香，也可以把微胶囊香精加在涂料或者胶黏剂里涂在陶瓷的某个位置上，等等。

竹木藤材料——竹编、木雕和藤器是我国传统的出口工艺品，在国内也很有市场。除了小部分木料（如檀香木、花梨木、樟木等）含有较多的香料成分并且有一定的防腐防虫能力而可以不加保护层“裸体示人”以外，一般都是制好以后在外面涂刷油漆（包括透明的“清漆”），让制成品能保存较长的时间而不坏。可以先在未曾上漆的竹木藤制品上喷香精，等到香精被吸收以后再上油漆；也可以把液体香精或微胶囊香精加在油漆里涂刷。现在市场上可以买到“香味油漆”，“香味油漆”有两种，一种加香只是掩盖溶剂的“臭味”而已，不留香，也不适合竹木藤工艺品的加香；另一种有留香效果，涂刷在物品上以后能持久地散发出香味，可以使用。对于一些质地比较好的木料工艺品，采用“浸渍”（将制品烘干后投入香精液中浸渍一会儿捞起滴干即可，浸渍液可以直接用液体香精，也可以用经过酒精稀释后的香精溶液）的办法加香，如果香精选择得好的话，是可以做到不必"上漆"也能长期保存的，因为大部分香精都有防腐防虫的功效。其实现在有许多"假"檀香工艺品就是这样做的。

泥土、石膏制品的加香是很容易的，既可以把香精预先加在泥土、石膏粉里拌匀再加水制"浆"浇模，也可以等到成型以后用喷雾或者涂刷的方法把香精加在工艺品表面让它吸收进去，然后慢慢散香。

金属、珠宝、玻璃、石头等制品的加香比较困难，虽然有见到一些报道声称这些材料都可以采用"表面处理"的方法加香，但实际应用不多；大部分是采用加香的油漆、胶黏剂或油膏等涂抹在不被人看到的地方；有的是用钻孔或者其他办法让这些材料留有孔隙或洞穴，把香精（液体香精和微胶囊香精）加在孔隙或洞穴里，用塑料塞堵住孔隙或洞口不让香精泄漏就行，采用聚乙烯塑料或软木制造的塞子都可以让香精缓慢地散发出来。

各种工艺品常用的香精有：各种花香香精、百花香精、木香香精、草香香精、玫瑰檀香香精、玫瑰麝香香精、素心兰香精、各种名牌香水香精等。

第十九节　家　　具

南方人把家具叫做"家私"，指的是家庭、宾馆、学校、办公场所等广泛使用的桌、椅、凳、沙发、床、橱、柜等器材，以实木、人造板材、竹、藤、金属（主要是钢管）、塑料、玻璃、石头、皮革（包括人造皮革）、纺织品、棕绳等为材料制作，是衣食住行第三字"住"的主要内容，家家户户都需要，除了占用每个家庭购房装修后必需的一大笔开支外，平时也得经常添置、换新，是普通老百姓一生中货币支出的重要组成部分，也是人们工作、学习、休息时最经常接触的物品。现代科学研究显示：家具的外观形状、色泽、气味等都直接影响到每一个人的情绪，从而影响工作效率、学习成绩、休息效果和人的精神面貌、健康情况等，不可忽视，因此，家具的加香也不可等闲视之。

竹、木（包括刨化板、纤维板、胶合板等人造板材）、藤等可以采用干燥、吸收的办法加香，即把制好的物品用太阳晒、热空气烘干或者干燥剂吸水（在密封室里放生石灰、无水氯化钙、浓硫酸等，再把准备干燥的物品放进去一段时间，这种常温干燥的办法可使已经定型的家具不易变形）到"足够干"的程度，喷雾或者涂抹香精，经过干燥后的竹、木、藤家具会把香精吸收到内部然后慢慢散香，所以留香也较为持久。需要油漆的家具也可以把香精（包括微胶囊香精）加在油漆里或者填补孔隙、不平的"腻子"里再"施工"，同样可以达到加香的目的，也能让香气保存较长时间。

塑料、皮革和纺织品的加香前面已经都有介绍，这里不再赘述。棕绳可以吸收香精，只要把香精喷上去就可以了。

最难办的还是金属、玻璃、石头等材料，它们都既不吸收香精，也不让香料透过——与香料香精格格不入，加香得另辟蹊径。钢管家具可以往钢管里塞装着微胶囊香精的布袋，但要有足够的散香口，必要时在钢管上多钻几个洞眼；其他金属材料和玻璃、石头制品就只能采用钻孔、塞进用香精浸泡过的软木或泡沫塑料、装微胶囊香精的布袋、涂刷有香涂料、使用带香味的胶黏剂等办法加香了。

家具加香用的香精一般选用温馨淡雅、留香持久的木香、花香、香草香、龙涎香等香型，不宜使用香气强烈、过于标新立异的香味，以免长期"熏陶"引起不快、厌腻。

第二十节　箱　包　袋

旅行箱、公文箱、化妆箱、登机箱、美容美发用品箱、电脑箱（包）、旅行包、书包、男女包、工艺藤包、餐具包、帆布包、拼皮包、木珠包、塑料珠包、纸草包、钱包、手袋、休闲袋、背囊袋、保温袋、化妆袋、购物袋、礼品包装袋、乐器包袋、学生用品袋、拖轮袋、体育用品袋等各种箱、包、袋已是现代人们居家旅行必备的物品，市场广阔，生产这类商品的工厂不需要太“高精尖”的技术，几乎人人都会，投资可大可小，所以遍布全国城乡各地，竞争激烈。为了使自己生产的产品在众多的同类中“出人头地”，引起消费者的注意和喜爱，设计师们除了绞尽脑汁在外观上不断地“推陈出新”以外，让它们分别带上令人陶醉的香味也成了当今最有力的竞争手段之一。

现代箱、包、袋的制作材料最重要的是动物皮革、人造皮革，小部分用塑料、橡胶、纺织品、竹、木、藤、金属等，这些材料的直接加香在前面都已有介绍，如留到制作的时候再加香的话，也可以采用喷雾、涂布香精和在适当的“角落”固定放置（缝、钉或胶贴等）装有微胶囊香精的布袋子等办法。

箱、包、袋加香用的香精可以根据“男用”或“女用”选择，“女用”的手袋、化妆箱（包）等最好使用花香香精，如茉莉、玫瑰、桂花、玉兰花、铃兰花、栀子花等香型；“男用”和“通用”的包、袋、箱子等常用木香、龙涎香等香型。

第二十一节　家用电器

改革开放以来推动消费市场的力量，在20世纪80年代主要是食品和衣着的改善，在90年代主要是各种家用电器的普遍使用。2002年中国家用电器的销售额达3000亿元（人民币），现在每年的销售额已经超过10000亿元。虽然对大多数家庭来说，“全盘购置”的时代已经过去，现在只是“零星购买”。

家用电器包括收音机、电视机、电话机、电脑、洗衣机、吸油烟机、燃气炉具、电饭煲、消毒柜、微波炉、电风扇、冷暖风机、电磁炉、榨汁机、豆浆机、热水器、面包机、电烤箱、电炸机、咖啡壶、空调机、冰箱、煮蛋器、铁板烧、披萨炉、洗碗机、吸尘器、茶饮具、食物搅拌机、打蛋机、换气扇、落地扇、冷风扇、吊扇、转叶扇、壁扇、空气清新器、增湿器、空气幕、风幕机、风帘机、冷藏柜、冷库、除湿机、电推剪、电吹风、电发夹、电熨斗、暖手器、灭蝇灭蚊灯、应急灯、投影机、电子驱鼠器、驱虫器、超声波负离子加湿器、清洗机、按摩器、按摩梳、灭蚊拍、浴室取暖灯、家居取暖器、DVD、VCD、家庭影院、组合音响、随身听、复读机、多媒体音箱、浴霸、学习机、游戏机、卫星数字接收机、可视门铃、超滤净水器等，品种之多，大大超出当年爱迪生的想象范围。有人觉得家用电器“发明创造”的黄金时期已经过去，现在和今后很长一段时间只是“变变花样”而已，没什么“新东东”了。你看“空调用品”已经可以把居家变得“四季如春”，“厨房用品”已经让家庭妇女把煮饭炒菜当作一件乐事，“家庭影院”也已经把人视觉、听觉的享受发挥到了“极点”，还有什么不足的吗？聪明的调香师恰恰在这个时刻看到了“施展拳脚”的机会——该是让鼻子也享受一番的时候了！

出门旅游住3星级宾馆已经不错，4星级是享受，5星级是“高级享受”了，还有“6星级”的宾馆吗？有人说将来如果有“6星级”宾馆的话，除非连厦门环岛路的海风、云南中甸“香格里拉”的草香、安徽黄山的松涛气息都随时可以“供应”，这正是调香师给人们描绘未来家庭生活的美景！事实上，已经有人在空调机、冷暖风机、空气清新器、增湿器上“做了手脚”，让它们在工作的时候徐徐放出各种自然界清新的气息，人们不出门也能享受到“鸟语花香”（“鸟语”早就有了!），犹如投身大自然的感觉。电视机、电脑荧屏、音响等可以配合“情节”释放出各种香味，这在技术上已经不存在问题，只需要定做“零部件”来“组装”就行了。

要让一种香味在一定的空间范围内、一定的时间里释放，可以采用喷雾、加热、吹风、超声波“雾化”等办法，下面分别叙述之。

喷雾：与气雾型空气清新剂一样，香精用乙醇稀释到3%～5%，装入耐压容器里，注入抛射剂，密封，一按（根据电脑指令自动操作）就喷出香气。

加热：在香精溶液里置放电热片，通电时电热片发热散发香气，停电时液温下降，香气停止散发，通电停电指令由电脑发出。

吹风：有两种形式，①将香精制成凝胶（像凝胶型空气清新剂一样），置于适当的小塑料盒子里，向凝胶表面吹风，香味飘出；②液体香精装在金属或玻璃制的容器里，插入纸板，接到指令时纸板提起，吹风散香。

超声波“雾化”：同加热散香一样，电热片换成超声波元件，通电时香料分子运动加速，散发香味。

让空调机等定时或不定时地散发出几种固定的香气，这在日本早已商品化生产，并在一些办公室、工厂车间、富有的家庭里实现。香味品种只要十个左右（如清醒、警惕、提高工作效率、减少差错、抗疲劳、唤起团队精神、增加食欲、安眠等）就够了，设计不难，生产也比较简单。电视机、电脑、音响等要做到可以配合“情节”释放各种香味，难度要大得多了——首先得解决“基本气味”的问题，因为早先科学家希望找到像色彩“三原色”一样的“原气味”的计划已经落空，现在只能按调香师基本认定的四十几种“基本气味”来调配所有的香味，有人认为去掉那些“恶臭味”也可以，这样就只需要三十几种“基本气味”了。把带着这些“基本气味”的香精溶液装在一个个特定的容器里，采用加热或者超声波“雾化”的办法散香。调香师用这四十几种或者三十几种气味调配自然界数以千计的气味，设计一个软件，把配方输入，电视剧（包括电影）、电脑荧屏和音响根据“情节”的需要发出指令，让几个“基本气味”散发出来并组成混合气味，例如“情节”里是“森林”，电脑发出指令让木香、草香、苔香、树叶香等气味同时飘出来，就组成“森林”的香味了，可以使观看、倾听或者操作的人员有亲临其境的感觉。

自然界的24种气味如下：木香，辛香，药草香，苔香，壤香，焦香，奶酪气，酸败气，油脂气，腥臭，尿臭，粪臭，琥珀香，膏香，脂蜡香，豆香，甜花香，酒香，草香，草花香，青香，青花香，樟脑香，桉叶香等，每一种气味都可以再“分解”成2个“更基本”的气味（如“木香”还可以再“分解”成“檀香”和“柏木香”2个气味），这样就有四十几个“基本气味”了。当然，每个人可能都有自己的“基本气味”分类法，但其实大同小异，不信你也试试看！

其他家用电器的加香采用的是“固定香型”，即在制作的时候把香精加进去，长期散发一种香味，这些家用电器大多数是塑料制品，即使用其他材料制作也几乎都用到塑料，它们的加香方法和常用的香精可参考前面“塑料制品”一节。

第二十二节 玩　　具

一、玩具业概况

自从这个世界上有了人类，玩具就有了，进入商品社会以后，玩具业就应运而生。著名心理学家颜世富分析玩具兴起的原因："其实人人都有一种童心，天生爱玩"。无论在什么社会，只要一个家庭里有小孩，玩具就不可缺少。美国的玩具业已有近百年的历史，规模庞大，技术先进，市场信息灵敏，企业间的并购和重组异常活跃。中国作为世界人口大国，玩具业还处于起步和发展阶段，据统计，我国传统玩具的占有率仅为16%，其余全是洋玩具的天下。但我国玩具业的发展势头迅猛，1998年全国玩具生产企业达6000家，从业人数发展到200多万人，工业总产值达530亿元人民币，出口总额53.45亿美元，占整个轻工业出口总额的9.37%，在轻工出口产品中仅次于皮鞋类，列第二位。

据有关部门统计，在我国现有的13亿人口中，14岁以下的少年及婴幼儿有近4亿，这其中相当一部分是独生子女。这是玩具行业的一块大"蛋糕"。随着我国生活水平的不断提高和儿童早期教育、超前教育的兴起，每个家庭在玩具方面的投入会越来越大。据业内人士的估计，目前我国平均每个儿童每年在玩具上的花费大概有400元，每年国内儿童玩具消费预计在500亿元左右。可以说，中国玩具市场具有广阔的发展前景。

随着社会经济生活节奏的日益加快，现代社会群体的生活压力也越来越大，人们需要更多的娱乐、休闲活动方式把压力发泄出来，进而让自己的身心得到放松，玩具就是一种很好的放松方式。同时，随着科学技术不断地向前发展，人们对玩具功能观念的不断改变，玩具的消费群体也正在迅速扩大。玩具发展到今天，已不再是儿童的专利，也是成人的消遣娱乐方式，越来越多高档、新颖的玩具开始成为成年人休闲放松的娱乐用品（事实上，扑克、纸牌、各种棋类以及我国古代就流传很广的"九连环"、"关公放曹操"和比较"现代"的"魔方"等也都是成人玩具）。在美国，早就有了生产成人玩具的专业公司，其40%以上的玩具是专门为成人设计制造的。20世纪初制造世界经典玩具——泰迪熊的美国金耳扣公司，最近仿制了当年的几种泰迪熊，一上市就被消费者抢购一空；近两年在日本市场畅销不衰的电子鸡、狗玩具，使许许多多童心未泯的成年人惊喜不已。玩具的技术开发和销售开发面向成年人，是世界玩具业的新热点。

目前，我国成人玩具的开发还是一个空白，只是都市成年人（尤其是白领、金领）休闲娱乐的一小部分。但美好的前景正在崭露头角。要想成功地开拓这一巨大的潜在市场，就要求精明的企业家慧眼独具，仔细揣摩成年人娱乐、把玩的方式，用各种娱乐性、健身型、益智性的玩具产品突破传统简单的玩具概念，以适应成年人消费群体的需求。调查结果显示：34%的被访青年人认为他们需要智力参与和自己动手的复杂的智力玩具；29%的被访中年人则常钟情于消遣性、轻度运动型玩具；27%的被访成年女性则更喜爱一些拿在手里能把玩，摆在家里能起装饰作用的玩具；13%的被访者老年人则表示他们喜欢极具温情的小动物玩具、娃娃玩具。我国即将步入老龄化社会，随着人民生产水平的不断提高和经济科技水平的日益发达，适合于成年人和老年人的玩具产品的开发和制造，必将成为我国玩具市场的新热点。

二、玩具简介

玩具是将日常生活中的一些健身娱乐或休闲玩耍的项目，通过巧妙构思、设计，创作成为有趣的玩具，将智力发展和体能焕发融于高尚而愉悦的游戏中，具有帮助调节人体智力、体能和情绪的综合能力，有益于身心健康。

玩具按其适用性可分为健身型和益智型两大类。健身型玩具是采用机械、电子电动、光学、声学、美学等多方面的学科原理来激发人体机能的，使人活泼欢快、开朗健康。益智型玩具是采用经典传统的智力游戏，咫尺空间，方寸之内，才华横溢，充分展现人们的策划、分析、应变和决断能力，启动智慧、拓展思维，尤其适合高节奏的现代生活，可营造融洽温馨的亲情氛围，增进人们之间的相互了解，是奇迹创造的产品，也是创造奇迹的产品！

玩具按人类群体划分不外乎儿童型玩具和成年型玩具两大类。

儿童玩具主要有以下几种。

① 智力玩具：智力玩具受宠于家庭望子成龙的心理，是家长投资的首选，“寓教于乐”开发、启迪儿童的智力是它的手段，如智力积木、智力拼图、中英文学习机等十分紧俏。

② 模型玩具：电动模型的玩具最能吸引孩子们的童心，能够营造虚幻惊险的气氛，这些玩具价格不菲，但销售形势却十分看好。

③ 遥控玩具：主要有车、船、飞机、火箭等上百个品种。

④ 仿真玩具：模仿大自然里各种动植物的造型、声音、动作，有的属于工艺品。

⑤ 布娃娃：这类毛绒玩具形态各异、惟妙惟肖地展示人类和飞禽走兽的优美姿态，尤其深受小女孩们的青睐和喜爱。

成人玩具主要有以下几种。

① 智能型和挑战型玩具：这种玩具颜色朴实，动感尽现，英文称“Puzzle”，意为难题、谜、无法理解的事物。

② 减压型玩具：减压型玩具多是造型可爱、色彩漂亮的卡通玩具，女性顾客喜欢为它们“添置”合身的衣着和随身用品，以获取“安慰”和快乐。

③ 个性化玩具：美国迈特尔公司出品的“芭比”娃娃可以开口大笑，腰部也可以自由弯曲，深受美国女性的喜爱。

④ 童心型玩具：新奇的科技产品，让人们在真实的世界中感受到虚拟空幻的新鲜感觉。

⑤ 搞笑型玩具：这类玩具以意想不到的创意让人忍俊不禁、爱不释手，深受成年人的喜爱。

三、玩具加香

让玩具带上适当的香味以促进消费，是当今玩具生产厂的新课题。设计师们往往认为，人们购买化妆品、洗涤用品等会先闻一闻香味再决定是否掏钱，购买玩具时不会注意到香味，其实不然，由于玩具是放在家里的，如果有一款玩具的气味与家里各种用品的香味不协调的话，还是不行的。布娃娃、“芭比”娃娃、卡通玩具等带上特殊的香味就更有“个性”，更能吸引购买者；益智型、搞笑型、仿真型玩具带上适合的香味可增加“玩”的效果。

花香、果香、木香、各种香水的香型都适合于玩具加香，但塑料、橡胶做的玩具的香型较少，因为能耐热的香精的香型有限，当然如果采用微胶囊香精加香的话，香型会多一些。纺织品、竹木、金属等材料制作的玩具加香可参考前面各节介绍的方法灵活使用。有趣的是，最近有些别出心裁的厂家推出一系列带“臭味”的玩具，如垃圾桶、死鱼、尸体、医院等造型，还有小孩撒尿、拉屎、放屁等搞笑玩具，“逼”着调香师调配相关的臭味香精供使用。这当然难不倒调香师，再“臭”的香精也是可以调配出来的，只是想劝一劝这些“贪玩”的玩具生产厂家和年轻人——玩的同时请别污染环境！

第二十三节 文 具

讲到文具，第一个映入眼帘的是“文房四宝”，“文房四宝”是中国独具特色的文书工具。文房之名，起于我国历史上南北朝时期（公元420～589年），专指文人书房而言，以笔、墨、纸、砚为文房所使用，而被人们誉为“文房四宝”。四宝的品类繁多，丰富多彩，名品名师，见书载籍。四宝以湖笔、徽墨、宣纸、端砚著称，至今仍享盛名。文房四宝不仅有实用价值，也是融汇绘画、书法、雕刻、装饰等各种艺术为一体的艺术品。

文房用具除四宝以外，还有笔筒、笔架、墨床、墨盒、臂搁、笔洗、书镇、水丞、水勺、砚滴、砚匣、印泥、印盒、裁刀、图章、卷筒等，也都是书房中的必备之品。

文房四宝之首是毛笔。相传毛笔是秦代大将蒙恬创造的。晋人张华的《博物志》上就有“蒙恬造笔”的记载；南朝周兴嗣《千字文》中也有“恬笔伦纸”之说，都把蒙恬作为制造毛笔的始祖。

传统的毛笔不仅是古人必备的文房用具，而且在表达中国书法、绘画的特殊韵味上具有与众不同的魅力。

我国毛笔的产地很多，依产地和制作工艺的不同，大致分为“湖笔”和“湘笔”两个流派。浙江、江苏、上海、安徽以至北京所产均属“湖笔”系列；江西以南大体上属“湘笔”系列。

① 按笔头大小分为大、中、小三种。除一般的大楷、中楷、小楷外，再大的有京楂、斗笔、提笔、屏对等，再小的则有圭笔。

② 依据制笔的原料不同分为羊毫笔、狼毫笔、紫毫笔、兼毫笔几种。

羊毫类——笔头是用山羊毛制成的，羊毫笔比较柔软，吸墨量大，适于写表现圆浑厚实的点画，比狼毫笔经久耐用，此类笔以湖笔为多，价格比较便宜，一般常见的有大楷笔、京提（或称提笔）、联锋、屏锋、顶锋、盖锋、条幅、玉笋、玉兰蕊、京楂等。

狼毫笔——笔头是用黄鼠狼尾巴上的毛制成的，以东北产的鼠尾为最，称“北狼毫”、“关东辽尾”，狼毫比羊毫的笔力劲挺，宜书宜画，但不如羊毫笔耐用，价格也比羊毫贵，常见的品种有兰竹、写意、山水、花卉、叶筋、衣纹、红豆、小精工、鹿狼毫书画（狼毫中加入鹿毫制成）、豹狼毫（狼毫中加入豹毛制成的）、特制长峰狼毫，超品长峰狼毫等。

紫毫——笔头是以兔毛制成的，因色泽紫黑光亮而得名，此种笔挺拔尖锐而锋利，弹性比狼毫更强，以安徽出产的野兔毛为最好。

兼毫——笔头是用两种刚柔不同的动物毛制成的，常见的种类有羊狼兼毫、羊紫兼毫，如五紫五羊、七紫三羊等，此种笔的优点兼具了羊狼毫笔的长处，刚柔适中，价格也适中，为书画家常用，种类有调和式、心被式等；

除此之外，还有用鸡毫、山马、鼠须、猪鬃、白羊毛、青羊毛、黄羊毛、羊须、马毛、鹿毛、麝毛、獾毛、狸毛、貂鼠毛、鼠须、鼠尾、虎毛、狼尾、狐毛、獭毛、猩猩毛、鹅毛、鸭毛、鸡毛、雉毛、猪毛、胎发、人须、茅草等制成的笔。

③ 按笔毛长短分为：长锋，中锋，短锋。

④ 按笔管的质地分为：水竹、鸡毛竹、斑竹、棕竹、紫檀木、鸡翅木、檀香木、楠木、花梨木、沉香木、雕漆、绿沉漆、螺细、象牙、犀角、牛角、玳瑁、玉、水晶、琉璃、金、银、瓷等，不少属珍贵的材料。

⑤ 按笔的用途，还冠以雅号的有：冰清玉洁、珠圆玉润、右军书法等，此类笔多数质量

较好，大小适中，有数十种之多。

硬性之笔毛如：鬃毛笔，紫毫笔，狼毫笔，鼠毫笔。

软性之笔毛如：羊毫笔，鸡毫笔。

中性之笔毛如：兼毫（如三紫七羊毫、五紫五羊毫、七紫三羊毫等）。

写大字用大楷羊毫，写小字用紫毫、狼毫及兼毫（如能用小楷羊毫写小楷者更好），写行书隶书用羊毫，写甲骨宜用硬毫，写篆书隶书宜用羊毫。

墨给人的印象似稍嫌单一，但却是古代书写中必不可缺的用品，也是中国古代最早与香料结缘的商品之一。借助于这种独创的材料，中国书画奇幻美妙的艺术意境才能得以实现。墨的世界并不乏味，而是内涵丰富。作为一种消耗品，墨能完好如初地呈现于今者，当十分珍贵。

在人工制墨发明之前，一般利用天然墨或半天然墨来作为书写材料。史前的彩陶纹饰、商周的甲骨文、竹木简牍、缣帛书画等到处留下了原始用墨的遗痕。文献记载，古代的墨刑（黥面）、墨绳（木工所用）、墨龟（占卜）也均曾用墨。

人工制墨究竟始于何时，史料并没有准确的记载。相传第一个造墨的人，是周宣王时的邢夷。明罗欣《物源》上记载："邢夷作墨，史籀始墨书于帛"。经过这段漫长的历程，至汉代，终于开始出现了人工墨品。这种墨的原料取自松烟，最初是用手捏合而成的，后来用模制，墨质坚实。据东汉应劭《汉官仪》记载："尚书令、仆、丞、郎，月赐愉麋大墨一枚，愉麋小墨一枚。"愉麋在今陕西省千阳县，靠近终南山，其山松甚多，用来烧制成墨的烟料，极为有名。从制成烟料到最后完成出品，其中还要经过入胶、和剂、蒸杵等多道工序，并有一个模压成型的过程。墨模的雕刻就是一项重要的工序，也是一个艺术性的创造过程。

见于史书记载的第一个制墨人是三国时的韦诞（字仲将），有"仲将之墨，一点如漆"的美誉，他不仅是制墨专家，还是书法家。

制墨技术随着时代的发展，不断得到改进，唐代还设有制墨官。最为著名的制墨人要数易水奚鼐、奚鼎兄弟。他们总结前人的经验，改进前人的方法，以鹿角胶蒸而和之，制出的墨"丰肌腻理"、"光泽如漆"。奚氏从南唐定居安徽，南唐后主李煜因喜其墨而赐国姓李。他们所制的墨称为"李墨"，有"黄金易得，李墨难求"之说。李墨就是后来著名的"李廷珪墨"。

明代制墨业大多集中于皖南地区，形成歙县和休宁县两派。歙县派程君房创造"漆烟"制漆法，方于鲁创造了"前无古人"的"九玄三极墨"。休宁县的汪中山则是"集锦墨"的创始人，使得墨除了实用外，又成为具有艺术欣赏价值的工艺品。到了清代，墨更加注重审美性，大多图案设计、铭文款识都精美细致，具有艺术欣赏性和收藏价值。

墨之造型大致有方、长方、圆、椭圆、不规则形等。墨模一般是由正、背、上、下、左、右六块组成，圆形或偶像形墨模则只需四板或二板合成。内置墨剂，合紧锤砸成品。款识大多刻于侧面，以便于重复使用墨模时，容易更换。墨的外表形式多样，可分本色墨、漆衣墨、漱金墨、漆边墨等。

松烟墨用松树枝烧烟，再配以胶料、香料而成，墨色浓而无光，入水易化。

油烟墨用油烧烟（主要是桐油，并和以麻油或猪油等），再加入胶料、麝香、冰片等制成，墨色乌黑有光泽。油烟墨以质细而轻、上砚无声者为佳。

什么样的墨是上品呢。第一，质地坚细，所谓坚细是指质地紧实，磨出的颗粒细腻；第二，色泽黑亮，以黑得泛紫光为最上乘，纯黑次之，青光又次之；第三，胶质适中，太重粘笔，太轻则不浓；第四，香味宜人，以天然麝香与龙涎香为极品，书写在纸上能留香持久，甚至数十年后仍可闻到"墨香"。

纸是中国古代四大发明之一。一般人们皆知，纸是在东汉由蔡伦发明的（现在许多人认为应该更早一些）。纸的发明推动了世界科学文化的发展，蔡伦也因此被当代美国学者评选为对人类生活影响最大的一百位历史人物之一。东汉刘珍等人编著的《东观汉记》最早记载了蔡伦造纸的事迹。蔡伦造的纸以树皮、破布、渔网为原料，翻开了植物纤维造纸的历史。他造的纸被称为“蔡侯纸”。

隋唐五代，造纸术进一步得到发展，不仅原料扩大了，产地和品种也日益增多。

影响深远、驰名中外的宣纸，始于唐代，因产于安徽宣城而得名。主要原料为青檀树皮，辅以砂田稻草，既坚韧又柔软，寿命又长，有“纸中寿千年”的美誉，宜于书画。明清时成为宫廷及官府公文用纸和书画用纸，至今盛销不衰，成为书画家的首选用纸。

即使在机制纸盛行的今天，某些传统的手工纸依然体现着它不可替代的作用，焕发着独有的光彩。古纸在留传下来的古书画中尚能一窥其貌。

宣纸品类繁多，从配料来说，可分为棉料、净皮、特净皮三种；从厚薄分，又有单宣、夹宣、二层贡、三层贡等；从加工制作工艺又可分为生宣、熟宣、半熟化宣（生宣吸水性强；熟宣是生宣加以明矾等加工而成的，质硬而不吸水；半熟宣能够吸水，但不像生宣那么易于渗化）。

书法用纸还有毛边纸、竹帘纸、白关纸、七都纸、六吉宣纸、虎皮宣纸、腊笺、泥金笺、高丽笺等。

砚虽然在“笔墨纸砚”的排次中位居最末，但从某一方面来说，却居领衔地位，所谓“四宝”砚为首，这是由于它质地坚实、能传之百代的缘故。所以，现今社会上收藏“四宝”以砚最为多见，受人喜爱的范围也最为广泛。

砚的历史同墨一样悠久。20 世纪 70 年代末，在陕西姜寨新石器时代遗址中，出土了一套绘画工具，其中有石砚、研棒及砚盖，距今约 7000 年。1975 年，湖北云梦睡虎地秦墓出土的战国墨砚，是用鹅卵石打磨制成的。不过，那时的墨为天然矿石，因而砚还需用研棒辅助，才能将墨磨至细。砚这种附带磨杵或研石的形制从什么时候才开始发生改变，即取消磨杵或研石而接近于现在的砚呢？目前所知，要直到两汉时期。汉代由于发明了人工制墨，墨可以直接在砚上研磨，故不需再借助磨杵或研石研天然墨或半天然墨了。如此看来，磨杵或研石经过史前及夏商周共三千多年的漫长跋涉，才逐渐消隐，尽管今天已不为所用，但其为传播文化立下的功绩仍不可没。

古砚除了石砚外，还有用陶土烧成的陶砚，著名的唐代问世的“澄泥砚”即是陶砚中的名品；瓷砚，有南北朝时期的青瓷砚，宋时的影青瓷砚、绿瓷砚、龙泉瓷砚、建窑墨瓷砚等。除此之外，还有以汉魏宫殿瓦制成的瓦砚等。

石砚的品种很多，其中以端砚、歙砚最为名贵。

端砚是砚中极品，因产于端州（今广东肇庆）而得名，大约问世于唐武德年间（618～626 年）。《端溪砚史》称赞它“体重而轻，质刚而柔。摩之寂寂无纤响，按之如小儿肌肤，温软嫩而不滑”。它的优点是既不损笔毫，又易发墨。除此之外，端石还有着美丽的纹理，著名的有鱼脑冻、蕉叶白、青花、火捺、冰纹、石眼等。端砚从最初的讲求实用逐渐走向审美观赏，加工日愈繁细，除了形式多样的形质，还依其纹理雕刻以山水、人物、花草、鸟兽等各种图案。

歙砚约产生于唐开元年间（713～741 年），也因产地歙县而得名。其石呈青灰色，质地较端溪石软一些，发墨也逊于端砚，较易干。著名的品种有龙尾、罗纹、金星、眉子等。

除此之外，还有秦砖、汉瓦、玉砚、陶砚等。

在古代的文房书斋中，除笔、墨、纸、砚这四种主要文具外，还有一些与之配套的其他器具，它们也是组成文具家族中必不可少的一员。明代屠隆在《文具雅编》中记述了四十多种文房用品，通常较为常见的有以下几种。

笔掭：又称笔砚，用于验墨浓淡或理顺笔毫，常制成片状树叶形。

臂搁：又称秘阁、搁臂、腕枕，写字时为防墨沾污手，垫于臂下的用具，呈拱形，以竹制品为多。

诗筒：日常吟咏唱和书于诗笺后，可供插放的用具，多以竹制，取清雅之意。

笔架：又称笔格、笔搁，供架笔所用，往往作山峰形，凹处可置笔，也有人物和动物形的，或天然老树根枝尤妙。

笔筒：笔不用时插放其内，材质较多，瓷、玉、竹、木、漆均见制作，或圆或方，也有呈动植物形或其他形状的。

笔洗：笔使用后以之濯洗余墨，多为钵盂形，也作花叶形或其他形状。

墨床：研磨中稍事停歇，因磨墨处湿润，以供临时搁墨之用。

墨匣：用于贮藏墨锭，多为漆匣，以避湿防潮，漆面上常作描金花纹，或用螺细镶嵌。

镇纸：又称书镇，作压纸或压书之用，以保持纸、书面的平整。常作各种动物形。

水注：注水于砚面供研磨，多作圆壶、方壶，有嘴，也常作辟邪、蟾蜍、天鸡等动物形。

砚滴：又称水滴、书滴，贮存砚水供磨墨之用。

砚匣：又称砚盒，安置砚台之用，以紫檀、乌木、豆瓣楠及漆制者为佳。

印章：用于钤在书法、绘画作品上，有名号章、闲章等，多以寿山石、青田石、昌化石等制成，也有铜、玉、象牙章等。

印盒：又称印台、印色池，置放印泥，多为瓷、玉质，有圆有方，分盖与身两部分。

现代的文具则多得让人看起来眼花缭乱。单单笔就有钢笔、圆珠笔、可擦圆珠笔、“必备笔”、签字笔、礼品笔、毛笔、“软笔”、水性笔、中性笔、水彩笔、夜光笔、发光笔、闪光笔、蜡笔、铅笔、粉笔、“无尘粉笔”、电子笔、金属笔、塑胶笔、座台笔、镭射（灯）笔、激光笔、验钞笔、收音机笔、录音机笔和按摩笔等，簿籍就有练习本、大楷簿、中楷簿、小楷簿、算术簿、作文簿、外语簿、描红簿、日记本、周记本、电话本、笔记本、记事本、名片册、通讯录、万用手册、资料册、相册、邮集等，其他还有文具盒、书包、文件夹、纸类制品、皮塑制品、塑料制品、胶水胶棒、印盒印台、海绵地、调色盒板夹、复写板、墨盒、砯油、印泥、电子白板、白板笔墨水、磁性白板、涂改（修正）液、报刊架、杂志架、资料架、图纸架、展示架、资料袋、电子计算器、算盘、计算尺、美术和音乐学具、水彩、水粉、国画颜料、写字板、绿板、黑板、石膏工笔、名片座、笔座、放大镜、放大器、开信刀、便条盒、订书机、修正带、摇笔器、号码机、数字印章、报时贴、切纸刀、圆规、塑料尺、三角板、印台、各种墨水、地球仪、剪刀、尺类、图钉、橡皮擦、钢笔芯、卷笔刀、油墨等，这些文具可以按照它们不同的材料采用不同的加香方法，其中纸制品、塑料制品、橡胶制品、竹木制品等可以参考前面介绍的各种办法加香，这里重点介绍一些“特殊材料”的加香方法。

前面已经介绍过，墨汁用松烟或油烟（现代主要用炭黑，其实松烟和油烟也是炭黑）、香料或香精、胶（古代用牛皮胶、骨胶，现代则还可以用其他水溶性大分子材料）和水配制而成，香料或香精本来不溶于水，由于极细的粉末也是“乳化剂”，加上胶水的悬浮作用，只要先把香料或香精和“烟”（碳质粉末）搅拌混合均匀，再加到胶水里面搅匀即可“溶解”。胶水是微生物的“良好培养基”，所以墨汁生产时应加入足够量的防腐剂，香精里的部分香料有防腐作用，但如果单靠香料防腐的话，则要经过长期的“架试”观察，特别要经过梅雨天的考验不变质才能在生产中采用。加香墨块则是把香精、松烟或油烟、浓度很大的胶水混合均匀压块，再经过干燥、包装而成。

油墨是由有色体（颜料、染料等）、连接料、填充料、附加料等物质组成的均匀混合物，能进行印刷，并在被印刷物体上干燥，是有颜色、具有一定流动性的浆状胶黏体。油墨如按印刷版型来分的话，即分成凸版油墨、平版油墨、凹版油墨和滤过版油墨4种；如以干燥形式分类的话，可分为氧化干燥型油墨、渗透干燥型油墨、挥发干燥型油墨和凝固干燥型油墨等；如以产品用途分类的话，可分为书籍油墨、印铁油墨、玻璃油墨和塑料油墨等；如以产品特性分类的话，可分为安全油墨、亮光油墨、光敏油墨、透明油墨和静电油墨等；对目前的讨论来说，最好把它们分成醇溶性油墨和水溶性油墨两大类，因为香精都易溶于醇类，“醇溶性油墨”只要把香精加入搅拌溶解就是“加香油墨”了，而“水溶性油墨”则有可能要使用乳化剂才能把香精乳化加进油墨中。

油墨中的连接料是由各种油（包括动物油、植物油、矿物油）、有机溶剂或水、蜡（包括动物蜡、植物蜡、矿物蜡、合成蜡）和树脂（包括天然树脂、合成树脂）组成的，香精可以加入有机溶剂或各种油中溶解后再加入其他原料；用水作溶剂的有时也不一定要使用乳化剂，直接把所有原料混在一起强力搅拌均匀也可以让香精稳定地悬浮在油墨之中，这同“墨汁”的情形一样，如果预先把香精同颜料或染料混合均匀再加入其他原料会更好些，因为油墨中使用的颜料或染料是非常细的粉末，极细的粉末也是乳化剂。

油墨加香除了可以遮掩油墨的不愉快气味外，还可以起到防伪和识别的作用，以嗅觉感官来粗略地鉴别油墨中的某些组成特性，是一些有经验的油墨制造者惯用的手法。应当注意的是，有些香料如丁香油、迷迭香油等有抗氧化作用，这对于需要靠氧化干燥（如桐油、亚麻油等干性油）的油墨来说是有问题的，要尽量避免使用。

圆珠笔油墨可分成油基型油墨和醇基型油墨两大类，我国生产的圆珠笔油墨主要是醇基型的，其配方如下：

苯甲醇	30	醇酸树脂	36	三乙醇胺	4
颜料	30				

其中“醇酸树脂”的制造配方如下：

蓖麻油酸	24.4	邻苯二甲酸酐	36.3	苯甲醇	9.0
甘油	30.3				

把香精预先加在苯甲醇里就可以实现加香的目的，但要注意加入香精以后有可能影响油墨的干燥速度从而影响到书写（流利程度），所以加什么香精、加入量多少都要靠加香实验才能确定。另外有一点需要提请注意的是，苯甲醇与颜料的混合溶解时间要12h，温度80～85℃，长时间的高温会造成香料的挥发损失，最好是待颜料溶解后再加入香精。

涂改（修正）液也同油墨差不多，使用的原料是白色颜料（钛白粉为主）、连接料、填充料等，为了让它使用后快速干燥，其连接料中的有机溶剂用二氯甲烷、三氯乙烷、二甲苯、乙酸乙酯等，香精很容易溶解在这些有机溶剂里，只是这些有机溶剂气味浓烈，不易被香精的香味掩盖，所以涂改液香精要用沸点低的、香比强值又要大的香料调配。

漳州的“八宝印泥”自古以来闻名海内外，其中一“宝”是天然麝香，所以“正宗”的八宝印泥用鼻子就能辨别出来。现在制作印泥习惯上也加麝香，但主要用的是合成（人造）麝香，并且都是配成麝香香精然后加入印泥中的。印泥含大量的油质成分，先把香精加入油里面溶解再加其他原料，可以让香精在印泥中分布均匀。

粉笔的加香也是比较容易的，只要把香精加在高岭土、矿石或“煅烧石膏”粉里面搅拌均匀，石膏加水凝固以后，香精就在粉笔里面了。粉笔是疏松的物质，香味很容易散发出来，书写的时候会感觉更香。

铅笔的加香既可以把香精加在“木杆”中，也可以加在铅笔芯里，更可以加在油漆上。“木杆”的两半片一硬一软，软木比较容易加香，因此，只要把软木干燥后浸在香精溶液里片刻取出就完成加香“作业”了；铅笔芯是用石墨粉或其他颜料、填充料（主要是黏土粉）制成的，这些粉料都只要把香精加入混合均匀再压铸成型即可；用加香油漆（见下面的“油漆”一节）给铅笔加香是最简单的事了，只是留香不久，不如前两个方法好。

第二十四节　通讯器材

属于“日用品”的通讯器材指的是各种电话机、手机、传呼机、传真机、对讲机等，现代的人们除了睡觉以外几乎已经一刻也离不开它们了，让它们带上各种香味也是自然而然的事。最早加香的“动机”是“公用电话”，稍有医学常识的人都会担心一个话筒那么多人对着它讲话会不会传染疾病，而且随时拿起一个公用电话的时候都会闻到别人的“口臭”，令人恶心。有厂家看到了商业机会，生产了一种“香贴消毒片”，声称在使用公用电话前往话筒上贴一张“香贴消毒片”就可以预防传染病，而且香味宜人，不会再闻到别人的“口臭”了。有人再向前发展一步，设计生产了一种话筒，既有消毒的功能，又会散发香味。

现在一般的家庭里都装有电话，有的家庭已经不止一部，手机、传呼机也非常普及，差不多人手一机了，如果在接听电话的时候也能闻到香味，甚至可以设计根据不同的“来电号码”散发不同的香味，这样，闻到熟悉的香味脑海中就立即闪出那个人的身影，犹如来到面前讲话，对于热恋中的情人、夫妻、亲朋好友无疑拉近了距离，话聊得再多也不会觉得“乏味”；不想接听的来电一闻到气味就可以不接，这对于夜间休息时需要接听电话的人来说更是妙不可言——躺在床上连动都不要动就知道是谁来电话了！

至于让这些通讯器材带上一种固定的香味或者轮换散发不同的香味，其加香方法与一般的家具、家用电器、钟表等一样，这里就不再赘述了。

1. 手机加香机

利用紫外线进行灭菌、消毒；利用超声波振荡原理，超声波在液体中传播时的声压剧变使液体发生强烈的空化和乳化，产生强大的冲击力和负压吸力，使加香剂、消毒剂渗入手机内部的机器。

手机被称为“细菌的温床”，在使用过程中难免会沾上汗渍、油渍、灰尘和脏物，这些污物为细菌和病毒提供理想的生存繁衍环境，严重的危害了人体健康，同时也影响手机的美观。手机加香机通常包括定位清洗、双重长效加香、三重杀菌消毒三大功能，使处理后的手机焕然一新。手机加香业在美国、欧洲、韩国、香港等国家和地区已经成为一种健康时尚的消费理念，深入人心，而国内这一前所未闻的全新行业才刚刚开始，也必将掀起一层又一层的流行风暴，和媒体一波又一波的疯狂追捧。

使用手机专用的加香剂即可对手机进行渗透熏香和固化，使其缓慢释放香气，发香时间达1～6个月。

2. 手机清洗

利用每秒钟能产生数百万计的超声干洗波，能对手机表面细小缝隙孔道内的脏物进行清理，使手机焕然一新，并且清洗过程中不会对手机表面、电子元件及功能造成任何损害。

3. 手机消毒

① 手机加香剂内含消毒剂，能杀灭手机表面的细菌；

② 采用紫外线对手机进行灭菌；

③ 通过超声波强大的灭菌作用将细菌杀死。

4. 使用方法

(1) 涂抹香料

① 使用前准备工作，手机关机，手机电池取下。

② 将棉签沾上手机专用加香剂涂在手机键盘及侧面缝隙里，同时还要取下手机电池，电池盖里侧及手机里面缝隙处，如果想要香味时间更长，可以再多涂一次。把以上动作再重复一次。

③ 加装内置香料。把片剂贴在电池上。

(2) 机器的操作

① 手机保持关机，电池取下，电池不得放入加香机操作。

② 把涂好加香剂的手机放入专业配置的辅助工具上，直板手机放在塑料篮里，翻盖手机请放入弧形塑料支架上，再一起放入加香槽内。

③ 将主机电源插入电源插座内，此时 LED 显示屏将显示待机动画，说明电源已经接通，等待下一操作。

④ 轻按第一个按钮，主机开始工作（此时加香与紫外线同时启动，开始加香、固香），这时屏幕上显示当前的工作次数，工作 3min（180s）后将自动停止。

⑤ 取出手机。

⑥ 检查有无液体留在电源接口或者线路板上，如有要擦拭干净，把粘贴内置香料片剂的电池安装到手机上。

⑦ 加香过程结束。

⑧ 轻按第二个按钮，即可查看累计工作次数。

⑨ 如果需要自己调节固香时间时，先轻按下第二个按钮，每按一次可加 1min，当时间设置好后，再轻按下第一个按钮即可开始固香工作。

⑩ 随着电池散发热量，香味会不断沁出。以上加香的手机可以保持香味超过一个月，甚至更久。

第二十五节　灯　具

自从爱迪生发明电灯让世界“告别黑暗、走向光明”以来，到了今日，电灯已经不仅仅用于照明，人们赋予它们太多太多的功能。每到夜间，漫步街头，满目都是灯的世界；回到家里，灯具也不少，富裕人家更是把最新款式的灯具当作装饰品，安装在显眼的地方炫耀。现代的灯具真的是琳琅满目，连生产灯具的工厂管理人员都说不清现在灯具“品种”到底有多少，随便上网浏览一下，“灯具”项下一大堆广告扑面而来：普通电灯、日光灯、台灯、吊灯、吸顶灯、壁灯、落地灯、座灯、吧台灯、埋地灯（水下灯）、石头灯、柔光管、护栏灯、礼花灯、椰树灯、七色变幻数码管、美耐灯、防水树灯、景观灯、低压灯、餐吊灯、工程灯、霓虹灯、水晶灯、筒灯、大理石灯、格栅灯、应急照明灯、节能灯、工矿灯、路灯、泛光灯、卤素灯、投光灯、感应灯、庭院灯、烟花灯、爆竹灯、动感灯、虹光艺术拼灯、电子装饰灯、交通信号灯、球场灯、草坪灯、蜡烛灯、变色灯、陶瓷灯、水珠灯、石英灯、反射筒灯、中秋灯、元宵灯、龙凤蜡烛灯、走马宫灯、荧光灯、氧吧台灯、礼品台灯、星星灯、万向旋转灯、发光灯笼、流星灯、节日灯、灯串、灯网、窗帘灯、冰条灯、放电灯、米炮灯、循环灯、音乐灯、循环带灯、隧道灯、场致发光灯、射灯、树脂灯、镜前灯、镜画灯、浴室灯、画灯、天花射灯、酒柜灯、光纤灯、数码灯、动感流水画灯、水柱灯、水母灯、喷泉风水灯……让你目不暇接，看不完，数不清。这些灯具遍布世界各个角落，人类如要实现"全世界都充满香"的话，只要让这些灯具都能散发香味就行了。

让各种灯具带上香味、散发香味需要许多技巧——组成灯具的材料有金属、玻璃、陶瓷、石头、塑料（包括有机玻璃）等，这些材料都难以直接加香，塑料制品可以用耐热香精或者微胶囊香精在"注塑"的时候加进去，陶瓷采用"微孔陶瓷"（素烧陶瓷）就能吸收液体香精，而金属、玻璃和石头与香精"格格不入"，得想办法在适当的位置钻孔、加进香精以后用能传递散发香精的塞子塞紧，或者在整体设计的时候留下散香的孔、洞、缝隙，让香味从这些空隙散发出来。大型灯具可以布设"机关"，自动或手动、定时或不定时地散发一种或者几种香味，例如音乐喷泉就可以设计成根据灯光、音乐的节奏间断地飘出不同的香味以增加乐趣，香味的释放采用喷雾、加热、超声波等方式，这在前面都有过介绍，可以参考。

普通照明用的"电灯"灯泡在使用的时候会发热，这正好可被利用来散发香味——有人设计了一种装置，在灯泡工作的时候，定时滴放香精在灯泡上面，香精遇热挥发就把香味扩散开来。如果在这套装置里放置几种不同香味的香精，并按预先设计的方案自动控制轮流滴在灯泡上，即能经常变换气味，效果更好。

自然界各种"单体香"像茉莉花、玫瑰花、百合花、桂花、金合欢花、栀子花、白玉兰花等花香和苹果、菠萝、草莓、桃子、香蕉、柠檬等果香以及檀香、柏木等是目前各种灯具加香和散发香味的主要香型，这些香味男女老少均喜欢，百闻不厌。

第二十六节　钟　表

"香味闹钟"估计读者已经不止一次听说过了，利用钟表准时散发特定的香味以调节人们的生活、工作和学习，这个想法由来已久，只是市场上不知为何一直看不到。钟表制造厂迟迟未见动手，他们在等调香师"把香精调出来"，其实调香师早就调好了，也做了大量的动物实验和人群测试工作，证实各种香味对人实实在在的影响，在等待着钟表厂来"取货"——看起来问题出在调香师和钟表厂的"沟通"不足上面。

家庭用的"香味闹钟"只要5种香味就够了：早晨，清凉的薄荷气味把你从睡梦中唤醒，并逐步改变睡懒觉的坏习惯；三餐前，"美味佳肴"的香味把你的肚肠诱得咕咕叫；看书、看电视、听音乐、与亲友聊天在充满温馨气息的环境里度过；做家务劳动时，飘过来一阵阵茉莉花的清香，让你忘掉疲乏；临睡时，"安眠香水"就像"瞌睡虫"一样，偷偷地布满你的卧室，催你早早进入梦乡。

办公室、工厂里的"香味闹钟"也只要4种香味就够了：上班时间快到，"催促集合"的香味让你不知不觉加快脚步；工作时间，可以"提高效率、减少差错"的香味弥漫，过一段时间"插播"原始森林气息；下班前飘来一阵"警觉"香味，让你记得收拾好工具，关好门窗，回家的路上开车小心。

其他地方的"香味闹钟"也大同小异，增减几个香味就是了。

至于香味如何散发，可以参阅前面介绍的加热、吹风、超声波"雾化"等方式，把这些装置安装在闹钟里，用电池或者交流电作为电源。

手表、怀表、秒表等体积小，不能像“香味闹钟”那样同时存放多种香精，只能固定散发一种香味。在表里适当的角落里置放液体香精并用会传递散发香味的“盖子”或塞子封紧，也可以放微胶囊香精并用胶黏剂固定住，香精要用香比强值、留香值都较大的，才能适应这种“既要省、又要猛”的特殊要求。

第二十七节 伞

现代的伞有晴雨伞、直骨伞、两折伞、三折伞、广告伞、太阳伞、沙滩伞、钓鱼伞、高尔夫伞、“拐杖”伞、防紫外线伞、沙滩伞、庭院伞、风景色丁伞、遮阳休闲伞、动物伞、礼品伞、舞台表演伞等，是家家户户的必备用品。制伞的材料有纸、布、丝绸、油布、塑料、竹、木、金属等，加香可以在伞面上，也可以在“伞骨”里。有一种“双层伞”里面是布做的，布用的是“香布”（布的加香方法可参考前面“纺织品”一节），外面是塑料薄膜，伞打开的时候香味扑面而来，很受欢迎。在“伞骨”里面加香也有许多方法，竹、木材料可以预先干燥后再浸泡在香精的乙醇溶液里数小时，让香精进入“骨子”里面；塑料可用前面介绍“塑料制品”加香的方法；金属材料不好直接加香，因为金属“伞骨”都是空心（金属管做的）的，可以在里面装“凝胶香精”，在“伞骨”的某一个位置有散香孔，打开伞子的时候散香孔也被同时“推”开，香味散发出来。

伞加香用的香型可以较随便，以大自然的各种“单香型”为主，如茉莉、玫瑰、铃兰、栀子、桂花、白玉兰等花香，苹果、桃子、草莓、菠萝等果香，檀香、柏木、花梨木等木香都可以使用。广告伞香型的选用则应该与广告内容协调、合拍，如宣传的产品有香味，则最好就用该产品的香型，可以起到更好的宣传效果。

第二十八节 餐　具

传统的餐具有中式餐具、日式餐具、西餐餐具等，制作餐具的材料有竹、木、陶瓷、金属、塑料等，它们几乎与香精都“无缘”——人们并不希望筷子、刀叉、碗、碟、盘、杯、盅、罐、瓶等这些与食物直接接触的物品有香味，以免影响食物的“本味”。现在“地球变小”，成“地球村”了，常用的餐具已大同小异，加上生活节奏的加快，人们出门旅游多了，快餐成了真正的“家常便饭”，许多餐具都是“一次性消费”的。近年来，由于人们环保意识的加强，希望被丢弃的餐具“可降解”、不污染环境，出现了用纸浆、芦苇、甘蔗渣、竹子、芒杆、龙须草、麦草、稻草、谷壳、锯木屑等纤维素材料及淀粉配合各种塑料原料制作的“环保餐具”、“绿色餐具”，这些餐具或多或少有点异味，加香问题便不得不提出来了。

给快餐盒加香，目的是掩盖天然材料与合成材料的不良气息，选择香型是非常重要的。一般都是选用“可食性的”香味如水果香（香蕉、菠萝、草莓、桃子、李子、梨子、甜瓜、哈密瓜、西瓜等）、熟食香（饭香、煮面香、炒豆香等；鱼、虾、蟹、牛肉、猪肉、鸡肉、羊肉等的香味属于“专用型”，要与快速食品的调味料一致，否则“串味”反而不好）之类的香精，“香草”（香荚兰豆的香味）香精是“通用”的（对甜食性和咸食性食品都能适合），也较常用。香精的加入量宜少不宜多，以刚好能掩盖“异味”让人们嗅闻到极淡的香味就行了。配制这种香精的香料全部应为食品级（也就是有 FEMA 编号的）的，因为餐具与食品直接接触。

“环保型”快餐盒的制作有“冷压成型”和“热压成型”两种方法，前者加香比较容易——只要把香精喷加在待压制的纤维素材料里搅拌均匀，压出后盒子就带上香味了；后者就跟“塑料制品”的生产工艺一样，要使用耐热的香精，所以可供选用的香型较少，用的香精也要多一点，因为香精遇热免不了要挥发损失一部分，也可以用可食用的微胶囊香精加香。

第二十九节 体育用品

随着全民健身运动的兴起，体育用品也开始走进千家万户，成为平民百姓的日常用品，几乎每一个家庭都或多或少有几件体育用品，如各种球类——乒乓球、羽毛球、台球（桌球）、高尔夫球、排球、沙滩排球、篮球、足球、橄榄球、网球、垒球、保龄球、手球、曲棍球、水球、冰球、棒球、垒球、藤球、壁球等以及钓鱼、潜水、游泳、冲浪、划船、赛艇、滑雪、飞镖、赛马、举重、溜冰、射击、滑板、自行车、标枪、铁饼、铅球、链球、登山、跳绳、双杠、高低杠、鞍马、平衡木、吊环、哑铃、武术和健身器材、运动服装等，这些体育用品目前加香的还不多，有“潜力”可挖。球类一般是不加香的，除非制作球类的材料（橡胶、塑料、羽毛、皮革等）有不良气息，加香的目的也只是为了掩盖这些不良气息而已，并不要求有太多的香味。而各种球拍、球杆、球棒、球桌、球网、球架、护具等如果带有香味的话，无疑会增加许多乐趣，让使用者更加喜欢它们。其他体育用品尤其是放在家里的各种器材也都很有必要加香，香味使它们更有魅力，更能增加对体育锻炼的兴趣；有的香味可以消除疲劳，提高自信心；有的香味能唤起“团队意识”，增强凝聚力。

给各种体育用品加香，主要依加香“对象”的制作材料而定。橡胶、塑料、皮革、纺织品、木制品等的加香方法前面已经都有介绍过，可以参照使用。下面只介绍几个体育用品特殊的加香方法。

钓鱼用品——可以给饵料加上被钓鱼类最喜欢的香味，如鱼虾的腥味、蚯蚓等小动物的气味、洋葱味等，增加“上钩率”，也增加钓鱼的乐趣。市场上已经有加了各种香味的塑料鱼饵出售，据说“效果”还是相当不错的。

高尔夫球——有人喜欢带着爱犬去打高尔夫球，让爱犬“代劳”追捡打出去的球，如果让高尔夫球带上爱犬喜欢的香味，追球的积极性肯定大大提高！

保龄球——给自己专用的保龄球加上自己特别的香味（只要用棉花沾上香精塞进保龄球的三个小洞里就行了），据说在每一次抛球前的一刹那闻到熟悉而又喜爱的香味会有一种亲切感而自信心倍增，“击中”的概率自然也就高得多了！

各种球拍、球杆、球棒——这些都是个人专用的，给它们带上自己特别喜欢的香味，在使用的时候闻到熟悉的香味会增加自信心，与保龄球加香一样。

运动服装、鞋类——它们的加香可以参阅“纺织品”一节。篮球、足球、橄榄球、手球、棒球、曲棍球、水球等活动需要唤起“团队精神”，可以使用本队队员共同喜欢的香味，平时训练、生活在一起经常闻到该香味，既熟悉又喜爱，比赛时一闻到这熟悉的气味马上知道是“自己人”，连回头看一下的时间都省掉，赢的机会增加了许多。由于各种各样的体育活动肯定要多流汗，所以使用的香精要能掩盖“汗臭气”，最好是“清爽”一点的香精。鞋类可以加入止汗剂。

第三十节　乐　　器

乐器作为人们享受艺术熏陶、提高自身素质的精神产品，其作用随着社会的进步将会越来越大。乐器有钢琴、电子钢琴、电子琴、口琴、柳琴、扬琴、风琴、大小提琴、马头琴、秦琴、吉他、电吉他、贝司、琵琶、筝、古筝、阮、三弦、月琴、京胡、二胡、椰胡、小号、圆号、长号、太阳号、长笛、短笛、仿唐笛、竖笛、口笛、单簧管、双簧管、巴松、萨克斯风、笙、萧、排箫、唢呐、编钟、锣、镲、爵士鼓、手铃、云板、星（碰铃）、埙、葫芦丝、马林巴等，还有各种民族的、地方的、古代的乐器，有的已经失传，也有新的品种在不断地创造出来。虽然较贵重的乐器的销售量与一个地方的人们的经济收入息息相关，但更为重要的是文化方面的影响。例如我国十年浩劫期间，绝大多数人们的生活处在温饱线以下，但“人均拥有”的乐器数量并不比现在低，当然“高档”的乐器是一般人可望而不可即的“奢侈品”，而笛子、口琴、二胡等即使在乡下也随处可见。改革开放以后，一部分人先富起来，有的到现在已经腰缠万贯，成为千万富翁、亿万富翁，价值上万，甚至几万、几十万的高档乐器也买得起了，“眼睛的享受”有了，“耳朵的享受”也有了，现在该考虑一下“鼻子的享受”了。

有人喜欢在钢琴上放一束香味扑鼻的鲜花，有人觉得在“温馨”（令人愉悦的香味气氛中）的烛光晚会上演奏一段美好的曲子特别兴奋、久久不忘，还有人更是不辞劳苦抱（背、扛）着心爱的乐器到海边、沙滩、田野、山谷等地一面享受大自然的“气息”一面弹奏自己喜欢的乐曲，自然界的芳香能激起他们的“灵感”，实现一次次艺术的“再创造”。乐器制造商们从中发现了商机——为何不让乐器带上或者“随机”散发某些特定的香味呢？

体积较小的乐器可以让它们带上固定的香味，加香的方法因乐器的制作材料而异：竹木制品可以在充分干燥以后“喷雾加香”、“涂抹加香”或“浸渍加香”（投入香精或香精的乙醇溶液中片刻取出，让香精进入内部）；塑料可以用微胶囊香精或“耐热香精”直接加香（见本章“塑料制品”一节）；金属制品加香最难，只能在乐器的“内部”涂抹带香味的涂料，但涂抹的位置要恰当，不能影响音色和发音；国外有用特殊处理技术让金属表面产生“网状结构”（或者叫做“微孔金属”）而能吸收香精但肉眼却看不出来，这个方法还有一个好处就是当乐器“休息”的时候散香较少，演奏的时候由于振荡香味散发得多一些，符合“节约的原则”。

体积较大的乐器如钢琴、电子琴、风琴、手风琴、大提琴、马头琴、编钟等可以让它们在演奏的时候不断地变换香味，如再设计一套“散香软件”并把它与“散香开关”结合起来的话，就可以根据演奏出的旋律散发“配套”的香味出来，音乐的魅力与香味的魅力有机地结合在一起，“气氛”自然更加不同寻常。这种加香和散香方法请参阅前面“家用电器”一节。

第三十一节　油　　漆

油漆也属于“涂料”，只是人们一提到“涂料”想到的往往是“建筑涂料”，把油漆给“忘”了。油漆的第一个作用是保护表面，第二个作用是修饰作用。以木制品来说，由于木制品表面属多孔结构，不耐脏污，同时，表面多节眼，不够美观。油漆能同时解决这两个问题。

油漆的品种很多，在这里只简要介绍与日用品有关的油漆，也就是一般家具和家庭中使用的油漆（下面提到的“油漆”指的都是“家用油漆”）。也只有这部分油漆的加香比较重要，其他油漆加香较少，需要加香时也可参考下面介绍的方法。

1. 油漆的分类

① 按部位分类——主要分为墙漆、木器漆和金属漆。墙漆包括外墙漆、内墙漆和顶面漆，主要是乳胶漆等品种；木器漆主要有硝基漆、聚氨酯漆等；金属漆主要是磁漆。

② 按状态分类——可分为水性漆和油性漆。乳胶漆是主要的水性漆，而硝基漆、聚氨酯漆等多属于油性漆。

③ 按功能分类——可分为防水漆、防火漆、防霉漆、防蚊漆及具有多种功能的多功能漆等。

④ 按作用形态分类——可分为挥发性漆和不挥发性漆。

⑤ 按表面效果分类——可分为透明漆、半透明漆和不透明漆。

2. 油漆的品种

(1) 木器漆

① 硝基清漆——硝基清漆是一种由硝化棉、醇酸树脂、增塑剂及有机溶剂调制而成的透明漆，属挥发性油漆，具有干燥快、光泽柔和等特点。硝基清漆分为亮光、半哑光和哑光三种，可根据需要选用。硝基漆也有其缺点：高湿天气易泛白、丰满度低，硬度低。

② 手刷漆——与硝基清漆同属于硝基漆，它是由硝化棉、各种合成树脂、颜料及有机溶剂调制而成的一种非透明漆。此漆专为人工施工而配制，更具有快干的特征。

硝基漆的主要辅助剂有两种。

天那水——它是由酯、醇、苯、酮类等有机溶剂混合而成的一种具有香蕉气味的无色透明液体，主要起调和硝基漆及固化作用。

化白水——也叫防白水，学名为乙二醇单丁醚。在潮湿天气施工时，漆膜会有发白现象，适当加入稀释剂量10%～15%的硝基磁化白水即可消除。

③ 聚酯漆——它是用聚酯树脂为主要成膜物制成的一种厚质漆。聚酯漆的漆膜丰满，层厚面硬。聚酯漆同样也有清漆品种，叫聚酯清漆。

聚酯漆在施工过程中需要进行固化，这些固化剂的分量占油漆总分量的1/3。固化剂也称为硬化剂，其主要成分是TDI（甲苯二异氰酸酯）。处于游离状态的TDI会变黄，不但使家私漆面变色，而且会使邻近的墙面变黄，这是聚酯漆的一大缺点。目前市面上已经出现了耐黄变聚酯漆，但也只能做到“耐黄变”，还不能完全防止变色。另外，超出标准的游离TDI还会对人体造成伤害。

④ 聚氨酯漆——聚氨酯漆即聚氨基甲酸漆。它的漆膜强韧，光泽丰满，附着力强，耐水、耐磨、耐腐蚀，被广泛用于高级木器家具，也可用于金属表面。其缺点主要有遇潮起泡、漆膜粉化等；与聚酯漆一样，也存在着变黄的问题。聚氨酯漆的清漆品种称为聚氨酯清漆。

(2) 内墙漆和外墙漆

内墙漆和外墙漆就是建筑涂料，前面已有介绍，不再重复。但外墙漆有时也用油性漆，一般也不加香。

(3) 防火漆

防火漆是由成膜剂、阻燃剂、发泡剂等多种材料配制而成的一种阻燃涂料。

从上面简要的介绍已经可以大致知道一般油漆应当如何加香了。香精可以溶解在油性漆里，油漆“干”了以后香味可以从“漆膜”里面散发出来，并且油漆里有许多成分还可以使香精挥发得慢一些。但硝基漆等使用了大量的低沸点有机溶剂，这些低沸点有机溶剂大都气味浓烈，要想用香精把它们的气味全部掩盖住是不可能的。调香师只能把这些低沸点有机溶剂当作“头香成分”来调配香精，也就是香精里有一部分香比强值大的香料能与低沸点有机溶剂组成闻起来比较舒适一点、不会那么令人讨厌的气味。比如“香蕉水”既然已经有点香蕉的气味了，那就干脆把它调配成更接近于天然熟透了的香蕉气味好了，这样在油漆施工的时候操作人员和周围的人们才不会太难受，而等到溶剂挥发尽了以后，留下的是淡淡的清香。

第三十二节　胶　黏　剂

现代人已经越来越离不开胶黏剂了，虽然不一定每一个人都经常使用胶黏剂，但你身边的所有物品几乎都用胶黏剂胶结，只是你不注意罢了。对本书讨论的“日用品加香”来说，胶黏剂的意义更大，因为有许多材料如金属、玻璃、陶瓷、塑料、石头等难以加香，如果把香精加在胶黏剂里就很容易附着在这些材料上，当然，涂抹“加香”胶黏剂的地方要“隐蔽”，必要时采用钻孔、留缝等方法然后塞进加了香精的胶黏剂。

胶黏剂有葡萄糖衍生物胶黏剂、氨基酸衍生物胶黏剂、天然树脂胶黏剂、无机胶黏剂、合成树脂胶黏剂、橡胶黏合剂、瞬间胶黏剂、厌氧胶黏剂、结构胶黏剂、应变胶黏剂、热熔胶黏剂、微胶囊胶黏剂、压敏胶带（不干胶）等，这些胶黏剂加入香精的方法多种多样——用水作溶剂的可以把香精直接加入搅拌乳化进去（与建筑涂料一样），必要时加点表面活性剂帮助乳化；用苯、甲苯、二甲苯、乙酸酯类、醇类、石油类等作溶剂的加香更加方便，因为这些有机溶剂都能溶解香精，只要把香精加入搅拌均匀就行了，但使用的香精的“香比强值”要比较大的，而且选择要有技巧，否则难以掩盖有机溶剂的“臭味”；不用溶剂的胶黏剂加香比较难一点，因为大部分都是热熔物质，可以用比较耐高温的香精（用高沸点香料配制而成），在这些胶黏剂加热熔化时加入香精搅拌均匀。

加入香精的目的假如只是掩盖胶黏剂的不良气息，除了含大量有机溶剂的品种以外，一般香精的用量较少，低于1%；如含大量有机溶剂，香精也不必加到把有机溶剂的气息全部掩盖住的程度（这一般也做不到），只要选择香精的头香可以同所用的有机溶剂组成令人不太厌恶的气味、用量刚够也就行了，因为有机溶剂和香精的头香成分挥发以后，留下的胶黏剂就变香的了。如果加入香精的目的是给其他物品加香的，那么香精的用量就要大多了，一般为3%～8%，有时可以加到10%～20%，只要不让配好的胶黏剂变得太稀就行了。使用大量有机溶剂的胶黏剂可以把香精也算在有机溶剂的用量里，甚至全部用香精来溶解（橡胶、树脂等）、配制胶黏剂，也就是说，香精也是有机溶剂。

第八章　精油用于加香等

第一节　加香香型的世界性流行趋势

如同时装一样，全世界食品和日用品的流行香型也呈现周期性的变化，而且有一定的规律可循，这对于从事食品和日用品开发的研究人员来说，无疑是一件好事。

诚然，世界性流行香型经过一个周期以后，并不是原封不动地回到老地方、百分之百地重现历史，而是随着科学技术的进步、人类物质文明和精神文明程度的提高、审美的角度等而有所变化、有所前进的。

纵观几百年来全世界日用品香型的流行趋势，几乎离不开这么一个规律：都是单花香型-复花香型-百花香型-花果香型-幻想香型-怪诞香型……然后又回到单花香型，进入下一个循环。

为什么会有这么一个规律呢？这是因为在上一个循环周期的最后阶段，当调香师们绞尽脑汁再也配制不出更加“怪诞”、“离谱”而又能够畅销全世界的香水时，只好回过头来，向世人宣称只有“上帝”才是“万能的”，号召再一次“回归大自然”，自然界的花香是最“完美”的香气，从而开始单花香的流行；一段时间以后，人们尝遍了各种大自然的花香以后，又不满足了，两三种、三五种花香的“最佳组合”成为时尚；再过一段时间后，“百花香型”登场了；所有的花香组合在一起都不能满足人们的享受需求时，自然界里的水果香、草木香、药香、豆香、膏香、动物香等开始轮流“登堂入室”，各领风骚；调香师艺术家的本质此时得到充分的发挥，完全凭天才的想象创造出来的幻想香型像走马灯似地一个个登上舞台；当幻想香型发展至极致、各种怪诞离奇的香型大量涌现时，一个周期已接近尾声，下一个循环即将开始……所谓“时尚”就是这么一回事，它符合“从简单到复杂，又从复杂到简单”的自然规律。

有趣的是，这次“世纪交替”也适逢世界流行香型又一个周期的开始，而且这个开始来得最简单明了——干脆流行天然精油的直接使用！每一种天然香型——包括各种花香、果香、药草香、动物香等都出来再一次接受世人的检阅，并重新评价。“芳香疗法”的世界性大流行宣告这一个周期将与前几个周期有很大的不同，但终归脱离不开它的自然规律。

食品香型的变化相对来说比较简单一些，不管是甜味食品还是咸味食品，也都是从简单到复杂，又从复杂到简单，循环衍变不止。如甜味香型，最早是使用香蕉、菠萝、草莓、柠檬、柑橘等单一水果香型，后来开始变得复杂一些，调香师发现有几种香型合在一起香气和谐，消费者乐意接受，就陆陆续续推出了几种复合香型的食品进入市场。再后来，出现了像可口可乐、巧克力等“人造”香型，逐渐成了许多人的嗜好，想改都改不掉。咸味食品也是这样，从单一的香辛料到“五香粉”、“咖喱粉”、“沙茶辣”、“十三香”，香料的配方单越来越长，单一的“牛肉香”、“鸡肉香”、“猪肉香”、“海鲜香”等也开始混合使用，再加上香辛料，像“佛跳墙”那么复杂的香型都出现了。但流行一段时间以后，调香师使出浑身解数也实在创造不出什么新的令人喜爱的香型时，单一香型又流行起来了。

第二节　芳香疗法和芳香养生

古今中外，芳香疗法一直伴随着人们的生活，有资料表明，中国早在两千多年前就已熟悉并运用芳香药物治病。传说中埃及艳后克里佩脱拉睡觉用的枕头里装满玫瑰花瓣，所罗门国王睡床上铺满香料，土耳其民间用玫瑰及其产品治疗皮肤病、肠胃病等，而华人制造的“虎标万金油”更是家喻户晓。但是，“芳香疗法”（aromatherapy）这个词直到20世纪60年代才由法国医生金·华尔奈特提出，而后在欧美澳洲乃至全世界流行开来。

什么是“芳香疗法”呢？其实就是利用各种各样的香气和释放这些香气的物质，使人舒爽、愉悦、安宁，达到身心健康的自然疗法，通过人吸入香气后在心理方面起作用来调动人体内积极因素抵抗一些致病因子，来治疗、缓解、预防各种病症与感染，已被实践证明是一种行之有效的方法。

养生，原指道家通过各种方法颐养生命、增强体质、预防疾病，从而达到延年益寿的一种医事活动。所谓生，就是生命、生存、生长之意；所谓养，即保养、调养、补养之意。总之，养生就是保养生命，使之绵长的意思。所以“芳香养生”就是通过各种各样的香气和释放这些香气的物质，使人舒爽、愉悦、安宁，达到身心健康的一种自然养生方法。

一、芳香疗法和芳香养生精油

精油一般指的是天然香料油，是由许多种不同的有机物组成的。精油早期并不被人们当作治疗药物使用，可是随着时代的变迁，科学的进步，精油的医疗效果不断被证明，芳香疗法和芳香养生精油也逐渐被人们接受，使用的频率增加了，应用的范围也越来越广。

下面介绍各种精油的性能与疗效，其内容来自世界各地有关芳香疗法、芳香养生的书籍、资料，有“经验之谈”，也有一些是商家推广产品的说明性文字，部分内容未经严格的科学测试和认定，只凭以往的经验和“自然推理”作为证据，有的言过其实，或以讹传讹，包含着类似“传统医学”甚至“巫医”学说的痕迹，这里摘录一些仅供参考，请读者自辨，去伪取真，在没有十足的把握时应慎用，实际应用时注意观察、总结，有可能时多做实验、研究、提高，以推动其健康发展。

(1) 薰衣草（LAVENDER）油

在芳香疗法中使用最多、用途最广的精油之一，是一种相当柔和的精油，有镇静、促进胆汁分泌、愈创、利尿、通经、催眠、降血压、发汗等作用，可平衡情绪、放松精神，使人心情开朗，有帮助睡眠、安抚心情、净化空气的作用。可平衡油脂分泌，促进细胞再生、改善疤痕、晒伤、红肿、灼伤、偏头痛、鼻黏膜、皮肤老化与干燥皮肤炎、湿疹，消毒驱虫，有助沉思记忆。

身体疗效：对心脏有镇静效果，可降低高血压、安抚心悸，有改善失眠的作用；对呼吸系统有帮助；可处理支气管炎、气喘、黏膜发炎、感冒、喉炎及喉咙感染，刺激胆汁分泌以帮助消化脂肪；对月经方面的问题也很有帮助，如流量太少、痛经、白带等。

皮肤疗效：它能促进细胞再生，淡化疤痕，平衡皮脂分泌，因此，对所有的皮肤状况都是很有价值的；治灼伤与晒伤的功效也是名闻遐迩；是一种很好的护发剂，对秃头有些帮助。

注意事项如下。

① 薰衣草有三个品种："正"薰衣草，"杂"薰衣草和"穗"薰衣草。上面讲的是"正"薰衣草油，它可以镇定神经，降血压，有安眠作用。而"穗"薰衣草油正好相反，有提神、兴奋、消除疲劳的作用。"杂"薰衣草是"正"薰衣草和"穗"薰衣草的杂交种，很少用于芳香疗法。

② 孕妇忌用。

③ 有些低血压的人使用后会发生短时呆滞的现象，请注意。

（2）纯种芳樟叶油

目前公认抗抑郁效果最好的精油，香气清纯，百闻不厌，有减轻精神压力、良好的抗焦虑作用，动物实验和人群使用观察也证实其降低血压的明确疗效。原来已知的镇静、止痛、消炎、解毒、灭菌、防腐、杀病毒、除臭、清洁、产生欣快感和松弛肌肉等功效近来也逐步得到实验证实。

使用方法如下。

① 直接滴几滴纯种芳樟叶油于热水之中，让室内香气四溢——虽然只要打开瓶盖，香味就会释放出来，但精油同水蒸气一起挥发时的香气最好。

② 在高温物品上滴几滴纯种芳樟叶油，让它慢慢挥发；也可将香薰精油滴在灯罩上（最好是布制的或用布包着的灯罩），灯泡的热度把纯种芳樟叶油的香气释放出来。

③ 香熏泡澡——将纯种芳樟叶油滴在比体温稍高（40℃左右）的洗澡水里，让身体浸泡在香熏气氛中。除了全身浸泡外，在工作或做家事时，也可以偷闲用加了纯种芳樟叶油的热水浸泡一下手或脚，让心情更舒畅。

④ 蒸脸——在水盆中加入热水，滴入1～3滴纯种芳樟叶油，让冒起的香蒸气熏拂脸部（需先卸妆并洗脸），为了让蒸气不流散，可以用大毛巾盖住整个头部。大概持续10min，精油的成分可以深入肌肤。

⑤ 香熏按摩——用1份纯种芳樟叶油加19份橄榄油或优质茶油混合均匀按摩全身，可以缓和肌肉的僵硬，放松身心，精油释放的香味从鼻部传至大脑，可以让自律神经、内分泌、免疫系统和神经系统达到平衡；藉由按摩，精油从皮肤表层深入体内，由血液及淋巴液吸收，在体内循环运行至各组织。

⑥ 香熏热敷——1份纯种芳樟叶油加19份橄榄油或优质茶油混合均匀即可用于热敷。热敷是很好的香熏疗法，不但可以温热疲惫的身躯，也能舒缓身心的紧张。用毛巾热敷，可以让血管扩张，皮肤的吸收功能变佳，对于肩膀疾痛、腰痛、腿痛、头痛、生理痛等各种疼痛特别有效。

（3）柠檬（LEMON）油

有驱风、清净、利尿、解热、行血、止血、降血压、清凉等作用，使人感到愉悦，精力充沛，提神、清凉、驱风、清净。能澄清思绪，疲惫时转换心情，提神醒脑，使头脑清晰，消除烦躁感。降血压，降血糖，降体温，可治头痛、痛风、静脉曲张。去除扁平疣，美白、淡斑，平衡皮脂分泌，收敛皮脂孔，预防指甲岔裂。

身体疗效：循环系统的绝佳补药，使血液畅通，因而减轻静脉曲张部位的压力，有效地用于降低血压；可恢复红血球的活力，减轻贫血的现象，同时刺激白血球，进而活络免疫系统，帮助身体抵抗传染性的疾病，如发烧现象，因为柠檬能使体温下降；能改善唇部疱疹情况，促进消化系统的功能，抑制体内的酸性，使胃中的黏性增加；明显地促进胰岛素的分泌，并被用以治疗糖尿病；可解除肝肾的充血现象，对便秘蜂窝组织也颇有益，可减轻头痛、偏头痛、痛风和关节炎。

皮肤疗效：借着祛除老死细胞使暗沉的肤色明亮，改善破裂的微血管，对油腻的皮肤有净化的功效，用于祛除鸡眼、扁平疣都很有效。

注意：使用后，避免暴晒于强烈日光下。

天然柠檬油有光毒性，LFRA 实践法规规定，在与阳光接触的肤用产品中含量不可超过2%，这是由于柠檬油里含有香柠檬烯的缘故，所以用于芳香疗法和芳香养生的柠檬油必须用不含香柠檬烯的“重整柠檬油”。

(4) 薄荷 (PEPPERMINT) 油

有驱风、通经、健胃作用。凉爽、清香，是舒解感冒头痛的最佳精油，可安抚愤怒，提振疲惫、沮丧、精神疲劳。对记忆力减退、晕车晕船、宿醉、晒伤、神经痛、胀气、鼻塞、休克昏倒有一定的作用。能抑制发烧和黏膜发炎，利干咳和鼻窦炎充血，可治气喘、支气管炎，减轻头痛、肌肉酸痛、风湿痛、痛经等。

身体疗效：有双重的功效，热时清凉，冷时暖身，因此，它治感冒的功效绝佳，因为它能抑制发烧和黏膜发炎，并促进排汗；最重要的贡献在消化系统方面，特别是急性的症状，有效中和食物中毒，可治呕吐、腹泻、便秘、胀气、口臭、绞痛、胆结石，改善肾脏和牙痛、月经量过少，通经和乳腺炎也能由薄荷精油得到改善。

皮肤疗效：借着排除毒性郁积的阻塞现象，可改善湿疹、癣、疥疮和瘙痒，退红肿止痛，清除黑头粉刺。

注意：怀孕时勿用。

(5) 茉莉 (JASMINE) 花油

香气诱人，可提高工作效率，减少差错，净化空气，营造优美的气氛。增强生理功能，恢复自信心。安抚神经，温暖情绪，减轻产后忧郁、痛经、痉挛，促进产后子宫恢复、平衡激素，改善妊娠纹。止咳嗽，帮助呼吸系统，修复疤痕，延缓肌肤老化，可助产。改善忧郁、放松紧张心情、排除不安、开车提神振奋、赋予活力，能壮阳、催情、增进精子数量及活动力。

身体疗效：它是绝佳的激素平衡剂，可有效改善产后郁症，并促进乳汁分泌；它也能缓解子宫痉挛，减轻经痛，有益于一般的阴道感染；它对男性生殖系统的重要性，在于它能增加精子的数量，进而改善不孕症；让人极度放松的特性，使它成为超越性障碍的著名精油，能改善阳痿、早泄与性冷淡；能改善嘶哑的声音。

皮肤疗效：一般而言对任何皮肤都有帮助，尤其是干燥皮肤及敏感皮肤的高效护肤品，茉莉、橘、薰衣草三者调和可增强皮肤的弹性，常用以淡化妊娠纹和疤痕。

注意：不宜怀孕期间使用。

(6) 玫瑰 (ROSE) 花油

玫瑰的香气被誉为爱情的信使。香气甜美、性感，可催情浪漫增加爱欲，增强血液循环，促进激素分泌，增加性欲能力，改变性冷感和情绪低落。抗忧郁，舒缓神经紧张和压力，有催情作用。消炎、抗菌、抗痉挛，改善生殖系统不规则，促进阴道液分泌，强壮肾脏功能，可增加精子数量，很好的回春、固春精油。对成熟皮肤、干燥皮肤、老化皮肤、敏感皮肤、更年期症候群、产后忧郁、经前紧张有疗效。

身体疗效：是优越的子宫补品，镇定经前紧张症状，促进阴道分泌，调节月经周期；对不孕症有益，即使对男人亦然，因为它能增强精子的数量，对性方面的困难也有帮助，尤其是性冷淡和性无能；能舒缓潜在的紧张与压力，释放一种使人快乐的激素；对心脏颇有帮助，能活化停滞的血液循环，强化血管，改善反胃、呕吐和便秘。

皮肤疗效：适用于所有皮肤，特别有益于成熟、干燥、硬化或过敏的皮肤，由于它还能收缩微血管，所以是治疗小静脉破裂的神奇之宝。

注意：不宜怀孕期间使用。

(7) 橙花（ORANGE FLOWER）油

身体疗效：它的作用使它成为治疗失眠的好处方，尤其是在沮丧不得成眠的情况下，还可改善神经痛、头痛和眩晕。另外，还能止住接连不断的呵欠，它镇定焦躁状态的功效能有助于性方面的问题；同时也是有效的催情剂，也能改善沮丧的情绪，如经前症候群及更年期的心理问题等，镇定心悸、清血，促进循环；整体而言，是一种非常好的补品。

皮肤疗效：因有增强细胞活力的特性，能帮助细胞再生，增加皮肤弹性，适合干性肌肤、敏感肌肤及成熟性肌肤，对于其他皮肤问题都有帮助，特别是螺旋状的静脉曲张、疤痕及妊娠纹；在照X光时，亦可用来保护皮肤。

(8) 牡丹花（PEONY FLOWER）油

被誉为“国色天香”的牡丹花的香气多样，其香型可分为四大类：清香型、浓香型、烈香型和异香型，用于芳香疗法和芳香养生的只有清香型一种，这里讨论的就是这种清香型牡丹花油，其香气令人愉悦，有点像依兰依兰油，所以也有些性感，可催情浪漫增加爱欲，改变性冷感和情绪低落。其抗忧郁的效果也是不错的，可平抚焦虑、沮丧、提振情绪、疏解压力。

身体疗效：能舒缓潜在的紧张与压力，释放一种使人快乐的激素；对大脑和心脏健康有利，能活化血液循环，强化血管，可改善反胃、呕吐和便秘；借着调节激素系统的功能，对经前症候群、更年期问题都十分有用，并能改善乳房的充血及发炎问题；可帮助肝、肾排毒，还可以处理黄疸、肾结石、肝胆石和泌尿感染，能改善水分滞留症状。

皮肤疗效：对任何皮肤都有帮助，是干燥皮肤及敏感皮肤的高效护肤品，常用能淡化妊娠纹和疤痕；能强化红血球，所以可以改善肤色，使皮肤更紧实有弹性；使用后的皮肤变得年轻有活力，还可淡化老人斑，预防皱纹的生成，能促进伤口结疤，软化粗硬干燥的皮肤；能平衡皮肤分泌，对松垮、毛孔阻塞及油性皮肤很好。

(9) 迷迭香（ROSEMARY）油

清凉尖辛的药香香气，给人以清爽之感，香气强烈、透发，而且留长，是治疗头痛的最佳精油。刺激提神醒脑，增强记忆力，改善紧张情绪。具有镇咳、治哮喘、驱风的作用。能治疗头痛、偏头痛、感冒、气喘、支气管炎、糖尿病、风湿、关节炎、咬伤、面疱、扭伤症。对松垮的皮肤有紧实效果，收敛剂、瘦身减肥，通经、发汗，调节皮脂分泌，促进毛发生长，改善头皮屑，有镇咳、驱风、利尿、排汗、消浮肿、治疗低血压、健胃作用，也有促进胆汁分泌的作用。

身体疗效：使脑部和中枢神经充满活力；可恢复知觉，能帮助语言、听觉及视觉方面的障碍，让头痛、偏头痛一扫而光，也能改善晕眩，极好的神经刺激品，帮助麻痹的四肢恢复活力；是止痛剂，但不至于太镇静，可舒缓痛风、风湿痛，珍贵的强心剂和心脏的刺激剂，使低血压恢复正常，调理贫血的效果也很好，可改善肝胆充血现象；减轻肝炎和肝硬化，以及胆结石、黄疸、胆管堵塞。

皮肤疗效：对松垮的皮肤也有益处，因为迷迭香是很强的收敛剂，有紧实效果，可减轻充血、浮肿、肿胀的现象，它刺激的功能对头皮失调特别有帮助，能改善头皮屑病，刺激毛发生长。

注意：有高度的刺激性，不适合高血压患者，避免怀孕期间使用，癫痫症患者勿用。

(10) 桉叶（EUCALYPTUS）油（尤加利油）

可节制食欲，有提神、兴奋、杀菌、消除疲劳的功能。对情绪有冷静效果，可使头脑清楚、集中注意力，对呼吸道最有帮助，能缓和发炎现象，使黏膜舒适，预防感冒及呼吸道感染、喉咙感染、咳嗽、黏膜发炎、鼻窦炎气喘，对降体温、除体臭、改善腹泻，对抗冷、振奋、肌肉酸痛、神经痛、风湿疼痛、偏头痛、支气管炎、鼻窦炎、发高烧、溃疡、食欲抑制、无性欲、室内芳香都有帮助。改善发炎、溃疡伤口、皮包疹、烫伤，杀菌，改善毛孔堵塞。

身体疗效：桉叶油有抗病毒的作用，对呼吸道最有帮助，对流行性感冒、喉咙感染、咳嗽、黏膜发炎、鼻窦炎、气喘与肺结核也有帮助；因感冒和花粉症所引起的头部重感，也可以被消除，对传染性疾病的效果绝佳；对各种发烧都有效，可降低体温，使身体清凉，可除体臭，改善偏头痛的痛苦；它对生殖泌尿系统也大有帮助，可改善膀胱炎与腹泻，也被用来治疗肾脏、淋巴和糖尿病，据说，对痔疮也有效；对疱疹有显著功效，预防细菌滋生及随之而来的蓄脓，促进新组织的建构，可改善阻塞的皮肤，活氧美白祛黄气。

注意：孕妇忌用，对敏感皮肤也可能有刺激。

(11) 天竺葵（GERANIUM）油（香叶油）

平抚焦虑、沮丧，提振情绪，疏解压力，调节激素，平衡内分泌，断经症候群（更年期问题）。适合各种皮肤，平衡皮肤分泌，对松垮、毛孔阻塞及油性皮肤很好，堪称全面性洁肤油，使皮肤红润有活力。有镇定及兴奋作用，对于静脉曲张极具效果。创伤止血，促进愈合、适用于扁桃腺炎、肌肉厥痉，抗咳，平衡皮肤酸碱度，刺激毛发生长（秃头），夜间放松心情，舒畅入睡。

身体疗效：借着调节激素系统的功能，对经前症候群、更年期问题都十分有用，并能改善乳房的充血及发炎问题；天竺葵的利尿特性是很有效的，可帮助肝、肾排毒，所以也能帮助上瘾者戒除烟瘾、酒瘾，还可以处理黄恒、肾结石和肝胆石，以及糖尿病与泌尿感染，能改善水分滞留症状。

注意：孕妇勿用。

(12) 檀香（SANDALWOOD）油

提神醒脑、安眠、镇静、缓和情绪紧张及焦虑，有助于思考、宁神、定神，很好的稳定精油，改善膀胱炎，促进阴道分泌、支气管炎、喉咙痛、造血抗亢进，催情、收敛、净化等。适用于恶心、喉咙发炎、腹痛、宿醉、紫外线受伤、皮肤发炎，是一种高贵而平衡的精油，其香气有极强的持续力，对于干性湿疹及老化缺水的皮肤特别有助益。

特性：改善痤疮、干性皮肤、老化缺水皮肤，收缩毛孔。

身体疗效：对生殖泌尿系统极有帮助，可改善膀胱炎，用来按摩于肾脏部位，有清血抗炎的功效，它催情的特性可改善性方面的困扰，如性冷淡和性无能；一度用以改善为传染的疾病，对性器官也有净化功能，可促进阴道的分泌作用；对胸腔感染，以及伴随着支气管炎、肺部感染的喉咙痛、干咳也有效果；檀香能让患者感觉舒服，帮助入眠；可刺激免疫系统，预防细菌感染。

皮肤疗效：檀香是一种平衡的精油，但是对于干性的皮肤、湿疹及老化缺水的皮肤特别有益，使皮肤柔软，改善皮肤发痒、发炎的现象。

(13) 香蜂草（VANILLA GRASS）油

身体疗效：它的安抚作用是循环系统的调节剂，可降低高血压，使心跳平和，是心跳良好的补药，痉挛、疲惫时很有帮助；似乎与女性的生殖系统有很密切的关系，可使经期规律，舒缓经痛，让身体放松，它调节子宫的作用，有助于某些晚孕的症状，它控制过敏的作用，显然能帮助气喘患者，安抚急促的呼吸。

皮肤疗效：快速止住伤口流血，抑制细菌感染与湿疹也颇有效果，调理严重过敏性皮肤。

(14) 依兰（YLANG YLANG）油

振奋性欲，消除性冷感，欢愉，可调节肾，平衡身心的情绪，疏解压力，放松神经系统。

平衡激素、抗沮丧，催情，改善性冷感和性无能。健胸，镇定安抚，降血压。平衡皮脂分泌，对油性发炎有帮助，能使头发更具光泽。具强烈的杀菌作用，对疲劳产生的食欲不振、神经性失眠和高血压、肠胃炎有效，可增加男性精力。

身体疗效：它在平衡激素方面的声誉卓著，用以调理生殖系统的问题极有价值；可称为子宫之补药，还能保持胸部的坚挺；它抗沮丧和催情的特性，用来帮助改善性冷感和性无能是十分有名的；对呼吸急促和心跳急促特别有效，其镇定的特性，也能降低高血压。

皮肤疗效：是一种多功能的精油，由于能平衡油脂分泌，所以对油性皮肤及干性皮肤均有帮助，对头皮也有滋养效果，能让新长出来的头发光泽动人。

注意：浓度不宜过高，使用过度可能导致疼痛和皮胃，可能会刺激敏感皮肤。

(15) 洋甘菊（CALMING）油

可激发儿童的智慧和灵感，使之萌发求知欲和好奇心。具有清新空气、抗忧郁、利神经、通经、祛除肠胃胀气的功能。具杀菌功能，可改善失眠，其镇静和安定的效果令人爱不释手，洋甘菊精油可当作薰衣草精油的替代品或者混合使用，并有调理干燥老化肌肤、柔软皮肤、促进结疤软化的特性。

身体疗效：洋甘菊有止痛的功能，尤其是因神经紧张的疼痛，同样的作用还能镇定头痛、神经痛、牙痛及耳痛等；对于有规律的经期，常被用来减轻经前症候群和更年期的种种恼人症状。

皮肤疗效：帮助改善湿疹、面疱、疱疹、干癣、超敏感皮肤及一般的过敏现象；平复破裂的微血管，增进弹性，对干燥易痒的皮肤效果极佳。

注意：孕妇勿用！

(16) 桂花（OSMANTHUS）油

镇静、催情、抗菌。能净化空气，是极佳的情绪振奋剂，对疲劳、头痛、生理痛等都有一定的减缓功效，在房事中亦是不错的情绪提升剂。

(17) 茶树（TEA TREE）油

头脑清新、恢复活力，改善消沉情绪。抗菌、杀菌、消炎，排毒，改善分泌，净化尿道，改善膀胱炎、尿道炎、白带过多等症状。可治疗流行性感冒，对头皮过干与头皮屑过多有效，可改善化脓面疱，收敛平衡油脂，治口腔炎、香港脚、疣、鸡眼、疮、癣，有强劲的抗病毒与杀菌特性，舒缓一般性的瘙痒。使头脑清新，恢复活力，提升个人信心。

身体疗效：茶树最重要的用途是帮助免疫系统抵抗传染的疾病，策动白血球形成防护线，并可缩短罹病的时间，为强效的抗菌精油。用排汗的方式将毒素逐出体外，治疗流行性感冒、唇部疱疹、黏膜发炎，也能用以治疗腺体发热和牙齿发炎，它强劲的抗病毒与杀菌特性，它抗细菌的特性，可清除阴道的念珠菌感染，一般而言，对生殖器感染很有效果，也可净化尿道，改善膀胱炎，解除生殖器及肛门瘙痒，也能舒缓一般性的瘙痒，减轻耳炎，即中耳的感染。

皮肤疗效：净化效果绝佳，改善伤口感染的化脓现象，清除水痘和带状疱疹所引起的小痘痘和不洁部位，可应用于灼伤、疮、晒伤、癣、圆癣、疣、疱疹和香港脚，也可治疗头皮过干与头皮屑。

注意：在皮肤敏感部位，可能引起刺激反应。IFRA 目前还未准许用于直接与皮肤接触的产品。

(18) 乳香（FRANKINCENSE）油

松弛镇定、安抚神经、让心宁静、产生安全感。使老化皮肤恢复活力，是芳香疗法中重要的肌肤保养精油。治疗急性腹泻、鼻黏膜炎，减缓气喘。

身体疗效：对黏膜方面具有卓越的疗效，特别是能清肺，对呼吸系统方面也相当优异，可舒缓急促的呼吸，有益于气喘患者；有益于生殖系统泌尿管道，能舒解膀胱炎、肾脏炎和一般性的阴道感染；其收敛的特性能减轻子宫出血及经血过量的症状，一般视为子宫的补品；还可以处理胸部发炎的现象。

皮肤疗效：赐予老化皮肤新生命，抚平皱纹的功效卓越，真正的护肤圣品；它收敛的特性也能平衡油性肤质。

(19) 香茅（CITRONELLA）油

驱蚊效果显著，激励、提振精神。净化皮肤，改善敏感肌肤，调理油性肌肤，驱虫、抗菌，减轻头痛、神经痛及风湿性疼痛。

注意：可能刺激敏感皮肤。

(20) 柠檬香茅（LEMON CITRONELLA）油

身体疗效：强劲的抗菌能力能预防呼吸道感染，舒缓肌肉酸痛。

皮肤疗效：调节皮肤，对毛孔粗大颇有效，清除粉刺、平衡油性肤质的功效卓著，对香港脚及其他霉菌感染也十分有益。

(21) 甜橙（ORANGE）油

有净化功能，帮助阻塞的皮肤排出毒素，改善干燥皮肤、皱纹皮肤，治失眠、肚泄，帮助消化脂肪，舒解肌肉疼痛，使心情开朗，加强与人沟通。

身体疗效：治腹泻，便秘等；它还能刺激胆汁分泌，帮助消化脂肪，使胃口大开，因此，节食时请小心使用；帮助身体吸收维生素C，藉此抵抗病毒感染，对感冒、支气管炎、发烧的状能均有帮助，帮助胶原形成，对身体组织的生长与修复有决定性的影响；改善焦虑导致的失眠，及血中过高的胆固醇。

皮肤疗效：它能促进发汗，因而可帮助阻塞的皮肤排出毒素。

注意：日光浴前勿用。

(22) 葡萄柚（GRAPERFRUIT）油

提振精神、清新、抗抑郁，疏解压力，对中枢神经有平衡作用。减肥，消化脂肪、开胃、利尿、强肝。美白皮肤，收敛毛细孔，平衡油脂，消除肥胖，控制液体流动，对肥胖症和水分滞留能发挥效果，也能改善蜂窝组织炎，刺激胆汁分泌以消化脂肪，能安抚身体，减轻偏头痛、经前症及怀孕期间的不适感。增进脑力、记忆力及注意力。

心灵疗效：有全面性的提振作用效果，所以在压力状况下使用极有效果；对中枢神经系统有平衡的作用。

身体疗效：是淋巴腺的刺激剂，滋养组织细胞，控制液体流动，对肥胖症和水分滞留能发挥效果；也能改善蜂窝组织炎；它还是减肥的好帮手，因为它能刺激胆汁分泌以消化脂肪，它也是开胃剂，能平衡与调节消化系统，也能帮助戒除药瘾，因为它能净化肾脏和脉管系统（血液、淋巴）；在耳部感染后能帮助恢复平衡。

注意：日光浴前勿用。

(23) 马乔莲（MARJORAM）油

身体疗效：这是一种非常实用的精油，能帮助风湿痛与肿大的关节，因为它能促进血液的循环；很适合做运动后的活络油，能降低高血压，它的效果有助于改善头痛，偏头痛和失眠；它安抚消化系统的效果相当闻名，有益于胃痉挛、消化不能、便秘、胀气，还能帮助身体排出毒素，调节月经周期，减轻经痛；它抑制性欲的作用也十分著名。

皮肤疗效：它消除淤血的作用极富价值，因为扩张微血管后血液较易流通。

(24) 快乐鼠尾草（CLARY SAGE）油

身体疗效：子宫的良好补药，特别有益于子宫方面的问题，是激素的平衡剂，减轻经前症候群的症状，据说也是肾脏的良好补药，抑制过度出汗现象，中止伴随肺结核而产生的频汗极有效果，可强化自体防御系统，对于病后的虚弱状态提供活力，适合在复健阶段使用。

皮肤疗效：能促进细胞再生，尤其是有利于头发部位的毛发生长，能抑制皮脂的分泌过度旺盛，有益于发炎和肿胀的皮肤。

(25) 丝柏 (CYPRESS) 油

保湿，平衡油脂分泌，收敛毛孔，促进伤口愈合、结疤，对所有过度现象均有帮助，如浮肿、大出血、经血过多、多汗和各种失禁等，对蜂窝组织炎也有帮助，改善静脉曲张和痔疮，调节月经问题等。可舒缓愤怒的情绪，净化心灵，除去胸中郁闷的情绪。

身体疗效：对所有过度现象均有帮助，特别是身体方面，因此，可帮助浮肿、大量出血、流鼻血、经血过多、多汗（尤其是脚汗）和失禁，对蜂窝组织炎也有帮助；由于有收缩静脉血管的功能，所以可改善静脉曲张和痔疮，为循环系统的补药；也可退烧；它对肝的调节功能可帮助血液维持正常状态；有益生殖系统，特别是月经方面的问题。

皮肤疗效：保持液体的平衡，控制水分的过度流失，对成熟型肌肤、多汗与油性的皮肤颇有帮助。

注意：孕妇勿用。

(26) 杜松 (JUNIPER) 油

身体疗效：非常有效的利尿剂，生殖泌尿道的抗菌剂，对膀胱炎、尿急痛和肾结石是极佳的药剂；它能使蜂窝性组织炎、水肿与体液滞留均恢复正常；杜松排毒的功能十分出名，特别是摄取过量的食物和酒精时，它能排出堆积的毒素，帮助肥胖症；它是肝腰补药，对肝硬化的帮助十分出名；当身体感觉沉重时，疲倦时可刺激精神；它能以清血的方式排毒，在病霉昆虫滋生的区域成为无价之宝；活动困难时，杜松可以减轻疼痛，另外，还可以规律经期，舒缓经痛。

皮肤疗效：充血皮肤的帮手，还能改善头皮的皮脂漏，它净化的特性可改善粉刺、毛孔阻塞、皮肤炎、湿疹、干癣和肿胀。

(27) 佛手柑 (BERGAMOT) 油

原产地意大利、摩洛哥，极具提神振奋作用，使头脑清晰，可消除体臭及消毒杀菌，止咳化痰，有助于支气管炎、喉咙痛，并可增强记忆。安抚愤怒、挫败感，消除神经紧张，刺激食欲，利尿、抗菌、退烧，对胀气、尿路感染、呼吸道感染有效。对油性皮肤、脂溢性皮肤炎、湿疹、干癣、粉刺、带状疱疹等可与尤加利油并用，对溃疡效果绝佳。

身体疗效：很好的尿道抗菌剂，处理尿道发炎很有效，能改善膀胱炎，绝佳的肠内抗菌剂，能驱逐肠内寄生虫，并明显消除胆结石；对厌食症者很有用，因为佛手柑可以刺激食欲，有助于呼吸道传染性疾病的对抗；调节子宫机能，曾用来治疗有性行为传染的疾病。

皮肤疗效：佛手柑抗菌各疗效的作用对油性皮肤的状况有益，这些状况包括湿疹、干癣、粉刺、疥疮、静脉曲张、伤口、疱疹、皮肤和头发的脂漏性皮肤炎；和尤加利油并用时，对皮肤溃疡的疗效绝佳。

注意：勿日晒。

天然佛手柑油含有较多的香柠檬烯，有光毒性，芳香疗法和芳香养生必须使用不含香柠檬烯的“重整佛手柑油”才能确保安全。

(28) 生姜 (GINGER) 油

调节放松情绪、排除压力，对卵巢和子宫很有帮助，预防流产，改善孕妇的呕吐、月经不顺等症状。调理衰老皮肤，改善苍白皮肤。有助于体内湿气或体液过多的状态，如感冒、多痰、流涕等，调节因受寒而规律不定的月经、产后护理，缓解关节炎、风湿痛、抽筋及消散淤血等，能激励人心、增强记忆。

身体疗效：特别有助于体内湿气或者体液过多的状态，如流行感冒、多痰和流鼻水时，虽是一种暖性的油，却可平抑过度疲劳引起的恙症，促进汗腺的活动；对食欲不振、消化疼痛、胀气、腹泻以及坏血症有帮助，它止痛的属性能缓解关节炎、风湿痛与抽筋、扭伤、肌肉痉挛，尤其是下背部的疼痛；长久以来都被尊称为催情剂，在治疗性无能方面很有价值，有一种调配方法的确能带来显著的美妙效果，即把姜、肉桂、迷迭香调和使用，还能改善听力，使感觉器官比较敏锐。

皮肤疗效：有助于消散淤血，治创伤及疤。

注意：可能刺激敏感皮肤。

(29) 黑胡椒 (BLACK PEPPER) 油

身体疗效：结实骨骼肌，扩张局部的血管，所以对肌肉酸痛、疲累的四肢和肌肉僵硬都很有帮助；同时，也有益于风湿性关节炎与四肢短暂的麻痹现象；增加唾液的分泌与流动，促进食欲，退胀气，止吐，并增进蠕动；有助于改善肠道问题，因为它能使结肠肌肉保持紧实；激励肾脏，促进尿液的制造；消除多余的脂肪，也许是籍由帮助消化蛋白质，促进血液循环，而且能改善贫血，因为它能帮助血液形成新血球。

皮肤疗效：有益于消退淤血。

(30) 苦橙叶 (PETITGRAIN) 油

消除粉刺、青春痘，是神经系统的镇定剂，可调理呼吸，放松痉挛的肌肉，有除臭的特性，安抚胃部肌肉、助消化，安抚愤怒与恐惊慌。

(31) 松树 (PINE) 油

可清晰头脑，令人冷静，加强记忆力，并有杀菌功能。使身体重现活力，可预防和治疗支气管炎、喉炎、流行性感冒、呼吸不顺。有益肌肉酸痛、僵硬、(神经痛)，增长毛发。

(32) 茴香 (FENNEL) 油

给予力量和勇气，有净化、强化效果，有除皱功能，消除体内毒素，改善蜂窝组织炎，缓解肾结石，改善消化系统，有去痰止咳功效，能帮助经前症、更年期及性冷感等问题。

身体疗效：绝佳的身体净化剂，可消除体内过度饮食及酒精所积累的毒素，它是肝、肾、脾的补药，以利尿的方式有效改善蜂窝组织炎并减重，能化解肾结石；它是消化系统的补药，适用于打嗝、反胃、呕吐与绞痛；由于其清肠的作用，便秘和胀气都会有所改善；据说能活化腺体，又因其作用类似雌激素，所以它能帮助经前症候群、流量过少、更年期及性冷感等问题。

皮肤疗效：有很好的净化、强化效果，防皱的作用也挺有盛名。

注意：使用过度会引发毒性，可能导致皮肤敏感，孕妇、癫痫患者勿用。

(33) 百里香 (THYME) 油

香气强烈粗糙，是清凉带焦干的药草香，具有强的杀菌力，可杀灭水中及皮肤上的病菌，对一些皮肤病有疗效。有驱风、促进胆汁分泌、利尿、通经、去痰、治疗低血压、健胃、发汗作用。可安眠及加强肺部功能，治急促呼吸、风湿痛、喉咙痛及各种疼痛、红肿，可激发细胞再生，并有兴奋作用。

身体疗效：可强化肺脏，治疗感冒，咳嗽、喉咙痛，尤其适用于处理扁桃腺炎、喉炎、咽炎、支气管炎、百日咳及气喘；是相当 (热性) 的精油，能够止咳，刺激白血球的制造，协助身体抵御疾病，控制细菌的蔓延，有益于免疫系统，对循环有帮助，提升过低的血压，可用于风湿、痛风、关节炎与坐骨神经痛，因其激励与利尿的特性可帮助排除尿酸，能减轻月经方面的不适症状，如流量过少，白带过多。

皮肤疗效：头皮的补药，对头皮屑和抑制落发十分有效，可使伤口、疮、湿疹早日康复。

(34) 没药 (MYRRH) 油

身体疗效：肺中有过多黏液时最适合用没药，因为它有特别的 (干化) 作用。它对一般的肺部问题有很好的效果，可清肺并治疗支气管炎，也能治疗腺体的发烧现象，这是由病毒引起而伴随着喉咙痛的一种病症，对所有的口腔问题和牙龈异常均有绝佳的功效，能为口腔溃疡、脓漏、牙龈发炎、海绵状牙龈提供最好的治疗；是胃部的补药，能激励胃口，可止泻，疏通胀气，减轻胃酸与痔疮的病情，对妇科问题有极大的帮助，可处理经血过少、白带、念珠菌感染及子宫的诸病症，能刺激白血球，活化免疫系统，它能直接抵抗微生物，使病体快速恢复。

皮肤疗效：防止组织退化很有效果，尤其是有伤口坏死的情况。它清凉的功能可帮助治疗皮肤溃疡与疮，还能改善溃烂的伤口及龟裂的皮肤。

(35) 广藿香（PATCHOULI）油

促进细胞再生、除臭。其特色为镇静、调理杀菌，它那带泥土的气味，给人实在而平衡的感觉。

身体疗效：广藿香油最大的特色在它的“聚合”作用，这个特点使它特别有助于因过度节食引起的皮肤松垮，它也能抑制胃口，所以适用于减肥计划，还能控制腹泻的功能；能平衡过多的排汗量，可解消闷热烦躁的感觉，可营造出一种平衡感；帮助皮肤的细胞再生，促进伤口结痂，明显减轻发炎的状况，改善粗糙龟裂的皮肤伤口与疮。

注意：浓度不宜过高！

(36) 玉兰（MELATTI）油

增加免疫功能，消除异味，通鼻窍，改善头痛流涕，抑制细菌，调整精神，焕发神采，消除沮丧，平衡身心情绪，缓和精神压力，且能营造浪漫气氛，促进情欲。

(37) 兰花（ORCHIS）油

优雅的香味，澄清思绪，抑制神经过度兴奋，改善呼吸，消除紧张，并弥平愤怒焦虑的感受，治疗哮喘。

(38) 苹果（APPLE）油

镇定，抗失眠、抗忧郁，可使神清气爽，含果酸、维生素，增进食欲，改善胃肠功能，防止黑色素沉着，清肝、美白、除煞。

(39) 栀子花（GARDENIA）油

自然的香气四溢，细致、芬芳的花香，让身心带来清新的感受。清热泻火，消肿散瘀，安神去烦，消炎杀菌。放松神经系统，缓和工作后的压力，调适心情。

(40) 百合（LILY OF YALLEY）油

调解精神，平衡内分泌，调理身体机能，健美瘦身，最适于女性调解放松情绪，解除压力及沮丧，对卵巢和子宫很有帮助，预防流产，改善孕妇晨吐、月经不顺等症状。

(41) 胡萝卜籽（CARROT SEED）油

身体疗效：是极佳的身体净化油，因为它对肝脏有解毒的功效，亦有益于黄疸及其他的肝脏问题，辅助消灭肾结石，改善肝炎的功效十分著名；能清肠，控制胀气，抑止腹泻，可缓和胃溃疡的疼痛；借着增加红血球的数目，胡萝卜籽油能增强器官的机能与活力，也有助于贫血及伴随贫血而来的疲弱感；有调理激素的功能，因此，在生殖系统方面的效用绝佳，可使经期较有规律，改善不孕症。

皮肤疗效：胡萝卜籽油能强化红血球，所以可以改善肤色，使皮肤更紧实有弹性；使用后的皮肤变得年轻有活力，还可淡化老人斑，是早衰皮肤的救星；预防皱纹的生成，能促进伤口结疤，以及粗硬干燥的皮肤。

以科学的眼光看待芳香疗法和芳香养生，精油的疗效在于其中含有的“有效物质”或者叫做“活性物”、“香料单体”，各种精油的主要成分可以在《香料香精辞典》（化学工业出版社2007年出版）和其他香料书籍里找到，这里不再赘述。通过精油的主要成分就可初步了解精油可能具有的疗效。表8-1是各种精油成分的疗效表。

表 8-1　各种精油成分疗效表

项目	兴奋	止痛	抗过敏	杀菌	消炎	抗抑郁	解毒	抗氧化	止痒	治风湿	解痉	止汗	杀病毒	止咳	节食	收敛	祛风	除臭	增食	欣快	退热	杀真菌	通经	降血压	升血压	安眠	降血糖	驱虫	杀虫	清凉	活血	镇静	放松	健胃	治创伤	催情
1,8-桉叶油素	*	*		*	*				*						*		*				*							*		*	*					
百里香酚		*		*	*			*	*				*		*	*	*				*	*						*	*		*				*	
柏木脑				*	*	*					*				*			*					*	*		*	*					*	*			
柏木烯				*	*		*		*	*	*				*	*	*	*					*	*		*	*	*			*	*	*			
苯甲酸苄酯				*	*				*	*	*	*			*	*						*	*	*		*		*	*			*	*		*	
苯甲酸甲酯	*														*										*			*			*					
苯乙醇		*	*	*	*	*	*		*		*							*					*	*		*						*	*		*	*
薄荷脑	*	*	*	*	*	*			*	*	*		*	*	*		*	*		*	*							*	*	*	*					
薄荷酮	*			*	*		*		*					*			*	*			*							*	*	*	*					
布黎醇		*		*						*																						*			*	
布黎烯										*																		*			*		*			
长叶烯					*					*					*								*					*			*		*			
橙花醇			*	*	*	*	*	*	*		*							*					*	*		*						*	*			*
橙花醛	*			*	*	*							*					*	*	*		*						*	*							
橙花叔醇			*	*	*	*	*		*				*					*	*	*				*		*						*	*			*
大根香叶烯									*	*	*					*	*						*	*			*				*	*			*	
当归酸甲基戊酯					*		*		*	*	*			*			*		*		*						*	*			*		*	*		
当归酸甲基烯丙酯		*	*				*		*	*	*	*	*	*		*	*	*	*		*			*				*				*		*		
丁香酚		*	*	*	*		*	*	*				*		*	*	*				*	*						*	*		*			*	*	
杜松烯		*		*	*				*	*							*	*	*					*		*		*			*	*		*		
对甲酚甲醚				*				*					*		*							*			*			*	*							*
芳姜黄烯	*	*		*	*		*		*	*	*	*	*	*			*	*	*		*	*	*		*			*	*		*			*	*	

续表

项目	兴奋	止痛	抗过敏	杀菌	消炎	抗抑郁	解毒	抗氧化	止痒	治风湿	解痉	止汗	杀病毒	止咳	节食	收敛	祛风	除臭	增食	欣快	退热	杀真菌	通经	降血压	升血压	安眠	降血糖	驱虫	杀虫	清凉	活血	镇静	放松	健胃	治创伤	催情
广藿香醇		*		*	*		*			*					*		*	*			*	*				*		*			*	*	*			
广藿香烯					*					*	*				*		*	*			*					*		*			*	*	*			
癸醛				*									*		*							*					*	*	*							
桂醛		*		*	*		*	*		*	*		*	*		*	*	*	*		*	*	*				*	*	*		*			*	*	
蒿酮	*	*		*	*	*	*		*	*	*		*	*			*	*		*	*	*						*	*				*		*	
红没药烯		*		*	*		*		*	*	*	*	*		*	*	*				*	*	*					*			*	*			*	
环十五内酯											*				*	*							*								*	*				*
桧烯			*		*		*			*	*				*									*		*	*	*				*	*			
甲基庚烯醛	*			*									*		*		*					*						*	*							
甲基庚烯酮	*			*			*		*	*	*		*		*	*	*					*	*					*	*							
甲基黑椒酚	*			*	*		*	*	*				*				*	*	*		*	*	*					*	*		*			*	*	
甲氧基桂醛	*	*		*	*		*	*		*	*		*				*	*			*	*	*				*	*	*		*			*	*	
姜烯	*	*	*	*	*	*	*	*	*	*	*		*	*			*	*	*	*	*	*	*		*		*	*	*		*			*		*
金合欢醇				*																*						*						*	*			*
金合欢烯										*	*															*	*	*			*	*	*			
邻氨基苯甲酸甲酯				*				*					*		*	*						*						*	*							
龙脑	*	*		*	*		*	*	*	*	*	*	*	*	*	*	*	*			*	*			*			*	*	*	*				*	
马榄烯										*	*					*															*					
木罗烯										*		*			*	*								*			*				*	*				
蒎烯	*					*				*					*		*	*										*			*				*	
蛇床烯										*	*	*		*		*							*			*		*			*	*			*	
石竹烯									*	*	*					*	*									*	*	*				*			

续表

项目	兴奋	止痛	抗过敏	杀菌	消炎	抗抑郁	解毒	抗氧化	止痒	治风湿	解痉	止汗	杀病毒	止咳	节食	收敛	祛风	除臭	增食	欣快	退热	杀真菌	通经	降血压	升血压	安眠	降血糖	驱虫	杀虫	清凉	活血	镇静	放松	健胃	治创伤	催情
守酮	*	*		*	*		*	*	*	*			*	*			*	*		*	*	*	*					*	*		*				*	
水芹烯										*	*			*			*						*					*								
水杨酸甲酯	*	*	*	*	*		*		*	*			*	*	*		*	*			*	*						*	*	*	*				*	
松油醇				*				*		*			*		*							*						*								
松油烯										*	*				*	*	*											*			*					
松油烯-4-醇		*		*	*		*	*	*				*				*				*	*						*	*		*				*	
檀香醇		*		*	*	*	*			*	*		*		*		*	*			*	*	*	*		*	*	*				*	*	*		*
檀香醛	*	*		*				*		*			*		*		*					*		*		*	*	*			*	*	*	*		*
檀香烯					*					*	*				*	*		*		*			*	*		*		*			*	*	*			
甜旗烯										*						*							*									*	*			
香根醇										*			*		*	*		*				*		*		*	*	*			*	*	*			
香根酮				*				*		*	*				*							*		*		*	*	*			*	*	*			
香根烯										*					*	*										*		*				*	*			
香茅醇				*	*	*												*	*	*			*			*	*				*	*	*			*
香芹酮	*			*				*					*	*			*	*		*	*	*						*	*	*	*					
香叶醇				*	*	*					*							*	*	*			*			*	*				*	*	*			*
香叶醛	*	*		*	*	*		*					*				*	*	*	*		*						*	*		*					
缬草醛		*		*	*		*	*		*			*	*	*		*	*			*	*						*	*		*			*		
缬草烷酮		*		*	*			*		*	*		*			*	*					*	*					*		*						
薰衣草醇				*	*	*							*					*		*						*						*	*			*
乙酸苄酯	*					*												*		*																*
乙酸薄荷酯	*	*		*	*						*			*	*		*	*			*				*			*	*	*	*					

续表

项目	兴奋	止痛	抗过敏	杀菌	消炎	抗抑郁	解毒	抗氧化	止痒	治风湿	解痉	止汗	杀病毒	止咳	节食	收敛	祛风	除臭	增食	欣快	退热	杀真菌	通经	降血压	升血压	安眠	降血糖	驱虫	杀虫	清凉	活血	镇静	放松	健胃	治创伤	催情
乙酸桂酯				*									*		*													*								
乙酸龙脑酯	*	*		*	*		*		*		*	*	*	*	*		*	*			*	*			*			*	*	*	*					
乙酸香茅酯											*						*	*		*			*			*		*				*	*			*
乙酸香叶酯				*													*	*		*			*	*		*		*			*	*	*			*
乙酸薰衣草酯				*		*				*	*						*	*		*				*		*	*	*			*	*	*			*
乙酸叶酯	*																*	*													*					
乙酸植酯											*															*						*	*			
乙酸左旋芳樟酯						*			*	*			*				*	*		*			*	*		*	*	*			*	*	*			*
乙酰丁香酚		*		*	*		*	*	*	*			*	*	*	*	*	*			*	*						*	*		*				*	
异丁酸甲基戊酯	*										*	*	*	*			*	*										*			*					
异植醇							*		*		*												*	*		*	*					*	*			
吲哚	*			*		*							*		*					*		*			*			*	*		*					*
右旋芳樟醇			*	*	*		*		*										*									*				*		*		
愈创木酚				*	*			*	*	*		*	*	*	*	*	*	*			*	*						*	*		*				*	
月桂烯		*			*				*	*	*			*	*	*	*											*								
樟脑	*	*		*	*		*	*	*	*	*		*	*	*		*	*			*	*						*	*		*			*	*	
植醇					*	*			*		*												*	*		*	*					*	*			
苎烯	*					*					*			*			*	*	*	*								*					*			
紫罗兰酮类				*				*					*		*			*		*		*	*			*		*				*	*			*
左旋芳樟醇		*	*	*	*	*	*	*	*	*	*		*	*			*	*	*	*	*	*	*	*		*	*	*	*		*	*	*	*	*	*

从表8-1中可以看出，所有精油的医疗、养生功效全在于其有效成分的多寡，有什么成分就有什么疗效，当然，各种各样的成分放在一起，有可能增加甚至极大地增加某种功效，也有可能降低甚至极大地降低某种功效直至无效或反效果。

事实上，用各种单体香料配制的“人造精油”用于芳香疗法和芳香养生也是有效的，由于其配方稳定，不含有害杂质成分，供应可靠，高明的调香师可以配制出香气更好的产品，理应成为芳香疗法和芳香养生的首选，只是目前人们倾向于“全天然”，怀疑一切有可能“作弊”的商业行为，对此做法相当抵制，所以大家不愿意讨论，行业专家怕惹火烧身也噤若寒蝉，掩耳盗铃，留待以后科技发达了，商业诚信也成为社会主流，人们将会逐渐改变认识，逐步接受并欢迎“人造精油”时代的到来。当然，消费者有权知道自己购买商品的真相，不管出于什么原因，正如“转基因商品”一样，有人支持，有人反对，见仁见智，由消费者自己选择就是。

但有一个例子现在就可以拿出来与消费者讨论，不讨论还真不行——香柠檬油，这是早期芳香疗法和芳香养生使用得非常普遍的一种精油，一百多年来数百种公认的世界名牌香水有一半以上都含有它，而且用量很大。后来由于发现香柠檬油含有一种有“光毒性”的香柠檬烯，人们都不敢使用天然香柠檬油，而改由人工配制的“合成香柠檬油”了。现在市面上几乎所有的“佛手柑油”不管是国产品还是舶来品，其实都是香柠檬油一类，如果是“全天然”的精油，不经过“重整”的话，其香柠檬烯的含量一定超标，不能使用，而用不含香柠檬烯的“配制香柠檬油”或者去掉香柠檬烯的“重整香柠檬油”就安全了。比“佛手柑油”用得更加普遍的柠檬油和其他柑橘油也是如此，只是它们所含的香柠檬烯少一些，人们不太注意而已。

市面上有许多关于精油、芳香疗法、芳香养生的书籍，其内容不是指导读者从科学的角度理解精油、正确使用精油，却大谈精油是什么“日月精华”、“天地灵气”、“植物精华”等，这些废话对读者来说一点价值都没有——世上万物不管好的坏的、香的臭的、有毒无毒、有害无害、宝物废物都可以说有“日月精华”、“天地灵气”，植物的所有组成部分都是“植物精华”，不能说只有精油才是“精华”，你说是吗？

二、精油的鉴别

上网查一下，你会发现有大量关于怎样鉴别精油的真假、好坏、有没有掺假等的文章，剔除那些废话和广告词语，余下的内容极少，几乎没有什么参考价值。精油的鉴别确实不易，尤其是“行家”作假就更难以辨别。下面介绍几种方法供参考。

第一，望。

① 精油的包装。精油一定要贮藏在密闭的容器里，大容量的包装有铁桶、铝桶、塑料桶等，有的精油里面的成分会与铁、铝起化学变化造成变质，必要时在铁桶或铝桶内衬不溶性树脂。小容量（1～100mL）通常会保存在深色密闭的玻璃瓶里，有特殊的耐酸碱、耐溶剂的瓶盖，防止日光及氧气渗入，这样精油才不易挥发、变质。标签上应标明品名（在中国销售的一定要有中文名）、产地、生产单位、容量、生产日期、保质期及安全保存注意事项等。

“望”也包括直接到生产地、种植基地去实地考察，这叫“眼观为实”，当然这是大批量购买者才有可能也有必要做的事，但是真正成交单单靠这一“望”显然还是不够的。

② 精油的密度。滴在水里看浮沉，精油有的比水轻，有的比水重，查一下精油的密度就知道了。

③ 精油的颜色。大多数精油外观透明，带浅淡的黄棕色，久贮后的精油颜色会深一些。也有一些精油颜色较深，有的有特殊的容易辨认的颜色，例如蓝甘菊（德国洋甘菊）油，因为含有“薁”（俗称“蓝油烃”），它的颜色是深蓝色的。

薁有蓝、深蓝、紫蓝、紫红、紫灰、绿色、橙黄等各种颜色甚至黑色，含薁的精油如吐鲁香脂、香附子油、众香子油、依兰依兰油、格蓬油、广木香油、柏木油、广藿香油、香根油、黄春菊油、蓝甘菊油、古芸香油等就带有不同的色泽，容易辨认。我国含薁的精油有二百多种。

④ 精油的质地。品质愈精纯的精油，渗透力愈强。将测试的精油轻擦在手背或手腕内侧，再用指尖稍微按摩几下，品质好的精油会在短时间内被吸收，不会在皮肤上留下亮亮的、滑润的油脂成分。也可以仔细观察精油中是否含有杂质，比如以传统的冷冻压榨法从果皮中压出的精油，其中会留下少许残渣，说明没有滤清，这会使产品品质不佳。

这个方法主要用来辨别“纯精油”或是加了油脂的“精油”，因为大多数按摩用的“精油”都添加了大量的“基础油”也就是油脂（植物油脂）。

⑤ 精油的融合程度。品质纯正的精油亲油性很强，与“基础油”完全相溶，不会浑浊、沉淀。

第二，闻。

这个步骤其实是挺关键的，就是要通过人们的鼻子去闻。植物精油散发出固有的“天然”香味，其中的大多数目前完全用合成香料还难以配制出一模一样的气味。嗅闻其前味、中味、后味会有不同的感受，有经验的人员单靠鼻子就可以辨别出许多样品，但对于用“无香溶剂”稀释的精油，再灵敏的鼻子也无能为力。

第三，问。

这一步比较麻烦一点，也许要通过走访多家精油卖家才能对比出来，并且还需要通过网络查阅精油的相关资料。因为精油是用植物的某一部分提取出来的，植物会因生长地区、土地的质量、温度、气候、湿度、种植的水准、收成的时间以及处理的方式方法不一样而直接导致精油的品质不一样。所以人们需要通过各种相关知识来了解精油的产地、加工方法、贮存等信息。

对于较大批量的精油采购，多问几个“什么”或“是什么”是有好处的，有时候会让作假者回答问题时露出破绽。

第四，测。

从密度（比重）、折射率、旋光度等鉴别精油的纯度。

每种精油的密度都有一定的稳定性，比如花梨木油的相对密度一般为 0.85，如果你购入的花梨木精油的相对密度高达 0.90，意味着这瓶精油的物质可能添加了其他东西。

从精油折射率的测定也可以知道精油的纯度。

测旋光度看精油真伪：绝大多数合成香料没有旋光性，或者是外消旋的，而天然香料成分有的有左旋或者右旋的特性，表 8-2 是一些精油的旋光度。

表 8-2　一些精油的旋光度

精油	最小旋光度	最大旋光度	精油	最小旋光度	最大旋光度
树兰花油	−11.0	−4.0	白樟油	+16.0	+28.0
脂檀油	+10.0	+60.0	黄樟油	+1.0	+5.0
当归根油	0	+46.0	依兰依兰油	−25.0	−67.0
当归子油	+4.0	+16.0	卡南加油	−30.0	−15.0
香柠檬油	+8.0	+30.0	小豆蔻油	+22.0	+44.0
巴西玫瑰木油	−4.0	+5.0	胡萝卜子油	−30.0	−4.0
秘鲁玫瑰木油	−2.0	+6.0	香苦木油	−1.0	+8.0

续表

精油	最小旋光度	最大旋光度	精油	最小旋光度	最大旋光度
柏叶油	−14.0	−10.0	意大利柑油	+63.0	+78.0
大西洋雪松木油	+55.0	+77.0	西班牙牛至油	−2.0	+3.0
贵州柏木油	−35.0	−25.0	西班牙甘牛至油	−5.0	+10.0
德克萨斯柏木油	−50.0	−32.0	甘牛至油	+14.0	+24.0
芹菜子油	+48.0	+78.0	亚洲薄荷素油	−35.0	−16.0
爪哇香茅油	−6.0	0	椒样薄荷油	−32.0	−18.0
香紫苏油	−20.0	−6.0	白兰花油	−13.0	−9.0
广木香根油	+10.0	+36.0	白兰叶油	−16.0	−11.0
荜澄茄油	−43.0	−12.0	没药油	−83.0	−60.0
枯茗(孜然)油	+3.0	+8.0	红没药油	−32.0	−9.0
欧洲莳萝子油	+70.0	+82.0	乳香油	−15.0	+35.0
印度莳萝子油	+40.0	+58.0	苦橙油	+88.0	+98.0
美国莳萝子油	+84.0	+95.0	蒸馏甜橙油	+94.0	+99.0
龙蒿油	+1.3	+6.5	欧芹草油	−9.0	+1.0
加拿大冷杉油	−24.0	−19.0	欧芹子油	−11.0	−4.0
西伯利亚冷杉油	−45.0	−33.0	广藿香油	−66.0	−40.0
格蓬油	+1.0	+13.3	胡薄荷油	+15.0	+25.0
香叶油	−14.0	−7.0	黑胡椒油	−23.0	+4.0
姜油	−47.0	−28.0	巴拉圭橙叶油	−4.0	+1.0
圆柚油	+91.0	+96.0	众香子油	−5.0	0
愈创木油	−12.0	−3.0	迷迭香油	−5.0	+10.0
刺柏子油	−15.0	0	西班牙鼠尾草油	−12.0	+24.0
赖百当油	+0.15	+7.0	东印度檀香油	−21.0	−15.0
月桂叶油	−19.0	−10.0	澳大利亚檀香油	−20.0	−3.0
薰衣草油	−12.0	−6.0	加拿大细辛油	−12.0	0
杂薰衣草油	−6.0	−2.0	留兰香油	−60.0	−45.0
穗薰衣草油	−7.0	+5.0	云杉油	−25.0	−10.0
冷榨柠檬油	+67.0	+78.0	苏合香油	0	+4.0
蒸馏柠檬油	+55.0	+75.0	压榨红橘油	+88.0	+96.0
柠檬草油	−3.0	+1.0	艾菊油	+28.0	+40.0
白柠檬油	+35.0	+53.0	茶树油	+6.0	+10.0
蒸馏白柠檬油	+34.0	+47.0	百里香油	−3.0	0
伽罗木油	−13.0	−5.0	缬草油	−28.0	−2.0
中国山苍子油	+2.0	+12.0	美国土荆芥油	−4.0	−3.0
圆叶当归油	−1.0	+5.0	纯种芳樟叶油	−18.0	−11.0
肉豆蔻衣油	+2.0	+45.0			

用气相色谱-质谱（气质联机）测试鉴别精油的成分。

天然精油虽然由于来源植物、气候、种植方法、采集方法、提取技术等原因造成香料成分、含量有些差异，但只要品种是一致的，其香料成分和含量一般也都相近。利用气相色谱仪检测精油所含的香料成分是精油鉴别最有说服力的方法之一。

每一种精油的气相色谱图都有自己的“特色”，就像人的指纹图一样，容易辨认。现在可以方便地从有关的资料或者上网找到各种精油的“指纹图谱”进行对照、识别它们。

质谱技术能够把色谱图上的每一个“峰”“解读”出来，如果能够确定其中一个或几个成分是自然界不存在、只能是化学家制造的，例如二氢月桂烯醇、甲位戊基桂醛、甲位己基桂醛、铃兰醛、二苯醚、甲基二苯醚、萘甲醚、萘乙醚、乙酸对叔丁基环己酯、乙酸邻叔丁基环己酯、联苯、甲基柏木酮、龙涎酮、二氢茉莉酮酸甲酯、乙基香兰素、缩醛缩酮类、三环癸酯类、含卤化合物、腈类、各种合成檀香、合成麝香等或者多量的邻苯二甲酸二乙酯（天然精油有的含有少量的邻苯二甲酸酯类）、丙二醇、二缩丙二醇、柠檬酸三乙酯等，就可以断定这样品有问题，至少是掺假的。

反过来，每一种精油都含有一些必定固有的成分，例如芳樟油、薰衣草油、白兰叶油、玫瑰木油、伽罗木油、芫荽子油、茉莉花油、橙花油里的芳樟醇，玫瑰花油和香叶油里的玫瑰醚，薰衣草油里的薰衣草醇和薰衣草酯，椒样薄荷油里的薄荷呋喃，茶树油里的松油烯-4-醇，黄花蒿油里的蒿酮等，在这些精油里面如果测不出那些特定的成分或者特定成分的含量低于某个数值，也可以判定该精油有问题、不合格。

“道高一尺，魔高一丈”，制假者与辨假者都在“与时俱进”，所有“高新技术”手段都有可能被制假者与辨假者利用，让你防不胜防，防了再防，只有全社会的商业诚信建立起来，才能从根本上杜绝假冒伪劣，防止弄虚作假。

单一精油用于芳香疗法虽然各有特色，但都存在一些缺点，就像草药一样，“单方独味”虽然也能治病，总是不如医生根据“辨证”开出的多种药物组成的“处方”好。中医开处方讲究“君臣佐使”，一帖药有主（君）有次（臣）有辅（佐）有引（使），才能保证疗效。事实上，现代芳香疗法如以胡文虎兄弟制造的万金油作为起步的话，一开始就是复配精油了——万金油就是一个不可多得的疗效卓著的复配精油的好例子！只是从法国医生金·华尔奈特创造“芳香疗法”这个词汇以后，人们又绕了一个圈子，“单方独味”的精油用了几十年。近年来，喜欢芳香疗法的人们总结了这几十年成功与失败的教训，逐渐认识到单一精油使用的缺点，“复配精油”开始像雨后春笋一样出现，并逐步取代单一精油的使用。

（1）降血压精油

纯种芳樟叶油 40，薰衣草油 20，檀香油 10，乳香油 20，安息香油 10。

（2）丰胸精油

依兰依兰油 20，茉莉油 20，玳玳花油 20，大茴香油 20，玫瑰油 20。

（3）结实精油

甜橙油 30，玫瑰油 30，香叶油 40。

（4）除皱精油

玫瑰油 30，薰衣草油 30，乳香油 40。

（5）“淋巴排毒”精油

配方一：大茴香油 30，圆柚油 35，柠檬油 35。

配方二：杜松油 15，香叶油 15，雪松油 15，薰衣草油 25，广藿香油 10，鼠尾草油 20。

（6）减肥精油

迷迭香油 25，桧树油 25，香叶油 25，杜松油 25。

(7) 抗疲劳精油

优质松油 30，薄荷原油 30，纯种芳樟叶油 20，桉叶油 10，樟脑油 10。

(8) 防感冒精油

薰衣草油 30，桉叶油 30，茶树油 40。

(9) 芬多精 (Pythoncidere)

芬多精为 Pythoncidere 的翻译，这是由苏俄列宁格勒大学教授 B. P. Toknnh 博士于 1930 年提出研究报告使用的一个词，python 意为植物，cidere 意为消灭。B. P. Toknnh 博士发现当高等植物受伤时，会发出“芬多精”，以杀死其周围环境的其他生物。所有的植物都含有“芬多精”，如果将阿米巴之类的原生动物或伤寒、霍乱、白喉等的病原菌放在新鲜的碎叶旁边，经过数分钟后，这些病原菌都会被杀死殆尽，因此可以证明，植物具有防御霉菌或细菌的系统。

芬多精的主要成分称为萜烯，这是一组芳香性碳氢化合物，不同的树种有不同的萜烯，就算是同一种树，本身也有数量、种类不等的萜烯。

因为芬多精充斥于森林之中，所以行走其间，无形中也享受了森林芬多精浴，不同的树木会有不同的气味，因为它们是不同的芬多精来源，借由风吹、树叶摩擦、空气中的水分子与负离子吸附……形成了整个芬多精环境，由呼吸、皮肤接触，人们也得到了这些空气“维生素”。

作为一种商品，芬多精是一个在国外曾经时髦一时的复配精油，俗称“森林浴”，广告里写的是“取自天然树木各精华”，说穿了就是一个香气不错的“森林”香型香精。可促进新陈代谢、疏解精神压力，平衡情绪，净化空气品质，分解二手烟，消除眼睛的疲劳，抗菌、杀菌，促进新陈代谢，除臭，舒缓肌肉酸痛。

芬多精可用下列精油配制：松节油，柏木油，桧木油，杉木油，桉叶油，白樟油，松针油，雪松油，甜橙油，柠檬油，香柠檬油，柠檬叶油，白兰叶油，树兰花油等。

(10) 芳樟芬多精

厦门牡丹香化实业有限公司参照一株“香樟”叶油的化学成分含量，用纯种芳樟叶油、松节油、白樟油、甜橙油、天然樟脑、天然龙脑等配制出一种“樟树芬多精”香精，制成气雾剂形式的空气清新剂——“疲劳康复剂”，使用时对着空间喷雾一下，马上让周围的人们感觉清新爽快，就像在樟树林里闻到的气息，用固相微萃取-气质联机法测定该香精散发出的“精气”成分为：α-蒎烯 20.44%，β-蒎烯 6.79%，苎烯 8.39%，莰烯 1.26%，γ-松油烯 0.19%，异松油烯 0.06%，桧烯 1.15%，蒈烯 0.15%，叶醇 0.04%，对伞花烃 0.05%，β-罗勒烯 0.17%，β-月桂烯 1.04%，乙酸叶酯 0.16%，1,8-桉叶油素 15.51%，芳樟醇 24.54%，樟脑 17.94%，龙脑 0.23%，α-松油醇 0.14%，侧柏烯 0.06%，α-古巴烯 0.08%，β-石竹烯 0.55%，α-石竹烯 0.17%，依兰油烯 0.12%，葎草烯 0.28%，金合欢烯 0.13%，长叶烯 0.14%，杜松烯 0.22%。与该“香樟”树叶的精气成分极其相似。批量生产的产品送公安部交通安全产品质量监督检测中心做心理能力检测，结论是：被试者在嗅闻了“樟树芬多精”香气后，表示心理能力的绝大多数指标均有所上升，说明各项心理能力都有所加强；对减轻或消除睡意、缓解疲劳是有效的，对提高工作效率、减少差错、提神醒脑是有益的；对疲劳康复的有效率达 100%。

三、精油的使用方法

在美容院里精油的用途和使用方法是：护肤、护发、创造香氛、蒸熏、浸浴、全身各部位(包括足部) 按摩、冷 (热) 敷、直接吸入、加入化妆品中使用等。

在家里，芳香疗法其实非常简单，既不用咬着牙忍受针扎的痛苦，也不必被人捏着鼻子灌下苦不堪言的药水，整个治疗过程确确实实是一种享受！下面介绍几种常见的芳香疗法供参考。

① 直接嗅闻法。随便打开一瓶精油直接嗅闻，并猜测是什么香型，每隔 20min 嗅闻一个香型。经常嗅闻各种香气可以令人振作，减少疲劳，促进记忆，防治老年痴呆症。

② 置于清水中用微火加热散香。此法适于多人同时使用，而香气更加柔和舒适。如熏香炉，于熏香炉上加 8 分满之水，滴 2～3 滴精油，加热使其挥发扩散于空气中。功效同①。

③ 熏香法。用纸条蘸少许精油涂抹于素香（未加香的卫生香）上，熏燃香条令其散香。功效同①，也可将少量精油滴于电热蚊香上熏香，掩盖蚊香的臭味。

④ 精油沐浴。将精油滴数滴于洗澡水中沐浴，可解除疲劳，促进皮肤新陈代谢，防治常见的一些皮肤疾病。

⑤ 精油按摩。将 10mL 基础保养油（一般用橄榄油或甜杏仁油）加 5 滴精油使用于脸部按摩擦拭，一次 1～2 滴，身体按摩用 10～15 滴于关节或相关穴位上按摩，可有效防治各种皮肤疾病，消除疲劳，振奋精神。

⑥ 喷洒法。将精油少许喷洒于床单、枕头上，令卧室充满“温馨”，此法对长期睡眠质量不佳、有心理疾病的患者有特效。如使用香气较为强烈的精油，则可起到防治感冒、哮喘、支气管炎、肺结核等疾病的作用。

⑦ 加入化妆品、洗涤剂中。有些化妆品、洗涤剂的香味不适合于您，可往其中加入少量您喜欢的香料精油，搅拌均匀后使用，您会发现这些产品比原来可爱多了！

⑧ 自配香水。找一个干净的小瓶子，用滴管（医药商店有卖）吸取一种精油数滴加入瓶子中，嗅闻并记住香气；再吸取另一种精油数滴加入，摇匀后嗅闻……直到调出一种您特别喜欢的香气为止，此法可增进操作者的“嗅感智商”，从而提高其艺术鉴赏能力，促进身心健康。

注意事项如下。

① 未经稀释的 100％纯精油，本身浓度极高，挥发性强，不宜直接使用于皮肤上，必须与媒介油（基础油）混合调配，以免灼伤皮肤。

② 只能外用，不可内服。

③ 使用后，精油瓶必须紧封并贮存于阴凉处，避免阳光直接照射。

④ 勿让儿童接触。

⑤ 不要使用于眼部及眼部四周，避免入眼。

⑥ 孕妇、高血压、癫痫症、身体或皮肤敏感者，不宜使用某些精油，须有香薰治疗师询问用法，并在使用前测试皮肤的接受程度。

⑦ 不要使用超过指定份量的精油，以免造成身体不适。

⑧ 调配精油时要使用玻璃或不锈钢器皿，不可用塑胶制品，以免影响疗效。

第三节　精油直接用于食品和日用品的加香

精油直接用于食品的加香，主要有各种柑橘油（甜橙油、柠檬油、橘子油、香柠檬油、白柠檬油）、肉桂油、茴香油、薄荷油等，这些精油有的直接使用，有的先用溶剂稀释或者用水和乳化剂配成乳剂，使用时更为方便。

复配食品精油的例子如可口可乐香精，它是由柠檬油、白柠檬油、甜橙油、肉桂油、肉豆蔻油等按一定的比例混合而成的，香气已自成一格，成为一种人们熟悉的“经典香型”。

近年来，由于芳香疗法的广泛宣传和应用，人们趋之若鹜，直接影响到食品和日用品的加香。不少日用品制造厂商看到了机会，陆续推出一系列直接用“天然精油”加香的产品，受到热烈欢迎和赞赏，掀起了一股“复古”的旋风。几乎所有的食品和日用品都可以用精油直接加香，而不只是与皮肤有接触的产品。

天然精油并不一定比用合成香料配制的香精贵，如桉叶油、柏木油、香茅油、柠檬桉油、薄荷油、茶树油、甜橙油、柠檬油、柑橘油、丁香油、丁香罗勒油、大茴香油、肉桂油、月桂油、芳樟叶油、薰衣草油、依兰依兰油、玳玳叶油、白兰叶油、肉豆蔻油、广藿香油、香根油、留兰香油、香叶油、迷迭香油、安息香浸膏、秘鲁香膏、苏合香膏、格蓬浸膏等，单价都在每公斤几十元到几百元（人民币）之间，与一般的中低档香精差不多，可以直接使用。贵重的精油如玫瑰花油、茉莉花油、玉兰花油、树兰花油、桂花油、东印度檀香油、紫罗兰叶油、鸢尾油等原先只有少量进入复配精油中用于日用品的加香，现在也已改变，因为它们的“三值”高，使用很少的量就能“起作用”，加香成本不一定高到不可接受的程度。

用于食品加香的精油，当然只能用 FDA 批准使用的有 FEMA 编号 GRAS（一般认为安全）的精油。用于与皮肤接触的产品加香的精油，则应该按 IFRA 的规定执行。如肉桂油“在日用香精中的用量不能超过 1%”，柑橘类精油“在与阳光接触的肤用产品香精中使用时香柠檬烯的含量不能超过 7.5×10^{-6}”，等等。

单一精油直接用于食品和日用品加香都有这样那样的缺点，有的不留香，有的留香持久但香气沉重不易散发，有的气味不适合，有的太贵。最好用复配精油，取长补短，现在已经开始流行，复配精油的再次流行可以说是调香工作的一场“复古”行动——一百多年前调香师们就是全部用天然精油调配香精的。除了前面（第二节）介绍的“复配精油”以外，下面再举几个早期日用品加香用的复配精油的例子供参考（其中有许多是合成香料还没有得到大规模应用时的配方——从它们的名称也可以看出来）。

千花油

桂皮油	0.2	橙皮油	1	柠檬油	19
橙花油	1	鸢尾油	0.5	香柠檬油	65
玫瑰油	1.1	香叶油	8	马鞭草油	4
丁香油	0.2				

快艇俱乐部

玫瑰油	10	橙花油	20	依兰依兰油	10
茉莉油	10	檀香油	20	安息香膏	20
薰衣草油	10				

元帅香水

龙涎香酊	12	香荚兰豆酊	20	玫瑰油	10
麝香酊	12	鸢尾油	5	丁香油	5
橙花油	16	香根油	5	檀香油	5
黑香豆酊	10				

闰年

茉莉油	10	檀香油	10	香根油	10
依兰依兰油	30	晚香玉油	5	玫瑰油	10
芳樟叶油	23	马鞭草油	2		

全球香

茉莉油	10	麝香酊	44	晚香玉油	10
玫瑰油	10	依兰依兰油	10	紫罗兰叶油	1
薰衣草油	10	檀香油	5		

模特香

薰衣草油	20	依兰依兰油	20	肉豆蔻油	2
茉莉油	20	晚香玉油	10	灵猫香酊	6
橙花油	20	苦杏仁油	2		

艺妓

麝香酊	15	黑香豆酊	10	香叶油	5
灵猫香酊	5	茉莉油	20	依兰依兰油	25
香荚兰豆酊	20				

吻春

薰衣草油	20	紫罗兰叶油	2	柠檬油	10
茉莉油	10	香柠檬油	20	龙涎香酊	18
玫瑰油	10				

接吻

薰衣草油	10	黑香豆酊	20	玫瑰油	10
龙涎香酊	35	鸢尾油	5	柠檬草油	2
长寿花油	10	灵猫香酊	3	香叶油	5

夜总会

檀香油	20	玫瑰油	10	玉兰花油	10
橙花油	20	薰衣草油	10	芳樟叶油	10
茉莉油	10	安息香膏	10		

爱神

薰衣草油	20	茉莉油	10	麝香酊	17
龙涎香酊	30	玫瑰油	20	紫罗兰叶油	3

快乐

香柠檬油	15	紫罗兰叶油	5	玫瑰油	10
柠檬油	15	晚香玉油	10	龙涎香酊	40
鸢尾油	5				

和雅

薰衣草油	20	玫瑰油	10	依兰依兰油	20
茉莉油	10	晚香玉油	10	香柠檬油	10

丁香油	2	麝香酊	6	龙涎香酊	10
肉豆蔻衣油	2				

春花

玫瑰油	10	薰衣草油	30	龙涎香酊	30
紫罗兰叶油	5	香柠檬油	25		

狩猎

薰衣草油	20	麝香酊	25	柠檬油	10
橙花油	20	鸢尾油	5	玫瑰油	10
黑香豆酊	10				

森林

松节油	8	橙皮油	10	玫瑰油	10
松针油	40	黑香豆酊	10	柏木油	10
桂皮油	2	依兰依兰油	10		

宫廷

香柠檬油	20	鸢尾油	5	麝香酊	60
橙花油	10	苏合香膏	5		

王宫

薰衣草油	20	玫瑰油	10	丁香油	2
茉莉油	10	依兰依兰油	20	香柠檬油	10
紫罗兰花油	10	香根油	5	香紫苏油	13

帝室

香紫苏油	10	紫罗兰花油	10	柠檬油	20
茉莉油	10	香柠檬油	20	橙花油	10
玫瑰油	20				

近卫骑兵

薰衣草油	20	玫瑰油	10	鸢尾油	10
橙花油	20	依兰依兰油	20	丁香油	10
香紫苏油	10				

维多利亚女皇

薰衣草油	10	玳玳叶油	15	晚香玉油	5
香柠檬油	20	玫瑰油	10	紫罗兰叶油	5
柠檬油	20	橙花油	10	灵猫香酊	5

柏林香水

香柠檬油	55	大茴香油	15	小豆蔻油	2

柠檬油	4	玳玳叶油	6	檀香油	4
芫荽油	4	玫瑰油	4	百里香油	2
香叶油	4				

林风

松节油	20	柠檬草油	10	松针油	40
薰衣草油	30				

第四节 精油驱避剂

上古时期的人类在抗击各种自然灾害时就已经发现了许多天然的动物驱避剂，这些天然驱避剂对保护人类安全和健康曾起过极其重要的作用。例如人们发现许多天然香料有驱虫作用——薰衣草或薰衣草油放在衣橱中可使衣物免受虫咬损坏，桑柑的驱虫效果也特别灵，香茅、肉桂和丁香也有出色的驱虫本领。将肉桂油和丁香油混合作为驱虫剂使用，在欧美民间已经有数百年的历史了。

随着现代科学技术的迅猛发展，人们发现了许多方法可以更“简单”、更有效、更快速地杀灭各种人类“讨厌”的动物，驱避剂尤其是天然驱避剂被束之高阁，很少再有人提起，它们在动物灾害综合治理中的应用常常被忽视。化学杀虫剂的广泛使用便是一个例子，这些驱除、杀灭动物的药剂给人类也带来了一定的危险，给环境带来的“灭顶之灾”则是人类给自己带上的沉重镣铐。

杀虫剂抗性问题日趋严重，人们对农药的安全使用越来越关注，以新的安全有效成分替代现有的市场产品早就提上了日程。昆虫驱避剂是杀虫剂可供替代的选择，它可使人类皮肤免遭蚊、蠓、蚋、螨、蜱、蚤和虱的叮咬或降低为患，亦可排除特定范围的昆虫，如农田驱虫、防止对包装中的贮藏品的侵害等。

传统的虫害治理行动（孑孓防治处理、蜚蠊毒饵等）需要结合运用驱避技术。驱避剂可能对排除一定环境范围（如学校、医院和食品制造厂）的昆虫起着越来越重要的作用。人们相信，天然产物例如植物精油可能在新的驱避技术中扮演重要的角色。

昆虫驱避剂的应用事实上可以追溯至久远的年代，人们运用各种各样的植物油、熏烟、焦油驱散昆虫、杀死昆虫或迫使昆虫离开。第二次世界大战以前主要有四种驱避剂：香茅油经常用于梳理头发中的头虱；1929 年出现驱蚊油（邻苯二甲酸二甲酯）；1937 年避虫酮获得专利；1939 年驱蚊醇上市。第二次世界大战爆发后，后 3 种成分被混配成单一制剂，用于军事。这就是大家熟悉的 6-2-2，即 6 份驱蚊油、2 份避虫酮和 2 份驱蚊醇。

1956 年，美国政府从两万多种化合物中筛选潜在的驱蚊化学品。1953 年发现的 *N*,*N*-二乙基间甲苯酰胺具有昆虫驱避特性，1956 年投放市场，成为第一个避蚊胺产品。避蚊胺虽然到现在仍是应用最广的驱蚊剂，但其通常有与安全相关的致毒效应，包括儿童脑变性疾病、荨麻疹综合征、过敏、血压过低和心动过缓等。

其他化合物，有些已进行驱避活性评估，不过商业上没有像避蚊胺那样成功。例如，*N*，*N*-二乙基苯基乙酰胺（DEPA），在印度获准用作蜚蠊驱避剂；Col-gate-Palomolive 在欧洲作为地板除垢剂；Ajax Expel 组分中蜚蠊驱避剂的有效成分为 *N*-甲基新癸基酰胺——用该地板除垢剂后，蜚蠊离开藏匿处并可减少对先前出没范围的再侵扰。

一些昆虫驱避制剂含有天然成分——非美国生产的65种昆虫驱避制剂，其中33种含有避蚊胺，其余都含有天然精油。1953～1974年期间，美国农业部用901种有效成分（内含化合物872种，植物油29种）对4种住宅蜚蠊进行了驱避性实验，其中127种对德国小蠊的驱避率达94%或更高，61种驱避率为100%；有13种对所有4种蜚蠊的驱避率均达100%。这13种驱避性能优良的药剂没有植物萃取物，大多是天然产物“等同物”。

香茅是美国昆虫驱避制剂中常用的植物成分。市场销售的具有驱虫作用的蜡烛和熏香品都含有香茅油。最近，有人对多种具有驱避作用的商业产品进行实验室气味驱避埃及伊蚊的测量评价。香茅、雪松、桉树、柠檬草、白千层、薰衣草、黄樟、薄荷和香柠檬油等对任何避蚊胺制剂气味驱避测定无效的场合都有效。

印楝油加工成2%椰子油制剂，可提供12h免遭按蚊危害的安全保护。印楝萃取专利产品AG1000，对拟蚊蠓有驱避作用，拟蚊蠓是传播牲畜病害的媒介。

久贮的柠檬桉油含有少量对盖烷-3,8-二醇，其对按蚊的驱避效果可与避蚊胺媲美。“驱蚊灵”是一种以柠檬桉油为原料的驱避剂，含有对盖烷-3,8-醇、异胡薄荷酮和香茅醇等成分，在中国已大量取代邻苯二甲酸二甲酯（驱蚊油）。尽管“驱蚊灵”对拟蛇蠓有驱避作用，但拟蛇蠓仍受桉树油的吸引，这是令人费解的事。

在民间，普遍有在衣橱内放置樟木块、红雪松块或香囊驱避蛀虫、衣蛾的习惯。这也许是许多人希望用樟木、红雪松制造木箱、存放传家宝和服饰的重要原因。樟木里含有樟脑等驱虫物质是早已被肯定的；研究发现，红雪红木制板对德国小蠊有驱避作用，而对美洲大蠊和褐带蠊却没有。

不同昆虫对昆虫驱避剂的敏感性存在差异。对照组间相对距离分类为严格。在蚊中，业已观察到避蚊胺ED_{50}值的差异：埃及伊蚊不同品系之间相差1.75倍；按蚊同属之间相差3.45倍；不同属之间高达7倍。库蚊属是最敏感的蚊种，尖音库蚊比最具耐药性的白斑按蚊的敏感性高6.9倍，然而四斑按蚊的耐药性并不比跗节库蚊（鸟蚊）明显更高。敏感性差异可稳定几个世代，这表明耐药性是可遗传的。研究发现，避蚊胺耐受性显性不足。

现今常被用作防疫避蚊的天然精油有：桂皮油、丁香油、冬青油、桉叶油、薄荷油、香柏油、薰衣草油、樟脑油、橄榄油、香茅油、柠檬桉油、柠檬油、茴香油、野菊花油等。由于万金油、清凉油、驱风油、风油精的主要成分都有驱虫作用，因此，人们也常在皮肤上涂抹这些油驱蚊。夏夜睡觉前，在床的四角放几盒打开的万金油，也可驱除蚊虫，保证在不受骚扰的环境里美美地睡上一觉。

用驱避剂驱除昆虫以外的其他动物目前也引起人们的极大兴趣，如机场和农田驱鸟、林区驱兽（包括鼠类）、驱蛇等爬行及两栖动物等，现在已经得到一定范围的应用。

植物精油里面也有许多品种对鸟类、兽类有明显的驱避作用，表8-3是已有报道过的各种植物精油及其所含香料成分对动物的驱避作用汇总，带*号的为有效。

厦门牡丹香化实业有限公司的科技人员利用上表里的内容，采用“复配精油”的办法来提高其驱避作用，取得了良好的效果。例如用艾叶油、桉叶油、百里香油、薰衣草油、柏木油、玫瑰油、芳樟叶油等配制出驱蚊效果高达90%以上的“驱蚊精油”产品，经检测对造成登革热的埃及伊蚊和白纹伊蚊的驱避效果也很好，现已得到实际应用；采用四氢芳樟醇、肉桂酰胺、兔儿草醛、乙酸苄酯等配制的驱鸟剂也相当成功；用樟脑、龙脑、紫苏油、香茅油等配制的驱鼠剂的效果不错，后来发现在临近成熟时的玉米田周边喷洒这种“驱鼠精油”能有效防止松鼠的糟蹋与破坏；用纯种芳樟叶油、薰衣草油、山苍子油、柑橘油、桉叶油等配制的农田、粮仓专用驱虫精油也已在扩大实验、积极推广中，效果令人满意。

表 8-3 植物精油及其所含香料成分对动物的驱避作用

项目	蚊	家蝇	蟑螂	跳蚤	虱	虫卵	蛀虫	螨	蛾	蚂蚁	白蚁	蚯蚓	蜷虫	蛔虫	钩虫	节蠕虫	蜜蜂	猫	狗	鸽鸠等鸟类	鼠	水稻害虫	蚜虫	麦蛾科害虫	黄瓜甲虫	仓储害虫	米象属豆象属	小蠊属	稻象鼻虫	四纹豆象	黑拟谷幼虫
艾菊叶油	*													*	*																
艾纳香属精油	*																														
桉树油	*	*												*	*				*										*		
桉叶油素	*																				*					*			*		
白菖蒲油						*																									
白千层油														*	*																
百里香酚	*							*																							
柏木醇	*						*																								
柏木油	*						*														*										
苯甲醛	*							*																							
苯甲酸苄酯	*																														
苯甲酸甲酯								*																							
苯甲酸乙酯		*	*					*																							
苯乙醇								*																							
荜茇油														*																	
薄荷脑	*		*							*											*										
薄荷酮	*																														
薄荷油	*																														
菖蒲油	*													*																	
川木香根油												*	*																		

续表

项目	蚊	家蝇	蟑螂	跳蚤	虱	虫卵	蛀虫	螨	蛾	蚂蚁	白蚁	蚯蚓	蟓虫	蛔虫	钩虫	节蠕虫	蜜蜂	猫	狗	鸽鸠等鸟类	鼠	水稻害虫	蚜虫	麦蛾科害虫	黄瓜甲虫	仓储害虫	米象属豆象属	小蠊属	稻象鼻虫	四纹豆象	黑拟谷幼虫
刺柏叶																									*						
粗芹子油																	*														
大茴香醛	*																														
大茴香油														*	*											*					
大蒜油	*								*																						
当归内酯							*		*																						
丁香酚	*					*											*				*										
丁香油	*													*	*																
冬青油	*																		*												
对盖二醇	*																														
对面花种子油												*	*																		
对伞花烃							*										*							*							
二甲基萘							*																								
番茄枝油			*								*																				
芳樟醇	*			*	*	*											*									*					
芳樟油	*			*	*	*			*	*							*														
佛手柑油	*																														
柑橘油	*					*																								*	
广藿香油																											*				
桂酸乙酯	*																														
桂酸异丙酯	*																														

续表

项目	蚊	家蝇	蟑螂	跳蚤	虱	虫卵	蛀虫	螨	蛾	蚂蚁	白蚁	蚯蚓	蠓虫	蛔虫	钩虫	节蠕虫	蜜蜂	猫	狗	鸽鸡等鸟类	鼠	水稻害虫	蚜虫	麦蛾科害虫	黄瓜甲虫	仓储害虫	米象属豆象属	小蠊属	稻象鼻虫	四纹豆象	黑拟谷幼虫
厚皮木苹果油													*																		
黄角山胡椒																									*						
黄樟油														*	*																
茴香油	*																														
藿香蓟油													*																		
己基间苯乙酚															*	*															
加州月桂油																										*					
家黑种草油															*	*															
对甲基苯乙酮								*																							
甲位蒎烯																					*										
甲位水芹烯																								*							
姜黄油												*	*																		
角鲨烯	*																														
金合欢醇						*																									
金合欢烯																							*								
莰烯																								*							
苦艾油														*	*																
藜属植物油														*	*																
邻苯二甲酸二甲酯				*	*																										
柳杉柏木油	*																					*									
龙脑										*											*										

续表

项目	蚊	家蝇	蟑螂	跳蚤	虱	虫卵	蛀虫	螨	蛾	蚂蚁	白蚁	蚯蚓	蟓虫	蛔虫	钩虫	节蠕虫	蜜蜂	猫	狗	鸽鸠等鸟类	鼠	水稻害虫	蚜虫	麦蛾科害虫	黄瓜甲虫	仓储害虫	米象属豆象属	小蠊属	稻象鼻虫	四纹豆象	黑拟谷幼虫
缕叶油														*	*																
绿黄汁阿魏油													*																		
罗汉柏烯							*																								
罗勒油	*	*																								*					
玫瑰油	*	*																													
迷迭香油																										*					
柠檬草油	*	*																													
柠檬醛	*	*				*												*													
柠檬油	*																														
蒎烯																								*							
全缘黄连木虫瘿油												*	*																		
日本薄荷油	*																									*					
日本金银花油																									*						
肉桂叶油	*			*																											
肉桂油	*			*										*	*																
肉桂酰胺																				*											
三条筋叶油													*																		
莎草油													*																		
十一烷																															*
莳萝油																													*		
鼠尾草油																										*					

续表

项目	蚊	家蝇	蟑螂	跳蚤	虱	虫卵	蛀虫	螨	蛾	蚂蚁	白蚁	蚯蚓	蟓虫	蛔虫	钩虫	节蠕虫	蜜蜂	猫	狗	鸽鸠等鸟类	鼠	水稻害虫	蚜虫	麦蛾科害虫	黄瓜甲虫	仓储害虫	米象属豆象属	小蠊属	稻象鼻虫	四纹豆象	黑拟谷幼虫
水杨酸甲酯								*											*												
水杨酸乙酯								*																							
斯里兰卡香茅油	*													*																	
四氢芳樟醇			*																	*											
松节油		*	*											*	*				*										*		
松油	*	*																													
松油醇																															*
4-松油醇							*																			*					
檀香油	*	*																													
兔耳草醛			*																	*											
香根油																											*				
香茅醇	*					*																									
香茅醛	*																				*										
香茅油	*																														
香芹醇							*																								
香芹酚						*																				*					
香芹酮								*																							
香叶醇	*		*			*														*											
香叶油	*	*																													
薰衣草油	*			*	*																					*					
鸭嘴花油														*																	

续表

项目	蚊	家蝇	蟑螂	跳蚤	虱	虫卵	蛀虫	螨	蛾	蚂蚁	白蚁	蚯蚓	蛲虫	蛔虫	钩虫	节蠕虫	蜜蜂	猫	狗	鸽鸠等鸟类	鼠	水稻害虫	蚜虫	麦蛾科害虫	黄瓜甲虫	仓储害虫	米象属豆象属	小蠊属	稻象鼻虫	四纹豆象	黑拟谷幼虫
野菊花油	*																														
乙酸					*																										
乙酸苄酯			*																	*											
乙酸芳樟酯	*																														
乙酸龙脑酯																															*
乙酸松油酯																															*
异百里香酚								*																							
异龙脑										*																					
印乳香油													*																		
芸香油														*	*																
樟脑			*		*					*											*										
樟脑酸二甲酯	*																														
樟脑油	*	*																													
栀子花油													*																		
中国木姜子油												*	*																		
众香油	*			*																											
苎烯	*	*	*				*											*			*						*	*			
紫苏醛								*													*										
2-甲基-2,4-戊二醇				*	*																										
4-羟丁基己酸酯	*																														

如前所述，虽然人们早已知道有许多天然香料有驱蚊作用，但到底哪一些香料的驱蚊效果更好呢？下面的实验可以较好地解答这个问题。

把两只50cm×50cm×50cm的玻璃柜以口径为20cm×20cm×180cm的有机玻璃管连通，通道中央设活动拦板。每只玻璃柜设有电加热器和蚊虫吹入口。在24～28℃、相对湿度58%～60%的条件下测定。实验方法：打开玻璃柜连接通道，将电加热器预热至50℃左右，滴加天然香料油1mL，放入50只雌性淡色库蚊。30min后截断通道，清点击倒的蚊子个数和逃离至另一玻璃柜的蚊子数。每个实验重复3次。

击倒率＝死亡蚊子数/实验蚊子总数

驱避效率＝(逃离蚊子数＋死亡蚊子数)/实验蚊子总数

采用这个实验方法，常见的天然香料对蚊子的击倒率和驱避效率见表8-4。

表8-4 常见的天然香料对蚊子的击倒率和驱避效率

香料名称	击倒率/%	驱避效率/%	香料名称	击倒率/%	驱避效率/%
香叶油	27.9	77.5	肉桂油		60.0
山苍子油	15.7	58.8	芸香油		60.0
椒样薄荷油	13.5	69.2	桉叶油		56.9
大蒜油	9.4	54.7	丁香油		56.8
柠檬桉油	7.9	52.4	纯种芳樟叶油		54.2
白兰叶油	5.0	61.1	香茅油		52.6
50%松油		79.3	柠檬油		45.2
柏木油		70.9	甜橙油		43.6
肉桂叶油		70.6	艾叶油		37.1
冬青油		69.8	香根油		30.8
薰衣草油		69.0	松针油		29.6
薄荷油		65.3	白兰花油		29.5

从表8-4中可以看出，只有6种天然香料能把蚊子击倒，其他香料只能把蚊子驱走。长期以来人们津津乐道、以为驱蚊效果“最佳”的几种精油——香茅油、柠檬桉油、桉叶油、山苍子油、艾叶油等的驱蚊效果只是一般般，而驱蚊效果最佳的香叶油、松油、柏木油等没有被“发现”。难怪世人虽然一直对天然香料的驱蚊能力寄予厚望，从事这方面工作的人们却拿不出一张令人满意的成绩单出来。

通过对表8-4的分析，看得出巧妙的配制有可能大幅度提高驱蚊效果。选用“驱避效率”在40%以上的香料配制了数百个香精（复配精油），有的驱蚊效果提高了，有的反而下降了。进一步的分析终于得到了一些规律性的东西，虽然还不能完全用已知的科学理论“完满地”解释它们，但这并不影响实验工作，也不影响对它们早日得到实际应用的强烈愿望。现举一个较有实际意义的配方如下。

驱蚊复配精油A

香叶油	40g	柠檬油	6g	玳玳叶油	4g
冬青油	2g	丁香油	2g	百里香油	2g
薄荷素油	10g	桉叶油	4g	留兰香油	6g
山苍子油	4g	纯种芳樟叶油	4g	香茅油	2g
甜橙油	4g	薰衣草油	10g	合计	100g

用这个配方配出来的香精香气优美，得到多数人的称赞和喜爱，香气可以贯穿始终，常闻不生厌，留香时间持久，对多种蚊子的驱避效果极佳，驱避效率达到 91.33%。把它做成几种制剂，用于各种驱蚊场合，反映良好。采用这个香精配制的蚊香和气雾杀虫剂，不管使用或不使用杀虫剂（不用杀虫剂的制剂，香精用量要大几倍，成本会高一些，但对人畜的安全性则高得多了），香气全都得到众人的好评，驱蚊效果也都比添加其他香型的香精好，值得大力推广。

第五节　精油的其他用途

精油的用途非常广，除了大量用于芳香疗法、芳香养生、配制各种香精和作动物驱避剂外，还有以下用途。

① 作有机溶剂。例如松节油就是一种优良的有机溶剂，广泛用于油漆、催干剂、胶黏剂等工业；甜橙油及其分离出的苧烯也是用途很广的有机溶剂，部分用于干洗剂。

② 作合成香料的起始原料。用松节油和甜橙油作起始原料生产的单体香料有：松油醇、乙酸松油酯、香芹醇、香芹酮、马鞭草醇、马鞭草酮、紫苏醇、薰衣草醇、桃金娘烯醇、圆柚酮、诺卜醇、乙酸诺卜酯、檀香 803、檀香 210、樟脑、龙脑、乙酸龙脑酯、乙酸异龙脑酯、鸢尾酮、紫罗兰酮、芳樟醇、香叶醇、橙花醇、乙酸芳樟酯、乙酸香叶酯、柠檬醛、薄荷醇、橙花酮、香柠檬酯、澳檀醇、澳檀酮等等。

③ 作涂料、医药、合成树脂、杀虫剂、有机化工等方面的原料。

精油直接用作有机溶剂和涂料、医药、杀虫剂、合成树脂时，其香味和安全性有时候也是被选用的主要原因，例如目前常用的干洗剂四氯乙烯等因为有一定的毒性和不良气息，人们使用的时候总是有些担心和不满，在一些发达国家里，干洗剂溶剂已经逐渐被甜橙油或甜橙油分离出的苧烯取代，其原因主要就是安全和气味。用甜橙油干洗后的衣物还会带有令人愉悦的香味，很受欢迎。

参 考 文 献

[1] 林翔云．调香术．第3版．北京：化学工业出版社，2013.
[2] 中国香料香精化妆品工业协会．中国香料香精发展史．北京：中国标准出版社，2001.
[3] 林翔云．日用品加香．北京：化学工业出版社，2003.
[4] 俞根发，吴关良．日用香精调配技术．北京：中国轻工业出版社，2007.
[5] 曲健健等．微胶囊技术及其在制革工业中的应用．中国皮革，2006，(09).
[6] 韩笑．香味微胶囊的制备和应用实践．染整技术，2006，(09).
[7] 四川省日用化学工业研究所情报资料室．香精配方集．北京：化学工业出版社，1986.
[8] 傅京亮．中国香文化．济南：齐鲁书社，2008.
[9] 赵铭钦．卷烟调香学．北京：科学出版社，2008.
[10] 林旭辉．食品香精香料及加香技术．北京：中国轻工业出版社，2010.
[11] 大西宪．香料（日），1993，180：27.
[12] 李小和．植物油在化妆品中的应用．香料香精化妆品，1985，(02)：30-33.
[13] 叶琳等．纳米微胶囊技术与纳米化妆品研究进展．香料香精化妆品，2006，(04).
[14] 林翔云．香樟开发利用．北京：化学工业出版社，2010.
[15] 朱曾惠．化学工业中的纳米技术．化工新型材料，2004，(01).
[16] 孟宪民等．微胶囊香整理剂在皮革中的应用．皮革化工，2003，(04).
[17] 陈洪．提高烟草加香加料精度的方法．重庆与世界．学术版，2012，(11).
[18] 王能友．彩色加香纸．中国包装工业，2003，(06).
[19] 潘跃华．服装加香长效固香技术．生意通，2008，(08).
[20] 肖一博等．提高混丝加香瞬时加香精度的稳定性．企业导报，2013，(05).
[21] 刘志旺等．自动加香误差分析．烟草科技，2001，(04).
[22] 赵磊．提高远程加香系统瞬时精度的技术改进．郑州轻工业学院学报：自然科学版，2010，(05).
[23] 李奇等．提高加香机加香精度及烟丝混合均匀性．轻工科技，2014，(03).
[24] 蔡华川等．提高加香精度的技术改造．包装与食品机械，2005，(04).
[25] 姚二民等．改进加香机管路系统提高混合烟丝加香精度．科技致富向导，2012，(18).
[26] 夏启东等．气相色谱质谱法测定6种加香目标物质的含量及对烟丝加香均匀性的评价．分析测试学报，2012，(07).
[27] 胡心怡等．芳香微胶囊整理织物的留香效果．纺织学报，2009，(07).
[28] 熊葳等．香味保健纺织品的开发现状与微胶囊生产技术．国外丝绸，2009，(04).
[29] 陆必泰等．纺织品香味整理剂的研制及应用工艺探讨．武汉科技学院学报，2006，(04).
[30] 林翔云．香味世界．北京：化学工业出版社，2011.
[31] 王潮霞等．香味微胶囊的保健功能及其在纺织品上的应用．染整技术，2005，(06).
[32] 王潮霞等．芳香保健纺织品的研究与应用．染整技术，2005，(03).
[33] 张平安等．纺织品加香方法的研究．棉纺织技术，2000，(10).
[34] 孙宝国．肉味香精的制造理念与核心技术．中国食品报，2008-01-09 (004).
[35] 辛文．我国复合调味品的五个开发方向．中国食品报，2008-02-25 (007).
[36] 高连岐．红烧猪肉丸的调香调味技术．中国食品报，2009-10-06 (005).
[37] 文和等．肉味香精在肉制品的应用．中国食品报，2009-09-08 (002).
[38] 孙宝国等．中国咸味香精行业核心技术研发进展．中国食品报，2009-09-08 (005).
[39] 李科德．正确选用风味料调出纯正好味道．中国食品报，2009-09-10 (007).
[40] 高连岐．鸡汁加工技术．中国食品报，2009-10-20 (005).
[41] 高连岐．牛肉风味香辣酱调香技术．中国食品报，2009-11-17 (Z05).

[42] 吴惠玲等．影响美拉德反应的几种因素研究．现代食品科技，2010，(05).
[43] 蔡培钿等．美拉德反应在肉味香精中的研究进展．中国酿造，2009，(05).
[44] 曹怡等．烟熏香味料及其安全性．香料香精化妆品，2009，(02).
[45] 闫利萍．基于蛋白质水解技术和美拉德反应的鸡肉产品加工新技术的研究．南京：南京农业大学，2009.
[46] 朱新生．热反应猪肉风味香精的研究与制备．无锡：江南大学，2005.
[47] 要萍．宣威火腿挥发性风味成分研究方法初探．北京：中国农业大学，2003.
[48] 张音．鸭汤风味特征及鸭肉香精制备工艺研究．长沙：湖南农业大学，2012.
[49] 王路．食品烟熏液的制备和精制工艺研究及香气成分的分析．湛江：广东海洋大学，2012.
[50] 吕玉．美拉德反应模型体系的研究及牛肉香精的制备．北京：北京工商大学，2010.
[51] 刘辉．不同原料烟熏液的制备、精制及灌肠液熏工艺的研究．湛江：广东海洋大学，2011.
[52] 雷颖．一种新型烤鸡上色增香液制备及保鲜工艺研究．杨陵：西北农林科技大学，2012.
[53] 冯云．肉制品非烟熏上色增香技术研究．南京：南京农业大学，2011.
[54] 吴天祥等．白酒香型风格与白酒色谱骨架成分关系的初步研究．酿酒，2002，(03).
[55] 王忠彦等．白酒色谱骨架成分的含量及比例关系对香型和质量的影响．酿酒科技，2000，(06).
[56] 李加兴等．仿浓香型调香白酒主体香味成分的设计．酿酒，1998，(06).
[57] 周复茂等．浅谈新型低度白酒的开发．酿酒，1997，(03).
[58] 潘文亮等．浅谈调香技术在卷烟中的应用．黑龙江科技信息，2008，(24).
[59] 吴庆之．烟用调香的技术基础．烟草科技，1999，(04).
[60] 程敬卿．软饮料的调香技巧和复配经验．中国食品工业，2007，(11).
[61] 宁辉等．肉制品的调香调味设计．肉类研究，2000，(04).
[62] 张秋英等．浅谈肉制品风味的形成与调香．肉类工业，2004，(01).
[63] 王延平等．肉制品调香调味基础理论综述．肉类工业，2006，(06).
[64] 赵波等．肉制品调香调味的基本方法．肉类工业，2009，(07).
[65] 宁辉等．肉制品调香调味整体策划与设计．食品科学，2000，(10).
[66] 詹汉林．新型米香型白酒曲种的研制和应用．现代食品科技，2009，(07).
[67] 方元超．肉味及海鲜味香精调香中常用的香原料．中国食品添加剂，2003，(03).
[68] 林翔云．樟属植物资源与开发．北京：化学工业出版社，2014.
[69] 吕荣仿等．系列风味海鲜肠的产品设计及工艺制作．肉类研究，2006，(05).
[70] 王延平等．花样繁多的新型素肉类食品．食品工业科技，2006，(06).
[71] 张迪．杭白菊挥发油的提取及其在卷烟加香中的应用研究．郑州：河南农业大学，2011.
[72] 刘乐．木糖酯类香料的合成及其卷烟加香应用研究．郑州：河南农业大学，2011.
[73] 孟祥东．金银花挥发油的提取、GC/MS 鉴定及其卷烟加香应用研究．郑州：河南农业大学，2010.
[74] 林翔云．香料香精辞典．北京：化学工业出版社，2007.
[75] 林翔云．闻香说味——漫谈奇妙的香味世界．上海：上海科学普及出版社，1999.
[76] 熊四智．四智说食．成都：四川科学技术出版社，2007，
[77] 曹雁平．食品调味技术．北京：化学工业出版社，2002.
[78] 中国咸味香精的发展（二）．国内外香化信息，2008，(03).
[79] 斯波．创新和服务是咸味香精快速发展的关键．农产品加工，2008，(04).
[80] 孙宝国．中国咸味香精的发展状况与趋势．食品工业科技，2008，(04).
[81] 吴肖等．反应型咸味香精制备及其在食品工业中的应用．食品科技，2005，(06).
[82] 宋钢．日本咸味香精的种类生产及使用．肉类研究，2006，(09).
[83] 秦朗等．奶香香精陈化过程中一些化学现象初探．中国食品添加剂，2008，(01).
[84] 郝晓亮等．大豆组织蛋白素火腿肠的研制．大豆通报，2007，(03).

[85] 秦颖．饮料用乳化香精研究进展．中国食品添加剂，2007，(04).
[86] 刘君等．食用香精复配技术的应用及发展趋势．中国食品添加剂，2007，(06).
[87] 肖作兵等．纳米甜橙香精的制备研究．食品工业，2007，(06).
[88] 林翔云．神奇的植物——芦荟．福州：福建教育出版社，1991.
[89] 沈婷．饲料风味剂的研究进展与应用．江苏农业科学，2007，(05).
[90] 王渊源，蔺子敏．天然风味剂在水产动物饲料中的应用．饲料工业，2007，(04).
[91] 杨玉芝．猪配合饲料中风味剂的合理使用．山东畜牧兽医，2006，(05).
[92] 赵念等．香味剂在饲料生产中的应用．兽药与饲料添加剂，2006，(04).
[93] 吕继蓉等．添加不同香味剂对奶牛生产性能的影响．饲料研究，2004，(07).
[94] 山田宪太郎．南海香药谱．法政大学出版社（日），1976：15.
[95] 蔡景峰等．图经本草辑复本．福州：福建科技出版社，1988.
[96] 刘景华等．中国香料的栽培与加工．北京：轻工业出版社，1986.
[97] 熊安言等．高良姜精油的制备及加香试验．烟草科技/烟草工艺，2003，(12)：11-12.
[98] 飞云．半个鼻子品天下．厦门：凌零出版社，2015.
[99] 张翩辉．香气分维公式的一个推论．香料香精化妆品，2008，(2)：14-16.
[100] 何丽洪，林翔云．香精的顶空固相微萃取与直接抽样气质联机分析比较．2012年中国香料香精学术研讨会论文集．2012.
[101] 张翩辉等．一种全自动智能调香机的设计．香料香精化妆品，2008，(6)：5-7.
[102] 王昊等．运用电子鼻技术鉴别棉织物的异味．分析仪器，2010，(2)：21-26.
[103] 于宏晓，徐海涛，马强．电子鼻气味指纹数据对烟丝加香质量的评价．中国烟草科学，2010，(2)：63-66.
[104] 李仕璋等．风味剂在畜禽饲料生产中的应用．畜禽业，2002，(08).
[105] 周映华等．饲料香味剂在养猪生产中的应用．畜禽业，2002，(04).
[106] 张克英等．不同种类风味剂对仔猪生产性能的影响．四川畜牧兽医，2000，(06).
[107] 陈茂彬．饲料风味添加剂的产品设计和合理使用．粮食与饲料工业，2000，(06).
[108] 梁雪霞．饲料诱食剂在饲料工业中的应用及发展．饲料工业，2000，(06).
[109] 过新胜等．风味添加剂对笼养鸡肉品质影响的研究．饲料研究，1999，(08).
[110] 麻毅等．中国蚊香．长春：吉林科学技术出版社，2012.
[111] 姜志宽等．卫生杀虫药械学研究与应用（二）．北京：海潮出版社，2006.
[112] 藤卷正生ら．香料の事典，東京部：朝仓书店，昭55.
[113] 赤星亮一．香料の化学．東京部：大日本图示，昭58.
[114] Park J S，Lee M Y，Kim J S，Lee T S. Compositions of nitrogen compound and amino acid insoybean paste prepared with different microbial sources. Korean Journal of Food Science and Technology，1994.
[115] White J L，et al. Tobacco Treatment Process：US，5121757. 1992.
[116] Driscoll D M，Southwick E W. Process For Modifying The Flavor Characteristics of BrightTobacco：US，4628947. 1982.
[117] Richard H Cox，et al. Smoking Compositions Containing A Glycosylamino Flavorant Additive：US，4638816. 1987.
[118] Lilly Clifton Arnys，et al. Process For Modifying The Flavor Characteristics of Tobacco：EP，0153817A2. 1985.
[119] Robet F Denier，et al. Forming Flavor Compounds In Tobacco：GB，2186783A. 1987.
[120] Davis D L. Waxes and Lipides in leaf and their relationship to smoking quality and aroma. Recent Advance in Tobacco Science，1976.
[121] Kume S，Takeya M. American Journal of Pathology，1995.

[122] Abraham F Jalbout, Md Abul Haider Shipar, ose Luis Navarro. Density functional computational studies on ribose and glycine Maillard reaction: Formation of the Amadori rearrangement products in aqueous solution. Food Chemistry, 2007.

[123] Phillips S A, Mirrlees D, Thornalley P J. Biochim Pharmacol, 1993.

[124] Gomaa E A, Gary J I, Rabie S, et al. Polycyclic aromatic hydrocarbons in smoked food products and commercial liquid smoke flavouring. Food Additives and Contaminants, 1993.

[125] Curioni P M G, Bosset J O. Key odorants in various cheese types as determined by gas chromatography-olfactometry. International Dairy Journal, 2002.

[126] David Machiels, Saskia M van Ruth, Maarten A Posthumus, et al. Gas chromatography-olfactometry analysis of the volatile compounds of two commercial Irish beef meats. Talanta, 2003.

[127] Friedrich J E, Acree T E. Gas chromatography olfactometry (GC/O) of dairy products. International Dairy Journal, 1998.

[128] Calle Garcia D, Reichenbacher M, Danzer K, Hurlbeck C, Bartzsch C, Feller KH. Investigations on wine bouquet components by solid-phase microextraction capillary gas chromatography (SPME-CGC) using different fibers, Journal of High Resolution Chromatography, 1997.

[129] Mazzini F, Barsanti C, Saba A, et al. Evaluation of oxidative stability of canola oils by headspace analysis. Italian Food& Beverage Technology, 2000.

[130] Waller G R, Feather M S. The Maillard Reaction in Foods and Nutrition, 1983.

[131] Martins S I F S, Jongrn W M F, Van Boekel M A J S. A reviewof Maillard reaction in food and implications to kinetic modeling. Trends in Food Science and Technology, 2000.

[132] Snakai M Aminlari, Cscaman. Effect of pH, temperature and sodium bisulfite or cysteine on the level of Maillard-based conjugation of lysozyme with dextran, galactomannan and annan. Food Chemistry, 2006.

[133] Sturm W. Perf & Flav Int, 1976, 1 (1): 6-16.

[134] Hayato Hosokawa. Perf & Flav, 1978, 2 (7): 29-32.